孫路弘

當代餐飲
經營與管理

東華書局

國家圖書館出版品預行編目資料

當代餐飲經營與管理 / 孫路弘著 . -- 1 版 . -- 臺北市：
臺灣東華，2018.06

472 面 ; 19x26 公分

ISBN 978-957-483-941-4（平裝）

1. 餐飲業管理

483.8　　　　　　　　　　　　　　　107008968

當代餐飲經營與管理

著　　者	孫路弘
發 行 人	陳錦煌
出 版 者	臺灣東華書局股份有限公司
地　　址	臺北市重慶南路一段一四七號三樓
電　　話	(02) 2311-4027
傳　　眞	(02) 2311-6615
劃撥帳號	00064813
網　　址	www.tunghua.com.tw
讀者服務	service@tunghua.com.tw
門　　市	臺北市重慶南路一段一四七號一樓
電　　話	(02) 2371-9320
出版日期	2018 年 8 月 1 版 1 刷

ISBN　　978-957-483-941-4

版權所有・翻印必究　　　　　　圖片來源：DEPOSITPHOTOS®

推薦序

知識與理念共振之創新價值

　　台灣餐旅教育在過去二十多年來蓬勃發展，培育出許多新一代之餐旅菁英。惟在餐旅教育不斷進步的過程裡，則常陷於理論與實際間的弔詭思辨。回顧國內專家學者對餐旅經營與管理之論述與研究相當豐富，但以系統化概念與結構性思維撰寫，並以專書方式問世者則誠不多見。作者孫教授路弘將其三十多年在產業界工作經驗與在大學教授餐旅管理的精粹，藉「器物、制度與理念」的實踐思維貫穿其間，完成《當代餐飲經營與管理》一書，著實令人敬佩而振奮不已。

　　孫教授路弘曾服務於台北希爾頓及來來喜來登大飯店，擔任人力資源及餐飲部門主管多年，對國際旅館餐飲經營與管理具有相當深厚的實務經驗。作者在美國獲得維吉尼亞理工大學餐旅管理博士學位後，返台任教於東海大學，並創立餐旅管理學系，開我國高教體系設立餐旅教育系所之先河。其後，作者應個人之邀請到高雄餐旅大學任教，並擔任教務長一職，協助學校推動課程改革及參與改名科技大學等重大工程，對餐旅教育人才培育及整體餐旅教育課程發展均能展現高瞻遠矚之過人秉賦。

　　《當代餐飲經營與管理》一書，共有十二章，包含餐廳經營主要項目之規劃與領導管理能力之培養等構面，整體架構與章節內容均相當完整。此外，作者在相關章節中，亦適切地融入他個人歷年來之學術研究之成果，就理論與實務相輔相成之運作典範，提供最佳註解，亦落實「器物、制度與理念」之實踐。

在本書即將付梓出版之際，個人能有機會先行拜讀路弘教授之新著，感到萬分榮幸。深信它的發行將帶給讀者們當代餐飲經營與管理嶄新的知識與理念共振之創新價值。

前國立高雄餐旅大學校長

容繼業 謹識

2018.05.18

推薦序

　　從工作 25 年半的旅館轉換跑道到餐旅教育，專任旅館管理教學已有 15 年了，因為曾長期擔任旅館總經理，所以系上的同儕都認為只要是與旅館有關的課程，我都應該能夠勝任，因此在高餐十多年的教學歷程中承擔了許多原本並非自己專業領域的課程，例如：餐飲管理、餐飲實務、宴會管理……等餐飲有關的課目，而且分別上了好幾個學年。事實上旅館裡的客務、房務、餐飲、市場行銷、人力資源、財務會計……。每個領域都各有其專業，絕不會有一位總經理全都專精，總經理也只是有自己本身的專業背景，但其他的領域只要有概念，知道如何判斷決策即可，所以一本好的教科書對我就非常重要。

　　這些年來使用的餐飲教科書，很少超過兩個學期，原因很多：採用原文書，內容合乎世界餐飲發展但不接地氣，且書價高學生不願買；用其中譯本，常會覺得不順暢，因為譯者有時無法將原版的精髓翻譯到位，還得再回去參考原版，相當麻煩；若是用本國教科書，有時又覺有點跟不上世界餐飲的潮流，非常傷腦筋。

　　路弘教授，早期於台北希爾頓飯店飲務部及台北來來大飯店 (現為喜來登) 訓練部擔任主管，後到美國進修，取得維吉尼亞州立理工大學餐旅管理博士學位，歸國之後在文化、世新、靜宜、台師大等多所知名大學任教，並且在東海大學創立餐旅管理學系，還曾於高雄餐旅大學擔任教務長，專業及教學實務皆精。其學術研究領域遍及服務、領導、消費行為、作業流程、品牌經營、工作情緒及顧客滿意度，著實令人敬佩。

　　路弘教授所著之《當代餐飲經營與管理》是大學專用餐飲管理教科書，亦是一本餐飲管理教學最佳工具書。書籍的內容與呈現方式，如同路弘教授本人一樣，一絲不苟、認真專業、博學又專精。從古今中外餐廳發展史、餐廳的種類及服務方式進入到管理領域，涵蓋菜單設計、定價、採購、內控、

人力資源管理、口碑行銷、領導統御、服務品質、連鎖經營及環保綠能等等。

　　本書實用的部分在於將許多複雜不易只靠文字清楚表達的重要環節，採用巧妙的流程圖、檢查表或邏輯圖一目了然的展現出來，所以對已經是在餐飲業工作的專業經理人或欲創業者都是一本相當好的專業工具書。在此除了推薦這本好的餐飲管理教科書外，也期望路弘教授在往後能夠繼續推出有關餐旅教學的書籍，嘉惠所有有此需求的學者及讀者，促進餐飲產業進步與發展！

前麗緻集團副總裁

蘇國垚

2018.05.11

序言

　　餐飲業對經濟發展的貢獻不容忽視，因此世界各國均將此一產業列為推動的重點，而餐旅管理教育則為產業發展之基石。台灣餐旅管理教育在過去二十年來蓬勃發展，在科系數量的部分產生了極大的變化，如今大學餐旅類別的招生及報名人數特別高，但是教育品質依然有相當大的提升空間。

　　文化是指人類經由生活方式所創造出來的產物，分成「器物、制度與理念」三個層次，三層次發生改變時稱作社會變遷。在餐飲業中，餐食、飲料與作業所需的設備皆屬於器物層次；各種相關法規、飲食習慣與作業規範可歸為制度層次；而理念層次則涵蓋經營觀念與價值判斷。在產業發展過程中，上述三個層次持續進行變化，可視為餐飲業的管理變遷。

　　早期以家庭或師徒制營運之餐廳，只要具有吸引力的產品及合理價格即可滿足消費者的需求。台灣餐飲連鎖體系在 1980 年代中期開始發展，餐廳經營開始強調制度層次，也就是說，除了有高品質之餐點外，尚需具備完整的管理制度，才得以在市場上競爭。若制度設計不良，就會造成內控不當、成本過高或品質低落等狀況。價值觀是組織文化的根源，近年來品牌形象對餐廳營運愈顯重要，導致企業經營之價值觀相對受到重視。若是經營理念曖昧不明，即使擁有充裕的器物與合宜的制度，也無法長期成功經營。

　　目前國內許多業者，對於大學餐旅管理教育的價值依舊存疑，強調實務經驗而輕忽管理理論的聲浪甚囂塵上。然而餐旅管理教育若持續著重在器物層面、而忽略制度與理念的價值，將導致學生僅能靠直覺、經驗及操作技術解決問題，多數畢業生將無法符合現代化產業之需。

　　餐飲管理教科書之數量可用不一而足來形容，各有其優點。本書希望帶給讀者器物與制度層次的知識外，能進而延伸至理念層次的交流。為了跳脫一般教科書之窠臼，本書以當代餐飲管理思維為重點，在每個章節中均融入近年來學術研究之成果，例如菜單工程、電子點餐系統、產業美食、享樂性

價值、玻璃天花板、注意力超載、複合連鎖經營模式、低碳綠色飲食以及餐廳設計理念，並分別以產業之實際案例加以說明。作者亦將近年來於服務破壞、過度服務以及休閒與餐飲等議題之研究成果納入不同章節中。

　　強化學術研究成果與實務運作連結亦為本書之特色。例如在人力資源管理章節中，運用暢銷書《總裁獅子心》的內容，歸納亞都飯店嚴總裁的五個情緒智商層面之特質，凸顯情緒智商對於餐旅業領導者之重要性。此外書中納入實際案例，如麥當勞全球在地化、星巴克中國大陸市場經營策略、鼎泰豐區域授權發展以及寶萊納直營連鎖策略，分別介紹國內外知名連鎖餐飲業之國際發展狀況。近年來餐飲品牌發展蓬勃，因此亦以文字方塊方式，呈現數十家國內外知名餐廳之特色。此外讀者可藉由每一章結尾所附管理個案描述的實際情境，瞭解餐飲業管理者所面對的複雜營運狀況，並思索如何運用專業知識及分析能力來解決問題。

　　東華書局歷史悠久且聲譽卓著，十分榮幸有機會能為東華書局撰寫第一本餐飲管理教科書。誠摯感謝我在佛羅里達國際大學餐旅管理研究所同學黃美華老師之協助，沒有黃老師的參與，本書的完成定遙遙無期。此外，亦感謝東華書局儲經理與編輯部，在出版上的專業協助。本書初次付梓，個人雖已戮力以赴，惟仍可能有疏漏之處，尚請學術及產業界先進與讀者在閱讀之餘不吝賜教，以匡不逮。

　　法國文學家雨果曾說到——人所見之陸地很大，但海洋比陸地更大，天空又比海洋更大，然而，人的心可以比天空更寬闊。期望未來餐旅業領導者的視野勿僅局限於所接觸之陸地，而能藉由吸收新知與提升理念使遠景超越海洋及天空。

孫路弘

目 錄

推薦序   III
序言   VII
目錄   IX

Chapter 01　餐廳緣起與發展歷程　1

一、西方餐廳發展歷程　2
二、中國大陸餐廳發展歷程　9
三、台灣餐廳發展歷程　11
個案　餐旅菁英的困境　29

Chapter 02　餐廳型態及服務方式　31

一、餐廳型態　32
二、服務型態　40
三、服務特定族群　45
個案　可愛的導盲犬　56

Chapter 03　菜單規劃　59

一、菜單類型　60
二、菜色排列之次序　71
三、菜單規劃考量因素　77
四、菜單訂價　84
五、菜單工程　86
六、菜單設計編排　88

七、修訂菜單 94
　　八、米其林星級主廚新菜色開發流程 96
　　九、菜單趨勢 100
　　個案 1　新菜色的選擇 103
　　個案 2　瓦牆餐廳的訂價 105

Chapter 04　採購、儲存及控管　107

　　一、採購 108
　　二、驗收與儲存 126
　　三、內部控管 129
　　附錄　餐廳員工 60 種舞弊方式 138
　　個案 1　餐具短缺 140
　　個案 2　供應商給的難題 143

Chapter 05　現代生產作業　145

　　一、餐點供應系統 146
　　二、低溫調理菜餚應用 152
　　三、產業美食 156
　　四、餐飲業 HACCP 應用 160
　　個案　令人困擾的慈善餐會 169

Chapter 06　飲料管理　171

　　一、中式酒精飲料 172
　　二、進口酒精飲料 186
　　三、酒對生理的影響 199
　　四、無酒精飲料 200
　　五、酒吧 205
　　個案 1　葡萄酒與餐點的搭配 209
　　個案 2　酒水缺貨 210

Chapter 07　餐飲行銷　213

- 一、外食動機及感受　214
- 二、達成行銷目標　225
- 三、網路與餐飲行銷　239
- 四、體驗行銷　246
- 五、休閒與餐飲　259
- 個案　開幕前試營運　264

Chapter 08　人力資源管理　265

- 一、員工甄選　266
- 二、面試　268
- 三、人格特質測驗　271
- 四、教育訓練　273
- 五、情緒勞務　277
- 六、職業倦怠　279
- 七、激勵員工　280
- 八、員工授權　284
- 九、工作與生活平衡　286
- 十、玻璃天花板　289
- 十一、員工離職　291
- 十二、領導力　295
- 個案1　性別與性向　310
- 個案2　騷擾的洗碗大叔　311
- 個案3　訓練與品質　312

Chapter 09　服務品質管理　315

- 一、服務的特性與內涵　316
- 二、服務品質管理模式——缺口理論　318
- 個案　失誤補救　354

Chapter 10 連鎖經營 355

一、餐飲連鎖經營的發展 356
二、連鎖經營的優勢 360
三、連鎖體系之類別 380
四、連鎖體系的發展歷程 382
五、直營或加盟決策理論 383
六、餐飲複合連鎖經營模式 385
七、區經理的功能 391
八、餐飲連鎖國際化 393
個案　有缺陷的美人魚 406

Chapter 11 環境保護 407

一、低碳綠色蔬食之推廣 410
二、廚餘減量與回收 413
三、餐廳廚餘減量的運作 416
四、環保餐廳認證 421
五、我國綠色環保餐廳發展現況 430
個案　力挽狂瀾 432

Chapter 12 餐廳設計 433

一、室內設計師之功能 434
二、空間規劃 435
三、用餐區之設計 437
四、其他設施設置考量 450
個案　餐廳室內設計 455

英文索引 457

Chapter 01

餐廳緣起與發展歷程

學習目標

1. 瞭解西方餐廳之發展沿革
2. 熟悉美國連鎖速食業發展過程
3. 熟悉中國大陸餐飲業發展史
4. 明瞭台灣中式餐廳發展歷程
5. 認識台灣異國料理餐廳發展狀況

餐廳的發展與人類飲食文化、經濟與政治之發展有密切關聯性，無論是西方或東方皆是如此。不過在這些因素當中，以經濟因素影響層面最廣。今日人們所稱的餐廳，是源自於早期的酒館 (Tavern)、客棧 (Inn)、飲食鋪 (Traiteur 又稱 Cookshop) 和寄宿處 (Boarding Houses) 所發展而來的。不論是小酒館、小餐館或小旅館都是為了因應人類需求及時代背景的變化而產生，所能提供的服務內容及環境較為簡陋且不足。但是隨著經濟發展及市場競爭，以十八世紀的巴黎餐廳為例，顯示經營者已思考如何改善消費者的用餐環境、菜單設計、用餐時間及計價方式，以求取更大的獲利空間，而消費者可依個人喜好或經濟條件去做選擇，這些概念都成為後來餐廳的服務模式。

由於國際政經局勢瞬息變化，全球競爭環境日趨複雜，而且消費者的需求較上一世紀多變化，致使餐飲業者或管理者的考量因素也隨之增加，廿一世紀的餐廳經營模式仍然會持續改變。餐飲業除去獲得利潤，還必須思考如何履行社會責任。本章將說明西方、中國大陸和台灣餐廳發展之歷程。

Green Dragon Tavern, Union Street
圖片來源：Boston Public Library

一、西方餐廳發展歷程

古代的餐廳

最早人類用餐的情景，可從舊約聖經與古希臘詩人荷馬所著的詩歌奧德賽及伊里亞德看出，不過大抵描述富人及權貴的生活和他們參與的社交活動。當時希臘很少有公眾的用餐場所，餐宴一般都在私人家中舉行，餐點包括多道前菜以及葡萄酒，餐後還備有甜點、乳酪和水果。

至於一般平民則在市集進行以物易物或銷售的行為，無形中卻促使供應公眾食物的場所產生。在羅馬時代，農民前往市集銷售他們的農產品時，由於交通工具的簡陋及路況不佳，往往必須花費數天才能抵達目的地，旅途中他們對飲食的需求，使得客棧有了雛形。例如村莊或聚落之間道路邊開設的店鋪，店家所供應的菜色是由廚師決定，顧客就在一般的餐桌用餐。至於都市內，由於居住條件各異，許多人沒有

荷馬《奧德賽》

烹調三餐的設備,推小車叫賣或路邊小店都是販售食物的地點,這類食物通常是事先烹調好的,價格也較低廉。早期的客棧不僅是用餐的地點,也是民眾從事社交的重要場所。

中世紀的餐廳

羅馬人將經營小型餐廳型態的行業稱之為 Taberna,今日演變為 Tavern 一詞,意指客棧。中古歐洲的廚師所經營的店鋪就跟在市場的攤販一樣,提供給一般居民非常有限的菜單。客棧是較具有規模的商業型態,提供組合套餐 Table D'hôte (The Host's Table,意指在旅館跟老闆家人一起用餐,也就是現今 Set Menu 的前身),組合套餐的價格是固定的,通常會在固定的時間提供餐點給住宿的旅客。

中世紀至文藝復興的歐洲,客棧依然是供應熟食最主要的地點,在當時西班牙客棧主要販賣開胃菜,英國有香腸和牧羊人派,而法國則是燉菜和湯。這些早期的餐廳所供應的都是一般市井小民日常所食,菜色簡單且價位平易近人是其特色。爾後哥倫比亞發現新大陸後,世界的海上貿易興盛,歐洲的客棧除了供應葡萄酒和啤酒外,不久也開始供應咖啡、茶和巧克力。

Taberna
圖片來源:Jean-Baptiste Debret

十七、十八世紀的餐廳

在十七世紀通常只有在家才可以吃到完整的全套餐點,較為富有的家庭通常不會選擇到公共場所用餐,而是僱用廚師到家烹煮。十七世紀後期,咖啡館林立於法國與英國,並成為社會各個階層經常聚集的地方,以英國為例,顧客只需花費一便士即可在咖啡館消磨時間。著名的英國倫敦羅意德保險公司 (Lloyd's of London) 於 1687 年開設的羅意德咖啡館,原本是提供船長、船東、商人及保險經紀人聚會聊天、討論藝術、文學及政治的場所。有時當大家知道船隻安全抵達目的後,他們也會在咖啡館內輕鬆地玩起賭局。

十七世紀法國的咖啡主要是來自於中東地區和土耳其的奧圖曼,法國人通常可以在巴黎的服飾店買到咖啡。1644 年,法國於馬賽有了第一家咖啡館,不久巴黎也有了相同的設施。這類型的咖啡店起初只供應茶、熱巧克力和咖啡,之後也相繼出現利口酒、果醬、水果

Lloyd's of London
圖片來源:William Holland (1789)

Café Procope
圖片來源：Ichselbst

乾、巧克力、冰淇淋和水果雪酪。由於咖啡館相繼林立，1692年還引起賦稅單位的注意，經過一番爭議後決定咖啡是公共財，價格得由官方制訂，而且規定只能由馬賽和里昂二地進口。不過基於訂價過高而影響銷售量，同年八月不得不調降售價為四分之一，然而銷售量並沒有獲得改善，走私咖啡業者仍舊猖獗不已，隔年五月官方只保留關稅讓價格自由化。

在法國革命之前，咖啡館縱橫巴黎近百年，在十八世紀中期，咖啡館已成為當時文人、學者、學生、社會改革者、政治異議者的社交集會場所。巴黎現存最古老的咖啡館 Café Procope，自1686年起即極受知識分子喜愛。這些咖啡館除了沒有供應食物，實質上已具有現代化餐廳的作業雛形，例如提供帳單和張貼的價目表。

餐廳 (Restaurant) 一詞起源於法國，剛開始只是供應肉湯的小店，原意為讓人恢復元氣的意思。1765年有一名叫 Boulanger 的巴黎人在他的招牌寫著「Boulanger 賣各類餐飲」。1766年也有二名巴黎人 Roze 和 Pontaille 開了一家「健康之家」。1782年才開始有名副其實的餐廳出現，The Grand Taverne de Londre 為 Beauvilliers 所開，不同於過去餐宴上的套餐形式，Beauvilliers 在他所開的餐館提供了單點 (À La Carte) 的菜單，À La Carte 一字意指從菜單上來挑選菜餚，顧客可從菜單上點選自己喜愛的菜。餐廳還備有供個人使用的小餐桌，於固定時間供餐。

然而自1789年法國革命開始，英國與其他歐洲國家的政治與社會都相繼產生了變化。法國王室與貴族制度的瓦解，貴族的廚師及僕人只好被迫另尋出路，當時開設餐廳已不再受到原有工會制度的限制，於是廚師及僕人紛紛加入這個謀生的行業。原先只有在貴族宅內所使用的精緻磁器餐具、料理及桌布，不再是權貴的專用物品，一般平民百姓也可以在用餐時享受到。餐館除了提供多元菜色及固定套餐或單點的菜單、還有記錄消費金額的帳單以及免費的洗手間。在政經局勢大動盪之下，所謂的中產階級產生了，那時留在巴黎有許多是外地人，其中不乏有記者及商人。對這些人而言，在混亂的局勢下卻有可以如同富人享受美食的機會，於是他們便成為這些餐廳的忠實顧客。

現代餐廳的雛型可溯及十八世紀法國大革命，當時失業的廚師們所設計的單點菜單及老饕料理，皆是促使精緻美食餐廳 (Fine Dining Restaurant) 興起的因素。由於可供用餐的公共場所持續增加，法國精緻美食的特色不久就傳遍歐洲甚至遠傳新大陸。據記載，法國革命前巴黎有30家餐廳，到了1814年在旅遊雜誌

The *Almanach des Gourmands* 則已列出 3,000 家餐廳的名稱。

位於新大陸的美國,在這個時期有大批英國人陸續前往移民,餐廳的發展源自於早期供馬車行駛的道路兩旁所開設的客棧或旅店。1634 年,在麻薩諸塞州的波士頓即有一家名叫 Cole's 的客棧設立,專門提供食物及住宿給顧客。1691 年,紐澤西州設有 Salem Hall's 客棧。1693 年,費城則是有 Clark's Tavern and Inn 客棧。由於十八世紀的道路有著明顯的改善,愈來愈多的客棧加入這個市場。

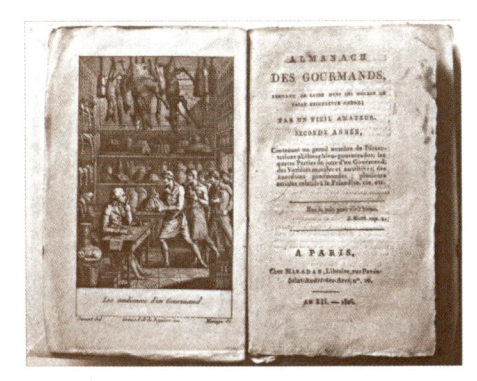

The *Almanach des Gourmands*
圖片來源:Égoïté

十九世紀的餐廳

十九世紀時的法國餐廳還是持續設立,在拿破崙戰敗之後,有許多歐洲的富人為了享用美食還特地前來巴黎參訪。十九世紀末期,交通工具的演進如火車及汽車的發明,逐漸改變人們旅行的方式,並擴展目的地的範圍,同時對餐廳的需求量也持續增加。能夠以先進交通工具旅行的觀光客不再視食物為僅是填飽肚子而已,他們希望能夠體驗美食,在巴黎知名餐廳用餐便成為旅行的特色之一。1820 年,瑞士餐旅業者 César Ritz 和知名法國主廚 Auguste Escoffier 合作開了一家名叫蒙地卡羅大飯店,該飯店是第一家以提供豪華住宿及精緻美食為號召的飯店,深受顧客喜愛,這類型的豪華旅館也相繼在歐洲出現。精緻美食餐廳廣為富有的歐洲貴族及美國上流社會所喜愛,基於巴黎精緻美食餐廳初期獲利的成果,歐洲和美國的餐廳業者也群起仿效。

Auguste Escoffier
愛斯克菲爾是一位法國名廚、餐館老闆和美食作家,他是現代法國菜發展史上的傳奇人物。法國政府曾授予他最高騎士勳章。被尊稱為「廚皇」。他發明的食譜、技術和廚房管理法在世界上有著深遠持久的影響。

十九世紀中期正是美國人開發西部最興盛的時期,拓荒者在西進當中,新市鎮不斷興起,旅館也相繼在各地出現。1842 年,英國著名作家狄更生 (1812~1870) 曾經搭馬車前往俄亥俄州旅行時,投宿於一間以原木搭蓋的小屋,木屋牆壁則是用舊報紙糊上的。相對的,1875 年在內華達州有一家名叫 International 的旅館,館內因設有儲藏葡萄酒的酒窖及高級醇酒,因此博得西部豪華旅館的美名。

1890 年代美國的主要城市幾乎都蓋了大型旅館,例如:1893 年成立的紐約市 Wardort Astoria 飯店,其餐廳目前仍為全美最高級餐館之一。1855 年成立的波士頓 Parker House,有別於當時三餐均於特定時間供應單一價格的固定套餐的

Wardort Astoria, New York
圖片來源：Hennem08

作業模式，館內的餐廳僅採用單點菜單供顧客選擇喜好的菜色，每道菜價格不同，這些變革都已符合了現代化餐廳的菜單架構。

廿世紀的餐廳

廿世紀，法式餐廳在世界到處可見，但其經營模式隨著顧客需求而有所改變。在廿世紀末，美國的餐廳演變更大，例如連鎖餐廳的經營形式、速食的崛起及消費者重視食品安全的趨勢，無不帶給餐廳業者極大的影響。

美國在 1910 年代人口突然劇增，主要是來自大量的歐洲移民，數百萬的移民也帶來他們原有的傳統飲食文化。各種小規模的餐飲店到處可見，有家庭式餐廳 (Family Restaurant) 及熟食店 (Delicatessen，意指販賣熟食的小店，有各種可冷食的肉品、沙拉和三明治等)。30 年代美國面臨經濟蕭條，那時有許多人失業，致使中價位的餐館無法生存而歇業，代之而起的是專門供應湯及麵包的店，以因應當時的社會經濟狀況。等到第二次世界大戰，美國加入戰場並負責提供同盟國各種軍備補及品，因此帶動國內製造業的發展，同時也讓餐廳業者有再生的機會。自此美國餐廳持續平穩發展，60 年代及 70 年代是速食產業連鎖店的發展時期，80 年代則是連鎖主題餐廳發展的開端。

80 年代至廿一世紀初期，許多與速食連鎖業者相關的社會議題逐漸出現。由於美國肥胖人口增加日趨嚴重，相關研究紛紛指出，外食比例增加與餐廳所供應的產品都是其中的主因，而高脂、高鈉、高糖與大份量的餐點更是危害健康的元凶。

80 年代的顧客群多半是伴隨著速食產業成長，對於這些食之多年且沒有太多變化的產品，他們開始失去興趣。於是業者陸續做出回應，例如：麥當勞首次推出沙拉吧及各類的盒裝沙拉，由加州 Iceberg 生菜協會資料顯示，1990 年全美 Iceberg 生菜最大宗的買主為麥當勞。Wendy's 連鎖餐廳也增加自助式沙拉吧，菜色具有墨西哥及義大利口味，必勝客則是增加多樣的義大利麵來吸引顧客。

與國民健康有關的主管單位於是開始呼籲餐廳業者正視這項議題，提出菜單改革以改善國民健康，而供應較為健康的餐點並改善兒童菜單是大型連鎖餐廳對此項議題的回應，隨著菜單營養成分標示法規的設立，餐廳業者也逐漸提供更多的健康餐點供顧客選擇。

速食包裝材質引發的環保問題也是業者面臨的挑戰，McDonald's 與 Taco Bell 曾被環保團體指認為是紙類、塑膠和保麗龍等垃圾的大量生產者，於是業者便提出減少產品包裝、減少包裝紙盒的重量、更換容器材質、回收免洗餐具及使用再生紙類製成的收據和桌墊等措施，不僅達到垃圾減量的目標，也可以保護地球資源，藉此挽回顧客的信心，並建立企業關懷社會的形象 (表 1-1)。

廿一世紀的餐廳

由於大眾開始關注餐廳所供應餐點是否符合健康的議題，美國人甚至特別聚焦於食材的來源。根據美國餐廳協會在 2011 年舉辦的名廚問卷調查中，發現十大用餐趨勢之一是消費者喜好在地及有機食材，顯示消費者較以往更加關注他們所吃下去的食物。此外，經由網路的連結，餐廳業者可提供食材的履歷、烹飪方法、餐點的熱量等資訊，而消費者藉此也可以快速選擇用餐的地點及所需的餐點，有助於訊息的傳遞與溝通，都促使了有機餐點的興起。

根據美國疾病控制與預防中心報告，約有 60% 的兒童每天水果的攝取量不足。為了反映消費者的需求，麥當勞連鎖餐廳自 2012 年 3 月開始在每一份兒童餐內加入切片蘋果，接著於 2014 年 7 月在全美推廣只有 50 卡路里的 Go-GURT 低脂草莓優格，比市面上其他品牌少 25% 的糖。同年 12 月再度推出兒童鮮果餐 Cuties (加州蜜柑)，兒童份量的 Sun Pacific Cuties 與快樂兒童餐並列。

在 World Specialty Food Association 發布關於 2015 年餐飲業趨勢的報告中提到，人們對於健康食材的需求會不斷提高；另一點就是主要的消費群開始變得越來越年輕化，Z 世代即年齡層分布在 18~35 歲左右的群體占據市場消費的主流，這群消費者與上一代不同的消費觀念，在於他們對審美、口碑、體驗等因素更加重視。這些趨勢代表著這個時代人們餐飲習慣的改變，在這樣的背景下，才有了快速休閒餐廳 (Fast-Casual Restaurant) 的崛起。美國的一家諮詢機構 NPD，2013 年發布了一個關於美國餐飲市場的調查的報告，顯現市場對於 Fast-Casual 餐廳的預期遠遠高於速食餐廳。

Fast-Casual 餐廳定位在休閒餐飲和速食餐廳之間，既兼具休閒餐飲的服務質量，相對高檔的室內裝修，又有速食的服務流程及製作過程，在價格上也是位於休閒餐飲與速食之間。其中的翹楚品牌有從上世紀 90 年代開始發展的墨西哥餐飲品牌 Chipotle，以及專注於健康沙拉的品牌 Sweetgreen。

表 1-1　連鎖速食業發展歷史及產品創新記事

時間	產品
1952	以 11 種香料配方聞名的肯德基炸雞，創辦人 Harland David Sanders 於猶他州鹽湖城授權第一家加盟者。
1954	漢堡王成立於美國佛羅里達州邁阿密市。
1955	Ray Kroc 於伊利諾州 Des Plaines 市成立屬於其名下之第一家麥當勞。
1958	Frank L. Carney 於美國堪薩斯州 Wichita 市成立必勝客。
1960	哈帝漢堡 (Hardee's) 和達美樂比薩 (Domino's Pizza) 分別成立。
1961	麥當勞漢堡學院於伊利諾州 Oak Brook 市設立。
1962	以墨西哥傳統食物為主的 Taco Bell 餐廳於美國加州 Downey 市成立。菜單有墨西哥玉米捲餅 (Taco)、墨西哥捲餅 (Burrito)、墨西哥酥餅 (Quesadilla)、玉米片 (Nacho)。
1962	麥當勞開始增加魚排漢堡。
1968	麥當勞供應大麥克 (Big Mac)：含有芝麻的漢堡麵包，夾有兩片牛肉餅、生菜、乳酪、酸黃瓜、洋蔥和特殊醬料。另外，熱蘋果派甜點也列入菜單。
1968	Subway 由 Fred DeLuca 和家庭友人 Peter Buck 博士集資，於美國康乃狄克州 Bridgeport 市成立第一家餐廳。產品潛艇堡，標榜新鮮蔬菜和各式肉品，供顧客自行選擇。
1969	溫蒂漢堡創辦人為 Dave Thomas，第一家餐廳於美國俄亥俄州哥倫比亞市成立。增加了標榜以 100% 巧克力和香草調製的超軟冰淇淋，有別於一般傳統冰淇淋店所販售的冰淇淋。
1971	星巴克第一家咖啡店成立於美國華盛頓州西雅圖市。
1971	美國速食連鎖業者開始拓展北美地區以外之跨國企業，麥當勞於日本和澳洲分別設立分店。
1972	速食業開始供應早餐，例如：麥當勞的吉事堡或豬肉滿福堡，是以英式鬆餅麵包夾蛋、乳酪、培根或豬肉餅。
1981	麥當勞推出肋排堡，僅在部分連鎖店限期供應。肋排並非實際的豬肋排，而是以豬肉製成肋排的形狀，上面塗滿口味較重的美式燒烤醬，再搭配碎洋蔥和醃黃瓜。
1983	麥當勞推出麥克雞塊，其製作方式是以加工過的雞肉攪拌成肉漿，再加上麵粉油炸成雞塊，佐以醬汁食用。這項產品一直深受消費者喜愛，其他業者也相繼推出類似產品。
1984	麥當勞推出 1/4 磅牛肉漢堡 (Quarter Pounder)。為保持該產品應有的溫度，業者以保麗龍盒盛裝，上市後為環保人士所詬病，90 年代公司逐漸改變多項產品包裝，以維護環境資源。
1985	溫蒂漢堡推出沙拉吧。達美樂開始施行在 30 分鐘內遞送產品予消費者的新制度。
1987	麥當勞在都會區供應盒裝沙拉。
1987	肯德基炸雞為第一家進入中國大陸的速食連鎖業者，中國大陸目前也是該企業在全世界設有最多分店的國家。北京為其第一家據點，菜單也因應當地飲食習慣而做變化，如供應稀飯、木耳沙拉等。
1995	Taco Bell 推出雙層的玉米捲餅 (Taco 塔可)，係於傳統酥脆的塔可 (含碎牛肉、乳酪絲、生菜洋蔥丁和番茄等) 上面，淋上酸乳酪醬汁，再覆蓋一層較軟質地的豆泥。
1995	必勝客有別於一般傳統比薩餅皮推出芝心餅皮，於比薩皮外圈內部添加莫札瑞乳酪，入口可同時享受酥脆餅皮與柔軟芝心雙種滋味。

表 1-1　連鎖速食業發展歷史及產品創新記事 (續)

時間	產品
1997	Subway 供應以符合健康的新鮮潛艇堡和沙拉為重點，所推出的七種潛艇堡油脂含量均少於 6 公克。
2002	麥當勞將其薯條炸油所使用的反式脂肪降為 48%。
2005	漢堡王結合雞塊和薯條的概念，推出薯條形狀的油炸雞柳條。
2012	Subway 獲得美國心臟學會所頒發的「有益心臟健康的餐食」，也是有此殊榮的第一家速食業者。
2014	Taco Bell 推出鬆餅塔可早餐，塔可餅可夾以香腸、蛋或糖漿等。

二、中國大陸餐廳發展歷程

透過古籍及歷史文物中，發現中國大陸最早出現販賣飲食的情景可溯及秦漢時代。根據記載，驛站為當時一種傳遞訊息的交通系統，所謂「置」及「亭」的設施即是此系統的中途停駐站，這些驛站會為傳遞人員提供飲食與住處。在驛站附近往往也有私人會自行營運，提供一般旅行者住宿及用餐的服務。

唐、宋時期 (西元 7~12 世紀)

這個時期是帝國朝廷開始逐漸開放商業活動的時期，隨著人口增加、商業城市興起、消費者需求量漸增，致使商業行為不斷的擴增，市集所在飲食業自然形成。服務對象包括市井小民、商旅客人、士紳或是商賈，不再局限於參與市集的供應商。所開設的餐飲業若以主要產品劃分，有銷售麵食、粥飯、酒、茶飲、點心、油餅等店家，甚至有葷素之分，因應不同的消費需求。當時尤以北宋東京城最為繁榮，除居全國政治、經濟和文化中心重要地位外，飲食業的營業最為興盛，其情景可從宋代張擇端的〈清明上河圖〉印證。

北宋東京城 (即今日之開封) 裡的酒樓、酒店，可視為古代高級飯店。建築規模宏偉，酒店大門都用彩緞裝飾，屋簷下懸掛燈籠或書有店名的旗幟招攬顧客，店內備有好酒和各式美味佳餚。宋代的酒樓可分官營及民營二種。京城內還有各類飯店 (當時稱食店)，店家門口懸掛木雕，往內走可看到掛著一排排的豬、羊肉片或各種野味，以顯示店家的貨源充裕。第二道門稱為「歡門」，入內後有大廳及一間間的廳房。酒樓設有工作人員各司其職，跑堂負責安排座位、呈遞菜單並接受點

唐代禮席場面
圖片來源：Periclesof Athens/Wikimedia

菜；夥計 (當時稱行菜) 高聲地將各桌所點的菜單報給廚房的廚師 (當時稱鐺頭或著案)，菜燒好後再由夥計送抵客人的桌位。例如二人用餐，所訂的菜色有冷菜四五盤、熱炒四五道、水果和好幾壺酒，以服務中上層社會階層為主，非一般平民所能消費。

元、明、清時期 (西元 13~19 世紀)

繼唐、宋之後的元朝，為利於南方軍糧北上，海運和河運十分發達，且又成功征戰歐亞大陸三次，帝國版圖遼闊遍及東歐、俄羅斯和中東地區，促使多種民族文化與經濟加速交流，同時帶動商業之繁榮。然而由於蒙古族入主中原後，對異族實施各項高壓統治政策，使得餐飲市場之發展受到限制。從元史記載中，顯示朝廷設有專職機構和人員管理餐飲市場，規定各類餐飲的營業地點，並對某些地區實施宵禁。宵禁使得一些酒樓和茶館業者只好提早營業，爭取營業時間，因此元朝之「早市」是當時別具特色的地方。

明、清朝代之承平時期較長，隨著人口大量增加和流動，為因應各項民生用品之需求，以商業為主的城市逐漸擴大，商人、百工 (當時具有專門技能的匠戶) 和都市居民也相對增加。商品由製造至交易過程中，往往需要買賣雙方或第三者洽談簽約，餐飲業如茶館、飯肆、酒樓遂成為會談之所。商品交易愈頻繁，種類愈增加，商業為之更繁榮，無形中有利於餐飲業之發展。

根據明、清飲食研究和中國烹飪二書，不論是首都、商業大城或古城皆顯示餐廳蓬勃發展之盛況。以南京為例，明代官府建有高約六楹 (古代計算房屋的單位，一楹為一間，六楹為六間房高) 的酒樓十六座，內部裝飾豪華，菜色精緻，用來宴請外國使節、功臣、皇親貴族或達官貴人等。清代「儒林外史」也描述城中大小酒樓有六、七百家，茶樓則有一千多家。每日採買多達牛隻一千頭、豬隻上萬頭，其他食材更是無法計數，足見其生意頗為興隆。再以北京為例，該地餐飲業規格較大的稱為飯莊，以堂命名，如包辦官宴的東麟堂，專供貴族、高官、豪紳或商賈消費，不對外開放。飯莊內部陳設講究寬敞，餐具精巧高雅，菜色精緻多元，並設有戲台提供戲劇表演。還有稱作園、館、樓或居等地點，為一般人用餐宴客之用。這類餐廳也同樣講究設備，菜色則是標榜南北菜色樣樣俱全。為了招攬生意，特別著重於店家招牌的設計製作，藉文字、圖案或實物吸引客人上門。商業大城蘇州也有豪華大酒樓，如知名的三山館，菜色高達上百種，可依客人需求而做變化。

由於明、清兩代以來，中國對外政策趨於保守，並對外實行海禁，使得西方工業化的影響在中國有極大之限制，在十九世紀末以前，中國一直沒有很好地進

行工業化，經濟遂落後於西方。中國餐飲業發展直至清代中期，幾乎不曾受到其他國家影響。晚清時期由於中國門戶被西方列強打開後，西方文化、經濟、飲食習慣也隨之衝擊當代社會，沿海城市如廣州、廈門、福州、上海和北京、天津等地出現西餐廳的設立。同時，由於經貿關係，經商人士密集往來大江南北，致使各地菜餚也競相展現其特色，紛紛運用當地食材之特質，在烹調與口味力求獨樹一格，於是形成八大菜系 (指：川菜、徽菜、浙菜、湘菜、粵菜、蘇菜、閩菜、魯菜) 之雛形。

1949 年 10 月 1 日，中華人民共和國成立，實行社會主義制度，連帶的也重挫餐飲業的發展。1978 年改革開放 (對內改革，對外開放) 施行後，中國經濟發展迅速，對世界經濟的影響也日漸顯著。1992 年重新開始經濟改革，實行社會主義市場經濟體制，2009 年中國超過德國成為全球最大出口國，2010 年國民生產總值超過日本升至世界第二，不僅台灣甚至國際餐飲業相繼進入中國大陸市場發展。

三、台灣餐廳發展歷程

翻閱台灣歷史，居住在這塊土地上的居民除原住民外，近四百年來大都是來自中國大陸的移民。移民當中有受雇於荷蘭來台灣開墾的大陸沿海居民、追隨鄭成功反清復明的有志之士、清代為改善生活違反禁令私自移民的福建、廣東居民，和隨國民政府遷台的軍民。近三十年，又因有國人與東南亞及其他地區人士通婚，被稱為「新移民」。

不論是東、西方旅館、飯館、酒館或餐廳的設立，起因主要都是為了因應商人旅行及交易時之餐宿需求。台灣也不例外，比較特殊的是從日治時期 (1895~1945) 和中華民國政府遷台至今，近一百二十年的時間，台灣長期處於政治、經濟相對穩定發展的階段，餐廳行業也隨之發展。從早期受到傳統中式、日式餐飲的影響，延伸至傳統西式餐飲，乃至世界各國流行餐飲，儼然像是世界餐飲博覽會。

餐廳發展的不同階段

台灣餐廳發展可分為日治時期、國民政府遷台、民國 50 至 60 年代、70 至 80 年代、民國 90 年代與 100 年代迄今等階段。

日治時期

台灣早期因受清朝馬關條約，自 1895 年成為日本殖民地共計五十年，直到第二次世界大戰日本戰敗，才使得台灣脫離日本之管轄。這段期間，台灣的主要城市設有日式料理亭、酒樓和西餐廳，成為日人或台籍政商名流士紳聚會之場所。供應日式料理較為著名的有現今台北市紀州藩古蹟的紀州藩料理屋，是當年日人平松德松，在 1897 年以家鄉名稱命名的日式餐廳，以供應關東料理為主。另一處則是位於台北市館前路的梧棲館，是當時台北第一流的飯館，該餐廳菜單屬套餐形式，日本總督曾在此宴客，連國父孫中山先生在 1913 年也曾於此用餐。

紀州庵文學森林
圖片來源：Jeanelai/Wikimedia

日治時期的江山樓
圖片來源：https://commons.wikimedia.org

酒樓可視為當代的高級餐廳，設有藝旦演唱和專人陪酒。較為知名的有位於台北市大稻埕的「江山樓 (成立於 1917 年)」、「東薈芳」、「春風樓」和「蓬萊閣」，並稱為四大旗亭 (酒樓因樓外懸掛旗幟以招攬生意亦稱旗亭)，而台南則有「寶美樓」、「醉仙閣」等。其中最著名的「江山樓」菜單，早期仍以大陸福建菜為主，後因日人為區隔「支那料理 (意指當時中國大陸之各省菜餚)」，才有所謂「台灣料理」一詞的出現。1923 年日皇太子造訪台灣，由江山樓負責御用料理。所設計的十三道菜之食材有海鮮、各式肉類和各色蔬菜，還包括燕窩、魚翅、螃蟹、白木耳等昂貴食材，增添台灣特有元素於傳統中式菜餚為其特色。由於當時深獲好評，往後接待其他皇室成員時，仍以上述菜單作基礎加以變化，因而逐漸奠定了台灣料理的代表地位。

國民政府遷台

二次大戰後日本戰敗，由於當時物資缺乏而且經濟蕭條，致使酒樓紛紛歇業。國民政府接管台灣後，穩定國內經濟和農業生產成為當時政府施政要點。為避免奢華風氣影響社會而施行節約政策，分別於 1947 年和 1949 年頒布「經濟食堂」和「公共食堂」相關法令，前者指資金在 1,500,000 元以下的餐廳，侍應生不得超過五人，不能賣酒、咖啡，不得設有樂隊，也不能承辦酒席。後者是酒樓一律改為公共食堂，可供應公共經濟餐和會餐二種。公共經濟餐為單人客飯，而會餐為數菜一湯的合菜，對用餐人數、菜數和價格予以規範，如違法即給予高額

罰款。這些限制措施致使餐廳朝向小規模發展，可說是餐飲業發展的停滯期，但也是歷史上首次中式菜系的大集合 (表 1-2)。

表 1-2　台灣餐飲業發展年表：民國初年至四十年代

年代	時間	類型	說明
一〇年代	民國 6 年	中式餐廳	早期酒樓以中國大陸福建菜和福州菜為主，後因日人為區隔中國大陸之各省菜餚，才有所謂「台灣料理」一詞的出現。
二〇年代	民國 23 年	日式西餐廳	偏日式口味的「波麗路餐廳」於日據時代民國 23 年開業至今，原在餐廳擔任大廚工作的廖水來，因為喜愛音樂，就在當時繁華的大稻埕開設了這家西餐廳，專程到國外，不惜重金購買一流的進口音響。台灣光復後，「波麗露」已成為文人聚會的地方。同時另有其他西餐廳相繼出現，如中山北路的大華飯店、南京西路的羽毛球館與總統府前中國之友社等。
三〇年代	民國 32 年	台灣日式餐廳	民國 32 年開業的麗都日本料理，至今仍在營業，有蒲燒飯、定食等。
三〇年代	民國 38 年	中式餐廳	民國 38 年從中國大陸遷居台灣的廚師們有許多是跟隨政、商、軍界要員撤退的私人廚師，有的人過去是負責部隊烹飪的軍人，有的是專業廚師，一時之間，來自大江南北的匯聚一堂、造就中式飲食多元風貌。
四〇年代	民國 43 年	美式西餐廳	彩虹招待所建於民國 43 年，當初興建的主要目的，是提供來台美軍一個住宿的地方，早期的台灣，沒聽過西餐廳這玩意兒，聯勤外事處為了滿足美國人的口腹之欲，特別開辦西餐人員訓練班，指導台灣師傅做出道地的美式餐廳，於是有了西餐廳的開設。早期的西餐廳，強調環境的氣氛，是經濟實惠、優雅宜人的談心好去處，如中山北路「美而廉」、西門町「南美」等西餐廳，後期則慢慢轉型至講究品味的「上島」、「夢」、「亞都」、「蜜香」等較為高級之咖啡廳。

　　民國 38 年隨著政府從中國大陸遷居台灣的軍民大約有二百萬人 (約為當時台灣人口的三分之一)，或許是基於市場需求，個人家庭生計、懷念家鄉口味，有許多人紛紛開始經營小型餐館。廚師們有許多是跟隨政、商、軍界要員撤退的私人廚師，有的人過去是負責部隊烹飪的軍人，也有的是專業廚師，一時之間，來自大江南北的川菜、粵菜、蘇菜、浙菜、徽菜、浙菜和閩菜匯聚一堂、造就中式飲食多元風貌。

民國五十至六十年代

　　50 年代開始，政府致力於輕工業發展，重工業次之，此時出口業成長迅速，外貿收入逐漸增加。然 60 年代初期兩次石油危機，全球經濟不景氣，致使

台灣出口業深受波及，政府於是轉向重工業發展。台灣十大建設是當時極為重要的經濟發展政策，為國內交通網路、核能工業、石化工業、造船工業、鋼鐵工業和其他重工業打造良好的基礎。在此同時，政府也全力主張半導體技術引進，開始半導體產業發展。各項經濟政策發展與成果，成功地使台灣經濟快速起飛。

隨著經濟發展迅速，餐飲業也隨之熱絡。其中以江浙菜蔚為主流，有所謂江浙菜為「官菜」之稱。主因是當年遷台人數、位居政府要員和從事工商界的人士，以江浙人數之比例，較其他省籍為多，公、私聚會應酬自然以具有家鄉風味之場所為優先選擇，因此江浙菜餐廳到處可見。湘菜也是流行的菜系之一，由於湘籍官兵人數較多，國防所屬各軍種單位之俱樂部附設餐廳，供應的都是湘菜，遂有「軍菜」之別稱。與浙江菜、湘菜並列三強的是川菜。早期川菜館的川菜是正統的四川菜，口味與四川本地相近，而 60 年代開業的川菜館以大型餐廳為主，設有廂房、禮堂供喜宴與壽宴之用，其口味逐漸台灣化。國賓飯店和圓山飯店也設立川菜廳，為川菜在台灣的黃金時期。

此時較不為人知的「廣式飲茶」也加入餐廳市場，廣式飲茶是以推車在餐廳內供應粵式的點心和家常菜，觀光飯店最早推出這項服務是國賓飯店 (1964)。過去在大飯店用餐被視為上流社會的象徵，而飲茶也有別於一般中餐廳的服務與用餐方式，令人有「來自香港的舶來品」、「收費高昂」的聯想，消費者並不普遍。後因國民所得增加，逐漸成為中高產階層假日闔家用餐消費的地點，至今各大飯店多附設粵菜餐廳供應廣式飲茶，由南至北為數不少。

民國 50 年代酒家再次興起，可謂是第二代的酒家，內部設備豪華講究，設有那卡西 (源自於日本的一種賣唱模式，歌手遊走於各旅館、餐廳和夜總會，為客人伴唱或接受點歌)，菜色除了承襲日治時期的精緻宴客大菜，也增加了些創意。以北投地區為例，菜單有日式生魚片、港式掛爐烤鴨和一般台灣市民家常小菜如菜脯蛋、煎豬肝等。這些新興酒家大都聚集在大稻埕、萬華和北投一帶，成為官、商、黑社會人士社交應酬、飲酒作樂、談生意或私下協辦事情的場所，由於經常滋事，後因政府掃黃而一蹶不振。

在「保留台式料理好滋味」的理念下，第一家台菜專賣店「青葉餐廳」於 1964 年在台北市成立，該餐廳以北投宴席菜為架構，發展出一套「台菜」。初期以家常菜和清粥小菜為主，招牌菜如滷肉、菜脯蛋、蔭豉蚵、地瓜粥之滋味，讓海內外華人和日本觀光客留下深刻印象。1974 年另一家與青葉餐廳同質性高的欣葉台菜餐廳開設。二者皆是當時知名台菜料理餐廳的代表 (表 1-3)。

表 1-3 台灣餐飲業發展年表：民國五十至六十年代

年代	類型	說明
民國 50 年代	牛排館	從美軍顧問團流傳出來的經營形態。全台第一家牛排館「小統一牛排館」於雙城街開幕，開啟牛排館的流行熱潮。位於中山北路嘉新大樓頂樓的「藍天西餐廳」，行政主廚和經營者皆為外籍人士。後來西式與日式合併的「鐵板燒」出現，廚師於鐵板表演煎肉技巧，以雙城街的「新賓餐廳」為代表。
	中式餐廳：江浙菜、湖南菜、川菜	隨著經濟發展迅速，餐飲業也隨之熱絡。大陸直接移植來台的菜館引領風騷，其中以江浙菜蔚為主流。與江浙菜、湘菜並列三強的是川菜。
	台式料理	第一家台菜專賣店「青葉餐廳」於民國 53 年在台北市成立，該餐廳以北投宴席菜為架構，發展出一套「台菜」。民國 63 年，另一家與青葉餐廳同質性高的欣葉台菜餐廳開設。二者皆是當時知名台菜料理餐廳的代表。
	廣式飲茶	民國 53 年，國賓飯店推出「廣式飲茶」。
	空廚	民國 58 年，圓山飯店成立「空廚餐點供應站」，是我國空廚的開端。
民國 60 年代	西餐廳	前半期：以高級傳統西餐廳為主，供應正統西式餐飲，頗為上流階層喜愛。如仁愛路「鴻霖餐廳」、光復南路「大陸餐廳」及「凱薩琳餐廳」等。民國 62 年國際連鎖飯店「希爾頓」，以歐陸料理為主，首推 Roast Beef (燒烤牛肉)、凱薩沙拉與法式薄餅。
		後半期：以秀場西餐廳及美式自助式西餐廳為代表。前者表演節目雖極盛一時，但由於競爭激烈致使業者無法負荷演藝人員之支出，十年之間相繼退出市場。如「金府」、「金車」、「金琴」、「金帝」等金字頭招牌餐廳，以及大規模如戲院般的「維也納」、「好萊塢」、「太陽城」等。西式自助式餐飲同時流行於大飯店或大型西餐廳，限價不限量為其特色，深受台灣民眾喜愛至今。
	本土牛排館	台中牛排館創立於民國 61 年，為台中在地深耕的品牌。
	精品咖啡	民國 61 年「上島咖啡」引進日式咖啡-Syphon 的煮法。
	小吃街	民國 62 年萬年商業大樓首度把攤販納入賣場規劃，效果頗佳。後來「獅子林」在電影院樓面也開起小吃街，接著「中興」、「太平洋崇光」、「明曜」等百貨公司也將小吃街視為百貨公司必備的部門，且更名為「美食街」或「美食廣場」。
	國際連鎖飯店	民國 62 年，希爾頓飯店成立後，台灣餐飲業正式跨入國際連鎖體系。
	炸雞	民國 63 年頂呱呱炸雞成立，成為台灣第一家速食店。
	海鮮樓	民國 64 年海霸王以大賣場及品質新鮮為號召，一舉成名，掀起海鮮樓熱潮。
	民歌餐廳	民歌在民國 65 年左右極為盛行，此時在大學附近的西餐廳都兼有民歌演唱，也成為後來餐廳與秀場結合的伏筆。
	中餐廳大型化	受希爾頓飯店中餐廳講求氣派的影響，民國 65 年榮安川菜、敘湘園等大型、裝潢細緻的中餐廳興起。
	土雞城	民國 68 年源起於台中大坑鄉，後流行至台北近郊，陽明山、紗帽山、外雙溪與新店一帶。

民國七十至八十年代

民國 70 年代開始，政府鼓勵國內廠商投資積體電路、電腦等高科技工業，以增加產品在國際的競爭力。80 年代為產業調整期，受經濟景氣趨緩和勞力密集的傳統產業外移影響，就業人口朝向服務業發展，服務業就業人數快速增加。

傳統的中式餐廳在此階段逐漸改變，原因之一是消費者飲食需求的改變，國人品嘗各大菜系的體驗，無形中提升飲食需求的層次，不再滿足於單一菜系的菜色，有些餐廳便以搭配少數其他菜系或改以各菜系之精華版為因應。另一項原因是老一代廚師退休後，接手的廚師對傳統廚藝不再堅持、食材取得不易、成本考量等，致使供應正統風味的餐廳逐漸消失。另外國際連鎖速食進入台灣經營，其他各國美食也相繼到位，年輕族群對中餐的喜好逐漸遞減 (表 1-4)。

70 年代江浙菜朝向餐廳的餐館或觀光旅館的附設餐廳發展，至今仍在營業如永福樓餐廳、銀翼餐廳、敘香園餐廳、陶陶餐廳等，觀光飯店則有亞都麗緻飯店天香樓餐廳及喜來登飯店前身來來飯店隨園餐廳。湘菜則是著名國宴御廚彭長

表 1-4 台灣餐飲業發展年表：民國七十至八十年代

		七〇年代
民國 71 年	連鎖西餐廳	連鎖西餐廳加入市場營運，以管理制度化，有效解決食材供應和人力問題，如「華新」、「芳鄰」及「窗前餐廳」等。芳鄰西餐廳為第一家進駐台灣的外國餐飲集團，也是台灣第一家連鎖餐廳，因展店過快，入不敷出而退出。
民國 72 年	日本懷石料理	民國 72 年台灣有了第一家懷石料理餐廳，在日本知名廚師太田嘉章的指導下，於台北市信義路僑福大樓開幕，並取名為「七都里」。
	啤酒屋	從台北天母崛起，先擴散至台北市仁愛路、安和路，再向全省蔓延。「菊園堂」可說是鼻祖，後期以「印第安」、「海中天」等較具知名度。
	泡沫紅茶	台中春水堂 (原名：陽羨茶行) 推出泡沫紅茶；民國 76 年，再推出珍珠奶茶。
	牛肉麵	三商巧福。
民國 73 年	西式速食	民國 60 年代後期即有「麥當樂」、「女王」等國人自營的速食店，但市場接受度不高，至民國 73 年「麥當勞」來台，強調 Q、S、C、V 的經營理念。造成旋風，台灣餐飲業正式進入國際連鎖化時期，各國餐廳開始進駐台灣。
民國 74 年	素食餐廳	繁華落盡，以「清淡」見長的素食餐廳興起，早期以中型餐館方式經營，後改為自助餐廳，成本降低，加速普及，加上吃素人口增加，形成良性循環。
	餐廳秀場結合	西餐廳加入演藝人員的表演，以「天王」、「巨星」等為代表。

表 1-4　台灣餐飲業發展年表：民國七十至八十年代 (續)

民國75年	庭園咖啡	台北的「舊情綿綿」在民國72年掀起餐廳造景熱，至75年流行風已遍及全台。台中的「楓丹白露」、「戀戀風塵」為鼎盛時期的代表。
	牛排館再起	麥當勞的衝擊及年輕一代消費者接棒，新一代不似長一輩那麼排斥牛肉。「星辰」、「華新」、「鬥牛士」、「龐德羅莎」等牛排連鎖店創造流行趨勢。
民國76年		我家牛排館。
民國77年	中菜西吃	來來飯店的湘園於民國74年首創此類服務方式，至今普遍為高級中餐廳所採用。
民國78年	羊肉爐、薑母鴨	從南部流行至北部，至今仍大行其道。
	麻辣火鍋	麻辣湯底由四川引進，改成符合台灣人接受的口味。
	炭烤	民國78年6月炭烤之家在台北市新生南路成立。
民國79年	本土泰式連鎖店	瓦城泰統。
八〇年代		
民國80年	家庭式連鎖西餐	民國80年引進家庭式連鎖西餐「樂雅樂」餐廳，供應日式西餐料理，備有兒童菜單。
	美食街	小吃攤聚集營業。
	本土咖啡店	羅多倫咖啡。
民國81年	主題休閒餐廳	台灣第一家 TGI FRIDAYS 於台北市敦化北路開幕。供應美式傳統經典烤牛排和漢堡。
	日式連鎖咖啡店	真鍋咖啡
民國82年	平價日式料理	上閣屋以日本海鮮料理起家，從台北市永康街擺攤開始，賣平價日本料理。不到一年小攤子快速累積口碑，變成永康街的人氣日本料理店。養老乃瀧(養瀧酒藏)是另一家平價「日式料理店」。
	本土高價牛排連鎖餐廳	在台中市西屯區成立第一家「王品台塑牛排」，最出名的是牛排，號稱為台塑企業招待所招牌主菜牛小排。
民國83年	巴西窯烤	巴西窯烤引進者華僑朱先生，在台灣開了第一家的巴西窯烤店。
民國84年	35元咖啡	以沖泡式平價美式咖啡為主，店內陳設明亮，服務以自助式為主。
民國85年	迴轉壽司	爭鮮為台灣連鎖品牌。
民國86年	披薩	三商企業旗下餐飲品牌拿坡里。
	義大利餐廳	小義大利為國內餐飲連鎖義式餐廳。
民國87年	美式連鎖咖啡廳	由統一企業引進星巴克，加入連鎖咖啡館市場。
	火鍋	阿官國際餐飲集團成立第一家分店。
民國89年	日式咖哩連鎖店	日本餐飲連鎖品牌(茄子歐風咖哩)。

貴先生 (左宗棠雞料理的發明人)，由美返國於 1983 年創立彭園餐飲集團，成為湘菜餐廳的代表。創業初期以建立中央廚房和分店為主，爾後 90 年代又開設會館供大型宴會使用。

粵菜地位在此階段也有極大的轉變。由於「九七」港人掀起移民潮，一些香港廚師也在移民行列中。據「飲食文化與族群性的比較研究」指出，第一批前來的廚師是專做燒臘的，他們帶動港式各式燒臘便當、港式客飯如三寶飯、燒雞飯、叉燒飯、廣式炒麵及廣東粥在台灣流行。第二批則是擅於烹調高級港式海鮮的廚師，他們受聘於港人或國人投資的港式海鮮餐廳。當時恰巧是台灣股市大漲的年代，消費者購買力高，另一方面開放觀光後，香港高級海鮮鮑魚、燕窩、魚翅料理深受國人喜愛。港式的「粵菜」擷取廣州菜用料精細富變化和潮州菜精於刀工火候，擅料理燕窩魚翅，及西式餐飲烹調方法和創意，再加上餐廳布置高雅，餐具精緻營造出高級的用餐環境，使得國際觀光飯店或大型粵菜餐廳店數都較過去增加，顯示高級粵菜脫穎而出。同時，過去的「廣式飲茶」名稱已逐漸以「港式飲茶」代之。

不讓粵菜專美於前，台北福華大飯店台菜餐廳「蓬萊邨」於 1984 年成立，其他飯店如兄弟大飯店、來來大飯店、晶華飯店也設有台菜餐廳，1999 年長榮鳳凰酒店 (礁溪) 也加入服務。菜單除了家常菜，高價位的佛跳牆、五柳鮮魚、魷魚螺肉蒜也入列，以增加競爭力。台菜家常菜價格很難提升，高價位菜餚之消費者有限，對於營運成本較高之大飯店較難以維持。另一方面，過去師徒傳承制度，所謂學習，大都是指在旁觀察，長達數十年才能獨當一面，年輕廚師學習台菜意願不大，致使台菜廚師人才不易尋覓。截至 2017 年為止，國際大飯店的台菜餐廳僅有福華飯店、福容飯店、長榮鳳凰酒店、美福大飯店、高雄漢來飯店，至於老字號的台菜餐廳，由於家族第二、三代願意接手，仍繼續營業，如明福台菜餐廳、金蓬萊餐廳、台南阿霞餐廳等，而欣葉餐廳則是成為連鎖餐廳，目前擁有台式家常菜、精緻台菜料理、咖哩飯、自助式日本料理、日式火鍋等多項品牌，已在海外拓展據點。

民國九十年代

國內餐飲業多以獨資之中小企業為主，但自民國 80 年代，受到國際連鎖速食進駐台灣的影響，有部分餐飲業者朝向大型化、連鎖化發展，著手建立品牌特色及標準作業流程，成立連鎖加盟體系。民國 90 年代起餐廳管理模式逐漸出現新趨勢，例如：無菜單餐廳、綠色環保餐廳、優質餐廳認證、精緻法式餐廳與下午茶餐廳。無菜單餐廳的經營模式，顯示消費者用餐型態轉為不僅滿足生理需求

表 1-5　台灣餐飲業發展年表：民國九十年代

九〇年代		
民國 90 年	日式豬排連鎖店	勝博殿日式豬排。
民國 91 年	自助 Buffet	饗賓餐飲集團由知名老牌福利川菜體系轉型 (饗食天堂)。
民國 92 年	蔬食料理	連鎖素食餐廳 (寬心園)。
	本土咖啡連鎖店	85 度 C。
民國 93 年	美式啤酒餐廳	金色三麥。
	養生懷石料理餐廳	鈺善閣素食。
民國 94 年	無菜單餐廳	台灣開始流行無菜單，逐漸有店家不提供菜單，使消費者感到新鮮。
民國 96 年	綠色環保餐廳	民國 93 年至 96 年期間，各縣市政府逐漸推動無油煙飲食。
	優質餐廳認證	經濟部商業司進行優質餐廳認證，通過者可獲得「GOURMET TAIWAN」台灣美食標章，代表菜餚、服務及環境三大指標均獲得評審團一致推薦。
民國 97 年	台中空廚	由福野餐廳所投資，並於民國 97 年 9 月 26 日落成啟用，目前為中台灣最具有規模的空廚。
	蔬食餐廳	聖華宮蔬食餐廳。
	法式餐廳	樂沐法式餐廳 (精緻化法式料理，提供融合正統法式烹調及現代創意的頂級佳餚)。 侯布雄法式餐廳 (台灣掀起追求米其林主廚風潮)。
	餐廳訂位系統創立	民國 97 年最大餐廳訂位系統 EZTABLE 簡單桌於台灣創立。
民國 99 年	下午茶餐廳	Dazzling Cafe 蜜糖吐司專賣店創立，引領下午茶流行旋風。

　　外，亦開始追求享用餐點時的驚喜感與好奇心，甚至以追隨主廚為餐廳選擇依據，而非菜單項目 (表 1-5)。

　　台灣的綠色環保餐廳認證，隨國際潮流開始建構，期望人們於飲食文化水準提高的同時，藉由環保概念使業者提供用餐的整個週期減少對環境的衝擊。桃園縣政府環保局在民國 95 年建構「餐飲業無油煙」之願景，推動餐飲業者致力於油煙、臭味污染之改善；而高雄市政府於民國 100 年 12 月推動「高雄首選──綠色友善餐廳」標章認證計畫。藉由此認證計畫希望餐廳於提供服務的同時，也能提供民眾安全、衛生的用餐環境，並且減少能源消耗、減少資源使用。民國 97 年起，經濟部商業司委由中衛發展中心推行台灣優質餐廳評選認證制度，此制度由專家委員擔任秘密客實地評選。評鑑基礎包括衛生、乾淨等基本條件外，也納入菜餚、服務、環境三項主要指標進行客觀評比，期許藉由評選活動鼓勵業者將內部管理進行改善，提升台灣餐飲業整體素質。

為將台灣優質餐廳推往國際化發展，選出的優質餐廳可獲得 GOURMET TAIWAN 台灣美食標章之認證，並且作為國內、外人士用餐消費之依據 (得優質認證之餐廳，例如：1010 湘、國賓大飯店 A Cut 牛排館、鼎泰豐)。同年 (民國 97 年)，目前最大餐廳訂位系統簡單桌 (EZTABLE) 於台灣創立，憑藉核心服務 24 小時「訂位」、「團購」、「餐券」打出知名度，深獲餐廳業者的肯定，也擄獲消費者的心。Eztable 強調以「用戶體驗」、「解決問題」為核心價值，打造品牌之路。讓每一個人找到屬於自己的聚餐方式，讓每一種生活風格找到歸屬感，讓情感在餐桌之間找到連繫。

而精緻的法式餐廳方面，在民國 97 年台灣餐飲風氣對於 Fine Dining Experience (西式精緻美食餐飲經驗) 尚屬懵懂年代，少數法式餐廳為當時台灣餐飲業帶入新視野，例如：樂沐法式餐廳，主廚陳嵐舒擅長將台灣本土食材和特色注入法國菜，提供 3,500 元至 6,500 元精緻套餐，以及首家登台的侯布雄法式餐廳，當時台灣並無米其林餐廳，由於此餐廳由米其林傳奇人氣主廚 Joel Robuchon 來台開設，提供挾帶創意與不失經典的法式料理，為台灣掀起第一波米其林熱潮。另外 Dazzling Café 蜜糖吐司專賣店創立，店內時尚華麗的陳設，搭配精緻獨家蜜糖吐司甜點，引領名媛下午茶旋風。

本土連鎖店方面，出現以麻辣鍋為主的中高價位火鍋店如鼎王、老四川，其經營方式以直營連鎖經營展店，於此階段年營收皆破億，分別以提供九十度鞠躬的服務、感動服務、肉麻服務的方式，展現以客為尊的態度。再者，除了外食人口不斷攀升外，從事餐飲業工作的年輕人也居多，因此餐飲業易被視為就業門檻不高之產業，許多人創業亦會從餐飲業開始著手進行，由此可知，台灣餐飲趨勢已邁入兩極化 (極小化或極大化) 的經營模式。

民國 100 年代迄今

隨著國民生活水準提高而蓬勃發展的服務業，進入廿一世紀後，依 2000 年服務業占 GDP 比重達 66.96%，占總就業人數比重達 56.48%，顯示服務業已成我國經濟活動之主體，亦為創造就業的來源。根據財政部數據統計顯示，國內提供民生飲食的餐飲服務業大幅成長，餐飲業營收於 2016 年高達 4,400 億，相較於 2002 年的 2,615 億，過去 15 年來成長率達 68% (表 1-6)，而各項營收其中以餐館業最高，比例超過 80%。

餐飲業持續成長主因是外食人口增加和來台外籍人數逐年成長。在 M 型社會消費崛起，頂級客層重視食材的品質和餐食的精緻度甚於價格，高價精緻美食餐廳已成為目前餐飲業積極拓展的另一方向，如寒舍愛美飯店、漢來大飯店、晶

表 1-6　歷年餐飲業和餐館營收

年	餐飲業營收 (億元)	年增率 (100%)	餐館營收 (億元)	餐館營收 (百分比)
2002	2,615	0.1	2,135	81.6
2003	2,634	0.7	2,200	83.5
2004	2.713	3.0	2,263	83.4
2005	2,894	6.7	2,446	84.5
2006	3,027	4.6	2,554	83.1
2007	3,174	4.9	2,683	84.5
2008	3,247	2.3	2738	84.3
2009	3,263	0.5	2754	84.4
2010	3,512	7.6	2970	84.6
2011	3,809	8.4	3240	85.0
2012	3,945	3.6	3360	85.1
2013	4007	1.6	3383	84.4
2014	4,129	3.1	3492	84.6
2015	4,241	2.7	3587	84.6
2016	4,400	3.7	3720	84.5

整理自經濟部統計處資料

華酒店、欣葉的食藝軒高價位台菜等。除了擴張國內市場，也進軍國際市場，著名的有王品集團、開曼美食達人 (85 度 C)、安心食品股份有限公司 (摩斯漢堡)、瓦城泰統、欣葉國際集團等。目前各餐飲集團擴店區域包括：中國大陸、香港、澳門、新加坡、越南、馬來西亞、日本及美國。

　　2008 年至 2010 年左右，全球受到金融海嘯衝擊，雖然 2009 年台灣整體 GDP 衰退 –4.3%，但台灣餐飲業總營收額仍小幅成長，此結果可能為除了外食人口不斷攀升外，餐飲業者紛紛推出平價餐飲以因應景氣低迷。例如：王品集團推出平價品牌 (石二鍋、Hot7)、平價吃到飽餐廳、旅館內餐廳推出平價餐點等。

　　2012 年至 2013 年間，除受到整體經濟景氣影響之外，當時亦出現一連串食安事件 (塑化劑、蔬菜殘留過多農藥……) 的影響，消費者食安意識逐漸提高，消費習慣也開始注意食材來源、商品標示與標章，並且著重餐飲衛生，注意用餐的健康安全，如挑選單純無添加物、有機的食品等。

　　對於現今消費者而言，至餐廳用餐除了基本的價格與功能考量外，亦會受到

用餐體驗而影響消費。主題餐廳為提供消費者另一種獨特的用餐體驗，主要以能帶給消費者輕鬆的休閒、娛樂，或者具特色的用餐環境。民國 105 年，台灣陸續出現日本海外授權之主題餐廳，尤其是以近年來受到日本文化「可愛經濟」之影響，許多卡通主體餐廳授權台灣開設，不僅吸引喜愛卡通人物的消費者，甚至有兩間卡通主題餐廳於民國 105 年榮登台灣十大難訂位之餐廳 (第二名 Rilakkuma Cafè 拉拉熊咖啡廳，第四名 Hello Kitty Shabu-Shabu 和風小火鍋主題餐廳)。

快速休閒 (Fast Casual) 為源自美國的一種餐飲型態。快速休閒餐廳與過往正統餐廳差異在於菜色較精簡，但與速食店相比較講求食材與烹調。快速休閒餐廳的擴張與消費者飲食偏好的改變有關，也連帶影響了許多速食業者，例如：麥當勞、肯德基、必勝客等，都在研發如何降低卡路里和鈉含量，並添加更多樣的穀物來打造健康的菜單。民國 105 年 21 世紀風味館推出 21 PLUS 餐飲品牌，21 PLUS 強調快速的服務，並且採用新鮮蔬菜和健康食材打造多種菜色，目標客群設定為都會區 25~35 歲的消費族群，同時採用選擇性高的菜單結構與簡化的服務流程，以強調消費者個人化的優質體驗。王品集團於民國 106 年推出「CooK BEEF！酷必」，為滿足現今多數消費者追求輕鬆快食之需求，提供牛排與米飯之結合的產品，以「輕餐飲、單品店、快食尚」作為餐廳定位，目標客群設定為年輕族群與上班外食族群 (表 1-7)。

日式料理餐廳

對國人而言，非供應中式料理的餐廳皆可稱為異國料理餐廳。但因經過日據時代的變遷，日式料理在台灣遠比其他國家的餐飲有著不可小覷的影響。根據波仕特線上市調網 (Pollster Online Survey) 線上會員調查，由 2011 年的異國餐廳偏好和 2014 年的餐廳消費與飲食偏好二項調查結果，最受國人歡迎的異國餐廳是日式餐廳。又根據台灣最大美食搜尋網站愛評網，符合日式料理搜索條件的店家高達 11,211 筆，遙遙領先亞洲異國料理的店家數 4,112 筆。日本餐廳為何受國人如此喜愛？探究原因可分為殖民地主國飲食文化影響、複製日式潮流文化興起、日式餐食提供消費者多元的選擇等三因素。

日式料理烹調著重「色、香、形、器」四者的和諧統一，食材講求新鮮且配合四季之變化以保留自然的原味，食材切割刀工講究且富於變化、器皿和擺盤講求藝術化。日式飲食給人清淡、精緻、營養、健康、視覺享受等特色，隨著 1980 年代日本經濟強勢、經濟全球化、「和食」具世界級非物質文化遺產 (2013 年被列入聯合國教科文組織──UNESCO 非物質文化遺產名錄) 之獨特性等因素影響，日本飲食不斷受到全世界的關注。根據日本農林水產省 2015 年調查，

表 1-7　台灣餐飲業發展年表：民國一百年之後

一○○年代		
民國 101 年	吃到飽自助餐	此時台灣吃到飽餐廳 (西式自助餐、鐵板燒、火鍋、比薩、中式自助餐) 至少有 500 家。
	旅館搶攻餐飲平價市場	高雄福華大飯店開七賢吧餐廳搶攻平價簡餐市場，提供商業套餐，每一份不超過 300 元，也有商務旅館開始提供 188 元平價午餐，以及下午茶港式點心 258 元吃到飽。
民國 102 年	平價餐廳	景氣不振，連鎖餐飲推出平價品牌。例如：王品推出石二鍋、hot7。
民國 103 年	新住民飲食文化	東南亞移民與新住民女性增加 (南洋風味餐廳)。
民國 104 年	韓式料理店	受到韓風潮流，許多韓式料理店來台開店。例如：姜虎東燒肉 (已於 2018 年 1 月停止營業)、孔陵一隻雞、新麻浦燒肉。
	日式料理店	日本眾多連鎖餐廳開始於台灣開設分店，包括丼飯、拉麵、豬排飯等等。例如：金子半之助、豚一屋。
	連鎖麻辣火鍋	2000 年開幕的鼎王、2007 年開幕的老四川及 2015 年從中國大陸來台的海底撈，皆以直營連鎖方式經營，分別以提供 90 度鞠躬的服務、感動服務、肉麻服務的方式，展現以客為尊的態度。
民國 105 年	主題餐廳	盛行海外授權主題餐廳。例如：航海王主題餐廳、小丸子主題餐廳。

　　日式餐廳 (含日籍和非日籍人士經營) 數量達到 88,703 家，而亞洲地區為 45,000 家，為 2013 年的 1.6 倍。

　　台灣因緣際會曾為日本殖民地五十年，日本留下的各項建設、生活方式，都讓民國 30 年代初期以前出生在這塊土地的人，成為記憶中難以被遺忘的時光。當時日人的餐食有白米飯、味噌湯、壽司、生魚片、各類醃製之日式醬菜、炸物等，經過時間的洗禮，漸漸被台籍家庭所模仿與採用。在日式料理餐廳用餐對他們而言，是重溫記憶中的味道。

　　隨著民國 77 年歷經四十年的解嚴開放之後，民國 79 年起即有大批日本雜誌、日本漫畫、日劇、日式美食節目、電影、電動遊戲陸續輸入台灣，國人對於其中描述日本流行的食、衣、住、行、遊樂，興起一股嚮往、喜愛風潮。「東西料理軍」為介紹日式料理的綜藝節目，自民國 88 年在台灣播出後，民眾對日式飲食的特色有更深入的瞭解。

　　台灣的日式料理雖在日治時期由日本人引進，至今卻呈現多元的面貌。口味有台式口味，有正統口味，也有創意口味。日式飲食較為著名的有壽司、烏龍麵、拉麵、生魚片、丼飯、炸物、豬排套餐、咖哩飯、烤肉、火鍋、定食、便當

和精緻料理等,餐廳形式有專賣店的形式,如拉麵店、烤肉、火鍋店;另有綜合型的日式料理餐廳和懷石料理餐廳等。價格也因餐廳目標市場不同而有所區隔,由目前網路美食網站提供的大台北地區日式餐廳的消費額可知,多數餐廳走的是平價路線。

台灣日式餐廳發展大致從光復前後開始,為日式料理餐廳萌芽期,民國32年開業的麗都日本料理,至今仍在營業,有蒲燒飯、定食等。光復後第一家開業的餐廳是位於西門町附近的美觀園,以和漢料理(台式的日本料理)為主,價格大眾化。

兄弟大飯店菊花廳自民國68年開始供應日式料理的便當和會席料理。會席料理源自十七世紀江戶時代的宴客料理,是武士請客所享用的料理,從前菜到甜點大致有七道到十三道菜。演變至今,通常成為婚喪喜慶的宴客料理,吃法自由,賓客可輕鬆享受美食。

日人視為最高級料理的懷石料理,於民國70年代才出現在台灣。懷石料理源自茶懷石(僧人在坐禪時,在腹上放上暖石以對抗飢餓感),意指茶道中主人款待客人的飯菜,伴隨著茶道興起。「空腹喝茶」易造成腸胃不適,故而發明出「三菜一汁」,在喝茶前享用。茶懷石講求清淡、小份量,如何食用都有規定,餐具和擺盤尤其講究。

懷石料理
圖片來源:MichaelMaggs

民國72年台灣有了第一家懷石料理餐廳,在日本知名廚師太田嘉章的指導下,於台北市信義路僑福大樓開幕,並取名為「七都里」,剛開始是以懷石料理套餐的形式供應,每套售價約1,500元。後因業主返回僑居地,由員工接手改為新都里餐廳,於民國86年重新開幕。民國75年福華大飯店海山廳,也加入懷石料理的營運。

為因應潮流,早期賣平價料理的上閣屋,於民國82年開始轉型供應日本料理吃到飽,並發展成連鎖經營,全台擁有多家分店。上閣屋可視為台灣日式料理吃到飽的創始者,後來經營不善,民國98年由精彩饗宴集團接手經營。民國85年崇光百貨也設有日式料理吃到飽的服務。後來陸續有其他觀光大飯店跟進,君悅飯店前身凱悅飯店亦設有日式的自助式餐廳,惟價格較高。

2000年前後開業的日式餐廳,不論是國際觀光飯店、獨立餐廳或僅接受預約的主廚餐廳,都朝向高價精緻化的方向經營,以菜單變化迅速、食材來源安全、等級高、座位有限、翻檯率低為特色,其中不乏有創意料理、無菜單料理,考驗廚師的巧思。近年來尚有刻意選擇人潮不多的地段開設餐廳,這類隱身於巷

弄中的餐廳，座位數約為 10~20 人左右。以無菜單料理為號召，由台日業界知名廚師執掌，藉高價區隔客源，營造出彷彿在家享受頂級精緻美食的服務概念。

　　日本當地眾多知名連鎖餐廳開始於台灣開設分店，包括丼飯、拉麵、豬排飯、甜點店等等，除了民國 101 年的一風堂拉麵來台，並正式掀起日本品牌拉麵店風潮，民國 106 年 6 月一蘭拉麵與米其林摘星拉麵店 Tsuta 蔦皆來台展店。日式料理以連鎖餐廳經營方式在台灣的時間超過三十年之久，有些是國內餐飲公司自創品牌，或是國內企業代理日本品牌或技術合作，還有的是以日本餐飲集團獨資經營的模式，依時間大致可分為三階段：

第一階段 (1987~2000 年)　　日式連鎖餐飲業者首次進入台灣設立餐廳，有獨資的吉野家集團和知多家公司，吉野家於 1987 年成立以銷售日式丼飯為主的吉野家餐廳，而知多家公司則是於 1988 年設立知多家豬排。另外，還有與日本摩斯食品公司合作的東元集團，由旗下子公司安心食品服務公司負責台灣的摩斯漢堡。這類餐點開發已久，新據點可直接經由複製母公司的中央廚房和標準作業流程即可迅速進入營業階段。

第二階段 (2001~2010 年)　　除了品田牧場餐廳為國內自創品牌，其他品牌都是日本企業或台日合作的日式餐飲，種類有豬排、壽喜燒、燒肉、定食、居酒屋等。有特色的產品、中價位的訴求和餐廳空間營造符合主題氛圍，是這一波在台灣展店的特色。這些餐點訴求正統或是創意，工作人員所需廚藝和服務技巧的層次較上述階段為高，培訓工作成為重點。日式服務精神講求服務過程的各個小節都不可忽略，且用真心款待每一位客人，使其留下美好深刻的印象。在文化差異下，培育人員符合企業母公司之要求，對經營者是極大的挑戰與考驗。

第三階段 (2010~2017 年)　　日本內需市場由於受到經濟成長停滯和 311 地震影響，多數餐飲集團轉向海外發展，恰逢亞州國家平均所得逐步提高，遂成為日本企業海外展店的最佳區域，如中國大陸、新加坡、台灣、越南等地。以台灣為例，是歷年來最多品牌同時出現的一次，以產品專賣店為特色，如 2012 年拉麵和 2013 年的炸豬排，各品牌相繼開店，一時市場競爭激烈。

　　日式連鎖餐飲大舉來台投資，一方面因台灣是全世界最容易接受日式料理的國家，二方面是更進一步瞭解華人市場，以作為進入中國大陸市場的跳板。所以國內餐飲業者受到的衝擊可想而知，若能藉此學習日式餐飲業者如何將產品專業化、營運系統化和服務細節化、人性化，有利於本國餐飲業的發展及未來海外之拓展 (表 1-8)。

表 1-8 台灣日式料理連鎖餐廳一覽表

分類	開業時間：品牌名稱〈經營或代理企業〉
拉麵	2007：花月嵐〈晶旺餐飲(股)公司〉 2009：光麵拉麵〈北澤國際餐飲集團〉 2011：屯京拉麵〈京拉麵(台灣福代克思(股)公司)〉 2012：一風堂〈乾杯拉麵(股)公司〉、鷹流拉麵〈鷹峰企業社〉、北海道梅光軒拉麵〈裕毛屋(二代)〉、麵屋輝〈分店〉、三田製麵所〈台灣日清(股)公司〉、凪 Nagi(豚王)拉麵〈香港赫士盟集團〉、山頭火拉麵〈台灣山頭火(股)公司〉 2013：麵屋武藏〈大品國際聯合餐飲(股)公司〉 2016：麵屋一燈拉麵〈信泰企業〉 2017：豚骨一燈拉麵〈信泰企業〉 2009：光麵拉麵〈北澤國際餐飲集團〉
烏龍麵	2011：土三寒六烏龍麵〈樺島商事有限公司〉 2013：讚歧烏龍麵〈日本丸亀製麵/台灣東利多(股)公司〉 2014：穗科手打烏龍麵、稻禾烏龍麵〈稻禾餐飲國際集團〉* 2015：太盛 16 烏龍麵〈傑利國際餐飲集團〉、鶴越烏龍麵〈大成集團日本、Greenhouse 集團〉 2016：麵鬥庵〈日本山本商社〉 2017：鶴丸烏龍麵〈東元集團〉
蕎麥麵	2012：湯太郎蕎麥麵〈東允餐飲集團〉 2014：名代富士蕎麥麵〈大丹食品(股)公司(日本名代富士麥)〉
天丼	2016：天吉屋〈天吉屋/三灃企業(股)限公司〉 2016：金子半之助〈金子半之助_金御賞(股)公司〉 2016：濱乃屋〈台灣創造(股)公司〉、下町天丼・秋光〈方旭國際〉

圖片來源：Ishikawa Ken/Flickr

表 1-8 台灣日式料理連鎖餐廳一覽表 (續)

分類	開業時間：品牌名稱〈經營或代理企業〉
日式炸豬排	1988：知多家〈日本知多家〉 2004：勝博殿〈勝成餐飲(股)公司(勝博殿)〉 2007：品田牧場〈王品集團〉* 2011：富士印日式炸豬排〈燦坤集團〉 2013：小吉藏日式炸豬排專賣店〈永睿餐飲事業有限公司〉、福勝亭 TONKATSU 日式豬排專賣〈三商集團〉、靜岡勝政日式豬排〈慕里諾餐飲(股)公司〉 2014：銀座杏子日式豬排〈六角國際事業(股)公司〉、伊勢路勝勢日式豬排〈慕里諾餐飲(股)公司〉
壽司	1996：爭鮮壽司〈股份有限公司〉* 2014：藏壽司〈台灣國際藏壽司(股)公司〉 2016：HAMA 壽司〈台灣善商(股)公司〉
丼飯	1988：吉野家〈台灣吉野家(股)公司〉 2008：百八魚場〈百八魚場餐飲(股)公司〉* 2009：築地鮮魚〈佳特國際開發(股)公司〉 2013：八坂丼屋〈八坂丼屋_八坂國際有限公司〉 2014：すき家 SUKIYA*〈台灣善商(股)公司〉 2016：牛角次男坊燒肉丼〈台灣瑞滋國際股份有限公司〉
咖哩飯	2005：CoCo 壱番屋_台灣壹番屋(股)公司 2015：iZumi Curry〈奧維羅貿易(股)公司〉

表 1-8　台灣日式料理連鎖餐廳一覽表 (續)

分類	開業時間：品牌名稱〈經營或代理企業〉
日式定食 	2007：定食八〈爭鮮 (股) 公司〉* 2009：彌生軒〈台灣富禮納思 (股) 公司 (YAYOI)〉 2013：樹太老〈北澤國際餐飲集團〉* 2014：大戶屋〈全家便利商店 (股) 公司〉
日式鍋類：火鍋壽喜燒  圖片來源：Sukiyaki/Flickr	2003：MO MO PARADISE 壽喜燒〈天吉屋_三濃企業股份有限公司〉 2006：鋤燒鍋物料理壽喜燒專賣店〈鋤燒餐飲有限公司〉 2010：北澤壽喜燒〈北澤國際餐飲集團創〉* 2013：黑毛屋日式鍋物〈乾杯拉麵 (股) 公司〉 2015：AKA KARA 赤味噌鍋〈赤から Aka Kara_明德國際企業 (股) 公司〉、どん亭 Don tei〈台灣吉野家集團〉、涮乃葉日式涮涮鍋、Shabusai〈日本雲雀餐飲集團〉、壽喜菜〈台灣創造餐飲集團〉
日式燒肉 	2002：牛角燒肉〈東京牛角 (股) 限公司〉、野宴連鎖燒肉店〈野宴餐飲集團〉* 2012：牧島燒肉〈墨力餐飲集團〉 2014：大阪燒肉雙子 FUTAGO〈緣龍有限公司〉 2016：西頭燒肉〈台灣西頭 (股) 公司〉
居酒屋  圖片來源：羽諾 諾咪/Flickr	2005：和民居食屋〈台灣和民餐飲 (股) 公司〉 2013：白木屋居酒屋〈Monteroza 摩天羅沙集團〉

資料來源：整理自各公司官網
*台灣餐飲業自創品牌

個案　餐旅菁英的困境

匯中公司是一個在改善經營不善的飯店有著傑出紀錄的小型連鎖集團，最近接手了一間富華飯店。交易後的第一件事，總公司決定派欣如擔任富華飯店的總經理。欣如在連鎖集團的經營團隊中是一位最有經驗的管理者。

總公司對於人事安排唯一的條件是，欣如必須將餐飲部經理換成康康。康康是這個連鎖集團內最好飯店的新起之秀，四年前畢業於知名餐旅學系。匯中集團的副總裁文音認為這是個測試康康的好時機。欣如向文音解釋，帶領富華飯店轉變已經是個很大的挑戰了，她不希望還要額外去指導一個不曾面臨嚴重問題，且在職場上一直都有人幫助他的公司紅人。

文音表示她能夠理解欣如的想法，但是向欣如保證：「你將會看到他的表現，只要你放手讓他做，他會做出成績的。」欣如雖然抱持懷疑的態度，但還是讓步接受了。文音交代：「我不想干涉你的職權，我只是希望能給康康一個在不同飯店顯露才能的機會，今天下午我會請人資部將他的檔案影印一份給你。」

康康確實是匯中集團的明日之星，當他在餐旅系唸書時擔任過餐廳的服務員，畢業後他進入匯中集團的旗艦店擔任儲備幹部，很快的就被晉升到餐廳的副理，他第一份部門主管的職位是擔任房務部經理。最近，他成為集團中旗艦飯店高級餐廳的經理，在那裡他學到連鎖集團的標準作業流程。除此之外，康康還讓這個已經是穩定經營、有良好獲利的飯店繼續成長。

一星期後，康康抵達了富華飯店。在一個小時的會談中，欣如對康康說：「康康，接下來的每一步都非常重要，改變是非常困難的。任何的改變都會遭到抗拒，因為員工通常會認為改變是對他們的一種挑戰。」

康康說：「我懂！在旗艦飯店改變作業流程也是很不容易，但是我們讓員工知道情況到底有多糟的時候，他們就接受並改正了。」

聽到這句話後，欣如停頓了一下，他開始後悔向副總裁文音讓步了。他說：「康康，你在那裡的確表現的不錯，但是這次我們不只是要改變作業流程而已，我們要改變的是整個飯店的工作文化。」

「喔，這的確比較困難，有什麼立即要解決的問題嗎？」康康問道。

欣如向康康指出幾點需要立即改善的問題：

- 首先，餐廳的營運目前是虧損的狀態。營利必須盡快恢復正常。
- 倉儲量太大，但是員工卻抱怨物品常常缺貨。
- 出菜的品質與份量都不穩定，菜也出得太慢。
- 廚房和用餐區的環境衛生水準都令人無法接受。
- 送去飯店洗衣房的桌巾，洗過送回後仍有污漬。
- 廚房裡的兩個烤箱運作的不太好，大多數的設備老舊需要維修，但是對工程部抱怨都不見回應。
- 顧客常常抱怨服務品質，因為服務不好，飯店的業務經理不願邀請客戶在自家餐廳用餐。
- 餐廳時常處在員工不足的狀態。

欣如繼續說：「就以上幾點，你可以發現從管理階層到基層員工都有問題需要解決。我懷疑業務和房務經理故意將前幾個月住房率降低，這樣他們就能做出好的業績。這會讓餐廳面臨很大的風險——就是會處於人手不足的狀況。至於工程部到底出了什麼問題，還不知道，不過我會去找出來的。」

「我向你保證我能夠馬上處理餐廳部分的問題。」康康說。

「接下來的三十天，我將會注意飯店內幾個比較急迫的問題。但是請不要獨來獨往，我會支持你並樂於提供意見，要記得我們是一個團隊。」欣如說。

康康開始跟餐飲部各單位會面，在這段時期他讓各單位明白以往那些工作方式將不再被容許。他宣布道：「我打算讓餐廳的服務水準提升到可以比得上旗艦飯店的餐廳。」康康藉由修改他之前服務餐廳的員工手冊，建立了新的手冊。並且要求所有員工要仔細的閱讀並遵照手冊的指示工作。「之後不准有任何人在餐廳或是廚房吃東西──需要進食請在休息區。」「我將會執行顧客服務訓練計畫，這保證會使餐廳的平均消費額和總營收增加。」

幾天之後，康康公告了他所設計的新工作班表。當某些員工向他抱怨時，他會說：「在城裡有許多餐廳，如果你不喜歡這裡，就請另謀高就」，接下來的兩週康康非常忙碌的到處滅火，先是教訓了主廚讓廚師出錯餐，接著他發現有一群服務生依然使用原有作業方式，康康威脅要開除這些服務生。看起來每當他想改變某件事時，員工就會忽略他的命令或是不在意他的忠告。

在將近一個月到期的某一天，事情變得一發不可收拾。因為住房人數很多，餐廳非常的忙碌。當康康走過用餐區時，他聽到有位客人非常生氣的抱怨他的食物似乎永遠不會來了。康康走向廚房詢問主廚是什麼原因讓出餐延遲，主廚向他解釋說沒有預期這麼多的客數，並說：「我們忙得不可開交，因為菜燒焦了所以在重煮。」

當康康走回那位等餐的客人並招待他這一餐免費時，隔壁桌女士向他抱怨，她已經在位子上坐了好幾分鐘，但是沒有一位服務人員理會她，甚至連杯水都沒有。康康衝回廚房找到那桌的服務員小麥，並指責她為什麼沒有照著工作手冊的流程在第一時間服務客人。小麥失去理智的說：「我的工作量已經是兩人份了，我要如何遵照你定的標準？你可以不要再煩人了嗎！我們工作已經因為你那愚蠢的新班表而變得非常困難，在人手一直不足的狀況下，你還能期待我們符合你的標準嗎？」

於是康康開始下場幫忙出餐，在用餐區他注意到業務經理和她的客戶正要離開。業務經理請康康到比較隱密的地方說話，她說：「今天的服務跟以往一樣糟糕，這讓我在客戶面前很沒有面子。」康康生氣的頂回去說：「要是你肯公開正確的住房率，我們能安排適當的人力，就不會發生今天這樣的情形了！」當康康回到餐廳，一名服務員衝向他，並且告訴他義式咖啡機沒有辦法運作。再又送出一張招待券後，康康努力的控制他的情緒說：「工程部在幾天前就知道咖啡機出問題了！為什麼每件事都無法做好呢？」

一個月過去了，餐廳除了顧客數增加外，營業額並沒有明顯的增加。不只是員工甚至於主管都和康康保持距離。甚至是一開始很支持康康的財務長都開始懷疑，這位明日之星是不是退步了？因為她看到許多的招待券，但是卻沒有任何營利增加。

問題討論

1. 你贊成公司選定康康作為這個新職位的候選人嗎？
2. 為什麼康康的努力會不見成效？欣如應該做什麼來避免康康失敗？
3. 康康下一步應該做什麼才能讓他的部門狀況好轉？

Chapter 02

餐廳型態及服務方式

學習目標

1. 認識不同餐廳之類型
2. 瞭解餐飲服務的型態
3. 清楚各類宗教規範之餐飲製備程序與食材限制
4. 熟悉銀髮族供餐應注意事項
5. 明瞭銀髮族菜單設計之原則
6. 通曉安養機構餐飲服務發展趨勢
7. 瞭解如何服務身心障礙消費者

一、餐廳型態

餐廳類型與分類皆趨向多元化,主要可以餐點、價格、服務型態或各國傳統美食區分。依價格分類有高價位餐廳、中價位餐廳和低價位餐廳;依服務類型可分為下列幾種型態。

速食餐廳 (Fast-Food Restaurant)

廿世紀餐廳最大的變化莫過於麥當勞的興起。麥當勞的前身是來自美國伊利諾州的兩兄弟所開設的熱狗店,他們當時引用福特汽車生產線的概念,於 1948 年開始改賣漢堡。由於漢堡店的員工通常不需要具有高度的烹飪技巧,可迅速供應價格低廉的產品,因此生意興隆獲利高。這時有一名推銷餐廳設備的行銷人員 Ray Kroc 看到麥當勞經營理念的潛力,於是買下麥當勞餐廳,他為加盟店所訂定的規則,成為速食連鎖的先驅,也改變美國餐廳業者的版圖。

60 年代至 70 年代,速食連鎖餐廳如 McDonald's、Hardee's 及 Burger King 皆以銷售各類漢堡及薯條為主,接著更多異國餐點加入市場,例如 Taco Bell 墨西哥餅和 Pizza Hut 披薩等。此類餐廳亦採用生產線方式製作產品,例如:必勝客 (Pizza Hut) 製作披薩的方式,員工於披薩的麵皮上依照規定添加各種食材,經過設定的時間及溫度烘焙後,即可供應熱騰騰的披薩,就如同製造業的生產線一般,在短時間內即可看見成品。

自助式的櫃檯、有限的座位及輕鬆的氣氛下提供顧客點餐,是這些餐廳的基本作業模式,而且顧客也可以選擇內用及外帶。70 年代得來速 (Drive-Through) 的設施加入服務行列,顧客僅需在車內透過窗口點餐,既方便又快速。

圖片來源:Ildar Sagdejev/Wikimedia

快速休閒餐廳 (Fast-Casual Restaurant)

目前在美國極受 Y 世代和 Z 世代喜愛的快速休閒餐廳 (Fast-Casual Restaurant),其經營方式是結合速食和休閒之理念,強調健康飲食,以供應有機食材和手工製作麵包之餐點作為與傳統速食餐廳的區隔,因此價格較高。這類型餐廳提供櫃檯點餐、接受客製化餐點、自行取餐或由服務人員送餐。餐廳提供舒適的用餐環境,餐點製作則是採開放式廚房,顧客可以看到廚師烹調其所訂製的餐點。

「Fast-Casual」與「Quick-Casual」這兩個字眼，自 1990 年代中期即開始出現在餐飲業，它是被用來形容像麵包店、咖啡館、捲餅屋這類型的店面，提供顧客休閒用餐的體驗，從那之後這樣的經營型式便橋接了快餐店與提供完整服務的主題休閒餐廳 (例如：TGI Fridays) 的缺口。餐飲業界將滿足戰後嬰兒潮喜愛高油脂速食口味的偏好，轉而將注意力朝向選擇享用較健康飲食的新世代。加之近年來全球食安問題愈演愈烈，強調新鮮食材的快速休閒餐廳就此崛起，消費者也期待能有更自在的享受，除去傳統餐廳無微不至的服務，快速休閒餐廳的用餐步調相對輕鬆自在。

Restaurant Business (2016) 指出快速休閒餐廳持續增長，二十年來成長幅度達 11.5%，而 Panera Café 是快速休閒餐廳中規模最大的，在 2016 年的美國前五百大連鎖餐廳中首次獲得了第十名。Panera Bread 於 1980 年成立於波士頓，當時僅是一家不到十二坪的麵包烘焙坊，在創辦人兼 CEO Ron Shaich 的領導下，將原本單純的麵包店拓展成複合式餐廳，目前在美國四十一個州擁有 2,000 家門市。Panera Bread 自許為專業的麵包店，強調每天供應的都是新鮮烘焙的麵包，當日未售完的麵包則全數捐贈予社區慈善機構以回饋社區。除了賣麵包與內用無限續杯的咖啡外，Panera Bread 還有簡餐、沙拉、湯品。

墨西哥餐飲連鎖店 Chipotle，菜單只有捲餅、碗裝捲餅、沙拉和塔可餅 (Taco) 四種餐點。廚房採開放式，沒有冷凍庫、微波爐和開罐器設備。食材以強調有機、在地生產、使用自然生長的肉品 (Natural Raised Meat) 等新鮮材料為主，顧客可挑選陳列在點餐檯內的肉類、生菜、墨西哥莎莎醬 (Salsa) 等二十一種配料與醬汁。在餐飲市場競爭激烈和顧客重視價值的情況下，Chipotle 試圖在高品質的食材、烹調方式，與速食業強調效率、低成本、低價位之間取得平衡，以吸引特定的顧客群。

圖片來源：Mike Mozart/Flickr

Chipotle 的餐點內容最重要的就是對於健康的重視。Chipotle 從 2001 年開始就持續和一家叫作 Niman 的家庭農場合作挑選優質而有保證的肉類，並且秉承了其「Food With Integrity (良心食物)」的理念，之後每家新開設的餐廳都會選擇當地一家農場加入體系進行合作。Chipotle 曾經出過一款 App，每增加點選一個產品都能在最後計算出餐點的總卡路里，方便消費者控制熱量；2013 年底，一部由 Chipotle 投資的美劇悄悄走紅，這部

圖片來源：Kennejima/Flickr

戲劇主要講述食品經銷商們之間的故事，其傳遞正面的健康價值觀鞏固了 Chipotle 在美國人心中的地位。

Sweetgreen 成立於 2007 年，是由幾位 Georgetown 大學的學生創辦。三位創始人創業的動機，是因為共同有對健康餐飲的喜好，然而學校周邊竟然沒有一家能夠符合這種需求的餐廳。Sweetgreen 的產品主要包含沙拉、飲料與霜凍優格，整個餐廳的風格圍繞他們「Food that Fits」的理念。Sweetgreen 很擅長進行社區行銷，2010 年開始舉辦 Sweetlife 音樂節，內容均全面貫穿環保健康的理念。

圖片來源：Eestroff/Wikimedia

主題休閒餐廳 (Casual/Theme Restaurant)

傳統行銷認為消費者是理性的，著重於產品功能與效益，而體驗行銷則認為消費者在購買決策過程中亦受到感性的驅策。在體驗經濟的時代，行銷訴求的重點是為顧客創造出有價值的體驗。休閒乃指在例行生活及壓力外尋找新奇事物或改變，是一種心理感受。享用美食並非是主題餐廳的唯一訴求，運用輕鬆的用餐情境，提供消費者所需要之休閒體驗，才符合體驗行銷之發展趨勢。國際連鎖休閒餐廳講求個性化的服務及主題氣氛營造，讓消費成為一種時尚且獨特的用餐體驗。在美國消費者最喜愛的休閒餐廳品牌，其中大部分尚未進入台灣市場，例如：The Cheesecake Factory、Oliver Garden、Red Lobster、P.F. Chang's Bistro 及 Applebee's Neighborhood Grill & Bar。僅有 Outback Steakhouse、TGI Fridays 及 Chili's Grill & Bar 已於國內發展。

圖片來源：Anthony92931/Wikimedia

Outback Steakhouse 為具澳大利亞特色之牛排餐廳，1988 年創立於佛羅里達州，全球擁有超過 1,000 家的分店，以提供專業、熱情、歡欣、輕鬆與舒適的用餐環境為目標。「洋蔥花球」搭配自製的辣根醬為招牌開胃菜。2004 年台灣首家餐廳創立於台北市敦化北路，全台灣有四家分店的 Outback Steakhouse 澳美客牛排館在 2016 年 3 月底正式退出台灣市場。

Chili's Grill & Bar 創立於 1975 年，全世界已有超過 1,600 家分店，以輕鬆愉快的達拉斯漢堡店起家，提供大

圖片來源：Mike Mozart/Flickr

份量的德州與墨西哥式料理,其他特色產品有瑪格麗特調酒、鮮嫩小豬肋排及熱舞法士達。希望能以道地的美國西南精神熱情款待每位客人,輕鬆地帶給人們快樂。2008 年台灣第一家 Chili's Grill & Bar 成立於台北市信義商圈,行人從透明落地窗即可穿視店內明亮的圓形吧檯、美國進口的桌椅與用具及岩塊與木造的裝飾。

美式連鎖主題休閒餐廳 TGI Fridays,創立於 1965 年的紐約第一大道與 63 街交叉口,現有近 800 家分店分布於全球,第一家海外分店設於英國伯明罕市。而台灣第一家分店創立於 1991 年,位於台北市敦化北路。其品牌定位以「創新、新奇、現代」為核心,目標是希望客人能在溫馨愉悅的氣氛下,享受由一群受過專業訓練的員工,提供超乎期望的美食、飲料及服務,並讓客人渴望能有機會再度享受此種愉快的用餐經驗。

連鎖主題休閒餐廳除著重餐點品質、用餐環境及服務氛圍的整體營造外,分店數布局全球。在品牌定位或服務理念上,皆以提供消費者輕鬆、熱情、有趣、新奇、舒適等休閒概念為主軸。主題休閒餐廳之所以受歡迎,是因為它符合輕鬆生活的社會趨勢,其特點在於餐廳裝潢通常具有某一種主題特色。餐廳的主題包羅萬象,從鄉土口味至異國風情應有盡有,讓顧客親身體驗特殊風情。雖然有許多種不同的經營型態,但普遍的特徵是平均消費額介於中價位與中高價位間,以及提供休閒的用餐環境與供應酒精飲料。主題休閒餐廳不只是一個供應餐飲的地點,也帶給顧客遠離煩雜生活、提供有趣與便利的感受。

家庭式餐廳 (Family Restaurant)

從餐廳發展的過程中,以美國為例,在 1970 年代以前,幾乎不曾聽過或看過「兒童餐」或「兒童菜單」等字,成人幾乎是提供餐桌服務之餐廳業者主要的服務對象。由於孩童在公眾場所情緒較不易控制,往往影響其他用餐客人,而且他們的食量不大、消費有限,餐廳對於接待孩童意願不高。若父母與孩童上餐廳用餐,餐廳通常是供應份量較少的成人菜色。

速食業者首次出現專為孩童供應的餐點是來自國王漢堡速食連鎖餐廳,該公司於 1973 年以「Fun Meal」名稱成功地推出兒童套餐。五年後,1978 年麥當勞才推出「快樂兒童餐」,該名稱至今仍沿用。速食業者的兒童餐有漢堡、附餐和飲料,並隨行銷主題附贈相關玩具,通常裝在外表鮮艷的紙袋或厚紙板紙盒中。

家庭餐廳經營理念以營造悠閒舒適之用餐環境、平價消費和餐桌服務為主,適合家庭成員或三五好友聚餐,這類餐廳遂成為父母攜帶孩子外出用餐的場所。有別於速食連鎖的兒童餐,家庭式餐廳也有兒童菜單之設計,早期仍以兒童較喜

Denny's Restaurant 是美式連鎖家庭餐廳，最大的特色就是 24 小時營業、份量十足、價格實惠。Denny's 對於 55 歲以上的老顧客、10 歲以下的顧客，有價格更優惠的菜單。

圖片來源：www.debbiesadaylateandadollarshort.com

歡的鬆餅、乳酪漢堡、歐姆蛋等為主。現今兒童肥胖人數日漸增加，在政府單位呼籲下，餐廳逐漸推出符合兒童營養的菜單。家庭式餐廳價位屬於中低價位，餐桌通常沒有布巾和瓷器餐具之擺設，餐點以簡單套餐或居家傳統飲食如漢堡或三明治等。服務人員穿著較休閒之制服如 Polo 衫或運動衫等，雖有餐桌服務但較不正式。顧客群為家庭成員居多，兒童用餐不受限制。

餐廳如果讓父母覺得與孩童出外用餐是一件輕鬆愉悅的事，闔家再度光臨的機會就會增加，以下為爭取家庭用餐消費族群之應注意事項：

- 訓練員工認識孩童之特質，尊重孩童，並給予父母點餐建議。除非父母要求協助，否則不可私自觸摸兒童肢體。
- 提供符合兒童營養需求的餐點：可將傳統的乳酪通心麵、炸雞塊或漢堡薯條加以變化或是供應新菜色，例如：添加各類蔬菜水果、優格沾醬、主菜沙拉、魚肉料理、全穀物，同時以牛奶、鮮榨果汁取代含糖飲料。
- 安置桌位時，應遠離餐廳入口、廚房、地下室入口等處，以免孩童私自進入，發生危險。
- 餐廳應安排較寬敞的桌位：攜帶孩童的家庭，若是四人可改以六人座餐桌，給與孩童較寬闊的活動空間。
- 餐廳應備有足夠的高腳椅或攜帶式輔助餐椅 (Booster Seat) 供幼童使用，服務人員應在一旁協助父母，確保座椅安全無慮。
- 提供兒童忙碌的機會：兒童等候餐點的時候，可能因環境陌生、肚子餓了或不耐久坐，情緒往往容易失控。最常見的是備有小提袋禮物 (內有小盒裝蠟筆、小畫本、桌墊)、小籃子玩具 (小汽車、卡車和動物玩偶)、氣球等，讓孩童畫畫、玩耍，轉移他們的注意力。
- 為孩童先備餐：兒童的餐點與成人的前菜可一起送達，父母可協助幼童用餐，同時自己也可以進食，縮短孩童久坐不耐的時間。
- 備有吸管水杯：幼童喝水宜使用附有吸管的水杯，可防止喝水嗆到。桌墊應鋪

> ### ᨀ 「兒童好食府 (Kids LiveWell)」：健康兒童餐 ᨁ
>
> 美國餐廳協會和 Health Dining 公司 (專門為餐廳分析菜單營養的業者) 鑒於兒童餐通常不為多數餐廳所重視，且不符兒童所需之營養價值，二者共同於 2011 年發起一項活動，稱之為「兒童好食府 (Kids LiveWell)」。其目的是為鼓勵全美各大連鎖或獨立餐廳開發、提供符合兒童健康的餐飲，餐廳若經由第三者驗證機構認證，可取得該活動認證標章列印在菜單上，兒童父母或照顧者可藉由網路或手機 App 得知供應健康兒童餐的餐廳位置，有助成人為兒童健康把關。
>
> 主辦單位規範餐廳供應的兒童餐應包含多樣蔬果、低脂蛋白質食物、全穀物和低脂奶製品，以適宜兒童的鹽糖油脂攝取量為烹飪原則，且不得使用油炸的方式。參加該活動的餐廳必須至少供應一項低於 600 大卡的正餐 (含主菜、配菜和飲料) 和一項低於 200 大卡附餐，菜單上應加以註明營養成分並予以推廣。主辦單位會將這些餐廳資訊張貼在網站，並介紹推廣合格的餐點。業者藉此免費獲得廣告，提升公司形象，甚至有助於公司在股市的行情。

上二層，可便於整理。
- 餐廳的男女廁所應備有換尿布檯，供父母為幼兒更換尿布。
- 孩童打翻餐點飲料：服務人員除儘快清理之外，還要詢問父母是否需要重新補上一份。
- 勿催促用餐且協助優先結帳，使父母和孩童享受食物之後，能夠順利離開餐廳，另一方面，其他的客人就可以避免受到干擾。

◉ 小酒館 (Bistro)

Bistro 還有多種翻譯名稱，如法式小酒館、小餐館、酒館或小館等，為餐廳類型的一種。它最早源自於法國巴黎，是指平價小餐廳，以供應法式家庭料理為主，如各式砂鍋燉菜。根據歷史記載顯示，可能是供食宿的旅店，房東為了增加收入進一步開放給大眾消費，菜色以當地食材、易於大量烹調、保存為主，同時供應酒和咖啡。另一種說法是俄國占領巴黎期間，軍人點菜時會大聲呼喊「Bistro」，可能是俄語快字「Bystro」，意指快一點上菜。但是法國語言學家不贊成這項說法，因為「Bistro」這字直至十九世紀才出現。還有另一種說法是源自一種叫作「Bistrouille」的咖啡利口酒，為一些平價餐廳用來做開胃酒之用。

在歐洲的小酒館，其料理特色通常是將食材物盡其用，如剩餘的各式肉可添加新鮮蔬菜做成燉菜，或是供應簡單的法式長條形的麵包，搭配鹹肉派和葡萄酒。而美式的小酒館，通常餐廳內布置簡單，如牆上會掛上幾幅畫、沒有檯布的小圓形或橢圓型餐桌 (僅供二人座)，而餐廳外通常搭上條形圖案的棚子或是擺上專供戶外用的金屬製餐桌椅。菜單不限於法式餐點，還增加多種異國料理。菜單最常見的有法式洋蔥濃湯、法式海鮮料理、紅酒燴雞、燒烤豬肉和義式波特貝勒菇料理等。有些菜單也加入鮭魚和牛排，啤酒和蒜味馬鈴薯泥。美式小酒館之所以受歡迎，最主要是讓多數顧客在高價位餐廳和低價位餐廳之間多了另一種選擇。

台灣也有 Bistro 餐廳，常見於觀光旅館內餐廳或獨立餐廳。業者雖然取名為小酒館、餐酒館，內部裝潢極具特色，菜色也以法式或義式精緻料理和各式調酒著稱，但價格並不平價。

◉ 精緻美食餐廳 (Fine Dining)

精緻美食餐廳，顧名思義以供應精緻餐點與良好服務品質為特色，屬於高價位餐廳。餐廳內部陳設豪華，餐桌舖蓋檯布、桌上擺放布巾與精緻餐具、舒適的座椅和柔和的燈光，讓顧客可以優閒地用餐，顧客翻檯率相當低。這類餐廳菜單和酒單內容豐富，強調各類餐點皆精選特殊、高品質或進口的食材，由專業廚師料理，菜單常見到昂貴的松露、魚子醬和鵝肝醬等。而酒單設計通常搭配菜單之菜色，由負責飲料之侍酒師提供服務。餐廳工作人員皆穿著制服各司其職，有領檯員、服務員、侍酒師和助理服務員等。

圖片來源：Mandarin Oriental Hotel Group/ Wikipedia

◉ 快閃餐廳 (Pop Up Restaurant)

Pop Up Restaurant 至今尚沒有一個正式的中文翻譯，英文「Pop Up」有突然冒出來之意，有人將其稱為快閃餐廳、游擊餐廳。「Pop Up Restaurant」，簡言之為一臨時小型餐飲設施，營運時間可長達半年或短短數個小時，負責人可能是知名廚師或新銳廚師，地點通常是私人住宅、舊廠房、舊穀倉、公園、展覽館或公寓頂樓，菜單多為套餐。消費者大多為一群善變、喜新厭舊的潮人，透過推特、臉書或部落格得知訊息。

「Pop Up Restaurant」於廿一世紀初開始盛行英國和澳洲，它在餐飲業並非

首創，1960 年代的晚餐俱樂部 (Supper Club) 或家庭餐廳 (Home Restaurant) 即有類似的概念。有些住在郊區的家庭，婦女偶爾烹煮料理提供給客人以賺取費用，靠的是口耳相傳。

「Pop Up Restaurant」可用來測試餐廳經營之新概念、新研發菜單、廚師廚藝或價格是否為消費者接受。可降低開業成本和營運成本，如房租和人力成本。餐廳可彈性移動，有助於瞭解地域性消費者特質。另一方面，往往受限於烹調設備和場地，易有突發狀況導致餐點變質；沒有固定的開設地點，不易招攬常客，且大幅依賴社群網站宣傳行銷和社區或私人場地租借，不確定因素顯然較多。

行動餐車 (Mobile Food Truck)

行動餐車是可移動的餐廳，由顧客選擇餐廳之傳統，翻轉為由廚師選擇顧客群出現之地點來經營。餐車源自於美國十九世紀的炊事馬車，根據美食歷史網站指出，當時為了提供牧場牛仔或農場工人的伙食需求，炊事人員在天未亮時就開始準備餐點，馬車內有流理檯供處理食物、食物囤放區與爐具擺放區。美國南北內戰之後，黑奴解放，頓時出現在大城市如紐約與芝加哥尋找工作的人潮，於是小販手推車 (Pushcart) 出現在紐約與芝加哥等大城市，雖已接近今日的餐車，但尚無法烹煮食物，僅能提供肉派、三明治與水果等簡便的餐點給在城市工作的人。

1872 年的《紐約時報雜誌》就曾刊載一位小販華特‧史考特 (Walter Scott) 在羅德島州當地的報社附近以餐車販售三明治、雞肉派及咖啡，許多記者因為出勤或加班經常買了就帶走或就地吃起來，久而久之，他的餐車成了記者們的重要供餐站。2008 年在洛杉磯的一位韓裔美籍廚師崔洛伊 (Roy Choi)，利用他曾經在希爾頓飯店擔任主廚的手藝跟自己的創意，開始自行創業推出名為 Kogi 的餐車，販賣韓式燒烤肉餡的墨西哥捲餅，同時使用推特 (Twitter) 事先預告餐車行經路線，結果大受歡迎，餐車停靠的地方都吸

圖片來源：Jingdianjiaju/Flickr

引了大批的饕客，也揭開了餐車經營的浪潮。近年來台灣也出現了許多行動快餐車，可以說是把美國的行動餐車引入了台灣。

相較於店面餐廳，行動餐車的優點是管銷成本與租金顯然較低，且容易清潔整理，甚或改變經營地點，機動性高，生意不好可以在短時間內換地點重起爐灶。但相對的消費顧客並沒有一定的忠誠度，所以很難累積顧客，另外營業收入往往受天候影響，假日與非假日也相差許多，所以營收不是很穩定。經營餐車最大的困難是找到合法又適合的地點，牽涉到當地的法規與餐車規範，另外還須注意垃圾的處理與避免弄髒周遭環境。

二、服務型態

餐飲業依餐桌服務方式可分為餐盤式服務、推車式服務、銀盤式服務、家庭式服務和自助式服務等五種主要型態。

● 餐盤式服務 (Plate Service)

餐盤式服務為餐廳廚房將烹調好的餐點，依個人份量盛裝在餐盤上，由服務生端送給客人享用的服務型態。其基本服務程序如下：

- 顧客在前場向服務生點菜。
- 餐點由服務生端至顧客桌位，由客人左邊上菜，收走時由右邊撤下，飲料則是相反的位置。若客人是位於沙發座，應以客人最便利的位置服務。
- 助理服務員協助服務並清理餐桌上客人使用過的餐具。

餐盤式服務有下列優點：

- 服務員可迅速提供服務。
- 餐廳的服務成本較為低廉，一名服務人員可服務多名顧客，且不需要特殊的服務設備。
- 服務人員不需要具備高度的專業技巧，餐廳所支出的薪資成本較低。

餐盤式服務也同時具有下列缺點：

- 由於服務員必須同時服務多名顧客,易造成一些服務疏失。
- 餐盤式服務相較於其他服務型態如推車式、銀盤式,服務員無須展現烹調技巧或分菜技術之類的表演,來使顧客驚喜。

推車式服務

推車式服務為食物於廚房先著手部分烹調,然後由服務人員在客人面前,於推車上持續進行完成餐點的必要步驟。這項工作通常至少由兩名服務人員負責,分別是服務員 (Chef Du Rang) 和助理服務員 (Commis Du Rang)。服務員主要工作為接受點菜、服務飲料、桌邊製備菜餚和收取帳款。桌邊烹煮菜餚必須具專業和經驗,同時還需展現以添加烈酒引燃火焰的方式製備各類餐點、切肉、去魚或雞骨等多項特殊技巧。烹調好的餐點經服務員的裝盤、盤飾後,再呈遞至客人面前。助理服務員以協助服務員為主,如遞送點單至廚房、領取食材、以銀質托盤盛裝送至桌邊推車上。服務員進行烹調時,助理服務員就負責服務飲料、菜餚,以及收拾清理工作。

提供推車式服務的餐廳,由於服務員取代廚師完成烹調和裝盤之工作,他們必須隨時能夠立即在客人面前服務,且不容許有失誤的情形發生。服務員之專業、經驗和服務客人之人數,往往使人力成本增加或不易招募適職之員工。

推車式服務必須備有活動式小火爐 (Rechaund) 的烹調推車 (Gueridon) 之設備,餐廳也必須規劃供推車移動和進行烹調的空間,無形中減少座位人數。並且,餐廳之擺飾、家具都必須與餐廳格調相符。因此服務器具、推車設備、空間利用和餐廳裝潢,導致開業成本較其他服務型態的餐廳為高。另一方面,餐廳提供專業優雅服務方式,供客人欣賞烹調藝術之後,再享用美食。客人在用餐過程中可獲得較多的關注,大致與所支付之金額成正比。

推車式服務之優點:

- 顧客可獲得服務人員更高程度的關注。
- 服務人員之烹調或服務可視為優雅之表演藝術。
- 餐點之展現不論是食材、烹調手藝和擺盤皆較為精緻。
- 可降低廚房工作人員之人力成本。

推車式服務之缺點:

- 服務人員必須具有烹調和服務之高度專業技巧,但其

圖片來源:WorldSkills UK/Flickr

品質卻又難以界定。
- 顧客用餐區往往瀰漫烹調餐點所留下的氣味。
- 用餐區空間之需求較餐盤式服務大,設備也較昂貴。
- 菜單訂價在所有其他服務型態當中位居最高價位。
- 顧客用餐時間長,餐桌翻檯率低。

銀盤式服務

銀盤式服務是將在廚房製備好的餐點,由廚師加以盤飾整齊地擺在大銀盤上。服務員端出後,先展示給顧客,經其同意後再進行服務。其服務程序是從主人右邊之女賓客開始,以逆時針方向進行。通常服務人員在廚房之前排好隊型,分別端著主菜與配菜進入現場,在賓客前先行展示後,將餐點暫時放置在托盤架上保溫,然後從客人右手邊將預熱的餐盤放在客人面前。接著服務人員左手托著銀盤,右手持分菜用的叉和匙,將餐點從客人左手邊放置在客人的餐盤。服務湯品時,先放置墊底盤再擺上熱的湯碗,再以湯勺從盛裝湯的大碗取出給客人。分菜須留意分配給客人之份量,避免最後一名客人只有極少量的菜餚。撤走餐盤和玻璃杯時,是從客人右手邊方向進行,也是從主人右邊之客人開始。

銀盤式服務通常是由經專業訓練且具有高度服務技巧的服務人員擔任,同推車式服務一樣,可展現專業、優雅的服務,提供客人特別的感受,而且服務速度快,較推車式服務節省人力成本。同時,服務賓客之設備只需備有托盤架,餐廳不必為此增設空間。所供應之餐點已在廚房妥善完成供應量之安排,最初和最後的客人所獲得餐點份量應都是一致的。

另一方面,由於大銀盤價格高,為餐廳開業前的一筆鉅額支出。如遇客人點了不同的餐點如牛排、魚排,餐廳就必須分別以大銀盤盛裝,為避免造成困擾,多數餐廳會選擇宴會時才提供這種服務型態。

銀盤式服務源自於俄國女皇凱瑟琳喜愛法國餐飲,曾引進法國廚師至俄國為其烹調,當時貴族商賈舉辦宴會時也競相模仿。由於俄國善於烹調的廚師為數不多,無法在客人面前展現廚藝,只能在廚房預先烹調,因此轉而強調餐點盛裝器皿、擺盤和盤飾之特色,使餐點呈現色香味俱佳之效果。

法國餐廳首次採用銀盤式服務方式時,令業界耳目一新,對於專業人力或設備之成本較傳統推車式服務精簡,因此十九世紀中期在法國十分流行。現今銀盤

式服務廣為國際知名旅館或餐廳採用，而美國餐飲業也會在宴會上以這種方式進行服務。

銀盤式服務之優點：

- 供餐服務較推車式服務型態更為迅速。
- 服務人員不需展現廚藝技巧，可專注於服務層面。
- 餐點在廚房製備，其品質較易控制。同時藉擺盤、盤飾可展現餐點的視覺效果，令顧客驚豔。
- 由於通常為宴會或團體聚會所採用，餐廳會使用可容納多人的大型餐桌，較使用二人座或四人座餐桌之擺設節省空間。

銀盤式服務之缺點：

- 服務人員仍需接受專業服務技巧訓練，才能將銀盤盛裝的餐點服務至客人的餐盤上。
- 服務人員分菜時，易產生每位顧客分配不均的情況。
- 最後一名接受服務的客人，其視線所及之餐盤，已不若剛上菜時所呈現的美觀。
- 銀盤價格高且易遭竊，使設備成本增加。

家庭式服務

家庭式服務是指服務員由廚房拿出已盛好餐點的大餐盤，端至餐桌上，由客人自行傳遞拿取。

家庭式服務的優點：

- 上菜後客人自取或傳遞拿取，客人可以食用溫度適宜的餐點。
- 用餐面積和設備需求較推車式服務為低。
- 翻檯率高且服務時間短暫，有時也為宴會所使用。

家庭式服務之缺點：

- 餐點份量不易控管。若先取菜的客人拿取的份量較多，就會影響後面取菜客人之份量。
- 客人較無法受到服務人員的關注與服務。
- 客人無法看到服務人員的服務技巧表演。

自助式服務 (Buffet Service)

自助式服務是指餐廳將所有餐點擺設在餐檯上，由顧客自行取用的一種供餐方式。由於可同時服務許多顧客，常見於餐廳、旅館或設有團膳之機構採用這種形式。其菜單結構富於變化，可供應少數幾道簡單菜式或數十道多樣化的精緻美食，通常依價格、功能或供餐人數做不同的安排。自助式服務也可以和其他服務方式合併使用，例如，高價位歐式自助餐，數道進口高價食材烹製之主菜，經顧客選擇後，以餐盤式服務供應，其他餐點則由顧客自行取用，此種方式稱為半自助式服務。

自助式服務之供應和收費方式可分為幾種不同方式：

美式自助餐　所有餐點放置在食物展示櫃內或按供應份量盛裝在餐盤上，顧客沿著動線拿取所想要食用的菜色。不論是由服務人員服務或由顧客自行取用，顧客僅需依所選取的餐點付費，計費方式依餐點重量或餐盤顏色區分。

吃到飽自助餐　即顧客可無限取用餐檯上的餐點，依餐廳所訂定之價格收費，常見於飯店餐廳採用這方式。目前台灣各大旅館都有吃到飽的自助餐服務，供餐時間分早餐、早午餐、午餐、下午茶和晚餐等，菜式分中式、西式、日式或各式料理合併。

這類型自助餐餐檯所陳列的食物通常有精緻盤飾，如各種造型之冰雕、蔬果雕或鮮花吸引顧客之焦點。目前供餐系統大都依餐點烹調方式或食材性質劃分為數個專區，如熱食肉類、海鮮、熱食蔬菜、主食、沙拉、甜點或飲料，使其各自形成一小型的自助餐檯。有的還設有數個服務站，如壽司區、烤肉區、湯麵區、鬆餅區等，供應客製化之餐點。

吃到飽自助餐廳必須注意動線規劃，避免顧客集結在某一區，甚至被迫排隊取菜。應隨時補充餐檯上的食物，並維持應有之溫度和整潔，也應有足夠之餐具數量可持續供應。顧客使用過的餐具也應迅速移走，以保持餐桌之整潔。

日式迴轉壽司、蒙古烤肉也可視為提供自助式服務的餐廳。日式迴轉壽司由顧客自行選擇輸送帶上的食物。結帳時以餐盤之類型和數量計費。至於蒙古烤肉，顧客先選擇餐檯的各種肉品、蔬菜和調味料以餐盤盛

裝，再轉交給廚師代為烹調，收費同吃到飽餐廳一樣，都是依每人統一價格。

三、服務特定族群

隨著消費者意識的抬頭及餐廳業者的激烈競爭，餐飲及服務對象不再是以一概全，客源的明確定位，往往是餐廳成功的重要因素之一。本節將依社會人口結構、宗教信仰及少數族群，分為宗教飲食特色、銀髮族、殘障人士餐飲服務等部分，並對每一族群的特徵、飲食特色及服務的注意事項逐一說明。

宗教與餐飲

全世界的主要宗教按人口比例依序可分為基督教、天主教、回教、佛教及猶太教等，然回教、佛教和猶太教在飲食方面，須依照其教義之規定，採用特殊的製備程序或食材限制。現將其飲食製備或服務方式分述於下：

佛教餐飲 一般提及素食，大眾的聯想大抵與蔬果有關。至於選擇素食的原因有宗教因素如佛教愛護眾生不忍殺生的教義、環保因素如維護地球資源之永續經營、人道主義如厭惡牲畜不人道的飼養環境，或其他個人飲食限制等。若詳細界定，目前所謂「素食者」可依其所食的動物性食物分為：可食用魚類、蛋類和奶類製品的魚類素食者；可食用蛋類或奶類製品的蛋奶素素食者；僅食用奶類製品的奶素素食者，以及完全不食任何動物性產品的純素食者。純素食者當中，若遵循佛教經典之信徒，飲食中還有不可添加五辛如蔥、蒜、蒜頭、洋蔥和韭菜之規定，並備有專用之器皿烹調，而其他純素食者則沒有這項限制。

穆斯林餐飲 穆斯林飲食又稱為「Halal 料理」，Halal 在阿拉伯語中是指「守法的、禁止的」，為符合伊斯蘭教義規範的餐飲方式。伊斯蘭教信徒嚴格禁止食用豬肉 (或豬油、豬骨高湯、豬隻提煉的凝膠)、動物之血液、酒精類和具攻擊性食腐肉的動物及其所延伸製成之食品，而海鮮、青菜、水果和「符合清真條件宰殺」或具有回教組織所核發 Halal 標記之肉品──牛、羊、雞、鴨、鵝等食材則沒有限制。屠宰可食用之牲口時，任何一位穆斯林，下刀以前念「奉真主之名」即可進行。為減少牲口驚嚇或受苦的時間，要確認下刀時之正確位置，以尖刀一刀劃過食道、氣管和兩條動、靜脈，並將血液盡可能排放乾淨。此外，餐飲供應必須使用「沒有拿來烹調或進食非清真食品」的烹調環境、烹調設備和餐具，方能符合其教義規定。

供應「Halal 料理」的餐廳必須經過認證才能獲得清真認證標章。以台灣為

例，不論是由穆斯林業者經營的穆斯林餐廳，或是由一般業者所開設的穆斯林友善餐廳，從菜單、食材、廚房衛生及用品等，凡觸及伊斯蘭教義都必須經過當地伊斯蘭教組織的審核。中國回教協會除了負責核發認證之外，也會提供餐廳服務員和採購人員的教育訓練課程，以協助輔導業者和從業人員更加了解穆斯林文化，避免觸犯穆斯林的飲食禁忌。

台灣很早就對穆斯林經營的餐旅業頒發「清真餐飲認證」標章，非穆斯林經營、但願意投入的業者所經營的餐旅業頒發「Muslim Friendly Restaurant 穆斯林友好餐廳) 認證」，獲得這兩項標章認證的業者餐廳所用的食材、調味料、製作過程、廚房、器具，甚至是儲藏室、用餐場所與餐具，都是符合伊斯蘭教法的相關規定，

全世界穆斯林人口近 17 億，比例占總人口數的 1/5，根據資料顯示，穆斯林來台觀光人數大約年平均二十萬人，人數雖不多，但觀光產值按觀光局估計約 90 億台幣，是一個不容忽視且具有開發價值的市場。目前全台獲頒清真認證餐廳逐年增加，台北晶華、亞都麗緻、國賓都加入戰局，雖然穆斯林餐飲準備費工，亞都麗緻表示，食材成本雖比原本增加二到三成，但看好穆斯林旅客商機，期望未來能提升商務客入住的比例，台北晶華指出，在推動認證後，穆斯林旅客詢問的人數比以往多一到二成，目前入住人數穆斯林旅客僅占 1%，期望未來市場開發後，能夠提升 5~6% 的商務客源。因此爭取穆斯林認證標章，是餐廳業者積極拓展的方向。

猶太教餐飲 猶太飲食 (Kosher) 是指符合猶太教規的餐飲，Kosher 一字源自希伯來文，有合適、適當、正確之意。猶太餐飲的特色有四：

(一) 可食用哺乳類且反芻的動物如牛、羊和一般飼養的禽類如雞、鴨、鵝。屠宰牲畜或禽類時，必須經猶太教長老施以特定的儀式進行。宰殺後必須放血潔淨，因為血液被視為生命的液體而禁止食用。可放置在專供這項用途的容器內，經冷水浸泡半小時，清洗後灑上粗鹽靜置一小時，再用清水洗淨。動物前半段部位可立即使用，而後半段部位必須清除血管和脂肪，才可烹煮、冷凍、絞碎或製成其他商品。不可食用豬、馬、兔、駝、甲殼動物和軟體動物等；(二) 一餐中僅能從奶類、肉類和中性食品 (植物性食物、有鰓和鱗片的魚類、蛋類和蜂蜜) 擇一食用；(三) 可飲用按照猶太律法規範所生產的葡萄酒，涵蓋紅葡萄酒、白葡萄酒及氣泡酒。從葡萄原料、釀造和裝瓶的一系列過程都必須在長老的監督下完成，並由該長

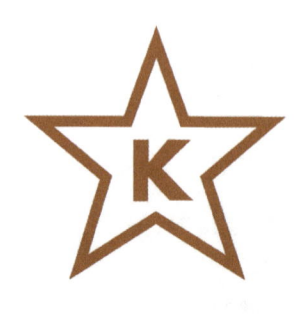

老在酒標的背處簽名；(四) 猶太教的安息日 (星期五日落至星期六日落為止) 禁止烹煮食物，信徒以冷食為主。每年逾越節為期八天，只能食用未經發酵的麵包，並以專為該節日使用的廚具烹煮肉類及奶製品。

　　猶太飲食可視為一項宗教儀式，從食材選擇、製備方式和使用餐具都必須依照規範。其製備方式必須遵守特殊規範，凡廚房設備或餐具均必須經過潔淨手續，才可以進行烹調或盛裝食物。廚房先由受過訓練的督導 (Mashgiach) 施以猶太教儀式使其潔淨，烤箱或爐灶內部則以瓦斯噴槍消毒或抹鹽高溫烘烤半小時，而廚具和餐具可以熱水浸泡或火燒等方法。依據教義肉類和奶類禁止同時食用，廚具和餐具必須分別準備，以不同顏色區分避免混淆。熱食必須使用專門服務潔淨食物的器皿盛裝，以免吸收不潔淨食物的殘留物；冷食則沒有限制。

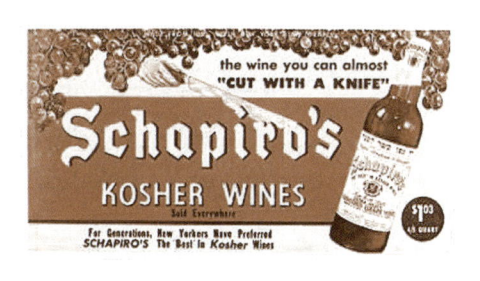

圖片來源：Jglsongs/Flickr

銀髮族餐飲

　　根據聯合國世界衛生組織 (WHO) 的定義，年滿 65 歲以上人口方可稱為老年人、年長者或銀髮族。當老年人口超過總人口數的 7% 時，即進入高齡化社會 (Aging Society)；超過 14% 時為高齡社會 (Aged Society)；超過 20% 時則為超高齡社會 (Super-aged Society)。

　　台灣隨著經濟成長、公共衛生普及、醫療設備進步和國民所得增加，國民平均壽命持續延長，老年人口急劇增加，人口結構相對老化。台灣已於 1993 年老年人口占總人口的 7.1%，成為高齡化社會，根據內政部最新統計，截自 2017 年 8 月底，老年人口比例又提升至 13.6%，顯示 2018 年台灣即將進入高齡社會。按行政院經建會之人口推估，預計 2025 年老年人口數占總人口數的比率將攀升為 20.1%，亦即為每五個人當中就有一位年長者，而至 2050 年，台灣老年人口將成長至 35.9%。

　　內政部資料指出，六十五歲以上國民之經濟狀況 80% 以上為充裕或大致夠用，由於銀髮族的人口愈來愈多，表示銀髮族這塊市場也愈來愈大，根據心理學家的研究，老人的心理和其他年齡層有極大的不同，因此銀髮族的消費行為備受重視。銀髮族通常比一般人有更多的時間，也有足夠的金錢作為餐飲的支出，面對這樣的市場，餐飲業也應做出完善的行銷研究及規劃。

　　通常提到銀髮族，許多人聯想到的會是健康的議題，根據內政部資料，

六十五歲以上國民罹患疾病前五項依序分別為心血管疾病、骨骼肌肉疾病、眼耳疾病、內分泌及代謝疾病與肝胃腸等消化系統疾病。有一美國研究以起司、香腸、薄餅和餅乾這四種食物供老人挑選，而在食物標示營養成分後，老人對上述高油脂食品喜愛的程度會明顯降低，表示脂肪及膽固醇含量對於老年人在挑選食物有明顯的影響力，顯示出老年人會因為健康因素而挑選食物。餐飲業針對銀髮族這塊市場，在餐點的調配上要特別注意影響銀髮族的營養攝取規劃。

年長者生理退化特徵

外觀改變　皮膚開始鬆弛、長老人斑和皺紋增加，頭髮變白、稀少，彎腰駝背，身高下降，體重減輕，腹部腰部脂肪增多而顯圓潤。

感覺功能退化　視力退化使年長者近距離的視力變差，對黑暗的適應力降低，水晶體會變黃且不透明，影響顏色的判斷。聽力會逐年下降，特別是高音部分，無法辨識聲音來源，語言判斷力也降低。味蕾數目減少，感受酸苦之滋味較甜鹹持久，唾液分泌減少，難以下嚥，食慾降低。嗅覺功能低下，年紀愈大鼻腔內嗅覺細胞數量減少、嗅覺靈敏度下降，平均每二十年下降一半。皮膚細胞退化，皮膚的接觸反應、溫度判斷和疼痛感覺減退、遲鈍，容易造成燙傷、凍傷或外力傷害而不自知。

運動功能退化　骨骼、肌肉和關節的老化，使得骨質不緻密、肌肉量和強度減少，關節軟骨退化，形成彎腰駝背，行走速度緩慢，平衡感不佳容易跌倒，手腳無力無法拿起重物，關節腫脹、變形、僵硬，以致於影響日常活動作息，且增加骨折的風險。

器官退化　身體老化造成血管組織改變，血管壁硬化彈性變差，造成心臟收縮過度負荷，引發高血壓，嚴重時亦引發中風。另外，管狀動脈阻塞嚴重，影響血液之供給，引發心臟疾病如心絞痛、心律失常或心肌梗塞。咳嗽功能減退，氣管的黏膜細胞纖毛清除異物效率降低，對抗病毒能力下降，肺泡巨噬細胞之功能有缺陷，這些改變致使老年人容易感染肺炎和慢性支氣管炎。消化系統方面，口腔唾液分泌少，牙齒缺損，胃的消化酶減少，易引消化不良，腸道萎縮、蠕動緩慢，吸收力變差且易產生便秘。

認知能力退化　大腦組織隨增齡萎縮，細胞數目減少，腦神經傳導物質的濃度降低及腦血液循環阻力大，致使出現反應速度變慢、健忘、記憶力變差、學習能力變差等較為明顯的變化。

年長者供餐之注意事項

雖然時間及金錢都足夠，但年齡卻會對銀髮族外出活動造成阻礙，所以能夠引發銀髮族出外用餐的動機就更為重要。根據報告指出，兩個最主要外出用餐的動機為方便性及社交，也說明社交是外出用餐的主要原因，而隨著年齡的增長，社交因素的影響會更大。在一份消費者餐廳選擇的研究中，指出美國人喜愛到具社交功能的俱樂部用餐，顯示出滿足社交需求的重要性。餐廳之用餐環境和餐飲設計都應依其生理特質為考量，才能吸引年長者前來消費。

餐廳內部設施之考量　按年長者生理變化特性，餐廳用餐區內部各項設施應儘量營造一個舒適又安全的用餐環境。針對上述衰老現象，銀髮族適用餐廳之規劃原則包括下面幾點：

- 視覺退化
  (1) 標示字體及字間距須符合老人視能，字體與背景顏色應該對比鮮明。
  (2) 在用色方面，老年人因水晶體黃化導致其對綠、藍、紫等色光較不易察覺及分辨，而對紅、橙、黃等色則較易察覺。
  (3) 老年人常因白內障造成景深知覺錯亂，階梯上應避免使用式樣繁複之地毯或地磚，以免其難以判斷階梯高度與邊緣。
  (4) 老年人因瞳孔萎縮，充足而平均之照明，在預防意外發生上更顯重要。
  (5) 照明上以自然光源為佳，避免使用白熾燈泡；最好使用間接光源，以避免眩光造成傷害。
  (6) 視力老化使年長者不易閱讀字體太小的字，目前餐廳菜單所使用 POS 系統，具有可放大功能，或是備有桌上型附有 LED 燈之放大鏡，都可解決這項問題。若是專為年長者設計傳統菜單，菜單最小字體不宜選用小於 12 號字。英文菜單菜色敘述可使用 Times New Roman 字型較易辨識，而菜名可使用 Arial 及 Helvetica 字型，字型特色是強調每一個字母，可使標題醒目、突出。中文菜單菜色敘述可用明、宋體字，菜名或標題則是使用圓體或黑體字較易閱讀。行距也應加大。菜單若使用有光澤的紙或是護貝，年長者只能持傾斜角度閱讀，才能避免反光。菜單顏色與文字應呈現對比色，白色或淺色系紙印上黑色字最佳。
  (7) 年長者視力需要較長時間調整光線的變化，例如：由戶外進入較昏暗的室內，這時餐廳入口處光線應較其他空間明亮。餐廳室內光源應維持一致性，以免增加年長者視力負擔。減少強光的照射，所有燈具應備有燈罩或使用不透明的燈泡分散光度，以降低視力的傷害。室內空間可採用天然

光源，但須備有隔熱玻璃、百葉窗或窗簾，以保護視力。由於他們對於黃色、橘色和紅色較其他顏色容易分辨。餐廳布置應妥善配合其視力特性，有助於年長者對於所處環境的辨識，因此燈光的顯色指數 (指物體用人造光源和標準光源對比，其顏色還原的程度以 Ra 表示) 不應低於 70，且儘量避免採用淺色色系。

• 聽覺退化

年長者配戴助聽器有助於聽得比較大聲或比較清楚，但是助聽器的作用畢竟有限，在數個同時發聲的來源中，不能刻意模糊或忽略背景噪音，而專注人聲頻率的接收，如同正常聽力功能。近年來科技進步運用於助聽器之改善，對於環境中的噪音仍無法過濾或減除。為避免噪音影響用餐，可安排座位遠離出入口、廚房、空調、音響放音等處。

充足的照明有助於看清面部表情及脣形，以輔助瞭解對話內容。需要對話之場所面積不宜過大，可將大餐廳區隔成許多較具私密性之餐廳。天花板亦不宜挑高，以減低背景噪音，必要時應有隔音或吸音處理。

• 味覺退化

人一生中，最初舌頭上分布有大約 10,000 個味蕾，到了老年味蕾數可能會減半。過了六十歲，味覺和嗅覺逐漸衰退，由於味蕾的傳導效應變低，有些老人會覺得味道改變，或是對味覺刺激不那麼敏感。老人對鹹的敏感度比年輕時降低了十一倍，對甜和苦的敏感度降低了七倍，對酸的敏感度降低程度最小，但也有四倍之多。年紀愈大，口味愈重，是老人的共同特徵。

• 肢體障礙

擴大行動面積，變更擺設和動線，減少不必要的擺設。改善出入口的高低差及衛浴設備的空間與安全性。減少使用樓梯的不便利性、避免電梯空間不足。年長者行動較為緩慢，為避免滑倒受傷，應設有防滑設施或地毯。走道不宜採用階梯變化，而且走廊盡頭處應避免裝置透明玻璃，以防止年長者因疏忽跌倒或碰撞。

年長者大腿的肌張力退化，高度較高的座椅便於其起立或坐下的動作。高度 19 英寸、深度 21 英寸和手把高度 26 英寸的座椅或沙發最適合這一族群使用。座墊不宜使用太軟的泡棉材質，椅套可使用具防水功能的聚酯纖維布料。此外應設置無障礙坡道、紅外線感應式自動門、急救警鈴、確保空氣流通等有益高齡者身心健康之設施設置。

銀髮族菜單之特色

　　年長的消費者對於飲食對健康的影響愈來愈重視。通常年長的消費者都有習慣用餐的地方，對於食物和服務也都有一定的偏愛。日本是目前世界上六十五歲以上老年人口最多的國家，全國有超過 1/4 的人口都是老人。有愈來愈多日本的餐廳有專門服務老人的菜單，以迎合他們咀嚼及吞嚥固體食物的困難。這些食物看起來像是固體，有著美味的顏色，但又容易咀嚼與吞嚥。

　　目前台灣的商業餐廳顯少為年長者特別提供專屬於他們的菜單，以美國為例，各家連鎖餐廳為年長者族群的服務，多以八五折或九折優惠價格供餐。面對超高齡社會的來臨，餐飲業者宜依據其生理特質設計菜單，銀髮族菜單如同其他族群菜單，除了儘量少用加工製品，多選新鮮、季節性食材，還要兼顧營養價值，下列為設計菜單所應注意之事項：

- 食材選擇與烹調方式

　　多數年長者咀嚼功能通常不佳，菜單設計宜選擇質地較軟的食材為主，如五穀根莖類 (五穀雜糧、馬鈴薯、地瓜、山藥)；蛋白質 (絞肉、魚肉、蛋、豆腐)；蔬菜類如各式新鮮菇類、根莖或瓜類 (冬瓜、紅白蘿蔔、茄子、絲瓜)、葉菜類 (菠菜、地瓜葉、莧菜或其他深綠色之蔬菜)；水果類如奇異果、香蕉、木瓜、葡萄、草莓、芒果、蘋果、梨子。烹調時宜切成小塊狀或細絲，以蒸煮、燉煮、燜燒、烘烤或清炒加以燜爛等方式處理，避免用油炸或火烤，以利年長者食用。

- 低鈉低糖少油之飲食

　　人的味覺和嗅覺感受力會隨著年齡增長退化，年長者往往會不自覺食用調味過量 (如過鹹) 的食物，使得血壓難以控制。若能以辛香料 (如蔥、薑、蒜、洋蔥)、香料草 (如香菜、九層塔、茴香)、酸味物質 (如白醋、水果醋、檸檬汁、柳橙汁、鳳梨)、中藥材 (當歸、八角、甘草、肉桂、桔皮、枸杞、紅棗) 等多項物質加以變化調味，可使菜餚口味變得清淡，且不容易吃膩。

　　飲食中攝取過多的糖易造成肥胖，引發慢性疾病，提高心臟病的風險。根據世界衛生組織 (WTO) 2015 年所公布之「成人孩童糖攝取量指南」，指出成人游離糖攝取量不宜超過總熱量的 10%，若能降低至 5%，更有益於健康。若以成人膳食每日攝取 2000 大卡熱量為例，游離糖應控制在 25~50 公克 (6~12 茶匙) 之內。所謂游離糖 (Free-Sugars) 是指所有由製造商、廚師和消費者在食物添加的單糖和雙糖，以及蜂蜜、糖漿、果汁和濃縮果汁中天然含有的糖。減少游離糖之攝取，烹調原則宜採低糖、少糖醋、少勾芡，以適量的水果和堅果

取代甜點。

控制油類攝取也十分重要，油炸物和糕點都屬高脂食物，應儘量少食。避免食用動物性油脂 (豬油、牛油)，改以植物性油脂為主，可輪流使用多元不飽和脂肪 (玉米油、葵花油) 和單元不飽和脂肪 (橄欖油、花生油)，以均衡攝取各種脂肪酸。

- 增加纖維質

根據研究結果，每人若能每日攝取 3 份蔬菜和 2 份水果，則可以有效降低各類慢性疾病的罹患率。增加纖維素的攝取對年長者有許多益處，如有效改善腸道生態，使腸道更加健康，減少便秘的發生；纖維質也可增加飽足感，以免血糖偏高者飲食過量，對於穩定血糖有所助益。主菜可添加蔬果烹煮 (如番茄、絲瓜、南瓜、茄子、蔬菜嫩葉)，或飲用含渣之鮮蔬果菜汁 (宜留意水分控制)。

- 均衡膳食

依據國家發展委員會所公告之老年人均衡膳食圖示，每天宜攝取五穀類根莖類的食物約 1.5~4 碗、肉魚豆蛋類約 3~8 份、蔬菜至少 3~5 碟、水果 2~4 份、低脂乳品類 1.5~2 杯、油脂 3~7 茶匙及堅果種子類一份。

安養機構餐飲服務

預估 2050 年台灣將超越日本，成為全球最老的國家。面對無可逃避的照顧責任，台灣卻一直沒有發展出健全的長期照護模式，照顧重擔大多落在家人和外籍看護肩上。但隨著少子化及勞力輸出國的經濟逐漸發展，人民減少出國幫傭意願，未來將可能成為「老人養自己的時代」。在台灣傳統倫理的束縛之下，一般人仍然認為將老人送進安養機構，會被稱為不孝。但當家中缺乏照顧長者的人手，或者照顧者感到疲乏不堪，家庭無法再承受照顧責任之時，就會迫切需要正式照顧或機構的照顧。

高齡化社會的來臨，留家照顧老人的人力逐漸減少，且愈來愈多的高齡族群面臨居住安養問題時，選擇入居安養機構已然是種趨勢。安養機構的餐飲服務是長者選擇入住安養機構的重要考量因素之一。目前台灣安養照顧機構的供膳型態是以共餐或個別供膳的飲食型態。大型照顧機構之餐食會由營養師依據慢性疾病以及牙口咀嚼吞嚥的狀況來調整供膳方式，但地區性的中小型照顧機構在考量經費成本的前提下，較無法提供個別化的膳食。

安養機構提供適當的食物營養，對於老年人是非常重要。由於老化的因素，

使老人身體各種器官的功能，在營養吸收時會受到影響，導致老年人常有營養不良等問題。老年人因牙齒脫落，導致咀嚼能力下降、吞嚥情況不佳、腸胃的消化能力減弱，影響老年人營養素代謝的問題。水分的攝取是非常重要，有些老年人不喜歡喝水，應該從其他飲食來補充，例如果汁、優酪乳、鮮奶或豆漿、米漿、菜湯類等，以避免便秘或泌尿道感染的困擾。安養機構會有從不同地區來的居民，有著不同的飲食習慣，有些居民習慣吃客家菜餚，有的習慣川菜等，因此菜單的準備，除必須符合老人營養，同時必須要儘量符合居民攝取食物的口味與習慣。

相對於台灣，在美國的安養機構會提供互動式廚房，以增加居民的活躍性。居民會想要品嘗到的是有家庭記憶的餐點。有些安養機構用餐時會以 6~8 人為一桌，且讓居民有選擇自己想吃的食物及份量的權利，多人一桌的方式，能夠營造出家庭和樂的氛圍，居民間也能有更多互動的機會。

銀髮族飲食原則

少量多餐，以點心補充營養 老年人由於咀嚼及吞嚥能力較差，進食時間拖長。為了讓老年人每天都能攝取足夠的熱量與營養，不妨讓老年人一天分成 5~6 餐進食，在三次正餐之間另外準備一些簡便的點心。

以豆製品取代部分動物蛋白質 老年人每天需要蛋白質，不過肉類的攝取必須限量。因此一部分蛋白質來源應該以豆類及豆製品取代。老年人的飲食內容裡，每餐正餐至少要包含一份品質好的蛋白質(如瘦肉、魚肉、蛋、豆腐等)，尤其不吃蛋的素食者，更要由豆類及各種堅果類(花生、核桃、杏仁、腰果等) 食物中獲取優質蛋白質。

主食加入蔬菜一起烹調 為了方便老年人咀嚼，儘量挑選質地比較軟的蔬菜，切成小丁塊或是刨成細絲後再烹調。如果老人家平常吃稀飯或湯麵作為主食，每次可加進 1~2 種蔬菜一起煮，以確保他們每天吃到足夠的蔬菜。

每天吃水果 水果是老年人常會忽略攝取的食物，一些質地軟的水果，如香蕉、西瓜、水蜜桃、木瓜、奇異果等都很適合老年人食用，可以切成薄片或以湯匙刮成水果泥。如果要打成果汁，必須注意控制攝取量，打汁時可以多加些水稀釋。

限制油脂攝取量 老年人攝取油脂要以植物油為主，避免肥肉、動物油脂，而且也要少用油炸的方式烹調食物。

少加鹽、味精、醬油，善用其他調味方法 老年人味覺較不敏感，吃東西常覺得

索然無味，烹調食物猛加鹽巴、頻沾醬油，很容易吃進過量的鈉，埋下高血壓的風險，善用酸或某些食材特有的香氣，就可以讓料理少鹽也美味。

少吃辛辣食物 辛辣香料能挑起食慾，且易造成鹽分攝取過多，老年人如吃多了這類食物，易造成腸胃不適，會出現口乾舌躁、火氣大、睡不好、電解質不平衡等症狀，所以少吃點為宜。

殘障人士餐飲服務

身心障礙泛指先天或後天因各款生理和心理系統構造之損傷或不全，導致個人無法行使正常功能，影響其活動與參與社會生活之狀態。世界各國為保護身心障礙人士，並協助其儘量過正常生活，各頒有不同相關法令，使其享有各項社會福利優惠、補助及工作保護權。身心障礙雖有不同層級障礙之差別，就餐廳可能服務的對象說明如下：

視覺殘障者 凡全盲、弱視或視覺功能有所缺損者皆可稱為視覺殘障者。服務視障客人，若有導盲犬伴隨，不宜打擾導盲犬之任務。打招呼時應先行自我介紹，輕喚對方「先生」或「女士」，並輕拉視障者的手，以免他們為突如其來的大音量而影響。引領視障者行走時，可事先告知客人所在位置之方向作為說明標準，必要時可在其手心畫出餐桌之位置，且告知前、後、左、右或幾點鐘的方向等具體方位。同時，引導他的手輕放在員工的左手肘上，使其緊跟著前進。行進過程中，如遇高低落差、大型室內植栽、障礙物、階梯等，應先行告知，並以客人步幅大小為標準，告知他如何通過。上、下階梯應走在客人之前，使其感受到上下之動作，在第一階和最後一階需暫停並告知。協助視障者入座時，應引導客人的手輕觸椅背或把手及餐桌的位置，使其便於辨別方向就座。餐廳若無點字菜單，應由員工以優雅音調、一般音量讀出菜單，並說明內容、價格和餐具擺設位置。上菜時，若是西餐可將餐盤視作時鐘，說明各菜色的方位。若是中餐或酒席，除告知器皿和菜餚位置外，可先詢問客人是否需要協助夾菜服務。結帳時，應將紙鈔與零錢分類點交。還有，為視障者解說餐廳其他設施時，應以時鐘方向位置予以描述，並告知如遇緊急情況應如何呼叫或請求協助。

聽力殘障者 通常指全聾或聽力差者為聽障者。一般有聽力障礙的客人通常會讀唇語或手語，亦可由客人決定溝通工具如唇語、書寫或二者同時使用。員工應在室內光線明亮處與聽障客人溝通，說話應直視對方，並以正常音量和語調進行且放慢速度，可使客人看清楚員工臉部表情和唇形變化，以利客人讀出唇語。要彈

性使用語言，若客人有不瞭解的字、詞、用語，可改用其他的說法或語句，或使用紙筆寫出來。

語言功能殘障者 指說話不清楚或無法說話的人。員工與言語功能殘障者溝通時，應注視對方，咬字清楚、音量適中、速度不須放慢。如果聽不懂對方的話，應有耐心請他們複誦剛才所說的話，切勿假裝聽懂。如有必要，請客人寫出他們要說的話。

肢體殘障者 長期使用輔助工具行進者，如步行輔助器或輪椅。員工與乘坐輪椅的客人溝通時，應在客人面前易於對話的位置，以避免頸部和背部受到傷害。不可觸摸輪椅或倚靠在輪椅。唯有應客人之要求，才可以協助推輪椅。推輪椅時，應以穩定的速度進行，轉彎應加以留意。

個案　可愛的導盲犬

午後的餐廳，用餐的客人正陸續結帳，只見一名身高約180公分帶著墨鏡長得很像言承旭的年輕男子走進餐廳，他的左側伴隨著一隻佩帶皮製牽繩及導盲鞍的拉不拉多犬。「歡迎光臨！」珮雯招呼著客人。

這是一家位於市中心的法式連鎖餐廳，距科學園區只有十分鐘車程，客人大多是在科學園區工作的科技新貴，而外場的服務人員也很年輕。「向前大約走十步，就是座椅。」當珮雯出聲引導年輕人來到餐桌時，就聽到他對著拉布拉多犬：「我們到了，維尼！」這隻名叫維尼的導盲犬，立刻鑽到餐桌下趴著，如果不是刻意尋找，不會發現牠的存在。

「您好，我叫芊芊是您今日用餐的服務員，這是您的菜單。」說完後自己十分懊惱，明明已知道客人是位視障者，還用一般接待流程的方式服務。「對不起，對不起，我每次看到帥哥就會變得語無倫次，……，我現在可以為您讀菜單嗎？」芊芊自我揶揄一番。這名年輕人也笑著回答：「沒關係，沒關係。很多人都說我很像言承旭，天氣這麼熱，請先給我一杯水，然後再告訴我你們餐廳的名菜。」

「先生，請問您要套餐還是單點？我建議您來一份迷你套餐，有湯、主菜和飲料。」年輕人想了一下，說道：「小姐，我想我就來一份迷你套餐。」

「湯有松露青蒜洋芋濃湯和蔬菜牛肉清燉湯兩種。主菜有三種：迷迭香烤松阪豬排、香煎鱈魚佐法式芥末醬和頂級菲力牛排佐松菇汁；飲料則有咖啡、紅茶、綠茶和特調花草茶。」芊芊一口氣快速地讀畢。

「我就選松露青蒜洋芋濃湯、頂級菲力牛排佐松菇汁和特調花草茶。」年輕人回答。芊芊複誦客人的餐點，心想：「還好他沒有選擇單點，否則我可能要花更多的時間讀菜單。」離開時她特別望了望餐桌下的拉布拉多犬，牠還是靜靜地趴著。

「好可愛的狗狗！」瓊玉和苡凡也走了過來。瓊玉蹲下去，未經客人許可便輕輕拍了拍維尼的頭，「牠好像我以前養的嘟嘟，牠們很聰明、個性沉著穩健而且學習能力強，據說是當導盲犬的首選。」說完後繼續逗著維尼，突然之間餐廳變得很熱鬧。振賢將客人使用過的餐具送進廚房後，再出來的時候，只見他拿著一個紙盤上面裝著一塊漢堡牛肉。

「維尼，這是主廚要請你的。」振賢微笑對著維尼說，並將肉端到牠的嘴前。「維尼，不可以！」這名酷似言承旭的男子正要出聲制止，說時遲那時快，或許是漢堡肉太香了，維尼大口一張，已開始吃了起來，二、三口就見盤底，接著牠還意猶未盡地舔起紙盤，尾巴拚命搖著，情緒變得很興奮。「維尼，坐下！」年輕人一面比手勢一面下命令，維尼總算安靜下來。

「先生，讓您久候了。這是您的麵包和湯，請慢慢享用。」說完後芊芊隨即離開。年輕人伸手在桌上摸了摸，才發現奶油刀和湯匙。接下來的主菜，年輕人這次似乎比剛才還要快速地找到餐叉和牛排刀，但是他還是無法立即分辨出牛排的位置。吃完主菜的年輕人對著芊芊說：「小姐，我想增加一份甜點。」「好的，先生。」拿了菜單的芊芊再次讀起菜單：「我們中午供應冰淇淋聖代、檸檬塔和蒙布朗。」

在甜點尚未送達前，振賢聽到彈指聲，抬頭一看原來是帶著導盲犬的客人有服務需求，

立刻走上前去，說道：「先生，請問有任何需要嗎？」年輕人回答：「請告訴我洗手間在哪裡？」振賢趕緊回答：「我帶您過去，先生。」年輕人一起立，維尼也隨著他的動作鑽出桌底站了起來，「請先直走再左轉」振賢說完便握著年輕人的右手臂前往洗手間。

到了洗手間門口，年輕人轉身對振賢說：「先生，請你告訴我裡面設備的位置，例如小便斗、洗手台、肥皂液、……，待會兒我會自己回去。」振賢想了想覺得不放心，決定在門口等候，似乎有了維尼的幫忙，年輕人順利的回到原座位。

結帳時，芊芊詳細告知年輕人收費的依據，於是他拿出一張千元大鈔交給芊芊。大約二、三分鐘後，芊芊就將發票和零錢一併交給他。

「謝謝您的光臨！歡迎您下次再來用餐！」送走了年輕人之後，員工們議論紛紛。有些人覺得維尼很可愛、聰明，因為這是他們第一次見到的導盲犬；也有些人覺得那名年輕人真的很帥，只可惜他的眼睛看不見。

問題討論

1. 服務視障賓客餐廳應有哪些設備及用品？
2. 服務這名年輕的視障者用餐時，有哪些是正確的服務，又有哪些錯誤的舉動需要改正？

Chapter 03

菜單規劃

學習目標

1. 明瞭規劃菜單之考量因素
2. 瞭解菜單種類及中西餐菜色之規劃順序
3. 認識菜單訂價的方法
4. 懂得菜單工程之概念及運算方式
5. 瞭解修訂菜單時需考量之因素
6. 熟悉米其林星級主廚新菜色開發流程

菜單對於多數人而言，只是一份供選擇菜色的商品行銷目錄，很少會留意一份菜單在餐廳營運中所扮演的角色和功能。對於餐廳內部而言，菜單明確界定餐廳所供應的餐飲和服務特色、所需的設備和材料來源，以及烹調方式和人力資源。對外部而言，菜單是無言的溝通者，默默地傳遞餐廳所供應餐飲和服務的訊息，並塑造出餐廳的形象。一份設計良好的菜單可引導客人點選餐廳希望促銷的產品，有助於推展餐廳的行銷計畫。

菜單有多種類型，而菜單排列次序也因中西式飲食習慣有所不同。價格是顧客用餐的主要考量之一，「物超所值」是顧客的基本要求。菜單訂價方式分門別類，非採行單一方式即可適用。菜單中每一項目的成本、受歡迎程度、銷售量和利潤都必須加以衡量，菜色受喜愛程度與利潤成正比，才能使餐廳得以持續經營，擔任此項任務之工具即是菜單分析。

菜單的字體、顏色、編排和材質，都會影響顧客對餐廳的印象和點餐行為，獲利高的菜色、招牌菜或主廚私房菜若編排位置得宜，有助於銷售量的提升。餐廳主要顧客目前橫跨嬰兒潮、X 世代和 Y 世代等三個世代，每一世代都有其成長背景和喜好，業者應了解消費趨勢，發展出符合餐廳定位的菜色，以引領餐飲風潮。本章分別將菜單類型、菜單規劃、菜單訂價、菜單分析、菜單印刷編排、菜單修訂及菜單趨勢，於下列說明。

一、菜單類型

菜單有多項分類的方式，有的依經營形式 (休閒 / 主題餐廳、咖啡館、客房餐飲服務等)、供餐時間 (早、午、晚餐)、餐飲商品 (甜點、飲料) 或是年齡 (兒童菜單) 分類。例如：飲料單包含各式無酒精飲料或酒精飲料，可提供顧客用餐前、後或搭配主菜飲用，以豐富其用餐體驗。以特殊甜點聞名的餐廳，通常會將甜點菜單與正式菜單分開，藉此提升顧客於餐後增點甜點的機率，以美國 Longhorn 牛排館為例，該餐廳過去所供應的萊姆派和熔岩蛋糕相當知名。高價位餐廳甚至會提供甜點餐車服務，顧客往往在飽餐之餘仍無法抗拒甜食的誘惑。

另外，也可以依固定式或循環式的菜色予以分類。固定式菜單是指長期供應相同菜色的菜單，但有時為使菜單有所變化，會搭配不同的「今日招牌菜」以吸引客。反之，循環式菜單則是在一個週期內每天提供不同菜色，直到菜單上的菜色重新開始循環，這類菜單廣為

Longhorn 牛排館
圖片來源：Dwight Burdette/Wikimedia

團體膳食所採用。

　　菜單結構也是另一項分類的方式，可分為單點菜單及套餐菜單兩種。單點菜單是指每一道菜都是單獨計價，顧客可依其喜好選擇各式沙拉、主菜、蔬菜、湯和飲料。套餐式菜單是由餐廳擬定供一人食用的數道菜，以單一價格計價。顧客較少有機會甚至無法更換菜色，通常為宴會或平價廳餐所採用。有些餐廳為了符合顧客對餐飲多元要求及提升營業收入，於是將菜單計價方式予以彈性變化。例如，餐廳可以單點菜單為主，此外再將少數單點菜色組合成幾組套餐供客人選擇。

Menu on Wooden Board

　　加州式菜單，顧名思義源自於加州，供應早餐、午餐、晚餐、飲料和點心，任何時間顧客都可以選擇菜單所列出的菜色。由於菜色種類多，為使菜單不易損毀，多用較厚紙質印製並加以護貝。

　　有些餐廳於特定時間推出今日特餐或今日招牌菜時會使用招牌菜菜單。有些強調新鮮以當季食材為主；有些餐廳則是藉此將所儲存較長時間、數量有限，或剩餘之食材加以結合製備，以較低價格銷售，有助於節省成本。餐廳往往會將這類菜色寫在木板架上，放置於餐廳門口藉以吸引顧客，因此又稱作木板架菜單 (Menu on Wooden Board)。

中式菜單

　　傳統的中式早餐有粥類 (清粥、皮蛋瘦肉粥、牛肉粥)、小菜類 (各色醬菜、肉鬆、花生、鹹蛋、皮蛋、炒青菜)、點心類 (春捲、蒸餃、燒賣、油條、肉包或菜包等中式麵點)、飲料 (茶、豆漿) 等。目前台灣較具規模的旅館所供應的早餐，大多以歐式自助餐方式供應，菜色仍保有部分傳統的中式餐點。

　　台灣中式餐廳的午餐和晚餐大致都使用相同的菜單，可分為單點或套餐菜單。單點菜單的主要類別有冷盤、主菜 (肉類熱菜、海河鮮熱菜、蔬菜熱菜)、湯品、主食 (各式炒飯、炒麵、北方麵食等)、甜點 (宮廷點心、廣式點心等) 和飲料 (各類的茶和酒)。由於中式菜餚由南至北有八大菜系，每一菜系又是由三、四種風味組成，因此每一菜系的著名菜餚相當多。目前中餐廳除了有標示所供應的菜餚是某一菜系 (如江浙菜、川菜、湘菜、粵菜等) 之外，部分餐廳則是由大江南北各個菜系中，選擇傳統著名的或廣受歡迎的菜餚進行組合，有些甚至依當前流行、當季的食材或養生食材 (如烤鴨數吃、帝王蟹、大閘蟹、進口龍蝦、鮑魚、燕窩、人參) 予以變化或新創。五星級旅館的中餐廳由於外籍住宿客人多，

中國傳統菜系特色

中國幅員廣大歷史悠久，孕育了多元文化，其中也包含了飲食文化的發展。各地受地理、地形、氣候的影響，物產、飲食習慣及烹調方法也相對產生差異，久之遂形成了各地獨特的菜系。由北到南，最著名的魯菜、蘇菜、徽菜、湘菜、川菜、浙菜、閩菜和粵菜八種，合稱中國八大菜系。

魯菜 (山東菜)

由齊魯菜、膠遼菜、孔府菜三種風味組成，其特色依次分別為以鮮嫩、香醇見長，尤重熬煮清湯和奶湯，知名的菜餚有湯爆雙脆、奶湯蒲菜、蔥燒海參；擅於烹煮海鮮以口味清淡、鮮嫩聞名，知名的菜餚有原殼鮑魚、大蝦燒白菜、崂山菇燉雞；講求火候、調味功夫使造型完美、細緻，知名的菜餚有烤乳豬、一品豆腐等。

蘇菜 (江蘇菜)

包括淮揚菜、徐州菜、南京菜和蘇錫菜。淮揚菜選料以鮮嫩、鮮活為主，刀工精細，講求原味，並擅於蔬果雕，著名的菜餚有芙蓉雞片、糖醋鱖魚；徐州菜的食材講求食補食療，口味鮮鹹，著名的菜餚有彭城魚丸；南京菜以鴨饌料理聞名，著名的菜餚有鹽水鴨、鴨湯；蘇錫菜以烹調河鮮、湖蟹和蔬菜聞名，口味偏甜，著名的菜餚有無錫排骨、涼溪脆鱔、松鼠鱖魚。

徽菜 (安徽菜)

由皖南、沿江、沿淮三種地方風味構成。徽菜主要源自於古代徽州 (現今黃山山麓下的歙縣) 地區的菜餚，黃山地區有許多山珍野味、野生菌類、野菜等豐富食材。用料樸實，且重油、重色、重火候。當地人也自製火腿，用火腿調味也是一項傳統，紅燒是其一大特色。野味十足的火腿燉甲魚、紅燒果子狸、黃山燉鴿都是著名的佳餚。沿江菜以烹調海鮮、禽肉見長，常用糖調味，善於紅燒、清蒸、煙燻等烹調法。著名的佳餚有生燻仔雞、火烘魚、蟹黃蝦盅。沿淮菜最常使用燒、炸、餾等烹調法，且善用芫荽、辣椒配色調味，口味鹹中帶辣，湯汁口味重、色濃。著名的佳餚麒麟鱖魚、魚咬羊、紅扒羊肉。

湘菜 (湖南菜)

一辣二臘可說是湖南菜的最大特色。辣的口味尤重酸辣，由於當地氣候潮濕，吃辣椒可發汗去濕，於是辣椒經常出現在日常飲食上，沒有辣椒不成菜；湖南人也愛吃臘肉，家家戶戶自製煙燻臘肉，以牛、豬、雞、鴨或野味等製成各種臘味，風味獨特也成為湘菜的名菜之一。以煨、燉、蒸、炒等烹調法見長，知名的湘菜有剁椒魚頭、東安子雞、臘味合蒸、麻辣仔雞等。

川菜 (四川菜)

以麻辣著稱，所用的調味料有三椒 (花椒、胡椒和辣椒)、三香 (蔥、薑和蒜)、豆豉及豆瓣醬，可調出的口味多達 20 多種。利用調味的濃淡、多寡博得川菜「百菜百味」的美譽，其中以魚香、麻辣、紅油、茄汁較為常見。辣的名菜有宮保雞丁、麻婆豆腐、回鍋肉等；不辣的名菜有東波肘子、黃燒魚翅。

浙菜 (浙江菜)

浙江位處於江南的「魚米之鄉」。物產豐富，以魚、蝦、蔬菜為主要食材，由杭州、寧波和紹興等地區之菜餚所構成。杭州菜著重原汁原味，以少油少調味料為原則，口感鮮嫩、爽脆和精緻是其特色，知名的菜有東坡肉、西湖醋魚和砂鍋魚頭。寧波菜以蒸、烤、燉等方式烹調海鮮為特色，講究鮮嫩軟滑，色澤較濃，知名的菜餚有荷葉粉蒸肉、黃魚魚肚、腐皮包黃魚等。紹興菜的主要食材有淡水魚、蝦、海鮮、家禽和豆類，有時常與醃臘製品一起蒸或燉，佐以紹興黃酒，香醇甘甜，知名的菜餚有梅干菜燒肉。

閩菜 (福建菜)

位於大陸東南沿海地區，海產成為主要食材。閩菜多湯汁，口味清爽偏酸甜，由福州、閩南和閩西等不同風味的地方菜組成。福州菜善於以紅糟調味、講究製湯，特色是清淡、鮮嫩、湯菜居多，代表菜有佛跳牆、雞湯水海蚌、煎糟鰻魚、雞絲燕窩。閩南菜 (以泉州、廈門地區為主) 以醬料沾食之菜色較多，使用沙茶、芥末、橘汁、藥材、水果入菜調味為其特色，代表菜有炒沙茶牛肉、當歸牛腩、蔥燒蹄筋、荔枝肉等。閩西菜 (客家話區) 擅於烹調山珍野味，口感濃郁、香醇、偏鹹辣、偏油，代表菜有燒魚白、菜干扣肉、長汀河田雞。

粵菜 (廣東菜)

由廣州、潮州、東江等地方菜組合而成。廣州菜選材包羅萬象，蛇、果子狸、田鼠都可入菜。口味清淡，菜式冬春濃郁，夏秋清淡，因應季節變化，著名菜餚有烤乳豬、雞茸雪蛤、五蛇羹。潮汕菜擅於烹調海鮮，常用魚露、薑酒、沙茶醬等調味，口味偏香甜，著名菜餚有潮武打冷、甲子魚丸、燒雁鵝。東江菜即客家菜，取材多用肉類，重油、味香濃偏鹹，常以醃製的菜類 (梅干菜、福菜、酸菜) 入菜，又以砂鍋菜著稱，著名菜餚有梅干扣肉、東江鹽焗雞、豬肚酸菜湯。

各大菜系儘管風味因歷史、地理、氣候因素所及而各有所長，但由於各地顧客喜好及流行潮流也有個別差異，餐廳業者通常會適度調整、改良或創新口味，以因應各地顧客需求和市場競爭。以台灣為例，自民國 38 年起，當時即有各省菜餚紛紛加入餐飲市場，有的是具有專業廚藝，也有的是非專業人士僅憑藉著記憶中的食譜，所呈現的風味已有落差。再者，臺灣地區因地理位置，民眾較不喜重鹹口味，且近年來更以追求低糖、低鹽、低熱量的保健菜餚為主，各大菜系變化的進行式是可預期的。

在提供他們認識和品嘗中華美食時，又配合其用餐順序，往往仿效西餐供餐次序將湯品列在主菜之前。另外，還有些餐廳為強調其菜餚特色或招牌菜餚，將煲仔類、魚翅類、爐烤鴨、活海鮮、素食類、蒸籠類或廣式點心類逐一細分，便於顧客了解餐廳銷售之產品。

中式套餐則有商業午餐、合菜和一般套餐。商業午餐菜單內容為小菜、主菜、主食、湯、甜點和飲料，大致是五道菜餚，價格較一般套餐低，菜色有固定的或每一類提供三、四道菜色供顧客選擇。合菜菜單是指聚餐人數較少時，餐廳提供限定菜色數量的一種組合，例如「三菜一湯」，顧客可選擇二道主菜和一道蔬菜，湯則是今日特製湯，並供應白飯或其他主食，大致可供三至四人一起食用。一般套餐是指菜單上的菜色類別從冷盤至甜點，與傳統中菜用餐順序類似，計價以每人為單位。

桌菜菜單通常是指以供應中式圓型餐桌十人座位之餐飲為單位的菜式。國內民眾舉行壽宴、喜宴、滿月酒、謝師宴、尾牙春酒、圍爐或團體聚餐時，以桌菜供餐方式最為普遍，也是服務來台觀光之中國大陸團體廣為使用的供餐模式。一般桌菜有八至九道菜，價格依菜色不同而有所區別，使用頂級食材者，每桌訂價可高達五、六萬元以上。

年菜　農曆春節對於華人而言是一個相當重要的節日。過去農業社會，農民於秋收後，予土地休養生息，待來年初春重新播種耕作。春節代表一年的農業活動即將展開，於是全家人利用這段時間齊聚一堂，以自家飼養的牲畜或家禽，做成各式料理，祭拜祖先招待親友，並犒賞一年來家人的辛勤工作。春節過後，農民又開始從事忙碌的農作。

隨著工業社會的發展和經濟成長，雙薪家庭崛起，多數婦女已加入職場，似乎很難有餘力再去準備一桌料理，如同過去傳統的家庭主婦。傳統的除夕夜和春節假期，家家戶戶習慣在家圍爐，共同享用年菜。年菜較一般節慶飲食要豐盛、精緻且有吉祥之意，因此烹飪年菜不易。早期有些飯店便針對這項傳統推出除夕和春節期間的桌菜，提供顧客於飯店餐廳圍爐，並享用名廚設計的料理，顧客群多屬於收入較高，或觀念較先進可以接受不在自家吃年菜的族群。推出數年後，逐漸為國人接受。

近二十年來又隨著科技產業的崛起，網購和宅配成為多數人購物的方式。便利超商 7-Eleven 首先嗅到商機，配合企業所屬宅急便，於 2002 年 12 月推出限量一萬套的開運年菜預購，居然在短短的十天內銷售一空，成為台灣年菜的潛力指標。爾後，其他的大型超商如全家便利超商也陸續跟進，相繼創下很好的業

績。超商的年菜屬冷凍食品，顧客只需要在鄰近住家或辦公室的超商預購，由宅配方式將製作好的年菜於特定時間送達。

緊接著傳統市場如台北市南門市場，於 2004 年經由經濟部輔導的市集網站開始銷售年菜。為區隔超商年菜，特別強調現做，口味則是家庭料理和台式料理。民眾可以從網站上預購，到時可自己取貨或以宅配方式送貨。

空廚也於 2005 年加入年菜市場，復興空廚率先推出兩款佛跳牆和精選上等排翅。接著陸續以各式套餐為訴求，近期以「佛跳牆」和「德國豬腳」為套餐主角，搭配其他菜色。2011 年華膳空廚也開始推出年菜，有套餐和單點。菜色大都以健康養生為訴求，有供 1~2 人份的小包裝年菜，也有闔家食用的。該公司使用鋁箔袋盛裝年菜，強調較一般使用 PE 袋包裝的更能保持食物風味，營養不會流失，而且無須解凍可直接隔水加熱。2017 年新菜單有強調健康養生的「黑蒜頭燉雞湯」、「珍寶獅子頭」和「祕製咖哩豬肋排」等，預計年菜營收五百萬元。

台灣菸酒公司也利用其產品優勢，以添加養生酒為主的各式年菜為號召，歷年來銷售屢創佳績。2017 年除了與超商合作套餐年菜，也增加「台酒蟲草養生雞」、「台酒紅露醉雞腿」等新菜單，預計營收 1 億元。台糖以國營事業做保證，於 2004 年推出年菜，多年來有「國宴料理」、「在地食材」等不同主題的套餐和單點，以自家產品台糖豬肉作為號召也非常吸引消費者。近年來為了確保食安，儘量減少委外代工。2017 年年菜有全家福的套餐及單點，其中以豬肉為主的單點年菜廣為民眾喜愛。

目前年菜市場有飯店業、量販店、空廚、超商、傳統市場、生鮮超市、網購、餐廳、食品業等業者參與，不論是獨資經營或是異域合作，無不是奮力搶食年菜這個大餅，根據報導 2017 年的年菜預估產值已提升為 20 億台幣。現成的年菜分為冷凍年菜和當日烹調外帶的年菜兩種。冷凍年菜由於冷凍技術進步，食品安全較易管控且能維持食物的風味，顧客只須按照說明加熱即可食用；當日烹調的年菜，若取貨時間安排得宜，即有熱騰騰的年菜上桌。年菜價格也趨向於 M 型化，由於食材選用、廚師聲譽、烹調方式等不同，價格呈現極大的差異，大飯店或知名餐廳六至十人份套餐，價格約為近 7,000~10,000 元，幾乎是超商的四倍以上。

外送年菜對消費者而言固然十分便利，但若按照國民健康飲食建議規範，以各式肉類、禽類、魚類或海鮮為主的外送年菜，大都是富含高油脂、高鹽、高蛋白質，缺乏蔬果等纖維素的提供，較不符合健康。因此，近年來養生年菜、異國料理年菜、素食年菜、小家庭份量包裝，便成為年菜業者行銷的新題材。

年菜外賣菜單為符合農曆春節的新春氣息，菜名和食材普遍意涵諸事吉祥如意。常見的有魚料理，象徵年年有餘；全雞料理，因雞的台語發音同「家」，有成家立業之意；蘿蔔糕代表好彩頭且年年高升；髮菜或發糕意指發大財；各類肉丸子，其形狀具有圓圓滿滿的象徵。

國內各大觀光旅館所設計的年菜外賣菜單，有單點和套餐兩種，大致以六人份和十人份為主。菜式分別有江浙料理、廣東料理、台灣料理、中式各地綜合料理等，選用的食材都是屬於高價位的海鮮 (鮑魚、魚翅、烏參、龍蝦)、魚類 (鯧魚、黃魚)、肉類，禽肉 (櫻桃鴨、烏骨雞) 等。單點菜色有「佛跳牆」、「圍爐養生鍋」「東坡肉」、「雞肉砂鍋」。套餐菜單都是固定菜式，包括冷盤、各式主菜、主食和甜點，菜餚的數量依供應人數而定，六人份約有五至六道菜，十人份約九至十道菜。有的旅館僅提供一套，有的則有三套以上供民眾選擇。其中以「佛跳牆」最受歡迎，不論是單點或套餐菜單都設計有這道菜。傳聞它是清朝福州人所創，為當地的年節大菜，其特色是集各式山珍海味於一甕以小火煨製而成，製程繁複耗時，滋味卻香甜撲鼻，近年來已成為國人購買外送年菜的指定佳餚。

各大飯店大都強調年菜是當天現做且限量供應，遞送的交通工具和運費依各家旅館規定而定。銷售通路大致以網路訂購為主，通常銷售情形十分良好，為飯店業者另一項收入來源。

西式菜單

早餐菜單　早餐食材由於較為便宜，且多數為顧客現點現做可避免食材的浪費，通常獲利較高。美國的傳統早餐菜單內容包含果汁、水果、穀物脆片、蛋、肉、鬆餅、吐司、華夫鬆餅、麵包、配菜和飲料等，較中式早餐類別多且營養豐富。早餐菜單分為單點及套餐二種。單點式早餐有各式各樣的蛋料理 (如歐姆蛋、班乃迪克蛋、煎蛋或炒蛋搭配培根、火腿、香腸等)、各式早餐肉類 (如培根、火腿或牛肉餅)、煎餅和鬆餅、薯餅 (添加肉、蔬菜)、墨西哥式早餐 (鄉村蛋餅、早餐捲餅)、早餐三明治 (以蛋、培根、香腸、火腿或乳酪做變化)、穀類 (添加牛奶之熱燕麥粥或各類穀物脆片) 等。餐廳也會設計特製早餐，例如以低熱量早餐或兒童餐為號召；有時也備有低膽固醇、少油或少鹽的菜色，最常見的是以各類水果或番茄取代澱粉類的食物。

2017 年觀光旅館年菜菜單

西華大飯店　　6 人份 / 13,888 元
錦繡滿華堂 (開運大拼盤)、喜慶聚滿堂 (花椒鮑魚佛跳牆)、龍門呈吉祥 (高湯焗龍蝦)、全家報有餘 (團圓一品煲)、團圓添福壽 (東坡肉)、年年皆有餘 (糖醋石斑)、家鴻兼喜氣 (紅蟳臘味糯米飯)、花開顯富貴 (清炒稀蘭花玉帶、珍珠墨魚、蝦球、蘭花蚌)。

台北福華飯店　　6 人份 / 9,888 元
鴻運套餐 (江浙料理)：帝王蟹肉焗龍蝦 (3 隻)、養生清燉佛跳牆排翅、花膠虎掌燒烏參、紅燒鮑魚粉條、紹興醉雞、椒鹽黃金鱸、桂花蜜糖藕。

高陞套餐 (廣東料理)：福祿壽五福大拼盤、港式佛跳牆魚翅、原只鮑魚扣虎掌、秘製烤玉排 (6 支)、清蒸龍虎斑、松露醬蒸龍蝦 (3 隻)、臘味蘿蔔糕。

富貴套餐 (台灣料理)：XO 醬焗龍蝦、佛跳牆魚翅、鹽酥白鯧魚、紅蟳米糕、古味長年菜、福華封雞、蓮子芋泥。

晶華飯店　　4~6 人份 / 6,200 元
台式圍爐宴：台式小滿漢 (烘烏魚子、龍蝦沙拉、青蔥燒雞、五味響螺、客家鹹豬肉、橙汁櫻桃鴨)、魚翅佛跳牆、椒鹽白鯧、滿載前肘聚寶盆。

川粵式團圓宴 (潮式滷水鴨、鮮花椒鮑魚、琥珀腰果、鹽焗雞翼、金沙杏鮑菇、蜂蜜拌金棗)、蟲草響螺燉土雞、酸菜水煮石斑、重慶風暴活龍蝦。

滬式吉祥宴：(藥膳鮮蝦、寧式素鵝、無錫脆鱔、椒鹽銀杏、苔條松子、涼拌蜇頭)、花膠三仙極品鍋、花雕醉黃魚、翡翠蠔汁鮮鮑皇。

喜來登大飯店　　6 人份 / 11,688 元
萬喜迎春年菜套餐：迎春繽紛五彩盤、如意紅糟牛肋排、賀歲松子遊仙龍、團圓砂鍋一品雞等。

單點尚有如佛跳牆 (10 人份)、砂鍋一品雞、浙式白玉豬腳、火烤牛排、紅藜吉祥鬆糕等。

圍爐暖鍋：十全如意花膠桐燉烏雞、日式火鍋套餐。

台北華國大飯店　　6 人份 / 6,600 元
帝國脆皮桂丁雞、干貝鮑魚佛跳牆、油淋蔥絲陽泉魚、一品蘑菇台塑牛、七彩海味焗香螺、干貝蘿蔔糕、T8 銀耳葡蛋塔、黑鑽芝麻菇菇包。

台北凱薩飯店　　8 人份 / 7,990 元
金雞吉祥大福套餐：吉祥如意五福盤、和風甘露海中蝦、凱薩一品佛跳牆、皇家蘑菇醬肋排、鳳凰芝麻糖醋魚、港式臘味糯米飯、金牌八寶甜芋泥。

台中長榮桂冠飯店　　10 人份 / 12,888 元、8 人份 / 8,888 元
五福拼盤、蒜蓉蒸波斯頓活龍蝦、虎掌會烏參、XO 醬炒雙貝、筍乾燒蹄膀、泰式海上鮮、桃栗紫米糕、黑鑽美人雞湯。上述餐點也可單點。

台中金典酒店　　6~8 人份 / 7,500 元、10~12 人份 / 9,880 元
雞運亨通年菜：彩蝶錦繡拼盤、麻婆海大蝦、蘑菇棒棒腿、三杯海大鰻、正港佛跳牆、翡翠金沙帶子、梅子芋香大鴨、發財四寶時蔬。

香格里拉台南遠東國際大飯店　　6 人份 / 11,989 元
金雞報喜新春滬式團圓年菜：醉月五福大拼盤、松坂麻油野生蝦、花雕白玉野生魚捲、燒汁香芋羊肋排、雙蟳荷香米糕籠、菩提佛跳牆、香饌辣味蘿蔔糕、團圓甜八寶芋泥。

資料來源：整理自各大飯店官網 2017 年年菜菜單

班乃迪克蛋

套餐又可分為簡式和較為豐盛的二種型態。簡式的如歐陸式早餐，其特色是以柳橙汁為主的果汁、麵包 (通常是小餐包、馬芬餅、貝果或可頌麵包) 和飲料 (咖啡或茶) 等，常見於汽車旅館所供應的免費早餐。較為豐盛的早餐內容通常是肉、蛋或其他主菜搭配吐司、熱麵包、比斯奇、馬芬或小餐包等，水果或果汁、飲料也包含在內。至於鬆餅、法式吐司或華夫鬆餅，則是佐以培根、火腿肉、香腸、楓糖或 1~2 顆全蛋。

旅館內參加開會的商務客，通常會選擇歐陸式自助早餐，以便迅速用餐節省時間。而觀光客往往有較充裕的時間，可優閒地享受多樣式的餐點。這類型的早餐供應多種的新鮮水果或果汁、冷盤 (如火腿片、乳酪、貝果和沙拉)、熱菜 (如各種早餐食用的肉、炒蛋、牛排、薯餅和歐姆蛋)、麵包 (如熱麵包和小餐包) 和飲料等。歐姆蛋、薄餅或華夫鬆餅可依顧客喜好選擇食材，由廚師在展示餐檯上烹調製作。飲料如咖啡或茶，通常是由服務人員服務。

旅館餐廳供應團體早餐的菜色應妥善規劃，蛋類料理如歐姆蛋或班乃迪克蛋容易受時間影響而失去該料理的原有風味，除非餐點製備和服務二者能夠安排得宜，否則應以其他菜色代替。麵包方面除了烤土司之外，比斯奇麵包、馬芬麵包和肉桂麵包都可以使用保溫設備，使麵包保持最佳狀況。

早午餐　「早午餐」一詞，結合了「早餐」及「午餐」，最早出現在 1895 年 *Hunter's Weekly* 的文章中。英國作者 Guy Beringer 的文章中曾提及在人們星期日參加完教堂活動後，早午餐提供較清淡的食物。

據說於 1930 年代，美國好萊塢明星會搭乘橫跨美洲大陸的火車旅行，在芝加哥停留時經常會享受一頓早午餐。因為當時大多數的餐廳星期日都關閉，所以大飯店得以主導此一市場。此外在第二次世界大戰後，美國人星期日上教堂之人數減少，許多人希望能在星期日能多休息片刻，且開始尋求一個新的社交場所。當時餐廳為滿足顧客需求即開始提供早午餐，且搭配晨間雞尾酒，例如血腥瑪莉 (Bloody Marys)、貝利尼斯 (Bellinis) 和米莫薩 (Mimosas)。由於早期在美國只有男人在白天喝酒，因此，無酒精雞尾酒 Mocktail 問世，單純以果汁調和，讓女性也能在白天清涼暢飲。

在二戰後美國早午餐的興起，亦是因為許多已婚的女性開始上班，她們也需要在週末休息放鬆，因此早午餐在星期日漸漸受到歡

Mimosas

迎。而華盛頓郵報指出，目前在美國早午餐之所以會興盛，跟早餐習慣的轉變有關，據2011年的調查，有超過25%的青少年與青年不吃早餐。生活日趨忙碌，人們在平日沒有時間吃早餐，只能等到假日再來一頓悠閒而豐盛的早午餐，這也成為朋友之間新的聚會形式。

台灣早午餐的熱潮在2007年以後才開始，而以地區熱門程度來看，台北市不意外地取得第一名，遠遠超越其他城市。在物資豐足的時代，早午餐的菜色越來越精緻多樣，成為部分現代人一週裡最期待的一餐。

早午餐菜單可結合早餐和午餐菜色製作。主菜有歐姆蛋、薄餅、舒芙蕾、小牛排佐薯餅、雞肝培根、炭烤羊排、香腸培根烤番茄片和馬鈴薯等。溫、熱麵包和飲料由顧客任選。水果沙拉、燒烤蔬菜、蝦、墨西哥早餐捲餅和義大利麵都十分受到大眾喜愛。

部分台灣五星級旅館在週六、週日或假日供應早午餐。多數餐廳採歐式自助餐方式，供應多項中西式合併的早餐和午餐料理。有的採半自助式，菜單中主菜有昂貴的食材如龍蝦、牛腩排、烤鴨、魚子醬等由顧客從中選擇，至於前菜、沙拉和甜點則採無限供應。

午餐菜單　午餐菜色通常較早餐菜色有更多的選擇，商業午餐價格一般屬經濟型中等價位，用餐者大都為上班族，餐飲業者希望以提高銷售量或翻檯率來創造利潤。一般的西式午餐菜單包含各種漢堡、三明治、沙拉、湯和炸雞，可分為套餐或單點菜色。單點菜單除了一般傳統菜色，還供應不同組合如三明治附加飲料，或是湯、沙拉和甜點搭配飲料。若是商務高階主管、企業集團負責人或觀光客希望能享有較隱密、安靜或豐盛的午餐，俱樂部、旅館餐廳或精緻美食餐廳會是理想的地點。民間社團或機構組織舉辦餐會時，大都選擇套餐形式，內容分別為一道主菜、沙拉、甜點和飲料等，有時視其用餐性質如開會、演講或休閒聚餐而調整菜色。

下午茶菜單　有些餐廳會於午餐供應完畢後，再接著供應價格較低的下午茶，服務對象大多為觀光客、逛街購物者、家庭主婦、學生或退休人員等。供應的菜單有別於一般正餐，以點心類和飲料為主，點心如小型三明治、蛋糕、餅乾、派、水果，而飲料則有冷、熱飲品如特調咖啡、茶或鮮榨果汁。亦有餐廳以招牌甜點或特殊節慶的應景食物為號召。

下午茶在台灣近十年來非常盛行，各類餐廳都加入服務的行列。下午茶的餐點有純西式、純中式或中西式合併，大多數餐廳都

採用中西式合併，展現多元的菜色。各式的西式甜點 (如提拉米蘇、馬卡龍、雪酪、冰淇淋)、各式漢堡、烤肉串、燒烤牛肉、炸雞或辣味雞翅、鹹派、披薩，中式糕點 (春捲、蘿蔔糕、芋薺糕、肉包、燒賣、珍珠丸子)、中式麵食、壽司、沙拉、冰淇淋、飲料、水果等，都可在餐檯上見到。

下午茶菜單有些是採歐式自助餐方式提供顧客吃到飽類型，有些是按菜單內容供顧客選擇有限的項目 (如二道湯品、五道點心和二道麵食)，大都以二人同行的計價方式。按餐廳類型和價格的差異，所提供的餐點樣式或內容有極大的分野，唯一的共同點是所提供的份量大都以迷你型或一口大小為主。

晚餐菜單　正式的傳統法式晚宴菜單曾多達 21 道菜，用餐時間長達數小時。現階段最常見的正式晚餐大致為八至九道菜，菜色的安排依濃郁或清淡加以變化，酒精飲料也配合出菜之順序有所不同。正式晚餐供餐次序如下：

法式開胃小點心 Canapé

1. 開胃菜：蚌或蠔、海鮮盅、法式開胃小點心 (Canapé) 放上多種食材如魚子醬、乳酪、肉等的薄麵包或脆餅或水果盅。這階段可提供的飲料包含不甜的白葡萄酒、雞尾酒如馬丁尼或蘇格蘭威士忌加蘇打水。
2. 湯：清淡的肉湯或奶油濃湯。
3. 魚料理：口感較前一道菜溫和。
4. 禽肉料理：口味較前者突出。食用魚肉和禽肉時，適合飲用清淡、不甜的白葡萄酒。
5. 主菜：通常為牛肉，為餐宴中最為重要的一道菜，可搭配飲用濃郁的葡萄酒。
6. 沙拉：青翠冰涼略帶微酸口味的沙拉，一掃前一道主菜高油脂、濃郁口味的感受，使口腔清新。
7. 乳酪：這道菜通常是作為餐會即將結束的提示。常以清淡、精緻且微甜的乳酪為主，同時也會供應新鮮水果 (如葡萄、櫻桃、蘋果) 和鹹餅乾或法式麵包。享用乳酪時，可搭配不甜的紅葡萄酒。
8. 甜點：有冷、熱二種，例如蘋果塔餅熱甜點，巧克力慕斯和冰淇淋冷甜點，可選擇甜的葡萄酒搭配甜點。

一般平價西式晚餐菜單大致為沙拉、主菜和澱粉主食如馬鈴薯、蔬菜、甜點和飲料。第一道菜通常是湯、沙拉或其他開胃菜，接著是主菜如牛排、各式燒烤肉、禽肉魚肉或各式野味等。家常料理如馬鈴薯泥、乳酪義大利麵和布朗尼甜點也會出現在這類餐廳的菜單上。

餐廳有時仍需提供一些「物超所值」的菜色，簡餐店可將二、三道菜餚合併供應，若價格比單點低，有助於刺激顧客消費，以提高餐廳銷售額。有愈來愈多的餐廳將開胃菜或甜點單獨印製，使服務人員與客人有更多互動機會，運用建議性銷售技巧，有助於顧客更加了解餐廳菜色，且可提升營業額。

有些餐廳為了變化菜單可能增加納入民族風味餐如印度料理、墨西哥料理，由於這些食材價格通常不高，餐廳易獲得較高的利潤。對於異國料理除了食材必須名副其實，為迎合大眾口味可適度加以調整。這些料理也可推薦給顧客，作為他們慶祝特殊節日之用，呈現另一種驚喜和新奇感。

二、菜色排列之次序

中餐菜色排列次序

中式料理依照傳統方式，菜色排列的類別大致分為拼盤、熱炒菜、主食、湯、甜點等類別。近年來最大的變化是仿效西方用餐習慣，將湯品排列於主菜前面。

拼盤或前菜　拼盤或前菜大都是小碟盛裝，供冷食的菜色。如叉燒、醉雞、脆皮烤鴨、燻魚、烏魚子、海蜇皮、各式滷味等。也有以蔬食作為前菜，如醬蘿蔔、XO醬拌小黃瓜、芥末雲耳、梅汁番茄、烤麩、煙燻素鵝、香醋芹菜心。

肉類主菜　過去國內中式餐點肉類方面，以豬肉和雞肉烹調的料理為大宗，知名料理如東坡肉、咕咾肉、糖醋排骨、無錫排骨、京醬肉絲、回鍋肉、宮保雞丁、三杯雞、左宗棠雞等，鴨肉、牛肉和羊肉則僅次於後。鴨肉較為著名料理如北平烤鴨，後來有廣式片皮鴨和台式烤鴨加入，儘管醃料和烹調方法不同，三者都是鴨皮、鴨肉片下，加入蔥、黃瓜絲或醬料，以薄餅皮捲起食用，鴨肉可做其他料理如醬爆蔥薑鴨、生菜鴨鬆、彩椒鴨柳條，鴨骨可熬粥或製成湯品。近年來在宜蘭飼養的櫻桃鴨相當引人注目，由於肉質細嫩、油脂分布均勻，經過火烤後皮脆，沒有腥味且肉質油而不膩，成為五星級飯店和高級餐廳的招牌菜。

國人近年來食用牛肉人數不斷提升，牛肉富含蛋白質、礦物質如鐵、鋅和維生素 B 群，而且其膽固醇和脂肪含量較其他肉類低。根據財團法人中央畜產會公布之數字，自牛肉開放進口至今，近十年間需求量持續增加，以 2015 年進口牛肉幾乎為 2005 年進口量的 1.5 倍，主要進口國為澳洲、紐西蘭和美國。牛肉料理也隨著顧客喜好，大幅出現在中式菜單，如芥藍炒牛肉、紅燒牛腩、滑蛋牛

肉、蔥爆牛肉、蠔油牛肉、沙茶牛肉等，並增加中式口味的烤牛小排、黑胡椒燒牛肋排、香煎骰子牛肉粒等菜色。至於羊肉料理，國人畜養的山羊肉自給率不到需求量的 10%，而其他的 90% 則是來自紐西蘭、澳洲等地的綿羊肉，因脂肪含量較山羊肉高且羶味較低，肉質軟嫩可口。

海鮮主菜 台灣是海島國家，除了遠洋漁業和近海漁業，養殖業也相當發達，又分為鹹水魚類、淡水魚類和其他海鮮等。菜單上常見的有石斑魚、龍膽石斑、虎斑魚、鱒魚、鱘龍魚、比目魚、鱈魚、大明蝦等。由於國人需求，近年來較高價之進口海鮮如阿拉斯加或北海道帝王蟹、波士頓大龍蝦、加拿大黃金蟹、大陸大閘蟹、日本刺參、南美洲烏參、干貝也都入菜，烹調方法有油炸、乾煎、紅燒、清蒸、醬爆、焗烤等，飯店內的海鮮餐廳或歐式海鮮自助餐，經常以進口海鮮作為號召。更高價的還有鮑魚、魚翅也很流行，有些菜單還將鮑魚料理或魚翅料理單獨分類。鮑魚大都來自南非、澳洲、智利、日本等地。至於魚翅，過去由於華人市場需求量高，鯊魚受到過度濫捕而引發不少爭議，加拿大、美國夏威夷州和連鎖旅館如香格里拉集團禁售魚翅。我國雖然農業委員會漁業署於 2012 年 5 月 2 日發布「魚翅進口應遵行事項」，同時國內在保育團體宣導下，拒食魚翅的人士逐漸增多，但資料顯示進口冷凍魚翅和乾魚翅一年上達百萬公斤，可見需求量仍相當驚人。

蔬食主菜 中式蔬菜大都是以熱炒為主，經典的有蠔油芥蘭、炒豆苗、乾煸四季豆、魚香茄子、雪菜炒百頁。台灣農產品品質優良且隨四季變化，除了綠色葉菜類之外，竹筍、玉米筍、彩椒、各種菇類、山藥、新鮮百合、絲瓜、綠蘆筍、水蓮菜等也是主要的食材。目前較為流行的有添加養生食材或高級海鮮的銀杏百合蘆筍、蟹肉扒豆苗、蕈菇豆腐、櫻花蝦絲瓜、蟹膏竹笙蘆筍、干貝蘆筍、枸杞山藥蘆筍、蘆筍彩椒百合等菜餚。

湯品 有清湯或羹湯。清湯有魚片湯或以雞湯為湯底，添加各類食材如竹笙、山藥、蛤蠣、姬松茸、花旗參或各式肉類製成的丸子。羹湯有酸辣湯、翡翠海鮮羹、海鮮豆腐羹、西湖牛肉羹、蟹肉玉米羹、宋嫂鮮魚羹、菊花豆腐羹。另外，粵式煲湯或是由含燕窩、鮑魚或魚翅的羹湯，由於製作繁複或食材昂貴，單價也較高。

主食 中式主食大都是各式炒麵、炒米粉、炒年糕、炒飯或是白飯為主，現在為了提高價值感，往往增加高級食材如干貝、烏魚子、大蝦、櫻花蝦、高級牛肉等，或是將過去傳統小吃如湯包、蔥油煎餅、韭菜盒子、擔擔麵、蒸餃、紅油

炒手加以精緻化，如添加各類高級海鮮 (鮑魚、干貝、蟹卵、大蝦、魚翅) 於湯包、蒸餃或燒賣的內餡中。

甜點　我國自唐代即有喝茶配點心的習慣，當時有所謂「茗鋪」(茶樓) 供官家或士紳飲茶的公眾場所，數百年來店家研發多項有別於正餐的小型精巧食物，供顧客品茗時享用。北方點心受宮廷御膳房影響，外型多要求精美細緻，著重於手工且較少使用煎炸方式製作，因此口味滑順、容易入口，如核桃酪、杏仁豆腐、山楂糕，以及麵食製成的豆沙包、蓮蓉包、燒賣等。南方點心樣式多較平民化，有甜有鹹，有含餡料的酥皮類如蟹殼黃、咖哩餃；以米類製成的炸元宵、桂花蓮糖藕；以麵粉蒸出的糕點如千層糕、紅豆鬆糕等三類型。各菜系的點心發展尤以粵式最具規模，其茶樓所供應的茶點乃是集結南北各式點心之特色。

國內各大中餐廳的中式甜點大致可分為養生甜湯 (如冰糖燉燕窩、蓮子百合銀耳湯、紅棗枸杞銀耳湯、冰糖哈式膜)、各式蒸糕或包子 (馬拉糕、千層糕、蓮蓉包)、各式烘烤糕餅 (棗泥餅)、米類甜點 (芝麻球、酒釀芝麻湯圓、桂花酒釀燉銀耳、八寶飯)、冷食 (椰香芋泥西米露、杏仁凍、新鮮水果或水果冰淇淋) 等項目。除了傳統中式點心外，也添加了台灣本土多項流行創意，如油條杏仁茶、芒果奶酪、核桃腰果露、桂圓紫米露。

西餐菜色排列次序

傳統西式菜單大致可分為開胃菜、湯、沙拉、主菜、配菜、甜點、乳酪、水果和飲料等類別，但是目前餐廳菜單的結構有些個別差異，主要是由於餐廳的經營型態、服務方式和消費族群有所不同。高價位、精緻美食餐廳的菜單類別通常和傳統菜單相類似，而中價位的主題餐廳、家庭式餐廳或異國料理餐廳，其菜單類別畫分不若傳統菜單詳細。至於速食餐廳，菜單結構則更為簡化。

開胃菜　能夠令顧客對用餐地點的餐點產生良好的第一印象極為重要，開胃菜顧名思義是具有能刺激味蕾和引發食慾的功能，通常以少量或一口大小的形狀呈現其精緻、高雅風味。開胃菜可分為冷、熱二種形式，所使用的食材多元。有的餐廳在酒吧供應開胃菜，供客人等待座位時飲用雞尾酒搭配，也有餐廳舉辦宴會、小型聚會時供應作為正餐，開胃菜通常是各式蔬果、乳酪、肉類或烘焙食品如洋芋片、塔可片、麵包，佐以各類沾醬如莎莎醬、披薩醬、菠菜酪梨醬、塔可醬

等。

受全球化影響，顧客希望享用多種甚至異國風味的開胃菜，如泰式雞肉披薩、墨式香脆燻雞捲餅、油炸春捲、炸薑汁雞胸、油炸西南地區風味餛飩，搭配各種醬汁如酪梨醬汁、芥末醬汁、乳酪醬汁或主廚招牌醬汁。

湯　西式菜單通常將各式湯品按排於開胃菜之後，湯可分為清湯、濃湯和特製湯品等類別，又可依冷或熱的形式供應給顧客。清湯有澄清湯、蔬菜湯、肉湯等類別，而濃湯則有巧達湯、鮮奶油濃湯、蔬菜泥湯、海鮮濃湯等類別。特製湯則因國家或區域而聞名，如義大利青蒜冷湯、法式洋蔥濃湯、西班牙蔬菜冷湯和黃秋葵什錦濃湯等。湯類通常是以湯杯或湯碗盛裝。湯可運用的食材有極大的彈性空間，小型餐廳業者往往利用剩餘的食材調製成各類有創意的湯品，有助於提高餐廳營收。近年來湯類朝向健康、營養取向發展，如味噌湯、雞肉麵條湯，都添加各式新鮮蔬菜、香草和香料。菜單上經常看見湯特別加註「傳統的」或「家常味的」等字，這些都可引發顧客思鄉或懷舊的情懷，以增進銷售額。湯有時也被視為可提供「慰藉感」的食物，甚至被認為是治感冒的偏方。

沙拉　菜單上的沙拉可分為配菜或主菜二種，餐廳可依冷、熱分別供應。沙拉有時會取代開胃菜或湯作為第一道菜，這類沙拉通常以魚或海鮮、禽肉、肉類及蔬菜或水果調製而成。在精緻美食餐廳所供應的配菜沙拉，大都以各式嫩綠蔬菜添加淡色醋汁，佐以羊乳酪、培根或新鮮蔬菜調製的田園沙拉，此類沙拉口味清淡，使顧客在食用主菜前的味蕾不受影響。凱撒沙拉和蝦、鴨肉鮮蔬沙拉和乳酪水果沙拉都是極受顧客歡迎的菜色。

有些餐廳為重視健康的顧客提供主菜沙拉，以低熱量的午餐或晚餐沙拉為特色，如添加蝦、蟹肉、牛肉或雞肉的凱撒沙拉、菠菜培根水煮蛋沙拉、鮪魚沙拉、番茄乳酪塔及辣味雞絲沙拉等。

連鎖速食業以上班族為對象，供應沙拉的業者首推麥當勞，銷售地點以鄰近全美各大都市辦公大樓和商業大樓為主。漢堡王也推出田園炭烤雞絲沙拉和培根巧達乳酪雞肉沙拉。田園雞絲沙拉的材料有萵苣、番茄、加味麵包丁、巧達乳酪絲、炭烤或香脆雞絲，佐以陳年葡萄酒醋。培根巧達雞肉沙拉則是以上述食材添加煙燻培根調製而成。業者所強調的特色是低熱量，依序為 720 及 550 卡。

主菜　主菜成本較高且代表餐廳的特色，因此菜單規劃者，往往會將受歡迎的和

新研發的菜色平均安排在菜單上。主菜菜色項目在菜單中通常數量是最多的，分為冷食主菜和熱食主菜二種。前者有主菜沙拉或其他菜色，後者則有肉類、禽類、魚類和海鮮所烹調的各種料理。

肉類烹調方式有燒烤、炭烤、上火燒烤、油煎、煎烤、翻炒或燉煮等。以美國為例，不論是精緻美食餐廳、家庭式餐廳、牛排館，各種牛排如沙朗牛排、菲力牛排、丁骨牛排、紐約客牛排、肋眼牛排，搭配各種濃稠醬汁，如伯內醬汁、洋蔥醬汁、野生蘑菇醬汁、梅洛紅酒醬汁、辣根醬汁等，都是極受歡迎的主菜。

羊肉也有各種不同料理，如烘烤羊肩排、羊肋排、羊排、羊肉肉餅、燉羊肉、低溫烘烤羊膝肉等。在美國連鎖休閒餐廳如 Longhorn 牛排館、Outback Steakhouse 奧美客牛排坊、Applebee's Neighborhood Grill & Bar 牛排餐廳、Olive Garden 餐廳、Ruby Tuesday 美式餐廳、Chili's 美式休閒餐廳、TGI Fridays 星期五美式餐廳等，或是家庭餐廳如 Cracker Barrel 餐廳，皆供應各種燒烤或碳烤豬肋排或豬排，由顧客選擇不同燒烤醬汁烹調，最常見的是 BBQ 醬、燻辣椒蜂蜜醬汁或獨家招牌醬汁，佐以高麗菜絲沙拉。這類主菜是美國典型豬排料理。

海鮮如龍蝦、螃蟹、貽貝、生蠔和魚排較常見於西餐菜單，近年來魚類料理逐漸受到重視，美國紐約市多家著名旅館，館內餐廳菜單之主菜以魚料理占多數。魚肉兼具高蛋白、低脂肪、多種維生素和礦物質的優點，尤其是其脂肪有 80% 為不飽和脂肪酸，能軟化血管，減少心血管疾病的罹患率。一般常見的魚排如鮭魚、鮪魚和鯖魚，富含 Omega-3 脂肪酸，營養價值更高。餐廳烹調魚類和海鮮的方式也逐漸改變中，多使用烘烤、燒烤、烘焙等方式，取代油炸、油煎等較不健康的烹調。例如，以濃縮高湯、酒醋、番茄汁和油取代傳統的奶油烹調成烤酥皮菲力魚排；又如香煎比目魚排搭配烤蔬菜和柳橙醬汁、炭烤鮭魚搭配番茄汁、陳年葡萄酒醋和炒青菜，食材和烹調方式的選擇都是以有益身體健康為考量。美國連鎖 Red Lobster 餐廳提供不同的烹調方式供顧客選擇，而現在流行的壽司吧，則是供應更新鮮、健康的海鮮供顧客選擇。

禽類包含雞肉、鴨肉、火雞肉、野味等，其中雞肉最受歡迎，尤以炸雞、辣味雞翅等料理最為著名。目前餐廳烹調方式也逐漸採用烘烤、水煮、炭烤、燒烤等方

圖片來源：Anthony22

式，以減低熱量和脂肪的攝取。雞肉可作為許多料理的食材，如烤雞、炸雞塊、墨式雞肉捲餅、燒烤雞絲沙拉等，因此目前一些家庭式餐廳或精緻美食餐廳，運用食材交相互用的方式，提高食材利用效益。火雞肉料理之銷售量僅次於雞肉料理，通常火雞腹內放入各種香草調味料、麵包丁或蔬菜製成的餡料，以烘烤的方式烹煮，火雞切片佐以餡料和醬汁。火雞肉丸或鹹派、烘烤雞胸或雞腿，也會出現在菜單。多數的鴨肉或野味等則是採用烘烤或煙燻方式料理。

配菜 這一類的菜色會出現在單點菜單上，食材大致以馬鈴薯、義大利麵、米飯和蔬菜為主，提供人體所需澱粉和膳食纖維的來源。一般配菜之食材成本較低且可作多樣變化。以馬鈴薯為例，適合水煮、烘烤、油煎、油炸等多樣烹調方式，有馬鈴薯泥 (Mashed Potato)、奶油蛋黃馬鈴薯泥 (Duchesse Potatoes)、安娜馬鈴薯煎餅 (Anna Potatoes)、油煎鬆餅狀的馬鈴薯泥 (Macaire Potatoes)、油煎刨絲的馬鈴薯 (Rosti Potatoes)、油炸條狀或丸狀的馬鈴薯泥 (Croquette Potatoes) 等。

甜點 甜點的種類多元、外型富於變化，帶給人視覺的吸引力，通常令人興起品嚐的衝動。對於顧客而言，甜點是一餐結束前的最後一道菜，若不點選似乎意猶未盡，無法正式劃上休止符。對於餐廳而言，製作成本不高，若能提高銷售量，獲利將相對提高。因此有些餐廳將甜點菜單單獨印製，於顧客用完主菜後再呈遞，或採用桌卡式菜單，附加彩色照片，無形中可提醒顧客點選甜點。服務人員也可運用建議性銷售技巧，引導顧客並給予最適當的建議，使其對餐廳的最後印象，如同第一印象一樣美好。

甜點種類分別為蛋糕、派、舒夫蕾、卡士達、塔餅、冰淇淋、慕斯、雪酪、新鮮水果等，可依冷或熱分別供應。根據 Datassential's 公司所做的甜點調查，有 28% 的顧客對於混和形式的甜點有極大的興趣，例如布朗尼餅乾、三明治冰淇淋、紅絲絨蛋糕添加冰淇淋，這類型的甜點已在一些獨立餐廳、精緻美食餐廳和民族風味餐廳謂為風潮。美國餐廳協會調查顯示多數廚師普遍認為營養為顧客的重要考量，因此減縮甜點份量如迷你甜點、一口大小的甜點或降低糖和油脂的配方都是餐廳因應的對策。另外，含新鮮水果或是搭配水果的甜點，如厚皮水果塔餅、無塔皮的水果塔餅、水果雪泥、多重水果夾層的海綿蛋糕等也是顧客理想的選擇。

美國總統川普訪問中國大陸時，受邀參加北京人民大會堂設下的國宴晚會。宴客菜單，除了冷盤之外，主菜共有 6 道，分別是椰香雞豆花、奶汁焗海鮮、宮保雞丁、番茄牛肉、上湯鮮蔬和水煮東星斑，餐後還準備有咖啡、茶點和水果冰淇淋。席間飲用的則是中國大陸出產的 2009 年「長城干紅」和 2011 年「長城干白」葡萄酒。不少道菜都是傳統的川系名菜，例如宮保雞丁、椰香雞豆花。

習近平 4 月初訪問美國時，當時川普在佛州棕櫚灘的海湖莊園舉辦奢華宴會，當時的晚宴菜單包括：凱薩沙拉，煎比目魚配香檳醬、香草烤馬鈴薯、扁豆和紅蘿蔔，或是乾式熟成紐約客牛排、馬鈴薯泥、香料烤蔬食。甜點則有巧克力蛋糕配上香草醬，及黑巧克力冰淇淋，或是檸檬、芒果、覆盆子雪泥。

資料來源：ETtoday 2017 年 11 月 9 日

三、菜單規劃考量因素

菜單規劃對於餐廳作業系統而言是一個起點，再經由採購、驗收、儲存、發貨、製備、烹調、保存、服務、清潔維護等一系列營運活動的控管，希望能使顧客、員工和投資者達到滿意的狀態。

菜單規劃考量因素主要有食材成本、人力成本、獲利程度、員工所需廚藝技術、食材供應來源、所需空間及設備和顧客需求。菜單規劃也包括菜單創新的過程，主廚將新的想法藉由研發、實驗、商品化、試賣和評估的過程，使新產品推出上市。因此，菜單規劃者必須綜合內部因素 (如成本結構、人力和設備) 和外部因素 (如顧客、競爭對手、供應商)，予以審慎分析。

菜單規劃所要考量因素，可從餐廳內部小小的廚具如保溫設備開始逐漸向外延伸，如食材、供應商所提供的各項市場資訊，甚至是消費者需求及價值感等，這些考量因素無不與餐廳之設計、配置、設備、員工專業能力等因素產生相互影響。現將菜單規劃的主要考量因素分述：目標市場之特徵、顧客需求或期待、產品價值感、菜色的變化、感官品質、營養價值、食材來源、菜單真實性、廚房設備承載量、餐廳設施、員工人力考量及成本效益。

◉ 目標市場之特徵

菜單規劃者必須確認餐廳周邊的企業和住家有哪些是餐廳的目標市場，由於該地區工作人口或居民的背景因素如年齡、性

別、經濟能力、職業和生活型態,會直接影響菜色之偏好、服務型態、菜單價格和消費金額。以家庭為目標市場的餐廳,兒童往往會隨父母前往餐廳用餐,由於兒童的食量較少,餐廳宜分別製作屬於兒童和成人的菜單,以符合二種族群之需求。未婚的青年人通常會為了約會或與朋友交誼而聚餐,對於新潮的餐點接受度較高。而事業有成、經濟寬裕的消費者,很可能選擇的是提供精緻美食的高價位餐廳。

◉ 顧客需求或期待

菜單內容應具體反應顧客的喜好和流行趨勢,而非主廚或管理者所偏好的菜色。餐廳顧客的需求及期待一直是管理者想要獲得的資訊,當前的各項行銷調查方式如問卷、電訪、個人或團體訪談,皆可提供相關的資訊。滿足顧客需求應從生理、社會和心理層面考量,以餐飲業而言,顧客前來消費,可能基於顧客的「生理需要或認為需要」或「想要」的考量。前者是顧客肚子餓了,餐點可使其免於饑餓以滿足生理需求,或者消費者受產品廣告影響,指定飲用特定品牌的高級葡萄酒,將廣告中產品使用者的身分象徵投射在自己身上,認為有如此需要;後者則是衝動購買,如看到餐廳甜點菜單上的圖片或點心推車各式甜點,即使已經吃得很飽,還是忍不住又嚐了甜點。

◉ 產品價值感

過去二十年來國際連鎖速食業者一直塑造其產品為「物超所值」之形象,消費者受其影響,餐飲的價值感逐漸成為消費的依據。近年來「客製化」流行,許多企業給予顧客可以自主創造有別於他人的產品,無形中也對餐飲業產生了影響。自 2015 年 5 月麥當勞開始從美國、澳洲、加拿大等地區,陸續推出自創漢堡服務——Create Your Taste™ 滋多點,顧客藉由觸控螢幕自行點選,再由服務人員送餐。共有三十多種食材供顧客選擇或加購,售價雖為一般漢堡的二倍,但普遍受到喜愛,顯示顧客願意為自主選擇多支付更高的金額。這一項變革,主要是消費者對於產品價值感的要求有所變化,尤以 Y 世代和 Z 世代族群對營養價值的要求和追求新鮮感的特質最明顯。此外亦由於麥當勞競爭者紛紛也以客製化概念投入餐飲市場,使其營收受到極大的挑戰。

客製化漢堡之概念對食材供應和管理必然會造成很大的衝擊,過去標準化套餐的優勢是便於食材的採購和

McDonalds Create Your Taste

成本控管,而如今給予顧客較多選擇性,若無法精確預估其各項食材使用量,易導致食材成本提高。根據 *Business Insider* 報導,美國國內由於顧客抱怨價格太高和烹調時間過長,加盟業者也抱怨顧客選擇多,造成廚房負擔且改變傳統主要消費族群,結果導致公司營收下降 7%。麥當勞於是在 2016 年 11 月取消並改以選擇性較少的個人招牌秘方——Signature Crafted Recipes 取代。至於亞洲市場,台灣繼日本之後自 2015 年 11 月起,麥當勞也改變行銷策略,取消過去以號碼命名的套餐,改由顧客先點選主菜,附餐則是自由配,讓顧客的選擇變得多元。價格、產品選擇性與內部作業三者之間如何取得平衡,為營運成功之關鍵。

菜色的變化

儘管餐廳的規模、位置、顧客類型或平均消費額有所差異,但菜單內容應兼具傳統與創新之菜色。保留顧客熟悉且受歡迎的傳統口味,並且加入餐廳所研發的新口味,才能擴大客源。新菜色又可分為二種類型,一者將傳統且銷售佳的菜色注入新創意,如絲瓜蝦仁湯包、法式紅酒燉牛肉包子;其次則是全新設計的菜色,如螃蟹包裹鹽烘烤成鹽焗烤蟹,以烤鴨皮包上米飯和起司做成的鴨壽司。

感官品質

一般評定餐飲品質優劣最直接的方式,就是經由視覺、嗅覺和味覺的作用。服務人員上菜時,映入顧客眼簾的是食物的外觀,接著食物的香氣誘發胃口,在食物入口咀嚼和吞嚥的過程中,味蕾分辨酸甜苦鹹,才決定顧客的喜好程度。

最易吸引顧客視覺方式即是餐點外觀的呈現,通常包括顏色、外型、質地、擺盤裝飾等項目。顏色往往影響食物之選擇,暖色系可引發食慾,而冷色較不易引發食慾,交相運用顏色的對比或深淺,可使食物外觀不受顏色的限制。食材的新鮮度也會使餐點增色,應儘量避免使用添加過多人工色素的食材。一道菜之組成結構應有主客、大小之分,若使用過多相同的形狀如切丁、球狀、團狀、塊狀,將會使主角失去焦距。通常外表含有油質亮光的食物較吸引人,如中式熱炒青菜或東坡肉。擺盤時也是廚師發揮創意的時刻,藉由食物主客對應或高低位置,配合各式器皿和裝飾物運用,會帶給顧客不同的視覺享受。盤飾物宜按其形狀、質地和色澤切割成不同形狀配合盤內主要菜餚。裝飾用的食材,通常是綠色蔬菜較為出色。以禽肉、魚肉或牛肉的主菜,烹煮後大都成為黃色、白色或褐色,若採用綠色蔬菜作為盤飾,會讓餐點變得更具吸引力。台灣花

卉及水果品質優良，可食用之石槲或各類當季蔬果，均可作為盤飾材料。

一般而言，大多數人都可聞出食物的香味或臭味，且習慣於自己所熟悉的味道。至於香氣的好惡，因人而異。例如臭豆腐及藍黴乳酪之氣味刺鼻，許多人無法接受，可是一旦嚐過後，也有些人會改變想法。食物的溫度、質地和一致性都會影響味覺。熱食與冷食都必須維持適當溫度，使顧客在最佳狀態下品嚐，且不易因溫度改變造成食物中毒。質地指食物入口後味道的感受，如平滑或濃郁、酥脆或軟嫩、柔軟或硬實、薄片或顆粒等。食物質地變化，會給予口腔多層次的感受，例如西餐中常見魚排佐以馬鈴薯泥，或是湯佐以鹹餅乾，而中餐如烤鴨佐以蔥和薄餅。菜單中各項食物之質地不應過於相似或完全一樣，且菜色之間應有所變化。

營養價值

高品質的餐點除色香味俱全之外，尚需兼顧營養價值。美國是全世界最早頒布飲食指南、素食者飲食指南和地中海飲食指南的國家，這些飲食指南不僅教育民眾正確飲食概念，無形中也促使民眾對提供餐飲業者的要求，近年來推出標示有益健康菜色的餐廳持續增加，顯示消費者普遍重視這項議題。

我國於 1991 年由衛生福利部國民健康署頒布「國民飲食指南手冊」，近年來發現國內肥胖人口逐漸增加，伴隨的是新陳代謝、心臟血脂等疾病，於是在 2011 年再予以修訂。新版每日飲食指南強調應攝取營養素密度高的原態食物，以全穀根莖類取代五穀根莖類，提高微量營養素和有益身體健康之植化素攝取量；為避免攝取過多動物性蛋白質、動物性脂肪及精緻油類，建議可多食植物性蛋白質如豆類、低脂乳和堅果類；多增加攝取蔬菜、水果類等，以供應人體所需維生素、礦物質和膳食纖維。

國內素食人口有逐年增加的趨勢，政府也頒布「素食飲食指標」，對於素食者較易因膳食缺乏的蛋白質、微生素或礦物質之攝取給予建議。一般而言，素食者若不食奶類或蛋類，蛋白質攝取量易顯不足，豆類就可成為另一種選擇。素食者也較易缺乏維生素 B 群，維生素 B 群是由八種維生素 (B_1、B_2、B_6、B_{12}、菸鹼素、葉酸、泛酸和生物素) 組合而成，若嚴重缺乏易導致消化不良、貧血、腳氣病、舌苔增生、疲倦、血管病變等疾病。雖然動物性肉類含豐富維生素 B 群，但是素食者亦可從未精製的全穀根莖類和深綠色蔬菜獲得。其中最易攝取的是糙

米的 B_1 及菇類和藻類 (猶以紫菜含量最為豐富) 的 B_{12}。每日飲食指南手冊及素食飲食指南，可提供餐飲業者設計菜單之營養價值之參考依據，以符合顧客重視健康之風潮。

過去大眾所熟知的「金字塔食物指南」是由美國農業部於 1992 年所發表的膳食指南，主要是說明健康膳食的主要成分及其適當份量。然而指南內容經常被營養學專家指為缺乏科學證據，同時內容也很少更新以反映現今研究所獲得的相關新知，因此農業部遂於 2005 年又推出「我的金字塔」以取代原有的膳食指南。由於該項資料又被指出缺乏明顯的標示且易讓人混淆不清，美國農業部只好於 2011 年再推出「我的餐盤 (MyPlate)」。

「金字塔食物指南」分為四層，最底層以五穀類食物為主，包括麵包、穀類粥、米飯和各類 Pasta 等，每天的攝取量為最多；第二層為蔬菜和水果等；第三層奶製品和豆類等；第四層為各種肉類或魚類、最頂層為油、糖和鹽等。至於修訂的「我的金字塔」，有各類食物彩帶由底層直通頂端，象徵各類食物對人體同樣重要，其所建議的攝取量可依個人年齡與健康狀況狀調整。六條粗細不同的彩帶，橙色為最粗是指五穀根莖類，代表每天的攝取量應最多，接著依序為示以綠色的蔬菜類、紅色的水果類、

圖片來源：www.choosemyplate.gov

黃色的油脂類、藍色的奶和奶製品類和紫色的蛋豆魚肉類。爬階梯的小人象徵多運動才能健康，同時每個人的每日營養需求可依勞動量不同而有所差異。最新版的「我的餐盤」分成四個部分，右側兩區塊分別是橘色代表穀類和紫色代表蛋白質，而左側兩區塊則是綠色代表蔬菜和紅色代表水果，而盤子外還有藍色區塊代表乳製品。各項食物的比例以蔬菜和穀類為最大，盤子不再細分食物種類和攝取量，較「金字塔」型簡單明瞭，易於大眾使用。

哈佛公共衛生學院於 2011 年也提出「健康膳食餐盤」以彌補「我的餐盤」飲食建議之缺失。例如「我的餐盤」僅建議食用蔬果，並無說明馬鈴薯與血糖的關聯性及多樣性蔬果的優點。蛋白質的來源也出現熱狗和漢堡，雖然建議成人每星期可攝取 8 盎司的魚肉，但是沒提醒民眾攝取過量的紅肉和加工肉品對身體有害。油脂方面缺乏說明，易讓民眾攝取膽固醇含量高的膳食。每餐飲用牛奶，目前並沒有證據顯示高攝取量可防止骨質疏鬆症，但是過多的牛奶將增加糖分的攝取。純果汁也被視為水果，易造成糖分過度攝取和缺乏膳食纖維的缺點。

健康膳食餐盤的特色如下：

- 蔬果類 (攝取量占餐盤的 1/2)

  為膳食的主要成分。應多食用各類蔬菜及各種顏色的水果。限量食用馬鈴薯，因為馬鈴薯為易消化的澱粉，如同精緻穀類或糖類會導致血糖急速升高，短期間易感覺飢餓而食用過量，長期下來體重易增加，且易罹患第二類型糖尿病、心臟病和慢性病。

- 全穀類 (攝取量占餐盤的 1/4)

  應食用全穀類如全麥燕麥和糙米，而精緻穀類如白麵包和白米飯如同血液中的糖分，食用過多易提高罹患第二類型糖尿病和心臟病的風險。

- 健康的蛋白質 (攝取量占餐盤的 1/4)

  可選擇食用魚、家禽、豆類或堅果。限量食用紅肉或再製品，以免提高罹患心臟病、第二型糖尿病、大腸癌和體重增加。

- 健康的油脂類

  應使用橄欖油、葵花油和其他植物油烹飪及調製沙拉。因為這類油脂可減少對人體有害的膽固醇產生，且對心臟有益。限制使用奶油和反式脂肪。

- 水

  可喝水、茶或咖啡。限量食用牛奶、奶製品 (每天 1~2 份) 和果汁 (一天一小杯)。每天應安排運動時間，方能保持健康。

上述各類膳食僅說明應選擇的類別及以餐盤比例作為攝取量，由於熱量的攝取因人而異，因此不針對某一類的膳食加以描述。這項標示簡化膳食的選擇，且符合人體需要的營養。

食材來源

隨著教育普及和各種傳播媒體報導，消費者逐漸瞭解維護環境使各類物種得以生存，並減少對環境破壞，才能為後代子孫提供真正的福祉。基於這樣的理念，在地生產、當季生產或以不添加農藥、化學肥料、生長劑種植、蓄養或養殖的各類食材，已成為多數消費者的優先選擇。餐飲業為大宗食材的使用者，規劃菜單亦不可忽略影響環境負荷最低的食材。

以現今交通運輸網絡，食材原料供應來源較不易因產地或供應商距離餐廳遠近影響。但對於講求新鮮的蔬果類，規劃者就必須留意菜單所需之食材是否受到季節性的限制。若值當季採買，不僅價格優惠、品質佳且供應量充裕。

菜單真實性

餐廳應真實選用菜單所示之材料、製備方式和份量。餐廳食材之選擇若不符合菜單所示，就有欺騙顧客之嫌，一旦被發現且證據確鑿，顧客可經由合法管道求償。以美國為例，州政府或地方政府已頒布「菜單真實標示法(Truth-in-menu Regulations)」，業者被要求正確說明菜單上各式菜餚內容。例如菜餚若註明「新鮮」等字，意指不得以冷凍、罐裝或醃製之食材取而代之。「阿拉斯加生蠔」必為該地捕獲或養殖的海鮮，「特級沙朗牛排」必須為國家標準評定的「特選級」牛肉。菜單應載明烹調方式，以及註明產品的大小、重量和份量。目前流行的「特大杯」飲料，由於沒有標準界定，業者若能加註份量，可減少顧客不必要的誤會。

廚房設備承載量

餐廳營運前往往投資巨大金額於其設備，各項設備的型態、數量、產能、能源費用、維修費用、清理方式或員工操作能力也是規劃菜單的主要依據。一般而言，設備不足會使顧客等待的時間增加，而設備使用時間過長，易導致損壞或縮短使用期限。

規劃者應熟知菜色製備方式並思考替代方案，以因應臨時設備不敷使用的情況，如替代廚具、其他烹調方式或使用冷凍菜餚取代都是可行方式，但仍需考量人力，成本和品質。上述方式若無法有效解決問題，改變菜單或許是唯一的選擇。

為新增加的菜色添購新設備時，應事先分析產品與員工在工作區移動的情形，可避免發生不符衛生規定和影響員工安全的動線。購置裝設有輪子的設備，便於配合人員與產品需求變換位置，且易於清洗和保養。儲存設備也應列入考量，冷凍庫和冷藏庫的容量不足，易造成食材或食物變質或污染，不符合食品安全規範，且增加成本支出。

餐廳設施

設施設計和配置往往影響食物製備和服務動線之安排。每一道菜之食材原料或服務用品從採購至服務一連列的流程中，有關驗收、儲存、發貨、烹調、保存等程序，都需要規劃完善的設施配合。設施配置改變和菜單改變都彼此相互影響，若僅調整其中一環往往無法達到預期的效果。例如餐廳前場空間擴大，擬增設 20% 的桌位以增加收入，但廚房面積和設備仍維持原狀，當遇到假日客滿

時，廚房無法準時出菜，便會導致顧客抱怨連連。

◉ 員工人力考量

睿智的管理者往往視員工為重要資產，因此員工人力安排是菜單規劃過程中不可忽視的一環。菜單設計時，規劃者應充分瞭解廚房員工的廚藝能力，有些技藝是無法在短期內經由訓練而提升，若菜單製備過程過於複雜，無法呈現該菜色應有的品質，顧客會覺得不滿意，最終導致餐廳損失。前場服務人員也是規劃者應顧及的一環，不論正職服務人員或兼職的特約人員，都會因其個人對菜單的認識程度及餐飲專業素養產生不同的服務效果。

◉ 成本效益

不論是非營利機構或營利機構規劃菜單時，若無法達成其財務目標，該餐飲單位或餐廳勢必面臨解散、結束營運的狀況。因此，菜色的選擇亦必須以成本效益作為規劃的基礎。

四、菜單訂價

菜單規劃後，菜單上每一個項目即進入標示價格的階段，這時成本結構、市場供需和餐廳類型就成為訂價的考量因素。餐廳產品售價與其營收習習相關，即使是非營利型餐廳如安養機構、學校、企業或工廠等機構，成本仍需維持在合理的範圍內。若一道菜價格過高，使顧客怯步乏人問津；或價格過低，以致於無法支付相關成本產生合理利潤，這都不是餐廳業者樂於見到的事。

菜單成本結構之差異性普遍存在。試想每一份菜單有多項類別，且每一類別又有多重項目，每一項目的原料和烹調方式不盡相同，即使名稱相同或同一類型的項目，也會因餐廳型態、原料供應來源或廚師烹調過程的差異，致使成本有高低之分。這些特性致使餐廳業者各自選用合宜的訂價方式。目前被廣泛運用的有非成本結構型訂價法、食材成本百分比訂價法、實際成本訂價法、毛利訂價法等。

◉ 非成本結構型訂價法

非成本結構型訂價法為最單純的訂價方式，不以成本結構為考量。這類方式可分為傳統價格訂價法、競爭者價格訂價法和市場接受價格法。

傳統價格訂價法　傳統價格訂價法為參照該產品市場上長期的價格來訂價。例如，麥當勞的售價成為速食的訂價或漲價指標；顧客會覺得進口葡萄酒優於國產葡萄酒，或是一道牛肉麵在五星級旅館的餐廳比中菜餐廳貴，訂價加值的百分比就有所不同。顧客也會視某些產品長時期的售價為一種傳統，一旦調升價格即面臨銷售量的銳減。因此，這類產品儘可能還是維持原價，可提高另一些產品加值的百分比以平衡營收。

競爭者價格訂價　競爭者價格訂價法通常以參考同業競爭者之價格為主，類似的菜餚就以相同或微量差異之價格訂價，至於其他因素都不列入考量。這種方式往往忽略餐廳的特色且無法反映成本，訂價過程不夠嚴謹。

市場接受價格法　市場接受價格法是指某項新產品開發後，委託專業行銷公司或市調公司於市場進行實驗性銷售，以瞭解顧客對產品之需求和價格的看法，進而決定該產品的售價。依據市場願意接受的價格作為產品訂價，通常為許多其他行業所使用，有些顧客認為產品的價值較價格重要，至於價格是否受原料、製作、人事或行銷成本影響，不是他們所在意的事。相較之下，餐廳菜單訂價遠較其他行業複雜，餐廳除了提供餐飲之外，尚包含用餐環境、餐具、用品和服務體驗。因此，若令顧客感受到真正的「物超所值」時，即使餐廳價格提高，他們仍然會前往消費；反之亦然。

食材成本訂價法

食材成本訂價法為最普遍且簡易的訂價方式，早期廣為歐洲旅館附設之餐廳所採用，至今有百年以上的歷史。例如，某一道菜之食材成本為 225 元，若業者決定食材成本為 30%，750 元 (225 ÷ 30% = 750) 就成為該道菜的訂價。運用這種訂價方式的餐廳，可視其每一道菜之食材成本高低彈性調整百分比，此項方法的缺點是無法確實反映人力成本。

實際成本訂價法

這項計價方式可供業者先行擬定利潤，再配合實際支付在某道菜的費用，即可計算出它的訂價。實際成本可劃分為食材成本、變動成本 (人力成本) 和固定成本等項，然由於每一道菜的變動成本或固定成本實際金額不易取得，這項方式通常較適用於會計制度完善的餐廳。若餐廳決定以實際成本訂價法計價，應備有所需之食材成本、人力成本、相關變動成本百分比、固定成本百分比和擬定的利潤百分比等數據。例如，若已知的食材成本為 175 元、人力成本為 150 元和營運

成本為 125 元，共計為 450 元，利潤設定為 20%，則該道菜的訂價為 563 元。計算方式如下：

$$450 元 \div (100\% - 20\%) = 563 元$$

毛利訂價法

毛利訂價法以過去某一段時間實際收入和用餐人數作預估，若遇用餐人數臨時大量增加，將會大幅影響訂價結構。例如，103 年度鄉林炭烤漢堡店的銷售毛利 (銷售毛利 = 營收 – 食物成本) 為 2,400,000 元，顧客人數 24,000 人，其他所有支出如人力成本、固定成本和利潤平均分擔在每一名顧客身上為 100 元 (2,400,000 ÷ 24,000 = 100)，亦即平均毛利為 100 元。若起司牛肉漢堡套餐食材成本為 150 元，而烤雞絲沙拉套餐之食材成本為 140 元，個別加上平均毛利，則該店餐點訂價依序為 250 元及 240 元。然而，餐點受歡迎的程度並非一成不變，有時銷售量會因季節、流行趨勢或一些突發狀況影響而減少，因此以毛利計價需確實掌握預估的相關因素。最適合使用毛利訂價法的業者為承辦宴會或外燴活動的旅館、餐廳或外燴公司，業者通常與主辦單位簽有合約以保障該餐會的最少用餐人數，所供應的菜色也於活動前擬定，食材成本不會因用餐人數多寡而受到影響。

很少有餐廳使用單一的訂價方式，業者多會混合使用不同的方式，以符合餐廳利潤或顧客需求。菜單上每一項目的價格一旦決定之後，仍需時常蒐集顧客反應及相關同業之訂價狀況，並將該數據整理分析，作為修訂菜單價格之依據。

五、菜單工程

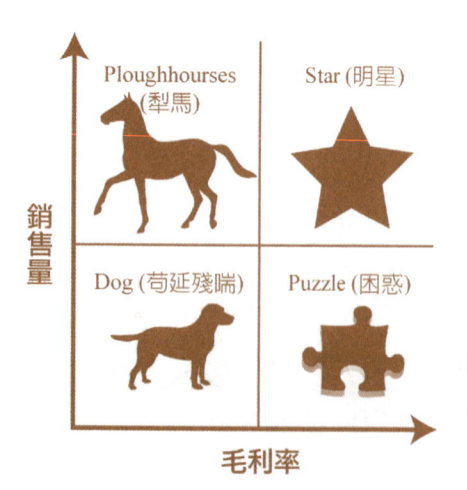

在營運中管理者需瞭解菜單中不同項目之銷售情況和各部門運作情形。最重要的即是瞭解項目銷售量及利潤狀況，若菜單中多數項目能夠達到成本低且銷售量高的狀況，餐廳就有較高獲利的機會。如何去界定每一項目的成本和銷售數據，真實反映從製作至服務一道菜之過程獲利的程度，進而改善菜單內容，為專家學者多年來不斷探究的課題。

過去沒有 POS 設備時，收銀櫃檯或會計人員僅能從帳單複本就各項目銷售量加計總數，供業者或管理者瞭

解銷售情況。此一數據無法有效提供餐廳取捨菜單上不符利潤的項目，因此早期最常使用的方式是憑藉管理者的直覺和經驗。自 1980 年代起，陸續有學者試圖以量化方式分析菜單，採用二項變數成為 2 × 2 矩陣，檢視菜單項目的獲利程度。其中最著名的方法即是菜單工程 (Menu Engineering)。

菜單工程 (圖 3-1) 這個專有名詞最早由 Michael Kasavana 與 Donald Smith 於 1982 年提出，為一種菜單評估的方法，用來檢視餐廳目前及未來菜單的訂價與菜色結構。相較於控制成本，菜單工程更關注所販售品項對於毛利的貢獻，換句話說，進行菜單工程分析的主要目的是極大化收益。這種評估菜單的方法是以菜單項目之銷售量與毛利額，以「象限座標」歸類的方式來分析評估，所有的產品可歸納為以下四種：

1. 明星 (Star)：明星類產品代表高銷售量 (高點菜率) 及高毛利額 (高貢獻率)，此類型產品應該放在菜單內最顯而易見的地方，並維持其品質與口碑。這些產品最受顧客的歡迎，而且能產生高利潤。

2. 犁馬 (Ploughhorses)：犁馬類產品銷售量也很高，但就是毛利偏低。對於這類的產品，業者必須謹慎考慮其價格，可以先緩慢的調高價格，以觀察消費者對於這個產品的價格敏感度。價格如果調整太大，很有可能會變成不受歡迎的產品。當然也可以維持現狀，以限量供應的方式增加吸引顧客前來消費，帶動其他餐點的銷售。

3. 困惑 (Puzzle)：困惑型產品為銷售量欠理想，但毛利額貢獻率佳，因此須加強促銷活動，以擴大銷售量提高點菜率。這一類的產品可能因為沒達到顧客的期待，因此可以透過降價或是以特色菜單方式進行推廣。困惑型產品亦可能是在菜單的位置上出了問題 (不夠明顯的位置)，或是缺乏服務人員的推薦，因此對

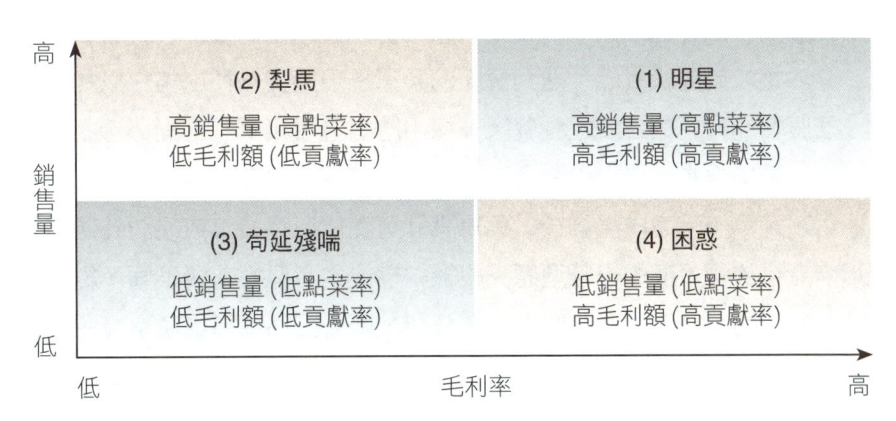

銷售量 高→低	(2) 犁馬 高銷售量 (高點菜率) 低毛利額 (低貢獻率)	(1) 明星 高銷售量 (高點菜率) 高毛利額 (高貢獻率)
	(3) 苟延殘喘 低銷售量 (低點菜率) 低毛利額 (低貢獻率)	(4) 困惑 低銷售量 (低點菜率) 高毛利額 (高貢獻率)
	低　　　　　毛利率　　　　　高	

▶▶ 圖 3-1　菜單工程

於這一類的產品，亦可以嘗試變更菜單位置、進行促銷、重新更改擺盤方式或是調整服務模式，以測試該產品的銷售潛力。這一區的產品若屬於變動成本高或製作過程繁雜的項目，則可以考慮將其淘汰。

4. 苟延殘喘 (Dog)：此類型產品屬於「夕陽產品」，不但銷售不佳，毛利額也不好，應設法考慮「淘汰」。

基本上每個餐廳，一定會存在這四個象限的產品。只是大家都希望自己的商品都是屬於第一象限，但是這樣的情況機率較低。然而業者可以此為最終目標，盡力改善其他象限的產品，讓它們成為明日之星。

「貢獻毛利」一詞是指售價減掉食材成本後的餘額，其高低是以全部菜單項目的「平均貢獻毛利」為基準。高於平均貢獻毛利者為「高」(有利)，低於平均貢獻毛利者為「低」(無利)。平均貢獻毛利的計算方法，是以每一菜單項目的貢獻毛利合計起來 (此合計額亦可由損益表中的總營業額減食物成本額而得之)，再除以全部菜單項目的實際銷售數量的合計數而得之。銷售量的高低，是以百分之七十的「平均菜單組合比率」(如有十種菜單項目，則其平均菜單組合比率為百分之十，其百分之七十即百分之七) 為基準，每一菜單項目實際被點到的比率超過其基準者屬「高」(受歡迎)，低於其基準者屬「低」(不受歡迎)。菜單工程乃根據此兩基準予以分類。

六、菜單設計編排

菜單為餐廳產品的說明書，其設計應符合餐廳整體形象。高價位餐廳顧客通常較為富裕，所供應的菜色較為豐富，用餐時間也較長。這類餐廳選用的圖樣、顏色和紙質，在視覺上往往會以精緻高雅的訴求為主，搭配菜色的精美圖片及詳細說明。顧客在悠閒的情境下閱讀一份內容豐富的菜單，被視為用餐體驗的一部分。相較於高級餐廳，速食餐廳的菜單呈現出另一種風格。以提供有限菜色及快速服務為特色的連鎖速食餐廳，採用牆上看板菜單，上面標示餐點名稱和價格，由於拍攝得當，令人引發食慾，往往會促進消費者的購買力。

菜單一旦完成規劃後，菜單設計可交付餐廳員工或委託外部專業人員負責，前者可依據餐廳的經營型態、組織結構或業者偏好有所不同，經理及主廚都是可能的人選；後者如餐飲管理顧問公司，廣告公司或專業菜單設計師，都可協助業者建構最適合餐廳風格的菜單。目前許多電腦軟體具有繪圖、編輯和排版的功能，使菜單設計過程不再需花費冗長的時間。菜單設計包含菜單的樣式、顏色、

菜單工程實例

受歡迎程度

將一家港式飲茶餐廳菜單依照人氣高、低的程度做分類,從中可以得知哪一些菜餚是高人氣的產品 (表 3-1)。並且從菜餚受歡迎的程度,來判別哪一些菜餚需要進行修改或刪除。而從菜單受歡迎程度中,可以得知海參蹄筋煲、滑蛋炒蝦仁、豆酥蒸魚球及丹山海蜇皮是受歡迎程度低的項目,將會受到管理者的注意。

表 3-1 港式飲茶餐廳菜單銷售項目分析——菜單受歡迎程度

菜單項目名稱	銷售數量	菜單組合 %	受歡迎程度
韭黃蠔油牛肉	130	10.66	高
海參蹄筋煲	100	8.20	低
丹山海蜇皮	60	5.92	低
田園野菌菇	300	24.59	高
滑蛋炒蝦仁	40	3.28	低
蟹粉海皇煲	180	14.75	高
蜜汁叉燒	320	26.23	高
豆酥蒸魚球	90	7.38	低
總合	1220	100.00	

備註:(100% / 菜單項目) × (70%) = 受歡迎程度平均值

(100% / 8) × 70% = 8.75% (受歡迎程度平均值)

邊際貢獻

在進行邊際貢獻的運算時,首先必須將每一個菜餚的加權平均邊際貢獻進行分析,每一道菜餚的邊際貢獻 (銷售價格減去食材成本),然後將每一道菜餚的邊際貢獻乘以銷售數量即可完成。最後將總邊際貢獻除以在該菜餚內銷售項目的總數,即可得到加權平均邊際貢獻。表 3-2 中敘述了加權平均邊際貢獻的計算。

那些大於菜單中加權平均貢獻的菜餚,被歸類於高邊際貢獻。而那些沒有達到菜單中加權平均邊際貢獻的水準,則會被認定為低邊際貢獻。如表 3-3 所表示,每一道菜餚均適合在二乘二矩陣的象限中,來說明貢獻邊際 (高或低) 和受歡迎程度 (高或低) 之組合結構。

人事成本因素

雖然上述菜單的分析方法,能得到對於產品的重新定位及訂價考量的資料。但是卻未納入大多數餐館業務中比重最高的人事成本因素,因此 Stephen M. LeBruto 等人 (1995) 將原本的四個象限發展成為八個象限,以便能更明確的訂出對於產品的策略。而這八個象限分別為:

表 3-2　港式飲茶餐廳菜單銷售項目分析──邊際貢獻

菜單項目名稱	銷售數量	銷售單價 $	菜單項目變動成本 $	菜單項目邊際貢獻 $	總邊際貢獻 $
韭黃蠔油牛肉	130	220	110	110	14300
海參蹄筋煲	100	160	76	84	8400
丹山海蜇皮	60	120	33	87	5220
田園野菌菇	300	125	19	106	31800
滑蛋炒蝦仁	40	175	125	50	2000
蟹粉海皇煲	180	110	66	44	7920
蜜汁叉燒	320	175	90	85	27200
豆酥蒸魚球	90	210	120	90	8100
總合	1220				104,940

備註：加權平均邊際貢獻；$104,940 / 1,220 = $86.1

- 高邊際貢獻、低人事成本和高人氣 (閃耀之星 / Shining Stars)
- 高邊際貢獻、高人事成本和高人氣 (明星型 / Stars)
- 高邊際貢獻、低人事成本和低人氣 (困惑型 / Puzzles)
- 高邊際貢獻、高人事成本和低人氣 (難題型 / Brain Teaser)
- 低邊際貢獻、低人事成本和高人氣 (拖拉機型 / Tractors)
- 低邊際貢獻、高人事成本和高人氣 (犁馬型 / Ploughhorses)
- 低邊際貢獻、低人事成本和低人氣 (苟延殘喘型 / Dog)
- 低邊際貢獻、高人事成本和低人氣 (極度苟延殘喘型 / Ultimate Dog)

使用原始的菜單工程示例，並且將每一個菜單項目中的人事成本的高或低分類，人事成本排名的前一半的菜單項目被歸類為「高」成本，而成本較低之另一半菜單項目被歸類「低」成本。菜單項目之受歡迎程度、邊際貢獻及人事成本相關資訊可以被整合為表 3-4。

訂價之妙存乎一心，最適合某一餐廳的訂價方法，並不一定也會適合於其他餐廳，所以經營者的專業判斷還是不可或缺。餐廳為求生存，必須確定其菜單中的每一道菜單項目的訂價，都能在市場所接受的程度下有足夠的利潤。由於餐飲業之特質，除聘用固定人員之外，尚有計時人力參與，而且製作每一道菜所經歷的過程繁雜，使得人力成本的計算不易。

此外，菜單項目受歡迎的因素除了銷售量可以量化外，菜單設計、行銷策略、顧客滿意度或用餐環境等都是無法量化的因素。運用質化資料可彌補量化分析之不足，在二者適切運作之下，有助於建構一個全面性的菜單分析模型。

表 3-3　港式飲茶餐廳菜單銷售項目受歡迎程度與邊際貢獻程度分析

菜單項目名稱	銷售數量	銷售單價	菜單項目變動成本	菜單項目邊際貢獻	受歡迎程度	邊際貢獻程度
韭黃蠔油牛肉	130	220	110	110	高	高
海參蹄筋煲	100	160	76	84	低	低
丹山海蜇皮	60	120	33	87	低	高
田園野菌菇	300	125	19	106	高	高
滑蛋炒蝦仁	40	175	125	50	低	低
蟹粉海皇煲	180	110	66	44	高	低
蜜汁叉燒	320	175	90	85	高	低
豆酥蒸魚球	90	210	120	90	低	高
總合	1220					

備註：加權平均邊際貢獻；$104,940 / 1,220 = $86.1

表 3-4　港式飲茶餐廳菜單銷售項目分析 (納入人事成本)

菜單項目名稱	受歡迎程度	邊際貢獻	人事成本	類型
韭黃蠔油牛肉	高	高	低	閃耀之星
海參蹄筋煲	低	低	高	極度苟延殘喘型
丹山海蜇皮	低	高	低	困惑型
田園野菌菇	高	高	高	明星型
滑蛋炒蝦仁	低	低	低	苟延殘喘型
蟹粉海皇煲	高	低	高	犁馬型
蜜汁叉燒	高	低	低	拖拉機型
豆酥蒸魚球	低	高	高	難題型

紙質和字型等層面，分述於下：

樣式　菜單規劃者通常於決定供餐類型、供餐次序和各類菜色後，再決定菜單之尺寸、形狀及編排。美國最常見之菜單之尺寸多是 9 × 12 或 11 × 17 英寸。一般菜單有單頁或是折頁等多樣的形式，如圖 (3-2) 所示。供應商業午餐或菜色選擇

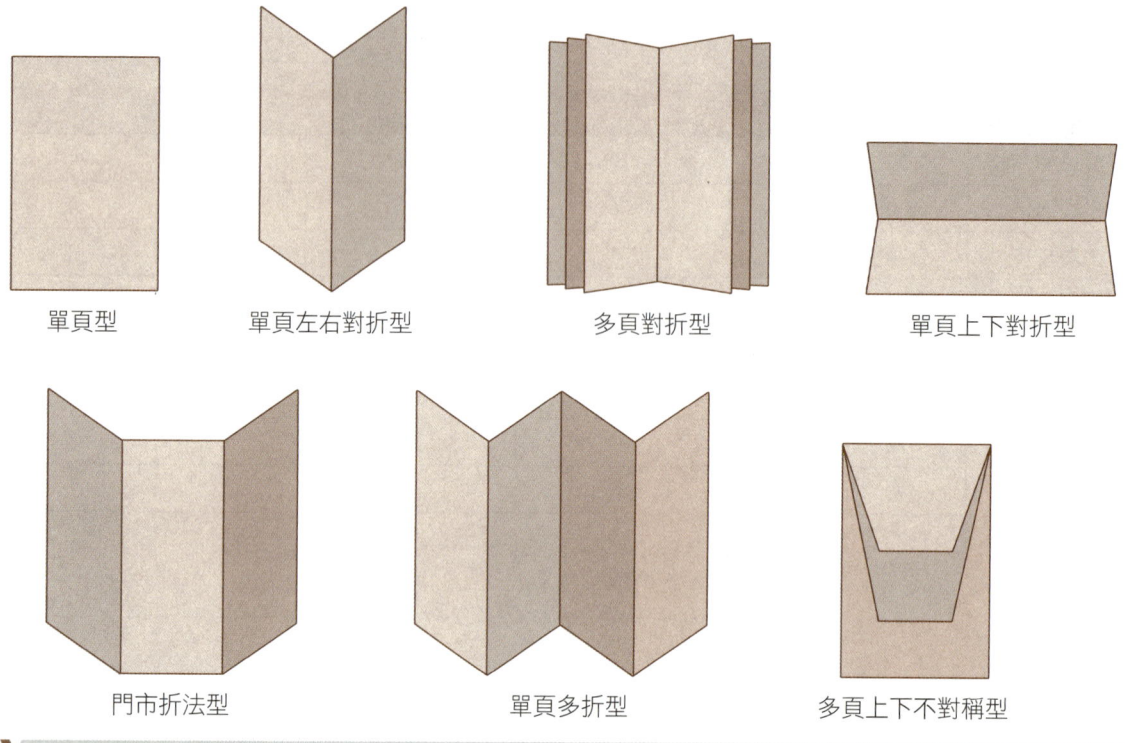

| 單頁型 | 單頁左右對折型 | 多頁對折型 | 單頁上下對折型 |

| 門市折法型 | 單頁多折型 | 多頁上下不對稱型 |

圖 3-2　菜單折頁樣式

　　有限的餐廳通常會使用單頁菜單，其他類餐廳，則依據餐別或每一項類別的菜色多寡等因素，選擇適當的折頁方式和頁數。一天內供應三餐的餐廳，除非每一餐客源固定，否則無需單獨製作每一餐的正式菜單，可按三餐時段製作簡式菜單，菜單僅載明該時段所供應的菜色和服務時間。但是若以加州式菜單為主的餐廳，隨時供應早午晚三餐，菜單必會詳載所有的菜色。

　　有些餐廳為了吸引特殊消費族群，試圖在菜單外型有所變化，例如，以受歡迎或流行的卡通人物為造型的兒童菜單、酒瓶形狀的酒單，或以甜點造型的甜點菜單。人們通常對最初和最終所聽到和看到的事物印象較為深刻，菜色前後次序之編排也就變得十分重要。西餐及中餐的傳統菜單結構不同，可依其用餐慣例排列次序。每一類菜式的大標題下，通常將最受歡迎及擬強力促銷的菜色安排在第一列，或是在菜名加上邊框區隔，以吸引顧客的注意。另外，單頁菜單中心線上方、單頁對折菜單之右側及門式型菜單中間欄位，都是顧客閱讀最易聚焦的位置(圖 3-3)，也是最適合安排餐廳擬主力推廣的菜色。

顏色　菜單顏色如同餐具色彩一般重要。單一顏色的菜單價格較便宜，若選擇多種顏色易使成本增加。過多的顏色和花樣容易分散顧客的注意力，適當顏色和設

```
┌─────────────────────────────┐
│                           2 │
│         ┌───────┐           │
│         │   1   │           │
│         └───────┘           │
├─────────────────────────────┤
│ 3                           │
│                             │
└─────────────────────────────┘
```

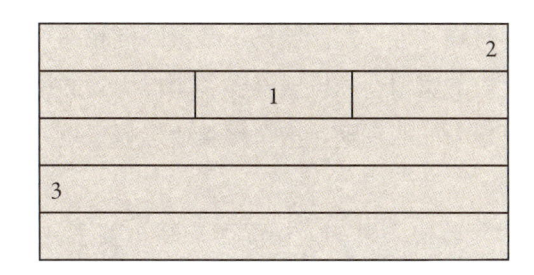

圖 3-3　單頁菜單最易聚焦的位置

計可裝飾菜單。最容易閱讀的菜單是奶油色、淺褐色和深黃色的紙印上黑色字，或是白色紙印上黑色、紅色或綠色字。但是黑色紙使用白色字、黃色紙使用紅色字或是紅、綠色紙分別使用對比色的字，則具有相反的效果。若遇特殊節慶時，餐廳宜考慮採用具該節慶象徵之菜單，使其更具有說服力。例如，中國新年可使用紅色紙印上黑色字的菜單、萬聖節可使用橘色和黑色為主色系。

紙質　菜單的用紙必須與餐廳的風格相符。選擇時必須考量紙的韌度、質感和穿透性。若是只限單次使用的菜單如桌墊菜單，宜選用價格低廉的紙，若是重覆且長期使用的菜單，為防止水漬、油污或遭撕毀，宜選用品質較佳且經過特殊處理的紙。菜單封面通常選用較厚重或強紉的紙，厚度不小於 0.006 英寸，有時並加以護貝，以便於擦拭及延長使用時間。菜單封套可於最外層飾以塑膠，或其他可增加質感之材質，如亞麻、絲綢或皮革等。

字型　菜單使用的字型和字型大小都會直接影響顧客閱讀的感受。字型怪異或過小都不易使人閱讀，英文字母應大小寫合併使用。現代字型線條無粗細之分或是書寫體字型，較適用於菜單的主要標題或次要標題。字型大小或行距應視其版面內容編排而彈性調整。菜單的主要標題或次要標題可使用大寫字母，而附加說明則是選用小寫字母。

附加說明　菜單除了每一道菜名和價格之外，應增列文字敘述供顧客對該道菜的認識，且使用文字宜選用易瞭解的商業用語，以免誤導顧客。內容可包含主要食材資料 (產地、規格、數量、保存方式、品牌)、烹調方式等，例如，碳烤 10 盎司菲力牛排 (牛肉產地、重量、新鮮磨菇) 或櫻桃鴨 (宜蘭產地櫻桃鴨、重量和三星生產的青蔥)，凡是菜單所示的資料都必須如實運用，不得以其他材料取代。另外，額外收費的項目，如酒類開瓶費及折價券或餐券可使用時間都必須詳載。

　　餐廳依據上述原則設計菜單時，仍須留意下列事項：

- 菜單應載有餐廳地址、電話號碼、營業時間和網址。目前使用網址的人數普遍增加，網頁上的菜單有時反成為顧客選擇用餐的第一印象。餐廳在製作傳統菜單外，也應思考如何在網頁上呈現菜色之視覺效果及文字說明，令人興起想要品嚐之念頭。
- 若遇顧客因有收集菜單的習慣而索取時，餐廳會因成本考量有不同的因應方式。如製作費用不高，可免費贈送，以增進顧客對餐廳的正面印象；若製作成本較高，則可改以簡式菜單供顧客收藏。菜單價目表有所更動時，應重新製作菜單，切勿直接在菜單上塗改。若針對可能產生價差的菜色，可加註「按市價而定」以減少誤會。
- 餐廳應設有專人於每一餐營業前負責檢視菜單的狀況。菜單為餐廳的消耗用品，經長期使用易有破損或老舊的現象。若平日不加以妥善保管，將會縮短其使用年限，增加成本支出，更重要的是會負面影響餐廳形象。

七、修訂菜單

　　菜單在經過一段時間使用後，勢必會發現原有內容之缺失或需調整之處，必須進一步的改善與修正，修訂菜單便成為必要之措施。修訂菜單可從兩個層面來探討，一者為外在因素，二者為內在因素。外部考量可分為顧客需求、財務管理、同業競爭、原料供應和流行趨勢等五項因素，其中尤以顧客需求為最重要的考量因素。若改變菜單，需再次確認目標市場需求，並評估新菜單對現有市場的影響。財務管理包括各項食材成本和新菜單的利潤控管，應仔細檢視各項成本結構，以確保應有之利潤。競爭優勢亦攸關新菜色之成敗，新研發菜色之配方有時易為同業抄襲或模仿，價格也會受制於同業的削價競爭，若無獨占性之配方或成本優勢之條件，就失去與同業競爭之先機。食材成本與原料供應有關，原料選擇若能考慮季節性、產地距離和不影響環境的生產方式，就不必憂慮供應來源，且能降低成本和提升品質。餐飲業如同時尚業具有濃厚的流行趨勢，菜單規劃人員必須能夠觀察當前流行元素，從而探討、預估未來流行的方向。

　　菜單修訂時之內部考量因素可分為供餐型態、菜單項目組合、經營理念和作業系統等四項因素。如果餐廳發現下午茶銷售量不佳，業者可決定該時段是否持續經營或改變，但是若能符合多數顧客需求，且內部系統運作能夠配合，改變菜單項目或是改為供應早午餐都可能是選擇方案。任何菜單項目之改變，必須符合餐廳之經營理念，例如：海鮮餐廳若為了因應餐飲流行趨勢，而決定增加多項牛肉漢堡，這項變化在長期可能負面影響餐廳營運，為維護餐廳形象必須避免銷售

⌘ 穿越時光長廊的菜單 ⌘

　　從古至今人人或多或少都有收藏的嗜好，不論收藏的動機為何，是為了把玩、懷舊、思念或是投資，往往都是以個人利益為前提，而收藏品之範圍更是琳瑯滿目且價格不一，例如，郵票、車票、玩具、古錢幣、古董字畫、限量名牌皮包、珠寶等。但值得一提的是，有人最初以收集菜單為個人嗜好，進而協助圖書館從事大量收集，讓這些菜單成為詮釋美國近代飲食文化的最佳代言者。

　　美國紐約市市立圖書館，館藏菜單可溯自 1840 年的餐廳至今，共有 45,000 多份菜單。其中館藏菜單半數以上是來自一名叫 Frank E. Buttolph 女士的收集。Buttolph 女士出生於 1850 年美國賓州的曼菲爾小鎮，師範學校畢業後任教於當地附近學校。1899 年她首先將珍藏多年的菜單捐贈出來，該圖書館在感謝之餘，也邀請她擔任志工，由她負責與各地同好或旅館、餐廳聯繫，繼續收集菜單直至 1923 年。次年她離世，終其一生共收集到 25,000 多份菜單。

　　如同 Buttolph 女士生前接受紐約時報訪問，她認為「菜單的歷史意義最為重要」。經由閱讀館藏菜單，彷彿走進了時光隧道，過去美國餐飲的流行風潮、各地消費者的餐飲偏好、餐飲價格、菜單設計風格，乃至當代人文經濟背景等資料，無不躍然於前。儘管有些飯店或餐廳或許已經不存在，但是這些餐飲業的從業人員，為餐飲領域及社會大眾貢獻的心力卻是不可磨滅。對於飲食文化有興趣的學者、專業人士或大眾，無疑提供了一個巨型、豐富的資料庫。

　　為了便於保存及閱覽，數個美國圖書館近年來開始陸續將收集的菜單予以數位化，世界各地人士只需透過網路，即可進入該館瀏覽閱讀。除了紐約市立圖書館之外，尚有紐約州康奈爾大學旅館學院圖書館、美國餐廳協會、加州洛杉磯圖書館和其他大學，或各地圖書館也提供數位化館藏菜單服務。

相關網址

Buttolph Collection of Menus - NYPL Digital Collections
https://digitalcollections.nypl.org/collections/buttolph-collection-of-men...

National Restaurant Association Menu Collection - ScholarsArchive ...
scholarsarchive.jwu.edu/menus/

Menus: The Art of Dining | UNLV Libraries Digital Collections
digital.library.unlv.edu/collections/menus

與餐廳理念不符之產品。

　　菜單是由不同類型菜色所組成，任何一道菜的改變都會影響菜單的整體結構。修訂菜單往往直接影響餐廳原有之作業系統，最顯著的是各項成本增加，不論是食物、薪資、員工訓練、添置新設備都要額外支出，更重要的是員工專業廚藝技術並非短期訓練就可以提升，而且新設備的效能和員工使用新設備的純熟度都是不可忽略的要素。

　　菜單修訂最終目的是滿足顧客需求和達成預算目標，若能確實瞭解顧客需求，並考量流行趨勢、供貨來源、競爭條件等外部因素，就易於規劃出令顧客滿意的菜單。另一方面，持續維持餐廳理念，配合員工能力和考量設備效能，才能使新菜單得以正常運作。由此可見，不論是外在因素或內在因素之考量，彼此息息相關。

八、米其林星級主廚新菜色開發流程

　　自 1926 年米其林輪胎公司建置了米其林星級指南後，米其林星級成為尋找最佳美食與烹飪的指南，米其林指南是以食材品質、廚師技藝、菜餚品質穩定性、性價比，以及主廚創意作為評分標準。為了在競爭的產業環境下生存，高級餐廳必須持續創新菜色。Ottenbacher 與 Harrington (2007) 對 12 位分別擁有德國米其林一星、二星及三星的主廚進行深度訪談，探究這些高級餐廳系統化的開發流程。根據米其林星級主廚的描述，產品創新開發過程可分成七個主要步驟 (圖 3-4)，以下分別描述之。

產生構想　在產生新菜色初步想法的階段中，可細分為三個部分：首先是「原料選擇」，對廚師們來說當要推出新的主菜，通常他們會去思考「這個季節有什麼樣的產物？」此外，也會考慮到原料的運送距離不能過遠，以免影響新鮮度。接著是「創意思考」，在主菜與配菜的組合上面，廚師們會從風味、質地及色彩上去考慮；最後是「尋求靈感」，根據調查結果 (表 3-5)，大部分廚師的靈感來源前三名為：拜訪同業餐廳、閱讀烹調資訊及新烹飪技術的運用。

Chapter 03 菜單規劃

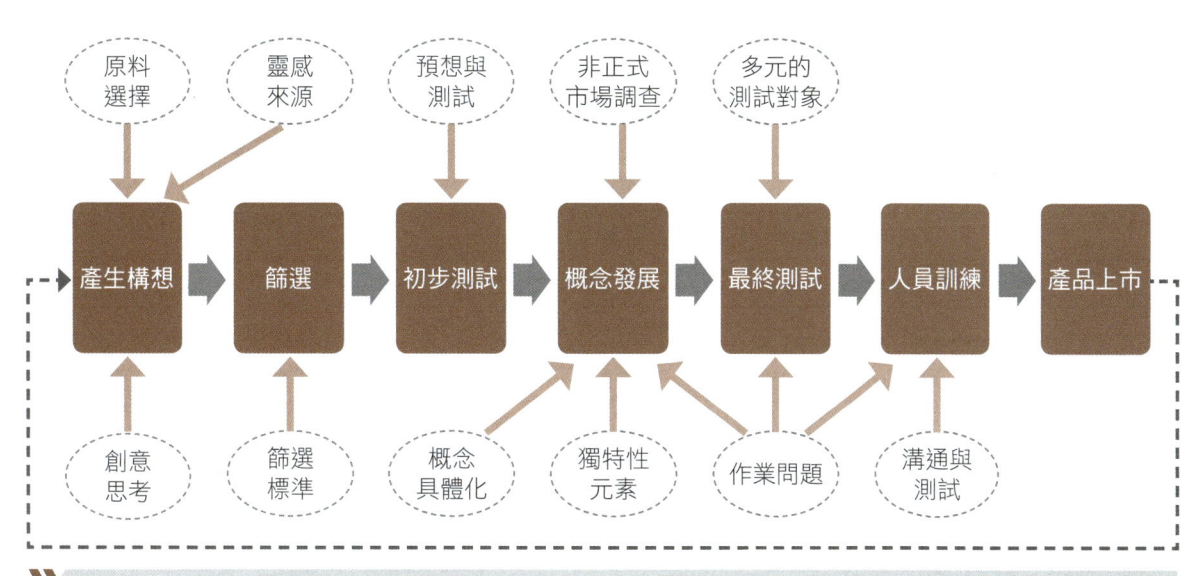

圖 3-4 米其林廚師餐點研發過程圖

（產生構想 → 篩選 → 初步測試 → 概念發展 → 最終測試 → 人員訓練 → 產品上市）

上方輸入：原料選擇、靈感來源、預想與測試、非正式市場調查、多元的測試對象

下方輸入：創意思考、篩選標準、概念具體化、獨特性元素、作業問題、溝通與測試

表 3-5 新菜色靈感來源

重要性排序	內容
1	Visiting colleague's restaurants 拜訪同業餐廳
2	Cooking literature 閱讀烹調資訊
3	New cooking technology 新烹飪技術
4	Visiting food markets 市場訪查
5	Cooking shows 烹飪節目
5	Traveling abroad 海外旅遊
5	Experiences from previous employers 過去的工作經驗
5	Ideas from customers 顧客的建議

篩選 相較於連鎖餐廳篩選新的菜色時較為系統化的過程，米其林主廚對於新菜色的篩選通常以個人主觀判定，受訪廚師都認為產品的季節性與產品品質是最重要的篩選條件，接著才是新菜色與餐廳烹飪風格的適配度，以及產品銷售與預期效益問題 (表 3-6)；此外，僅 3 位主廚提出顧客接受度與營運操作因素，是篩選新菜色之考量因素。

初步測試 主廚們在實際烹飪食材之前，會先在腦海裡預想食材烹飪後的成果，覺得這樣的食材組合是適切的之後，再進行產品初步烹調試驗；通常廚師們會將

表 3-6　新菜色篩選標準

重要性排序	內容
1	Seasonality of products 產品的季節性
1	Quality of products 產品的品質
2	Fit with cooking style 新菜色與餐廳烹飪風格的適配度
3	Cost and profitability 成本與利潤
4	Menu pricing considerations 訂價考量
4	Fit with menu style 產品與菜單風格的適配性
5	Customer acceptance 顧客接受度
5	Operational factors 營運操作因素

這樣的半成品招待給顧客品嚐，並取得回饋。

概念發展　在這個階段，先前決定的構想會接著發展成完整的概念；一般來說，星等愈高的餐廳，在確定執行前會投入愈多時間在測試與建構發展計畫上。有些主廚會在此一階段完成食譜資料檔、攝像紀錄，以及擺盤方式等書面資料，但亦有少數主廚僅憑空想像 (表 3-7)。值得一提的是，在訪問的對象當中，並沒有米其林餐廳使用正式的市場調查方式測試新菜色，他們都是用非正式的方式得到消費者及餐廳管理者的意見 (表 3-8)，例如，他們也會到其他米其林餐廳用餐、瞭解競爭者的烹飪方式及訂價，藉此檢視自身菜色的開發方向與訂價策略。米其林主廚們除了積極尋找靈感來源以外，也會將自身文化背景特色運用到菜色上，以凸顯產品的獨特性。

最終測試　最終測試階段中，米其林主廚們會找餐廳中具專業經驗及敏銳味覺的同仁試吃，或者邀侍酒師及對餐點具敏感度的常客與朋友品嚐，此外也會當作小

表 3-7　概念具體化

重要性排序	內容
1	Recipe-date file 食譜資料建檔
2	Photographing concept 攝像紀錄
3	Presentation & arrangement instructions 建構擺盤方式書面資料
4	Written working instructions 建構書面生產作業方式

表 3-8 市場調查方式

重要性排序	內容
1	Dining at other Michelin-starred restaurants 至其他米其林餐廳用餐
2	Cooking trends used by competition 瞭解競爭者採用的烹飪方式
3	Pricing of competitors 競爭者的訂價

菜讓消費者試用 (表 3-9)。在這一階段試吃餐點的順序，以及環境與服務方式，都會影響食用者對新菜色的觀感；試用者必須在優雅的及專業的氛圍下品嚐，才能使測試的最後結果實際運用在餐廳中。

表 3-9 最終測試的對象

重要性排序	內容
1	Knowledgeable employees in leading positions 經驗豐富的同仁
2	Sommelier 侍酒師
2	Regular customers and friends 常客與朋友
3	Offer to diners as amuse geule or part of multi-course tasting menu 當作前菜或建構一套試驗菜色供消費者試用

人員訓練 人員訓練有可能安排於最終測試階段之前，但是大部分的餐廳都會在完成最終測試後才開始訓練員工。所有受訪的米其林廚師，都會詳細的與員工們討論跟解釋新產品的資訊，其中十位主廚會和廚房工作團隊一起烹飪新產品，少數主廚則會在團隊們練習烹飪之前，先示範一遍新菜色之烹調方式給大家看，再把作業標準告知員工，讓員工照著練習。對主廚而言，米其林餐點意味著最高級的產品，廚師們在烹飪同一道菜一百次以後，這道菜仍需保持原先設定的品質。

高品質服務是米其林餐廳營運的靈魂。訓練階段中對前場服務人員的培訓十分重要的，因為他們需要知曉該道菜的製作細節，以及消費者想要知道的餐點知識，他們甚至要引導消費者品嚐菜餚的方式。

產品上市 連鎖餐廳在產品上市階段通常會先進行評估，餐廳管理者會對相關資料進行檢測，分析銷售狀況、市場反應與產品問題。但是，在米其林星級餐廳

中,產品上市階段大多僅會進行消費者隨機調查或同仁觀察的回饋,來瞭解顧客的滿意度。令人感到驚訝的是,受訪者中只有兩位廚師針對新菜色進行營收分析與績效評估。

整體而言,米其林星級主廚的新產品開發流程,較少針對財務資訊進行分析。新產品開發過程中的考量因素,大都來自於廚師本身的隱性知識與技巧。這些隱性知識會隨著主廚的發展而成長,並在無形中提高競爭的模仿障礙。由於在米其林餐廳中,菜色創新失敗的影響遠大於一般餐廳,因此,在這樣高風險的情況下,促使主廚更加注意產品開發過程。

九、菜單趨勢

在廿世紀後期,低卡餐點、小份量餐點和有機食品開始受消費者喜愛,並蔚為流行,同時因全球化的影響,世界各地紛紛推出異國料理,中式料理、日式料理、韓式料理和泰式料理的餐廳在歐美國家日漸增加,同一時期法式料理、義式料理、中東料理在亞洲地區紛紛出現。進入廿一世紀的世界,更由於網路和智慧型手機的普及,不僅加速各項資訊的傳遞,使得大眾愈發關注與己身健康相關之議題,如健康新知、食品安全、環保,而且加速改變大眾的消費模式,下列趨勢將持續影響餐飲業的菜單設計。

追求有益健康之菜色　過去顧客普遍認為外出用餐時,若要吃大餐或享受物超所值,就是點大份量或肉類多的菜色,然而研究顯示,食用大量蔬果可降低罹患慢性疾病的風險。以地中海地區為例,居民向來長壽、很少人罹患糖尿病、心臟病或血管疾病,經過研究發現與他們食用大量蔬果、橄欖油和適量紅酒之傳統飲食相關,廣為現代營養學者推崇。隨著以健康為主要考量之消費者日漸增加,未來高蛋白質的菜單將逐漸為蔬果取代。

符合環保概念之食材　顧客開始關心生態環境與自身之關係,在美國 2012 年有項「最流行事物」之調查,在地農產品、畜牧或養殖產品都名列其中,這項結果顯示大眾逐漸重視食物之源頭,以影響環境最少的生產方式為最佳的選擇。以農產品為例,餐廳選用當地食材有許多優點,食材新鮮、美味、多樣性、富季節性變化和地方特色可使菜單富於變化。各種食材本富含許多營養成分,於農作物成熟期採收,是其營養價值巔峰時期,藉此可供顧客享受高品質的餐點,且節省採購成本。另一方面,生產者亦可減少運輸及儲存設備之費用,以及其對環境的影響。

外送餐點 Apps 由於科技進步，顧客可經由 Apps 和第三者線上訂餐遞送服務，使得享用美食不再只限於餐廳。在美國舊金山地區有一家專門供應晚餐的公司 Muchery 於 2010 年成立，該公司結合餐飲專業廚師設計製作晚餐菜單，以冷藏車按路線分別遞送，顧客只需將送抵的晚餐加熱即可食用。有別於過去實體的傳統餐廳，該公司只接受使用 Apps 訂餐。

美國連鎖速食業也呼應這項風潮，不過外送公司的收費偏高，但是只要顧客外送需求持續增加，這項困難是可以克服的。未來，不論是外送熱騰騰或是有待加熱的餐食，菜單設計將會隨著顧客訂餐方式而改變。而在華人地區，根據比達諮詢市場研究報告，2016 年中國大陸全年外賣市場交易額估計達到人民幣 1,700 億元 (約新台幣 7,480 億元)。以 2017 年第 3 季來看，白領上班族市場占比最高，達 75.8%。市占率最高的「餓了嗎」(36.4%)、「美團外賣」(30.1%)、「百度外賣」(21.8%) 分別獲得三大網路巨頭阿里巴巴、騰訊和百度投資。

根據美食外送平台 Foodpanda (空腹熊貓) 分析，2017 年台灣民眾最愛中港式料理，其次是美式和日式餐點，而像是點點心、Chili's Grill & Bar、TGI Fridays 等人氣品牌餐廳最受喜愛，顯示在訂餐選擇上以品牌為首選考量。Foodpanda 在台五年期間，外送員送餐里程數高達 800 萬公里，相當於從地球去月球旅行二十趟的距離。

菜色客製化 根據英國知名的訂位服務公司 Open Table 所主持的一項調查，有 56% 的受訪者會要求按照自己的口味烹調，而有一半以上的顧客認為調整菜色內容是他們的權益。女性有 15% 是基於健康因素，而 30% 男性則是為了想要獲得額外的食材。對於顧客更改菜色內容之要求，有 94% 的餐廳業者十分樂於完成顧客的特殊要求，同時希望藉此增進顧客對餐廳的忠誠度。

Y 世代菜單 Y 世代族群指 1980 年代至 2000 年代初出生的族群，這一世代的父母大都來自嬰兒潮世代。Y 世代族群目前約占世界人口的 25%，具有忠於自己、講究自由、追求新潮和速度、喜歡透過網路與他人溝通等人格特質。他們的消費行為通常是藉由網路社群獲得資訊，喜愛享受消費之樂趣，且經常利用網路列印折價券獲得優惠價格。雖然他們不似上一世代有較多可支配之收入，但是願意支付較多的金額來享受不同的用餐體驗，因此餐車及休閒速食餐廳 (Fast-Causal Restaurant) 所標榜的創新、富於變化、物超所值和客製化服務，廣為 Y 世代族群喜愛。這群受網路薰習的消費者也愛分享餐飲訊息，用餐時手機拍照立即

傳遞與同儕分享，使得餐飲業者之美譽或詆毀瞬息間呈現。

速食連鎖業者為因應 Y 世代族群的市場主力，以大量客製化概念取代過去產品一致性特質。連鎖披薩和漢堡業者相繼推出客製化之產品，供顧客選擇個人所喜愛的食材製成獨特之披薩或漢堡。在 1980 年代由美國麥當勞首推的編號套餐也於 2015 年取消，代之賦予顧客更多的選擇，例如全天候供應早餐或不同份量的大麥克。此外，例如在 Sizzler 的沙拉吧，顧客可選擇各式沙拉食材，由員工在現場調配。目前連鎖餐飲業者之菜色創新及更新菜單之速度不若小型獨立餐廳，面對 Y 世代族群需求，未來連鎖餐廳除要面臨同業競爭外，尚有無數獨立餐廳將與其分食這個市場。

個案 / 新菜色的選擇

隨園餐飲集團旗下有 12 間中式餐廳連鎖店，分布於台北、新竹、台中、台南、還有高雄。但是最近的營運情況並不是很好，凱翔是這間連鎖餐廳的財務長，他發現整體來客總數持續降低，而且營業額減少了 5.0%。

所有的徵兆都指向是菜單出了問題。儘管隨園餐廳在提供高檔的廣式餐點上，已經建立起良好的聲譽，但是新奇的感覺似乎已經逐漸消失。如果隨園餐廳想要在競爭環境中占有一席之地，就必須在菜單上做改變，而且越快越好。

凱翔與陳董事長報告之後，被指示須開發新的產品。為了新產品開發，他在早上九點與其他三位公司的管理者開會，分別是：行銷經理品潔、營運長怡均及主廚家福。他要求每個人在明天會議上必須向董事長提出一道能夠受到顧客喜愛的菜餚，並且說明推薦的理由。

第二天，五個人在董事長辦公室的一個大型會議桌上開會，凱翔在每個人的座位上放了財務報告。

「因為你們都已經知道了今天要開會的原因，我就直接做個簡短的說明。」凱翔說：「我們最近的銷售數字看起來並不好，營運狀況不佳。所有問題似乎都指向我們的菜單，那我建議就從菜單中找尋解決方法。我認為大家一起努力，就有能力去找出一些具創造性的解決方法。每一個人的投入都是非常重要的，因為任何菜單上的改變，都會衝擊到採購、驗收、存貨、生產、服務，以及顧客滿意度。我們需要一個能顧及營運作業的好建議。」

怡均看著她的筆記並詢問：「所以什麼是你們對新菜單的想法呢？」

「我想我們需要一個易於準備，能提供高利潤，並且吸引顧客的產品。」凱翔說。

當聽到易於準備的餐點的字眼時，家福順道一問。

「那你推薦什麼呢？」

「上等的孜然羊排。」

「已經不行了。」小潔提出：「你沒有聽說過孜然羊肉已經退流行了嗎？」

「如果想要簡單，」家福插話：「就不能挑選一個不易烹煮的食材，那很容易煮老。當然，使用一個適當的烹煮設備或許行得通，但是……」

凱翔揮揮他的手說：「目前的財務狀況，我非常確定不能有一個新的設備，我喜歡孜然羊排，而且我認為他將會帶來很大的成功。」

陳董事長傾身向前，摩擦他的手說：「你知道我喜歡什麼嗎？我認為……」

「如果你想要吸引顧客，你必須給予他們想要的，」家福打斷他的話。「所有的市場調查研究都指出一件事，烤鴨夾餅，現在非常的熱門。它符合人們對火烤、健康食物的喜愛，保證會吸引更多人上門。更何況此道菜能夠很快且簡單地準備，所以我們在中餐跟晚餐將會有更高的翻檯率。」

「烤鴨夾餅只有很低的利潤。」凱翔皺著眉說。

「但是我們可以薄利多銷。」家福回答。

「我不能很確定，」怡均說：「烤鴨夾餅會容易造成髒亂，這也表示服務員必須多花時間去清理每張桌子，那也許會與你所謂快速翻檯的想法衝突。」

凱翔清一清喉嚨並轉向怡均：「你的解決方法是什麼？」

怡均翻開她的筆記，「老實說，我並不知道這個決定對不對。我只需一個容易銷售、能創造

利潤,並且能讓顧客喜愛的餐點,噢!」──怡均終於找到她昨晚的筆記──「我建議一些特別的甜點,當平均消費額提高時,將會替公司帶來更好的利潤,甚至可以讓廚房工作人員很開心,我們只需要花很少的時間盤飾這些知名品牌的甜點。」

當怡均在說明她的構想時,家福臉色卻變了。「我是一個受過正統訓練的廚師,但你們卻建議我把一個在超商就能買到的東西丟到盤子上就給客人,這樣如何能夠讓客人感受到我們的專業能力呢?」

「家福?」

「為什麼不能讓我發揮專長?給我一些自由去創造一個具特色的餐點,而不是提供一個能在商店隨便買得到的商品。我每天都可以創造出精選菜餚,來凸顯隨園餐廳的特色,而客人會想回來品嚐它,除此之外,若我們自己準備,我們可以利用特別或季節性的食材來增加利潤,我很確定我能創造獨特的餐點,而我所需要的只是一些能吸引顧客的行銷手法。」

「你把行銷講得好像是可以解決所有問題的辦法。」小潔補充,感覺她的情緒開始在上揚了。「即使每個人都覺得你的手藝很棒,但事實是,那不見得是客人想要的。給他們想要的有什麼錯?」

「我必須承認我有些考量是和利潤有關的。」凱翔說。「那麼,別再拖延了。」他看了一下他的老闆。

陳董事長猶豫不決地在他的座位上,遲疑的看著大家。

陳董事長笑了笑,「最後,大家想聽我的意見嗎?」他傾靠著椅子,若有所思的說:「你們或許知道,我最近花了兩個星期的時間在花蓮」

小潔傾靠向怡均,「當我們忙得焦頭爛額的時候。」她低聲的說。

陳董事長不理會他:「你們知道客人喜歡花蓮的什麼嗎?」他望著天花板問。「新鮮的養殖龍膽石斑。」

凱翔抱著頭:「新鮮的花蓮養殖龍膽石斑?」

「那你建議我們該如何將新鮮的花蓮石斑運送到新竹,或是台南分店?」

「你知道運費會增加多少費用嗎?」

「餐廳的平均消費額中午要多 150 元,晚餐要多 250 元,顧客會接受嗎?」

「嗯,如果可以確實執行促銷活動⋯⋯」陳董事長說,他的聲音越來越小聲

「促銷活動?」小潔表示懷疑的說。「市場調查結果已經清楚的顯示消費者想要的是什麼,而並不是花蓮新鮮養殖龍膽石斑。」

「而且關於儲存的問題呢?我們每家店都需增購海鮮儲藏冰櫃。」

「我們需要能建立一個可以維持生鮮食材的物流過程。」

「好!好!」陳董事長說,他的笑容消失的很快。「但是假如龍膽石斑行不通的話,我們要如何去評估哪一道菜是對本餐廳有幫助的?」

問題討論

1. 從購買、儲存、生產及服務與環保的觀點上來看,大家所提議的菜餚中,哪一項是你會選擇的?為什麼?
2. 該連鎖餐廳在決定推出新菜色前,宜先進行哪些分析步驟?
3. 廣式餐點有哪些特色?
4. 請你另行建議一道菜,可以解決連鎖餐廳基本客源的流失。

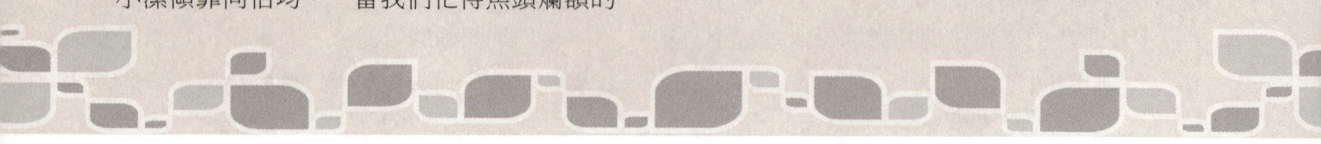

個案 2　瓦牆餐廳的訂價

蕭老闆正在為位於台中公益路上，設有 188 座位即將開幕的泰式瓦牆餐廳規劃流程，他對菜單的訂價感到左右為難。

他設定所有的食材成本目標是訂價的 30%，但是有些菜單品項會超過這個數字，亦有些菜單品項會低於這個數字。至於其他指標，他設定飲料成本與人事成本分別為訂價的 28% 及 30%。他預計食物平均消費額是 380 元，飲料平均消費金額為 80 元。

而最鄰近的泰統餐廳，已經開店十年了，是令人擔心的競爭對手，距離這裡 400 公尺遠。他曾到該餐廳消費，也將菜單拍照留存。蕭老闆泰式瓦牆餐廳是一家全新的餐廳，比他的競爭對手高級。蕭老闆認為對手的餐廳，看起來有一點舊，這時蕭老闆有些想法正在心中翻轉：

- 是否應將食材成本拉高至訂價的 35%，藉以提高價值感；飲料成本則降低至訂價的 22%，飲料所提高的獲利，則可彌補餐點獲利的減少？
- 是否該提供外帶餐點，如月亮蝦餅？

問題討論

1. 泰國菜有何特色？
2. 當蕭老闆詢問你：「我應該如何做？」，你會怎麼回答？

Chapter 04

採購、儲存及控管

學習目標

1. 說明餐廳採購之流程。
2. 認識食材之特性及採購之原則。
3. 認識餐廳用品和設備之特性及採購原則。
4. 說明餐廳食材、用品和設備之驗收、儲存和發貨的方式。
5. 認識內部控制的原則。
6. 瞭解銷售時點情報系統與電子點餐系統之發展。

餐廳的食材和用品支出攸關成本之高低，從供應來源至提供顧客餐點的每一項過程中，都必須加以規劃和控管，管理者若能以最合理的價格採買、妥善的保管運用及降低浪費、折損或變質的比例，使其發揮最大的效益，才能創造最大的利潤。本章將分別說明餐廳採購之流程、驗收和儲存、發放和控管之基本原則和注意事項。

一、採購

採購是指公司或企業於適當的時間向合格的供應商，以適當的價格購買適當之產品。負責執行此項任務之人員，通常應具備採購物品之專業知識、擅於與員工和廠商溝通、精於數字運算和使用電腦處理採購業務等能力。以餐飲業而言，因一般規模小之餐廳，購買食材或用品數量有限，這一職務通常由業者、經理或主廚擔任，而規模大的餐廳、連鎖業者或團膳業者，則設有採購單位由專職人員負責。

採購時間點與數量

為了便於採購作業，餐廳採購之範圍可分為易腐壞 (Perishable Goods) 與不易腐壞 (Nonperishable Goods) 兩大類商品。易腐壞之物品是指該物品之保存期限相當短暫，通常只有 1~3 天。即使有的物品有較長的保存期限，但品質或使用率仍會降低，餐廳對於此類商品只能增加購買次數。至於不易腐壞之商品，若保存得當，其使用期限可長達數個月至一年。由於儲存庫房大小、現金流或餐廳地點等因素，皆會影響餐廳採購的次數和數量，時間大致以每星期、每個月或每兩個月不等。

決定採購時間與數量前，首先必須建立標準庫存量，以維持餐廳作業，同時自行決定每一項用品的最低補貨標準，亦即是補貨點。若標準庫存量訂定的低，易發生不敷使用。反之，易有現金週轉問題、失竊或浪費的情形發生。餐飲業型態多元，沒有一套適用於所有經營型態的標準庫存量。

採購規格書

採購規格書之功用是制定所需產品之品質標準，使供應商能夠依照品質規格提出報價。餐廳裡的每一項食材及服務用品，都必須於首次採購前訂定書面之採

餐廳採購數量之計算方式

一、補貨點計算法

補貨點＝(每日使用量×訂貨到送貨所需時間)＋安全存量

如玉米罐頭每日用量需要 2 箱，從訂貨至到貨時間需花費 3 天，而安全存量通常依銷售量或採購制度有所差異，一般大致以訂貨至到貨期間用量之一半為基準 (2 箱 × 3 ÷ 2 = 3 箱)。因此補貨點為 2 箱 × 3 + 3 箱 = 9 箱，亦即若存貨量只剩下 9 箱時，就需要訂貨。

二、定期訂購法

此方法適用於物料用量大且定期採購之大型餐廳或連鎖餐廳，其特點為採購時間固定，但採購量視實際盤存後之現有庫存量而定。其公式如下：

訂購量＝訂貨時間需求量＋標準庫存量－現有庫存量。

標準庫存量為從此次進貨至下次進貨期間所需用量加上安全存量。

例如：洗手乳每 2 個月訂貨一次，每個月用量為 6 桶，目前庫存量為 2 桶，廠商需要 3 天才能送貨，若擬下訂單所需數量為：

6 ÷ 30 (天) = 0.2 每日需求量

0.2 × 3 (天) = 0.6 訂貨時間需求量

0.6 ÷ 2 = 0.3 安全庫存量

0.2 × 60 (天) = 12 + 0.3 = 12.3

訂購量 = 0.6 + 12.3 − 2 = 10.9 標準庫存量 (11 桶)

三、生鮮食品原料採購

生鮮產品如肉類，通常經過處理、烹調後重量減少，因此採購時就必須先行將耗損率預留。

採購量＝(食材供應量÷食材產出率)×供應人數＋安全庫存量

如擬供應 120 人每人 9 盎司的牛排，預計耗損率為 40%，安全庫存量為 5%，則牛排的採購量應為 1,890 盎司。其計算方式如下：

9 ÷ (1 − 40%) × 120 = 1800 基本採購量

1800 × 5% = 90 安全庫存量

採購量為 1800 + 90 = 1890 (盎司)

購規格,採購規格之書面資料宜精簡明確,且提供足夠之說明給供應商,內容可分為產品名稱、使用地點、等級、大小、顏色、包裝規格、數量、類型、成熟度、測試程序、注意事項等項目。負責此項職務可能是餐廳經理、主廚、採購部經理、各部門主管等。一份完整的規格說明書,可使餐廳內部各部門相關人員便於告知採購部門所需之資料,且加速供應商尋找貨源,以利採購作業之進行。

採購來源

餐廳採購管道可分為食材出產地、製造商或供應商等。食材出產地有農場、牧場、養殖場和養雞場等,通常給人易於提供新鮮食材之印象,但近年來受到極端氣候所致,天氣影響往往成為不可抗拒的因素。另外,還有環保和公平交易等影響因素,前者乃兼顧永續經營概念的生產模式,其產品備有生產履歷,因此價格偏高且產量有限;後者則是不透過貿易商的利潤剝削,使當地農民獲得合理利潤 (例如餐飲業者以契作方式採購開發中國家之咖啡豆),這些因素都有可能成為採購時的考量。製造商有的是以提供原料加工,如屠宰場切割肉類或台糖公司使用甘蔗製糖等,有的是將經加工之原料或各類食材製成各種產品,如烘焙產品、肉類罐頭、冷凍食品等。與餐廳業者接觸最直接且頻繁的銷售管道是供應商,供應商有時會提供市場流行之食材或價格合宜的替代品,甚至會配合餐廳促銷活動提供贈品。

供應商選擇

餐廳購買之商品不論是生鮮食品、服務用品或是設備,多須仰賴供應商提供貨源。對於生意興隆的餐廳而言,採購數量大,但若無較大的儲存空間,該餐廳會希望供應商能夠配合現況分成多次配送。另一方面,大型連鎖餐廳為使食材或物品維持既定之標準,通常會考慮由一家供應商統一供貨。儘管評估供應商之要

✤ 麥當勞食品城 ✤

1998 年,由於台灣麥當勞快速拓展,原有的生產線不敷需求,於是麥當勞專屬食品供應商和配銷中心在彰化縣大城鄉,共同投資成立規模龐大的「食品城」,麥當勞的食品城包括三大廠,分別是:碁富食品公司肉品廠,夏暉食品公司配銷中心,與麵包廠。麥當勞食品城營運的目的,在於降低系統的運輸成本,提供內部各廠商相互支援的功能,有效縮短主要產品之交貨日期。

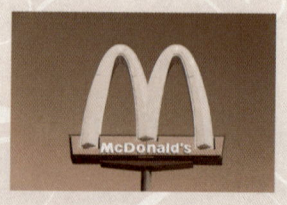

素因各類型餐廳採購需求有所差異，二者若能夠彼此配合，長期下來可建立密切合作關係，成為不可或缺的夥伴。

一般而言，選擇供應商的主要考量有下列因素：

- 商譽與專業素養：商譽佳之供應商代表該公司長期以來信用好，可使客戶免於憂慮是否能夠如期完成交易。供應商之專業素養，以餐飲業而言，可提供餐廳餐飲流行趨勢和最新之相關資訊，甚至免費促銷商品供餐廳使用，無形中可提升餐廳營收。
- 供貨品質：應確保供應商的供貨品質優良且一致性，否則餐廳無法在餐點和服務方面維持一致的水準。最理想的方式是參觀拜訪供應商，以瞭解該公司處理和包裝商品作業程序，尤其是生鮮食材的廠商。有信用的供應商應有標準作業程序，以確保採買之商品符合食品安全。另外，可要求供應商提供試用品，以免受到業務代表誇大不實之誤導。
- 價格：價格高低並非是決定供應商的唯一考量，但若要供應商有信用、供貨品質優良和服務好三者兼具之供應商，餐廳就必須在價格有所取捨。
- 服務和溝通管道：有時供應商供貨品質與服務品質無法一致，例如，無法準時送貨、送錯貨品等，以致於影響餐廳作業。優良之供應商，若無法達成承諾客戶之事項，會事前告知。同時，供應商宜定期拜訪客戶，以瞭解客戶之需求，並加以改善。
- 財務狀況：應確認供應商有能力穩定提供餐廳所需貨源，否則若遇餐廳訂大宗且價格高之商品，供應商可能因財務狀況而無法及時供貨，將使餐廳蒙受極大損失。

此外，下列相關因素也須列入考量：

- 訂貨量：應確實瞭解供應商出貨量的最低額度，是否能夠符合餐廳需求量。
- 送貨時間表：有些供應商送貨時間未必能夠配合餐廳作業，應以能夠調整配合送貨之供應商為優先考慮。
- 付款條件：付款金額、方式或折扣與餐廳現金流的運作有關，有時支付現金可獲得的折扣或服務，較其他付款方式有利。
- 額外服務和折扣：供應商若有與其往來密切之協力廠商，可先行瞭解供應商可提供之折扣或免費服務，或者如需要協力廠商服務時可享有之折扣。
- 網路系統服務：運用網路可加速服務速度，具有規模之供應商會提供客戶網路訂貨之服務，因系統具客戶訂貨之詳細紀錄，因此也會適時提醒客戶訂貨。

- **取貨方式**：有些供應商會給予自行取貨之餐廳折扣，而部分餐廳會因自行取貨可減少訂貨量以節省現金支出，但是必須衡量自行運送之成本及風險。
- **退貨條款**：因退貨導致無法領回已支付之訂金或部分貨款的糾紛時有所聞，餐廳和供應商應彼此協商，於合約中增列退貨條件和退款方式。

為協助食品業者針對食材供應商之來源進行管理，衛生福利部食品藥物管理署提供表單實例，以利食品業者建立符合自身需求的食材供應商 (表 4-1)。食材供應商的評選，可依訂定之訪視或評鑑項目及給分予以評比，達到標準者，列為合格之食材供應商。

採購方式

餐廳一旦決定擬購買之商品，專責員工就會依據公司採購政策決定採購方式。採購方式大致可分為正式與非正式兩種。正式採購方式有公開招標，非正式方式則有報價、議價等方式。若遇採購量少、即將漲價、每日訂購量不同、緊急需求、特殊產品、現金調度困難等狀況，通常會選擇非正式採購方式，常見於小型餐廳。一般而言，每一種採購方法都各有其優缺點和適用性，且餐廳採購品項目多元，因此應以採購品之特性、使用量、保存期限、庫存面積作為選擇之考量因素。

公開招標係指由買方按法定程序，以公告方式邀請符合條件的供應商參加投標競爭，從而擇優選擇賣方的招標方式，可分為發標、開標、決標和簽約等四大步驟。由買方先將投標之相關文件，如產品規格說明書、擬採購之數量件、投標須知、開標地點、開標日期等製作成標單，公開邀請相關廠商前來競標。開標是日先行審查廠商資格，若符合買方招標規定即予以開標。開標之後，審查廠商報價單所列規格、條款等是否符合招標規定，再將各家廠商競標之價格，於決標會議公開比價結果，宣布得標廠商並發布通知。接著，按招標規定辦理書面合約簽訂之相關工作，合約一經雙方簽署，招標採購即告完成。此類型的採購具有自由公平競爭的特性，可使買方以合理價格購得理想物料，並杜絕徇私舞弊的現象，不過作業程序費時，無法適用於迫切需要和特殊規格之採購品。

議價採購是針對某項採購品，買方以不公開方式與廠商個別進行議定合理的訂購價格之採購方式。一般適用於緊急採購或特殊性之採購品，應選擇理想的供應商，以提高服務品質和減低交貨風險。相反的，由於採不公開方式協商價格，易造成此採購人員舞弊機會、廠商哄抬價格或違反自由競爭之原則，形成壟斷等負面影響。

表 4-1　食材供應商訪視 (評鑑) 紀錄表

評鑑日期：

廠商名稱：		負責人：	電話：
工廠地址：			傳真：

調查項目		評核分數
一、文件評核 (30%)	1. 工廠登記證、商業登記等證明文件 5%	
	2. 是否完成食品業者登錄並取得登錄字號 5%	
	3. 是否有追蹤追溯相關資料 10%	
	4. 是否聘用專門職業或技術證照人員 5%	
	5. 具 CAS、GMP 或 TAP 等認證資料 (若無，需進行現場查核) 5%	
二、現場評核 (24%)	6. 作業現場是否清潔 4%	
	7. 動線與空間規劃是否適當 4%	
	8. 生產流程規劃是否適當 4%	
	9. 是否有適當的管制制度 4%	
	10. 是否有預防/改善/矯正機制 4%	
	11. 是否實施例行性自主品管檢驗 4%	
三、供貨狀況 (21%)	12. 外包裝是否完整、清潔及符合標示規範 5%	
	13. 是否夾帶異物 4%	
	14. 貨品品質是否符合需求 4%	
	15. 送貨時間可配合我方要求 4%	
	16. 緊急應變佳，能配合我方要求 4%	
四、服務品質 (25%)	17. 價格合理 4%	
	18. 臨時訂貨可否配合 4%	
	19. 服務態度是否良好 (接電話、送貨服務等) 5%	
	20. 意見反應是否確實改善 4%	
	21. 少量訂購可否配合 4%	
	22. 特殊規格商品可否配合 4%	
總評		合計分數
備註	☐總分○○分以上列為「合格供應商」 ☐總分○○分~○○分列為「保留」 ☐總分○○分以下列為「不合格供應商」	評定結果　☐合格供應商 ☐保留 ☐不合格供應商
單位主管簽名	採購簽名	評核人員簽名

資料來源：衛生福利部食品藥物管理署

報價採購是指買方向條件較為理想的供應商發出詢價或寄出徵購函，請其正式報價的一種採購方式。賣方所寄發的報價單，內應詳載品名、數量、價格、交易條件、有效期間等項目，並提供樣品或目錄和說明書，甚至是該供應商之信用調查資料供買方參考。若該價格經買方同意，雙方交易即成立。

採購產品之品質

餐廳平時採購可大致分為食材和服務用品兩大類。食材方面可分為生鮮食材和加工食品、乾貨和雜貨等項；服務用品類則有瓷器餐具、玻璃器皿、刀叉匙、布巾類、員工制服和家具等。每一項食材及用品都攸關成本，採購時應依其特性、預算和餐廳所需之品質審慎選擇。

食材採購

食材採購之前，必須決定餐廳菜色所適用之品質。食材品質沒有絕對的衡量標準，有時是指食材營養、乾淨或沒有任何殘留物，有時亦指外型佳、大小適中，或是以顏色、味道、質地、香味、軟度、成熟度區分。美國、加拿大、澳洲、日本或歐盟等國家市售食材之等級、品牌或標誌，可為業者提供一套簡易選購符合餐廳品質食材之方法，例如：美國農業部頒布的牛肉等級標誌，即為採購美國牛肉之依據。

我國目前雖然並沒有建立官方食材等級分類規範，但是政府從30年前為鼓勵農民安全使用農藥，於是推動認證吉園圃標章，該標章全名是「吉園圃台灣安全蔬果標章」，代表其生產的農作物沒有農藥殘留問題。民國78年由行政院農委會制定的台灣優良農產品標章(CAS)，則是代表該產品為優良、安全，並為國產的農產品或加工品。爾後政府單位陸續針對鮮乳、肉品、蜂蜜、酒類、水產、有機農產品等，設立認證標章和產銷履歷標章(表4-2)。近年來，地方農漁業單位也媒合生產者與企業(如大型餐廳、連鎖餐廳、大賣場或旅館)二者依據契約方式進行契作，亦即是生產者必須在品種選擇、施肥和用藥方面，依照買方指定方式生產，而買方於收成時需履行保證採購。這些措施為消費者健康把關，無形中也為餐飲業提供安心的食材。

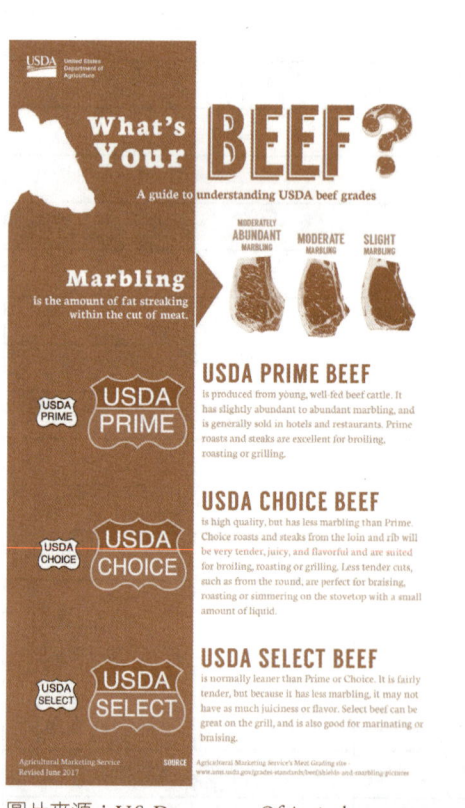

圖片來源：U.S. Department Of Agriculture

表 4-2　我國現有之農產品標章

標章圖示	成立時間	特點說明	核發單位
台灣優良農產品	1989年	本標章證明國產農產品及其加工品之安全性及優良性，為最高品質代表標章。 CAS 台灣優良農產品具有：1. 原料以國產品為主；2. 衛生安全符合要求；3. 品質規格符合標準；4. 包裝標示符合規定等之特點。	行政院農業委員會
吉園圃安全蔬果標章	1994年	吉園圃名稱是由優良農業操作之英文縮寫 GAP 譯音而來。標章的二片綠葉代表農業；三個圓圈為紅色，代表產品經過「輔導」、「檢驗」和「管制」之過程；條碼代表生產者相關資訊。獲得此標章之產品，由於生產者須採用合理病蟲害防治、遵循安全用藥規範和遵守安全採收期，形成市場區隔，消費者可以吃得安心。	行政院農業委員會
鮮乳標章	1988年	政府依據乳品工廠每月向酪農收購之合格生乳量，以及其實際產製的鮮乳核發「鮮乳標章」。此標章為政府保障消費者權益所實施的行政管理措施，以促使廠商誠實地以國產生乳製造鮮乳。	行政院農業委員會 台灣乳品公會
屠宰檢查衛生合格標誌	2000年	凡經屠宰衛生檢查合格的畜禽屠體及其產品，須分別於表皮兩側或產品包裝上標示檢查合格標誌。消費者選擇此標誌產品，就可買到經檢查合格的畜禽肉產品。	行政院農業委員會
優質酒類認證	2003年	結合「台灣」之英文字首「T」與「酒」之英文字首「W」設計而成，以表彰優質酒類產品。由財政部委託財團法人 CAS 優良農產品協會與食品工業發展研究所執行。	財政部國庫署菸酒管理資訊署
台灣優良水產品	2005年	1996 年原由台灣省農林廳漁業局創立的「海宴」精緻漁產品標章，為方便消費者辨別，於 2005 年合併至 CAS 系統。為冷凍、冷藏、罐頭和乾製品四大類漁產品嚴格把關，以促使生產者提升品質，且確保產品衛生安全供消費者食用。	農委會漁業署
國產蜂產品證明標章	2005年	行政院農業部輔導台灣養蜂協會基於產業自主管理，訂定「國產蜂產品驗證標章管理辦法」，供會員申請國產蜂產品證明標章，以確保其產品之安全性及符合國家標準品質。「H100000000」為管理驗證蜂產品標章印製核發使用之流水序號，可追溯核發對象及蜂產品貼用標章數量。	台灣養蜂協會
TAP 產銷履歷農產品	2007年	標章上有產銷履歷農產品和 TAP (為 Traceable Agriculture Product 的縮寫) 等字樣，代表其生產過程有良好農業規範 (Good Agriculture Practice，簡稱 GAP) 及驗證，以及建立履歷追溯體系 (Traceability，食品產銷所有流程可追溯、追蹤制度) 兩種作法。G 字形，代表 TAP 農產品是優質的農產品，為農產界的優等生。	行政院農業委員會
台灣有機農產品標章	2009年	本標章係證明農產品及農產加工品在國內生產、加工及分裝等過程，符合中央主管機關訂定之有機規範，經通過驗證及經過轉型期才能使用「CAS 台灣有機農產品標章」，並依法標示生產者名稱、電話及地址，以供追溯。	行政院農業委員會

❧「重組牛排」風暴☙

國內衛生署曾於 2016 年 1 至 2 月，啟動一項「餐飲販售業──牛肉原產地及重組肉標示稽查專案」，要求各縣市衛生主管單位針對轄內直接供應牛肉及重組肉飲食之業者 (含餐廳、小吃店、夜市攤商等)，進行全面稽查。稽查重點為上述業者是否以中文顯著標示所含牛肉和牛可食部位原料之原產地 (國) 或等同意義字樣；上述業者是否於菜單或飲食場所之明顯處揭露重組或等同文字之說明，並且熟食供應；同時查核食品良好規範和食品業者資訊登錄是否正確。此項稽查專案係根據《食品安全管理法》第 25 條規定，若違反規定者，將以同法第 47 條規定，處新臺幣三萬元以上三百萬元以下罰鍰；情節重大者，並得命其歇業、停業一定期間。

何謂「重組肉」？國內又為何會有相關之法規？起因源自於聯合報在 2004 年 10 月 5 日之一篇專題報導，描述多家知名連鎖牛排餐廳之「平價牛排」是以重組牛肉混充牛排，而且服務人員還詢問消費者喜愛的牛排熟度。當時引起社會一片譁然，多數民眾皆首次認識「重組肉」這個新名詞，而重組肉攸關民眾健康，衛生主管單位方才關注這類肉品可能引起的食安問題。

重組肉 (Restructured Meat Products)，又稱組合肉、拼裝肉、組裝肉，泛指使用較不具經濟價值的肉塊或碎肉渣，以蛋白黏合。重組肉的優點是可提升次等肉的原有利用價值，而且價格比整塊肉便宜；缺點則是由於肉塊或碎肉渣接觸空氣之表面積大，比較容易遭受微生物污染，最好全熟食用。碎肉做成之雞塊、漢堡肉、肉丸、香腸等肉類食品，在一般民眾的認知上，較不會有任何疑慮。引起爭議的是肉塊類可以組裝，或重塑成牛排、豬排或雞排一事，卻是大眾所未曾聽聞，即使售價較真正的肉排低廉，仍然被視為「仿冒品」，而且業者也從未善盡告知之責任，供消費者自行選擇。

該事件報導不久之後，衛生署曾要求牛排業者，若使用組合牛肉，一定要在菜單上標示清楚，然有些業者仍然存著僥倖的心態沒有遵循。為了確保民眾食品安全，相關主管單位幾經研議，衛福部食藥署終於在 2014 年 12 月 15 日公布「重組肉品標示原則」，規定包裝、散裝重組肉品須標示清楚，並於產品加註「僅供熟食」等警語。由於該法令並沒有包括餐廳等直接供應飲食的場所，2015 年初又經立法院修法增訂上述場所也應納管。爾後，餐廳、小吃店及夜市攤商只要使用非單一肉品，均強制清楚標示重組或調理肉字眼並熟食供應，以保障消費者權益及衛生安全。

重組肉食品標示規定

1. 包裝重組肉食品應於品名顯著標示「重組」、「組合」或等同文字說明，並加註「僅供熟食」或等同字義醒語。
2. 具營業登記之食品販賣業者，販售散裝重組肉食品，應於品名顯著標示「重組」、「組合」等，並加註「僅供熟食」等。
3. 直接供應飲食場所販售重組肉食品，應於供應之飲食場所標示該食品為「重組」、「組合」等，並加註「僅供熟食」等。

資料來源：衛福部食品藥物管理署105年1月1日起施行新制

一般食材選購的原則：

1. 肉類　肉品宜選購 CAS 標誌和有農產履歷標章之廠品，無黏液、汁液、瘀血或異味者等。保存良好有良好標示，販售地點環境設備乾淨。
   - 豬肉：選購肉質鮮嫩有彈性、顏色呈鮮紅色、脂肪潔白、肉層分明，沒有腥臭味。
   - 牛肉：選購肉質呈鮮紅色，有光澤及肉紋細緻者。
   - 羊肉：肉質結實有光澤，肌肉纖維較細，瘦肉呈鮮紅色，顏色均勻，脂肪因牧養方式有差異，圈飼的油呈乳白色，而放牧的呈淺黃色。綿羊肉較山羊肉肉質細緻，脂肪多，膻味較少。
   - 禽肉：如雞、鴨、鵝等應連皮帶肉。表皮毛囊應選細小者，光澤明亮，肉質結實有彈性。無血水、黏液及腥臭味。

2. 魚類海鮮
   - 觀察眼球透明微凸、澄清有光澤。魚鰓呈現鮮紅或暗紅色，魚鱗緊附魚皮，魚皮有光澤，肉質有彈性，內臟完整，腹部堅實。
   - 蝦頭明亮有光澤，蝦頭與蝦身緊密結合，外殼保持完整未掉落，蝦肉結實有彈性，無異味。
   - 貝類應選購活的，外殼完整，一觸碰即緊閉者。
   - 蟹類：蟹形完整，蟹殼有光澤，以手指輕觸蟹眼，眼球能閃動，重量較重為佳。
   - 頭足類 (如章魚、烏賊、魷魚)：眼睛明亮，外皮色鮮豔有光澤，捏起來光滑、細緻，肉厚實有彈性。

3. 雞蛋類
   - 生蛋：外殼無污物、無破損、粗糙為佳，對光照射，氣室小。打開後，蛋白黏稠多而透明，無水化現象，蛋黃正圓形完整凸出。
   - 洗選蛋：洗選蛋就是利用現代化設備，去除破蛋、畸形蛋之後，澈底清洗蛋殼上的污物、細菌，再依照蛋的重量分級包裝，以減少外殼菌數。
   - 液態蛋：以新鮮雞蛋去殼，經低溫殺菌處理，分為蛋白液、蛋黃液和全蛋液，主要供烘焙業方便使用。

4. 蔬菜類　不論任何蔬菜，以當季當地盛產、具有產銷履歷，且符合國家優良農產標章之產品為選購之首要條件。然蔬菜種類繁多，若以可食用之部位區分，大致可分為下列六類 (表 4-3)，每一類蔬菜選購時，應依其特性先以官能予以

表 4-3　各類蔬菜選購注意事項

類別		選購注意事項
葉菜類		菠菜：根莖短小，葉片充分舒展、翠綠、厚實、不枯黃，根部呈紫紅色。 高麗菜：外形完整，球體蓬鬆部堅硬，外層葉片翠綠，葉緣無泛黃，無碰撞、水傷，底部菜莖白皙，愈重愈佳。 油菜：莖嫩易折斷，葉片圓小油綠。 茼蒿：大葉茼蒿葉片如卵形，全株完整，葉肉肥厚、鮮綠、無枯黃，無開花，業莖不可過長。裂葉茼蒿同上述原則外，葉片齒狀均衡，且宜選較小之品種為佳。 空心菜：莖葉完整鮮嫩翠綠，莖部不可過長、無鬚根，葉子寬大。 結球萵苣：球型完整，葉片完整、結實、翠綠，葉緣不枯黃，底部切口白皙。
根莖類	植根類	蘿蔔：表皮光滑有沉重感，手指彈有脆響，鬚根少，無裂痕、蟲害、腐爛。 紅蘿蔔：表皮光滑，不開岔或斷裂。 牛蒡：表皮呈淡褐色、光滑均勻、不粗糙，重量愈重，則肉質緊實，鬚根少。
	塊根類	番薯：外表鮮明有光澤，無凹凸坑洞，無萌芽，粗胖有重量。 山藥：外觀完整沒有腐爛，鬚根少，大小相同時宜選較重者。
	地上莖類	洋蔥：表皮色濃，紋路明顯，質脆，無萌芽、蟲害、腐爛。 茭白筍：外表潔白光滑，筍白結實飽滿。 綠蘆筍：全株筆直，筍尖鱗片緊密飽滿，筍尖形狀要圓、外皮鮮亮無皺縮，根部切口水分飽滿。可藉嗅覺以確保無水傷、腐臭味。
	地下莖類	芋頭：形狀渾圓，鬚根少，外皮帶濕泥、濕氣，無裂痕或外傷。 馬鈴薯：形體圓潤，外表光滑，無蟲害、腐爛或萌芽。 薑：嫩薑為初生的細嫩塊莖，潔白肥滿，具粉紅色鱗片；粉薑為半成熟的塊莖，莖皮淡褐色，外形飽滿，莖皮光滑鮮亮；老薑為已熟成老化的塊莖，形狀飽滿，不皺縮或腐爛，無發芽。
花菜類		花椰菜：花球緊密，白色無斑點，莖幹短呈翠綠色，無空心。 金針菜：花苞緊密未開，花瓣青綠色或黃綠色較佳。
果菜類：果實圓正，表皮光滑、無斑點		南瓜：果蒂成枯黃乾燥，表皮乾燥有瓜粉、明顯縱溝，果實沉重堅實，即愈成熟愈甜。 小黃瓜：形狀平直粗細均勻，表面帶粉，刺疣完整，花蒂未脫落，無蟲害，瓜長 15 公分以上，每公斤 6 至 8 條。 番茄：形狀完整，結實發亮，適度成熟，無軟化或蟲害，果蒂尚未脫落。 茄子：外型完整，外皮深紫色有光澤，茄體結實不柔軟，愈重愈好，花萼部分不乾枯、無皺褶。 黃秋葵：果形正常，蒂頭新鮮，顏色深綠，絨毛均勻，脆嫩，無雜質斑點，長約 10 公分以內。
蕈菇類：菇傘肥厚、未全開		香菇：菇傘肥厚，菇柄短，蕈褶沒有斑點和裂痕，表面光澤，無異味。 草菇：外型橢圓或圓形，菇傘未開，菇面無病斑，肉質細緻肥厚，無異味。 金針菇：堅挺，有光澤的菌蓋，菇體呈白色或乳白色，若漂白則帶刺鼻氣味。 木耳：肉形肥厚，有光澤，肉質細緻，無黏液或異味，應去根部。
芽菜類		綠豆芽：粗短富含維生素，有鬚根，若顏色過白或鬚根短，可能有不良添加物。 苜蓿芽：全株完整硬挺，顏色潔白不可變黃，無異味。

「格子雞」的救星

長久以來，雞蛋一直為餐飲業的大宗食材，由於價格低，各類餐廳都可見到蛋料理的菜單。根據農委會 2015 年統計，國內雞蛋年產量大約近 70 億顆，平均每人每年大約吃 300 個雞蛋，數量相當驚人。這些蛋雞終其一生，只為了生蛋供給人類食用，而台灣多數的消費者在享用蛋料理或各式甜點時，對於蛋雞的飼養環境卻是完全陌生的。

國內由於地窄人稠，土地取得不易，而且飼料需要進口，為節省成本，多數蛋雞養殖場選擇全世界被廣泛使用的蛋雞飼養設備──傳統巴達利籠 [層加式雞籠 (Battery Cage，俗稱格子籠)] 飼養蛋雞。它的優點是以低密度面積生產最多的雞蛋，然這種飼養方式頗受爭議，不論是否如環保團體宣稱一個如一張 A4 紙面積，約 630 平方公分的雞籠塞滿 2、3 隻雞，或是按農委會所指蛋雞生蛋期間，常見的傳統雞籠可容納 3 隻雞，平均 1 隻大約可擁有 329~360 平方公分，與各國傳統籠飼之面積相似，最主要的關鍵是籠飼大幅影響雞隻的生活空間，且剝奪其原有習性，如洗沙浴、展翅梳理羽翼、登高棲息、磨爪子、產蛋於乾淨之處等，有違動物福利。

歐盟有鑒於此現象，早先就對蛋飼養進行研究與輔導 20 年，才在 2000 年制定廢除格子籠之政策，接著於 2004 年要求雞蛋必須標示生產方式為豐富籠、平飼、放牧或有機生產，最後才於 2012 年全面禁止使用「格子籠」方式飼養蛋雞，這一過程歷經了 32 年。更進一步的是法國知名大型超市，從 2016 年 4 月相繼宣布以漸進式停售格子籠雞蛋，此舉迫使蛋農不得不積極改善養殖設備。其中最大市占率的家樂福集團，由於露天放養雞蛋或有機雞蛋銷售比例高達雞蛋總銷售量的 70%，該集團也於 12 月宣布，在 2020 年之前自用品牌停用格子籠雞蛋，在 2025 年之前達到全面不再販售格子雞蛋之目標。這一系列行動，最主要是來自消費者的選擇，而其背後也是因為法國農場動物保護組織 (Walfarm) 近 20 年的努力。

英國也有一名女孩 (Lucy Gavaghan)，得知部分業者雖然遵循歐盟規定，但於豐富籠內取巧，該籠內的雞隻擁有的空間與傳統格子龍不相上下，於是在 2016 年 1 月發起聯署，要求英國最大超市特易購 (Tesco)，全面停售籠飼蛋。短短半年內，共獲得超過 28 萬人聯署，成功地讓該超市允諾在 2025 年前全面採購平飼、放牧和有機飼養的雞蛋。

反觀國內近年來僅有極少數之業者，採取較為人道方式飼養蛋雞。所幸仍有為數不少的社會人士、專家、學者和社團不斷呼籲政府正視動物福利議題，在他們的奔走之下，立法院於 2012 年首先召開公聽會，由於友善飼養觀念之推動，影響產業層面大，需有正確之相關配套措施因應，會中較為正面之決議，是可由產業自發推動雞蛋生產系統之標示。農委會於是經由動物保護諮議小組之經濟動物工作分組，邀請專家學者完成研擬「雞蛋生產系統定義與標準 (草案)」，其中包含豐富化籠飼、平飼及放牧等三類友善蛋雞生產系統。該草案已於 2014 年公告，供民間驗證機構參照，使友善生產雞蛋之標示有一致之水準。

目前經過人道認證或友善飼養查核等相關認證之雞蛋，價格比一般貴約 3~5 倍。價格提升是否造成銷售量遞減，也是多數蛋農不敢貿然更改生產系統之主因。試想一隻長期無法自由活動的雞，怎能生出健康好蛋呢？解救格子雞，無異也是為我們的健康加分。餐飲業者或是一般消費者，若能以實際行動支持，相對也會刺激其他業者逐漸改善。

評估：
- 葉菜類蔬菜：菜葉乾爽、完整肥厚、有光澤，無凋萎、發黃、臭味者。
- 根莖類蔬菜：外表肥嫩，具有沉重感，沒有久置枯萎、裂痕，無發芽、腐爛。
- 花菜類蔬菜：花蕾細緻繁密呈小珠粒狀，花梗青綠色，無病蟲害。
- 果菜類蔬菜：果實飽滿，形狀正常，表皮完整、堅挺、光滑新鮮，無受潮、軟化凹陷。
- 蕈菇類：形狀完整，菇傘肥厚、未全開，菇腳短，顏色、氣味正常。
- 芽菜類：飽滿，無異味，具有光澤。

5. 水果類
- 認識水果產期、產地，較易購得當季且物美價廉的水果，以季節而言，台灣夏秋水果種類最多，春冬季最少，但有些水果因環境適宜和產期調節技術進步，可終年供應。
- 認識水果成熟之特徵，一般水果的成熟過程有果形變大、重量增加、質地變軟、果皮轉色、香味變濃、糖度增加、酸度減少、苦澀味消除等現象，若能詳加瞭解這些變化，可增加購得合宜水果之機會。
- 注意水果的新鮮度、成熟度，如水果果皮完整、有光澤、無斑點，果肉堅實飽滿、熟度適中。

6. **罐頭食品**　選購標示說明清楚，外觀沒有膨脹、凹陷、生鏽、破損或汁液的罐頭。

7. **冷凍食品**　選購包裝堅固完整、標示清楚。內容物無解凍、凍燒、結霜現象。儲存在 –18℃以下。解凍後應盡快使用，不可重複冷凍使用。

營業服務用品採購

營業服務用品大都用於前場，可分為陶瓷器餐具、玻璃器皿、刀叉匙、布巾、員工制服和家具五項。

陶瓷器餐具　由於瓷器價格昂貴，且容易破損及遭竊，因此採購前應考量的因素有：

- 預算：專門訂製之餐具，其價格較一般商業用餐具高出許多，通常為高價位餐廳所使用。若是中價位餐廳，適合選購量產之瓷器。

∞ 公平交易咖啡 ∞

當我們採買咖啡豆時,是否留意到有些包裝上印有「國際公平貿易認證標章」標示,它和一般咖啡豆有何差別?基本上它們都是咖啡原豆,認證代表咖啡的種植過程和貿易方式符合一定的標準,而這個標示的獨特性是基於人道主義制定的。為何咖啡原豆和人道主義有所關聯呢?

咖啡原豆來自咖啡樹的果實,原產於非洲和亞洲熱帶地區,直至十八世紀才在巴西試種,進而在中、南美洲大量種植。咖啡樹一年可結果數次,也就是一棵咖啡樹同時可見到花和成熟期不同的果實。若果實過於成熟或不成熟,都無法使用,採豆工人必須在同一棵樹來回採收數次,而每一棵樹的咖啡原豆平均年產量通常只有 2 磅。

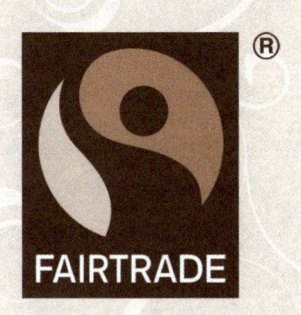

國際公平貿易認證標章
圖片來源:FLO International

從事咖啡原豆生產是一項極為耗損人力的農事活動,因此全世界有 70% 的咖啡原豆是來自於小規模的農場,但進入交易市場時,買方決定權卻掌握在大企業或大型咖啡公司。長期以來,這些公司一直以不合理之價格進行收購,即使全世界喝咖啡人口數不斷增加,這些農民生活並沒有因生產量增而獲得改善。咖啡原豆的生產國主要以發展中國家為主,以巴西、越南、哥倫比亞、印尼、衣索比亞等國為首,而進口國則多半集中在已開發國家,歐美地區及東亞就占據全球四成的消費量。當一杯咖啡售價為 4~5 美元,一磅咖啡原豆的價格通常不超過 0.5 美元。

為有效改善國際間交易的公平性,確保被邊緣化的勞工和生產者權益,並致力於永續發展,全球主要的公平貿易組織於 2002 年共同整合產品認證體系,由國際公平貿易標籤組織 (Fairtrade Labelling Organizations International) 發行國際公平貿易認證標章 (除美國、加拿大外),目前該標章全球通用。該組織又於 2004 年分割為兩個單位:FLO International (國際公平貿易標籤組織) 為標準訂定的單位,FLO-CERT (公平貿易認證組織) 則是認證授權的單位,該認證體系對生產者必須進行獨立的審查,以確保達成商定的標準。所涵蓋的產品範圍廣泛,包括香蕉、蜂蜜、橘子、可可、棉花、乾果、新鮮水果、蔬菜、果汁、堅果、油籽、咖啡豆、稻米、香料、糖、茶葉及葡萄酒等等。

經公平貿易認證的咖啡原豆,最終成交價格可分為三個部分,第一部分是國際公平貿易組織規定的最低收購價格 (Fairtrade Minimum Price)。若遇國際咖啡貿易價格低於該組織之最低收購價格,買方仍然必須以該收購價格,向這些經過公平貿易認證的合作社收購。第二部分為有機價差 (Organic Differential)。此部分是針對有機栽種的公平貿易咖啡豆,以每磅 0.2 美金的差價予以補貼。藉此鼓勵咖啡農轉型成為有機栽種的耕種模式。第三部分是公平貿易溢價 (Fairtrade Premium),這個部分則是指買方每次成交時,都必須多支付每磅 0.1 美元。這筆款項可作為社區發展資金,讓咖啡農決定投資項目,例如,蓋醫院、學校,改善農業技術、生產設備等,使其有提升生活品質的機會。

公平貿易咖啡制度成立至今，也有一些負面的評價，例如，咖啡豆品質、企業收購理由和認證費用之規定等。種植者有可能藉此制度售出品質較為不佳之咖啡豆，因為若品質極優，無需經由該組織或政府協助販售。還有企業購買公平交易咖啡的目的也遭質疑，實際上公平咖啡量交易量僅占整體咖啡豆 5%，由於收購量不多，是否企業只為博取「關懷社會」之美名。公平貿易之規章，有可能增加農產品之成本。由於認證並非免費的，咖啡農必須繳交每一年規費和申請費用，以支付銷售過程中所產生的認證、出口、運輸等費用。若無法帶來價格優勢，對貧窮農戶而言，也是一項負擔。

進入廿一世紀的今日，咖啡仍舊是全世界最受歡迎的飲料，每年持續以 12~15% 成長。當我們採買咖啡豆或品嘗咖啡時，不妨思考種植咖啡豆的農民及公平貿易咖啡豆所代表的意義。

- 等待送貨的時間：餐廳不論是購買新的或補充舊有的瓷器餐具，即使下了訂單，也必須等待一段時間才能獲得，因此訂貨前應思考訂購數量，以免等待期間不敷使用。
- 材質：目前餐具有陶製品、瓷製品和骨瓷製品。每一種類別又因胚土成分和焙燒手續不同而有價差，若能選購組織細密、耐用、堅固且保溫效果佳的產品，可減少額外補貨之支出。餐具公司多設有業務代表，可協助餐廳選擇適合餐廳風格的餐具。
- 造型與圖案設計：餐具造型、圖案和顏色除符合餐廳裝潢整體設計外，且可增添餐點之美味和視覺效果。目前市售餐具形狀有圓形、方形、長方形、多角形等，而圖案也有幾何形、線條、花卉等，不似過去傳統餐具單一造型、單一顏色和鮮少出現圖案。盤邊有大小之分，盤邊較寬有擴大食物的視覺效果，可盛裝份量較少的餐點，而盤邊較窄的，則可盛裝較大之份量。
- 耐用度：採購餐具除了增添餐點視覺美感和用餐氣氛因素外，也應考量如何延長使用時間。採購之前可與製造商或代理商詢問耐用度，或是請廠商提供樣品試用，觀察是否適用於餐廳之洗滌設備，以及是否易褪色或有刮痕、裂縫等。
- 洗滌設備：瓷器餐具具行銷功能，一套符合餐廳主題的餐具，可提升客人的用餐體驗，但是若無法配合餐廳的自動洗滌設備，一旦用餐人數突然遽增，將導致可用的餐具短缺。

玻璃器皿　餐廳最常見的玻璃器皿是飲料杯及各類型酒杯，採購玻璃器皿如同瓷器，有許多因素要考量。價格而言，一般規格的玻璃器皿價格較訂製品便宜，若

要印製餐廳標誌或特殊圖案，則需要較高的預算。玻璃器皿的選擇必須與餐廳主題配合，水晶玻璃杯具透明度好、光線折射漂亮和較一般玻璃重之特性，雖有易碎的缺點，仍為高價位餐廳所使用。至於中低價位的餐廳，多採用大量生產的玻璃杯。

玻璃最能呈現飲料的特色，為了減低庫存的類型和數量，最理想的方式，即選購相同款式的玻璃杯服務多種不同的飲料。另外，耐熱玻璃器皿，可用來烘焙甜點，如水果塔、舒芙蕾、麵包布丁等，直接以同一器皿服務客人，無形中也減少餐具的需求量和庫房空間。

選購玻璃器皿必須考慮是否耐用，強化玻璃杯耐衝擊不易破裂，經得起人工或機器洗滌的考驗。儘管價錢較一般玻璃高，卻很耐用，長期使用可節省成本，也可避免因破裂而污染食物和飲料。

餐廳多數玻璃器皿都是在運送過程中遭受碰撞而損壞，不論價格高或低，所有的玻璃器皿若使用餐具籃運送，可降低破損率且節省再次添購之費用。

扁平類餐具　刀叉匙有銀製品、鍍銀製品或不鏽鋼製品之分。銀製品是由純銀所製，十分耐用，可以人工或機器清洗，不可浸泡以免褪色，洗滌後立即擦拭乾淨，定期打光以保有光澤。由於純銀製品價格高，有些高價位餐廳會以鍍銀製品代替，鍍銀製品之成分是以金屬鎳、銅或鋅做胎體，外面鍍上銀。其重量較銀製品低但不耐用，清洗或維修和銀製品相同，其缺點是易產生龜裂之現象。

不鏽鋼製品由含鎳和鉻合金所製成。價格在三者當中為最低，且不易產生彎曲、刮痕、生鏽之現象，十分耐用。目前廣為餐飲業者所使用的是不鏽鋼製品，此項製品也有高低價位之分，高價品因添加多種合金，質地細緻有光澤且耐用。可使用機器清洗，但不可浸泡或使用含檸檬的洗滌劑。

布巾類　桌墊、檯布、口布和桌裙這類用品可保護餐桌，若桌面已受損也可遮蓋。經鋪上檯布和桌裙的餐桌，不僅可提升顧客用餐體驗，而且可節省重新購置的成本。採購布巾必須符合餐廳主題之外，考量的因素尚有：

- 品質：有品質的布巾具有耐洗、不褪色、不易皺和耐用之特質。
- 顏色：布巾顏色必須搭配得宜。高價位餐廳通常選擇不受流行風潮影響的白色或奶油色，這些顏色易與餐廳裝潢搭配。至於民族風味餐廳，適合以紅、黃或藍

色口布搭配白色檯布。

- 材質：布巾的材質有合成纖維、純棉或混紡。合成纖維製品較易清洗、價格較低且不耐用。棉或麻製品較柔軟且附著力強，價格貴但較為耐用。

制服 餐廳員工穿著制服具有雙重意義，一是建立餐廳品牌和專業形象，二是保護員工在工作中免於受到傷害，使其能夠順利完成職務。過去餐廳典型的制服，前場服務人員穿著大致是白上衣搭配黑色背心和領結，女性著黑色裙子或長褲，而男性著黑色長褲，而後場則是白色廚師制服。目前由於餐廳型態多元，如主題餐廳、家庭休閒餐廳或連鎖速食餐廳，各有不同的顧客群，員工制服為配合餐廳主題而作了改變，然高價位餐廳多數依然維持傳統制服之型式，採用之布料也較高級。製作員工制服宜考量制服之實用性、美觀、耐用和是否易於清洗，所需注意事項如下：

- 款式：符合餐廳主題，如運動休閒餐廳可選擇運動衫或 POLO 衫搭配長褲。有些制服設計有圖案，若選擇以餐廳標誌，可印或繡在上衣的口袋位置，但不宜過大。例如，在員工上衣背後設計有大圖案或標誌，隨著員工在餐廳走動，好像數面廣告招牌同時移動，易影響顧客視覺感受。若要選擇文字，最理想的方式可選用餐廳名字或代表餐廳的口號。顏色也會影響制服外觀，紅色或橘色易讓人引起食慾，綠色令人聯想大自然，白色有純潔明亮之意，但一有污漬則很醒目。制服顏色選擇必須與餐廳整體裝潢和諧搭配。
- 功能：員工依不同職務而有所區別，若是服務人員需要送菜或是清理餐桌，可於制服外再加上圍裙，圍裙一沾有餐點或油漬，可立即更換乾淨的。一般而言，顧客希望服務人員整體服裝儀容能夠整齊清潔。領檯員較無機會接觸餐點，就無此設計之必要。廚務人員之制服如帽子、上衣、圍裙和領巾都具有防護作用。帽子可免頭髮被火灼傷或落在烹調的食物內。有兩層棉質的廚師外套，可防止被鍋上熱油濺到或蒸氣燙傷。領巾有助排汗，且防止汗珠落入餐點。
- 整潔：餐廳制服看起來宜筆挺、俐落和整潔，除非餐廳負責清洗或送洗，否則避免採用會皺的布料。應頒布員工製服穿著須知或規定，如上衣應塞在裙內或褲內，皮帶應繫在腰的位置，裙子不宜太鬆或太緊。員工應選擇合適之尺碼，過於寬鬆或緊繃的制服，皆無法使工作順利完成。
- 富於變化：員工制服並非一成不便只有一種款式，可設計採購 2~3 種式樣，於特殊活動或場合穿著，如舉辦生日宴會或節慶餐宴，往往令

顧客驚喜。員工參與選擇制服，也是不可忽略的過程，若制服設計為多數員工喜歡，必然會導致正向的工作態度。

家具 餐廳家具價格十分昂貴，即使能夠營造餐廳主題氣氛，採購時最主要仍要考量家具品質和預算，二者若能兼顧，下列因素也是考量的重點：

- 材質：木質家具質堅硬、較不易磨損和沾上油漬，而且顏色和造型較易與其他裝潢搭配，為餐廳最常使用的家具材質。目前還有金屬、塑膠、玻璃纖維等材質，可選用不同材質的桌面和底座，如金屬底座搭配玻璃桌面，使餐桌外觀更多樣。

- 餐桌椅尺寸：桌面大小也會影響顧客用餐體驗。長度為 60 公分的圓桌或方桌桌面，僅適用於咖啡店或小餐館供二人用餐。若要供應 27 公分的西餐標準餐盤，70 公分長的桌面才不會發生用餐面積過於夾窄的狀況。至於 80 公分的桌面可供四人用餐，若能提高至 90 公分則用餐更為舒適。餐桌高度通常為 76 公分，單支底座最為適合，可供顧客腳部自由移動。
  餐桌不同尺寸、形狀可賦予餐廳擺置的變化，且因應同行顧客人數多寡之安排。例如，可分別購置二人用和四人用餐桌，二者若無高度落差之情形，可予以合併供五至六人使用。圓形餐桌四邊通常可折疊成為方桌，必要時可恢復原狀供人數較多的團體使用。

- 舒適性與安全性：木製座椅若放置椅墊或椅套，或是椅背和椅座都包覆有軟墊的座椅，舒適耐久坐，可供顧客慢慢享受餐點、飲料，通常適用於高價位餐廳。一般木製椅、金屬製椅或合成纖維座椅，其椅座不耐久坐，則適用於翻檯率高的餐廳。
  安全性考量也不可忽視，即使看起來外觀相同的餐桌和座椅，支撐力也不同，為避免顧客受到傷害，宜選擇結構堅固之設計。用於座椅椅套或軟墊之布料，宜選購經防火、防水和防污處理。檢視餐桌椅的接縫處、焊接處，是否有螺絲鬆散、脫落或斷裂之處，以確保使用者安全無慮。

- 耐用度：餐廳家具成本高，若使用期愈長，亦即耐用度高。除了注重品質外，也應選擇易於清潔和保養的造型和材質。

二、驗收與儲存

驗收指餐廳向供應來源所購買之貨品送達時，專責員工必須完成接收的程序。一般驗收的步驟如下：

- 備妥當日所需驗收之採購紀錄。
- 核對進貨與採購規格明細表，仔細清點、核對、驗收貨品。
- 核對送貨單與採購明細表，並簽上驗收人員之姓名，供應商可根據送貨單請款。
- 登錄採購明細表和送貨單之差異，如價格、品質、數量、破損等不符規定，並以正式信函告知廠商。
- 移送貨品至妥當地點儲存，如庫房或廚房等地，以免遭受失竊或毀損。

負責驗收人員通常依餐廳規模而有所不同，小型餐廳通常由領班、經理或主廚擔任，而大型餐廳或連鎖餐廳則設有專職人員，避免同時負責採購與驗收之職務，以杜絕違法的情事發生。

庫房面積與位置

餐廳倉庫面積大小除了依每日供餐數量、座位數或供餐類型而定，最主要還是要依據餐廳類型、菜單種類、營業量、採購政策、訂貨頻率而有所不同。以美國為例，最基本的原則是以建築法規為基準，餐廳面積的 10~12% 即是庫房；也有些是按州政府或地方政府衛生主管機關設計的公式，規定餐廳庫房面積以每一座位每一餐需 1 平方英寸 (乾貨和冷凍冷藏各占面積的 50%) 計算。

庫房地點應選擇緊鄰驗貨區與廚房之位置，最好是貨車可以進入之位置，以減少再次搬動之人力，若無法在一樓設置，也要緊鄰有電梯之樓層，便於餐廳相關人員之作業。庫房地點鑰匙應由管理人員和管理階層保管，並備有登記簿供進出員工填寫，或設有監視器記錄員工進出的情形。

庫房環境和貨品擺置：乾貨儲存區必須具備乾燥之環境，濕度維持在 50~70% 之間，且溫度維持在華式 50~70 度。穀類如米、麵粉、糖、調味料或各類罐頭，若置於陰暗潮濕的環境容易腐壞或變質，宜儘量避免選擇地下室的空間。此外，設有窗戶之庫房，則須留意陽光是否曝曬。紙類製品與乾貨或罐頭食品通常可共用儲存空間，至於清潔用品則必須另闢一室單獨儲存。庫房應隨時保持清潔，以防止蚊蟲、螞蟻、蒼蠅、蟑螂、老鼠進出，可定期委託合格之清潔公司除蟲。如遇不慎打翻貨品，應立即擦拭整理，以確保環境之整潔。

貨品之安排必須分類擺置在離地 6 英寸之貨架上，為保持空氣流通，不宜緊臨牆壁放置。貨品儘量保持原有包裝，並留意保存日期標示是否完整。若變更容器，宜加註日期，以免放置過期而無法使用。大型包裝之貨品如二打裝之罐頭和袋裝的食品，宜放置在有輪子的木板架上，以便於移動。散裝之罐頭則置於金屬貨架上，而分裝的麵粉、糖、米，則應以保鮮盒或密封容器儲存。為便於發貨或清點盤存，可將貨品按筆畫或英文字母次序排列，並將各項貨品位置圖張貼於入口處。此外，使用先進先出法，新進的貨品放置於原有庫存品之後。

◉ 冷藏冷凍設備

　　容易腐爛的食物一旦驗收後，應立即置於溫度適宜的儲存空間，以先進先出法放置各類食品。由於各類食材具有不同特性，有些大型餐廳通常將各類食品如肉類、奶製品、蛋類、海產類、蔬果類分別儲存。例如，葉菜類和水果富含水分較易結凍，因此應放置於溫度較高的冷藏室，而肉類容易滋生細菌，應放置於低溫之冷凍室。應定期檢查葉菜類或蔬果類是否枯萎、過熟或爛掉，並將變質的部分移除。根莖類蔬菜如馬鈴薯、洋蔥和瓜類，可放置於乾燥空間或華式 60 度之庫房。

　　冷凍冷藏設備可分為冷凍冷藏室及直立式冰箱。冷凍冷藏室以儲存一般和可長期儲存的食品為主，直立式冰箱則放置在廚房工作區，供員工每日備餐之用。冷凍冷藏室大都採用預鑄式模板組合而成，模具板設有多種尺寸，餐廳可依其需要容量組裝。一家餐廳很可能設有數個冷藏冷凍室，供所放置食品調整其所需溫度，以防止各類食材同時發生不符合衛生標準的情況。所有冷凍冷藏設備，應設有溫度顯示器。冷凍冷藏室門外通常設有溫度顯示器供負責員工檢視，以每日二次為主，如有不正常之運作，應立即告知專責主管。員工應具備各類食品儲存之專業知識，且儘量集中開啟次數，以免影響各類食材新鮮度 (表 4-4)。各項冷凍冷藏設備必須每星期澈底清潔一次，且聘有專門技術人員維修和保養，使其能夠正常運作。

　　由庫房將貨品移轉至廚房或用餐區的過程成為發放。餐廳應設有特定程序以控管這項過程。最常見的是設有請領單 (表 4-5)，由負責員工審核並記錄各單位請領各類食品或備品的數量。請領單填寫後，經手的相關人員也必須簽名，再由庫房管理人員處理。請領單通常是二聯或三聯單，並編列有號碼，供日後追蹤或查核之用。

表 4-4　各類食材冷凍及冷藏保存期限一覽表

食品種類		儲存溫度		保存期限
\multicolumn{5}{c}{冷凍室}
冷凍食品	冷凍食品	0~(-20)°F	(-17.78)~(-28.89)°C	(置於原始包裝)
	肉類：牛肉/禽肉/蛋	0~(-20)°F	同上	6~12 星期 (置於原始包裝)
	羊肉/小羊肉	0~(-20)°F	同上	6~9 星期 (置於原始包裝)
	香腸/絞肉/魚肉	0~(-20)°F	同上	1~3 星期 (置於原始包裝)
	冷凍蔬菜/水果	0~(-20)°F	同上	在二個生產期之間 (置於原始包裝)
	高湯/燉菜	0~(-20)°F	同上	2~3 個月 (置於密封的保鮮盒內)
	冰淇淋/冰塊	10°F	-12.2°C	3 個月 (置於原始包裝)
\multicolumn{5}{c}{冷藏室}
肉品	禽肉	36°F	2.22°C	1~2 天
	新鮮肉塊	38°F	3.33°C	2 天
	絞肉	38°F	同上	3~5 天
	內臟	38°F	同上	2 天
	火腿	38°F	同上	1~6 星期
	火腿 (罐裝)	38°F	同上	6 星期
海產	鮮魚	36°F	2.22°C	2 天 (置於原始包裝)
	海鮮 (帶殼)	36°F	同上	5 天 (置於有蓋的容器)
乳製品	牛奶	40°F	4.44°C	3 天 (置於密封的原始容器)
	奶油	40°F	同上	2 天 (置於蠟質紙盒)
	乳酪 (硬質)	40°F	同上	6 個月 (置於緊密的容器)
	乳酪 (軟質)	40°F	同上	7 天 (置於密封的容器)
蛋	生蛋	40°F	4.44°C	3 星期
	熟蛋	40°F	同上	7 天
蔬菜	葉菜類	45°F	7.22°C	7 天 (未清洗)
其他	剩菜	36°F	2.22°C	2 天 (置於保鮮盒內)
	高湯/燉菜	40°F	4.44°C	3~4 天
	沙拉材料 (蛋/雞肉/火腿)	40°F	同上	3~5 天

資料來源：June Payne-Palacio & Nonica Theis, Introduction to Foodservice (9th Edition), West & Wood's

表 4-5　請領單範例

編號：
請領部門：　　　　　　　　　　　　　　　　　　　　　　　　　　　　　日期：

項目	規格	數量	單價	總金額	負責人簽章

核准人：　　　　　　　　　　　　　　　　　　　　　　　　　　　　　　發放人：

三、內部控管

　　各類食材和用品之費用，對於餐廳而言可視為一種投資，為使投資發揮最大效益，就必須適度控管。下列為餐飲業員工增加餐廳營運成本最常見的情況：

不當使用　餐廳用品使用不當的情形，如以糖包刮除桌面菜漬、以餐巾代替抹布擦拭餐桌，推究原因很可能是員工便宜行事或該用品數量不足。提供員工足夠用品或設備是必要的，若數量不夠將致使員工無法順利執行任務，乃至影響服務。為避免員工不當使用，應採購足夠用品、制定用品使用規範、督導員工和加強員工訓練。

浪費　食材和服務用品的浪費，也是餐廳控管不佳的現象。食材的浪費往往來自訂貨量過高，因此容易腐壞的食材應縮短訂貨期間，甚至更改為每日叫貨，以減少損失。員工失誤則可藉由訓練課程或更改菜單因應，盡可能運用可利用之原料或保存期限快截止之食材，研擬促銷特餐菜單，以較低之價格優惠顧客。廚房主管也應有效督導員工，尤其是供餐巔峰時段，以減少製作餐點過程中如烹調過久、不正確的烹調方式，或疏忽掉在地上等食材之損失。若能配合適當的在職訓練和足夠人力，上述情形應可改善。

　　服務用品的浪費，包括便宜行事丟棄顧客未使用的調味包(番茄醬、芥末醬)、不慎丟棄可清洗的餐具等，產生這些問題的主因來自員工的態度。多數員工通常認為這些用品價格不高，對餐廳不會造成損失，或者事不關己，因此藉由訓練和督導來

改善員工行為是必要的步驟，同時也應獎勵善用餐廳資源之員工。

破損 玻璃器破損的原因，大抵歸諸於溫度急速變化和物體撞擊所致，例如：內有冰塊的玻璃杯，直接置於熱水洗碗機，或是清洗過後，沒有靜置冷卻至室溫，隨即注入冰塊或冷飲；玻璃器皿堆疊、放置刀叉匙或其他器皿，彼此接觸撞擊易導致龜裂，肉眼通常不易辨識。

瓷器餐具於收拾餐桌和清洗時最易破損，例如：不同類型餐具置於同一餐具整理盒內 (咖啡杯和餐盤)、厚重餐具置於較為輕薄的餐具上面、餐具堆疊過高以致於跌倒、以刀叉匙刮除餐具的殘留物等，都是容易造成龜裂或損毀的現象。此外，以菜瓜布清除殘漬、不適當之清潔劑、不適當的水質 (硬水或含鐵成分高)、以高於華式 160 度的水浸泡餐具，以及洗碗機噴嘴阻塞或鏽蝕，均易使餐具表面形成刮痕、釉彩磨損或褪色。

刀叉匙易於發生腐蝕的現象，例如，食物殘渣的氯化物，會分解和損毀銀或不鏽鋼製之刀叉匙表面，而且水和洗滌劑會破壞刀叉匙表面的保護層。因此，經使用過的不可擱置至隔天再清洗。清洗前應置於不鏽鋼或塑膠材質的盒內浸泡，時間不可過長，高溫清洗後立即乾燥，以免增加生鏽的風險。

遭竊 餐廳的高級食材如牛排、海鮮或服務用品發生失竊，通常是由員工和供應商彼此勾結，除了直接由庫房偷竊，還有減少送貨次數或以品質不符充數。此外，員工提供免費飲料或食物給親友，或是私下拿取高級用品或設備後隨即離職。預防之方法有裝設監視器、制定規定員工用餐和休息之規範、比對送貨和採購單之品質和數量、固定和不定期庫存盤點，或制定清查員工物品之規定。至於顧客偷竊，最常見的是印有餐廳標誌之餐具。銷售受顧客喜愛之用品、裝設監視器及訓練員工都是解決方式。

◉ 傳統內部控制

目前許多餐廳仍然需要保有和處理大量的現金，部分商品像是海鮮、牛排和酒類的價值高但體積卻很小，方便藏匿和不當食用。由於營業場所中員工流動率高，餐廳中的商品又多為人們日常生活所需，容易被不肖員工當成竊取或盜用的項目。內部控制是為了防止舞弊與貪污發生的機制，一般被認為是屬於會計部門之工作，然而此項機制涉及到許多不同單位之操作層面，所以高階管理階層實際上負有極大的責任，餐廳高階主管必須澈底的參與規劃並落實內部控制機制，來預防侵占和盜竊。

內部控制可區分為會計控制和管理控制兩大類，會計控制為保護資產和保證會計資料的精確度和可信度，管理控制則為提高操作效率和鼓勵員工遵守內部管理政策。內部控制的主要目的是避免餐廳資產有被竊取的機會，故該機制必須透過作業標準化，訂定每一工作崗位的作業內容和作業標準，以確保員工遵守內部控制機制的各項規定。

內部控制的原則

(1) 權責分離：權責分離的基本原則，是規劃出不相同的業務由不同的人來完成，以減少兩人或多人串通舞弊的機會。舉例來說，前檯出納員擁有操作現金的權利，但不具有現金控管的稽查權，相對的審計人員則有審核管理的稽核權，但沒有使用現金的權利。

(2) 分派員工固定的責任：企業指派個人負責固定的工作，並制定一套標準作業程序，期望員工能夠遵守。舉例來說，餐廳出納員對自己帳戶內的金額負完全的責任。

(3) 限制資材使用權力的人數：有權力動用現金或商品存貨的人愈多，風險就會愈高。

(4) 縮減現金和存貨量：這個概念是使用有系統的現金或資產管理，來幫助降低成本與提升利潤。然而，縮減現金帳戶和存貨會迫使管理階層在操作上做取捨。舉例來說，使現金帳戶和存貨縮到最小，雖提供了較好的控制，但同時也增加了提供良好快速服務的困難度。

(5) 預防重於偵查：當內部確實有竊盜行為發生時，大部分的管理階層就會想要進行偵查，並且抓到小偷來加以懲罰。但比起事後偵查，還不如第一時間就做好預防措施，反而來得有效率。

(6) 進行突擊盤點：是指審計人員在未事先通知被審查單位之相關人員的情況下，進行突擊組織盤點工作。突擊盤點有利於發現盤點對象在一般情況下的狀況。

(7) 為員工投保員誠險：所有從事會計、現金處理、存貨處理和高階管理的人員都需要投保員工誠實保證保險，企業主只要為員工投保這個險，一旦發生員工侵占、竊取公司財產等不當舞弊情事時，保險公司可以根據保險合約負責賠償。

(8) 強制安排假期與人員輪調：這個政策對內部控制來說有很重要的含意。這個政策特別實行在這些負責會計和現金處理工作的員工，讓他們一年內有一些時間必須放下他們的工作，讓其他輪調人員來做。輪調人員利用這段時間運

用敏銳的觀察力,來揭開在表面或被覆蓋的弊端,在很多案子裡,發現大部分詐騙的揭發,都是在員工未被告知放下手邊工作的時候。

(9) 執行外部查帳:企業很需要交由外部具有客觀性的審計公司來查帳,用外面的查帳公司,主要不是為了防盜和揭發詐騙與盜竊,而是為了防止內部的審計人員掩蓋一些不實的行為。

(10) 使用成本效益分析:內部控制所應遵循的成本效益原則,是指企業建立和實施內部控制所產生的效益大於成本,就是經濟合理,即應當設置和運行該項控制,反之,則不應當採用該控管機制。

早期內部控制是以審計追蹤為基礎,審計追蹤系統的流水紀錄,按事件自始至終的途徑,順序檢查、審查和檢驗每個事件的環境及活動。它是由程序和原始憑證所組成,有很多的交易證據在原始憑證裡,原始憑證可以分為外部憑證 (發票、顧客帳單) 和內部憑證 (日記帳、帳簿、憑證)。

內部控制需要依賴會計憑證,下面列出幾點會計憑證的特點:

- 按順序編號
- 包括正本和複本
- 由會計部門分配
- 藉由編號記錄週期性帳目

餐飲營收之控管

實施餐點和飲料的內部控制相當困難,因為在大部分的餐廳裡,餐飲交易過程中只有少數幾人參與且權責分配不良,造成服務員通常一個人負責餐飲交易的許多環節,這樣的情況容易造成勾結營私,使餐廳受到傷害。餐廳可採用下列方式加以控管:

檢查餐點 檢查是餐飲內部控制的基礎。檢查者會把離開廚房的餐點帳單,和交給顧客餐點的帳單互相比較,如果有東西離開了廚房或吧檯,就必須馬上登記在某位客人的帳單上。檢查需要重複查證,藉由把檢查者獨立出來,傳統上其程序如下:服務員記錄客人的餐點在有複本的帳單上,然後由檢查人查證複本和客人帳單是否相同,並把餐點的價格輸入到餐點機器,接著把複本交還給服務員。過一會兒,服務員把複本交給廚房和吧檯去準備餐點,這個過程是餐點和飲料的控

制程序。食物製作完成後將複本放入上鎖的箱子裡，這個箱子只能由會計部門打開。

　　透過這四份資料可以來進行審計，查證食物和飲料的銷售。這使原本職權分配貧乏的環境可以劃分成四部分。

文件控管　好的文件控管會，使員工盜竊現金款項的情況減少，顧客帳單是餐飲所得的主要收入文件，除了注意和控制這類文件，其他的收入文件也要受到等同的控制，稱為雙重控制。將這些文件連續編號，並把還沒用完的顧客帳單放到下一輪繼續使用，這樣可以使會計部門根據文件編號進行審計，而不會有遺漏。

區分權責　服務員、檢查人員、出納人員和內場人員都應有不同的職責。

獨立收入來源　餐廳的運作方式較易形成員工勾結，因此獨立的收入來源估算的資訊非常重要。透過不同而獨立的收入來源文件對收入進行估計，把估計的收入和記錄在會計文件上的收入進行比較，並找出其中的差異。有三種獨立來源可以進行估計，分別是消費人數統計、餐點數量統計和餐飲成本統計資訊。統計消費人數，是最重要的獨立的收入來源估算資訊，為了確保它的獨立性，必須由現場主管負責計算該餐期之用餐人數。這個計算過程需對服務員、出納員和稽核人員保持機密，其主要目的是為了讓會計部門在審計時進行比較。餐點數量統計通常是以主菜和小菜準備的數量，減掉剩下來的主菜和小菜數量為計算方式，可用來與當日結算出之銷售量加以比較。餐飲成本統計資訊，是由會計部門準備給管理者，用來分析每期成本結構之變化，非常態性之成本結構變化，是內控發生狀況之警訊。

審計　所有的顧客帳單必須每天以連續編號審計，然後按照順序歸檔並補充進新的帳單。審計週期最適當的間隔為一個月。雖然一些項目像是複本比起帳單比較不用常常審計，但會計部門必須安排秘密的時間且經常做這類的審計。最後，所有的收入文件必須依照順序每個月進行審計。現今自動化的 POS 裝置使這個程序變得更加簡單，有些還會通過設立介面自動寄送給會計部門。

◉ 銷售時點情報系統

　　銷售時點情報系統 (Point of Sale，簡稱 POS) 源自美國，它的原意是用來防止收銀員的按鍵錯誤、竊取、結帳不實等行為所設計的系統，然而，目前卻已成為銷售業提高效率、追求自動化的重要工具。最重要的，因為這些程序是電子化的，更多數據可以被儲存，並且擁有多元的功能。比起傳統手寫的複本，印製的

複本較易閱讀，也可涵蓋較多的資訊，像是顧客對烹煮的偏好、特殊需求或桌號，使得內場人員準備餐點更加順暢。由於 POS 應用不斷擴大，現時許多廠商已將英文「Point of Sale」改稱為「Point of Service」(服務式端點銷售系統)。

第一代 POS 也就是俗稱的電子收銀機，整合一個長方形顯示器、鍵盤、發票列印機及錢箱，每當打開錢箱時會發出叮噹聲響。此種收銀機僅具備列印發票及結帳功能，無法留下或記錄任何商品銷售、顧客動態資訊，故無法供業者進行事後銷售數據分析。到了第二代 POS 系統，內部架構與第一代差異不大，僅增加讓收銀機具備資訊傳輸功能，如此一來，使用者便可以每日或每週為單位列印銷售統計報表，作為數據分析的資料基礎。

美國在 1970 年代休閒連鎖餐廳快速的發展。為了將在各個不同區域的分店提供一致性的內場餐食的製備，以及外場服務，因此對整個餐廳的營運過程建立起標準作業的系統，取代了以往只能靠人力去維持、完成的方式，並且讓整個餐廳的運作更有效率。1976 年，Red Lobster 餐廳採用了第一個 POS 系統，這項系統縮減了顧客點餐的過程、減少了顧客點餐的錯誤、提升了翻桌率。但是此時的 POS 系統並未有備份系統，因此只要將 POS 機關機，餐廳內所有的重要資訊都會消失。

第三代的 POS 系統逐漸走向功能分離架構，主要由一台 PC 主機，搭配 LCD 螢幕、發票列印機、可程式化鍵盤、錢箱……等周邊設備，並於前端 POS 蒐集資料，傳輸至後端伺服器進行彙整、分析，得出歷史數據，並將之加值為有用資訊，應用到消費者行為或客戶關係管理等行銷活動。第四代 POS 演化從鍵盤走向觸控輸入，使用人性化、直覺式操作介面，不僅視覺、作業都較前一代流暢，此外將原本外接主機與螢幕整合在一起，一體成型，減少 POS 所占的設置空間。餐飲業使用第四代觸控輸入的 POS 系統已成為趨勢。

手持無線 POS 系統是一個可移動的 POS 版本。使用手持裝置點餐比傳統 POS 系統節省時間，所節省的時間可以用來提供賓客更好的服務，亦可創造更高的翻桌率和利潤。當服務員可負責較大的責任區域時，人力成本即會降低。有些餐廳因為使用手持裝置增加服務效率，投入新手持系統之資金一年內就可以回本。然而 POS 系統有複雜的屏幕設計，服務員一開始接觸時會有使用上的困難。儘管有不同的製造商提供手持 POS 系統，大部分手持 POS 系統有類似的效益 (表 4-6)。

隨著科技快速地變化，餐廳所購置的手持 POS 系統可以連接條碼讀取器、收銀抽屜、聲控 IP 功能、印表機，指紋辨識器的科技。手寫辨識 POS 系統是接受顧客訂單時，最有效率的方式。當服務員開始手寫，所有可能的項目會出現在

表 4-6　手持無線 POS 系統的主要效益

- 員工可以立即通聯桌位狀況
- 服務人員可以有較多的時間服務顧客
- 改善點餐精確性
- 改善顧客服務
- 消除送餐瓶頸
- 服務員可以服務更多桌數
- 翻桌速度更快

螢幕上，服務員可以很快地點選適當的項目。部分手持 POS 系統具有額外的功能。例如：可攜式收據列印機，它可以使服務員不用在 POS 櫃檯排隊，就立即印出支出帳單。

如果手持 POS 裝置提供信用卡刷卡功能，顧客可以立即支付款項。手持裝置的耐用性是一項重要特性，例如應具備防潑水、防高溫與防意外碰撞的功能。行動支付的熱潮延燒已久，華爾街日報指出，近來行動支付業者紛紛以餐飲市場為主要目標，正是觀察到餐廳裡的支付流程，往往比一般商店複雜許多，將是行動支付最有機會全面顛覆的應用場所。

一般而言，手持無線 POS 系統較為昂貴，對於一般小型的餐廳算是一筆大額的開銷，除了安裝費以外，還包括教育訓練費用、印刷材料、電力系統、軟體升級、電源保護裝置，以及程式的維修費用，這對於一般的餐廳算是筆大額的開銷，可能無力支付。還有一個餐廳考量到的最大的問題就是安全性，管理者不願意透過 POS 系統上傳資料到網路上運算，也害怕透過網路資訊系統把公司資料傳出去，對於公司可能是有安全性的缺失，並對於管理者來說是一個問題。

POS 系統通常與電子訂貨系統 (EOS 系統，Electronic Ordering System)、電子資料交換及電腦會計系統相結合，可以給連鎖業者帶來莫大的效益，但是目前市面大都使用客戶端伺服器模式來處理 POS 所蒐集的資料，再透過網路傳輸回總部或公司，這模式大都是以分散資料庫來處理，因此各點的資料與總部之間的資料如何傳遞與整合是困難點之一。各點透過網路瀏覽器運行 POS 系統，可以降低建置的成本，但困難點在於網路的穩定度會影響運作，且過度集中的資料庫會有運行上的風險，所以在應用上要提高 POS 系統的安全性。

電子點餐系統

在餐廳用餐，通常必須先進行訂位或點餐，而餐廳電話的取得或餐點資訊的獲得，在點餐結帳的過程中，可能因為消費者不瞭解產品而深入詢問、多加思索，或是眾人討論交換意見，或是支付方式複雜多變種種原因，都可能造成櫃檯排隊人潮的出現，甚至是排隊等候付款，對多數的顧客都是一種困擾。隨著手機使用愈見普及，為了生活之便利性，許多相關之應用亦開始被關注及探討。根據國內一家連鎖咖啡廳的統計，不包括排隊時間，每位消費者入店後的平均點餐時間約為 1.5 分鐘；在引進行動 e 卡 APP 後，平均點餐時間縮短為 10 秒，大幅提升服務效率，改善尖峰時間的排隊問題。

餐廳業者必須藉由提升內部服務品質，促使外部服務價值提升，進而創造餐廳的競爭力。因此餐廳業者藉由導入電子點餐系統，連結內外部間的服務流程，來提升內控品質及服務效率、減少服務失誤、降低成本。電子點餐系統是在顧客點餐時，直接將餐點內容輸入相關電子工具上，資料會分別傳送給收銀台及廚房，廚師藉由系統裡的餐點資訊烹調顧客餐點，服務員再將菜送至顧客餐桌上，於用餐完畢，顧客可直接走向櫃檯進行電子結帳。行動化電子點餐系統主畫面包含兩大部分：餐點及飲料。而以餐點為例，點入餐點的畫面會出現餐廳的全部餐點，點選其中一樣菜色，會進入菜色的簡介及價格頁面，並提供備註的功能，以便記錄顧客對菜色內容特殊的要求，例如：不要洋蔥、辣度的選擇等。

點餐系統由資訊公司撰寫完成後，交給餐廳業者實行。每個系統的導入皆不可能完美的沒有可以改善的空間，應持續依營運運用之狀況進行調整。導入電子點餐系統的優點及缺點，可分別針對餐廳業者及顧客層面進行分析。由餐廳角度導入電子點餐系統的優點有：降低服務生傳達餐點給廚房的錯誤率、增快點餐流程的速度、降低菜單的紙張成本，以及易於分析菜色的受歡迎程度。使用電子系統點餐可以避免服務生聆聽上的誤差，造成傳送點餐細節給廚房時訊息錯誤；導致製作錯誤的餐點給顧客。使用電子點餐系統，可以節省人工點餐、服務員送點單至廚房，以及顧客前往櫃檯人工結帳的時間。在點餐的同時，後端資料庫可即時進行餐點的點選次數統計，分析出店內不同餐點受歡迎程度，此外，使用電子點餐系統，亦能協助降低森林木材的大量砍伐。

另一方面，電子點餐系統的硬體設備及軟體設備的維護保養費用相當可觀。軟體撰寫不可於一次達到完

麥當勞點餐機

美，必須依照營運現況循序漸進的增加或修改，才能夠符合餐廳的使用。每家餐廳所需功能皆不相同，也因此連鎖業者的系統整合難度相當高，顧客資料及營收整合相當不易。系統必須要客製化才可以使用。有些餐廳雖然導入資訊系統，但因為缺乏相關人才，大多僅使用簡單的點餐功能，無法將網路行銷、顧客資料、財務系統三方整合，並將以運用。

由顧客角度導入電子點餐系統，可以節省點餐及用餐的時間及減少等待餐點的時間，甚至可降低服務過程的摩擦。然而餐廳導入電子系統，需要購買相關硬體設備及軟體系統，這些皆是餐廳的營運成本。導入系統的費用可能直接反映在價格上。電子化產品的使用，讓顧客與餐廳間多了一個媒介，亦使人際互動接觸的機會減少。

早期電子點餐系統，只是餐廳內的簡單化點餐作業的使用，系統的使用太過單調，讓餐廳覺得導入系統不符合效益。科技的進步，系統功能多樣化，功能不再只是強化點餐功能，而是可以整合顧客資料及網路行銷，以便留住忠誠顧客及開發新顧客。現今智慧型手機的普及率高。若顧客可直接在網路上進行點餐，除了降低顧客前往餐廳消費的時間，對於餐廳而言，也是降低人事成本的支出。系統架設在早期，可能需要餐廳重新翻修架設線路及安裝電腦系統，時代科技的進步，則讓餐廳安裝系統成本大幅降低。

附錄　餐廳員工 60 種舞弊方式

1. 宣稱顧客未結帳就離開了，事實上卻暗地裡竊取此款項。
2. 收取顧客消費金額，但沒有在收銀機登錄。例如：吧檯人員會將收到之現金藏入小費罐中、口袋或收銀機內。
3. 收銀人員擅自作廢帳單或刪除帳單上的項目，並且從中竊取此款項。
4. 收銀人員以打錯帳單紀錄，並且從中竊取此款項。
5. 做代支費用假帳 (例如燈泡或雜項費用所支付的費用)。
6. 如果服務人員同時執行收銀工作，他可以提供先前顧客消費所未帶走的帳單給新顧客，不記錄該項銷售行為，從中竊取該項交易金額。
7. 收取顧客原價，但在結帳紀錄上以兒童或優待的價格予以折扣，從中竊取差額。
8. 更改信用卡上的單據金額，並且從中竊取款項。
9. 將顧客的信用卡重複刷卡，並且從中竊取額外刷卡的款項。
10. 調酒師虛報飲品遭到退回，但實際上已經賣出。
11. 餐廳若沒有內部控制，調酒師可能免費提供飲品給朋友，或以贈送行為拿到更多小費。可能會以酒品破損報帳或在酒瓶中加水，以維持適當的存量。
12. 調酒師擅自為顧客斟上比顧客所點的更高級的酒，以討好顧客，從中得到更多的小費。
13. 誤導經理已經從桶裝啤酒售出多少杯的飲品了 (一般來說，對於桶裝飲品的管控較為鬆散，因為其中涉及其浪費的程度，因此較難去盤點其中的容量)。
14. 調酒人員私自帶著自己的酒精性飲料，來賺取其中的銷售金額。這種方式的舞弊行為，比起竊取一瓶酒更嚴重，因為酒精性飲料的成本非常低，帶著自己的酒來販售，對酒吧而言損失非常大 (例如，一瓶酒的成本是 300 元，但銷售金額卻是 1,400 元)。
15. 服務員未將所點選的飲品輸入至系統，但調酒人員卻將飲品送出，合謀竊取其中的款項。
16. 以物易物——調酒人員提供廚師免費的飲品，以交換免費的餐點。
17. 貪污——酒類經銷商提供回扣。例如：酒類經銷商會以 10 箱 vodka 的價格向餐廳收費，而採購人員得到 1 箱 vodka 回扣的不當利益。
18. 服務員竊取酒精飲料的招待券，將其轉賣給調酒人員，而調酒人員進而將招待券用來彌補庫存不足的部分。
19. 將輪班後的免費飲品轉售給顧客。例如：一家餐廳擁有 40 名員工，並且每一位員工於每個班次結束時，都可以免費獲得一杯飲品。假使只有 15 位員工享用了飲品，調酒人員將會把剩下的 25 杯的飲品轉售給顧客，暗中竊取轉售的金額。
20. 調酒師免費提供飲品給不當班時到酒吧消費的同事。
21. 廚師謊稱廚房有些菜餚需要用到酒精性飲料 (例如：白蘭地、紅白酒、雪莉酒及其他烹飪類的酒精性飲料)，但卻自行飲用。
22. 生啤酒設備於關店時沒有嚴格管控，遭到下班的員工私自飲用。
23. 一般來說，酒精性飲料單杯銷售的價格比整瓶銷售的價格來得高。調酒人員會以整瓶銷售的價格報帳，竊取價差。

24. 刻意短少原本應倒給顧客酒精性飲料的份量，以掩蓋之前私下招待其他顧客的損失。
25. 收取顧客平時的訂價，但在系統中卻記錄優惠時段的價格。
26. 擅自向顧客收取餐廳於優惠時段免費提供的開胃小點及吧檯甜點的費用，並竊取該金額款項。
27. 調酒人員在綜合水果飲料中少放酒精性飲料(特別是在客人已喝了許多杯之後)。
28. 試圖以較低品質的酒精性飲料替代，仍舊收取較貴品牌的價格。
29. 重複販售已經使用過的酒精性飲料 (調酒人員會保留顧客未喝完較昂貴的酒精性飲料，並且販售給下一位顧客)。
30. 偷取顧客在吧檯上留下的零錢 (有一些員工會將飲料托盤底部沾濕，並且放在顧客的零錢上方，如此一來，零錢將會被黏在飲料盤底部)。
43. 服務員未提供顧客帳單，直接向顧客收取費用，並且私吞款項。
44. 服務員與廚師之間的勾結──服務人員未將餐點記錄在預登帳單系統中，然而廚師擅自製作菜餚將餐點送出，合謀竊取未登錄餐點的金額。
45. 服務人員聲稱餐點因某些原因遭到退還，但實際上餐點已經給予顧客，並且已經結帳。
46. 服務人員增加餐點於已經檢視過的顧客帳單中。有些餐廳安裝了檢查系統只會預查主菜的部分，因此服務員可以再次將沙拉、開胃菜、點心或酒精性飲料，登錄在顧客的帳單之中。若是付現，服務人員只會提交實際消費之金額。
47. 竊取餐食或酒類 (特別是冰庫及酒類儲存區很容易發生偷竊情形)。員工會聲稱這些遺失的庫存已經破損。
48. 有時顧客要求外帶咖啡一杯。服務人員不將這筆交易記錄在結帳系統中，反而是侵占此款項。
49. 刻意地多做餐點，如此一來，這樣就可將剩餘的餐食帶回家。
50. 廚師收受賄絡，以較高的價格購買較低品質的原料，造成公司的損失。
51. 配送司機與驗收人員之間的勾結，使得商品重量與公司所訂購的不符。
52. 驗收人員接受較少的份量 (例如：附有盒裝的產品將會在驗收時被秤量。然而，如果驗收人員沒有打開盒子檢視產品是否正確無誤，最後可能會收到裝有大量冰塊的黑心商品)。
53. 於宴會時向顧客收取不實費用 (例如：收取顧客 10 壺的咖啡費用，但實際上只有送上 9 壺咖啡)。
54. 經理增設幽靈人口，並且添加到工資單上，藉此竊取工資。
55. 經理於員工薪資單上增加虛構的工作時數，並與員工分享其利益。
56. 使用公司電話撥打私人電話。
57. 竊取自動販賣機的零錢。
58. 偷取公司銀器、玻璃杯、口布、桌巾……等。
59. 私自販售餐廳內的商品 (例如：圖片或展示品)。
60. 會計人員使用公司結算後的現金款項拿去私人周轉。

個案 / 餐具短缺

一個週末夜晚，125 個座位的鼎新餐廳裡開始湧進人潮熱鬧了起來。這家餐廳在過去兩個月裡有業績好轉的現象，而且這是一個自從兩年前蔡文開始擔任總經理以來見過最忙碌的夜晚，所以他的心情十分愉快。

宴會廳有一場婚宴即將開始。等候簽字的賓客擠滿了整個前廳，鼎新新任的宴會部經理——維哲，在 30 分鐘前帶著食材跟一些備品一起離開餐廳到 20 哩遠的外燴，這是鼎新餐廳第一次接下外燴的案子，但是蔡總知道這將會帶來極大的利潤。

蔡總行經用餐區時一邊鼓勵著員工們。員工們看起來很忙碌，但蔡總覺得在這樣的情況下是很正常的。接著，他決定去跟客人們聊聊天。

「你們好嗎？我是鼎新的總經理蔡文。兩位對於今天的服務滿意嗎？」蔡總問了在相鄰而坐的夫妻。

一陣停頓後，那位男士王先生冷淡的回答：「事實上，我們不太好。」

蔡總立即回應：「聽到您這麼說，我感到很抱歉，我們服務有哪些需要改進的？」

王先生開始說著：「一開始，我們盛裝沙拉的盤子是溫的，而沙拉裡有冰的萵苣。接著，服務員告訴我們，目前沒有任何乾淨的紅酒杯，因此我們沒有紅酒可以喝。更讓我們意想不到的是，一杯咖啡竟讓我們等了二十分鐘。」

那位女士轉向她的丈夫並且接著說：「老公，不只這樣，即使我們的咖啡送來了，但卻沒有奶精。後來當服務員拿了一些奶精來時，她卻忘了一起拿攪拌用的湯匙。」

王先生勉強的笑著說，「我們只能說，這不是我們外出用餐所經歷最好的一晚。」

蔡總覺得有些無力。他知道這對夫妻正看著他要如何解決他們的問題。於是試圖想要減緩一些緊張局勢，他說：「請接受我的道歉，王先生，還有……」

「陳彩樺，」那位女士說出了自己的名字。

「……還有陳女士，鼎新將免費招待你們今晚的餐點。雖然這無法改變已發生的事情，但希望你們能接受我的歉意。」

「你真是一個專業經理，很感謝你。」王先生說著。

「是啊，真的很謝謝你。」陳女士接著說。

蔡總回答：「不客氣，也請您務必再來本餐廳用餐，我相信一定不會再讓您失望。」

「會，我們一定會再來，但或許會選擇生意比較淡的晚上。」王先生笑著回答。

「沒問題，希望能很快再見到你們，也祝兩位有個美好的夜晚。」蔡總說著。

當蔡總要離開王先生夫婦的餐桌前，他發現即使已經在享用甜點了，但他們使用過的其他盤子及小餐具都沒有被收掉。當他走向廚房的途中，發現還有很多其他的餐桌也有相同的情形。他決定去詢問助理服務員，還有服務王先生和陳女士那桌的小甜甜關於這件事，但是當他進到廚房時，餐廳裡的其中一名餐具清洗員良弘，匆忙的經過他身邊走向出口，然後扯掉他的圍裙，並且臉上出現不悅的表情。

「嘿，良弘，發生了什麼事？」蔡總阻擋了他。

良弘回答：「蔡總，我很抱歉，但是後面的混亂情形讓我覺得很厭煩。有人已經要求我運轉僅有兩個咖啡杯的洗碗機四次了，而且他們都把沒有餐盤使用的責任歸咎在我身上，我認為這真

的不是我的過錯，所以我要離開這裡。」

蔡總開始瞭解這問題不僅只是發生在小甜甜所服務的王先生夫婦身上。「良弘，看來我們今晚在供應餐盤、杯子、餐具上有些問題發生。但你可以暫且忘了這些不愉快的事嗎？我現在去要求服務生們不要再一直催促你。保證不會再有相同的事情發生。」

良弘想了一會兒，回答：「我不敢肯定……」

「相信我，我會處理好這一切。」蔡總肯定的說道。

良弘回答：「好吧。不過你應該要求員工在推托餐具不夠用前，先停止事先儲存餐具」。

「儲存？這是什麼意思？」蔡總經理問。

良弘回答：「有些服務員將一些用紙巾捲起來的餐具藏在他們的工作區域，所以沒有足夠餐具可使用。這或許對那些服務員有利，但卻對大部分的人造成困擾。所以我認為他們不應該這樣做。」

蔡總回應：「儲存餐具的確會引起很多問題，謝謝你提醒我，良弘。」

「OK!」良弘回答後轉身走回廚房去。

蔡總經理跟在他後面到廚房裡找小甜甜。

「嗨，小甜甜。」蔡總說。

「嗨，蔡總。」小甜甜邊回答邊進行盤飾工作。

「我剛跟王先生夫婦聊過。」蔡總說。

「你說誰？」小甜甜回答，此時她正快速的將盤子放置在服務托盤上，然後舉起托盤放在她的肩膀上，接著迅速地向用餐區的門走去。

「嗯，王先生夫婦就是坐在……我看看……A2 桌的一對夫妻。」蔡總跟著小甜甜走進用餐區時說著。

小甜甜停了下來，並且想了一下。「喔，對，A2。」轉動著她的眼睛說。

「什麼意思？他們有帶給你什麼麻煩嗎？」蔡總問。

「我一分鐘後回來」小甜甜快速的走向她服務的餐桌時說著。

蔡總等著直到小甜甜回來。

「A2 桌有什麼問題嗎？」當小甜甜回來時蔡總問著。

小甜甜回答：「當他們點的咖啡還有小湯匙還沒送上時，表現的不太客氣。」

蔡總問：「今晚的杯子以及小餐具有不夠嗎？」

「杯子不夠用，但是小餐具還有很多。」小甜甜回答。

「對，為什麼會這樣？」蔡總經理問。

「收拾餐盤的員工屯積了很多備品在他們負責的區域。」小甜甜回答。

「我知道，但你說杯子不夠是嗎？」蔡總經理說。

「是的！」小甜甜回答。

蔡總經理愣了一下，心想，為什麼會這樣？「小甜甜，謝謝你。喔，對了，記得不要收 A2 桌的錢。」

「沒問題！」小甜甜回答。

「謝謝！」蔡總說。

蔡總開始回想起過去一週的事情：他接到一通關於星期六外燴的電話。總共需要六十套餐具。他查看存貨清單，認為即使餐廳在星期六晚上供應宴會廳跟客滿的用餐區，也還可以供應外燴。但他知道餐具的數量有些吃緊，因為沒有備用的餐具可以使用。儘管如此，餐具的數量應該還是足夠才對。於是在三天前他將宴會廳的餐具數量預先調整，以及仔細的檢查盤點清單。而且，數量仍然足夠。所以到底問題出在哪呢？

他想起了維哲有帶著手機在身上，於是蔡總回到他的辦公室，隨即關上門，然後打電話給維哲。

「維哲？我是蔡總，一切都好嗎？」

「蔡總，這裡一切都很好！」

「很好，我很高興聽到這個消息。遺憾地，我無法對你說同樣的話。」

「為什麼？發生了什麼事？」

「我們這邊沒有任何餐具了，服務員將所有的杯子和盤子都用盡了，客人們也開始發怒了……我真的不懂為何會這樣。我早在這星期剛開始的前幾天已經處理好所有的事了，它應該不會發生的，但現在卻發生了。」

「我很抱歉聽到你那邊有這樣的問題發生，但是我們拿了一百套餐具，而看起來我們也只是剛好夠用而已。」

「一百套？」蔡總打斷了談話。

「是的，一百套。」

「但是外燴部分只安排了六十套餐具。」

「那是之前，後來加了四十套上去，我有告訴過你。」

「不，你沒有。」

「我確定我有。我也有告訴阿雄，以確定會有備份的餐點。」

「不，你沒有。我們現在無法做任何事來補救，這裡也只能勉強湊合著用。」

「蔡總，我很抱歉！」

「沒關係，既然問題已經產生了，就把現有的工作做好，我們稍後再談吧。」

但是蔡總當然知道事情不太妙。他必須快速的替顧客及員工解決問題。他必須確定在兩個星期後不會再有這問題產生……因為屆時也有同時服務宴會及外燴的狀況。

蔡總從他的桌上拿了一瓶康貝特，然後打起精神地進入廚房。「面對吧！」他自己這樣想著。

問題討論

1. 鼎新餐廳對於防止餐具短缺問題可以有哪些管理方式？
2. 若要發展外燴事業且在業績持續成長的情況下，管理團隊應該要如何有效處理備品的庫存？

個案 2　供應商給的難題

徐家堂是海鮮的供應商，家堂告訴餐廳老闆李毅祥：「我有一個很棒的交易給你。」毅祥是祥海鮮酒館的老闆和管理者，這家餐廳有 180 個位置，以供應海鮮為主，他是家堂的顧客之一。「我們進了很多巨無霸蝦，如果你今天買 300 斤，我可以給你七折的價錢，這樣的機會不常見喔。」

毅祥馬上就被降價的折數給吸引了，但他也有足夠的經驗知道不應該貿然做決定或馬上結論。毅祥回覆：「家堂，這聽起來很棒，但是讓我確認一下，你所說的蝦子一斤有幾隻？」家堂回答：「毅祥，一斤裡約有 40 隻蝦子，而且它們看起來很棒。我需要快一點得到回覆，否則我就要打給我其他的顧客了。」毅祥不想有壓力，並說：「給我一小時，我再回覆你，在價格上是否有調整的彈性空間？如果我只購買 100 斤，是否也有同樣的折價？」

「毅祥，儘管我也想給更多的優惠，但是沒辦法，只有購買 300 斤的量才能給你七折。」家堂回答，對於毅祥沒有馬上給答覆，感到小小的不耐煩。「家堂，我會在一個小時內給你答案的。」毅祥保證並掛掉電話。

毅祥做了些快速的分析，餐廳使用一斤約有 40 隻大小蝦子料理的雞尾酒蝦，但是海鮮義大利麵和 Shrimp Scampi 使用的是一斤有 40 到 60 隻大小的蝦子。以斤數來考量的話，祥海鮮酒館每週雞尾酒蝦銷售 30 斤的蝦，因此毅祥考量如下：

A. 300 斤的蝦平均是餐廳 10 週的使用量。
B. 是否應該購買，並在海鮮義大利麵和 Shrimp Scampi 使用較大的蝦子 (餐廳平均每週在義大利麵類的蝦子用量為 12 斤，Scampi 的項目每週約用掉 15 斤)？

在 50 分鐘過後，毅祥打給家堂並說：「家堂，謝謝你打電話給我，我已經決定好了⋯⋯。」

問題討論
1. 如果你是毅祥，你會怎麼做決定？
2. 什麼因素影響你的決定？

Chapter 05

現代生產作業

學習目標

1. 瞭解餐點供應的特性
2. 認識食材加工程度連續光譜概念
3. 明瞭低溫調理菜餚之作業流程與效益
4. 理解產業美食的概念
5. 認識危害分析重點管制系統
6. 熟悉餐飲業食品安全維繫之原則
7. 認識外燴衛生管理要點

餐飲業在餐點製作和供應方式上有許多的選擇，大部分的餐廳於開始營運時，主管會直接選擇運用一種餐點供應系統，而在需要時再考慮系統的調整。舉例來說，當市場上不易招募到足夠的廚師時，餐廳主管便會考慮更換或調整餐點製作及供應的方式，以節省人力。此外，當餐點製作過程中食品安全維繫有所顧慮時，建置中央廚房並實施危害分析重要管制點措施即為一選項。然而要能夠適切調整或選擇餐點供應系統，瞭解不同替代方案的特性是非常重要的。

一、餐點供應系統

餐點供應的特性

餐點供應的特性會影響餐飲業者之產品製作和服務的方式，供餐的特性包含下面幾點：1. 餐點需求可以分為尖峰和離峰，尖峰時段通常發生在早餐、午餐和晚餐用餐時段，在尖峰和尖峰之間可能會有離峰時段；2. 餐點需求會隨著時間和競爭對手的發展而改變，因此製作方式也會跟著調整；3. 一般而言，餐點製作過程需要大量的人力，包含技術性員工和非技術性員工；4. 食材容易腐敗，因此在製作過程要適當的處理和保存；5. 餐點製作過程會跟著菜單改變而進行調整。

傳統餐廳之餐點供應作業流程 (圖 5-1)，具有高人力和高食材成本之特性，因此餐飲業需要運用不同的餐點供應系統之優點來降低生產成本，或排除某一系統所帶來的影響以解決問題。舉例來說，中央廚房系統是將餐點集中製作，具有規模經濟效益，可降低食物製作的成本。而預製式之餐點供應系統，是由餐廳在自身廚房中把食物調理好預先冷藏，在需要供應的時候再加熱，這種生產系統較不會受到尖峰和離峰需求的影響，因此，會比傳統系統更具成本效益。

食材加工程度光譜

在餐點供應系統中，餐廳所採購之食材是未經處理的原料或是已經烹調之成品，是相當重要的選擇。食材加工程度連續光譜以圖示方式顯現不同食材經加工之程度，最左邊是指食材為原物料，而最右邊代表已經完全加工的食材 (圖 5-2)。當餐廳所採購之食材均已經過完全的加工處理，只需要加熱擺盤或僅進行擺盤即可供餐。以麵包為例，餐廳要在食材加工程度光譜的哪一階段採購，可以

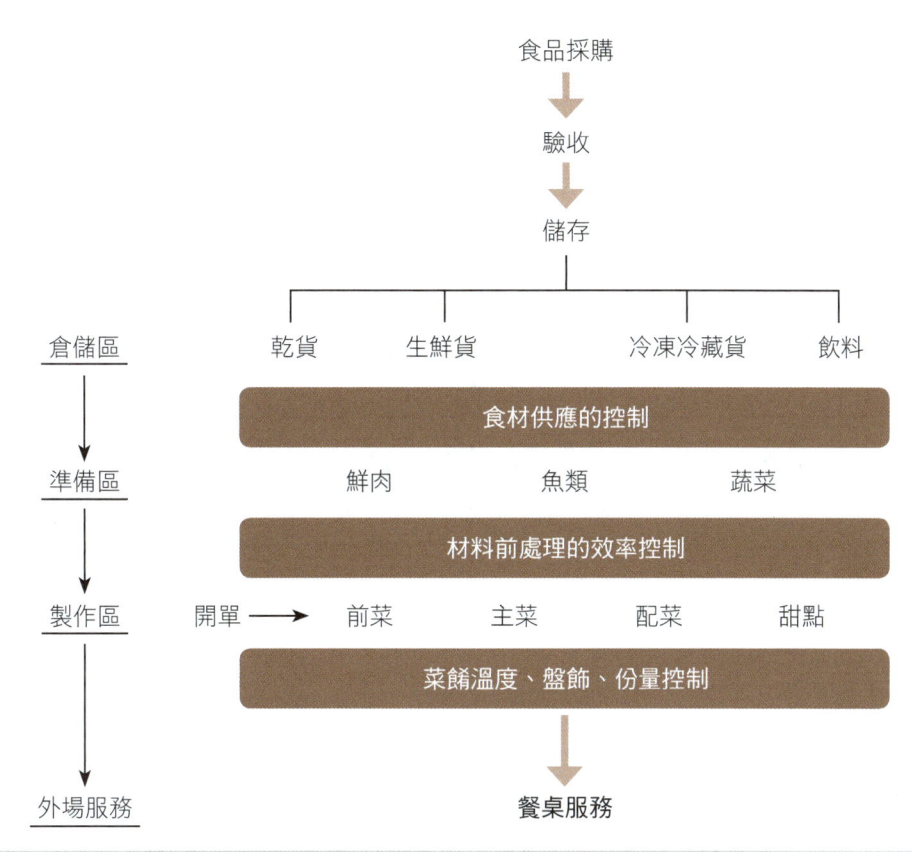

```
                              食品採購
                                ↓
                               驗收
                                ↓
                               儲存
              ┌──────────┬──────────┬──────────┐
倉儲區        乾貨      生鮮貨    冷凍冷藏貨    飲料
   ↓         ┌──────────────────────────────────┐
             │          食材供應的控制            │
             └──────────────────────────────────┘
準備區          鮮肉        魚類        蔬菜
             ┌──────────────────────────────────┐
             │        材料前處理的效率控制        │
             └──────────────────────────────────┘
製作區   開單→ 前菜    主菜      配菜      甜點
             ┌──────────────────────────────────┐
             │    菜餚溫度、盤飾、份量控制        │
             └──────────────────────────────────┘
                                ↓
外場服務                      餐桌服務
```

▶ 圖 5-1　傳統餐點供應作業流程

有很多種選擇。若選擇採用光譜最左邊狀態的食材，這時候買的材料為酵母、麵粉、糖、油酥和鹽，由餐廳廚房自行製作麵包。若選擇光譜的最右邊，餐廳則是買進已經烤好的麵包，服務時只需要直接加熱裝盤後提供給顧客即可。

　　餐廳選擇採購食材之加工程度，取決於餐點供應系統種類的不同，舉例來說，在中央廚房系統中，食材之採購偏向於光譜的左邊，亦即採購未加工或經初步處理之食材後，在中央廚房裡完成烹調工作，因此可省下大量的生產成本。

傳統式餐點供應系統　　傳統式餐點供應是最常見的系統，食物在餐廳廚房中製

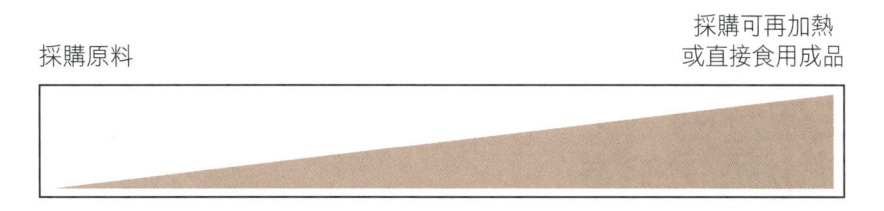

採購原料　　　　　　　　　　　　　　　採購可再加熱
　　　　　　　　　　　　　　　　　　　或直接食用成品

▶ 圖 5-2　食材加工程度光譜

作，保持在適當溫度供應給客人 (圖 5-3)。採用這個系統的食材有可能在光譜的任何一個點採買。傳統式餐點供應系統多被運用在獨立餐廳。由於近年來勞動成本劇增，運用傳統式餐點供應系統的餐廳，愈來愈偏向選用已加工完成的食品。

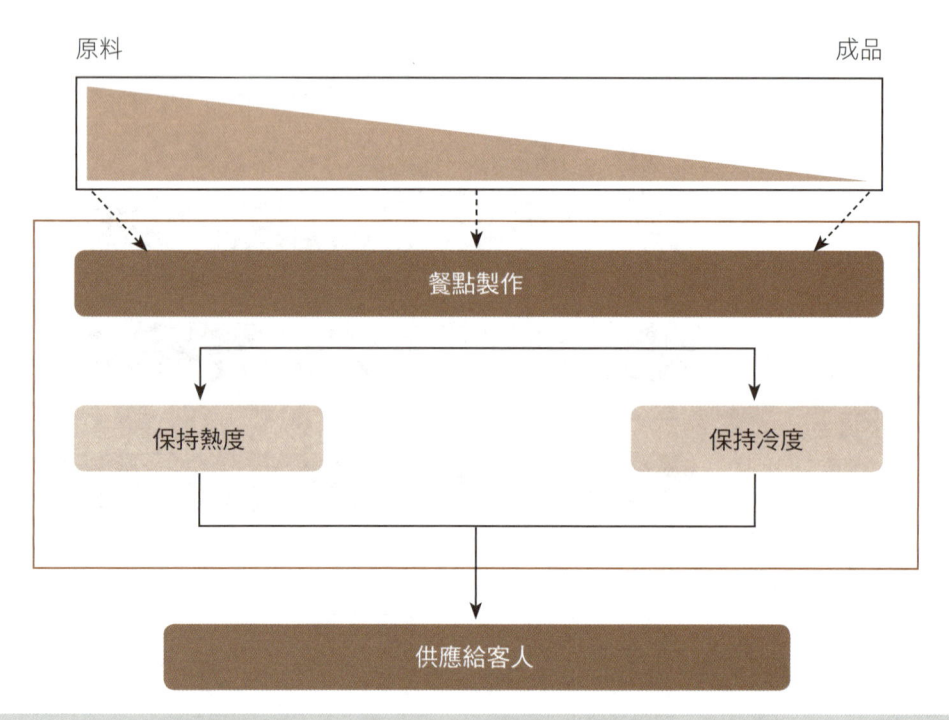

圖 5-3 傳統餐點供應系統

中央廚房式餐點供應系統 這個系統之特色是集中食材於中央廚房製作，並將經過烹調之產品運送到各餐廳廚房以供應給客人。中央廚房式餐點供應系統所使用之食材，都集中在光譜的左邊，由於這個系統利用規模經濟，食物大量集中製作，因此食材採購成本較低。此外，由於食物為集中於中央廚房製作，勞動成本相對也較低。

運用這個系統的組織，需將食物從中央廚房運送到其他地點，而食物運送過程中有兩個因素需要被考慮，一個是溫度，另一個是包裝。食物運送之溫度會影響所使用運輸工具之類型及接收廚房內設備的選擇，因此餐點的運送和製作必須要互相搭配。

中央廚房式餐點供應系統 (圖 5-4) 最常被運用在空廚。空廚製作航空餐點的設施多座落在機場附近。員工於廚房中進行切割、烹煮、擺盤及密封，經冷凍或冷藏

圖片來源：Chung Lun Chiang/Flickr

原料　　　　　　　　　　　　　　　　　　　　　　　成品

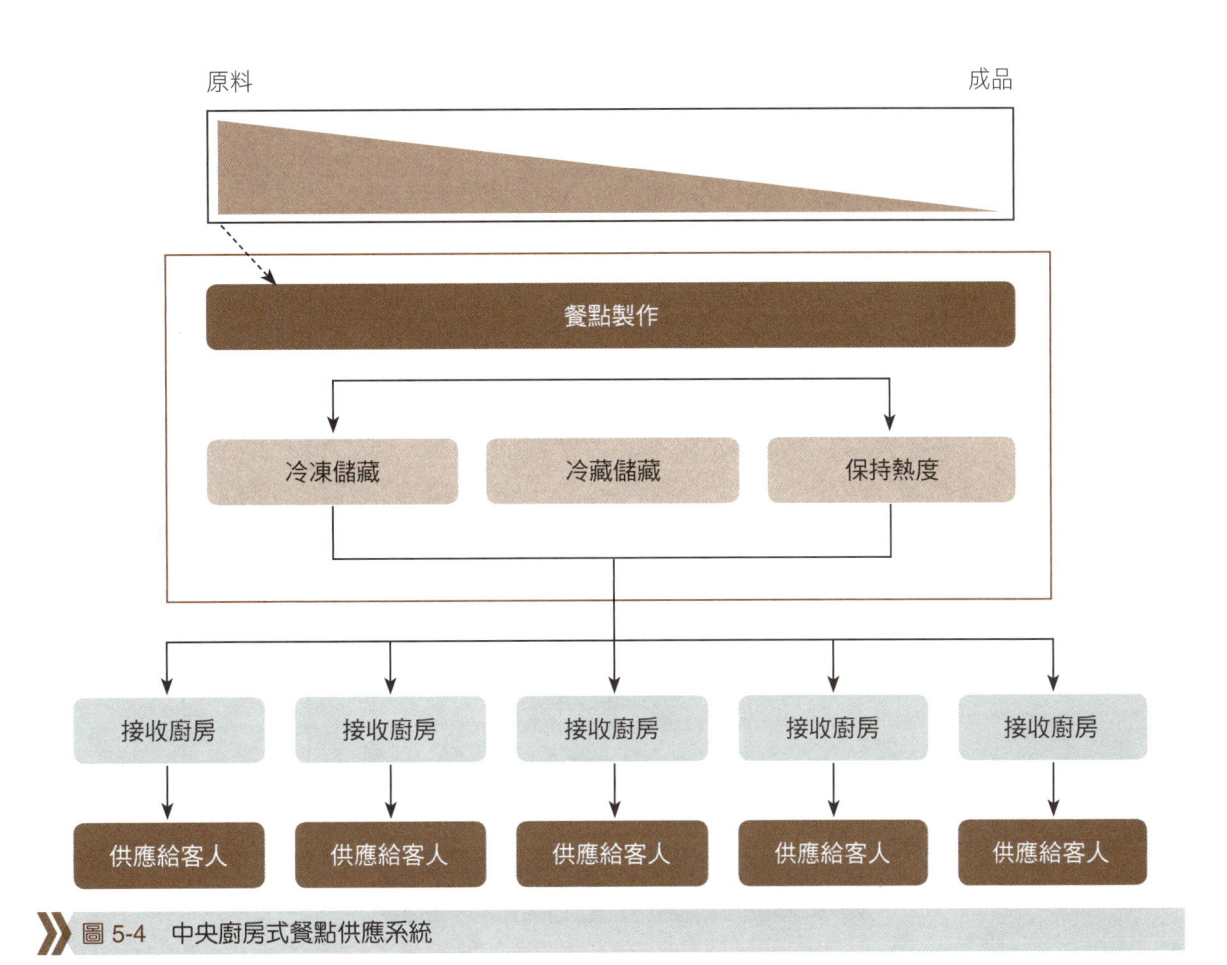

餐點製作

冷凍儲藏　　　　冷藏儲藏　　　　保持熱度

接收廚房　接收廚房　接收廚房　接收廚房　接收廚房

供應給客人　供應給客人　供應給客人　供應給客人　供應給客人

▶ 圖 5-4　中央廚房式餐點供應系統

後，將餐點用貨櫃車運送到飛機上，並且放入加熱設備中，等飛機起飛後，再由服務人員分送餐點。當飛機到達目的地以後，把用過的盤子和手推車運到卡車上，送回空廚清洗。一般而言，空廚公司會於 3 天前收到航空公司餐點所需數量後，便得趕緊訂購食材，並於隔日開始製作，一個蒸氣爐就能做出 1,000 人份熱食。於飛機抵達前半小時確認餐數無更動後，便裝載上貨櫃車前往機場，過程中溫度及時間是維持品質最重要的兩項要素。中央廚房系統除經常被運用在供餐給不同學校之外，許多連鎖餐廳也採用此一系統提供部分菜餚。

預先製作式餐點供應系統　這個系統被餐飲業運用了很多年，食物在營業單位現場完成製作後進行冷凍或冷藏，當客人需要時再加熱送出 (圖 5-5)。食物可以在離峰時間準備，並且能夠一次完成很多天需要的份量。舉例來說，如果 30 天內咖哩豬肉在團膳菜單上會出現四次，廚房可以一次做完兩餐所需要的咖哩豬肉，以減少勞動成本。在這個系統中，食材之採購偏向於以原物料為主。預先製作式餐點供應系統大多被運用在醫院和監獄，它不常出現在學校的餐點供應，學校的

原料　　　　　　　　　　　　　　　　　　　　　成品

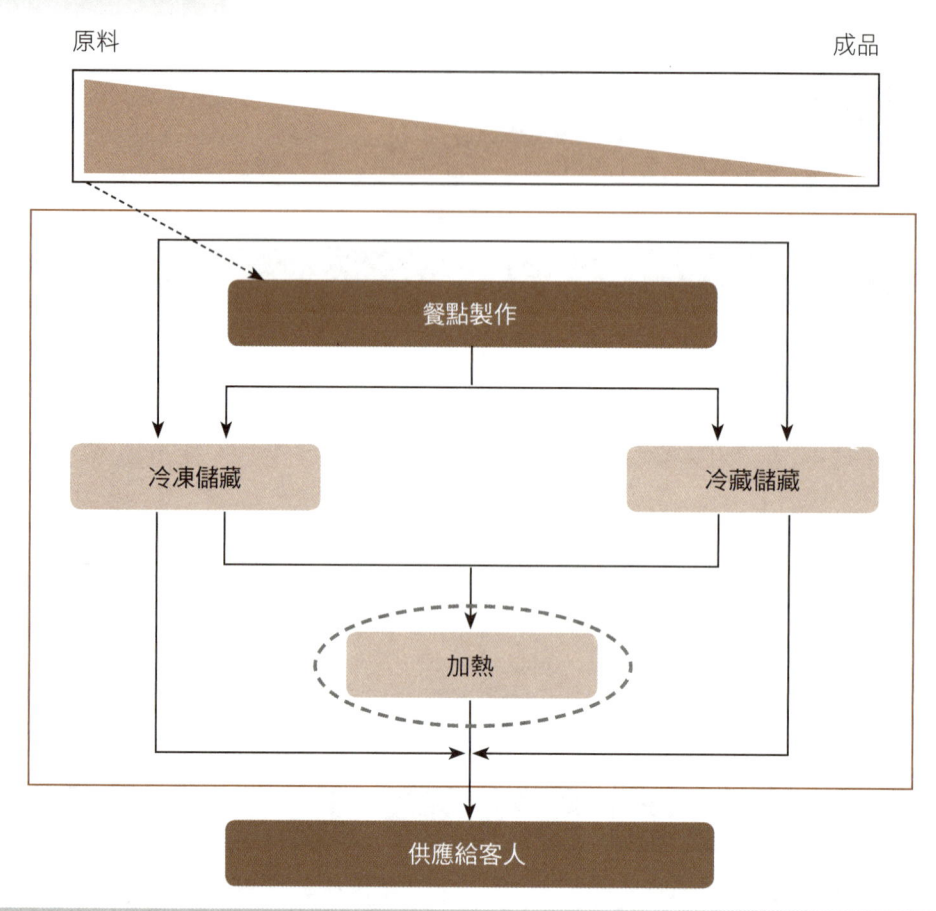

```
        ┌─────────────┐
        │  餐點製作    │
        └─────────────┘
         │           │
    ┌────────┐   ┌────────┐
    │冷凍儲藏│   │冷藏儲藏│
    └────────┘   └────────┘
              │
          ┌───────┐
          │ 加熱  │
          └───────┘
              │
        ┌─────────────┐
        │  供應給客人  │
        └─────────────┘
```

圖 5-5　預先製作式餐點供應系統

餐點供應比較常運用傳統系統和中央廚房系統。

組合式餐點供應系統　在傳統餐廳中很少見，而多為速食餐飲業採用。組合式餐點供應系統購買半成品或已經加工完成的食物。採購的食物會被冷凍或冷藏起來，待供餐時加以組合擺盤並加熱後供應給客人 (圖 5-6)，或將食材分別先行預熱，待點餐時進行組合後出餐。

不同系統的優缺點

傳統式餐點供應系統所產出之餐點，會讓消費者覺得是由新鮮材料和手工製作而成，因此具有高品質形象，而其他三種系統會讓人有種大量集中製作和事先準備好的觀感，所以相較於傳統系統會被認為生產出之餐點品質較低，然而傳統式餐點供應系統具有高成本之特性。

中央廚房採大量食物製作有益於增加生產力，並且大量購買食材也能省下成

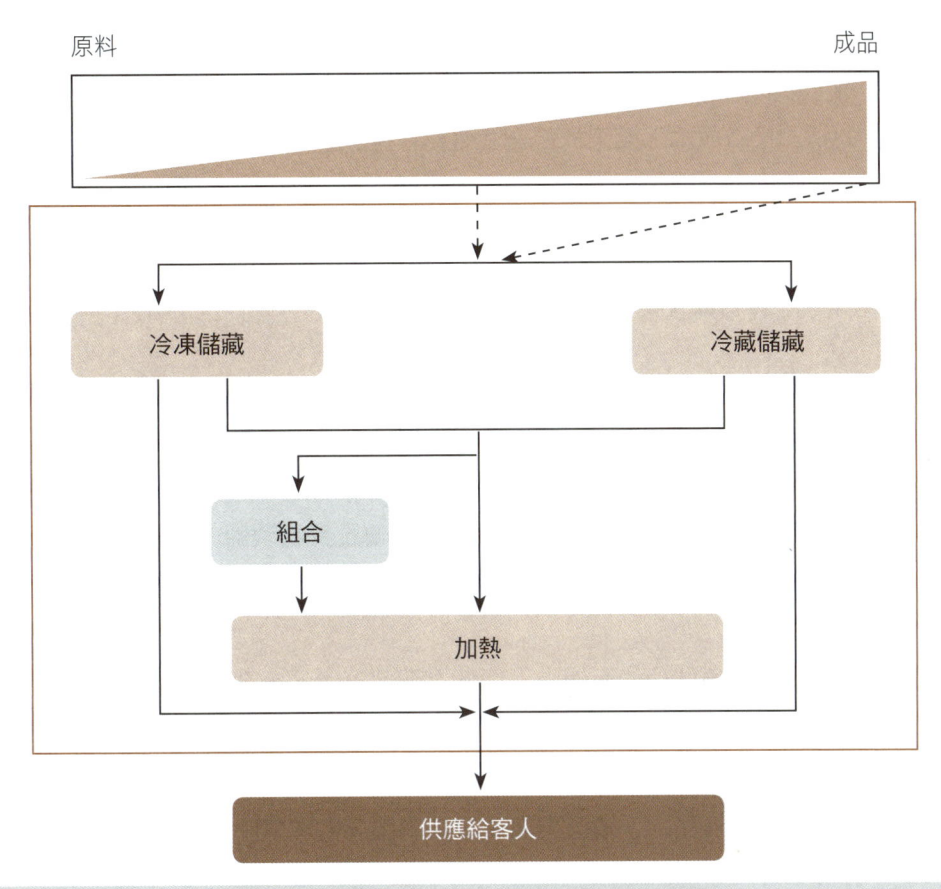

▶ 圖 5-6　組合式餐點供應系統

本。預先製作式餐點供應系統是將食物預先製作，因此亦可降低勞動成本。組合式餐點供應系統因為大多購買已加工完成的食材，只需要少數的員工進行食品組合加熱工作。由於組合式餐點供應系統採用加工完成的食材，成本相對較高，因此屬於低勞動成本及高食材成本之結構。

　　因為餐點為現點現做，傳統式餐點供應系統在菜色供應上較具彈性。由於並非所有食材都適合冷凍或冷藏，因此預先製作式餐點供應系統和組合式餐點供應系統較不具彈性，菜色變化會受到限制。傳統式餐點供應系統可以直接使用一般性標準食譜，而中央廚房系統和預先製作式餐點供應系統由於是大量製作，因此食譜內容需要依份量之狀況進行調整。另外食品安全在傳統式餐點供應系統上較不易進行監管，而中央廚房系統和預先製作式餐點供應系統，只要一個作業環節出問題，就會影響到非常多的客人。

　　連鎖體系若運用傳統式餐點供應系統，是由多個廚房進行傳統手工製作，無法有效控制份量及烹調作業，不易達到產品品質之一致性。中央廚房式餐點供應

系統之菜單規畫、食材購買和生產都是集中處理，因此易於達成品質一致性之目標。在設備方面，中央廚房式餐點供應系統和預先製作式餐點供應系統都有很高的初期投資成本，而由於組合式餐點供應系統之食材大多是購買已加工完成的，因此設備需求減少，所以相關成本較低。

二、低溫調理菜餚應用

現今工商業社會忙碌，人們漸漸縮短用餐等候的時間，這因素促使業者善加利用食物調理及保存的方法。低溫調理菜餚應用於餐飲製備的製程有六項基礎步驟，即1.前處理；2.加熱調理；3.迅速冷卻；4.低溫保存；5食用前復熱；6.服務餐點等步驟。步驟1.、2.及6.是一般傳統餐飲製備方式的程序，而步驟3.、4.及5.是增加的新步驟，採用低溫調理菜餚提供了時間緩衝與流通緩衝的功能(圖5-7)。

由於這兩種功能而使得採用低溫調理菜餚的餐廳，在餐飲製備程序中區隔出「中央烹調」與「食前復熱」兩個單元，分工與專業化使這兩個單元的工作效能、工作環境及成本效益獲得改善。例如：緩衝階段提供菜餚更長的保存時間，同時在餐點復熱的手續上更簡便，減少出菜的準備時間與壓力，增加食物製備的彈性。

目前餐飲業面對人力短缺、工作條件不佳、倉庫廚房空間成本高、食物成本上升、器具投資與維修費用高等問題。這些問題分別對不同型態與規模的餐飲業有著不同程度的影響，運用低溫調理菜餚來改善餐飲製備效率也因此受到重視。例如：咖啡館及KTV等場所，因為沒有足夠的廚房空間或專業的廚師，必須藉低溫調理菜餚的便利性來克服限制，連鎖餐廳也透過運用低溫調理菜餚來維持產品品質及簡化製備作業。國際觀光旅館基於降低成本及提高作業效率等因素，也逐漸採用低溫調理菜餚，各種口味的肉類調理菜餚，以及蘿蔔糕、魚翅餃、叉燒酥、燒賣、春捲等調理點心，經常被應用於商業午餐、自助式下午茶與自助餐的菜餚中。

隨著低溫調理菜餚品質的提升與餐飲業需求的發展趨勢，低溫調理菜餚在於餐飲業的應用，可歸納出以下五大效益(孫路弘、周碩雄，1997)。

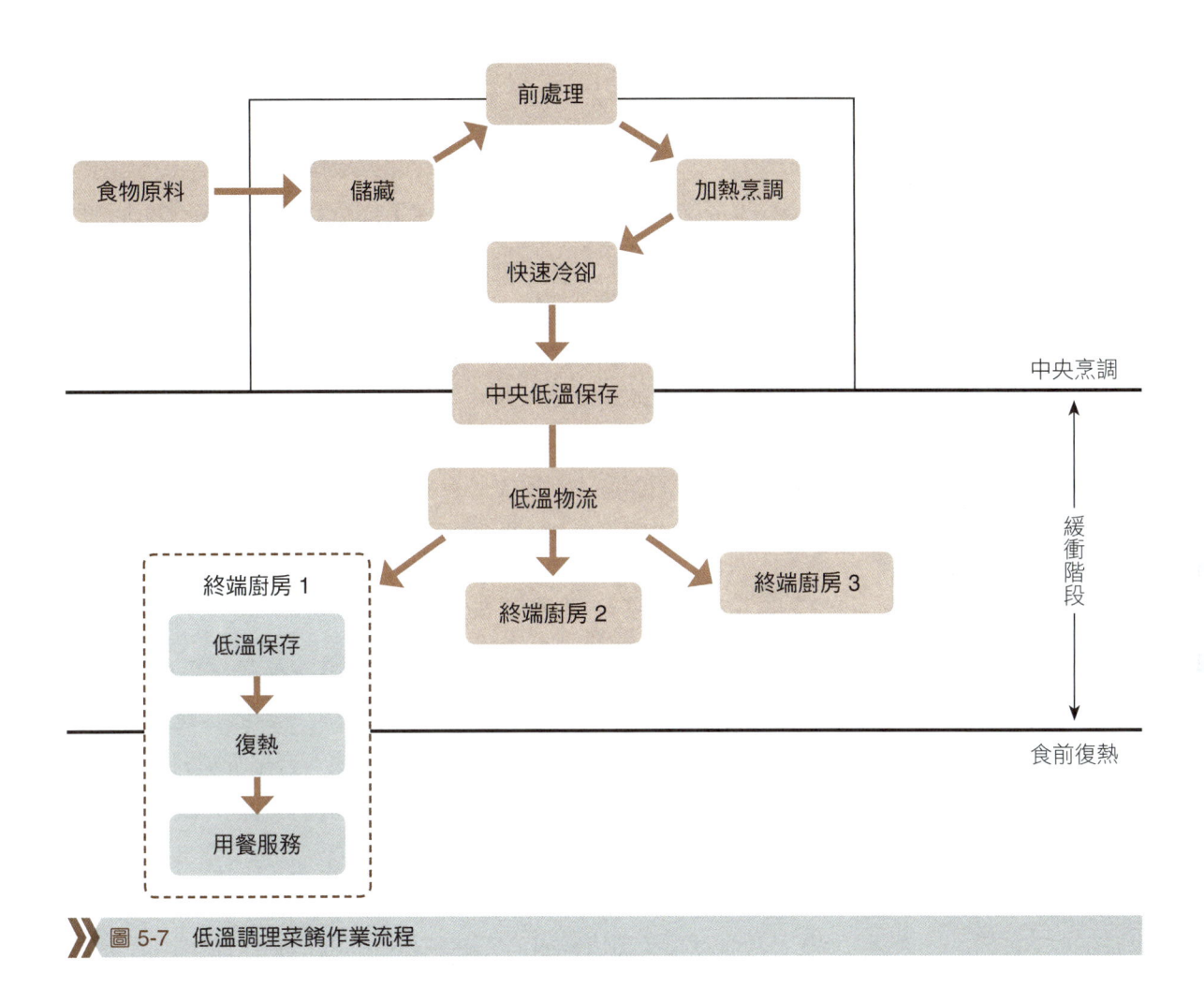

```
                          前處理
                         ↗      ↘
          食物原料 → 儲藏         加熱烹調
                         ↘      ↙
                          快速冷卻
                            ↓
                         中央低溫保存
                            ↓
                         低溫物流
                         ↙   ↓   ↘
                    終端廚房2    終端廚房3
         ┌─────────────────┐
         │ 終端廚房1        │
         │  低溫保存        │
         │    ↓            │
         │   復熱          │
         │    ↓            │
         │  用餐服務       │
         └─────────────────┘
```

中央烹調

緩衝階段

食前復熱

▶ 圖 5-7 低溫調理菜餚作業流程

● 提高管理效能

　　餐飲服務工作是非常忙碌的，服務人員常因工作過度負荷，而造成點單錯誤、送錯菜餚、延誤招呼客人及自顧不暇、缺少團隊精神等現象。然而在廚房裡專注工作的廚師所面對的壓力，也不亞於外場服務人員，在具規模的餐廳中，每一道菜都是由廚房中的不同工作點，經過排序生產組合而成，例如：中菜需經由砧板廚師抓料、切料，打荷廚師組合排序及執鍋廚師烹調而成；而西餐由於製備流程與組織結構不同，負責沙拉、湯汁、魚、肉主菜等不同職務之廚師，除了得聚精會神於生產作業，同時還需不斷聆聽主管口中喊出之新進點單，並配合其他廚師共同組合各項點單所需的材料及數量。傳統廚房中的工作是相當紛亂及忙碌，需要投入相當多的精神來管理。但是如果採用低溫調理菜餚，則情形可以大為改觀。

　　良好的採購、倉儲管理作業是相當複雜的，需要廚師、採購、驗收與庫房人

員的密切配合才能達成。採用低溫調理菜餚則可解除上述顧慮，同時也可以節省管理者投入採購及倉儲管理工作的時間。根據 Marriott 旅館集團的專家指出，運用低溫調理菜餚得以減少廚房工作量及員工需求，並達到良好品質管制，因此，可讓管理者集中精神於前場服務管理及員工訓練等工作。

美國的 Taco Bell 速食連鎖店採用低溫調理菜餚之製備方式後，各連鎖店的員工不必再執行廚房傳統繁瑣製備工作，而全力集中精神於服務客人，在 1988 至 1990 年間創造了業績成長 60%，淨利達 25% 的佳績，而同期麥當勞只有 6% 的淨利。

符合健康需求

近年來心血管疾病、高血壓或糖尿病等慢性成人病，被列為十大死亡原因，因此大家對飲食健康愈來愈留意，坊間之健康與藥膳餐飲也逐漸普遍，餐飲業以健康為行銷訴求的趨勢已經十分明顯。營養保健與藥膳療養知識並不是一般餐飲業者所具備的專業，藉由結合營養、藥膳專家與專業廚師共同發展出具健康導向的低溫調理菜餚具有發展潛力。

舉例來說，低溫調理菜餚經適當加工烹調手續後，可以有效降低肉類脂肪含量，一般八盎斯的牛排熱量為 320 大卡，其由脂肪提供之熱量達 25%，而經烹調加工處理的八盎斯冷凍改良牛排之熱量可降為 200 大卡，由脂肪提供之熱量僅有 14%。而一般十盎斯的雞排熱量達 340 大卡，由脂肪提供之熱量占 13%，但是經由適當加工烹調處理後的冷凍改良雞排熱量可減為 280 大卡，而由脂肪提供之熱量僅占 6%。

提高作業效率

餐飲服務業是人員流動率很高的行業，從市場競爭的角度來看，人力密集之餐飲服務業宜檢討調適組織之結構。經營者應尋求更具效率之生產方法，而使用低溫調理菜餚即是選項之一。運用低溫調理食品比起使用傳統烹調方式更具生產力，它對於使用的餐廳有預先調理、穩定供應及節省勞務等功效，除了可以調節廚師工

作內容,減少人員外,尚能運用非專業廚師提供顧客一定品質之餐點,而專業廚師則可以專注在餐廳之菜色開發及管理規劃工作。

在空間因素方面,台灣都會區的地價高昂,是餐廳業者的重大挑戰。使用低溫調理菜餚可節省倉庫及廚房的空間,例如:許多咖啡館在很小的吧檯內即可以完成菜餚之製備工作,可見使用低溫調理菜餚具有顯著節省空間的效益。

維護環境

餐飲業影響環境較大的問題是垃圾、廚餘及污水管理。美國人平均每人每天製造 3.5 磅的垃圾,而餐飲業每服務一人次,平均就產生一磅的垃圾,可見餐飲業廢棄物管理之重要性。基於衛生掩埋場地愈來愈少,以及垃圾焚化會導致溫室效應之顧慮下,餐飲業應積極做到減少使用 (Reduce)、重複使用 (Reuse) 及循環再造 (Recycle),以減少垃圾量。

在餐廳污水及廚餘管理方面,根據早期工研院能源與資源研究所進行之調查顯示,國內許多餐廳並未設置污水處理設備或油脂截留器,產生的污水往往直接排到水溝中。而且以中式自助式餐廳的用油量及餿水最多,其污水油脂濃度含量及生化需氧量高出一般家庭污水七至九倍。可見在台灣廚餘不僅引起垃圾含水率提高,亦造成病媒滋生。而餐廳污水排入水溝,造成河川生化需氧量升高,破壞河川生態。餐廳採用低溫調理菜餚可以疏解嚴重的環保問題,在垃圾方面,可減少製備過程中許多食品包裝材料之廢棄,例如紙類、玻璃及罐頭,然而缺點是塑膠袋的使用將因而增加。

從畜產、魚蝦及蔬果原物料之去骨、去皮等前處理過程來看,採用低溫調理菜餚可以有效管理原料用量,可為餐廳減少可觀之廚餘。低溫調理菜餚具有很高的備製彈性,不必擔心食材採購過多所產生之廚餘困擾。此外低溫調理菜餚之使用在原料前處理上可減少蔬果、肉類清洗過程之污水,同時在餐點製備時不需再添加油類等調味料,因此可以減低污水油脂之含量。

降低成本

降低成本分為能源利用、器具設備及食物成本三部分。在餐飲服務中能源的利用涉及瓦斯、電力及水源,傳統上這些能源消耗約占餐飲業 3~7% 的變動成本,其中 35% 的能源消耗是用在直接烹調食物上。研究指出,低溫調理菜餚所採用之蒸汽及熱水對流加熱之方式,比起烘、烤、煎之傳導加熱方法更能節省能

源。原料清洗用水方面，低溫調理菜餚之集中處理較有規模經濟效益。此外生產低溫調理菜餚之餐飲業中央廚房，若設置於工業區可享有能源優惠費率。

傳統上廚房設備之採購成本及維修費用十分可觀，但是在完全使用調理菜餚的廚房，僅需要熱水加溫設備或是微波爐即可。美國一家公司的員工餐廳，只需一具自動控溫雙熱水槽、工作檯面、空盤供應架及充裕的儲藏與垃圾袋空間，每小時即可供應兩百人餐次，相當省時及節省設備成本。

食物成本在餐飲業約占 30~40%，是影響經營利潤的關鍵因素。廚房完全使用生鮮原料，不僅會提高廚師投入前處理製備工時成本，同時材料耗損率也較高。而採用低溫調理菜餚不僅節省上述成本，由於利用經濟規模生產，相對食材採購之價格較低。另外餐廳庫存可以不必考量菜單所需之材料品項，因此可以節省許多庫存積置成本與報廢成本。

三、產業美食

美國餐飲業於 1950 年前生產方法為高成本低效率導向，到了 1950 年代，在顧客要求低價餐點的壓力下，廠商為求發展，轉向由降低生產成本與提高效率著手，引進了大量生產的食品製程法，因而出現了速食餐飲業。1970~1980 年代餐飲業為滿足顧客客製化之市場需求，因而發展出主題休閒餐廳，至 1980 年代中期，面對消費者對客製化服務與生產效率要求的雙重壓力下，當時餐飲業主要是以使用新式設備增加生產力，以便持續在市場上享有競爭力。然而當業者都著重在強化硬體功能時，卻忽略了生產力的提升亦可來自於軟體技術之改良，例如：對物料之選擇及服務傳遞過程的重新設計。

產業美食 (Industrial Cuisine) 的概念發展於 90 年代，涉及餐點生產與服務之革新，結合「大量生產」及「客製化」之優勢，將傳統的烹飪方式轉變為工業生產形式，以達成既有效率又具彈性之目標 (圖 5-8)。在一家頗負盛名而且採用產業美食概念的餐廳，由一位生手所準備的餐點，可能與另一由星級主廚督導之餐廳所準備的菜餚品質差異無多。產業美食的概念顛覆了傳統餐廳營運思維，是不可忽視的趨勢。

所謂產業美食，必須符合運用現代化食品加工技術、產銷分離，以及大量客製化製作三個原則 (圖 5-9)。

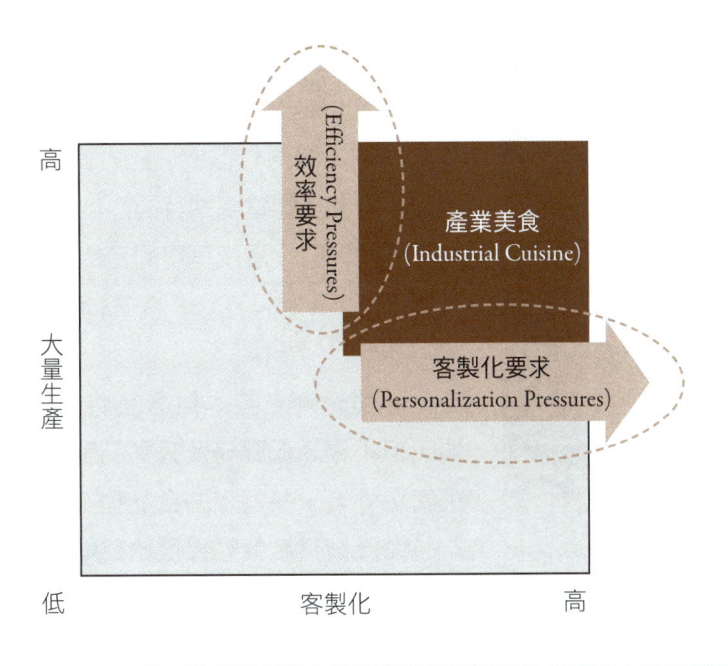

▶ 圖 5-8　產業美食的目標

▶ 圖 5-9　產業美食的概念

◉ 現代化食品加工技術

真空低溫烹調法 (Cuisine Sous Vide)，是一種通過利用較低溫度而長時間加熱的烹飪方法，目的是要帶出原料風味的最佳效果。基本方法是將食物放入一個塑膠袋並且真空密封，然後將整個袋子放入熱水當中烹調 (通常約為 50°C 至 80°C 之間)。此一烹調方法是於 1970 年代中期法國人所發明。

使用這種方法，不但可以保留食材原有的鮮美，也可藉由科學化的方式記錄

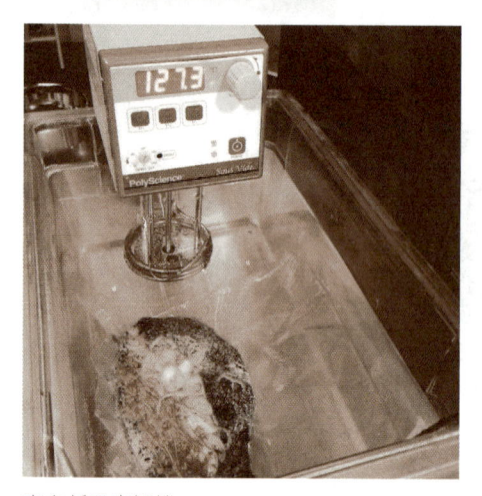

真空低溫烹調機
圖片來源：Arnold Gatilao/Flickr

溫度與時間，讓下一次的烹調可以保持相同風味或標準化。使用 Sous Vide 烹調牛排與傳統方式製作的牛排之差異在於熟成的均勻程度，一般使用傳統的方式容易外表過熟，內部未能達到期待的熟度；而使用 Sous Vide 不會有過熟的問題，最後呈現的是均勻熟度的牛排。

產銷分離

產銷分離之基本概念是將餐點烹調地點與餐廳分開，但不會降低服務及餐點品質。除由餐廳建構自有中央廚房外，一些大型的食品加工廠使用冷凍、冷藏及真空包裝設備生產餐點提供給餐廳。其中冷藏食品有效使用時間最多長達 21 天，可以供應無數的衛星餐廳。

對連鎖餐廳而言，運用冷凍冷藏方式及真空低溫烹調法，可由中央廚房統一烹煮、料理食物後，透過真空包裝處理，再送至各分店，所有的連鎖餐廳皆可提供品質一致的產品，分支店僅需較小的廚房空間及設備，可降低設備的投資成本。多年前 Taco Bell 開始運用產銷分離方式，讓餐廳的員工能專注於為客人提供服務，也使得廚房空間及設備費用大幅降低，此外亦增加了用餐空間，讓 Taco Bell 能夠在機場、體育館及學校人潮聚集地方開店營運，開支大幅減少，業績直線上升。

大量客製化

大量客製化看似一個矛盾的觀念，即產品既可大量生產，又可依從顧客喜好，提供各種不同口味選擇。傳統大量製造方式為先設計產品，再依照設計，利用生產線大量製造，一個製作過程只製造出一個產品。而大量客製化是透過大量生產原則製造成半成品，再分裝為各式各樣不同之產品元件低溫保存，根據顧客喜好，調整餐點加工過程以提供各種不同選擇。大量客製化之概念類似樂高積木的原理由不同元件組合而成。其生產方式較有彈性、多樣性，而且不會增加成本。

此外，冷凍、冷藏及真空包裝食材可以大量生產分裝保存後在服務前組合，餐廳也因此能夠提供多元菜色之選擇，並可減少人力開支。在食品保存的安全性上，亦較傳統食物保存為佳。只要餐點安全衛生且物超所值，一般顧客並不會要求得知廚房是如何製作餐點。

產業美食對於消費者而言，有降低價格、品質一致性、改善餐點口味及增加

便利性之效益；對業者而言，則具降低成本、較短的餐點準備時間、員工專業技巧水準的需求降低和節省人力的種種優點。在餐飲市場中，傳統餐廳多以手工製作及標準化服務為主；速食餐廳強調大量生產與標準化服務；精緻高級餐廳提供手工精品製作產品及客製化服務；唯有主題休閒餐廳同時著重於大量生產及客製化服務 (圖 5-10)。

	低　客製化　高
高 大量生產 低	大量生產 (Mass Production)／速食 (Quick Service)　｜　產業美食 (Industrial Cuisine)／主題休閒 (Casual Theme) 傳統 (Primitive)／簡餐 (Diner)　｜　美食藝術 (Artisan)／精緻高級 (Fine Dining)

▶ 圖 5-10　餐廳定位差異

一般而言，頂級餐廳之餐點都由名廚親自準備，但是競爭壓力將促使大部分餐飲業，包括頂級餐廳，朝向大量客製化之生產模式發展。未來餐飲業之運作可能會類似時尚產業，主廚將致力於菜單設計，使用真空包裝集中生產，再分送各連鎖餐廳。也就是說，頂級餐廳業者在具備客製化的競爭優勢下，可以運用創新的加工技術與資訊系統來增加生產效率與維持品質。對於速食業者而言，在已具備高生產效率狀況之下，可使生產作業更具彈性，符合不同顧客需求以改善服務品質，增加競爭力。例如：麥當勞因為採產銷分離，各分店僅需進行半成品及成品之組合，過去作業方式為廚房事先完成餐點製備後置於保溫餐檯等待顧客購買，漢堡於十分鐘未賣出便將其丟棄。近年來推出「Just Made for You」餐點供應方式，於顧客點餐後再進行製作，並將前場重新設計以便提供更舒適之用餐空間。

產業美食在經濟上的優勢有：(1) 模組化──生產彈性提升、成本與管理複雜度下降；(2) 大量生產──以高效率集中式的中央廚房設備提升生產效率；(3) 客製化──滿足不同顧客之需求。當顧客獲得他們所想要的品質，便有可能會再

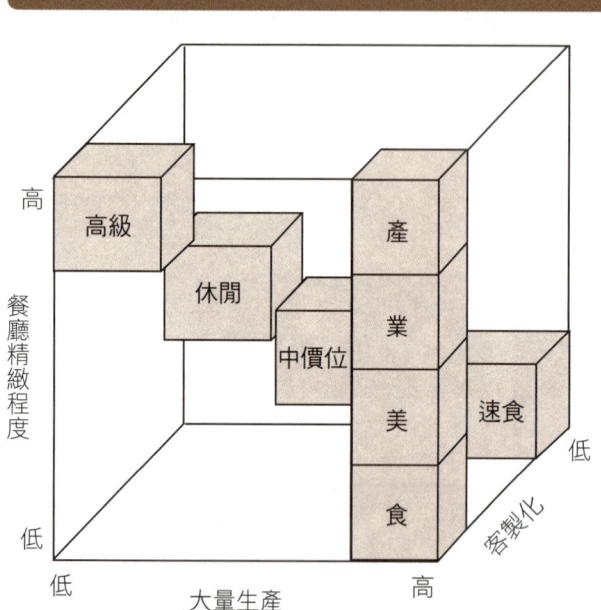

產業美食的基本架構

圖表內容：
- 縱軸：餐廳精緻程度（低～高）
- 橫軸：大量生產（低～高）
- 深度軸：客製化（低～高）
- 區塊：高級、休閒、中價位、產業美食、速食

三大原則

○ 新的食品加工技術
(New Food-Processing Technologies)
  ✓ Cook Freeze
  ✓ Cook Chill
  ✓ Sous Vide

○ 產銷分離
(Decoupling Production and Service)

○ 大量客製化
(Mass Customization)

圖 5-11　產業美食思維對不同類型餐廳之影響

度光臨。各類餐廳皆可藉由產業美食概念的落實而取得競爭優勢 (圖 5-11)。

雖然要完全落實產業美食的思維並不容易，但其概念已逐漸廣為接受。餐飲業者在決定是否採用產業美食概念前，應評估顧客對客製化的敏感度？公司運作是否能支持大量客製化？需要哪些新的加工方法？此外應評估是否大量客製化會帶來競爭優勢，以及本身是否做好財務或人事方面的準備。產業美食的概念，改變了傳統餐飲業的觀念，但也讓業者重新檢視餐廳「提供美味餐點並讓顧客享受到愉悅的用餐經驗」的使命。

四、餐飲業 HACCP 應用

根據衛生福利部統計每年食物中毒案件明顯增加，而近年幾次食物中毒事件，大多數是因餐飲業者處理食物不當所致。因此，業者應特別重視衛生管理。在早期危害分析重點管制系統 (HACCP) 的建構，是為了要管制加工食品之危害，但後來亦被應用在餐飲業之生產作業。

台灣自 1998 年推動餐飲公共衛生檢查系統計畫，鼓勵餐飲食品業者自願接受輔導與實施 HACCP。2000 年推動餐飲業食品安全管制系統前期輔導制度，2009 年推動餐飲業實施 HACCP 衛生評鑑制度，於 2015 年推動「國際觀光旅館

餐廳實施 HACCP」計畫。目前規定能製造 1,000 份以上中央廚房式之餐飲業須強制執行 HACCP，此外每間國際觀光旅館須有一間餐廳申請實施 HACCP。

危害分析重點管制系統

危害分析重點管制系統，英文全名是 Hazard Analysis and Critical Control Point System (簡稱 HACCP)。HACCP 系統主要是一種預防性的品質管制系統，此系統先分析整個食品製程中可能存在的危害，然後訂定方法予以控制，並在危害發生時及早發現而採取矯正措施，使所製造的產品能達到零缺點的境界，以澈底保障消費者的安全。

HACCP 的觀念是在 1960 年末期，由美國 Pillsbury 食品公司、太空總署 (NASA) 及陸軍 Natick 實驗室，為製造百分之百安全的太空食品而發展出來的。此觀念的大綱首先於 1971 年美國全國食品保健會議中正式提出。HACCP 之所以優於傳統方法，乃在於它不仰賴傳統的稽查方法及產品檢驗等局部且被動的管制，系統化地將重點集中在控制與食品安全有直接影響的因素上，此控制系統包括了從原料開始至消費者手中的每個重要管制點。

HACCP 在執行前，應先由原料、加工、儲藏、銷售等各單位相關人員，共同組成的 HACCP 推動小組進行危害分析。HACCP 的進行可分為下列七項重點：

分析危害 (Hazard Analysis) 因素並評估危害程度 危害之定義為造成食品對消費者產生的不安全因素，包括生物性、化學性及物理性之傷害。業者需評估各個與產品之生產、販賣和消費的步驟中，與食品安全有關的各種危害，瞭解各項可能影響食品品質的因素。

決定主要管制點 (Critical Control Points, CCP) 對生產流程各步驟詳細評估，找出可能影響品質的主要管制點。主要管制點是指加工、製造等流程中，可加以管制的定點、步驟或流程，俾能防止、減低，甚至消除造成食品安全危害之潛在因素。

訂定各管制點的管制標準 一旦選定管制點，就必須對每一個管制點訂出管制標準。

建立監測各個管制點的方法 標準建立後，則每個管制點都必須進行例行性的監測，以確保製造流程維持於適當的管制界限內。監測的方法主要有目視檢查、品評、物性測量、化學分析與微生物檢驗。

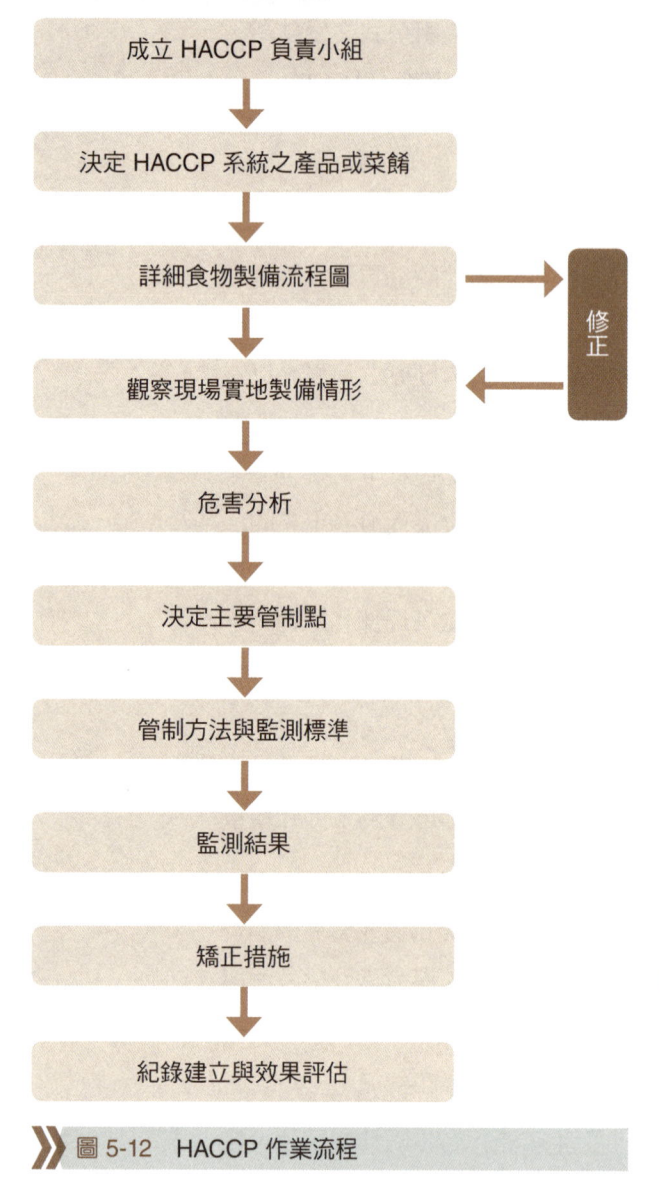

監測及矯正　在監控過程中，若發現某一管制點超出管制標準，即應採取適當的措施，修正此管制點的錯誤。

建立執行資料記錄　確實記錄管制計畫執行的結果，並應妥善規劃與保存。

追認 HACCP 的效果　定期蒐集與整理執行結果，以確認系統是否有效地對食品生產的品質管制有正面貢獻。

HACCP 是經由控制食品生產作業中的潛在危害，來確定食品品質的一種管理工具。危害分析與重點監控，是要確定安全的食物經由良好的管理 (如控制生鮮的原料及加工過程掌控)，而非只是依賴最終產品的檢驗。微生物的標準雖是建立 HACCP 的基礎，但在實際監測時，亦可結合其他快速簡單的監測方式，如物理和化學試驗結合目視觀察和感官評估等方法來完成 (圖 5-12)。

HACCP 應用

在 HACCP 系統發展之初，是應用於食品加工製品的製造所發展出來的作法，主要根據食品加工廠之生產模式與產品特性所演進而來的。雖然這些作法對餐飲業而言不盡然能全部適用，然而適當運用 HACCP 系統將有益於餐飲業食品安全之維繫。

完整的 HACCP 系統施行於餐飲業有實際上的困難。主要原因是餐飲業的菜單組合，並非像食品工廠產品種類在短期內是固定的。餐飲業的菜餚可能依顧客要求、原料供應等原因做變化，造成作業流程不易標準化。另外，餐飲業同時具有食品加工業與服務業雙重的性質，人員的烹調與服務品質難以監控。HACCP 理論上需要作連續的監測，但實際上通常是一段時間監測記錄一次。而人員的烹調與服務是連續的行為，一次監測良好之結果並不能保證這一段時間的人員的烹

圖 5-12　HACCP 作業流程

調與服務品質良好。

由於一般餐飲業不具有食品工廠的品質管制實驗室來評估產品安全性，所能依靠的，就是以食品外觀與氣味來判斷其品質與安全性，這並非是可靠的方法。HACCP 系統應用於餐廳，應注重製程管制，而非產品檢驗。茲按餐飲業一般作業程序，加以說明此一系統之應用：

原料採購與驗收　應考慮原料的來源是否安全，如魚貝類是否來自無污染水域，禽肉是否來自合格屠宰廠，罐頭食品是否有衛生署的登記字號等。另外信譽不佳廠商可能提供受污染或微生物含量過高食品。進貨時，原料的包裝可能於運送時破損而遭污染，冷藏冷凍的食品可能到貨時不在冷藏或冷凍狀態；乾燥原料送貨時可能受潮等情形，皆可導致微生物的滋長。一般而言，生鮮原料通常含有許多病原菌，如生鮮肉類含沙門氏菌，魚貝類含腸炎弧菌，而米飯及蔬菜則易帶有仙人掌桿菌，因此在採購時應注意其來源是否安全，是否已有腐敗現象。為降低此階段可能造成的危害，用微生物分析來檢驗原料以達監視目的，對餐飲業而言並非實際，但可以用其他方式來監視，如進貨時應查看其標示、廠牌、規格是否合乎所訂購要求，並應檢視包裝的完整性、冷凍冷藏狀態、原料新鮮狀態等。有異樣者應予退貨或丟棄，並考慮向其他供應商購買。

原料儲存　原料依潛在危險性可分為容易腐敗和儲存穩定兩種。容易腐敗原料須以冷藏或冷凍法儲存。而儲存區則須檢視是否有不潔物體(如污水滴入)或防護不當(如昆蟲、老鼠侵入污染)。生鮮原料與熟食儲放在一起時，亦有污染之虞。

冷藏或冷凍庫之溫度不夠低和原料儲藏過久，都極易造成微生物滋長。故欲管制此作業之危害，應經常保持儲存區之乾淨，並設置有效防止蟲鼠污染措施。冷藏庫應至少維持 7℃ 以下，最好是能達到 1℃、冷凍庫則應達到 –18℃。原料之儲存不要超過儲存期限，使用時應採先進先出之原則。最好有分別儲存生鮮原料與熟食的冷藏庫，或同一冷藏庫中將生鮮原料與熟食分區置放，或將熟食置於上架，生原料置於下架。可用目視檢查食品的儲存期限及環境是否乾淨。應測量冷凍及冷藏庫的溫度，以確保原料儲放在安全的環境。

前處理　生鮮原料前處理不當為造成交叉污染第一步。尤其是動物性來源生鮮原料常帶有許多病原菌。若員工的手、菜刀、容器、器具、抹布等與原料接觸後未經清洗消毒，即用來處理熟食或不須再加熱的生冷食物，就會發生交叉污染。餐廳應規定員工於處理生鮮原料後洗手，與此類原料接觸過之容器、器具、設備均需立刻予

以清洗消毒。原料區與熟食區應在空間或操作順序上予以分開；而且此兩區之抹布、盤子等物不可互用，以避免交叉污染。主管應經常觀察員工於接觸生鮮原料後是否有遵循上述原則。

生冷食品之儲存　滷蛋、豆乾、酸菜等為食前不再經加熱處理食品，若儲存溫度不適當，易造成微生物生長。所以這類食品不應置放在室溫下，調理後應立即冷藏。高酸性食品若置於含有鋅、銻、鎘、鉛等有毒重金屬的容器，易將重金屬溶離而造成危害，因此不可將高酸性食品置於含重金屬的容器。

烹煮　烹煮可消滅食物表面與內在病原菌及微生物。若加熱溫度和時間不夠或食物解凍不完全，造成烹煮不足而無法使病原菌死滅時，就有可能產生問題。可用計時器或手錶或其他溫度／時間指示紀錄器測量烹煮時間及溫度，以確定烹煮是否充分。

室溫置放　造成食物中毒原因大都是烹煮以後不當處理所致。故烹煮後的處理過程應列為危害分析的重點。通常煮熟後的食物在進行下一步處理前，常被置於室溫放冷而導致細菌的快速生長，以確保 CCP 在控制之中。為防止危害的發生，絕對不要將熟食置於室溫半個鐘頭以上，應迅速予以冷卻。此時建立 CCP 之監視方法，就是留意食物是否被置於室溫儲放，並應控制其儲放時間。

熟食處理　烹煮後食物常因切、剁或不潔手部、容器等再度污染，若不馬上食用，易滋長病原菌或產生毒素。食物製備後至食用時間若超過 12 小時，為造成食物中毒的主因之一。熟食處理亦為 CCP 的管制目標。控制污染方法為禁止用手觸摸熟食，應使用潔淨的器皿處理食物，生鮮原料與熟食所用之器具應予分開。

熱存　烹煮後食物常以熱存方式保溫至販賣或供餐前。若熱存溫度不夠高，無法抑制病原菌的繁殖，因此熱存亦是 CCP 的重點項目。欲管制此危害，供應之餐點應維持溫度保持在 60℃ 以上。可測量熱存食物的中心溫度，來監視熱存溫度是否維持在 60℃ 以上。

熟食冷卻　烹煮後食物若冷卻不當，食物的溫度會長時間的落在病原菌生長溫度範圍內，而予病原菌繁殖的機會。熟食冷卻不當是造成食物中毒最普遍的原因，故冷卻是一個極重要的 CCP。造成冷卻不當的原因除了冷藏庫本身溫度不夠低外，其他如冷卻的食物過量、容器高度與食物於容器內的高度過高、容器彼此重疊或密蓋容器等，均會影響冷卻效率。控制此危害的方法，包括使用淺而寬的盤

子盛裝欲冷卻的食物，且容器及食物高度皆不宜超過 10 公分。

　　冷卻時不要將容器堆積在一起，上下左右應有 5 公分的間隔；若在沒有污染的顧慮下可先不要加蓋，以協助冷卻速度。在監視上，應測量食物的中心溫度，於冷卻時是否在兩小時內降低至 21℃ 以下，且在另一個四小時內降至 7℃ 以下。

清洗消毒　廚房設備器具在使用或接觸原料後，應予適當清洗消毒，若清洗消毒不當仍會造成污染。可用食品接觸面塗抹分析，來判斷可能存在的危害。

人員健康與衛生訓練　應禁止有下痢、感冒或皮膚外傷感染工作人員，從事與食物接觸的工作。工作人員與管理階層都需要接受適當訓練，熟悉衛生的餐點製備方法，並明瞭造成食物中毒的各種重要因素與防範措施。在監測上，應注意與食物接觸的員工之健康狀態與處理食物之方法是否正確。

外燴衛生管理

　　外燴往往是食品衛生的死角，外燴餐飲食物中毒事件在台灣餐飲業時有所聞。衛生署在推行餐飲業者證照制度的衛生講習課程，特別加入 HACCP 的課程，希望增加餐飲業者衛生自主管理的能力。但對於外燴餐飲業者，尚無法將 HACCP 有效用於作業上。大部分 HACCP 之文獻多以食品工廠單一產品或單一菜餚為對象，而無法針對整體外燴餐飲流程作一有效控制。

　　影響外燴餐飲業品質的因素很多，諸如宴會主題、天氣、宴會環境等，故外燴是一個風險高的餐飲業。但由於每次宴會顧客多，能在短期獲得較高利潤，回收快。外燴常面臨設備、安全、人力、自然因素等問題。在一些有常設地點的餐廳，各種能源管線是基本的設備，例如：提供冷熱水的衛生設備、電、瓦斯、天然氣等。但外燴業者常面臨這些基本接管不足的問題。外燴業者烹飪時需使用瓦斯筒。水源、電源可能不足，或用餐位置位於距烹飪地點有一段距離的地方。在簡陋的環境中對危害的管理很難處理。

　　外燴餐飲業受自然因素的影響很大。大部分外燴營業場所並非是固定的，有很多的時候是在戶外簡單的帳棚下進行，受天氣的影響就很明顯。另外昆蟲、蒼蠅、蚊子的危害，營業場所是否有車輛經過引起飛塵，營業場所是否有家畜、家禽、野鳥、野狗、野貓、老鼠等生物危害等，皆是影響外燴餐飲品質的問題。此外外燴業者必須面臨食品原料的保存、烹飪、服務器具的清洗，

與清潔人員的調動和行動的危害問題。烹飪地點可能交通距離遠，外燴餐飲業者只能將原料器具存放在帳棚下，又必須多存備原料、器具，因為烹飪時沒有時間與機會離開去採購遺忘的物品。

外燴餐飲業菜餚處理的加工流程，依其菜餚是否有使用成品或中央廚房而分成三類：第一類是完全使用成品或中央廚房；第二類是部分使用成品或中央廚房；第三類是完全現場烹飪。由外燴餐飲業的流程，找出可能影響外燴餐飲業衛生的問題，再決定出外燴餐飲業的危害分析與應管制的管制點。因外燴餐飲業菜色眾多，針對易受污染且污染性重的食品，如畜肉、禽肉、水產品等菜餚，宜優先考慮建立 HACCP 的監測系統。

依據行政院衛生署的調查，發現食品中毒的原因中腸炎弧菌占比極高，可見腸炎弧菌對餐飲衛生的影響。腸炎弧菌的來源來自海水或海產品，屬輕度的危害，即擴散是有限度的；潛伏期 2 至 48 小時 (平均 12 小時)；病症有噁心、嘔吐、腹痛、腹瀉、發燒、寒顫、頭痛，很少致命。有關的食品是貝類、生鮮海產品。導致的原因通常為烹調不足、冷藏不足、交互感染、設備未充分清洗、以海水調理食品。

衛生署曾列出外燴餐飲業的衛生問題及建議解決方法。可將其分為五大類：

第一類是環境的問題，包括宴客環境、食物製作環境，以及病媒防治。宴客環境最好是找大禮堂或活動中心等室內場所，如需以室外方式，則應搭棚。在路邊最好要選車輛來往較少的地方，且最好搭棚，不但要有頂蓋，亦要將車輛往來較多的一方以棚布全部圍起，路面隨時灑水以保持濕潤，以免塵土飛揚。儘量遠離垃圾集中地，如為子母車式的集中方式，可將垃圾車暫時先移到別處，保持清潔。附近有豢養動物的場所，向此一面應以棚布完全圍起。在宴客前幾天要經常清理豢舍，保持清潔。飼養的狗、貓、雞、鴨等應圈養或以鏈鏈起，以免在宴客地點附近穿梭覓食，影響觀瞻與衛生。宴客地點需先清掃乾淨，即使水泥地面，也最好能在客人來到前噴灑些水，以免賓客來來往往的走動而塵土飛揚。

最好找室內場所製作食物。如需要在室外製作食物應搭棚架，不但要有頂蓋，且邊上亦應全部圍起，以免塵土飛揚、污染食物，且設置地點應為上風的位置。地面應為鋪柏油或水泥地面，如為草地或泥土地，最好能在上鋪上木板或三夾板。工作地點應先清理乾淨、整潔。工作地點附近的堆積物 (如機械或產品) 最好能以棚布鋪蓋好或全部圍起加以隔離、避免污染，地面則應保持乾燥。

圖片來源：木由子攝影 /Flickr

第二類是器具的問題，包括各種器皿、餐具、砧板、公筷母匙、抹布、餐具洗滌。器皿在使用之前必須洗過，放置器皿之容器亦應清洗乾淨，保持清潔。洗乾淨的器皿應裝在乾淨容器內，再蓋上清潔的白報紙或白布，以免污染。盛裝器皿之容器最好能墊高，避免直接放置在地面上。洗淨之器皿放置在乾淨的容器中，以自然滴乾水分為宜 (倒扣或豎立直放)。加熱時不用美耐皿製器皿，以不銹鋼或陶、瓷容器蒸煮。要準備多塊砧板，在砧板邊緣漆上不同顏色，以區分生熟食專用砧板。公共飲食場所應使用公筷母匙。應於每桌宴席上準備不同長度的筷子 (以與個人用筷子有所區別) 當公筷用，帶有湯汁的菜，應備母匙 (大湯匙)。

第三類是原料食物的處理問題，包括原料處理、調味品、點心及盤飾。食物放在盛器內，應放在桌上或架子上，以免污染。生食、熟食放置時，必須注意，以免污染。應以漏盆來瀝滴乾油 (直接放於洗淨的容器內，容器內可不必再墊紙張)，如要墊紙需用原生紙漿製紙，以防鉛或多氯聯苯之污染。未烹煮前最好將食物放置在冰箱中，或在食物上放置冰塊，以降低溫度。冷凍食物在解凍時需包裝在塑膠袋中，紮好袋口再以流水來解凍。裝飾用材料應注意衛生狀況，並於使用後丟棄，不可重複使用。

不可將食物放置在太陽曬得到的地方，必要時需要有遮陽措施。開罐前應先將罐頭上的灰塵、污物去除掉，並以清潔、無生鏽現象的銳利開罐器開罐。罐頭食品打開後應倒入乾淨容器內供應。食物應完全煮熟才供應，以免微生物污染，引起食物中毒。冷 (拼) 盤最好能在製作好即供應，以免放置時間太久。製作好後最好蓋上保潔膜，以免污染。

第四類是廢棄物問題，包括廢棄物處理與病媒防治。洗滌的地方應有排水溝 (最好要加蓋)。污物與食物應區分好放置的地方。垃圾可放置在紙箱中 (先套上塑膠袋) 隨手要將紙箱蓋蓋好。可燃物與不可燃物應區分。餿水可先將湯汁瀝乾，以減少體積。在接洽時告之主人，在宴客前幾天需將宴客及製作食物的地點整理乾淨，保持清潔。垃圾桶要加蓋。必要時可準備盆裝水，盆水上懸掛燈泡，打開電燈，以引誘昆蟲。

第五類是工作人員的習慣問題。外燴工作人員未著工作服、帽，未準備擦汗用毛巾，戴戒指或手鐲，手指甲長、黑或塗指甲油，工作時吸煙，嚼檳榔，食物掉落又取回供應，一面工作一面吃東西，上菜時手碰觸到食物，以及用抹布擦碟盤是經常發生之問題。因此應全面加強員工衛生教育，以避免上述問題發生。

外燴餐飲業作業如何標準化，是建立 HACCP 系統所面臨的最大困難。近年來已有不少專業的外燴餐飲業者使用中央廚房的方式，使外燴的品質更易受到控制。一方面擺脫傳統「辦桌」的形象，一方面也減少了在戶外烹飪的風險，使衛

生管理更加容易。但餐飲業的菜色多,尤其外燴餐飲業,每組菜單十幾道菜餚,每個外燴餐飲業者有好幾種菜單,故外燴餐飲業作業的標準化對管理者是極大的挑戰。

個案　令人困擾的慈善餐會

志良是富邦酒店餐飲部的主管，在 10 月 10 日的早上 10 點 30 分，他的心情很不錯。酒店剛剛為紅十字會的幹部及義工提供了 400 人份的早餐。一年一度的勸募活動開始在即，鄭董事長表示想要舉辦一場豐盛的早餐會，來表達該集團對公益活動之支持及參與意願。

志良和董事長一起為早餐會制定菜單，選定餐巾的顏色和餐桌布置方式。

菜單包括班乃迪克蛋、炸薯餅、蘆筍、水果盤、甜點、時令果汁和其他飲品。在早餐會，董事長發表了感人又振奮人心的演講，結尾的時候還邀請志良，主廚東憲和全體工作人員到宴會廳接受觀眾們的掌聲。

志良微笑著想，這可算得上是大功告成了。

而在當天下午 2 點，志良愉快的心情瞬間煙消雲散。董事長打電話給他，並告訴他聽說在早餐會上的有些人感到不舒服、胃痛、噁心，甚至還有人嘔吐。董事長本人也不停冒冷汗，去洗手間的次數比平時還要多。

董事長說完後，酒店總經理張文也來到了志良的辦公室，並跟他說：「下午我接到了 6 通投訴電話，說他們早上參加了早餐會，現在身體不適。他們認為是早餐的問題。」

而在這個時候，志良的秘書崔珊出現在門口並告訴他，衛生局的官員打電話來，讓他立刻過去。志良深吸一口氣：「讓我來跟他說吧。」

問題討論

1. 一般餐廳處理客人反映食物中毒事件的作業步驟為何？
2. 如果你是志良，面對這種情況你會跟衛生局官員說什麼？
3. 如果後來證明了早餐確實導致食物中毒，志良該如何解決此一事件？
4. 如何杜絕此類問題再次發生？

Chapter 06

飲料管理

學習目標

1. 認識中式酒精飲料與飲酒文化
2. 認識酒精飲料品評方式
3. 瞭解國產酒與台灣美食結合之發展狀況
4. 熟悉各類進口酒精飲料特性
5. 清楚酒精飲料對生理的影響
6. 明瞭無酒精飲料之類型與特性
7. 熟悉酒吧之經營型態與發展趨勢

餐廳收入主要可區分餐食與飲料兩大部分，而酒精與無酒精等各種飲料扮演著高利潤的角色。一般而言，在酒吧營收中酒水飲料類毛利約可達 60%~70% 之間，在高級餐廳中，毛利有時更可達 70%~80% 左右。飲料之利潤往往高於餐點，此外由於飲料較不易產生飽足感，故營業額較具成長的空間，是餐飲業相當重要的營收來源。

西式餐宴總會令人與美酒聯想在一起，以法式料理為例，消費者隨著菜餚的變化飲用不同的葡萄酒，在款式不同的酒杯襯托之下，增添餐飲的口感與品味。餐點與葡萄酒的結合，不僅讓用餐的過程更加豐富，更進而對餐廳營業額的增加有其正面價值。相較於西式餐飲的結構，酒精飲料在中式餐宴的角色不似在西式餐宴中重要，飲用時也不如西式講究。

台灣人的豪邁、熱情、好客發展出獨特的乾杯飲酒文化。對消費者而言，最常描述中式酒精飲料的話語是「喝酒助興」，在中餐宴席中酒只能算是附屬品。近年來，餐飲業者努力研發，並配合觀光局提倡台灣本土特色的政策，已使台灣成為行家享受精緻中式料理之處。雖然國內釀酒業者也生產許多精緻、高品質的醇酒，但是並未建立一套屬於國產酒之餐飲搭配機制。本章分別依序介紹中式酒精飲料、西式酒精飲料、無酒精飲料以及酒吧發展趨勢。

一、中式酒精飲料

自古以來飲酒與人們日常生活密不可分，歷史上文人雅士在酒後寫出各種詩詞，豐富了人們的生活，酒與一般人的日常生活也密不可分。古代君王的宴饗中，飲酒成了一種重要的禮儀。由於各地農作物品種、水質及釀酒技術的差異，產出了富地域色彩的各式佳釀。

台灣早期移民源自中國大陸東南沿海地區，隨後因時代的變遷，歷經日據時期、國民政府遷台等階段，每一時期所飲用的酒都有其獨特的背景存在。明清時期的移民多來自閩粵，當時酒廠林立，根據記載數量最多達三千家，以小規模的家庭工廠為主，種類大多為米酒、紅露酒和藥酒。紅露酒源自福建省安溪鄉，由福建來台的先民，為了懷念故鄉風情在宜蘭製作老紅酒飲用，之後暢銷於民間，成為婚喪喜慶使用的酒品，光復後改名為紅露酒。

在日本統治台灣的半世紀間，1922 年將酒類納入專賣範圍。除了原有的米酒、紅露酒，日本政府還引進日本清酒、烏梅酒和啤酒。1945 年台灣光復後政

府繼續實行專賣制度，設「台灣省專賣局」，之後隨台灣省政府成立，1947 年再次改組成「台灣省菸酒公賣局」。當時清酒停產，紅露酒漸漸不受歡迎，取而代之的是隨著國民政府一起來台灣的紹興酒及高粱酒。品質較優良的陳年紹興酒、花雕酒、金門高粱酒頗受消費者喜愛，而以米酒或高粱酒等蒸餾酒為基酒的再製酒，如蔘茸酒、五加皮酒及竹葉青酒也頗暢銷。

1980 年代的菸酒零售商鐵牌
圖片來源：Wikimedia

隨著全球化影響，台灣在民國 76 年開放酒類進口。民國 90 年開始加入世界貿易組織，並廢除菸酒專賣制度，來自歐美的進口酒類紛紛大舉進入國內市場，流行風潮在 70 年代以法國干邑白蘭地為主，80 年代以啤酒及調和式威士忌為主流，到了 90 年代則變成紅葡萄酒、純麥威士忌最為盛行。目前在中餐廳消費者選購酒類，國產酒大多以高粱酒、啤酒為主，早期非常普遍常見的紹興、花雕、竹葉青等國產酒已不復多見，逐漸被進口酒所取代。

中式酒精飲料按製造性質可以區分為以穀類、水果類及其他含澱粉或糖分的植物為原料，經糖化或不經糖化發酵釀製而成之釀造酒；釀造酒再經蒸餾程序而製成之蒸餾酒；以及以蒸餾酒或釀造酒為基酒，加入動物性或植物性輔料、藥材或其他食品添加物，調製而成的再製酒三大類別 (表 6-1)。以下分別介紹紅露酒、紹興酒，以及金門高粱酒製造及飲用方式。

◉ 紅露酒

紅露酒之原料為糯米、紅麴及米酒。糯米經洗浸、蒸熟之後，待其冷卻加入紅麴與水，攪和及成「醪」。所謂「醪」就是濃厚酒漿之意，也是紅酒的原料酒。發酵完成時加入米酒於酒醪中，經充分攪拌放至四、五天吸取其上澄液，稱

表 6-1 中式酒的種類

類別	酒類名稱
釀造酒	紅露酒、紹興酒、花雕、女兒紅等。
蒸餾酒	紅標米酒、米酒頭、高粱酒等。
再製酒	烏梅酒、蔘茸酒、五加皮、竹葉青酒、玫瑰露酒、烏龍茶酒等。

為「頭蒲」。再加米酒精攪拌放置後，吸取其上澄液稱為「次蒲」，最後將酒醪裝入袋中壓榨。所有吸取及壓榨而得之酒液 (新紅酒) 均應澄清過濾後裝罈儲藏，低溫陰暗的儲藏時間最少二年。儲藏時間愈久熟成度愈高，口感香味愈溫純，也就是老紅酒。

紅露酒的特徵在其使用之麴菌中含有能產生色素之紅麴菌，因而新製成之酒呈深紅色，經儲藏後，逐漸褪色，儲藏達一年以上時即變為淡黃色，同時產生特殊香味。此外，紅露酒含有豐富的營養成分及適量維他命及礦物質，適度飲用可刺激腸胃增加食慾，並加強血液循環。傳說婦女生產後，以紅露酒燉雞，能迅速恢復體力。

台灣紅露酒是十七世紀之後隨泉州安溪人移民來台所自製，在清朝即為宜蘭鄉民所飲用。1909 年創立宜蘭酒廠，生產紅露酒至今已逾百年。民國 95 年，紅露酒獲宜蘭縣議會提案通過，正式函文將紅露酒稱為「宜蘭縣酒」，奠定紅露酒作為宜蘭在地最具特色之代表性酒品，而宜蘭酒廠也視為該縣觀光景點之一。每逢春節、端午、中秋三大節日檔期，滿十八歲之宜蘭縣民憑身分證，即可以八折購買「金雞陳年紅露酒」，每人限購一打。

紅露酒入喉回甘可直接飲用，夏天時可直接冰飲，口感冰涼甘醇，亦可加入飲料調製雞尾酒。冬天時可溫熱後飲用，亦可加入紅糖、薑絲飲用。老一輩民眾在宴會上飲用紅露酒時，有些人會添加冰糖與蘋果西打。紅露酒除了當飲用酒外，也可做為料理用酒，例如，可於料理時加入米糕中，或是加入燉品中，類似把紅露酒當作高檔的米酒來用。在宜蘭於烹煮薑母鴨時，加入紅露酒一同飲用，口感甘甜，另具風味。此外亦可以將紅棗或黑棗放入缸中，再倒入紅露酒浸泡，吸飽紅露酒的乾紅棗可以當作零嘴來吃。

紹興酒

黃酒以穀類為原料經發酵而製成，因其大多呈黃色而得名，紹興酒則匯集了黃酒製作之精髓。根據美國白宮公布 2015 年宴請習近平飲用的即是紹興酒。浙江紹興是著名酒鄉，詩人李白、陸游都曾對紹興酒大為傾倒，李白寫出了「但願長醉不願醒的詩句」，是對紹興酒的禮讚。自清代以後紹興酒幾乎已成為黃酒的代名詞。而被稱為「加飯」的原因，是在製作的過程裡，增加了米飯為配料，因此酒味醇厚。紹興酒是一個代表名稱，下分為花雕、女兒紅、狀元紅等不同品項。

中華民國政府遷台時許多政府高官都來自浙江，紹興酒成了政壇宴飲中經常被選用的品項，進而導致了台灣紹興酒的研發與製造。當時公賣局發現埔里氣候

終年溫和，且水質與中國大陸紹興縣的鑑湖水極為類似，故選擇在埔里生產紹興酒。1952 年埔里酒廠的紹興酒試製成功，隨著官員提倡，知名度因此而水漲船高。這時期的台灣與中國大陸的紹興酒製造方式相同，最大的不同是中國大陸在儲存時，會在封條紙上放上桂花來增加香味。除此之外，其他的製造程序與原料都相同。

1970 年代後，台灣的紹興酒逐漸從傳統技術邁入了現代化生產，再加上埔里酒廠的幾次改良，使得當時紹興酒外銷廣受好評，紹興酒進入全盛時期。當時不僅宴會上備有紹興酒，民間也盛行以紹興酒送禮。紹興酒一度在市場上供不應求，得動用省議員的特權買酒，因此又有「省議員酒」之稱。

早期由於紹興酒深獲日本人喜愛導致一瓶難求，在紹興酒的鼎盛時期，公賣局不斷增設他廠紹興酒生產線，以不鏽鋼桶發酵、大桶儲存之方式製造，因而失去酒甕儲存之傳統風味，唯有埔里酒廠仍堅持以傳統方式生產。由於各廠出產之紹興酒包裝完全相同，埔里紹興酒自然不易被辨認。再加上酒質較佳的埔里酒不及總產量的三分之一，消費者可以喝到埔里紹興酒的機率較低，使得民眾開始對紹興酒感到失望。

紹興酒採用圓糯米、蓬萊米、小麥為主原料，再汲取埔里名泉「愛蘭甘泉水」釀製，製酒的過程約需一個月，參酌傳統攤飯法的精神，糯米浸於清水中，浸米之時間甚長，約需 15~20 日，每天攪拌一次浸漬之米，稱為「漬米」，浸米之水稱為漿水。浸水完了之後，將浸米與漿水分開，移入飯甑蒸熟，而後攤於竹筵上攤冷，故稱攤飯。適當冷卻後，即可開始釀造。一般紹興酒須盛於陶質酒甕密封儲存 30 個月以上才推出市場。而陳年紹興儲藏時間需要延長到大約 60 個月以上。

但由於消費習性改變及產品品質降低，使得消費者逐漸將紹興酒遺忘。紹興酒的業績大幅下滑，直到今日在中餐廳已不復多見，消費者大多不會主動飲用紹興酒，餐廳服務人員亦不會推薦介紹給客人。業者應去除紹興酒老舊的形象，打造出增加幸福感的品牌形象。黃酒傳統的飲法，是將盛酒器放入熱水中隔水加熱。紹興酒的脂類芳香物隨著溫度的升高而蒸騰，從而使酒味更加甘爽醇厚，芬芳濃郁。一般在冬天，盛行溫飲。加熱時間不宜過久，以免酒精過度揮發。還有一種方法是在常溫下飲用。

紹興酒加溫到 40℃左右會散發特殊的香味，但也可存放在冰箱冰涼後飲用，其口感甘醇柔順。日本人夏天時流行將黃酒放入冰箱內冷藏，並在飲用時加入冰塊、話梅、檸檬、櫻桃等，有的甚至加入雪碧和果汁等蘇打飲料。因此業者可以運用設計新潮的酒具推廣多元的飲用方式，例如，運用紹興酒飲用的溫度變

化，吸引年輕消費者。此外可考慮另創一個新的酒名，如中國大陸知名的「古越龍山」牌紹興酒，即是將紹興二字去除，古越龍山為在機場日本人喜愛購買的中式黃酒。

　　年輕人往往會覺得紹興酒具有「麴味」，要減低紹興酒的麴味，可將紹興酒隔水溫熱來喝，或冷藏一下冰著喝，都可以讓味道變得較淡較易入口；做成調酒也是一個方法。在陳紹中加入檸檬汁，再加少許糖漿、冰塊，讓陳紹成為一款滋味豐富又順口的調酒。吃螃蟹，配黃酒，是中國人飲食的傳統，台灣紹興酒，適合搭配吃清蒸螃蟹，螃蟹與紹興酒搭配有去生冷之作用，尤以溫過的紹興酒，更是老饕的首選。

　　紹興酒適合搭配中式的料理，二千多年來一直是中國菜不可或缺的材料，加入紹興酒的菜餚不但能除去食物的腥味，更有讓人品嚐到食材的鮮甜。加入紹興酒製作的美食有「麴味」能和中菜產生互補、相互提味的效果。因為它耐高溫，可不斷的烹煮，如杭州的名菜東坡肉，就是讓紹興酒的風味完全滲到肉裡。紹興酒與豆瓣醬亦能相互呼應，例如紹興酒入菜的四川豆瓣魚。以紹興酒提味的料理不勝枚舉，還有紹興醉雞、紹興醉蝦及紹興醉蹄。埔里當地餐廳推出鄉土十道特色年菜中，也有多道與紹興酒有關，如紹興五福拼盤、紹興酒養生盅、陳紹醉大蝦等，將紹興酒入菜的功能發揮得淋漓盡致。

◉ 金門高粱酒

　　蒸餾酒以穀類為原料，發酵後再經蒸餾及儲存熟陳而製成。因其顏色無色透明，故稱白酒。1991 年開放烈酒進口，消費者飲酒習慣逐漸改變，台灣酒類市場也發生劇變。從銷售數字的變化中可以發現，以紹興酒為首的米釀酒銷售額下降最為嚴重。相較於節節敗退的紹興酒，高粱酒在目前台灣整體酒類市場上仍保有一席之地，台灣市面上高粱酒的三大品牌為金門高粱酒、玉山高粱酒和馬祖高粱酒，其中金門高粱酒獨占鰲頭，掌握八成以上的市占率。

　　民國 42 年於金門創設九龍江酒廠，開始生產高粱酒。之所以取名為九龍江酒廠是因為金門西岸是漳江的入海處，而漳江又名九龍江，民國 45 年時，九龍江酒廠才改名為金門酒廠。金門高粱酒的特色是風味清香、柔順、甘潤爽口。目前金門酒廠所產的飲用酒以特級高粱酒最為普遍，俗稱「白金龍」。陳年特級酒又稱「陳高」，是將特級酒存放於地窖中，經過五年以上之熟陳，才取出灌裝，酒齡愈長，風味愈香郁醇和。

金門高粱酒的釀造方式　　高粱酒是以高粱飯拌和酒麴，用固態發酵法發酵後蒸餾

而成，與黃酒用液體發酵法不同。金門高粱酒的釀造過程分為製麴、釀酒及包裝三大部分：

1. 製麴：原料採用金門種植之小麥為主，經研磨→攪和→製麴塊→培麴→堆麴→磨麴→加入高粱發酵，完成製麴工作。
2. 釀酒：原料採用金門種植高粱為主，經浸泡→蒸煮→冷卻→拌麴→發酵→蒸餾 (第一道酒)→再拌麴→再發酵→再蒸餾 (第二道酒)，完成釀酒生產作業。
3. 包裝：將蒸餾的第一、二道酒，經調配後再放入地窖熟陳，經品質品鑑，達到出廠水準再裝瓶上市。

　　不同的飲用方式，能品嚐出金門高粱酒不同口感。純飲能品酌出高粱酒的大地風味。由於具有不結凍的特質，故冰鎮後的高粱酒減少了酒精的刺激感，入喉較為順口，酒香更清冽。溫熱高粱酒會促使酒中辛辣口味的成分揮發，故口味較柔順，香氣更濃郁適於寒冬酌飲。此外加入礦泉水後，會產生混濁現象，適合偏好低酒精濃度者飲用。

　　金門高粱酒在中式酒類中占有重要地位，但現階段正面臨品牌老化與年輕消費者減少的危機。消費者目前對金門高粱酒有傳統保守的、陽剛老態的、戰地印象，以及口感濃烈之品牌形象認知。目前一般消費者認為喝金門高粱酒的族群多為年紀大的男性。為了避免消費族群的斷層，金門酒廠從 1999 年開始推出低酒精濃度的高粱酒以吸引更多年輕族群，不過 28 度的高粱酒和 15 度的高粱清酒已從金門酒廠的銷售名單中剔除，由此可知僅降低酒精濃度並無法吸引年輕族群。

　　金酒公司曾進行營造高粱酒佐餐文化氛圍，邀請一些知名廚師代言及餐廳業者參與發表會，介紹適合搭配金門高粱酒的中式料理，宣導選擇中式酒為最佳佐餐酒。台北市政府亦曾在五星級飯店以牛肉麵佐以金門高粱，款待中國大陸訪問人士。不論是外籍或本國觀光客，當他們造訪目的地，總希望有機會品嚐具有當地特色的美食及美酒。以金門為例，餐廳以使用當地的食材為主，再佐以金門高粱，可充分顯現當地的餐飲特質。

　　金門高粱酒有口感清香之特性，可仿照進口蒸餾酒作為調酒的基酒，添加果汁、香檳、蜂蜜、蘇打水佐以美觀杯

　　菸酒公賣局出品的各種酒類，均能調製雞尾酒。例如：

一、華光酒：紹興酒 40cc，荔枝酒 10cc，白糖半茶匙，盛入杯中，加檸檬汁少許，以汽水充滿，並以櫻桃點綴之。
二、明珠酒：高粱酒 10cc，烏梅酒 120cc，冰一方塊，檸檬汁少許，盛入杯中，用汽水充滿，以鳳梨或橘子點綴之。

【1974-03-18／經濟日報】

飾，發揮創意建構出中式的雞尾酒，進而開發適合女性的調酒市場。觀光局及金酒公司製作的金門高粱酒調酒手札，以 58 度高粱作為基酒，搭配鳳梨汁、芒果汁、柳橙汁、檸檬汁和汽水，分別命名為中央坑道及自我挑戰等名稱，供消費者另一種飲用方式。金酒公司也提供以高粱酒烹飪的食譜，例如高粱醉蝦、高粱鹹豬肉和高粱酒糟蒸肉等，強調高粱酒增添菜餚美味的功能。

中酒與民俗

俗話所說「無酒不成禮」，酒在中國傳統民俗中，占有極其重要的地位。親友來了，以酒敬客敘舊；逢年過節或遇到結婚喜慶，以酒為禮助興，可以說喝酒是一種文化現象。酒在傳統節日中扮演了重要角色，從過年的春酒、端午的雄黃酒、重陽節的重陽酒，以致於家中拜拜不可缺少的祭祀用酒。古人飲酒不是隨時隨地想喝就喝，多數是在祭祀完畢後舉行的餐宴上飲用。

自古以來，祭祀活動中，首先要奉上酒給神明和祖先享用。喪葬儀式時的飲酒習俗：也稱「喪酒」。人死後，親朋好友都要來弔祭死者。喪禮期間舉辦的酒席，雖然都是吃素，但酒還是必要不可少的。在一些重要的節日，舉行家宴時，都要為死去的祖先留著上席，一家之主這時也只能坐在次要的位置，在上席，為祖先置放酒菜，並示意讓祖先先飲過酒或進過食後，一家人才能開始飲酒進食。在家中祖先的牌位前要放酒菜，以表示對死者的哀思和敬意。如今祭祀禮儀已逐漸式微，酒在祭拜場合扮演的角色亦是如此。

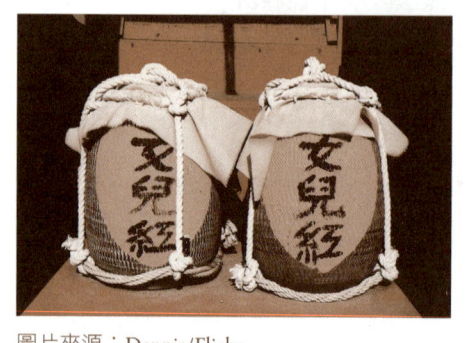

圖片來源：Dennis/Flickr

酒跟婚禮亦是密不可分的。喜酒，往往是婚禮的代名詞，去喝喜酒即是去參加婚禮。「女兒酒」是女兒出世後就著手釀製的，儲藏在乾燥的地窖或埋在泥土之下，直到女兒長大出嫁時，才挖出來請客用。後來又演化到生男孩時也釀酒，並在酒罈上塗以朱紅，並名之為「狀元紅」，意謂兒子具狀元之材。婚禮新人喝「交杯酒」時，十分嚴肅認真，因為從此以後，新婚夫妻要風雨同舟，共同生活，因此交杯酒對人生具有特殊意義。所以當新人喝交杯酒時，鬧房的親友必須保持安靜。

酒豐富了人們的生活，而且也具有凝聚家庭的作用。中國早期春節期間要飲用屠蘇酒，寓意吉祥、康寧、長壽。台灣民間在尚未禁止私釀酒的時候，多半會自行釀米酒飲用。這項過程在台語叫作「結春酒」，意思就是在準備過年新春喝春酒用。不過自從酒被收為專賣之後，禁止民間私釀米酒，而這項傳統也漸漸消失。過去請吃春酒是過年活動之一，因為在農業社會時代，平日都忙於耕種，親

友很少有機會聚會。利用過年期間請吃春酒，為新年帶來不少歡樂氣氛。不過到了現代，請吃春酒的風俗已逐漸淡薄。

　　清明節通常有掃墓、踏青的習俗。清明節飲酒原是借酒來平緩人們哀悼親人的心情。端午節的各項習俗多與驅除瘟疫有關，傳統上在端午節有飲用雄黃酒的習俗，但台灣目前多半以黃酒代替。九月九日重陽節的主要活動是登高、飲菊花酒，菊花酒需從前一年的重陽節就採集菊花及其枝葉，摻雜在黍米當中釀製，等到次年的重陽節就可以開壇飲用。

　　中國古人講究喝酒先要有酒興。陶淵明把酒與文學創作融合為一，有人說他「詩中有酒，酒中有詩」。古代飲者除了要有酒興，對飲之際還要猜拳行令即席唱和起舞，增添酒席的樂趣。酒令是中國酒文化中的特色，可劃分為五類，包括律令、遊戲令、文字令、賭賽令及歌舞令。不過在現行的酒令以遊戲令的酒拳為主。酒拳適合於廟會儀式和開放式社交場所，在宴席中，酒拳可以助興使賓主盡歡，只要不過度喧嘩或飲酒過度，酒拳可以視為一項有趣且具有紓解情緒功能的民俗遊戲。

　　台灣的酒拳可區分為單向式、雙向式和多項式三種類型。單向式酒拳是指划拳時由單方猜測對手所出的手勢、指數或動作，不中則換另一方再猜；雙向式酒拳是指划拳之雙方同時出拳或出聲，猜測兩人所出的指數的總和或與對方所喊內容比較勝負；多向式酒拳是三人以上同時進行。

單向式酒拳　划拳之前雙方先以剪刀、石頭、布猜拳，決定喊拳順序。隨即雙方同時出拳，並由猜拳贏的先猜測對方所出的手勢、指數或動作，猜對則繼續再喊，凡連續兩划皆中為勝，如兩次皆中但內容相同，則需再划第三次，又猜對才算贏。這項規定是要防止已猜中一次者瞬間再喊，使對方來不及變換內容而設定。如果喊拳者未猜中或僅猜中一次，則換對方繼續再喊。

雙向式酒拳　雙向式酒拳又分為三種類型，一為猜雙方所出指數總和；二是按雙方猜拳結果比出方向；三是由雙方所喊拳語內容比勝負。其中台灣拳、螃蟹拳、外省拳、客家拳形式相同，皆在拳語字首冠上一個數目，划拳時雙方同時出拳，並喊出一句字首帶數目的拳語，各猜兩人所出指數的總和，猜中為贏，一拳決定勝負。雙方皆中則不計勝敗，皆未中則繼續再划，直到分出勝負為止。

多向式酒拳　多向式酒拳乃三人以上同時進行之酒拳，其特色是只有前白或手勢，沒有拳語，因此多向式酒拳通常以指數或器物為依據。較流行的多向式酒拳有：點將拳、猜數拳。

在宴席中，酒過三巡之後，酒拳可以於樂助興，使賓主盡歡，只要划拳時不要過度喧嘩吵鬧，或藉機強行灌酒。

原住民飲酒文化

原住民在遠古時期就在台灣繁衍發展，同時也創造了具有獨特風格的飲酒文化。酒在原住民的社會中一直扮演著相當重要的角色。原住民在依山傍水的環境裡，以天地為舞台，以夜幕為背景，透過「酒」的中介溝通，原住民得以強化自己與部落的社會關係，以及對天地神靈的感恩敬拜。不管是並口合飲，或相互遞酌，都是凝聚群體力量，促進族人情感的最佳催化劑。

每年秋收之後，原住民家家戶戶都要釀造新酒，大甕及小桶置滿屋內。因此，釀酒與飲酒，成為原住民情風俗的重要內容。原住民外出勞動，經常要攜帶酒漿，以作為一天的飲食，儘管原住民的生產勞動十分艱苦，但只要有酒，則可終日不倦。原住民飲酒少有一個人閉門獨酌的情形，常常是聚眾豪飲，通宵達旦，不醉不休。聚眾豪飲是原住民飲酒文化的一個顯著特徵。一年之中，往往有幾次這樣的聚會，例如，新屋落成、捕捉獵物歸來或男女青年結婚。在原住民部落社會中，飲酒的現象十分普遍，不僅男子會飲酒，女子也有很好的酒量。

小米酒是最具代表性的原住民特色酒。排灣族在五年祭活動中，所準備的酒食，正是以小米酒為主，象徵著平安、豐收。卑南族每年都會舉辦團結祭，在活動中他們將最好喝的小米酒都拿出來享用。賽夏族的祖靈祭是在拜豐收完畢後，以小米酒來祭拜祖先祈福。

布農族為了要迎接打耳祭的到來，村裡的人要提前在一個禮拜之前上山打獵，而家裡婦女的工作就是釀小米酒。鄒族最重要的祭典活動叫「麥亞士比」，在這個祭典活動中有一個不成文之規定，即所有人只能喝祭典前剛釀造完成的小米酒。在阿美族的族人眼中糯米象徵和平，因此阿美族人有一種「米禮信」的禮儀。在禮儀開始的第一天，頭目宣布停止工作，讓族人在家裡做準備，準備工作包括殺雞、殺鴨、做糯米糰及釀小米酒。魯凱族舉行豐年祭，常常以小米釀成的酒交相舉杯。

原住民飲酒常與歌舞連繫在一起，酒酣之後，群起歌舞，極盡歡樂。原住民不僅用酒來招待賓客，祝賀喜慶，同時也用酒來奠祭亡靈，寄託對死者的哀思。原住民也用酒來祭祀神靈，祈求平安，每年插秧之前，他們會將酒灑向空中，祈求豐收，收成之際，一樣要用酒來拜謝祖靈。

酒之品評

　　酒精飲料是一種具有色、香、味的產品，其品質優劣是無法僅靠儀器測定。不同類型的酒類具有不同的風味，而同一類型的酒也具有不同的特色，這些差異均藉由酒的顏色、香氣、口感或其他形式呈現出來。有的酒在產品分析的數據方面顯示成分十分接近，但在風味上卻有顯著的差別。因此人們運用感官來評定酒的品質。

　　酒類的不同特質主要作用於人體的視覺器官、嗅覺器官和味覺器官，從而產生色、香、味、體的多重複合感覺。品酒色時最重視光澤、清晰度和悅目。各種酒都有一定的色澤標準要求，例如：如白酒的色澤要求是無色，清亮透明；黃酒的色澤要求是橙黃色至深褐色，清亮透明，有光澤。對酒的觀看方法是當酒注入杯中後，將杯舉起以白紙作底對光觀看。

　　在觀看色澤後宜先用鼻判斷酒香，嗅聞酒的香氣時間不易過長，要有間歇才能保持嗅覺的靈敏度，否則因為長時間聞同一種氣味，就會發現氣味漸行消失。味覺是來自口腔中味蕾感受的刺激。舌尖的味覺對甜味和鹹味最為強烈；舌根的反面專司苦味；舌邊緣對酸味最敏感；澀味主要由口腔黏膜感受；辣味則是由舌面受到刺激所產生的痛覺。人的味覺敏感度是因人而異，也會因時間或狀況不同而有所變動。味蕾的數量隨著年齡的增長而變化。一般十個月的嬰兒味覺神經纖維已成熟，能辨別出酸、甜、苦、鹹。味蕾數量在 45 歲左右增長到頂點。到 75 歲以後味蕾數量會大為減少。

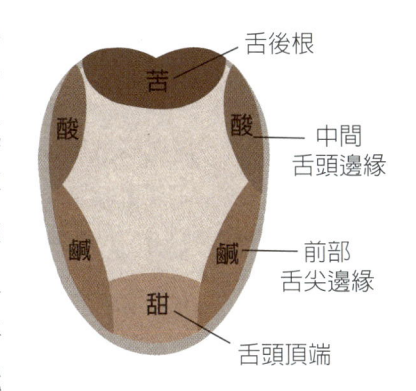

　　評酒用語不僅需要以準確、富想像力的語句表達酒的品質，而且這些用語要能長期使用，易為人們所理解。評酒描述的用語可分為色香味三大類：

描述外觀用語　酒的顏色、透明度、是否有沉澱、含氣現象、泡沫等外觀，需通過眼睛觀察。有的酒類常以自然物的顏色來表示，如桔子酒的桔紅色、白葡萄酒有禾桿黃色、淺黃色等，紅葡萄酒則有寶石紅色、玫瑰紅色等。透明度可分為透明、晶亮、清亮、不透明、渾濁等。渾濁是評酒的重要指標。根據渾濁的程度不同，有可分為：有懸浮物、輕微渾濁、渾濁、極渾等。優良的酒都應具有澄清透明的狀態。沉澱物有各種形狀，如粒狀、片狀、塊狀、晶形狀，而沉澱物也有許多不同的顏色，如白酒的沉澱物有灰白色、棕色及黑色。含糖較高的酒如黃酒等，可從舉杯旋轉觀察酒液流動的情況來判斷酒是否正常，評語有：正常、濃的、稠的、黏的、油狀的等。

- 金門高粱酒：風味清香醇正、柔順淨爽，口、鼻、眼三種感官一致，有如清香霧氣中大地的芬芳，甘潤爽口。正宗金門高粱酒液晶瑩透亮、清香純正、入口綿、落口甜、飲後餘香。

  玉泉紹興酒：酒體色澤呈明亮琥珀色、酒香氣濃、馥郁芳香、口感溫柔細緻、耐人尋味酒香、口味馥郁。

  精釀陳年紹興酒：酒液顏色為深紅褐色，透明、亮麗有光澤，風味濃郁，飲用時入口鮮美柔順、細膩可口，後口甘甜，餘味綿長，品味特殊。

- 紅露酒：香醇濃郁，酒色金黃，甘醇順口。

描述香氣用語　香氣描述的術語有無香氣、微有香氣、香氣不足、清雅、細膩、純正、濃郁、芳香、餘香、焦香、異氣等。中國白酒的「香型」則分為清香、濃香、鳳香、米香、醬香型和其他香型七種。黃酒則有醇香、紅麴香、糜香和熟氣等用語。

描述味感用語　不同酒類味感有所區別，優質酒之酒精與酒中其他成分應充分融和、協調。同是酒精含量相同的烈酒，入口的口感有強烈的及溫和的區別。此外亦可以淡、微苦、稍澀，以及後味短、後味苦、後味回甜等詞加以描述。

此外台灣啤酒可依色、香、味、音四項作為品評條件：聆聽啤酒泡沫釋放的聲音，啤酒瓶開啟剎那ㄅ的聲音，就是啤酒內二氧化碳釋放極緻表現。啤酒講究清澈、剔透，色澤為七分的金黃色搭配三分綿細如雪的泡沫才是適當。泡沫可以隔絕空氣，保護酒液，減少入口前啤酒氧化帶來苦味。杯子最好是長型縮口的，使得啤酒和空氣的接觸面積降低，也給啤酒泡沫一個舒展的空間。淡色啤酒色澤為淡金黃色，在國內占市場銷售量最高，這種啤酒口味清爽、啤酒花香突出。濃色啤酒呈棕色或紅褐色，口味醇厚、麥芽香味突出。黑色啤酒呈深紅褐色乃至黑褐色，外觀像似醬油，這種啤酒是在釀造時加入焦香麥芽。除具有一般啤酒特性外，其麥芽焦香突出，泡沫細膩口味濃醇。

國產酒與台灣美食

台灣酒類市場在過去由菸酒公賣局從生產、運輸、行銷一貫作業壟斷市場。自民國 76 年開放酒類進口，由啤酒、葡萄酒、水果酒、威士忌、白蘭地等烈酒依序進入台灣市場，但由於當時配銷權仍掌控於菸酒公賣局，對國產酒之影響有

限。我國於民國 90 年加入世界貿易組織後廢除菸酒專賣制度，開放菸酒自由進口及個人設立酒廠，此後進口酒大舉進入國內市場，紛紛在台灣設立分公司強力推銷旗下產品，致使台灣酒類市場產生劇烈的變化。

在市場全球化下，大量進口酒進入了國內，消費者的飲酒習慣改變，成為以進口酒為主，認為飲用歐美進口酒為社經地位的象徵，也導致本土酒精飲料漸漸式微。由於國產酒精飲料長期處於專賣壟斷缺乏創新，導致酒瓶包裝沒有特色，易讓消費者對產品品質產生不信任感。此外年輕人普遍認為本土酒精飲料屬於舊式文化，是老一輩的人飲用的酒，而且在喜慶宴會及交際應酬中，不易表現出主人的誠意。

美食旅遊一直是台灣觀光很重要的一個項目。根據交通部觀光局來台旅客消費及動向調查報告顯示，美食一直是吸引國際旅客來台的重要因素。雖然台灣具有美食天堂的稱號，但餐飲業對於推廣同樣具有台灣特色的本土酒精飲料，卻未見重視。目前消費者在中餐廳選購的中式酒精飲料多以高粱酒為主，早期常見的紹興酒、花雕酒、竹葉青等已不復多見。在許多人眼中，歐美品牌的酒給人感覺較為時尚、尊貴，對國產酒造成很大威脅。

分析台灣國際觀光旅館內附設中餐廳結構，發現在民國 103 年交通部觀光局國際觀光旅館名錄上之七十家國際觀光旅館餐飲設施中，約有近三分之一屬於中餐廳 (表 6-2)。在北部地區共有 36 家國際觀光旅館，在這些旅館內共有 157 間的附設餐廳，其中，中餐廳共有 39 間，其比例約占 25%。中部地區部分，總共 8 家國際觀光旅館，這些旅館內共有 38 間附設餐廳，中餐廳的部分共有 11 間，占比例 29%。南部地區的國際觀光旅館共 18 家，總共有 92 間附設餐廳，中餐廳的比例有 26%，共 24 間中餐廳。最後，東部地區有 8 家國際觀光旅館，附設餐廳部分共有 25 間，中餐廳計有 8 間 (占 32%)。整體而言，90% 的國際觀光旅館至少有一間以上的中餐廳，僅有 6 家旅館未設有獨立的中餐廳，可知中餐廳在國際觀光旅館中扮演舉足輕重的角色，亦可顯現出國際觀光旅館中餐廳作為行銷台灣特色傳遞媒介之重要性 (Sun & Fan, 2013)。

然而，部分國際觀光旅館的中餐廳未有獨立酒單，而是與其他類型的餐廳或是與酒吧共用。這些餐廳所販售的本土酒精飲料品項，不外乎就是紹興酒與高粱酒，與酒單中進口酒多元的品項數目不成比例，相較於僅有的國產酒中式酒精飲料品項，進口酒甚至詳細地以釀造國分類，每個類別底下再列出從該國進口的品項。以單瓶的售價而言，中式酒精飲料的售價從新台幣 260 元到 4,000 元不等，進口酒則是從 380 元到 7,200 元不等，顯示兩者極大的售價差異。此外，國際觀光旅館之飲料相關訓練課程內容多以葡萄酒和烈酒為主，服務人員普遍缺乏中式

表 6-2 台灣國際觀光旅館家數與中餐廳設施數

區域	縣市	國際觀光旅館家數	中餐廳數	總餐飲設施數	中餐廳 %
北部	基隆市	0	39	157	24.84%
	宜蘭縣	3			
	台北市	25			
	新北市	1			
	桃園縣	4			
	新竹市	2			
	新竹縣	1			
	苗栗縣	0			
中部	台中市	5	11	38	28.95%
	南投縣	3			
南部	嘉義市	1	24	92	26.09%
	嘉義縣	0			
	台南市	5			
	高雄市	10			
	屏東縣	2			
東部	花蓮縣	6	8	25	32.00%
	台東縣	2			
總計		70	82	312	26.28%

酒精飲料的知識。

以消費者的觀點，中式酒精外型的包裝及形象不夠創新，形象上不及高價洋酒，在喜慶活動、交際活動中無法凸顯出價值感。根據蒐集國內八家國際觀光旅館之中餐廳酒單發現，中式酒精性飲料占整體酒的 16.5%，西方酒精性飲料占 82.47%，1.03% 為日本酒；可見目前國際觀光旅館中餐廳普遍對國產酒精飲料重視度不高，在酒單的編列上以葡萄酒及高單價進口洋酒為主。大部分國際觀光旅館的中餐廳，在中式酒精性飲料的部分皆以金門高粱及紹興酒為主，其中文華東方雅閣及台南香格里拉醉月樓列有台灣茶酒的系列。

酒在不同文化中具有特殊的象徵意義。人類學家 Douglas (1987) 提出慶祝與自我認同為兩項人們飲酒的重要理由，前者可以增進人與人間的社會連帶關係，後者則讓行動者自身與外在世界對話，衡量自我價值。消費者在獲得實用性的需

表 6-3　國際觀光旅館中餐廳酒單結構分析

餐廳名稱	菜系	中式酒		西方酒		日本酒	
雅閣	粵菜	15	7.04%	198	92.96%	0	0.00%
香宮	粵菜	8	4.52%	169	95.48%	0	0.00%
寒舍食譜	中式	2	6.06%	31	93.94%	0	0.00%
醉月樓	淮揚菜	10	23.26%	29	67.44%	4	9.30%
晶英軒	粵菜	3	42.86%	4	57.14%	0	0.00%
長園	粵菜	4	28.57%	10	71.43%	0	0.00%
尚軒	粵菜	4	10.53%	34	89.47%	0	0.00%
福園	台菜	4	18.18%	18	81.82%	0	0.00%
潮江春	潮州菜	4	7.41%	50	92.59%	0	0.00%
平均 %			16.5%		82.47%		1.03%

要之外，尚追求心理性和情感性的滿足。有些消費者在意的並非飲酒所帶來的生理滿足感，而是藉由飲酒過程，去塑造特定形象，以及傳達某些訊息。在台灣消費者認為進口葡萄酒具有文化精緻度，被視為一種社會地位象徵，有助於個人在社會上地位與名望的提升。

　　交際應酬與賓主盡歡的感覺，與酒精飲料是串連一起的，消費者需要酒瓶設計精美，品牌形象更現代化的中式酒精飲料。因此業者在設計及宣傳時，如果將這些元素置入其中，將能夠提升消費者對品質之正面認知。

　　西式餐宴總會令人與美酒聯想在一起，餐點與酒的結合，不僅讓用餐的過程更加豐富，對餐飲業營業額的增加亦有其正面價值。相較於西式餐飲的結構，酒精飲料在中式餐宴的地位不似在西式餐宴中重要，飲用方式也不如西式講究。雖然多年來在政府提倡台灣本土特色與餐廳業者努力研發之下，已使台灣成為行家享受道地、精緻的中式料理之處，而國內釀酒業者也生產許多精緻、高品質的醇酒，但是並未建立一套結合兩者之餐飲搭配機制。反觀不論從國內觀光大飯店到獨立餐廳所架設的網站，都可看到各種進口酒類搭配中式餐點的介紹。隨著來台觀光遊客日益增加，品嚐中華美食是為觀光客選擇台灣作為旅遊目的地的重要原因之一，若能將台灣酒精飲料導入中式餐宴，更能彰顯精緻美食的層次與品味，將使台灣美食的整體用餐體驗更加完整。

二、進口酒精飲料

西式料理要求菜餚及酒水需彼此搭配得宜，菜餚以先清淡、後濃郁為原則，所飲用的酒也是先飲用低酒精含量度，後高酒精含量度。傳統上根據上酒時間分為餐前酒、佐餐酒和餐後酒。餐前酒一般以酒精成分低、份量少且冰鎮過的澀味酒為主，酒精含量低不會使味蕾麻痺，而澀味則是刺激食慾。常見的有澀味強化葡萄酒、加味葡萄酒、雞尾酒及啤酒等。佐餐酒為紅、白葡萄酒及香檳酒，依所點的菜色搭配。餐後酒則有甜葡萄酒、蒸餾酒和利口酒等。以法式料理為例，消費者隨著菜餚的變化飲用不同的葡萄酒，在款式不同的酒杯襯托之下，增添餐飲的風味。餐點與葡萄酒的結合，不僅讓用餐的過程更加豐富，亦可增加餐飲業的營業額。

葡萄酒

在伊朗北部的一個村莊裡挖出的一個罐子證明，在距今 7,000 多年前就已經有葡萄酒了；埃及古老的浮雕上，描繪了當時古埃及人栽培、採收葡萄和釀製葡萄的情景，歐洲開始種植葡萄和釀製葡萄酒的技術是由航海家從埃及帶回去而逐漸傳開的。歐洲最早開始進行葡萄酒釀製的是希臘，後來栽培和釀造技術迅速傳遍法國、西班牙、德國等國家。

對葡萄酒影響最大的就是教會，因為葡萄酒被用於聖禮儀式中，神父們造酒是為了教會的用途。日久以後，教堂外的一些葡萄農也開始倣仿。然而，儘管葡萄酒釀造的歷史悠久，但發酵的奧秘卻是在 1860 年代，由法國微生物學家路易巴斯德先生所發現，他的發現將釀酒事業帶入一新的階段。

葡萄酒標簽 (Wine Label) 葡萄酒標簽相當於酒的身分證，顯示了其身世相關資料。酒標簽之上，通常包括了酒莊的名稱、葡萄酒的品種、酒的容量、酒精度、葡萄生長的年份、產地，以及在哪封裝入瓶等。這些資料十分重要，例如：葡萄品種直接影響葡萄酒口味，藉由葡萄的生長年份，可知道其生長過程是否良好，還可決定一瓶酒是否可即時飲用？還是需要再儲存多幾年飲用更好？歐洲國家傳統上不用葡萄品種命名，而用酒的生產區域命名。

法國雖然不是第一個釀製葡萄酒的國家，但是葡萄酒文化與法國人的日常生活、飲食藝術緊密交織。法國酒酒標上通常有五項資料：

- 酒莊或品牌名稱：法文裡酒莊一字是 Château 或 Domaine；波爾多的酒莊通常使用 Château，Château 有城堡一意。有些酒只有品牌名稱，這些品牌酒通常是一些大酒商收購葡萄所釀製的，並非由 Château 所生產。一般而言，品牌酒的品質沒有 Château 酒那麼好，較缺乏特色。
- 產區名稱：酒標上除酒莊或品牌名稱外，字體較大的通常為產區名稱。最常見的波爾多酒便有 Bordeaux 此字，至於品質較好的酒，會用波爾多中更小地區名稱或村莊名稱 (如 Medoc 產區；或 Pauillac 村莊)。換句話說，好的波爾多酒在酒標上不一定會有 Bordeaux 字眼。
- 法定評級：「法定產區葡萄酒」法文為 Appellation d'Origine Contrôlée，酒標上 d'Origine 一詞會被其實質產區名代替。如一支 Medoc 酒，在酒標上便是 Appellation Medoc Contrôlée。
- 年份：指的是採摘葡萄的年份。法國葡萄採摘工作通常在每年 10 月前完成，換言之，一支 2012 年生產的酒至 2014 年 10 月約有兩年酒齡的時間。
- 裝瓶處：葡萄酒品質易受光線、高溫及震盪影響，因而釀製及裝瓶的地點最好是同一地點。酒標上 Mis en Bouteille au Château 的字眼，意指此酒於酒莊內裝瓶，品質較次級的酒商標會顯示 Mis en Bouteille Par ×××(酒商名字)，意為「此酒由本公司裝瓶」。

葡萄品種　葡萄是葡萄酒靈魂所在，每一瓶葡萄酒有自己的個性，有些酒的風味較酸，有些的口感較澀。氣候、釀造手法、產區的泥土種類，都是影響葡萄酒風味的重要因素。但最根本的差異，還是在於釀造時使用的葡萄品種。從葡萄品種的外觀顏色看來，可以將葡萄品種分類成紅葡萄、白葡萄兩大類。世界上釀酒葡萄品種很多，國際知名品種及特質如表 6-4 所示。

特色葡萄酒

薄酒萊新酒　薄酒萊產區於法國 Burgundy 南端，大多種植 Gamay 品種葡萄。1967 年法國政府頒定一項法令，規定薄酒萊新酒 (Beaujolais Nouveau) 每年必須在 11 月的第 3 個星期四才能上市。薄酒萊新酒開瓶後三天內要飲用完，沒有開瓶的，在半年內要喝完。薄酒萊新酒強調要即時暢飲才喝得出它的味道，顛覆了酒愈陳愈香的傳統。因此其名聲逐漸遠播，並且在全球形成一股熱潮。

如今每年 11 月份的第 3 個星期四，全世界會同步推出薄酒萊新酒。Nouveau 代表「新」的意思，薄酒萊新酒就是指薄酒萊區以當年採收的 Gamay 所新釀的葡萄酒。薄酒萊區是法國法定產區中少數生產具早飲特質的葡萄酒。飲

表 6-4 葡萄品種與特質

釀酒葡萄	特質
Cabernet Sauvignon (黑) 卡本內-蘇維濃	單寧強，顏色深，需陳年才適飲
Merlot (黑) 美露	富果香，單寧較柔順
Cabernet Franc (黑) 卡本內-弗朗	單寧和酸度含量較低
Syrah (黑) 希哈	酒色較深，酒香濃郁且多變
Pinot noir (黑) 黑皮諾	口感柔順，具水果香氣
Gamay (黑) 加美	淡紫紅色，口感清淡，通常不適合久存
Chardonnay (白) 夏多內	香味濃郁，口感圓潤，適合製成白酒及氣泡酒
Riesling (白) 麗絲玲	具花蜜香，酸度強，酒適合久存
Semillon (白) 榭蜜雍	適合製作具蜂蜜與水果香味的貴腐酒
Gewurztraminer (白) 格烏茲塔明納	濃香，酒色金黃，口感強勁
Muscat (白) 蜜思嘉	酸度低，口感圓柔
Muscadet (白) 蜜思卡岱	酸度高，口感清新，有豐富果香及礦石味
Chenin Blanc (白) 白梢楠	酸度強，具蜂蜜、礦石味和花香

用時需稍加冰涼降溫，才能充分展現薄酒萊新酒的水果芳香。Gamay 葡萄以其果香芬馥，口感清新柔順聞名。在薄酒萊區北部，被稱為 Haut-Beaujolais 的十個優等村莊，有較充足的陽光和不同的土壤，所釀造之薄酒萊紅酒比一般村莊所產果香更濃郁，醞味更悠長。

薄酒萊新酒鼓吹即飲之美，要「搶鮮」、「嚐新」，利用即時鮮飲這個特點與慶典及娛樂結合，吸引許多消費者。由於單寧低、果香馥郁，所以薄酒萊新酒適合搭配清淡的料理，像是燻鮭魚、燻雞肉及輕乳酪。

貴腐酒 釀造貴腐酒的葡萄是沾染到一種「Botrytis Cinerea」的黴菌，貴腐黴菌生長在白葡萄的表皮上，只有極少數的特例會使用紅葡萄來釀造貴腐酒。葡萄在成熟後繼續被留在枝子上，在適當的氣候條件之下黴菌才會開始生長。葡萄皮上的黴菌並不會使得葡萄皮破裂，它的菌絲穿過葡萄皮，深入葡萄內部吸取水分，葡萄因為失去水分而漸漸地乾縮。黴菌需要空氣中足夠的水分才能滋長，而過高的溫度會導致黴菌死亡。

高風險是造成貴腐酒價格居高不下的原因。貴腐酒液非常濃稠，並且有高度的糖含量及酒精度。它複雜迷人的香氣及充實飽滿口感，常被用來搭配鵝肝醬、

藍黴乳酪或飯後甜點。

蘇玳 (Sauternes) 地區是法國最知名貴腐葡萄酒產區，該地區生產的一般白葡萄酒，不可以在酒標上標示為「Sauternes」，只能在酒標上標註為 Bordeaux Blanc，因為只有 Sauternes 地區生產的貴腐甜葡萄酒才能稱為「Sauternes」。1855 年的蘇玳貴腐甜白酒分級制度，將所有上榜的名莊分為三個等級：特等一級酒莊 (Premier cru Superieur，僅 1 家)、一級酒莊 (Premiers crus，有 11 家) 和二級酒莊 (Deuxiemes crus，有 14 家)。其中，唯一的一家特等一級名莊為 Château d'Yquem。

Sauternes 法定產區所有葡萄的採摘都是手工進行，一顆一顆的挑選。每一次，都只採收類似葡萄乾的貴腐葡萄，釀製而成的甜白葡萄酒隨著年份會發展為一種溫暖的琥珀色。Château d'Yquem 酒莊曾聲稱每株葡萄藤只能釀出一杯貴腐酒。一株葡萄藤大約有 24 串葡萄，一串的葡萄約為 100 粒，也就是說一杯 Château d'Yquem 約需要 2,400 粒葡萄。

Château d'Yquem 的葡萄園地勢較高，日照時間長但溫和，因此香氣相對複雜，含有蜂蜜般的細膩香氣。此外，該酒莊僅選好年份生產：糖分不足或是貴腐黴菌生成不佳時一律放棄製作，因此屢屢在拍賣會中創下驚人的天價。

冰酒 據說大約二百年前的一個深秋時節，德國一家酒莊的主人外出，成熟的葡萄錯過了通常的採摘時間，並被一場突如其來的大雪襲擊。莊園主人不得已，嘗試用已被凍成冰的葡萄釀酒，卻發現釀出的酒風味獨特異常芬芳，因此發明了冰酒 (Eiswein) 的釀製方法。簡而言之，冰酒就是用冰凍的葡萄釀製而成的酒。

生產冰酒的葡萄在 10 月份已經完全成熟，它們被罩上一層保護網，原封不動地留在葡萄樹上，直到冬天的第一次冰凍期。這段期間葡萄被自然脫水，使葡萄汁中的風味、香氣、糖和酸度得到濃縮。通常要到每年 12 月的第二個星期或第三個星期才能採收。最理想的採摘溫度應該是 −10°C 到 −13°C，因為葡萄在這個溫度可以獲得最理想的糖度和風味。隨時降臨的一場雨，就可能讓釀製冰酒的美好願望化為泡影。葡萄的採摘要從凌晨 3 點開始，趕在太陽出來前採摘完畢，並送到釀酒房，開始壓榨。

圖片來源：Dominic Rivard from Bangkok, Thailand/Wikimedia

冰酒的產量非常低，每公頃土地只能生產不到 100 瓶 (一般的葡萄，每公頃可生產 6,000 瓶酒左右)，足見其稀有珍貴。德國葡萄酒依等級區分為

Tafelwein (一般餐酒)；Landwein (一般產區酒)；Q.b.A：Qualitatswein bestimmter Anbaaugebiete (優良地區酒)，以及 Q.m.P：Qualitatswein mit Pradikat (特級酒) 四類。在德國，Q.m.P 級中的葡萄酒，又分為六等：

Kabinett「珍藏」
Spatlese「晚收」
Auslese「精選」
Beerenauslese (BA)「顆粒精選」
Trokenbeerenauslese (TBA)「乾果顆粒精選」
Eiswein「冰酒」

　　冰酒通常帶有桃、杏、梅、橙等水果香味和蜂蜜及肉桂等甜味。優質的冰酒應具有足夠的酸度，可避免品嚐時像在飲用糖漿的感覺。因為冰酒的香甜氣息相當充裕飽滿，不像紅酒要在酒杯中積儲酒香，品嚐冰酒時不宜使用飲用紅酒的大型酒杯，可以使用較小的酒杯以享受甜香酒氣撲鼻的感受。冰酒理想的保存溫度為攝氏 14 度，飲用冰酒時，最好將其冰到攝氏 5~6 度，適飲溫度大約在攝氏 8~10 度之間。

　　聚餐飲用多種酒類時，甜度最高的冰酒適合在最後搭配巧克力、甜點或水果乾飲用。冰酒的保存期最長 7 年，但因產量少，市面上很少見到年份很久的冰酒。冰酒以德國所產最有名，但產量少，加拿大的冰酒產量則較多。

表 6-5　貴腐酒與冰酒對照表

	冰酒	貴腐酒
原料	在冬天，葡萄會因氣候的寒冷而脫水結霜，葡萄中 95% 的水分結成冰，但其餘的糖分並不會結冰，葡萄本身會因脫水而變皺縮小。	葡萄在成熟後繼續被留在枝子上，在適當的氣候條件之下黴菌會開始生長。葡萄皮上的黴菌菌絲穿過葡萄皮，深入葡萄內部吸取水分，葡萄因為失去水分而乾縮。
著名產地	德國 Mosel-Sear-Ruwer 及 Rheingau。	法國波爾多 Sauternes 區。
提高甜度的方法	利用結冰之原理，以去除葡萄汁液中水分，結冰的葡萄擠破後，利用離心的方式即可將結冰的水去除，葡萄汁的甜度自然提高。	黴菌會使葡萄失去水分，因而糖分增濃。發酵後酒液非常濃稠，有時甚至呈油狀，並且擁有高度的剩餘糖量及高酒精度。
香氣及口感	有類似蜂蜜及水果般的香甜氣息，色澤呈淡金黃色。	帶有蜂蜜、花及甘油口感。

葡萄酒杯

一般而言，葡萄酒杯可分為三大類：紅葡萄酒杯、白葡萄酒杯和香檳酒杯，不同的葡萄酒之香氣、酸度、單寧和酒精度均不相同，酒杯雖然不會改變酒的本質，然而酒杯的形狀會影響到酒的香度、味道、平衡性及餘韻。

葡萄酒杯應該是平滑、透明且無色。嗅覺會影響到味覺，因為鼻子可以發現到舌頭所無法嚐出的細微差異，因此杯子的大小對於葡萄酒香氣的品評是很重要的。較大的杯子使葡萄酒和氧氣接觸的面積大，使其釋放出較多的香味；而較小的杯子會使香氣集中。葡萄酒杯的形狀會直接對舌頭不同部分的味覺區產生影響，透過杯身形狀的引導，可以讓酒流進舌頭的適當味覺區，進而影響酒的風味的呈現，舉例來說，Riesling 杯其前端稍微的捲曲，讓酒直接流入舌尖，以凸顯 Riesling 的果香及甜味，可以平衡這類葡萄的酸度。

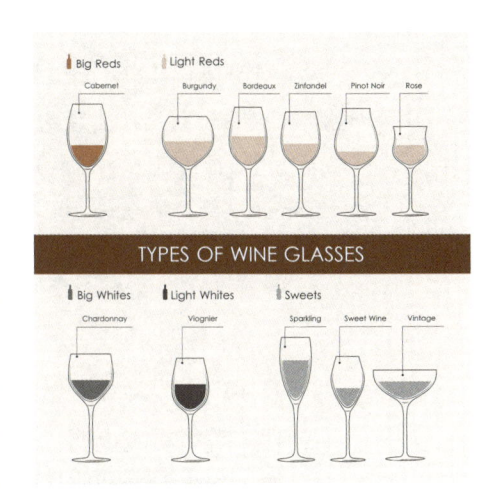

Burgundy 區紅酒的主要葡萄品種 Pinot Noir 的酸度較高，使用之酒杯可使酒先流過舌尖的甜味區，凸顯果味。至於 Bordeaux 區的 Cabernet Sauvignon，由於在口感上果味較重、酸度較低，所以使用較長形的 Bordeaux 酒杯，可以讓酒液先流向舌頭中間，再向四方流散，使果味與酸味相互融合，達至均勻和諧的效果。

蒸餾酒

蒸餾酒是將發酵而成的酒精溶液，利用酒精的沸點 (78.4°C) 和水的沸點 (100°C) 不同，將原發酵液加熱至兩者沸點之間，就可從中收集到高濃度的酒精和芳香成分。製造過程一般包括原材料的壓碎、發酵、蒸餾及陳釀四個過程。蒸餾酒通常被分為威士忌 (Whisky)、白蘭地 (Brandy)、琴酒 (Gin)、伏特加 (Vodka)、蘭姆酒 (Rum) 和龍舌蘭酒 (Tequila) 六大類。

威士忌 (Whisky) 1780 年至 1790 年時，蘇格蘭政府對酒類展開數次徵稅，當時的釀酒商為了避稅，將蒸餾廠遷入人煙罕至的高地 (Highland)，並且以高地的泥煤作

> ### 約翰走路黑牌
>
> 　　約翰走路黑牌 12 年威士忌是第一個有年份證明的蘇格蘭威士忌。它是由蘇格蘭所生產的四十多種威士忌調配而成，每一種都至少在 12 年以上。曾經於 2000 年，在全球知名的酒品刊物「Impact」雜誌「全球 100 支烈酒品牌」評鑑中，躍居全球銷售最佳的 12 年級威士忌。

為烘乾大麥麥芽的燃料。為躲避政府的追緝，酒廠將酒藏在雪莉酒桶中以避人耳目，等待買主上門。經過多年後原本透明無色的酒染上木桶的顏色，變成琥珀色澤；透過在雪莉酒桶中的長期儲存，亦提升了威士忌的口感，使之更加醇和，而蘇格蘭威士忌特殊的泥煤煙燻氣味亦成為重要的特色。

　　因為工業革命期間發明了連續式蒸餾器，目前全世界銷售量最高的調和威士忌 (Blended Whisky)，直到十九世紀中葉才出現。連續式蒸餾器比原來的單式蒸餾器，精餾效果更好，而且效率更高，所製造出的穀類威士忌口味輕柔、順口，調和威士忌由個性強烈的麥芽威士忌與柔順、溫和的穀類威士忌混合調製而成，口味中和、圓融。威士忌隨著當時的移民風氣，吹向世界各地，像是美國與加拿大等地。

　　除了以產區作為威士忌的分類之外，也可以威士忌的原料來區分。以原料區分，威士忌可分為四個等級，分別是單一麥芽威士忌、純麥威士忌、調配威士忌與穀類威士忌。單一麥芽威士忌 (Single Malt Whisky)：由一個威士忌酒廠所生產的純麥威士忌所調配。由於僅限單一所酒廠的純麥原酒，因此數量較少。在台灣的知名品牌有麥卡倫 (McAllen)、格蘭菲迪 (Glenfiddich) 等。純麥威士忌 (Pure Malt Whisky)：由多所酒廠，生產的純麥威士忌原酒調配。例如：約翰走路綠牌純麥 15 年 (Johnnie Walker Green Lable 15 Years Old Malt Whisky) 與威雀純麥威士忌 (Famous Grouse Malt Whisky)。穀類威士忌 (Grain Whisky)：由如燕麥、黑麥、大麥、小麥、玉米等各種穀類威士忌原酒調配而成。調和威士忌 (Blended Whisky)：則由純麥與穀類威士忌原酒調配而成，是全世界威士忌的主流。知名品牌有約翰走路與起瓦士 (Chivas Regal) 系列。

白蘭地 (Brandy)　是以葡萄酒經蒸餾製成的烈酒。廣義而言，只要是以水果酒加以蒸餾製成的酒都可以稱為白蘭地，不過除葡萄外，在名稱前面得加上水果的名稱，例如「蘋果白蘭地」。干邑 (Cognac) 白蘭地產自法國波爾多以北的干邑

產區，是世界上最知名的白蘭地。早在西元十二世紀，干邑生產的葡萄酒就已經銷往歐洲各國。十六世紀中葉時期荷蘭為海上運輸大國，法國是葡萄酒重要產地，荷蘭船主將法國葡萄酒運往世界各地，但當時英國和法國開戰，海上交通經常中斷，葡萄酒儲藏占地費用大，於是荷蘭商人想將葡萄酒蒸餾濃縮，以節省儲藏空間和運輸費用，待運到目的地後再按比例加水稀釋出售。但意想不到的是濃縮的葡萄酒甚受歡迎，而且儲藏時間愈長口感會愈甘醇。

干邑白蘭地的特色是溫潤高雅，荷蘭人稱這種酒為「燃燒的葡萄酒」(Burnt Wine)。由葡萄酒蒸餾出的烈酒是近乎無色的，但在橡木桶中儲藏時，橡木的色素溶入酒中形成褐色。年代愈久，顏色愈深。為大量生產目前釀酒廠多使用焦糖加色。此外**雅文邑白蘭地** (Armagnac) 位於波爾多以南，是法國第二大知名的白蘭地產區。橡木桶的陳釀使其香氣突出，口感也十分純淨柔和。

表 6-6 白蘭地常見的分級

等級	英文	橡木桶熟成
VS 或★★★	VERY Special	至少 2 年
VSOP	VERY Special Old Pale	至少 4 年以上
Napoléon	Naploeon	至少 6 年以上
X.O	Extra Old	至少 8 年以上

以蘋果、覆盆子、梨子、李子和櫻桃等水果為原料，亦可製成白蘭地。這一類烈酒需要在「白蘭地」三個字前加上對應的原料以免混淆，如蘋果白蘭地或櫻桃白蘭地等。其中，蘋果白蘭地在法國北部和英美地區均有生產，在美國常被稱作「Applejack」。果渣白蘭地是一種特殊的葡萄白蘭地，通常採用葡萄

表 6-7 威士忌及白蘭地之飲用方式

威士忌	白蘭地
純飲 (Neat，Straight，Up，Straight Up)	純飲 (Neat，Straight，Up，Straight Up)
加冰塊 (On the Rocks)	加冰塊 (On the Rocks)
加水 (With a Splash)	加蘇打水 (With Soda)
加蘇打水 (With Soda)	加入咖啡中 (In Coffee)

壓榨後留下的果皮、葡萄籽,以及果肉殘渣製成,其中最有名的就是義大利的 Grappa。選對品酒的酒杯很重要,純飲白蘭地最適合的是小口大肚的矮酒杯。這種白蘭地酒杯能顯現白蘭地的色澤,讓白蘭地散發出特有的芳香。

伏特加酒 (Vodka) 伏特加酒原產於俄羅斯。伏特加酒是由俄文「Voda」演變而來,它是俄國人對「水」的稱呼。伏特加酒一直到十八世紀都是以裸麥為主原料,後來才開始使用大麥、小麥、馬鈴薯及玉米為原料。伏特加酒是利用重複蒸餾的方法,使酒精含量超過 95% 後,以活性碳過濾掉所有穀物風味。裝瓶前將酒稀釋到 40%~45% 的酒精含量,是一種近乎無色、無味的烈酒。目前伏特加酒以俄國所產的最盛名,美國及英國亦出產伏特加酒。

由於無色、無味的特性,伏特加酒常被用來作為調製雞尾酒的基酒,像著名的血腥瑪莉 (Bloody Mary) 以及螺絲起子 (Screw Driver) 等雞尾酒,均以伏特加酒為基酒。伏特加酒具有晶瑩純淨的特質,亦適合加上冰塊純飲,或是冰鎮後享用。其價格依不同的品牌起伏很大。但是據說即使嗜酒如海明威,也很難分辨出不同伏特加的口感差距。

鹹狗 (Salty Dog)

作法:
1. 檸檬片沾濕杯口,以滾動方式於杯口沾上一圈鹽巴。
2. 杯中裝入六分滿冰塊。
3. 量取 1 又 1/2 oz 伏特加倒入,加葡萄柚汁至八分滿即成。

琴酒 (Gin) 一種以穀物為原料,經發酵與蒸餾製造出的中性酒精飲料,再增添以杜松子為主的多種藥材與香料後,再次蒸餾所製造出來的一種烈酒,也被稱為杜松子酒。琴酒給人的第一印象,就是它豐富的杜松子清香與藥草香。

據說在 1660 年荷蘭人到熱帶的加勒比海地區栽種甘蔗,並運回歐洲販賣,但是由於當地氣候與歐洲迥然不同,許多人都染上了「熱病」。而在當時,具有利尿、解熱效果的杜松子被視為治療熱病的特效藥,荷蘭的一位醫學系教授為了精煉杜松子來製作利尿劑,將杜松子浸泡到酒精中然後蒸餾。發明了「杜松子藥酒」,並直接以杜松子的法文「Genièvre」來命名。

現代琴酒是將杜松子、茴香、肉桂、甘草等各種植物,添加至由連續蒸流器製作出之中性酒精飲料,再度蒸餾後完成。由於使用了新式蒸餾

法，琴酒口感較清爽純淨，為了與 Genever 區別，英國人將這種新式的琴酒稱為「Dry Gin」。在各種調製雞尾酒的基酒中，琴酒排在蘭姆、伏特加、龍舌蘭與威士忌之前，被喻為是雞尾酒的五大基酒之首。例如：琴酒和苦艾酒可調製出知名的馬丁尼雞尾酒。因為琴酒是用多種香草製成，各品牌的味道差異很大，除了調雞尾酒，有些高品質的琴酒，例如 Tanqueray No. Ten 適合直接飲用。另外，調配琴酒時常會用到的通寧水種類也很多，不同的琴酒與不同的通寧水組合調製，可以變化出截然不同的風味。

蘭姆酒 (Rum) 由於主原料是甘蔗，有微甜口感。蘭姆酒的由來，可追溯至十七世紀初，英國人到了加勒比海的巴不得斯群島，利用當地所盛產的甘蔗做為原料來製酒。蘭姆酒可分為三種，一種是酒精濃度 35% 的白色蘭姆 (Light Rum)，製作時讓蜂蜜發酵，以連續蒸餾器蒸餾後再經由活性碳過濾後直接裝瓶，無色透明無甜味，口感柔順不刺激，很適合與其他飲料調和飲用。例如 Piña Colada 及 Daiquiri 雞尾酒；另一種為酒精濃度 65% 的深色蘭姆酒 (Dark Rum)，製作時使用傳統蒸餾器蒸餾後，放入焦烤過的橡木桶中儲存數年，香味濃厚，適合調製具熱帶風味的水果 Punch，Planter's Punch 即為以深色蘭姆酒為基酒調製的雞尾酒。介於兩者之間者為金色蘭姆酒 (Gold Rum)，其製作方式為發酵之蜂蜜經連續蒸餾器蒸餾後，放入木桶裡熟成，再經由活性碳過濾製成。口感與香味介於前兩者之間。台灣較常飲用的為白色蘭姆，適合添加調配的有蘇打水、可樂與紅石榴汁等。品質優良的深色蘭姆酒儲藏 10 年以上，可以如同白蘭地般單獨飲用。

龍舌蘭酒 (Tequila) 龍舌蘭酒為墨西哥的特產，釀酒用的龍舌蘭主要生長在墨西哥山地中。龍舌蘭長的愈久可以用來發酵的糖分就愈高，一般需栽種八至十二年才能達到釀酒需求的熟度。龍舌蘭有多達兩百種以上品種，只有在允許的地區範圍內，使用龍舌蘭作為原料所製成的龍舌蘭酒，才能冠以 Tequila 之名在市場上銷售。

龍舌蘭心運到酒廠後，通常會被剖成四瓣以便火烤或蒸煮處理。龍舌蘭肉汁原本是很苦澀沒有甜味，經過加溫後才能將澱粉糖化。而現代化的酒廠由於需要大規模的生產，多改用高效率的壓力鍋來蒸煮龍舌蘭心。在整個蒸煮的過程除了可以軟化纖維，以便壓榨出更多的含糖汁液外，也可以將部分的纖維素水解成可以發酵的醣類，提高整體的糖含量。取出糖化的龍舌蘭心後會先冷卻再進行磨碎，以濾布過濾磨碎的龍舌蘭心來取得汁液。龍舌蘭汁

經過發酵後可得酒精度 5%~7% 之間初期酒汁。早期酒廠會以傳統銅製的罐式蒸餾器進行兩次蒸餾或三次蒸餾，而現代酒廠則使用不鏽鋼製的連續蒸餾器來進行蒸餾，直到 55% 的酒精度。一般而言，大約每 7 公斤的龍舌蘭心，能製造出 1 公升的酒。

剛蒸餾出來的龍舌蘭酒是透明無色且味道嗆辣，存放橡木桶愈久，酒的色澤會變黃。蒸餾完後裝進橡木桶中熟成，放置不滿一年的淡黃色龍舌蘭叫作 Reposado Tequila，存放超過一年之深黃色龍舌蘭，則稱為陳年龍舌蘭酒 Anejo Tequila。

混合型龍舌蘭酒並非百分百純釀，其中有 51% 的龍舌蘭含量，49% 是以玉米或甘蔗為原料。沾一點鹽和檸檬，再飲一口龍舌蘭酒，是一種飲用混合型龍舌蘭酒的方法。混合型龍舌蘭酒與百分百龍舌蘭純釀風味上有很大的差異。使用傳統方式釀造的百分百龍舌蘭純釀，在飲用時不必加鹽和檸檬。

龍舌蘭酒也可以根據陳釀年份搭配不同的美食。生蠔、扇貝等貝類海鮮適合搭配未經陳年的龍舌蘭酒。在橡木桶裡熟成不到一年的 Reposado Tequila 適合搭配烤雞類料理。陳放一年以上的 Anejo Tequila 可搭配焦糖和巧克力等甜品飲用。陳放三年以上的龍舌蘭酒，則與黑巧克力搭配起來相得益彰。陳年的龍舌蘭酒亦適合純飲、對水或加冰塊來品嚐其豐富多層次的風味。

啤酒

台灣的啤酒消費在日治時期就非常興盛。1919 年，在台灣的日本資本家集資百萬日圓創立「高砂麥酒株式會社」是台灣第一個啤酒工廠。1930 年，台灣的啤酒市場愈來愈大，在台的日本啤酒商人集資籌組「麥酒販賣株式會社」，採全島統一訂價，形成「民間專賣」的情形。1945 年台灣光復後，高砂麥酒株式會社被台灣省專賣局接收，隨著多次改制，1975 年正式更名「台灣省菸酒公賣局建國啤酒廠」。台灣於 1987 年才開放啤酒自由進口。

一般來說，釀造啤酒需使用水、麥芽和啤酒花經發酵而完成。此外還可以用米、玉米等副原料。釀造用水對啤酒品質的影響很大，所以高品質水分的取得是決定廠址的重要條件，而啤酒花可以帶給啤酒獨特的香氣和爽快的苦味。沒有使用副原料的啤酒叫全麥啤酒。使用米、玉米及澱粉等麥芽以外的副原料時，可以變化啤酒味的風味。啤酒依加熱殺菌處理之過程，可分為生啤酒與熟啤酒。生啤酒是採用微孔膜過濾，即冷過濾的方式殺菌；而熟啤酒則是採用巴式消毒法殺菌。因此生啤酒比熟啤酒更加新鮮清爽。

啤酒的製造方法

BEER INFOGRAPHICS:
THE BREWERY PROCESS

MALT → MILLING (MILL) → MASHING (MASH TANK) +WATER → LAUTERING (LAUTER TANK) → BREWING (BREW KETTLE) +HOPS → COOLING

+YEAST → FERMENTATION (FERMENTATION TANK) → MATURING/CONDITIONING (CONDITIONING TANK) → BOTTLING (BOTTLE) → PACAGING (KEG)

1. 製麥：首先要將洗淨的大麥浸入麥桶槽內，讓麥子吸收發芽時必備的水氣、氧氣，在嚴密的溫度、濕度控制下，讓大麥適度發芽後用熱風乾燥。
2. 糖化：將麥芽研磨後加入熱水，使澱粉糖化，糖化液過濾後添加啤酒花煮沸過濾後製成麥汁。
3. 發酵：麥汁冷卻後加入酵母至發酵桶進行主發酵。麥汁中的糖分被分解成酒精和二氧化碳。這樣發酵終了的啤酒稱之為青啤酒。
4. 熟成：利用青啤酒中殘留之糖分，於低溫下繼續發酵，釀成具成熟風味的啤酒。
5. 過濾：熟成終了的啤酒以啤酒過濾機進行一至二次的過濾程序，以完全去除酵母及微粒子成為透明琥珀色的啤酒。
6. 包裝：真空方式進行充填、封蓋、貼標、裝箱等程序。

　　啤酒可分為上發酵啤酒及下發酵啤酒。上發酵的發酵溫度比下發酵者高，可縮短發酵、熟成期間。拉格 (Lager) 啤酒為底層發酵或是低溫發酵，台灣啤酒即為拉格啤酒。愛爾 (Ale) 啤酒採頂層發酵，英國健力士 (Guinness) 啤酒及比利時

奇美 (Chimay) 啤酒均為 Ale。

台灣啤酒的主要原料為大麥芽、蓬萊米與啤酒花，將大麥芽與白米分別輾碎加水，在適宜之溫度與時間控制下進行糖化，過濾後加啤酒花煮沸，一方面溶解啤酒花之香味與苦味，另一方面調解其糖度，製成麥汁。經過濾機除去麥汁中之殘渣，並將麥汁冷卻在攝氏 6 度，然後添加酵母約經七日之主發酵，發酵完成後，放入儲酒桶。在儲酒桶中保持低溫進行緩慢之發酵，經一個半月至兩個月之儲存，才可以過濾包裝上市。

由於台灣啤酒在釀造時添加了蓬萊米，蓬萊米香與中式料理搭配相宜。啤酒於夏季飲用時，最佳溫度約在七至八度間；冬季時，溫度則為十度。飲用前四小時放入冰箱冷藏。啤酒溫度低不會有泡沫，而溫度太高又全是泡沫，一般適當的泡沫與酒比例為 3 比 7。

近年來台灣精釀啤酒十分風行，而精釀啤酒這個名詞來自 1971 年的英國啤酒消費者組織 Campaign for Real Ale。這個組織率先發動，以恢復英國啤酒文化為號召，迫使英國國會修改酒稅法，開放小型啤酒廠和啤酒餐廳及啤酒館 (Pub)。除了歐洲各國受到影響外，以美國受到的衝擊最大。美國在 1976 年修改法令，開放小型啤酒廠、啤酒館和啤酒餐廳的設立。另外在亞洲日本於 1994 年修改稅法，步上英美國家的後塵。而在 2001 年底，我國財政部亦宣布全面開放民間釀酒。施行半世紀的煙酒專賣制度正式走入歷史。

圖片來源：David Waterson/Wikimedia

清酒

日本清酒的原料單純到只用米和水，是一種發酵酒。釀酒用米的外層含有很多蛋白質、脂肪和維生素等會破壞香氣與口感的雜質，所以在釀酒前必須把這些都磨掉，只使用米心的部分，這樣造出來的日本酒才會香氣獨特、口感滑潤。在釀造酒以前，要先把米中的澱粉轉換成糖分，然後才可以開始發酵。把澱粉糖化的作業需要添加會分泌酵素的米麴，在米麴把澱粉轉換成糖類的同時，酵母也正把糖分轉換成酒精。兩者是同時進行的，這是日本酒的特色之一，稱為「並行複發酵」。

清酒依其原料及製造方法可分類成一般清酒與特定名稱酒。一般清酒是比較低價的清酒，為了大量生產，故添加了釀造酒精及糖類，以調整酒的味道。特定名稱酒有三種：吟釀、純米和本釀造。吟釀製法是指以米、米麴、水、釀造酒精為原料，並使用吟釀酒用的酵母進行長期低溫發酵的釀酒法，可釀出米香以外各

種的怡人香氣。純米酒是以米、米麴及水釀製而成。完全不添加釀造用酒精與醣類，是只以米為原料釀造的酒，香氣濃厚。純米酒充滿米的香甜味，入口醇厚柔和。本釀造酒則是以米及米麴為原料，並添加釀造酒精的酒製成，味道較為清淡，清爽順口，有人形容為有個性的日本酒。

清酒的飲法分為「冰冷」與「溫熱」兩種。冰飲較常見的是將飲酒用的杯子預先放入冰藏，要飲用時再取出倒入酒液，讓酒杯的冰冷低溫均勻的傳導融入酒液中；當然最直接方便的方法，就是將整瓶酒放入冰箱中冰存，飲用時再取出便可。一般最常見的溫酒方式，是將酒倒入清酒瓶中，再放入預先加熱的熱水中溫熱至適飲的溫度，此種方法能保持酒的風味，漸漸散發出香氣。近年來，清酒為了打入年輕人的圈子，也發明了多款的調酒，例如，清酒螺絲起子或清酒血腥瑪莉。

清酒的保存要注意光線的遮蔽效果，因為清酒不但害怕陽光的照射，甚至日光燈照射過久都會使得酒質產生變化。市面上常見的酒瓶，大多設計成深褐色或青綠色等遮陽效果較佳的顏色，其目的就是避免光線對清酒造成的傷害。

三、酒對生理的影響

酒精之化學名稱為乙醇。酒由口腔、食道進入腸胃，進入胃中後受到胃液的稀釋，約有 20% 的酒精為胃所吸收，其餘的 80% 則由十二指腸、空腸吸收。如果胃中先有了食物，胃壁吸收酒精的速度會減緩，同時也延緩了酒流入小腸的時間。假如空腹，酒精的吸收會更加快速。酒後 30 分鐘至 2 小時內，人體血液中的酒精濃度就會達到高峰。隨著血液的循環擴散，被吸收的酒精幾乎是均勻且迅速地滲透到人體各內臟組織，約有 90~98% 酒精會完全被氧化產生能量，未被氧化的 2~10% 的酒精主要由腎及肺排出。酒精中毒之主因，是酒的飲用量超過人體對酒精氧化的速度。

人體首先受到酒精影響的是大腦的中樞神經系統。大腦中樞神經系統主要有控制和調節大腦皮質的作用，有了這種控制和調節大腦的能力，我們才能約束自己的日常行為。當喝酒到相當程度時，大腦中樞神經的控制調節功能受到抑制，導致大腦皮質部分脫離了中樞神經的約束，因此出現喪失理智的現象。

血液酒精濃度對人體的影響程度會由健談、行動笨拙、喋喋不休、感情衝動與反應遲鈍、疲倦嗜睡、大小便失去控制、昏迷直至死亡。當血液中酒精濃度超過 0.03% 時，會輕微影響到開車功能；0.05% 時會表現出說話大聲、多話和活動過度及降低判斷力，中度影響開車功能；0.1% 時會造成運動失調、說話不清

楚、嚴重影響駕車安全；0.2% 時會造成行動遲緩、難以站立、口齒不清；0.3% 會導致意識不清，身體呈僵直狀態；0.4~0.5% 時會昏迷和呼吸抑制；0.5% 以上則易造成死亡。

依據道路交通安全規則，汽車駕駛人飲用酒類或其他類似物後，血液中酒精濃度達 0.03% 以上，不得駕車，違者依道路交通管理處罰條例第 35 條舉發，處新台幣 1 萬 5,000 元以上 9 萬元以下罰鍰，並當場吊扣駕駛執照。另刑法第 185 條規定，駕駛動力交通工具而血液中酒精濃度達 0.05% 以上者，處 2 年以下有期徒刑，得併科 20 萬元以下罰金。每個人的酒精代謝速度不一樣，一般每小時僅能代謝 10 克至 15 克酒精。在通常情況下，喝 1 瓶或 2 瓶啤酒，血液中酒精濃度就可能達到酒駕處罰標準。因此，喝一瓶啤酒或兩小杯白酒，最好等到 10 個小時後再開車；喝 2 瓶啤酒以上，最好是一天後再開車。

近來人們對於健康是越來越重視，不只是在餐食方面，酒也是一個備受討論的話題，消費者要的不只是美食美酒也要健康。酒精對人體會造成一定的影響，要健康飲酒唯有先瞭解酒精對人體會造成哪些影響，才能認清飲酒過量會對社會造成何種危害，而控制自我的飲酒量。餐飲服務人員要對酒精對人體的影響有清楚的認識，並培養適量服務酒水的技巧，以避免顧客飲酒過量造成傷害。

四、無酒精飲料

◉ 茶

茶的嫩芽嫩梢，經過不同的加工製造方法，可製成各式的茶葉。世界通用的茶葉分類方式，以製造過程中茶葉的發酵作用發生的多少作為依據。一般可分為綠茶、白茶、黃茶、青茶、紅茶及黑茶六類。綠茶及黃茶不經發酵，白茶、烏龍茶為部分發酵茶，紅茶為完全發酵，普洱茶則為後發酵茶 (圖 6-1)。茶葉製造過程中，發酵作用愈劇烈的種類，如紅茶或重發酵的烏龍茶，茶湯色澤就愈趨近橙紅色。而普洱茶茶湯所呈現的黑褐色色澤，則是來自後發酵過程。

台灣民間用的茗茶，是在明清時期由大陸輸入，飲用者以富商及文人為主。日治時期日本權貴帶入了宇治茶 (綠茶)。台灣光復後，飲茶人口則轉為平民化。台灣本土茶葉，早期絕大多數

> 普洱茶的歷史可以追溯到東漢時期，距今已達兩千年之久。源於雲南西雙版納等地，自古以來在普洱集散因而得名。普洱茶是經蒸壓而成的各種雲南緊壓茶的總稱，許多人將普洱茶當作養生妙品。普洱茶的「後發酵」是指普洱茶在緊壓成型後的長期陳化過程。

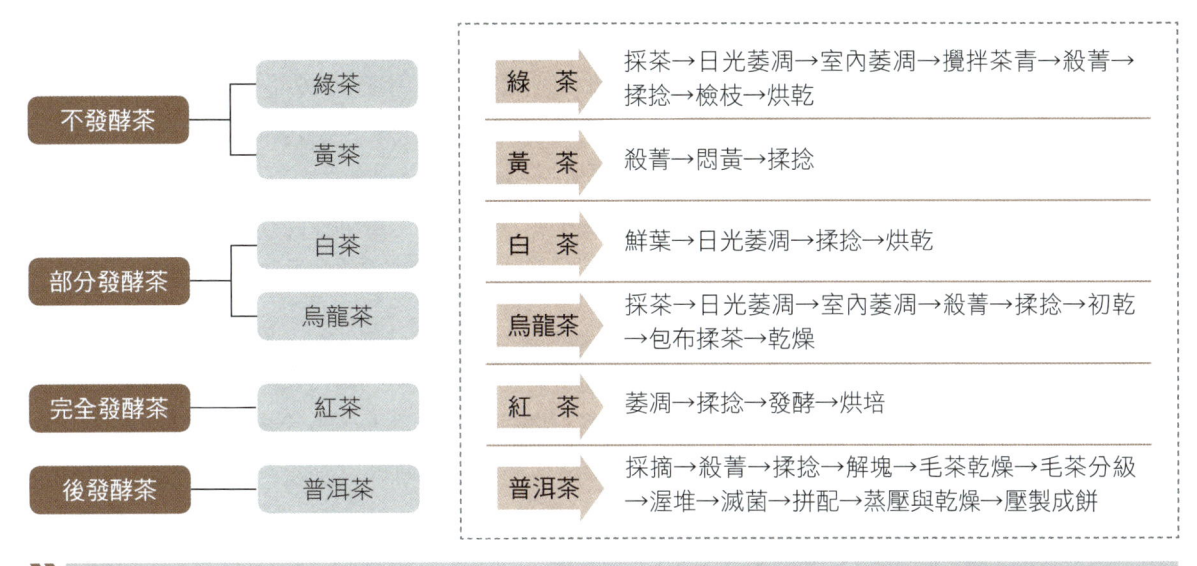

分類	種類	製程
不發酵茶	綠茶	綠茶：採茶→日光萎凋→室內萎凋→攪拌茶青→殺菁→揉捻→檢枝→烘乾
	黃茶	黃茶：殺菁→悶黃→揉捻
部分發酵茶	白茶	白茶：鮮葉→日光萎凋→揉捻→烘乾
	烏龍茶	烏龍茶：採茶→日光萎凋→室內萎凋→殺菁→揉捻→初乾→包布揉茶→乾燥
完全發酵茶	紅茶	紅茶：萎凋→揉捻→發酵→烘培
後發酵茶	普洱茶	普洱茶：採摘→殺菁→揉捻→解塊→毛茶乾燥→毛茶分級→渥堆→滅菌→拼配→蒸壓與乾燥→壓製成餅

▶ 圖 6-1　茶葉製作方式

供應外銷，至 1970 年代，才漸漸轉為內銷。

　　茶道屬於東方特有文化，起源於中國，早在唐代已經出現茶道一詞。所謂茶道是指品茗的方法與意境。台灣茶道乃指台灣獨自發展形成的儀式化的泡茶與飲茶方式。80 年代初期的台灣，經濟發展迅速，生活的需求開始走向精緻與多元化，飲茶文化逐漸在民間盛行，台灣茶藝館就在這個因緣之下而迅速發展。茶藝館一方面受工夫茶影響，一方面融入禪宗文化，成為台灣獨特的人文景觀，也代表台灣多元文化融合的精神。

　　80 年代茶藝館如雨後春筍般林立於街頭巷尾，洽商聚會、閱讀談天，甚至約會用餐均會選擇茶藝館，其中最具代表性的就是位於台北市的紫藤廬茶藝館。紫藤廬利用空間美學和音樂結合，形成獨特的「茶膳茶飲」文化，並開辦各種讀書講座，以及推廣插花藝術。該茶藝館以方型素布取代原本的塑膠茶盤，稱為「素方」。配合圓形的杯壺與茶海，象徵道家所謂外圓內方的處事哲學。隨著時代的腳步不斷演變，與外來文化的衝擊，台灣茶藝館的興衰起伏，發展已近五十個年頭。由於西方文化的導入茶藝館漸漸沒落。

1997 淡水創立 CoCo → 2007 進入中國大陸 → 2011 擴展美國與香港市場 → 2013 全球 1500 家門市 → 2015 全球 2000 家門市 → 2016 進入英國市場

▶ 圖 6-2　CoCo 都可茶飲國際發展

目前在台灣「手搖茶飲」遍布大街小巷，其中以珍珠奶茶廣為人知，成為台灣最具代表性的飲料之一。經濟部統計處指出台灣在 2016 年 1 月至 11 月的飲料店業的營業額高達 447 億新台幣，年增率為 3.8%。台灣目前市場上大約有兩百多家連鎖茶飲品牌，其中較有名的為：50 嵐、CoCo 都可茶飲、日出茶太、歇腳亭等。近幾年，手搖茶飲已經從台灣流行至東亞、歐洲、美國，甚至中東。

咖啡

咖啡在西方生活文化中，已歷經了多年的變革。國內在早期喝咖啡是一種奢侈的享受，以及身分地位高的象徵，隨著經濟起飛人們生活步調日趨緊湊，咖啡館成為舒緩情緒調整生活步調的場所，使得喝咖啡的人愈來愈多。台灣咖啡館的導入是在日據時期，最早類似咖啡館的店興起於 1930 年代，由日人經營的明治喫茶店、森永喫茶店等開設於大稻埕一帶，當時消費者多為日本人及曾至日本留學者。光復後上海的明星咖啡館於民國 38 年重新開設於台北市武昌街，店裡有橙黃的小壁燈與高背沙發，帶些許古老歐洲風格，是許多藝文人士聚會、創作的場所。

光復後的台灣咖啡館陸續開設，有 40 年代中的「美而廉」及 50 年代的「文藝沙龍」等人文氣息豐富的咖啡館，在台灣文藝的發展史上，扮演著重要的角色。到民國 70 年左右，在經營電玩比咖啡賺錢的因素下，當時期的咖啡館幾乎都設有電動玩具。70 年代庭園咖啡館崛起，著名的有「戀戀風塵」及「楓丹白露」等咖啡館。直至民國 80 年羅多倫及真鍋等日式咖啡連鎖店相繼來台拓點，以整體的裝潢環境設計、企業化的經營取勝，一時之間連鎖咖啡館的風潮瀰漫全台。

西雅圖極品咖啡於 1997 年創立，並於 1998 年在內湖設咖啡豆烘焙工廠，自行供應所有門市之咖啡豆。美國第一大連鎖咖啡店 Starbucks，則是與統一超商於 1997 年簽下合資協定，於 1998 年 3 月在天母開設第一家門市。星巴克主要吸引追求高品質願付高價的消費族群，所以門市分布在都會商圈地段，而除了都會區外，風景區及百貨公司也是星巴克的布局重點，至今全台約有 400 家門市。星巴克每位新員工進入門市的第一天都會發放「學習旅程手冊」，訓練專員會依照裡面的內容安排課程，不僅有咖啡的標準，就連水、溫度、牛奶和杯

圖片來源：PRO 準建築人手札網站 /Flickr

子，都進行了標準化。星巴克黑圍裙大師需要同時具備最豐富的咖啡知識、最有創意及最親切的服務及準確地調製出顧客點選的咖啡飲料等三項精品咖啡大使特質。

一般咖啡果從採收，撥開果肉成為果仁，經過焙炒及研磨後即可供沖泡。而此過程中的焙炒可分為焦炒、中炒、淺炒三種，磨粉亦可分成粗研磨、中研磨、細研磨三種，各產地咖啡豆及各種焙炒程度的特色如表 6-8 所示。

表 6-8　咖啡豆產地與特色

咖啡產地	特色	焙炒程度	特色
巴西	具適當苦味，風味柔合，適合作基材	淺炒	成肉桂色，香氣佳，適合美式製品
哥倫比亞	圓滑的酸與甜味，成熟的濃厚味	中炒	成板栗色，適合美式製品
摩卡	優雅的香氣與柔合的酸味	中焦炒	適合於日本人之嗜好
曼特寧	酸味很調和，有濃厚的醇味	焦炒	較強的炒法，適合餐後飲用或作為冰咖啡之用
藍山	均勻的酸味與甜味，風味、香氣俱佳	義式深焦炒	很深的焙炒，有焦味，適合義大利式咖啡

礦泉水

天然礦泉水　天然的礦泉水 (Natural Mineral Water) 是地下深處未受污染的地下泉水，當部分地面上的水，如河水、溪水等滲入地下岩層形成地下水，繼而由於地形的變化或地表有縫隙，水分便會湧出地面。由於水在這個過程中經過了不同的地層，湧出地面的泉水中含有大量的礦物質，就形成天然的礦泉水了。

天然礦泉水含有多種礦物質，部分亦含有天然二氧化碳等氣體。天然礦泉水的礦物成分亦會隨地區的不同、水源的改變等環境因素而各異。例如：泉水藏於岩石的日子愈久，更多的礦物會溶於其中，水的礦物成分便會更加豐富。在歐洲，所謂礦泉水必須是地底抽取的自然泉水，未經加熱殺菌直接裝瓶，並且符合歐盟規定的飲用水衛生標準。以下介紹四款歐洲知名品牌天然礦泉水。

- Evian：依雲 (Evian) 天然礦泉水的名字，源自於拉丁語 evua，即「水」的意思。阿爾卑斯山頂上的融雪與大自然的雨水混合在一起，流經層層冰砂向下滲透。經歷 15 年的歷程，才能從山腳下之泉眼流出。天然冰川，不僅使這些水得到淨化，更賦予其獨特滋味。法國大革命時期，在位於日內瓦湖畔的一個小鎮上，人們發現它的口感清爽、溫潤。於是，大量的人們湧入小鎮來親自體驗

它的神奇魅力，最終，泉水的主人將泉水裝瓶出售。這個默默無聞的 Evian 小鎮，在 1864 年被賜名為「水之小鎮」。

- Volvic：富維克 (Volvic) 天然礦泉水的水源位於法國歐維納火山公園內的山丘上，這個區域周圍沒有城鎮、工業或密集的活動，杜絕一切污染源，造就了礦泉水的純淨。礦泉水流經火山灰、玄武岩和安山岩組成的天然過濾層。當水流經這些岩層，緩慢的過濾和層層滲透得以保持泉水中純淨、均衡的礦物質成分，和微量元素含量穩定性。

- Hildon：希登 (Hildon) 天然礦泉水是英國皇室指定飲用水，水源源自於英國蘭南部的白堊丘陵，經 20~50 年天然過濾，其水質未受污染，鈣質含量高且成分穩定，軟硬適中，口感柔和而清爽。

- Voss：芙絲 (Voss) 天然礦泉水之水源位於北歐的挪威南部的地下水源，富含礦物質，但幾乎不含鈉，被譽為最純淨的瓶裝礦泉水。Voss 瓶身出自知名設計師之手，瓶身選用水晶石材質，打造了一種纖細光潔的圓柱造型，在水喝完之後，還可以當水瓶重複使用，Voss 採取高端路線的定位，第一次在美國出現是在四季酒店。直到 2007 年底之前，Voss 還只在嚴格挑選的旅館中供應。

天然氣泡礦泉水　氣泡水 (Sparkling Water)，也有人稱為 Bubble Water。英文 Sparkling 這個字有「閃爍、燦爛」的意思，形容水中的泡泡跳躍於舌尖的口感，使人產生愉悅的感受。天然氣泡水其形成必須有豐富的地下泉水，經由地熱作用，將地層中的碳酸鹽等礦物質溶於泉水中。含有碳酸鹽之密度輕的泉水隨著地心所冒出之碳酸氣體湧出地面，再經由過濾、殺菌、瓶裝即可完成。而一般氣泡水與天然氣泡水最大的不同，在於一般氣泡水以人工加壓充填二氧化碳融入到水中。以下介紹四款歐洲知名品牌天然氣泡礦泉水。

- S.Pellegrino：源自 1899 年的「聖沛黎洛」礦泉水，是於義大利阿爾卑斯山地底將近 900 公尺深處發掘的天然礦泉水，它以細緻的氣泡和微妙的礦泉芬香聞名於世。聖沛黎洛柔順和諧的口感非常適合與口味豐富的菜餚搭配，為國際廚師協會之指定佐餐水。

- Perrier：沛綠雅 (Perrier) 是來自庇里牛斯山深層天然水源的碳酸泉。出產於法國普羅旺斯的 Vergeze 小鎮。1905 年獲選為英王御用礦泉水。水中的氣泡可幫助消化及蠕動，以增加新陳代謝。擁有水中香檳的美稱，非常適合佐餐。

- BADOIT：波多 (BADOIT) 氣泡水的水源地，位於法國南部座落於佛瑞山山腳下的聖格美爾小鎮。取自深達地底 153 公尺的花崗岩層，使 BADOIT 蘊含天然二氧化碳與豐富的微量元素。BADOIT 最大的特色在於宛如香檳般細膩綿

密的氣泡，創造多層次的豐富口感。
- Ferrarelle：法拉蕊 (Feffarelle) 氣泡水出產於拿坡里北邊羅卡蒙菲納火山地形，在 1893 年被人開挖發現。Ferrarelle 是義大利市售礦泉水含鈣量最高者，此外亦適合佐餐幫助消化，曾榮獲國際食品品質協會邀請專業的主廚及侍酒師評選，給予頂級口感獎。

五、酒吧

英國的酒吧早期稱為 Ale-House，源自於二千年前不列顛島被羅馬人統治時期。之後倫敦有許多客棧 (Inn) 供旅人休息，Ale-House 附設於客棧中，不僅成為旅人休憩之處，同時也為當地農、工階層聚會、聊天的場所。

現今世界各地均以起源於美國的用語 Bar 來稱呼酒吧。在美國開墾時期的酒吧很簡陋，來自各國的移民帶了各式各樣的家鄉酒，在酒源不足情況下，不知不覺之中習慣了混合著不同酒喝，於是調和酒 (Mixed Drink) 成為當時的特色。美國的禁酒令在 1920 年生效之後，開始全面禁止一切酒精飲料的製造、販賣和進出口，但卻不包括酒的持有和飲用在內。初衷是試圖通過禁酒緩和某些社會問題，然而事與願違的是，禁酒所帶來的新問題卻更嚴重，於 1933 年禁酒令正式宣告撤銷。

而後隨著美國工業革命，都市化的進展，美式酒吧十分發達。1862 年美國名調酒師 Jerry Thomas 出版了世界上第一本調酒師手冊，內容包含調酒技法、酒類知識、雞尾酒酒譜等，並把調酒的技術介紹給歐洲人。1920 年後，一些有名的美國調酒師被聘往歐洲，酒吧才於歐洲盛行起來。

以名稱而言，所謂 PUB、BAR、SALOON 的差別係因為發源地的不同，PUB 發源於英國，BAR 是 PUB 傳入美國社會後的稱呼，而 SALOON 則是由法文演變而來的，這三者都是指酒吧。如今 PUB 與 BAR 之最大不同在於，BAR 在歐美算是比較正式的社交場合，舒適優雅的裝潢、柔和的音樂，穿著也較為正式，消費金額相對也較高。

1950 年韓戰爆發，美國派遣軍事援助顧問團於 1951 年進駐。美軍基地駐紮於今日的台北市中山足球場旁，為了提供其休閒需要，鄰近中山北路晴光市場一帶的酒吧開始應運而生，四處可見酒吧林立，1965 年越戰爆發，美國介入越戰後，因為地緣關係，台灣成為越戰後

圖片來源：Wikimedia

勤基地之一，美軍來台設立聯勤台北美軍招待所。由於當時的主要美軍機構都在台北市，在接下來的十年中，逐漸形成一個以美軍為主要消費群體的特殊街區，也因為當時的酒吧榮景，而孕育出許多的台灣第一代調酒師。

1974 年越戰結束，在台美軍也銳減，中山北路一帶以美軍為主的酒吧蕭條，而後以卡拉 ok 為主題的酒吧多以訪台日本客為主，其中林森北路的七條通是遠近馳名。1980~1990 年代，在台大與師大附近，因應外籍留學生需求而發展出以大學生為主要消費群的酒吧，此類酒吧承襲美式鄉村風格。而 80 年代後，國內經濟景氣持續提升，國人日益注重休閒生活，酒吧開始恢復生機成為時下的休閒場所。在台灣的酒吧可以依販售的品項、店內設備、空間設計和主題風格不同，分類為以下六種類型。

雅座酒館

雅座酒館 (Lounge Bar) 在早期是高級飯店中才會設立的酒吧，有舒適的沙發，供紳士名媛優雅淺酌，進行社交活動。近年成了白領階級的最愛。慵懶、時髦、優雅的 Lounge Bar 之所以會成為現今都會夜生活的主角，在於生活環境高度都市化而產生的休閒需求，人們工作之餘希望找一個舒適的空間，無拘束的靠在沙發上，和三五好友舉杯共飲，在略帶昏暗的燈光下聽著 Lounge 音樂。

Lounge Bar 最大的賣點在於裝潢，營造簡單、低調奢華的神秘氛圍最為重要。採用間接光或者漫射光源的光暈效果，大多為暖色色溫有色光，搭配少數高色溫之藍綠光。吧檯以較強烈的局部照明，吸引人們的注意力。音樂要表現的是從容優雅，閒適而精緻的休閒風格。包廂通常是以珠簾或是布幔隔開，內部座位空間寬敞。沙發為 Lounge Bar 內最重要的主角，材質多以絨布、皮革為主。

音樂酒吧

講究現場聆聽音樂及近距離與歌手互動的熱鬧氣氛，顧客的活動不再只是單純的喝酒聊天，而是晚上熱鬧的現場表演，以及台上和台下的歡樂氣氛。Live House Bar 較著名的有犁舍及地下絲絨等，為許多國內歌手發跡之處。

夜總會

夜總會 (Night Club) 俗稱夜店，早期中泰賓館的 KISS 每天吸引大量排隊人

潮。室內空間採挑高炫麗之設計，有 DJ 專門播放音樂的舞池。通常會舉辦許多活動以吸引人潮，利用節奏感強烈的音樂加上絢爛的燈光製造出 Party 的氣氛。因顧客層複雜易產生安全問題，多會設置安全人員負責查驗證件及進行場內巡邏，防止酒客鬧事或其他意外。

◉ 運動酒吧

提供體育賽事轉播、飛鏢機及撞球檯供顧客娛樂為 Sports Bar 最大賣點。以啤酒、美式餐食為主要販售品項，烈酒或調酒為輔，氣氛熱絡喧鬧，客層多以運動愛好者為主，每到大型體育賽事時總是一位難求。

◉ 單品酒吧

此類型酒吧特點以販售單一專門酒類為主，例如：葡萄酒吧 (Wine Bar)、威士忌吧 (Whisky Bar)，在店內收藏各式不同之酒款，可以單杯販售，以便顧客品嚐市面不易購買之特殊酒品，此類型酒吧極為講究品酒的方法及杯具之選用，客層以對單一酒品有特別愛好之人士。

◉ 旅館酒吧

大部分的國際飯店都會附設酒吧，且大多位在大廳一角或高樓層視野寬廣之處，提供下榻的住客或商務人士一處洽公或放鬆的就近飲酒之處。

酒吧業是一與顧客高度接觸的行業，除環境需舒適安全、符合法規外，從業人員更必須具備職業道德、專業知識及危機應變能力。最常見的酒吧組織結構可分為一般小型酒吧及旅館酒吧兩類。

一般小型酒吧有些業主會身兼酒吧經理及調酒師，也有部分會另外聘請專業經理人，其下設調酒師及服務員。小型酒吧的組織結構簡單，其優點為人事精簡、容易控管、上下溝通迅速且可快速反映市場變化。

較具規模的旅館多數會設置酒吧，少則一家，多則二至三家，並設有飲務部經理督導各酒吧運作，並負責酒吧人事管理、教育訓練、建立服務及飲品調製標準作業流程等。一般旅館的飲務單位編制分為：飲務部經理下設吧檯主任、吧檯主任下設調酒員領班及服務員領班、調酒員領班下設調酒員及練習生、服務員領班下設服務員。

目前酒吧林立，管理人才需求增加，但素質常見良莠不齊，顧客與服務供應

者雙方的糾紛時有所聞。為提升國內飲務人才專業技術及符合就業市場需求，行政院勞委會職訓局於 2001 年起，正式開辦國家調酒技術士丙級證照考試，之後於 2010 年將調酒證照區分為丙級及乙級證照，並更名為飲料調製職類。乙級證照考試範圍納入現場管理知識、從業道德、衛生管理、酒類品鑑、成本計算、相關法令等內容。酒吧經理除須具乙級證照之專業能力外，尚須具備預算執行及財務管理、行銷管理、人事管理及教育訓練與安全管理能力。安全管理包含如酒後鬧事、使用毒品、性騷擾之預防與處理，以及顧客酒後駕車之勸阻與後續服務事項之安排。

個案／葡萄酒與餐點的搭配

位在天母的美琪高級西餐廳緊鄰一間擁有 80 間客房的精品旅館。到隔壁旅館入住的房客通常會規劃在此享用一頓晚餐，此外，餐廳的主要客戶是來自天母附近的居民。

在過往的五年間美琪漸漸成為一間屬於歡慶特殊節日的餐廳。絕大部分的客人都是第一次光臨此餐廳慶生、結婚周年或是慶祝其他人生的重要時刻。餐廳主要吸引的對象是情侶，團體聚餐的比例很低。

在菜餚方面，美琪餐廳菜色以法式料理為主。餐廳鼓勵員工向客人推銷瓶裝葡萄酒或是單杯葡萄酒。比起其他在同區域的餐廳，在這裡的酒單數量比同業來的多。有近百分之四十的客人會在瓶裝葡萄酒與單杯葡萄酒中選擇一種品嚐。

美琪餐廳在星期五與星期六晚上都十分忙碌，每晚都需服務約 120 位用餐客人。然而星期天到星期四間的營業狀況卻十分慘淡，有時只有少數的客人來用餐。餐廳老闆告訴經理庭葦，希望他能提升平日每晚的營業額，而庭葦在美琪餐廳工作才僅僅三個月。

庭葦確信在所有美琪餐廳裡的巨大挑戰中，其中一件事便是克服消費者對此餐廳為「慶祝獨特節日的餐廳」的既定印象。或許是它優雅的裝潢、細緻的菜單設計項目、新鮮的食材、白色的桌巾與口布，以及盛裝打扮的侍者因素使然。重新定位餐廳會令既有的顧客感到困惑，所以他的挑戰是使顧客成為忠誠客戶，增加其用餐次數，以及開發新客源。

庭葦仔細思量他的情況，他知道無論是菜餚與酒類的降價促銷或是主題式的晚餐，都不完全符合餐廳的高級形象，但餐廳老闆們只想要小規模的改變。於是庭葦開始著手準備設計每週的晚間套餐。他增加了運用菜餚與葡萄酒搭配的組合套餐方案。美琪餐廳的瓶裝和單杯銷售的葡萄酒已經相當受歡迎，庭葦很好奇是否菜餚與酒類的組合套餐能讓新舊顧客都能喜歡。

問題討論

1. 你認為餐點與酒類搭配的促銷方式，會是一個提升餐廳營業額的好辦法嗎？
2. 西餐之餐點與葡萄酒搭配有何原則得以依循？
3. 請找出一份具餐點與葡萄酒搭配的菜單，分析其特色？

個案 2　酒水缺貨

德宏畢業於大學餐旅管理系，為中山北路的一家中型旅館的飲務部經理。欲全心奉獻自身專業，致力於提供旅館顧客完善的服務。這是個週六的下午，旅館有個婚禮宴會要舉行。現場已有上百個賓客邊喝香檳邊等新郎新娘出場。旅館也準備周全，以給賓客一個完美的夜晚。

此時主持人接到男儐相的來電，解釋說新郎和新娘在攝影師那邊給耽擱住了。這對主持人來說不是個什麼問題，並且告知了德宏這個消息，希望他能提供更多的香檳給所有賓客，免得新郎新娘來的時候，賓客們的杯子都空空如也。然而德宏只準備了依原定婚宴時間表規劃的香檳數量，每人頂多一杯到一杯半的量。雖然儲藏室裡還有幾瓶該牌香檳，但是除了儲藏室員工與總經理外，沒有任何人持有儲藏室鑰匙。儲藏室員工週末向來不上班，因此德宏只好試著打電話給總經理。總經理住在離旅館不到10分鐘車程的地方，不過當時總經理不在家，所以德宏只好去旅館的其他餐廳及吧檯調香檳跟氣泡酒。接著他和主持人解釋必須更換香檳品牌以繼續提供服務。

同個夜晚，有14位商務人士在這間旅館的餐廳預約了一桌來辦派對。他們選定了既定的菜色，到齊後主人想要點最貴的酒，但不幸地，這款酒在餐廳裡只剩下四瓶，其餘的都在儲藏室裡。因此，主人只好接受德宏所推薦價格較低、卻供應無虞的酒款。

當日夜深之時，在旅館吧檯裡，四個人喝著他們最愛的一種干邑白蘭地。酒後兩巡，正當他們想再暢飲下去時，酒保告訴他們這款白蘭地已經所剩無幾了。這款酒因為平常很少人點，所以只有一瓶。酒保打電話給德宏要求支援，德宏愛莫能助，因為他沒有酒水儲藏室的鑰匙。他所能做的，只有去告訴該桌客人這款干邑白蘭地已經售罄，並推薦他們另一個品牌的酒。雖然客人們並不以為意，但已讓德宏對於他總是無法滿足顧客，感到難過非常。

德宏已經試了許多法子以防止這樣的情形發生。首先，他希望能改變制度，讓他或是某人可以在晚間持有酒水儲藏室的鑰匙，畢竟這是酒類銷售最多的時段。但是總經理拒絕討論這些事情，也不讓其他人持有鑰匙。既然這法子行不通，德宏開始每在需要去酒水儲藏室拿東西時，就打電話給總經理，希望藉由這樣，可以讓總經理不勝其擾且瞭解到是時候該改變作法了。通常，總經理會接到電話或顧客的要求後，就從家中趕來酒水儲藏室拿東西給他們，接著才又回家。總經理似乎完全不為頻繁的電話，及延誤了顧客的服務的這些問題所擾。

德宏接下來換個方法：每當有宴會與派對時，就訂購比實際數量更多的酒水，以確保供應無虞。在一場大型宴會後，德宏退回了好幾瓶未開封的酒水給儲藏室，儲藏室員工有鑑於此，之後就提供比德宏原本訂購數量更少的酒水給他。當德宏告訴總經理這種狀況時，總經理認為服務人員應該學著更常去和顧客說不。德宏的最後一個辦法就是設置一個他可出入的酒水儲藏室。這看來是個好方法，但這儲藏室只被許可儲藏為數不多的幾種暢銷酒款。這樣做只是杯水車薪，因為問題主要都是來自那些不常見且昂貴的酒款。

德宏已厭倦與總經理和儲藏室員工爭論來滿足顧客。最初，德宏立志要滿足顧客的要求。現在，他只能告訴顧客他們想要的產品被鎖在儲藏室沒辦法拿。

問題與討論

1. 你認為為什麼總經理會訂這樣的政策？
2. 你認為德宏應如何解決此種狀況？

Chapter 07

餐飲行銷

學習目標

1. 瞭解影響消費者用餐體驗之相關因素
2. 認識音樂如何影響餐飲消費行為
3. 清楚影響顧客滿意的關鍵因素
4. 理解餐飲業如何運用行銷組合及市場區隔等方式達成行銷目標
5. 明瞭餐飲業如何透過網路進行行銷
6. 認識體驗行銷與傳統行銷的差異性
7. 瞭解休閒與餐飲之關聯性

們外出用餐的原因很多元,例如:對購物者、旅遊者、商務旅客或通勤者這些無法在用餐時間返回家裡的人來說,外食是一件很方便及必要的活動。邀請工作夥伴或是朋友去一間時尚的餐廳用餐,可凸顯主人的身分地位,很多商業人士的合約都是在用餐時段談成的。對於家庭主婦而言,餐廳提供製備餐點、服務及清理之功能,令其感到輕鬆愉快。傳統上英國人慶祝節日或是過生日時,多會在餐廳用餐,但是比利時人與法國人卻不這麼做,這顯示了不同的文化背景會導致不同的用餐行為。就像人們不會每週都看同一部電影,消費者喜歡在不同的餐廳嘗試新的飲品或餐點。

一、外食動機及感受

影響用餐體驗之因素

雖然外出用餐的原因很多,但影響用餐體驗之因素可歸納為餐點、服務及氣氛三大類別。

餐點 在餐廳裡面,最重要的就是餐點,人們每天都會接觸到各式各樣的食材,對於餐點的瞭解必定非常深刻,也因為如此,消費者對餐廳提供的菜色多有明確的期望。不同的文化信仰、社會環境、地理位置、年齡、身體健康狀況與廣告行銷活動,均會導致不同的飲食習慣,進而影響消費者的餐點選擇。年長的消費者對餐點呈現方式的期望會比較保守,認為某種餐點就該具備某種特色;而年輕一代的消費者則勇於嘗試不同的餐點,對於餐點的接受程度較彈性。餐飲業者應該把握目標消費者的喜好,透過餐點的外觀、擺盤方式、氣味、口感、質地與溫度的調整,將優質餐點加以呈現。

氣氛 氣氛是一個抽象的名詞,代表了消費者在用餐時因為環境而產生的認知感受。氣氛可直接或間接性影響顧客感官體驗,是餐廳與消費者溝通的重要橋樑。由於餐飲服務業之生產與消費同時發生,因此,環境氣氛對顧客的消費經驗有著極為重要的影響。業者經常利用周圍的香味、照明、家具的安排或空間擺設,來誘發消費者的愉悅感,並企圖影響其感受。

氣氛可分為五大構面,分別為:(1) 外在變數,例如:建築物的規模大小及

色彩設計；(2) 內部變數，例如：地板與地毯、燈光、音效、溫度及清潔度等；(3) 布局與設計，例如：等候區、工作檯設計，以及動線規劃等；(4) 陳列與裝飾，例如：牆壁裝飾與標識等；(5) 人為變數，例如：消費者及員工。消費者部分包含消費者特質與消費者擁擠程度；員工部分包括員工特質及員工制服。透過氣氛構面的刺激，會影響員工之態度、心情及效率；亦會影響消費者之愉悅感、停留之時間長短、購買行為及滿意度。

顧客於餐廳內用餐時，店內所營造的氣氛會影響顧客滿意度，使顧客提升再購意願及口碑宣傳，甚至能讓顧客支付更多的錢消費。因為顧客於餐廳內感受之氣氛良好，可在消費過程中得到更多滿足與愉悅，因此會降低對於價格之敏感度。此外運用色彩、燈光、聲音及氣味原理應用於餐廳環境設計，得以提升來客數及翻檯率。

雖然氣氛是一種縹渺、閃爍不易捉摸的狀態，但藉由裝潢設計，可以將氣氛體現給消費者，讓消費者感受愉悅與放鬆而非緊張焦慮。例如：星巴克強調每間建築的設計都是按照咖啡豆形成中的四個色系，再由每個色系中發展出十六個系列，形成六十四種變化，並使用這些顏色作為外部及內部裝潢的依據，形成星巴克的風格。另外，值得關注的是員工層面，環境會影響員工心理及實際行為，例如：工作環境所營造的氣氛會使員工產生歸屬感，進而反映在工作效率上。以下為影響氣氛之相關元素：

清潔與衛生 早期國人上餐廳的考量因素多為餐點美味可口、價格合理及食物份量足等這些「實在」的價值，但隨著西式速食餐飲業帶來 QSCV 觀念 (Q 品質、S 服務、C 清潔、V 價值) 的影響，食物可口及份量足已非吸引消費者的主要因

⋄ 麥當勞 ⋄

是全球最大連鎖餐廳，1955 年創立於美國，麥當勞遍布全球六大洲 119 個國家，擁有超過 30,000 間分店，為全球餐飲業最有價值品牌。由於是最大跨國連鎖企業，麥當勞已成為公眾討論關於食物導致肥胖，公司道德和消費責任焦點所代表的快餐文化。麥當勞快樂兒童餐免費贈送玩具，如迪士尼電影人物玩偶，對兒童頗為吸引力。

素,增加的是包括清潔衛生、服務品質及用餐氣氛等屬「無形」的價值。

在許多消費者用餐的考慮要素中,清潔衛生已成為選擇餐廳的首要因素,其次才為服務及餐飲等項目。有 25.5% 的消費者是因麥當勞講究衛生而光顧,只有 4% 的顧客是因其口味佳而前往。這項調查顯示出現代人對餐廳的清潔衛生極為重視。而對於餐飲業者來說,如何改善餐廳的清潔衛生以符合顧客需求,亦成為重大的考驗。

清潔一詞指肉眼可見之污物;而衛生則包含除去肉眼可見之污物及無法以肉眼觀察,但有害人體健康的污染物。清潔與衛生僅於程度上有所差別,清潔在於探討可見污物的污染程度;而衛生則包含了清潔,進而深入到無法觀察到的污染物。

餐飲業之衛生管理法令涵蓋了一系列的規範,包括人員、場地、設備等各部分之規劃。然而許多餐廳無法完全達到政府規範。根據 Wade (1998) 對英國餐飲業者所做的調查,歸納出影響餐廳清潔衛生之主要因素為建築物的設計不當、能力不足的員工,以及員工的高流動率等因素,如表 7-1。

表 7-1 影響餐廳清潔衛生之因素

缺失原因	%
缺乏標示	2.94
缺少清潔的用品	2.94
缺乏保持	5.88
員工的清潔技術	5.88
訓練投資不足	5.88
未經訓練的員工	10.29
設備投資不足	10.29
使用者的誤用	11.76
員工流動率	13.24
能力不足的員工	13.24
建築物設計不當	16.18

為避免上述的問題發生,經營者於設計時應留意餐廳建築規劃對維繫清潔衛生的影響。此外宜增加相關訓練及設備之經費,以達到良好的訓練效果。餐飲衛生作業手冊的訂定需詳盡完善,對於清潔工具的使用標示及注意事項也需詳加註明,以加強員工清潔衛生的觀念,降低員工的誤用比例。

燈光 照明設計是以光的環境感受為重點,不同的燈光會帶給人們心情上不同的感受,例如:明亮的燈光給人溫暖感受,適合團體聚餐;而昏暗的燈光保留一點神祕,適合情侶約會。當然,燈光的使用也可以帶給餐廳業者不同的定位效果,例如:速食餐廳的特徵為明亮的,而高級餐廳是燈光柔和的。在餐飲空間方面,室內環境和餐桌檯面上必須有足夠且恰當的光照,才能滿足顧客的基本需求。不同的餐飲空間,燈光設計的要求不同,一般而言,中餐廳風格較為明亮,燈光照度較高。西餐廳重視氛圍與菜式的照明,其基礎照明往往比較暗,以營造私密空間感。整體照明過亮,太均勻,自然光過強,都會導致西餐廳缺乏氣氛。

光源對物體顏色呈現的程度稱為顯色性,也就是顏色的逼真程度,顯色性高

的光源，使我們所看到的顏色較接近自然原色，顯色性低的光源，對顏色的再現較差，導致所看到的顏色偏差也較大。顯色指數 (Ra) 值為 100 的光源代表，物品在其燈光下顯示出來的顏色與在自然光源下一致。用顯色性好的暖色調能夠吸引顧客的注意力，真實呈現食物色澤，引起顧客食慾，因此餐廳燈光顯色指數宜高於 90。

　　光源的色溫不同，對環境氣氛的渲染也不相同。色溫意指俗稱的白光和黃光，色溫愈高光愈偏冷，色溫愈低光愈偏暖。白光色溫太高，不能凸顯食物的色彩。因此一般在外賣展示櫃，燈光都是偏橙色，讓食物看起來更誘人。中餐廳之色溫宜控制在 3,000 K 至 3,500 K，西餐廳色溫宜控制在 2,800 K 至 3,000 K。不同燈具營造出的燈光效果大不相同。為了避免呆板的單一照明，餐廳通常會採用檯燈、吊燈，以及反光燈槽等不同燈具來營造特別的空間感。比如可以在餐廳中間的頂部採用吊燈來提高其整體照度。此外，要選擇與餐廳整體風格一致的燈具，以達到畫龍點睛之效果。

空調　台灣的夏日氣候炎熱，如何保持餐廳的舒適溫度是一項困難的課題，尤其是顧客進進出出間很難保持餐廳內部的恆溫。餐廳的座位安排靠門、靠窗或者窗戶的材質及方向，都是需要經過考慮的。根據台灣經濟部室內冷氣溫度限值現場檢查程序作業要點，規定供公眾出入之營業場所，室內冷氣溫度平均值不得低於攝氏 26 度。但餐館或其他能源用戶附設之餐廳或美食街，於七時至九時、十一時至十四時及十八時至二十一時之時段，不在此限。此外，由於飲酒顧客之代謝速率高，酒吧需要保持較低之溫度。

家具　餐廳家具的設計影響消費者對餐點的感受、用餐停留時間的長短、服務人員服務的順暢性，以及消費者內心的安全感與親密感，甚至餐廳的營收都會受其影響。當然，對消費者來說舒適感才是最重要的，舉例來說，夫婦喜歡相鄰而坐，座位要足夠寬敞以方便消費者移動。一般而言，男性喜好倚著坐，女性相較男性坐的較直。雖然在同一家餐廳提供兩種不同的椅子是不切實際的，但是如何將椅子成為長時間留住顧客或快速翻檯的工具，是一門學問。

餐廳的大小與形狀　空間的緊密程度也會影響消費者用餐的氣氛與心情，例如：天花板太高太矮，或用餐環境太窄太小，很多業者會利用鏡子的擺放，來營造視覺上的空間延伸。

消費者　消費者的行為是餐廳業者最難控制的，消費者常常受到周圍的其他消費者影響，例如：旁邊的人太吵就會影響消費者用餐的情緒。早期國外會出現因為

消費者的穿著不符合餐廳的標準，而拒絕接待該位客人的情況，不過這種規範現在已經慢慢式微了。

聲音 餐廳本身是一個易吵雜的環境，控制餐廳的各種噪音可影響消費者的用餐感受。餐廳的噪音主要來自三個部分，分別為顧客本身、員工及環境。噪音會降低消費者的食欲，且大部分的人喜愛待在用餐環境舒適不吵雜的餐廳。在性別部分，男性較不在意餐廳的噪音。

因為想避開餐廳的噪音，顧客往往會避開尖峰時段於餐廳用餐，或者是以外帶的方式另找出替代的用餐地點，也有年輕人會以戴上耳機方式避免餐廳環境的噪音影響，因此餐廳需營造出一個低噪音的用餐環境給消費者。不同材質的桌子發出來的噪音均不相同，窗簾與地毯可以有效減少室內的音量，將餐廳內的桌椅安裝橡膠隔音套亦可降低噪音的產生。若餐廳鄰近市中心地區，則必須安裝隔音的設備以降低外來的噪音。另一方面餐廳服務人員對於餐具的處理，以及餐廳音樂的播放，也是環境噪音的來源。而音樂是最直接強烈影響消費者心情的因素，它會決定消費者滯留時間長短、是否願意在這間餐廳用餐，甚或改變消費者的心情。

音樂與餐飲消費行為

音樂這個字源自希臘文 mousike，意即「由謬思而來」。我們所聽見的音樂，其實是一波波由物體運作所引發，向四面八方不斷擴散出去的空氣分子。這種純物理的現象，可以進一步歸納為「感官經驗」與「感情經驗」二個層次。「感官經驗」指的是由音樂本身引發、純屬感官的反應；「感情經驗」指的是由音樂延伸出來的情緒共鳴。

音樂之結構最主要包含旋律、節奏、和聲及音量。旋律是聲音的水平組合，能反映出人的情緒；節奏是有組織、有活力的一種脈動，能表達出時空和情感的起伏；和聲是聲音的垂直組合，不同的聲音同時產生和諧的感覺，使人由音律波動中平衡感覺的起伏。音樂是影響氣氛的重要因素之一，而且音樂對人類行為有著顯著的影響。

節奏 節奏的源由，實出於大自然的循環，人體的自然動力、心臟跳動、呼吸張弛、甚至眼皮的張合等。形成節奏的內容有：拍子、速度、力度。所謂的「拍子」在理論上分為單數拍及複數拍，亦即將相同長短的音作為一計算單位。速度方面，其快慢連帶會影響音樂的表現風格和內容。如速度快，會讓人產生興奮、激動、熱烈的情緒；速度慢，則有柔和、平緩、莊嚴、安靜的感覺。音樂不斷連

續的演奏，固然保持了平和、穩定，但因情感需要有力度表現，而將音樂某一部分，加上力量將其凸顯出來。因此，力度也含帶有音響強度而形成漸強、漸弱的效果。Milliman (1986) 發現慢節奏音樂會使餐廳消費者用餐時間增長，而且慢節奏音樂會增加吧檯酒精飲料的營業額。

旋律 旋律也就是曲調，意即不同音高的音連續性的交替運動而形成的。旋律的型態，可歸納為波浪式、階梯式或平訴式。談到旋律不可忽略的就是音階。無論東西方旋律的形成，都會採用一定的固定音高排列形成所謂的調式，而這固定音高又和一定的文化習慣與傳統有關。西方有由古希臘七音調式衍生發展出來的「大、小調」音階；在東方則有所謂的「五聲音階」，而這三種不同音高組成的音階系統，都呈現不同旋律個性，即所謂調性。音調的變化會使人的內心產生變化。例如：西方大音階會產生開朗、明亮的感覺，富有陽剛之美。小調則呈現陰柔、內斂的感覺。

和聲 旋律是指在不同的時間演奏不同的音高，而和聲 (Harmony) 是在同一時間演奏不同的音高，而獲得協調或不協調的效果。和聲，是建立音樂獨特風格的重要元素。廣義來說，和聲意指兩個以上的音符，同時被演奏而產生音響。音樂的形成，就是藉著旋律與和聲的縱橫編織與交錯，而產生出各種不同型態的樂曲。研究顯示，大調和聲會讓消費者覺得播放音樂的時間較長，小調和聲讓消費者覺得比較短。

音量 背景音樂的音量在服務環境中是一項最容易控制的變數，吵雜音樂讓消費者在超市內停留較短的時間。此外，吵雜的音樂讓消費者超過對音樂喜愛的臨界點，會覺得等待的時間比較長。一般而言，女性較不喜歡大聲的音樂，也就是說，女性比較喜歡慢一點、寧靜一點的音樂，而男性比較喜歡吵雜且快節奏的音樂。

　　基本上，影響消費者行為的構成因素，可分為對商店的印象、氣氛、消費者心情、員工表現與心理成本等。而業者比較關心的是消費者的行為結果、消費經驗、商店選擇與購買後評價。業者為了賺取利潤，通常希望達成下面三個目標：(1) 使顧客進入服務環境；(2) 讓顧客在服務環境內有正面的消費經驗；(3) 獲得顧客長期的青睞 (忠誠度)。消費者對音樂的喜好會影響行為與心理認知，因此餐廳成立時就要清楚知道自己的客群與市場，設計出顧客喜愛的音樂，進而達成經營目標。Herrington & Caplla (1994) 整理出音樂與消費行為的關係的架構，如圖 7-1。

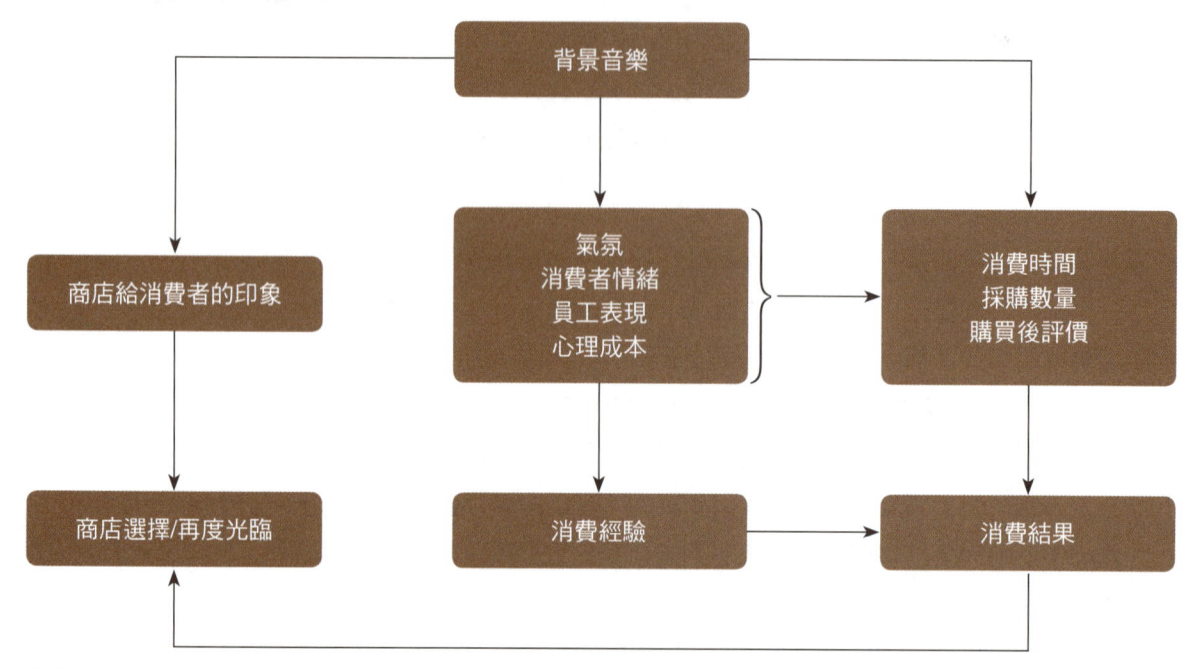

```
                    ┌─────────┐
                    │ 背景音樂 │
                    └────┬────┘
         ┌───────────────┼───────────────┐
         ↓               ↓               ↓
┌─────────────┐   ┌──────────┐   ┌──────────┐
│             │   │  氣氛    │   │ 消費時間 │
│商店給消費者 │   │消費者情緒│ ⟩ │ 採購數量 │
│   的印象    │   │ 員工表現 │   │購買後評價│
│             │   │ 心理成本 │   │          │
└──────┬──────┘   └─────┬────┘   └─────┬────┘
       ↓                ↓              ↓
┌─────────────┐   ┌──────────┐   ┌──────────┐
│商店選擇/再度│   │ 消費經驗 │ → │ 消費結果 │
│   光臨      │   │          │   │          │
└─────────────┘   └──────────┘   └──────────┘
```

資料來源：Herrington, J. D., & Capella, L. M. (1994). Practical Applications of Music in Service Settings. *Journal of Services Marketing, 8*, 50-65.

圖 7-1 音樂與消費行為的關係架構

Oakes (2000) 提出 Musicscape 架構概念，說明音樂對服務環境的影響 (表 7-2)。Musicscape 可分成四個部分，獨立變數與評價調節變數的關係、獨立變數與內部反應的關係、獨立變數與行為結果的關係、評價調節變數對於內部反應與行為結果的關係。主要在說明不同的人口統計變數對於不同的音樂獨立變數會產生好惡的反應，進而影響內部反應與行為結果，而音樂獨立變數也會直接影響人的感受，而產生不同的內部反應與行為結果。

表 7-2 Musicscape 架構

獨立變數	評價調節變數	內部反應	行為結果
組成元素 節奏⟷和聲⟷音量	人口統計變數 年齡、性別、社會階層	認知 期望、認知的時間	行為 消費速度、停留時間、購買行為
風格 古典、流行、爵士	反應 熟悉度	情緒上 引導心情	

資料來源：Oakes, S. (2000). The Influence of the Musicscape within Service Environments. *Journal of Service Marketing, 14*, 539-556.

音樂風格的喜好是依據性別、年齡、種族、社會階層等有所不同。而這些因素又以性別最為顯著。女性比較喜歡寧靜一點的音樂，而男性比較喜歡快節奏的音樂。此外，在社會中有地位的人偏向喜歡古典或爵士樂。消費者在餐廳內可能會喜歡聽到一段他熟悉的音樂，但也可能喜歡之前沒聽過但符合該服務環境的音樂，例如，異國餐廳播放與其主題相關的民族音樂。消費者會受到不同形式音樂播放的影響，不喜歡經常轉換音樂風格的環境。音樂熟悉度與產品來源國會影響消費行為，研究指出，當在超市播放法國音樂時，法國葡萄酒賣的比德國酒好；而播放德國音樂時，德國葡萄酒賣的比法國酒好。

為消費者提供美好的消費體驗已是許多餐飲業者致力的目標，但在既有的軟硬體設備與經費限制下，要做立即的改善有一定的困難度。使用背景音樂的行銷策略具有低成本、多選擇的特性。透過背景音樂的設計，能夠在氣氛的營造上達成一定的效果。

氣氛與翻桌率

增加翻桌率可使營業額有所增加，影響的翻桌率因素包含了：環境因素、社會因素及設計因素。環境因素包含了顏色、聲音、燈光、氣味。短波長的顏色，也就是我們俗稱的暖色系，如紅色、黃色、橘色等，會使人們感到興奮與心情浮躁，波長較長的顏色冷色系，如藍色、綠色，讓人們具有冷靜、放鬆的感覺。因此不少吃到飽及訴求高翻桌率的餐廳，運用暖色系設計餐廳。

緩慢的音樂比起快節奏的音樂會讓顧客感到放鬆舒適，使顧客留在餐廳裡的

❀ 星巴克音樂 ❀

星巴克注重消費者的消費體驗，當你走出家門、離開工作場合，星巴克成為人們的「第三空間」。星巴克希望通過環境的營造，讓消費者有歸屬感，店內播放的音樂自然成為一個重要考量。1994 年星巴克的門市賣起了知名薩克斯風手——Kenny G 的唱片，1999 年星巴克收購了 Hear Music 正式將音樂納入行銷版圖，隨即推出品牌合輯在店內播放，許多客人會順手帶走一片讓人心情愉悅的 CD。

隨著時代演進，CD 不再是當前主流的音樂載體，星巴克跟隨時代趨勢，從實體唱片銷售改成線上虛擬互動。不僅與 iTunes 合作音樂下載服務，2015 年星巴克與音樂串流平台 Spotify 合作，顧客踏入星巴克門市打開 Spotify，就可以立刻將傳來的音樂收錄下載。此外還可以參與店內選歌，只要在喜歡的歌曲上按下「love」，未來就有機會成為店內的播放清單。

時間加長。音量大,會減少消費者停留的時間,因此在吃到飽火鍋店與燒肉店,背景音樂音量總是較大。而高級餐廳則會選擇緩慢且音量小之音樂。有些餐廳會使用氣味來吸引顧客,如藉由半開放式的廚房散發出麵包香、咖啡香等香氣,可吸引顧客上門並使顧客產生愉快的心情。

在社會因素方面,一般消費者十分重視個人隱私,在一個餐廳中,人潮眾多導致過於擁擠,就會令消費者感到壓迫不自在,因此會更早離開此一環境。消費者在選擇位置時會儘量避免選擇靠走道或靠門口的位置,人們不喜愛在用餐時有其他陌生人在自己身旁來回走動,有許多顧客會選擇靠牆的位置,因為靠牆的位置可以使人們感到有屬於自己的空間,減少在陌生空間裡不自在感。

不同的餐廳會因應個別特性的需求進行設計規劃,如高品質的法式餐廳,在設計上就會選擇較為柔和的色彩,選擇扶手及椅背較為寬大、坐起來較為柔軟的椅子。半開放的廚房空間搭配緩慢的音樂,可使顧客感受到放鬆且舒適的氛圍。

相反的,在強調高銷售量、高翻桌率的餐廳,在設計上就會使用暖色系來搭配,如紅色的座椅,紅色的牆面,這樣的顏色會使顧客感到有壓迫感。椅子多數選擇沒有扶手,椅背也較為低矮,桌椅多屬無法移動的類型,每張座位的距離十分接近,餐廳的音樂聲量大,而且總是播放著節奏較為快速的音樂。

運用顏色、聲音、燈光與社會因素來設計,以令顧客可以在不知不覺的情況下快速的結束用餐並離開餐廳,使餐廳在相同的時間內可以接納更多的顧客,可以提升餐廳的銷售量。但也往往因餐廳音樂過於大聲、服務快速,加上色彩令人興奮,使顧客感到壓迫,導致顧客對用餐經驗感到不愉快。因此在餐廳設計上,必須考量在高營業額與顧客滿意兩者之間取得平衡。

顧客反應的類型

顧客會對餐廳進行評價,給予讚美或批評,讓餐廳能夠根據這些評論瞭解需要改進的地方。雖然這些批評和讚美並不能代表顧客在餐廳裡完整的體驗,但顧客花時間表達他們對某些屬性的感受,說明這些屬性對顧客在這家餐廳或旅館的感受占了很重要的地位。

美國餐飲協會曾調查業者最常收到的顧客抱怨和讚美,取得來自 432 家連鎖餐廳主管的回應。經由比較各個屬性在抱怨和讚賞得到的反應,可以將 26 個屬性分為四個類型 (如表 7-3 及圖 7-2)。

不滿意因子 不滿意因子屬性傾向於很容易有顧客抱怨但不常有顧客稱讚。餐廳的停車便利性是一個很好的例子,如果顧客總是可以找到停車的地方,他們並不

表 7-3　顧客抱怨與讚美的四種因子類型

	屬性	抱怨排名	讚美排名
不滿意因子	停車便利性	1	19
	餐廳周遭交通狀況	2	26
	噪音程度	5	24
	空間寬敞度	8	18
	營業時間	9	20
滿意因子	餐廳清潔度	14	4
	餐廳整齊度	11	5
	份量大小	12	5
	員工的外表	17	7
	抱怨處理	20	9
關鍵因子	服務品質	3	1
	食物品質	7	2
	員工服務態度	6	3
	服務頻率	10	8
	價格	4	10
中性因子	管理者專業知識	23	11
	菜單上產品缺貨情形	16	12
	飲料品質	24	13
	服務方式變化性	21	14
	餐廳外觀具一致性	26	15
	廣告品質	25	16
	地點方便	15	17
	四周安靜程度	18	21
	帳單正確性	19	22
	餐廳外廢棄物	22	23
	訂位系統	13	25

資料來源：Cadotte，E. R. and Turgeon, N. (1988). Key Factors in Guest Satisfaction, *Cornell Hotel and Restaurant Administration Quarterly, 2*(4): 45-51.

顧客易於讚美程度
　　低　　　　　　　　高

顧客易於抱怨程度
高：Dissatisfiers　Criticals
低：Neutrals　Satisfiers

▶ 圖 7-2　顧客反應的四種類型

會覺得有怎麼特別，但如果找不到停車位，抱怨就會很快產生。相同的，顧客不在乎餐廳是否能接受 20 張或兩張信用卡，他們只在乎他們要使用的信用卡是餐廳接受的。以經營觀點，不滿意因子代表必要或基本的服務。在這個區塊，必須要維持最低限度的品質，但努力去達到高品質，並不見會得到顧客的注意或讚美。

滿意因子　此類屬性很容易獲得稱讚但不常有顧客抱怨。大份量的餐點是一個例子，大部分的餐廳提供標準的份量給顧客，一般份量的餐點並不會產生什麼評論或抱怨，但如果餐廳比起別家提供更大份量的餐點，這樣的作法會使許多顧客感到性價比高。Satisfiers 代表一個創造出驚喜及愉悅給客人的機會，所做的和競爭對手一樣好是不夠的，要做的比競爭對手更好，致勝的關鍵是創新而不是模仿。

關鍵因子　關鍵因子屬性如服務及餐點的品質、員工的態度，很容易獲得顧客讚賞也很容易得到抱怨。以服務品質為例，在批評和讚美的名單中都排名很前面，很有可能的原因是它難以捉摸，並且很難控制。以經營的角度來看，關鍵因子代表機會和威脅，管理者的目標是要將這個類別的屬性表現提升到超過產業標準。

中性因子　中性因子屬性不常獲得顧客讚賞，也很少接到顧客抱怨。例如：管理人員的專業知識、制服、廣告、便利的地點、安靜的環境、帳單的正確性。這幾項服務類別不易有顯著的稱讚和抱怨，顧客可能覺得這些因素不重要或是顧客在這些因素很容易滿足。

　　由於這份調查已經完成多年，餐飲業不斷的在改變與進步，顧客的喜好也有所改變，這些服務類別的屬性歸類也不斷在變化。例如：當大部分的餐廳都提升了外觀與環境的整潔，餐廳的外觀與環境的整潔，就會從滿意因子屬性轉變為關

鍵因子屬性。餐廳延長營業時間在以前是不常見的，現在許多顧客都期望餐廳能延長營業時間，營業時間就會從中性因子屬性轉變為不滿意因子屬性。漢堡王顧客原本只能點菜單上的餐點，推出「Have it Your Way」客製化餐點的服務，讓漢堡王得到了許多顧客稱讚，即是中性因子屬性轉變為滿意因子屬性的例子。

如今大部分的餐廳都能夠滿足顧客的基本需求，而如何做得最好才是關鍵所在。標準隨時在改變，好的想法或作法很快就會被複製，去年最與眾不同的優點，可能今年就變成必要條件。因此，業者要隨時觀察競爭者的動向，讓不滿意因子之屬性做到和競爭者一樣好，並且使滿意因子和中性因子層面超越競爭對手。

二、達成行銷目標

● 行銷組合

行銷是指透過交換過程以滿足需要的活動。從企業角度而言，行銷就是去滿足顧客的需求。在從事行銷活動之前，必須先瞭解顧客需要什麼，依據顧客的需要去設計適當的產品或服務。

所謂行銷組合是企業為了達成行銷目標，用以控制目標市場各項變數的一套行銷策略組合工具。傳統上都是以McCarthy (1996)所提出的行銷組合要素4P為分析基礎，包括產品(Product)、價格(Price)、通路(Place)及推廣(Promotion)。行銷組合的選擇與運用對於現代餐飲業經營成敗之影響相當的大。

產品　係指任何可提供於市場上，以引起消費者注意、購買、使用或消費，並滿足消費者的慾望或需要的東西，其內容包括有形的商品及無形的服務之品質水準、功能特色及包裝與標示。就餐飲業為例，餐點及飲料是餐廳供應出售給顧客的產品，餐飲產品可藉由食物的品質、顏色的搭配及菜單組合的變化，來加以包裝，使其更具有吸引力。但是並不是只有飲食，是唯一的產品，餐廳的設備及服務品質，均可引起消費者注意、購買或消費，並滿足消費者的需要。

價格　是作為搶得市場先機常用的策略之一。訂價策略是指價格的高低、折扣的運用、付款的方式等等的綜合。企業在訂價策略上，最主要還是以能達到最大利潤、最大銷售數量或市場占有率最大作為基礎。而納入考量的其他因素，包括成本、競爭環境需求、訂價目標、銷售數量及政府政策等。價格變更往往影響營業額與利潤，是有彈性的競爭武器與經營工具，可快速因應競爭變化、創造人潮及

調節供給與需求。訂價亦可以傳達產品資訊,當消費者對產品認識有限時,常用價格推斷品質。

訂價方式傳統上大致上可分成三種,包括:成本導向、需求導向和競爭策略導向訂價法。所謂的成本導向訂價法指的是在成本之上加上某一利潤 (金額或百分比) 作為售價。需求導向訂價法為依據市場需求的強弱來訂價,組合訂價 (Price Bundling) 及非整數 ($__99) 之心理訂價 (Psychological Pricing) 方式屬需求導向策略。競爭策略導向訂價法則是以競爭對手的價格作為訂價的主要考量。訂定一個好的價格,是讓一個餐廳獲得利潤最快及最有效率的方式。不同餐廳彼此間訂價策略往往會互相影響,在餐飲業相似的產品多且替代性高的情況下,訂價的不同就容易影響到消費者的選擇。

通路 任何企業都必須考慮如何把自己的產品或服務順利地傳遞給消費者,以方便其接觸、利用或購買。通路指利用直接或間接的方式,將產品或服務傳遞於消費者的管道組合。包括位置、可接近性、配銷通路與涵蓋區域等考量因素。餐廳的設置多半都會位於人潮洶湧或交通便利的地方。以美國麥當勞餐廳為例,其通路包含餐廳內用、外送、得來速、Postmates 快遞服務,以及手機點餐應用程式。香港麥當勞計畫於 2017 年底推出 Global Mobile App,顧客可在手機應用程式預先點餐,到達餐廳後,用手機「嘟一嘟」餐廳相關裝置,廚房就會即時製作訂單,省卻排隊時間。

推廣 推廣可以定義為用以告知、說服或提醒人們有關組織的商品、服務、形象、理念、社區參與,乃至於對社會的影響等事項之各種溝通形式。推廣的方式可分成四種:分別為廣告、人員銷售、促銷及公共關係。廣告方面,主要將產品的設計理念、特色、服務,甚至價格,透過非人身的方式進行溝通。使用的媒體包括:電視、收音機、報紙、網路、雜誌等。人員銷售為一種直接與顧客面對面溝通的方式,銷售人員直接瞭解顧客對於產品的感受並與顧客建立關係,因此銷售員工的甄選、訓練與服務態度非常重要。在餐飲業的行銷上,服務人員直接與消費者接觸,他們不但是服務提供者、更是產品推銷者。

公共關係是一個組織運用各項傳播方式,在組織與社會公眾之間建立相互了解和依賴的關係。並透過信息交流在社會中樹立起良好的形象與聲譽,以取得理解、支持的合作,從而有利於促進組織目標的實現。公關部門的職能主要可分為形象管理、媒體對應及訊息發布。形象管理是指為了建立組織良好的形象,而進行的一系列活動,不但可以增加餐廳的曝光率,亦可提升聲譽。餐廳可藉由參與政府、企業舉辦活動的機會吸引媒體宣傳,提升知名度。例如:參與淨灘此類環

境保護工作，或是與慈善團體合作公益活動，皆有助於建立企業社會形象。

公關部門要能適時地將餐廳的訊息與活動，透過妥善的修飾與包裝傳達，訊息發布可依對象分為內部訊息傳遞、外部宣傳與公開資訊維護。內部訊息傳遞可透過公布欄、員工電子信箱等，讓員工即時獲得與組織發展及活動相關資訊。外部宣傳則是透過媒體公開資訊，而消費者與媒體亦可由餐廳的官方網站獲取消息，網站良好的排版與設計美感，會影響瀏覽人數與訊息傳遞的效率與精確度。

餐飲業要能維持與媒體、政商與社區的關係，提供媒體報導所需的資訊，建立良好的互惠關係。充分利用優惠活動，給予特定族群禮遇與優惠，強化與之關係連結；此外，營運活動對於鄰近住戶生活會造成影響，例如：頻繁出入的車輛、噪音、環境清潔等等，因此餐廳應該規劃回應方式，將對居民的影響降至最低，並設計回饋方案予居民，加強與社區的連結。

餐飲業具需求起伏不定，以及產品無法儲存的特性，讓業者需推出促銷活動以招攬顧客。促銷方式可分為三類：(1) 提供產品本身相同的誘因，如試吃、買一送一、買大送小、上市特惠訂價、套餐組合；(2) 提供與產品價格有關的誘因，如優惠券、降價、折扣；(3) 提供與產品本身及價格無關的誘因，如贈品、競賽、摸彩等。

優惠券促銷

促銷的最基本目標就是要增加銷售、獲得實際的利潤，另一方面，促銷所吸引之人潮，能帶來塑造企業正面形象的附加價值。優惠券的出現起源於法國，但是在美國才得到發展，利用優惠券進行促銷至今已廣泛應用於世界各地。所謂優惠券是指刊登在各種廣告媒體，或附屬產品包裝上，藉以提供持有者一個價惠價格或購買某些產品的附屬優惠方式。促銷主要是短期的行銷策略，激勵消費者購買的慾望。利用優惠券來鼓勵消費者採取購買行動，除了在連鎖零售商店及量販店採行外，餐飲業者亦廣為採用。由於餐飲業市場競爭激烈，各家業者紛紛以優惠作為其促銷手法，藉以吸引顧客之注意力進而消費，而其中使用優惠券最為廣泛的是速食連鎖業者。

Bonnie J. Knutson 於 2000 年針對密西根大學學生調查選擇速食餐廳的影響因素前十項為：清潔用餐環境、友善服務態度、價格便宜、供餐速度、餐飲與菜單項目一致、菜單多樣化、速食店位置、組合套餐、折價券及用餐環境氣氛。由此可見，優惠券在美國早已成為學生選擇速食店之考量因素之一。過去有關消費者對優惠券使用態度之研究，主要依據成本效益理論、角色理論、行為學習理論及自我認知理論為基礎。

成本效益理論　成本效益理論主要是假設消費者在理性的前提下，是否使用優惠券，視其使用優惠券的成本與效益而定。如果使用優惠券的邊際利益大於處理優惠券的邊際成本，則消費者會使用優惠券，反之則不會使用優惠券。成本包含兩各層面，一是折價券的處理成本，包括為蒐集優惠券必須花費的時間及精力 (閱讀各種報章雜誌、剪裁折價券、保存剪下的優惠券、利用蒐集的優惠券規劃採購活動的時間，以及結帳時等候時間的延長等)。對高所得的消費者而言，他們花時間蒐集、整理優惠券所付出的成本較工作賺錢的成本來得高，因此他們蒐集優惠券的機會較少；相反地，低所得的消費者可能因蒐集優惠券所付出的機會成本較少，而積極蒐集優惠券。二是使用優惠券所引起的替代成本，意指消費者為了使用優惠券而購買不喜歡的品牌所導致的成本。

角色理論　優惠券的使用利益不只包括金錢上的節省，還包括精神層面，例如：感覺自己是聰明的消費者、自我表現，以及享受購物樂趣等心理層面因素。因此角色理論以心理變數或生活型態，如興趣、價值及活動來區別消費者，而不同於一般理論只以人口統計變數來做區別。

行為學習理論　行為學習理論應用於「優惠券使用」，意指當消費者受到優惠券刺激，而產生購物行為時，如果產品能夠符合消費者需求，則重複購買的機會就會增加，即具有正增強購買動機。

自我認知理論　自我認知理論認為消費者改變使用優惠券的原因，在於優惠券的折扣利益，而非產品本身的利益。促銷活動只能造成外在因素發生，卻無法改變由內在因素所主導的態度及行為。因此一旦促銷活動結束後，消費者將不會再繼續購買，因此優惠券較不具長期效果。

　　優惠券按照使用方式分類可分為六種：(1) 現金券：憑券消費可抵用部分現金；(2) 體驗券：憑券消費可體驗部分服務；(3) 禮品券：憑券消費可領用指定禮品；(4) 折扣券：憑券消費可享受消費折扣；(5) 特價券：憑券消費可購買特價商品；(6) 換購券：憑換購券可以換購指定商品。而在網際網路盛行之後，則出現了電子優惠券的形式。電子優惠券是將優惠券性質與功能應用於網際網路的平台上，包括電腦、行動電話、數位電視等相關傳輸硬體之使用。依據使用媒體不同可分為：(1) 網上列印：將業者所提供的電子型態優惠券，透過印表機的列印，所獲得的實體電子優惠券；(2) 簡訊優惠券：將折價消息透過手機傳送到指定用戶手機內，以及消費者到商店消費時，透過電子媒介下載可用的優惠訊息，並出示給予服務人員觀看，以獲得優惠折扣。

優惠券行銷運用時機分別是促銷特定性商品、新商品之推廣、拓展新客源及提升客單價四大方面。透過優惠券之發放可以掌握所欲訴求之消費族群，並吸引潛在消費者上門消費，進而開拓新客層，不至於漫無目的發放訊息。例如：肯德基推出「勁爆雞米花」時，於網路上發行其產品優惠券，直接針對商圈內之消費者來強力傳播新品訊息。如此一來使資源不致於浪費，更可擴大刺激習慣性上網者的消費意願。此外，消費者在餐廳選購餐點時，優惠券可鼓勵消費者購買更多量的產品，而達到提高客單價的促銷目的。

市場區隔

市場區隔的觀念最先由 Smith (1956) 所提出，其目的是在瞭解顧客的需求，以便能更具體地執行行銷計畫。市場區隔是依循消費者對產品或行銷組合的不同需求，將市場區分為幾個可以加以確認的區塊，進而找出適當的區隔變數，並描繪出各區塊中顧客或潛在顧客的特性，針對顧客的需求來調整行銷方式。

Haley (1968) 提出將區隔之基礎變數區分為描述性變數及因果性變數二大類，描述性變數包含了地理變數、人口統計變數。但他認為描述性變數對於消費者未來行為的預測能力有限。而因果性變數為導致消費者購買行為發生之原因，即是消費者所追尋之某項利益，稱之為利益區隔 (Benefit Segmentation)。利益區隔的觀念是指消費者購買產品或服務的目的，並非完全出於產品或服務本身，而是在於該產品或服務所能提供之功能或情感利益可使消費者得到滿足。利益區隔會驅動消費者對於品牌或產品屬性的知覺效用，進而產生不同的消費行為，如表現在品牌忠誠度、使用率，以及價格敏感度等。因此，因果性變數對於預測消費者未來行為的預測能力較佳。

消費者於產品中得到的利益分為四點：(1) 認知的利益 (Cognitive Benefit)：此為較理性的利益認知，如產品性能、價格及耐用程度；(2) 感觀的利益 (Sensory Benefit)：如產品外觀、印象及氣味等產品特性對消費者所產生的吸引力；(3) 情感的利益 (Emotional Benefit)：當消費者購買、使用或擁有該項產品或服務時，心理所產生的感覺；(4) 附屬的利益 (Affiliate Benefit)：屬於無形的利益尋求，如公司商譽、形象等。

由於情感的利益與附屬的利益較難區隔，Aaker (1996) 將一項產品所能夠提供給消費者的利益區分為下列三點：(1) 功能性利益 (Function Benefit)：一項產品之性能直接提供給消費者功能性的效用，根據產品的內在屬性而來；(2) 情感性利益 (Emotional Benefit)：當消費者購買或使用某特定品牌產品時，若能產生正面的感受，即表示該項產品能帶給消費者情感上的利益；(3) 自我象徵的利益

(Self-Expressive Benefit)：消費者購買或使用某品牌產品時，該產品能夠讓消費者本身產生自我形象時，表示該產品能帶給消費者自我象徵的利益。功能性利益是由產品本身實體屬性所延伸而來；而情感性及自我象徵利益則偏向於實體以外的屬性。

利益區隔可支持行銷決策的擬定，例如：對市場的瞭解、產品定位、新產品的研發及導入、制定價格、廣告方式。

來源國效應

隨著全球產業趨勢快速變化，在這多元的市場環境下，市場上充斥著來自不同國家的產品，消費者較以往有更多機會去接觸國內、外琳瑯滿目的產品。在此情境下，在消費者進行購買評估時，產品的來源國效應經常扮演著重要的角色。所謂來源國效應 (Country-of-Origin Effects)，意指產品製造國的資訊對消費者產品購買決策過程的影響。

一般而言，來自經濟發達國家的產品，比來自經濟較不發達國家的產品受歡迎。已開發國家的產品通常能帶給消費者正面的印象，例如：日本的產品時常就是高質量的認知，而德國產品也給消費者精密可靠的印象。美國的消費者通常認為，日本、美國、德國的產品質量好於韓國。

消費者決策就是指消費者謹慎地評價產品、品牌或服務的屬性，並進行理性選擇，想用最少的付出，獲得能滿足某一特定需要的產品或服務的過程。消費者決策過程模式，最早是由俄州州立大學的 Engel、Kollat 及 Blackwell 三位教授所發展出來的，簡稱 EKB。這套模式的目標是分析個人如何從事實與影響力中去匯總分類，做出對自身和邏輯一致的決策。在整個決策評估選擇過程，消費者受到環境因素，如收入、文化、家庭、社會階層等影響。最後產生購買過程，並對購買的商品進行消費體驗，得出滿意與否的結論。

消費者的決策程序是由需求確認、資訊蒐集、選擇方案、評估及購買五個步驟構成。當消費者知覺到他的理想狀況和目前的實際狀況有差異存在時，便產生了需求的認知。當消費者認知了需求的存在，便會去搜尋相關的信息。消費者蒐集資訊之後，會依據個人的需要、價值觀、生活型態等等來決定評估準則，評估準則中會依消費者所重視之屬性決定購買的方案。

台灣餐飲市場除了本土餐廳競爭以外，受到全球化的影響，異國餐廳到處林立。除此之外，在夜市裡也充滿著異國風味的小吃，以及各大飯店推出異國美食節等，使得台灣人不需遠赴異國就可以享受到各國風味的美食。陳俊碩 (2005) 指出，餐飲服務品牌來源國國家形象，對消費者購買決策有顯著的正向影響。而

石金華 (2006) 發現，來源國形象與品牌知名度的高低，皆會帶來知覺功能風險的差異。當產品來源國形象是高的國家產品，其消費者知覺風險也相對低於來源國形象是低的國家產品。異國料理之來源國形象對消費決策有顯著影響。

來源國效應會牽動消費者的需求，促使經營者生產符合來源國特性的產品，並提供給消費者購買。餐飲業者可以運用來源國效應的因素加入產品之中，來增加與消費者的共鳴，藉此包裝產品的故事性。此外，餐廳經營者可以依據來源國的形象調整產品的行銷方式，例如：日本帶給其他國家衛生、服務親切之印象，因此日本料理店應維繫上述特色以吸引消費者。若無法產生正面的來源國效應的餐飲業者欲國際化時，就要考慮使用授權或合資策略，以避免產生負面效果。

資料庫行銷

自 1990 年以來市場的競爭、消費型態的改變以及資訊科技的發達，資料庫行銷 (Database Marketing) 也就因應產生。從與顧客的初步接觸，提供服務進而建立良好的客戶關係，有了一套完整的顧客資料庫系統，不僅可以促進與客戶的溝通縮短彼此的距離，更可以在第一時間提供正確的訊息，提升服務品質。

「資料庫」一詞很容易讓人認為是顧客名單，然而資料庫的意義不僅於此。資料庫是由互相關係的資料所組成，為滿足組織各種資訊需求設計而成。資料庫不僅只是包括顧客的基本資料和姓名、地址、郵遞區號等，它也可能包括顧客的交易金額、付款方式、購買頻率、人口屬性資料 (如年齡、性別等)，每一資料庫內容都可滿足某一特殊目的用途。

資料庫行銷是一個動態資料庫系統的管理，包括有關顧客、詢問者及潛在顧客的廣泛、即時性的相關資料，並應用上述資料找出對產品最有可能產生回應的顧客和潛在顧客。資料庫行銷對企業的意義，並不只是寄 DM 或直接反應的廣告而已，它意味著開始與顧客建立起長遠、直接、互動的關係。當企業累計的顧客愈來愈多時，如何從中挑選出最適當的顧客，使顧客有特殊的感覺，這其中的關鍵在於有效的資料庫規劃。

資料庫行銷是以電腦處理和資訊技術為基礎，藉著資料的蒐集整理以建立一個資料庫，來分析潛在顧客及現有顧客之人口統計變數特徵、消費習慣、型態，以及心理或其他變數；行銷人員可以藉由對顧客的瞭解，設計出符合顧客需要且具成本效益的行銷方案，和顧客建立長期且互惠的關係，以達成企業獲利的目的。顧客資料可從公司內部與外部兩方面獲得，蒐集消費顧客的資料常用的幾種方式如下：

內部自建顧客資料

- 顧客意見調查表：除了調查顧客對此次消費的滿意度之外，藉此取得顧客資料，有時也會利用小贈品來吸引顧客填寫資料。
- 特殊促銷事件：例如：舉辦抽獎活動。
- 貴賓卡、會員卡的發行：藉著折扣來吸引顧客再次消費，也較容易取得顧客完整的資料，以利後續促銷活動。
- 信用卡交易紀錄：目前信用卡已成為主要的付款方式，業者可以善加利用信用卡的交易紀錄，來取得顧客的基本資料，更可藉此獲得其他有價值的市場資訊，例如平均單筆信用卡刷卡金額，以及顧客最常使用的信用卡品牌等。

外部來源

- 直接向資料庫提供者購買。
- 與其他公司合作策略結盟，取得顧客資料，例如：連鎖飯店常與航空公司、信用卡公司、旅行社配合促銷活動，間接取得顧客資料。

　　資料庫資料可分為顧客基本資料及行銷情報資訊兩大類，顧客基本資料包括顧客的姓名、生日、性別、地址、電話、職業、職稱及公司名稱，這些資料大多來自顧客的提供，但必須隨時更新，以方便跟顧客保持聯繫。行銷情報資訊包括顧客消費特性、消費頻率、對促銷活動的反應及特殊紀錄等，這些資訊用來分析顧客的特性，以設計相關的促銷活動。

計算顧客終生價值　　所謂顧客終生價值，是指一個顧客的長期貢獻度，或在顧客存續期間所能帶來的全部利潤。它的計算方式是：

$$顧客終生價值 = 每一訂單的平均貢獻額 \times 每年平均消費次數 \times 顧客持續年數$$

　　如果顧客第一次消費後，將來很可能有很高的重複性消費，則應從顧客終生價值的角度來思考資料庫行銷的損益，而不是以單一銷售的損益為主，因此要計算顧客終生價值，非得依靠健全的資料庫不可。

「FRMT 公式」　　「20% 的顧客，創造 80% 的利潤」，因此利用 FRMT 公式來掌握這 20% 的重要顧客，即等於掌握了 80% 的利潤。四種指標的意義如下：

- 消費頻率：一年內消費次數愈高，則表示該顧客對產品的滿意度較高，忠誠度較佳。

- 消費近期性：愈是最近曾消費產品的顧客，表示仍有在活動的顧客，以及是重點顧客，要加強與其之顧客關係。
- 消費金額：一年內消費金額愈高，則表示顧客重要程度愈高。
- 消費類別：顧客消費何種產品，決定這個顧客的重要性。若消費的是公司主要的產品或利潤較高的產品，則該顧客的重要性愈高。

根據這四個因素，用計分方式，給不同的分數，然後加總得以排列出顧客重要的程度。

餐飲業可藉著顧客資料及行為分析，規劃行銷活動，針對目標顧客發展出個別的行銷活動。常用的資料庫行銷活動有：

1. 定期聯繫：生日祝賀及年節賀卡，是最常使用的定期聯絡方式，有些餐廳會隨著生日賀卡，寄上折價券或禮券，當作生日賀禮，也期望顧客若要舉辦慶生會，可以優先考慮至該餐廳消費。此外，有一些連鎖餐廳會發行期刊定期寄給顧客或會員。
2. 特殊事件：特殊節日例如情人節或聖誕節，餐廳若有特別的活動，可以利用資料庫，找出曾在這些節日來消費的顧客，或是分析出在當天最有可能會消費的顧客，來進行促銷活動。
3. 主題行銷：一些著名的餐廳常會利用不同的主題來進行促銷活動，例如，不定時舉辦各國美食節的活動，藉著不同的主題行銷，來加深顧客對餐廳的印象。
4. 專案促銷：針對特定的顧客群，餐廳以專案的方式發展特別的行銷活動，例如：公司尾牙、畢業謝師宴及結婚禮宴。

並不是每個餐廳都有屬於自己的資料庫系統，此時策略聯盟便是最具成本效益的行銷策略。早期連鎖餐旅業與其他相關產業之策略聯盟，結合了信用卡發卡銀行、航空公司、租車公司、旅行社等相關業者，除了藉此取得更多潛在顧客資料，更可要求策略聯盟的業者提供特定的顧客資料，例如：與信用卡發卡銀行合作，可要求對方提供過去三個月曾在飯店消費過十次以上的顧客名單，鎖定目標市場提升行銷效率，當然連鎖飯店業者也必須回饋給信用卡發卡銀行，可能是提供該發卡銀行的持卡人憑卡消費可享折扣，或是其他優惠活動，以此進行互惠的策略聯盟。

隨著資料庫使用愈來愈普遍，以及消費者意識提高，資料庫的利用倍受重視，民國 84 年行政院通過「電子資料保護法」，限制業者將顧客資料轉手運用，也就是必須經過顧客同意才可將其資料透露給第三者，這是資料庫行銷的限

制,但卻也是保護消費者避免資料庫被濫用,而使消費權益受損,因此相對也加強了自建資料庫的重要性。

未來的市場將會愈來愈趨向消費者導向,尤其是餐飲服務業之消費者面臨眾多品牌的選擇,業者若不能有效的掌握消費者的資訊,以及和消費者建立長久的關係以維繫顧客的忠誠度,則將會喪失競爭力。唯有透過資料庫行銷結合電子商務及網路行銷,完整的建構顧客的資料,進行顧客價值分析,擬定因應的行銷策略,才能在動態的消費環境下永續經營。

獨立餐廳接受信用卡消費之行銷利益

貨幣是促進商業活動最重要的媒介,從早期人們使用小額銅幣,到百元、千元的鈔票,再到現在通行全球的信用卡、簽帳卡及金融卡等消費支付工具的多樣化,為現代人帶來了更便利的消費生活。消費型態日益改變,信用卡已成為餐飲業最主要的消費支付工具。目前一些獨立餐廳尚未接受信用卡,主要是因為銀行會收取手續費,但換個角度來看,獨立餐廳接受信用卡消費,卻可以有很多潛在的利益,例如,降低持有現金風險,以及刺激消費、掌握顧客資料及與收單銀行或發卡銀行配合促銷活動等行銷利益。獨立餐廳若能善加利用這些行銷利益,將可節省更多行銷成本,並可增加潛在獲利。

要瞭解接受信用卡消費的成本,首先必須先瞭解獨立餐廳接受信用卡消費之運作模式,也就是獨立餐廳、消費者、收單銀行、發卡銀行之間的關係。消費者持著 A 銀行發的 VISA 卡或 MASTER 卡到獨立餐廳消費,在刷卡付款同時,該筆消費紀錄將會由刷卡機連線傳送到收單的 B 銀行,透過國際組織再傳送到發卡 A 銀行,該餐廳將憑著顧客的簽單和交易紀錄向 B 銀行請款,而 B 銀行也會同時透過 VISA 或 MASTER 國際組織向 A 發卡銀行請款,然後 A 銀行就會寄帳單該消費者(圖 7-3)。

在上述的交易過程中,是需要處理成本的,例如,餐廳要裝設刷卡機、資訊傳輸、列印帳單、郵寄帳單等費用,所以收單銀行會針對每筆消費向餐廳收取一定比例的手續費,再將該筆手續費分配給國際組織和發卡銀行,因此獨立餐廳負擔了部分信用卡交易的成本,目前市場行情大約是收取 2%~3% 的手續費,所以這也就是為什麼有些獨立餐廳不願意接受信用卡消費的重要原因之一。刷卡手續費是不可避免的成本,但若營業額或刷卡金額增加,可以與簽約銀行協商調降手續費。除了手續費之外,餐廳無法立即取得現款,有些餐廳與銀

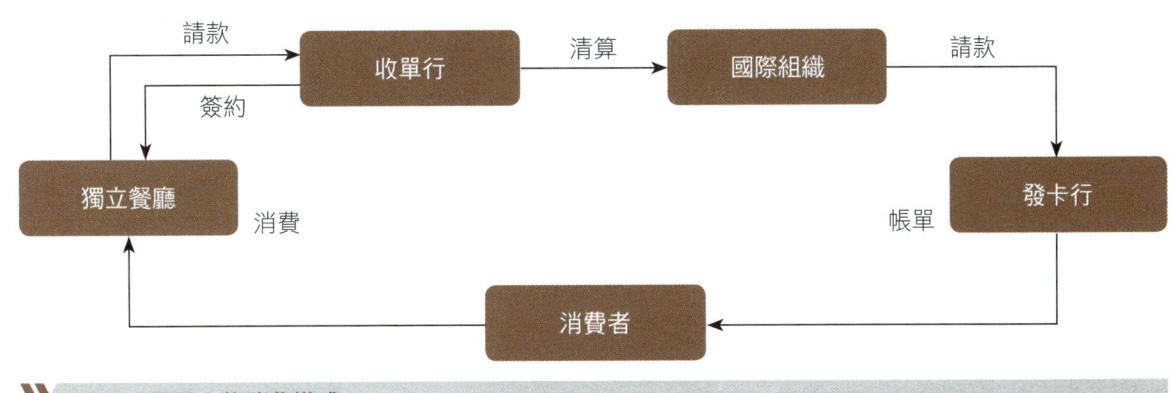

```
請款 ← 收單行 → 清算 → 國際組織 → 請款
           ↑簽約                              ↓
        獨立餐廳         消費              帳單  發卡行
           ↑              ↓                     ↓
                       消費者 ←──────────────────
```

圖 7-3　信用卡的消費模式

行的合約規定三天或一個禮拜請款一次，相對於顧客付現，餐廳可以立即拿到現金，獨立餐廳負擔了利息的成本，但卻也減少了持有現金的風險。

獨立餐廳有別於連鎖餐廳，不太可能有一個專門的行銷部門或是像連鎖餐廳一樣由總公司制定行銷策略，沒有較廣泛或全國性的行銷活動，如電視廣告、公共媒體等，因此通常採用的行銷策略是區域性的。而接受信用卡最直接的獲利是可刺激顧客消費，因為通常持信用卡消費的顧客平均消費額比付現金客戶高。若能配合店內促銷活動，更可刺激顧客消費，顧客亦能享受先消費後付款的優惠。

善加利用信用卡之交易紀錄可掌握顧客資料。信用卡之交易紀錄將會提供獨立餐廳許多有用的顧客資料，有助於獨立餐廳建立顧客資料庫，尤其是透過POS 系統與餐廳內的電腦系統相結合，顧客的每筆交易都能掌握。若能與收單銀行或發卡銀行合作，利用資料庫行銷與顧客建立良好的互動關係，將有利於獨立餐廳長期發展。

收單銀行為了鼓勵餐廳接受信用卡，往往會提供免費廣告或舉辦聯合促銷活動。例如：餐廳的收單銀行會發行特約商店手冊，提供給信用卡的持卡人，上面有商店名稱、地址及電話等資料。如有任何搭配的促銷活動，收單銀行也會在帳單上通知持卡人，無形中幫獨立餐廳打廣告，不僅免費而且效果很好。而最常見的促銷活動是持卡人持信用卡到獨立餐廳消費可享折扣或贈品。獨立餐廳與銀行合作，雙方均可獲利，消費者也可受益，是雙贏且正面的行銷策略 (孫路弘、林貞吟，2000)。

餐飲會員卡個案

觀光旅館在面臨競爭激烈的餐飲市場環境，為了達到營收目標，許多觀光旅館推出自行發售之餐飲會員卡 (例如，君悅俱樂部會員卡及六福皇宮會員卡)，期

望透過發行販售會員卡的方式，以特定的優惠與折扣吸引餐飲消費者，來增加餐飲部門的來客數及穩固原有的消費客源，繼而與其建立穩定且長期的餐飲銷售與服務體系。

W 酒店位於新竹市交通往來便利，最繁華的商業精華地段，共有 350 間客房和多樣化的餐飲設施 (如表 7-4)，附設三溫暖、健身房及游泳池等休閒設施，為新竹地區結合住房、餐飲、會議規模最大的大型國際觀光旅館。

表 7-4　W 酒店餐飲設施一覽表

餐廳名稱	營業內容
咖啡廳	主要以提供早餐、早午茶及晚餐國際自助餐為主
×中餐廳	以供應中式餐點為主，包含單點、點心、套餐及桌菜酒席
××牛排館	提供牛排套餐和單點服務
大廳酒吧	以提供單點飲料、附贈小點為主
點心坊	以販賣法式小點、各式精緻蛋糕、手製餅乾及巧克力為主
宴會廳	一般宴席、婚宴、商業會議和大型會議
會員俱樂部	會員制，提供中、西式高級套餐為主

W 酒店主要的消費族群屬經濟收入及消費能力較高之階層，在住房方面的主要客源層，來自新竹各工業區或企業之國外買主、技術人員、設計師、長期駐台之外國研發人員、新竹各地方政府之貴賓及各大企業、社團或商會之會議住房。餐飲客源方面則以新竹地區企業、機關、公司行號、扶輪社、獅子會等社團聚會及住房房客為主。

W 酒店餐飲會員卡發行時，新竹市觀光旅館餐飲市場的競爭愈趨激烈，W 酒店在面對餐廳顧客流失、餐飲業績下滑的壓力下，推出「餐飲尊榮卡」，期望藉此穩固原有客源外，同時亦能增加餐飲來客數及提升餐飲營收。W 酒店推出之「餐飲尊榮卡」銷售目標鎖定以和酒店形象較符合之消費能力較高的階層及公司行號之中、高階主管。餐飲會員卡的銷售內容為消費者在支付一筆特定的年費購買會員卡後，在會員卡有效期間內，會員持卡於旅館內各個餐廳可享有用餐優惠及住房折扣 (表 7-5)，此外會員卡亦可彰顯會員之特殊身分地位。

以在觀光旅館餐飲消費一向不提供折扣優惠的前提下，觀光旅館提供精緻餐飲及多樣化餐飲選擇的優勢，該酒店餐飲會員卡一推出即獲得許多消費者的青睞，會員卡的年費收入加上其帶來之餐飲收入，如預期的為酒店帶來餐飲營收成

表 7-5　W 酒店「餐飲尊榮卡」之優惠

入會年費	餐飲優惠	其他優惠
28,888	1. 免費餐優惠：會員可於連鎖酒店指定餐廳用餐享兩人成行，一人免費；三人同行，享三分之一優惠，以此類推 2. 會員單獨用餐九折	1. 兩張免費住宿券 (可於全台 5 家指定飯店使用) 2. 生日蛋糕券一張 3. 咖啡廳下午茶七折券及晚餐七折券各一張 4. 會員訂房享六折折扣

長。該酒店餐飲會員卡的會員數達到 1,800 名，餐飲會員帶來之營收約占全館餐飲營收 11%。

　　旅館的營收來源主要分為客房及餐飲兩大部分，旅館推出餐飲會員卡的產品時，產品內容可同時兼顧餐飲與客房雙方面營收，為飯店設計餐飲會員卡產品的考量重點之一。餐飲會員卡入會年費價格的訂定主要會考慮幾項因素：住宿券、蛋糕券成本及估算會員於一年會籍內用餐折扣可能產生的成本及其他相關發卡成本等因素。此外，價格訂定亦會參考目前業界競爭者所訂定之價格與內容。餐飲會員卡的年費通常並無議價的空間，不會因為購卡數量的多寡，而有所折扣。

　　餐飲會員卡年費的收取方式，以現金和信用卡為主，最主要是以信用卡授權的方式收取。通常於消費者有意願購買時，立即傳真信用卡授權書提供消費者填寫，此舉可避免消費者因一時無法支付足額現金，而降低購買意願；對於消費者而言，在資金運用上較為靈活，可提升其購買意願，交易達成的機率亦較高。

　　旅館的餐飲會員卡銷售，可分為酒店自行設置發卡中心發售與透過行銷公司代為發售兩種。透過行銷公司發售會員卡方式，旅館需支付行銷公司每筆售卡佣金費用，且由於對其銷售對象及推銷方式無約束力量，旅館常需面對持卡人消費時與旅館認知的差異所引發之顧客抱怨。W 酒店餐飲會員卡採行自行發售餐飲會員卡作業方式，由酒店聘僱專人於發卡中心負責處理相關發卡業務。除可免除高額佣金費用外，對於會員的篩選及人員推銷方法有所控制，會員持卡人消費時所產生認知差異較小，較不易引起客訴產生。但由於其所掌控的行銷對象資料有限，其會員數量成長較為緩慢。

　　因會員卡發售的主要目標對象屬小眾市場，例如：公司高級主管、醫生、律師、中小企業負責人及政府機關中高級官員。W 酒店推廣餐飲會員卡的方式採一對一行銷人員電話行銷方式推廣，其優點為提供個人化服務，讓客人感受到與眾不同的專人邀約、介紹與服務，並在電話中完成交易手續，節省客人時間，強

調會員完成辦卡手續當天，立即可享受用餐優惠。然而，人員電話行銷方式在面臨開拓新客源時，受目前社會電話詐欺現象影響，推廣對象會因不確定邀請辦卡人員身分的真偽、或以各種藉口而拒絕人員電話推銷，交易達成機率亦會降低。

　　W 酒店餐飲會員卡中心的人員編制為經理一名及會員卡務處理人員一名，其餘電話行銷專員皆屬約聘臨時人員，酒店可藉此節省正式職員的人事費用支出，但需面對約聘臨時人員流動率高的問題。在訓練方面，除館內課程、經驗分享外，亦安排有館外酒店觀摩試住、試菜等。針對電話行銷的內容，每位人員均有一套標準行銷問答手冊，用以應對由客人提出之各式問題，不會因為不同的人員，而有不同的服務標準。面對電話行銷人員的高流動率，行銷手冊可以幫助新進人員迅速進入工作狀況。在薪資獎勵方面，電話行銷人員除基本時薪外，可享有業績獎金，還有餐券、住宿券、年終獎金等額外獎勵。

餐廳會員卡出租

1. 共享商機！餐廳會員卡出租　花 50 元賺優惠 (2017/01/04 TVBS 新聞網)

　　「共享經濟」愈來愈多元，有人用餐廳無記名會員卡賺零用錢。消費者到麻辣鍋店用餐，利用會員卡能享有折扣，但沒辦卡者就直接上網詢問，有人立刻回應「卡片可出租」，有些會訂「出借一次 50 元」，有些則以「一杯飲料」做為答謝報酬，但使用卡片會有優惠，雙方得利，成為新型態的共享商機。民眾聚餐，不是進餐廳，而是先走進彩券行。消費者：「我要借老四川會員卡，這邊什麼卡都有嗎？」店家：「還有鼎王和台中牛排館。」原來裡頭有出租餐廳會員卡，租一張只要 50 元就能享受優惠。像是鼎王麻辣鍋會員卡優惠，滿 1,000 元折 200 元，借卡 50 元省 150 元，老四川滿 850 元打 88 折，消費愈多，折扣愈高。一般餐廳不會特別過濾是不是持卡人本人，或親友使用，也不會過問是互換或租借，因為來者是客都是座上貴賓，只是沒想到有意外商機，算一算餐廳會員卡出租，租借費用一張 50 元，單日出租 2 餐 100 元來算，365 天如果有 8 成出租，292 天就能賺將近 3 萬元，一方賺租金一方享折扣，雙方都有賺頭。

2. 親子餐廳會員卡遭濫用　業者損失慘「改約」(2016/08/01 TVBS 新聞網)

　　新北市板橋一家才開幕沒多久的親子餐廳，因為把遊樂場搬進餐廳內，在網路上爆紅，最近因為會員卡惹出爭議，因為他們推出白金和鑽石卡，一張就要 28,800 元，但給了會員有很大的優惠，原本採不記名，只要有卡就享有優惠，卻讓店家損失慘重，上個月底透過簡訊通知，要變更會員合約改採記名制，也就是要本人才享有優惠，但店家強調不想換約的會員可以全額退費，也用高額優惠券來做彌補。消保官說，業者有做到告知，而且提出全額退費，以及換約後的補償，消費者沒有實質損失，這部分並沒有違反規定。

在當今旅館餐飲的激烈競爭市場中，業者莫不積極思考推出新的產品，藉以增加來客數及提升業績，餐飲會員卡的推出即是一個範例。然而，產品的包裝與行銷的優劣，決定了其是否能於市場上占有一席之地。

三、網路與餐飲行銷

隨著網際網路之發展，許多餐飲業者發現消費者不再由傳統的方式(電視廣告、平面媒體等)取得資訊，反而漸漸改由上網瞭解想去的餐廳或想購買的餐點。網路運用的模式可分為非營利為目的和營利為目的兩大類。非營利目的是由團體或是個人所建立，為的是分享自己對餐廳的看法，而營利目的是餐廳經營者自己架構出的官方網站，主要目的為介紹自己的餐廳特色、促銷、菜單、地理位置等。麥當勞與星巴克等有知名度餐廳都會建立自己的專屬網站，讓顧客能直接藉由觀看網站得知餐廳的優惠資訊、服務內容等。非營利為目的的網站有部落格及網誌等，非營利網路是以一種類似口耳相傳的方式進行溝通。

一家餐廳可在網路上建立網站介紹餐廳的產品及設施，讓顧客在還沒有來店時，就可以先在網站上瀏覽，並得知最近期的優惠及預約訂位等。網站上可不定期的更新菜單，讓顧客知道有哪些新的菜色。除此之外，網站上還可公布各種節慶促銷活動。除了傳統的聯絡方式，餐廳也在 Facebook 建立粉絲團，方便與顧客交流及分享。此外餐廳經營者也可以把網頁建立在集中相關資訊的網站中，如果消費者想要找美食、旅遊景點或者住宿的地方，就會來這個網站搜尋。

網路是低成本又容易被人們閱讀的媒介，現在的顧客們多會先上網看別人的部落格後才決定是否消費。如果消費者渴望滿足某種需求，他們會去查閱、蒐集很多資訊。因此，經營者必須優先考慮如何引起消費者對餐廳的想像，讓消費者來消費之前會對餐廳有所期待。

網路行銷公司會透過網路，利用資料採礦(Data-Mining)技術得到消費者的購買資料，例如：某消費者一次都下多少訂單或購買多少產品等，將資料存入紀錄檔。之後這些資料就會變成公司的重要知識。如此一來，管理者就能夠知道忠誠顧客是哪些人、是否還繼續到餐廳用餐、大概多久會光臨一次，以及顧客比較常點哪一類的菜色及飲料等資訊。透過紀錄檔案知道消費者的個別購買紀錄，之後就能根據顧客的偏好發布最新資訊給顧客，吸引顧客購買。以麥當勞的網站來說，官方網站上提供了新產品的資訊、優惠券和線上小遊戲等。此外，麥當勞會在網頁上放各個餐點的營養內容，例如：餐點的熱量、脂肪含量、套餐裡所含的營養成分等資訊，讓顧客來點餐之前就可以先看見餐點的內容及營養資訊。

随著網路科技愈來愈發達，消費者與商家的溝通模式逐漸從傳統、單一方向的溝通，轉變成雙向、現代化的方式。從前消費者只能接收來自賣家的資訊，現在消費者也可以告訴賣家他們的感想，和希望將來有什麼樣子的改變。星巴克利用 Facebook 網路社群與顧客交流，顧客可以利用該社群反映星巴克的服務，以及需改善的地方。例如：有顧客建議使用咖啡冰塊，避免冰塊融化而將咖啡稀釋，因此星巴克採用了顧客的意見，讓星巴客的咖啡產生了獨特性；另外，星巴克取消販賣傳統三明治，是因為有一些顧客反映煎蛋的味道太濃，蓋過了咖啡的香味。但有些顧客卻希望星巴客能繼續提供三明治，經過內部討論及與顧客溝通之後，星巴克推出了全新系列的三明治，解決顧客不同反應的問題。

除了電腦網路之外，如今智慧型手機也可以上網，而 App 程式最被廣為使用。現在幾乎有使用智慧型手機的人，都會使用 App 程式觀看旅遊資訊、飲食、地圖、天氣……等。餐飲業在網頁設計上必須要有符合餐廳或飯店關鍵字，才能使得搜尋者在網站上容易發現到該餐廳的網頁，而且廣告形式及餐廳特色也要夠吸引人，以吸引瀏覽者停留在網站上觀看。

網頁的標題、圖片及情境必須符合餐廳的特色，避免讓消費者無法想像餐廳的特色、販賣的商品或服務。網站必須包含相關的關鍵字，像是海鮮餐廳、晚餐、下午茶等。因為當顧客用關鍵字搜尋餐廳時，相關類型餐廳會出現在搜尋結果裡。顧客在網站上搜尋時，比較注重的是特色及氣氛。所以網頁上要放一些圖像，例如：餐廳的空間、餐點等圖像供瀏覽者參考。

愈來愈多的消費者在決定餐廳之前，會習慣先上網查詢相關的資料。消費者除了追蹤官方網站的資訊外，往往也會加入網路社團討論相關的訊息。儘管餐飲業的管理者體認到網路的力量，但是因為資訊愈來愈多，使用網路的人口也不斷增加，因此變得難以掌握搜尋者和瀏覽者的身分，讓管理者無法清楚掌握觀看資訊的人。不過現今網路及科技愈來愈發達，餐旅業者可以藉由社群網路連結已知的顧客。利用 Facebook 粉絲團，餐廳可以瞭解消費者的偏好及分辨忠誠顧客。

網路口碑傳播

口碑是由非正式的訊息所構成，消費者透過口語、個人對個人的方式，將特定的店家、產品、服務及訊息傳遞給其他消費者，藉此加深其他消費者對於特定事物的印象。隨著網際網路的蓬勃發展，打破了原先地理上的限制，從過去口耳相傳的口碑傳播，轉變成透過文字的敘述或是圖片等形式來傳遞訊息，因此網際網路已經逐漸成為消費者進行產品，以及服務交流的重要平台。也因此原先的口碑傳播行為，也就形成了所謂的網路口碑傳播，又稱為電子口碑傳播或病毒行

銷。

　　網路口碑傳播改變傳統由行銷人員主導訊息的方式，而是讓消費者成為行銷者。有別於一般傳統的口耳宣傳，網路口碑傳播能夠快速把信息傳播給廣大的民眾，並藉由一傳十、十傳百的方式，讓被品牌或產品訊息感染到的消費者，自發性將訊息傳播給其他消費者。Tripadvisor 網路平台就是一個很好的例子，它是一個國際性旅遊評論網站，提供世界各地飯店、景點、餐廳等旅遊相關的資訊，也包括具有互動性的旅遊論壇，讓消費者能夠在上面分享心得或建議。在網際網路上，這種口碑傳播更為方便，可以像病毒一樣迅速蔓延；而且，由於這種傳播是用戶之間自發進行的，因此此種行銷方法幾乎是不需要費用的網路行銷手段。

　　餐飲業之顧客在消費前無法對餐廳品質做實質評估，這個特性提高了消費者互動的重要性，新的顧客可以根據其他消費者提供的意見和想法，來決定要不要前往消費。此外，餐飲業提供的商品具有不易儲存的特質，這個特性使業者的行銷壓力因此提高，採用線上互動的業者，可以擁有其他餐廳所沒有的優勢，超越了那些較少運用網路口碑的業者。

　　網路口碑傳播的成功運用，必須要具有足夠感染力，也就是必須是對消費者有價值。例如：分享就能夠獲得折扣、特殊期間才推出的餐點、幽默的標題等等。如果餐廳提供的產品或服務對於消費者沒有足夠的吸引力或不具備任何價值，行銷策略是不可能成功的。因此餐廳需不斷地開發新產品或規劃出新的行銷活動。

　　在口碑傳播中，傳播者沒有任何物質利益的動機。如果談論本身不能給傳播者帶來某種程度的滿足感，就不會有人願意向他人推薦產品或服務。根據調查非常愉快的購物或使用經驗，會使消費者產生一種欲望，使他們在條件允許的情況下，運用口碑傳播的形式來重複這種愉快的經歷。有些消費者傳播產品信息是為了滿足某些感情或是自我肯定的需要。包括引起注意、炫耀自己是內行、表明自己是領導者、擁有內部信息、顯示身分地位、傳播自己的信念和顯示自己的優勢。傳遞產品信息亦可滿足一些人與他人分享快樂與表達關心和友誼的需求。

　　要讓訊息快速的傳播出去，意見領袖扮演了一個很重要的角色。所謂的意見領袖，是指在各種人際關係網絡中，具有影響他人態度與行為的人。而意見領袖所傳遞的訊息，比起企業自己散播，更容易被消費者接受和吸引。企業若能透過意見領袖傳達正面的訊息給廣大消費群，就可以達到事半功倍的效果。美國 TGI FRIDAYS 餐廳透過與棒球隊合作，每個月提供餐廳場地讓棒球隊知名球員在該店舉行球迷見面會，並規定來的球迷必須要消費滿一定金額。球隊將這則訊息發送到臉書上，短短幾分鐘就吸引很多人前來分享，帶來了網路口碑傳播的效果。

網路口碑傳播可擴散餐廳知名度，以吸引更多慕名而來的顧客。透過顧客經由社群工具的分享，持續曝光餐廳的故事與價值。例如：美國 Flying Pie 披薩店每天都會選出一個人名，如 Kenny 或 Joey，他們邀請五位叫這個名字的民眾，讓他們當天下午來餐廳的廚房製作自己的免費披薩，還拍一張照片發到網路上。接下來，Flying Pie 會請每個來參加這個活動的人提供人名，並且投票決定下一週幸運的名字。很短時間就讓城裡的每個人都知道這家餐廳。

美國酷聖石冰淇淋連鎖店運用比賽方式，讓消費者自己創意發想自己特有的冰淇淋食譜，並為它取一個名字，將成果放在網站上。讓網友投票表決優勝者，優勝者可以獲得三萬美元獎金。為了提高自己的票數，參賽者願意將他們的成品分享在自己的社群上，並寫下這是我自製的食譜，歡迎前往酷聖石品嚐。有些參賽者會附上他們製作的 Youtube 影片，他們周遭的親朋好友也會幫忙分享在社群上，讓更多人知道。

儘管每個網路口碑傳播方案內容差別很大，但在實施的過程中，一般都需要掌握下列幾項重點：

行銷方案的規劃　網路口碑傳播的一個關鍵，就是對市場和用戶需求的透澈瞭解和分析，確認傳播的信息對用戶是有價值的，並且這種信息易於被用戶自行傳播。

需要獨特的創意　目標消費者之所以自願為企業提供傳播渠道，原因在於第一傳播者傳遞給目標群的訊息有很大的吸引力，從而促使消費者從純粹受眾到積極的傳播者。網路口碑傳播比傳統行銷需要更多的創意，例如：有趣的圖片、感人的文章、搞怪的視頻、好玩的遊戲等。前提是要滿足人們的搞怪心理、娛樂心理和對神奇事物的好奇心。在方案設計時，因特別注意要將信息傳播與營銷目標結合起來。如果僅僅是為消費者帶來娛樂價值或優惠服務而沒有達到行銷的目的，這樣的行銷方案對餐廳就沒有價值。

信息傳播渠道　網路口碑的信息是消費者自行傳播的，餐廳除了要讓信息看起來吸引人，並且讓人們自願傳播外，還需要考慮信息的傳遞管道，如一些知名的論壇、網站、名人的部落格等等。如冰淇淋連鎖店就是透過部落格，引發大家對產品和比賽的討論。

餐飲業經常運用的傳播媒介有以下幾種：

電子郵件　電子郵件是屬於一對一信息傳送，比較具有隱私性的媒介。比起傳統郵件牽涉到信紙、郵資等費用，電子郵件不管寄送的名單多大，都不會帶來成

本。餐廳員工可以在客人第一次前來用餐時，請他填寫信箱，以方便寄優惠訊息和餐廳相關資訊。對大部分的用戶來說，都不喜歡垃圾信件，他們只會閱覽信任來源所寄的信件。因此行銷人員需要運用一些策略讓接收者有動機去打開它，甚至使接收者想要轉寄給其他人。信件內容必須包含驚喜或幽默等元素，接收者才會願意把信件傳送給其他人。

網站 不同於一般消極性的訊息，網站創造話題來刺激所有來瀏覽的人，使話題能夠擴散開來。相較於傳統的行銷，網站不只分享了資訊，同時使瀏覽人想要對產品有更深入的瞭解，並且會主動前往瀏覽。忠誠顧客願意在自己個人的平台上，分享企業網站的連結給身邊的人，形成電子口碑的傳播。

部落格、虛擬社群、新聞組和討論室 一些美食家會分享他們的用餐體驗和拍攝一些照片在部落格中，讓他們粉絲前往觀看，並且在閱讀完文章後願意前往嘗試，並且分享給朋友或家人。有時候企業也會製作一些短片或活動放在臉書等虛擬社群上，麥當勞就曾經以母親節為主題，拍攝感動人心的影片，造成廣大的群體分享按讚，成功製造話題。

　　數位化資訊透過網路，可以快速將訊息傳遞給更多人，對於消費者的行為具有不可忽視的影響力。雖然當網路口碑傳播方案設計完成並開始實施之後，最終效果是無法控制的，但對網路口碑傳播效果的分析非常重要。它不僅可以讓餐廳即時掌握行銷信息傳播所帶來的反應，也可以讓餐廳從中發現該網路口碑傳播計畫可能存在的問題，以及為下一次傳播計畫提供參考。

　　隨著網路媒體的興起，企業期望藉由電子口碑的擴散效果來提高品牌知名度和產品銷售量，但也因此衍生出許多關乎倫理道德方面的問題，為了能夠使口碑廣泛傳播，有些企業打著病毒行銷之名行欺騙之實的作法，傷害了消費者對口碑的信任。研究顯示，口碑訊息之所以比廣告等行銷訊息更容易取得消費者的信任，關鍵在於其資訊來源為沒有商業意圖的消費者。這些消費者自發性地傳遞產品訊息，其目的並非要訊息接收者購買這項產品，他們只是根據自己的使用經驗和對產品的喜好說出自己想說的話。然而，儘管大家都曉得口碑的可貴之處，在於真實且誠懇的經驗與產品訊息分享。但事實上，有許多企業在進行網路口碑傳播時違背誠實原則，最普遍的作法便是假裝一般消費者推薦產品，或者私底下贊助部落客撰寫正面的心得文章。

　　網路口碑傳播成功的關鍵因素之一，就是通過一些意見領袖的影響力，讓某種行為如病毒一般擴散，並導致人們行為大規模改變。意見領袖並非一定是選擇購買產品的目標消費群體，而是那些較其他消費者更頻繁為他人提供信息，從而

影響他人購買決策的人。餐廳在行銷的過程不應該偽裝成溝通者。因為這樣會導致消費者排斥接收意見領袖所傳達的訊息。應鼓勵意見領袖分享真實的使用心得與經驗，切忌過度誇張的強調產品的好處，因為過於誇張的消費者推薦文，會讓接收者有不誠懇和不真實的感受，因此削弱消費者對餐廳的評價。

臉書粉絲專頁

隨著網路科技迅速發展，從早期的網頁，到中期的電子商務，發展至目前最受矚目的社群網路。社群網路是人們用來創作、分享、交流意見、觀點及經驗的虛擬社區和網絡平台。社群網路包括了 Blog、Facebook，以及 Twitter 和一般的社交大眾媒體，最顯著的不同是讓用戶享有更多的選擇權利和編輯能力，可自行集結成某種閱聽社群。社群網路的出現，使得人們在人際互動的方式上，產生了更多元豐富的交流形態。企業透過網際網路與消費者直接的互動，並使消費者能得到即時資訊已經成為趨勢。根據調查台灣地區目前社群網站使用者在社群網站上占整體上網時間的 1/3，也就是說，每上網 3 分鐘就有 1 分鐘是在使用社群網站。

現今最受青睞的社群媒體就是臉書 (Facebook)。Facebook 於 2004 年從哈佛大學校園發跡，目前全球用戶活躍，已大幅的超越 Google 成為美國人最經常造訪的網站。而 Facebook 在台灣每月使用人數為 1,600 萬 (數位時代，2015)。Facebook 大致可分為四類：(1) 個人網頁：提供使用者登入的網頁，讓使用者作基本控制的頁面，並能與他人頁面做連結及互動；(2) 粉絲專頁：粉絲團通常由個人或團體經營。這些經營者往往是為了要表現自己對某品牌、產品、藝人等的喜愛；(3) 官方網頁：由企業所設立的網頁，企業自身經營該專業，提供一切有關企業之任何資訊；(4) 社群網頁：由一個或一群有相同愛好者所設立的非官方網頁，提供加入的使用者表達他們對該商品或事件的想法。

企業為強化顧客關係管理並進行更直接的接觸，開始利用 Facebook 建立自家社群網頁 (Fan Page)，藉此瞭解顧客關注的產品及服務，直接地與顧客進行溝通、蒐集顧客意見。資策會統計，2011 年在台灣有 45% 的網路使用者是透過 Facebook 參與網路社群活動，其次為 33.8% 的網站論壇，以及 31.0% 的部落格，而約有一半的網路使用者在購物前會參考網路社群的意見。

粉絲專頁是 Facebook 中一種具有論壇功能的頁面，Facebook 粉絲專頁集合娛樂、社交與資訊尋求三項功能。Facebook 使用者透過按取「讚」來選擇加入不同類

型的粉絲專頁，與 Facebook 社群不同的是，加入粉絲專頁不需要社群管理者的批准，如果想要退出粉絲專頁選取「收回讚」即可。對某個粉絲專頁按讚時，此則動態會被刊在自己的 Facebook 頁面，而當粉絲的朋友看到這個訊息和連結時，就是粉絲專頁再次於社群曝光的機會，無形塑造出一種口碑行銷的功能。企業不斷投入資源在經營粉絲專頁上，無疑是看上了其強大之渲染力。

Facebook 粉絲專頁經營上，可分為內容與互動兩個層面。由內容來看，Facebook 粉絲專頁應該具有系統的組織資訊，人性化的使用介面，讓粉絲們可以輕鬆汲取資訊。資訊實用性是粉絲專頁吸引人的重點，例如：餐廳將即將上市的新菜色公布在臉書專頁上，使臉書專頁的粉絲產生期待，促使粉絲們前往消費。圖像比純粹的語文表達更容易被讀者所記憶，一張好的照片勝過千言萬語的道理，同樣可以印證在社群網路，但每則的拼貼照片不宜超過 5 張以上，以免造成版面過於複雜及圖片過小，而造成主題失焦。另外如果需要上傳大量照片，可以使用臉書專頁的相簿功能，清楚的訂定標題，以便粉絲們瀏覽。

粉絲專頁設立的目的就是希望建立與粉絲的關係，因此讓民眾感到親切的發文口氣是相當重要的。發文頻率太高或是太久未更新，都會照成粉絲的負面感受，特別是如果太久未更新文章，粉絲會認為該專頁已走入歷史。管理者可藉由臉書專頁管理者功能中，去瞭解餐廳臉書專頁中的粉絲上線時段，利用人潮多的時段貼文，能提升文章的能見度。

Facebook 粉絲專頁的內容固然是吸引粉絲的關鍵之一，但其經營重點是與粉絲建立起關係，進而透過粉絲達到更高的宣傳效益，因此要設法提高粉絲談論率，而要達成此目標則有賴與粉絲間的密切互動。所以當粉絲們在餐廳的臉書粉絲專頁上留下意見或訊息時，臉書的管理者要能確切且盡快地回答，並且注意回覆的語氣與內容。每回發文，都應該把握創造好奇心、激發讀者的興趣。管理者的角色定位也相當重要，有些粉絲團的管理者會自稱小編，意圖營照管理者也是一般大眾的形象，而非上至下的地位關係，例如：Pizza Hut (必勝客) 的臉書專頁管理者自稱自己為

> 　　臉書粉絲專頁近來已成為餐廳業者重要的廣告宣傳管道之一，消費者也可透過評價及他人用餐經驗，決定是否前往消費，但有時候這些評價可是僅供參考就好。
>
> 　　知名韓式餐廳宜蘭店就遭離職員工踢爆，分店高層為了衝高粉絲專頁的評價，去年 12 月間發出內部公告，要求店內所有員工配合申辦臉書假帳號，至分店官方粉絲專頁留下「5 星」評價及 35 至 60 字留言，並規範正職人員需申辦 5 個假帳號、每日進行評價，工讀人員則須申辦 3 個假帳號、3 天發出一則評價。對此，該餐廳台灣總部表示，已明文宣導禁止，若仍有加盟主違反規定，會依合約進行懲處。
>
> 2017/02/25 蘋果日報

「小必」，藉此營造出更貼近粉絲的形象。

臉書專頁運用得好，可以提升餐廳的經營績效，拉近消費者與業者彼此的關係。餐廳必須要先確認餐廳本身的形象是什麼，要傳遞給消費者的感覺是什麼，在經營粉絲專頁時，將餐廳的形象融入到臉書中。餐廳可以規劃競賽遊戲、互動遊戲及抽獎活動等娛樂性內容來吸引粉絲。例如：必勝客於粉絲專頁舉辦票選心目中的披薩口味活動，以及薰衣草森林的創意照片票選活動，促使粉絲與專頁的互動更加活絡。網路打卡訊息會提高人們的興趣，人們在選擇餐廳時，多會優先考慮親朋好友打卡過的餐廳。

研究發現，加入粉絲專頁的消費者，對該品牌有較高的情感依附，當消費者成為該粉絲頁的粉絲後就會產生品牌忠誠度，並會期望收到更多有關該企業的相關訊息。利用 Facebook 平台經營粉絲專頁社群，能讓企業更瞭解顧客想法，並和顧客建立長期的良好關係，進而創造購買意願與品牌形象，帶來正面的效益。

四、體驗行銷

在幾年前，餐點對於消費者而言，已是基本的要素，唯有提供不同的服務，才會造成餐廳的差異化，業者因此可以擁有穩定客源與市場；但現在，服務就像之前的商品，在消費者眼中逐漸轉變成基本的消費元素。也就是說，消費是一種交易的過程，這交易過程中間之產品及服務品質，已經不是衡量滿意度的唯一指標，在交易過程結束後，留在消費者心中令人回味的感受愈為重要。因此必須從過去重視產品的功能與利益的供應面思維，轉換為重視消費者需求面，從消費者的內心感受為出發點，提供感動的體驗來滿足消費者的精神需求。而要提升消費過程中的價值感受，業者就必須掌握體驗行銷策略。

◉ 享樂性價值與功能性價值

企業存在的目的在創造顧客、服務顧客、滿足顧客。企業要想滿足顧客差異化的要求，須看企業能為顧客創造多少能感受得到的價值。傳統行銷多以經營者角度出發，依據顧客的需求及特性，區隔出目標市場，擬出行銷策略，發展行銷組合以達銷售目的。在傳統行銷的顧客決策過程中，將消費者的決策視為直接解決問題的一連串連續過程，包含需求認知、資訊蒐集、評估選擇，最後才是購買消費，但此種顧客決策模式之觀點，往往忽略顧客是具有情緒性的感受。行銷人員假設顧客均考量評估產品效能並進行消費決策，因此傳統行銷大部分著重於宣導產品的性能與效益。對傳統的行銷而言，競爭主要是發生於定義狹隘的產品分

類中。例如：麥當勞的競爭對手是漢堡王，而非必勝客披薩或是星巴克咖啡等其他的餐飲業。

行銷學大師 Kotler 曾說過：「行銷並不是一門找出聰明方式把產品賣掉的過程，而是一門幫助顧客創造價值的藝術」。消費者在消費過程中會產生價值反應，進而產生功能性或享樂性的認知。功能性價值 (Utilitarian Value) 導向的消費是理性的消費行為。功能性價值的消費行為中，消費者傾向專注於完成預先設定的消費目標，並不在乎消費過程中是否能得到其他的感受。

享樂性價值 (Hedonic Value) 是一項較主觀且個人化的過程。享樂性價值的消費行為不只專注在達成某特定商品的購買，更享受消費過程帶給消費者心靈上的愉悅感受。也就是說，享樂消費的目標是為了達到消費者內心的滿足與喜悅，例如：刺激、愉悅、幻想和娛樂，而不是以購買特定產品或服務為主要目標。

功能性與享樂性價值是消費者對於消費經驗的評價基礎，因為這兩種價值的層面可以解釋最基本的潛在消費現象。因此，透過兩種不同的消費價值，可以更完整的呈現消費者對於購物的感受。Park (2004) 對韓國速食店消費者進行問卷調查，結果顯示，消費者的外食價值分為享樂性與功能性兩類，而享樂性價值對消費者的購買行為影響比功能性價值更高，也就是說，消費者情緒上的快樂感受，對消費者選擇速食餐廳消費十分重要。消費者可以透過消費過程尋求刺激感受或放鬆壓力進而忘記現實煩惱。

Ryu 等人 (2010) 探討快速休閒餐飲業在享樂/功能性價值、滿意度和行為意圖之間的關係，研究結果發現，享樂性與功能性價值均會顯著地影響滿意度，滿意度又會對行為意圖有所影響 (圖 7-4)。消費者可以透過主動涉入、尋求刺激，進一步放鬆壓力忘記現實煩惱感知享樂價值。姜淳方與李昀修 (2012) 發現台灣 Y 世代 (17 到 34 歲) 的消費者，在速食連鎖餐廳消費後之情感層面的價值感受，

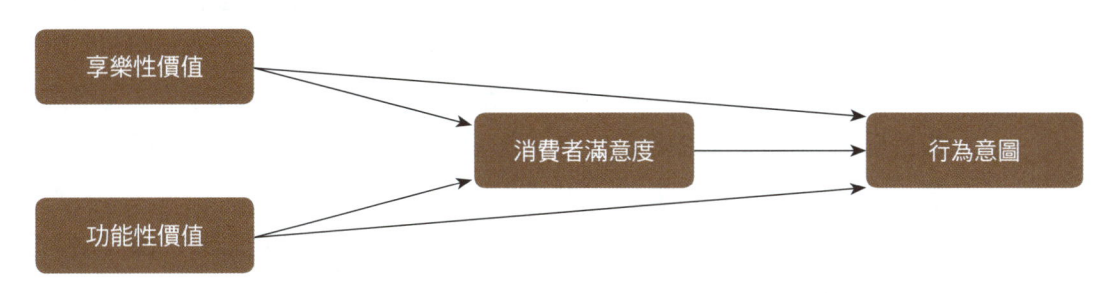

資料來源：Ryu, K., Han, H., & Jang, S. C. (2010). Relationships Among Hedonic and Utilitarian Values, Satisfaction and Behavioral Intentions in the Fast-casual Restaurant Industry. *International Journal of Contemporary Hospitality Management*, 22(3), 416-432.

▶ 圖 7-4　享樂性與功能性價值對消費者滿意度和行為意圖影響關係

較能影響其再購意願、口碑宣傳、消費頻率等後續的行為意向。王炳勛 (2016) 調查大台北地區的 450 名吃到飽餐廳的消費者，分析結果顯示，享樂性價值與功能性價值在行為意圖上具有顯著的預測力，且功能性價值比享樂性價值具有較高的影響力。由此可知，消費者到餐廳用餐除了感受餐廳在服務、產品、設施上的功能性價值以外，也會感受到心靈層面上的享樂價值。

傳統上西式速食在美國原是屬於較偏向功能性價值取向。但是近年來連鎖速食店逐漸朝休閒轉型，例如：麥當勞有意從速食餐館轉型為快速休閒餐廳 (Fast Casual Restaurant)，設在美國密蘇里州聖約瑟市的「未來麥當勞」，6,500 平方呎大的空間有自助站、無限供應炸薯條，還有餐桌服務。顧客在櫃檯點餐後，帶著餐桌定位器到指定的桌子，穿著制服的服務生就會把餐點送到前面。顧客亦可在互動式自助站點餐，用現成配料組合自己的漢堡或雞肉三明治，並在數位汽水機調配自己想要的飲料，高科技遊樂區互動式燈板桌中亦設有電玩。澳洲麥當勞也在進行一系列試驗，包括讓客人自行組合漢堡，提供更客製化的選擇，這一系列的措施均趨向於享樂性價值，是麥當勞因應來自競爭者壓力的反應。

體驗行銷

餐飲業要能永續發展，除了經營，更需要行銷。唯有透過有效的行銷機制才能讓消費者進入餐廳。但傳統行銷過於重視 4P 的概念，最後常淪落為價格戰，反而使業者失去競爭力。體驗行銷比傳統行銷更能創造且連結餐廳與顧客間的關係。進入體驗經濟的時代後，傳統的行銷觀念已不敷需求，行銷方向將更重視體驗。

體驗 (Experience) 一詞源於拉丁文 (Exprientia)，意旨探查、試驗。體驗通常是由事件的直接觀察或參與所造成的，不論事件是真實的、如夢般的或是虛擬的。追求刺激與嘗試新鮮體驗是人類的天性，以創新體驗的設計來吸引消費者已是愈來愈多商品的行銷手法。餐飲業隨著市場飽和與成熟而日趨競爭，提供高品質的服務已不再是絕對的競爭優勢，結合產品、服務、用餐環境與主題可提供消費者全新的體驗，藉由讓顧客有完全不同於其他餐廳的體驗，以提升顧客忠誠度，是未來業者在經營餐廳的致勝關鍵。

Pine 與 Gilmore (1998) 區分出經濟價值發展進程的四個階段 (圖 7-5)：貨物 (Commodities)、商品 (Goods)、服務 (Services) 與體驗 (Experiences)。過去商品對於消費者而言，是基本的消費要素，唯有提供不同的服務才會形成消費的差異化，業者可以因此掌握利基，擁有固定客源與市場；但現在，服務就像之前的商品，在消費者眼中逐漸轉變成基本的消費要素。如今要提升價值感，業者必須能

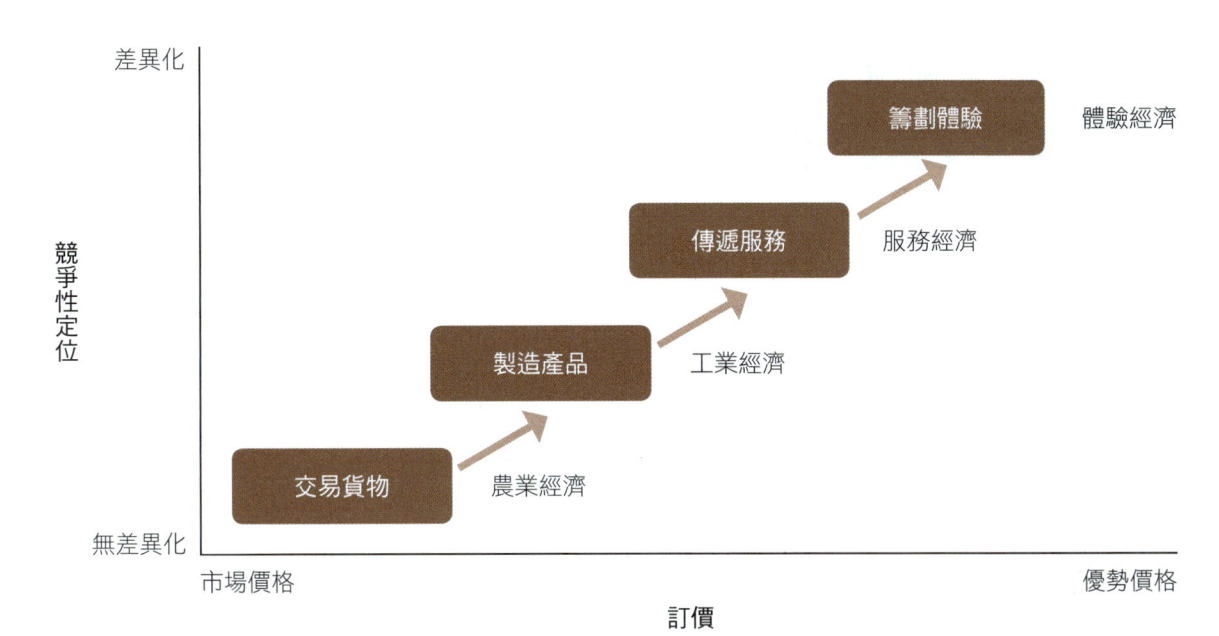

經濟價值演進階段圖中：
- 縱軸：競爭性定位（無差異化 ↔ 差異化）
- 橫軸：訂價（市場價格 ↔ 優勢價格）
- 階段由低到高：交易貨物（農業經濟）→ 製造產品（工業經濟）→ 傳遞服務（服務經濟）→ 籌劃體驗（體驗經濟）

資料來源：Pine, B. J, & Gilmore, J. H.(1998). Welcome to the Experience Economy. *Harvard Business Review, 76*(4), 97-105.

> 圖 7-5　經濟價值演進階段圖

掌握體驗行銷策略。

在農業經濟發展時期，媽媽們會利用農場產出的原料，從頭開始做一個成本很低的蛋糕。隨著發展到商品為主的工業經濟時期，媽媽們開始會買預拌好的材料做蛋糕。當服務經濟崛起時，忙碌的父母會到麵包店或是超市預訂做好的蛋糕，而價格是預拌蛋糕材料的 10 倍。現在，很多父母不做生日蛋糕，也不會在家舉辦派對，他們將整個活動外包給專門為孩子舉辦活動的公司，而且蛋糕往往是該類公司提供的免費贈品。

另外，以咖啡為例，每磅咖啡豆 (農產品) 買賣的價格若是 250 元，一磅咖啡豆約可煮 45 杯，便利商店一杯咖啡約 35 元 (零售)，在一般的餐廳一杯約 80 元 (服務)，而主題休閒餐廳卻能賣到 150 元 (體驗)。由此可見，顧客願意購買的不僅只是有形的商品，還包括了無形的服務與體驗。產品與服務對顧客來說屬於外在的層面，體驗則是關於個體本質的，只存在個體的心中，並且屬於情緒、生理、智能，甚至靈魂的層次 (表 7-6)。

體驗行銷是經由視覺、聽覺、觸覺、味覺與嗅覺的刺激，引發顧客動機，促使消費者產生購買，創造一種新鮮獨特的知覺體驗，達成行銷目的。商品是有形的，服務是無形的，而體驗則是令人難忘的。當一家公司有意識地以服務為舞台、以商品為道具，使消費者融入其中，這種產出就是體驗。每個顧客體驗後所

表 7-6　經濟價值發展進程的四個階段

經濟產物	貨物	商品	服務	體驗
經濟功能	萃取	製造	傳遞	籌劃
產物性質	易腐蝕	有形的	無形的	難忘的
關鍵屬性	自然的	標準化	客製化	個人的
供給方式	大量存放	製造後儲存	有需求才傳遞	持續一段時間
賣方	生產者	製造者	提供者	表演者
買方	市場	使用者	消費者	賓客

得到感受都不同，餐廳利用提供消費者獨特且難忘的體驗，促成對下一次消費的期待。體驗行銷主張整合產品、服務及主題，透過提供感官、創意與情感的關聯，為顧客創造出獨一無二的體驗。

如今消費者除產品與服務外更希望得到體驗，愈來愈多的業者透過設計及宣傳體驗來回應消費者。例如：一個美國早期電視節目 Taxi 中之計程車司機，在車上提供三明治及飲料，規劃城市旅遊，甚至唱 Frank Sinatra 的歌。讓乘客感受到乘車經驗變成一個難忘的回憶。對乘客來說，搭乘他的計程車的體驗比其他的計程車的經驗還要有價值多了。

體驗行銷與傳統行銷的差異　行銷是創造、傳遞、產品或服務的價值，以滿足消費者的需求。因此必須先瞭解消費者的需求，才能設計出符合消費者的行銷方式。傳統行銷向來都是視消費者以「功能效益」為出發點，在同產品之間比較，進行決策。所採用的行銷模式皆以產品與服務為中心來思考與解決問題。但是，功能導向的消費模式只能解釋部分的消費者行為。逐漸地，企業瞭解到消費者除需要產品與服務之效益，亦想要感受到消費過程之娛樂、教育與挑戰感受。

傳統行銷具有四個特性：第一，傳統行銷專注於宣傳產品的性能與效益，並假設消費者以產品最大效益為優先考量；第二，傳統行銷在產品的分類與競爭上是狹隘的，例如：麥當勞的競爭對手就是肯德基，而不是其他餐飲業；第三，顧客被視為是理性決策者，理性的行動帶來需求滿足；第四，傳統行銷常使用的研究方法是分析的、定量的、口語的，只能檢查品牌定位或部分價值，無法洞悉策略競爭優勢 (圖 7-6)。傳統行銷方式已無法滿足消費者的期盼與需求，取而代之的就是重視消費者心理層面的體驗行銷。

體驗行銷著重在創造具有回憶的體驗，主要在提供消費者獨特的個人化經

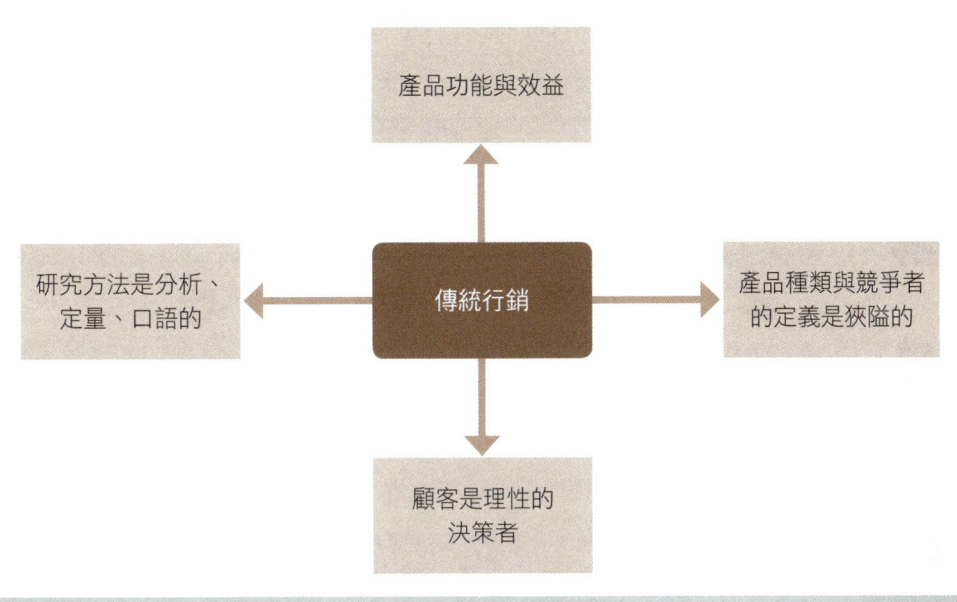

```
                    產品功能與效益

研究方法是分析、          傳統行銷          產品種類與競爭者
定量、口語的                                的定義是狹隘的

                    顧客是理性的
                    決策者
```

> 圖 7-6　傳統行銷的四項主要特徵

驗，並且能使消費者印象深刻。不同於傳統行銷將焦點集中於性能與效益，體驗行銷則是集中在四個主要的方向上。

第一，焦點在顧客體驗上。體驗的發生是經歷的或是生活過的一些處境，對消費者的感官、心與思維引發刺激。體驗提供知覺的、情感的、認知的、行為的，以及關聯的價值來取代功能的價值；第二，體驗行銷重視顧客的消費情境。消費者並未將每個產品當成是個獨立存在的項目，個別的去分析它的性能與效益，相反的，消費者會詢問每個產品是如何適用於整體的消費情境，以及消費情境所提供的體驗。因此，行銷人員不再只是思考一個孤立的產品，而是需為消費者找到一個較寬廣的意義空間；第三，消費者同時是理性與感性的。傳統行銷將消費者視為理性決策者，但事實上消費者同時受到理性與感性的驅使，他們也想要娛樂、刺激、情感衝擊，及富創意的挑戰；第四，體驗行銷的方法與工具是多面向的，不是侷限於一個方法論的意識型態，它有多種來源，十分廣泛多元。

表 7-7 顯示傳統行銷與體驗行銷不論於行銷目標及行銷方法均有很大的差異。就整體而言，傳統行銷強調產品價格、功能及品質；而體驗行銷則強調如何營造消費過程中藉由體驗所產生的樂趣、愉悅等消費感受。一個著重消費結果的滿足；另一個則是強調消費過程的滿足。

傳統 4P 組合的行銷手法，不能說完全沒有體驗的成分，只是在其行銷組合當中，消費者所能感受到是以產品及服務品質為核心，或是在消費後所得到的效益。在傳統行銷當中，品牌只被當成商品的識別用，以作為市場上的區隔策略之

表 7-7　傳統行銷與體驗行銷之差異

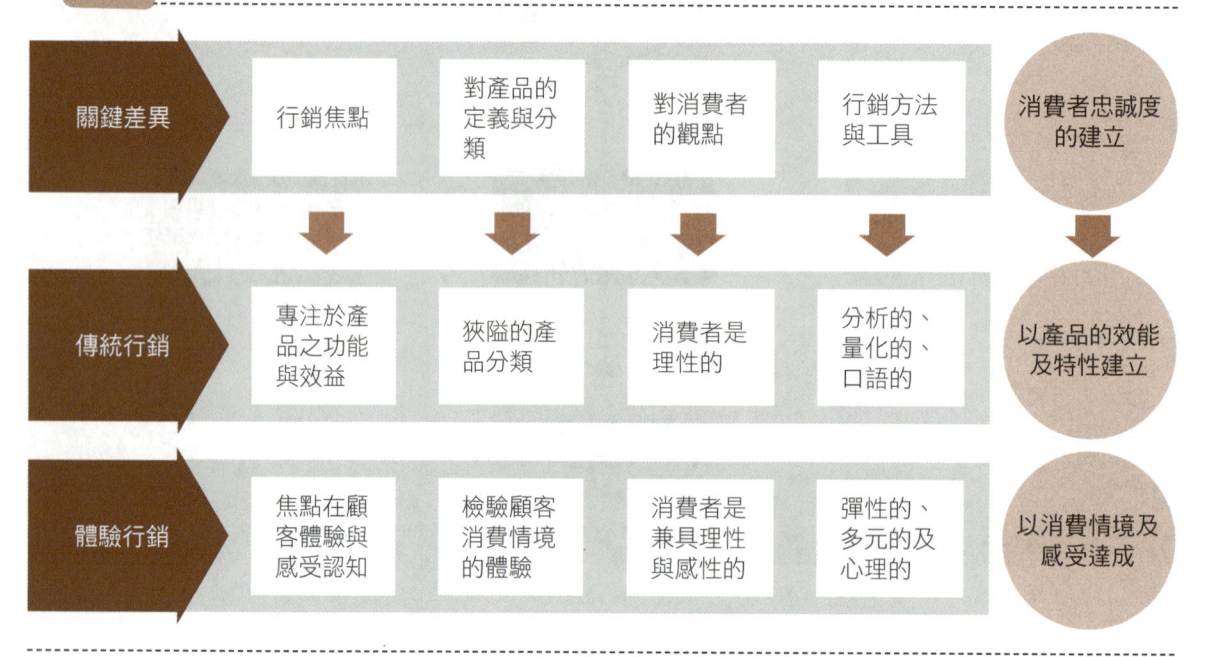

關鍵差異	行銷焦點	對產品的定義與分類	對消費者的觀點	行銷方法與工具	消費者忠誠度的建立
傳統行銷	專注於產品之功能與效益	狹隘的產品分類	消費者是理性的	分析的、量化的、口語的	以產品的效能及特性建立
體驗行銷	焦點在顧客體驗與感受認知	檢驗顧客消費情境的體驗	消費者是兼具理性與感性的	彈性的、多元的及心理的	以消費情境及感受達成

用。體驗行銷是由商品及服務體驗擴大到與消費者生活型態相連結，用以和其他品牌區別的是特殊的、難忘的消費體驗。例如：星巴克並不只賣咖啡，還賣星巴克體驗。星巴克要帶給顧客所謂的「第三地」感受——遠離家及遠離工作。

體驗行銷模組　體驗行銷是基於顧客心理學理論及顧客的社會行為為基礎，並將傳統行銷的觀點包含其中所發展出的概念架構。Schmitt (1999) 提出體驗行銷的策略模組觀點，涵蓋了感官、情感、思考、行動及關聯五種體驗，此五種體驗不必然單獨存在，若企業所提供的消費過程包含愈多種不同類型的體驗，則愈能在消費者心中留下深刻的印象。以下分別說明個別定義，並針對此五種體驗以星巴克策略進行說明：

感官 (Sense)　感官體驗主要來自五官的知覺刺激，經由知覺處理過後，而產生的反應結果。以視覺、聽覺、嗅覺、味覺與觸覺五種感官為行銷訴求，經由感官知覺的衝擊取悅消費者，提供產品附加價值。例如：美國雨林餐廳 (Rainforest Cafe) 的裝潢和布置圍繞著叢林和野獸等主題，進入餐廳就彷彿去到熱帶雨林，各種動物和變化多端的「天氣」讓你的一餐吃得多采多姿。

星巴克強調氛圍的管理，例如：走進星巴克最先感受到的，就是撲鼻而來的咖啡香，這是重烘培極品咖啡豆特有的濃香。星巴克為了經營這股濃香，禁菸、

禁止員工擦香水、禁用化學香精的調味咖啡豆、禁售其他食品和濃湯。個性化的店內設計、暖色的燈光、柔和的音樂等，營造出一種獨特的星巴克氛圍。

星巴克每家門市店內裝潢都是根據咖啡「土、水、風、火」四個自然要素所設計，土是指咖啡生產地，水是指咖啡生長期間所需的水，火是指烘焙過程，風是指咖啡風味，讓消費者會因當時心情不同而有不同的感受，也可讓消費者用來詮釋自己對星巴克的體驗。例如：星巴克的桌椅皆採用原木，試圖呈現大自然的氛圍，而店內的天花板採挑高設計，減輕空間壓迫感；在設計風格方面，店內裝有現代藝術畫、具有美式與都會格調的燈具與天花板，富有都會雅痞的氣息。

情感 (Feel)　餐廳可透過體驗誘發消費者歡樂、驕傲、恐懼等情緒或心理感受，與消費者的情緒和情感連結。例如：星巴克讓消費者覺得來到一個熟悉的地方，而這樣的地方也讓消費者覺得很安心。服務人員會問候常來星巴克的消費者，帶給消費者有像朋友一樣的感受。有消費者覺得心情不好時會想到星巴克，當咖啡喝完時，煩惱也就忘光了，或是覺得雖然星巴克的實質空間有限，但心靈的空間卻無窮，提供消費者有一處心情沉澱及留白的地方。另外，例如：哈根達斯 (Häagen-Dazs) 簡短醒目的廣告語為隨時隨地寵愛自己，將專賣店設計成顧客可以體驗特級冰淇淋的歡樂浪漫環境，將品牌與羅曼蒂克的感覺連結。

思考 (Think)　利用創意可引發消費者思考及涉入參與。星巴克店內會放置不同產地的咖啡豆，介紹咖啡豆烘焙程度所製造出來的咖啡等相關資訊。有些顧客會非常認真的學習咖啡相關的知識，店員也會適時配合解說，顧客們潛移默化的接受了星巴克灌輸的理念。部分消費者認為星巴克提供的咖啡小冊子，可以讓人們聯想到的東西很多。

行動 (Act)　行動體驗是超越感覺、情感與認知的範圍，訴諸於實質身體的經驗，藉由身體體驗可豐富顧客的生活，展現其自我觀感與價值。例如，不論種族、人種、性別，顧客進門十秒內，星巴克店員就要用眼神來打招呼。星巴克會提供一些細糖、奶精、肉桂粉等食材，讓顧客在點完咖啡後，可自行利用這些材料來調配出自己想要的味道。有消費者很喜歡到星巴克唸書，對某些人星巴克好像取代了圖書館。

關聯 (Relate)　消費者藉由消費過程，讓個人與其他人，甚至整個群體及文化產生關聯。關聯行銷結合五感、情感、思考、行動的體驗元素，建立消費者與品牌間的關係連結。例如「星巴克」這個名字來自美國作家梅爾維爾的小說《白鯨記》中一位處事冷靜，極具性格魅力的大副，他的嗜好就是喝咖啡。這個名字讓

人聯想到海上的冒險故事，也讓人回憶起早年咖啡商人遨遊四海尋找好咖啡豆的傳統。

　　有些消費者認為去星巴克消費是很有品味，並跟得上時代腳步，有彷彿置身於國外的感覺，並可獲得同儕的認同。星巴克專門開設熟客俱樂部，透過網路與熟客互動，熟客之間也能分享彼此品嚐星巴克咖啡的心得。星巴克提供「公平交易豆」，直接與貧瘠國家的咖啡豆農購買咖啡豆，並幫助他們改善生產設施。每月 20 號為公平交易日，販售以公平交易豆所提供的本日咖啡，在各門市中也提供小冊子宣傳此一訊息，這些活動均能與消費者個人價值觀產生關聯。外帶星巴克咖啡到公共場合可凸顯個人品味，並令顧客覺得很時尚。此外，例如美國滾石餐廳 (Hard Rock cafe) 提供愛好搖滾樂的消費者社交的地方，亦提供消費者強烈的歸屬感與認同感。

　　產業運用體驗訴求很少只採用一種形式，許多成功的企業會同時利用多項策略體驗模組以強化體驗訴求。以薰衣草森林為例，其運用故事、視覺、活動、夢想及產品等體驗行銷傳遞的工具元素，引導消費者進入紫色童話世界的體驗之旅，這種體驗的傳遞元素必須能夠呈現出一致的整體感，才能給予消費者一個完整的品牌印象，並轉換成一次美好的消費體驗。

　　薰衣草森林將用餐位置改到戶外，給予一種大自然的原始風味，並在菜單及餐點製作方面都與香草料理做結合，呈現出該品牌強烈的風格，這些元素帶給消費者的整體體驗是其他香草庭園餐廳所不易複製的。表 7-8 歸納出薰衣草森林在體驗模組相關運用策略。

體驗行銷之傳達媒介　　要提升消費者體驗，需要有效的品牌媒介，如傳播媒體與人際的互動；另外也需要有效地管理品牌之直接接觸，如使用與購買的情境。體驗媒介通常包含溝通工具 (Communications)；口語與視覺識別 (Verbal Identity and Signage)；共同建立品牌 (Co-Branding)；產品呈現 (Product Presence)；空間環境 (Spatial Environment)；電子媒介 (Electronic Media) 及人 (People) 等七項 (表 7-9)。透過體驗媒介與體驗模組的配合，可誘發消費者專屬的個人體驗。

　　體驗媒介的執行方式可依照體驗策略模組而定，例如：感官模組的廣告設計不同於情感模組為目標的廣告；或是情感模組的網站資訊不同於思考模組網站。結合策略體驗模組與體驗媒介可以建構體驗矩陣，體驗矩陣是體驗行銷的主要策略規劃工具 (如圖 7-7)。

　　許多業者在應用體驗行銷的五大構面時，較著重於在於感官行銷與情感行銷的層面上，對於其餘三個構面的應用都比較欠缺。形成這種現象的主要因素也是

表 7-8　薰衣草森林體驗行銷模組之運用

體驗行銷模組	目標	訴求方式	薰衣草森林相關作為
感官	創造感官衝擊，為產品添附加價值。	瞭解如何達成感官衝擊，經由視覺、聽覺、觸覺、味覺與嗅覺等方式，完成刺激—過程—結果的模式。	所有視覺效果都以紫色為主，一進去園區的入口即噴灑薰衣草水於身上，給予顧客嗅覺的香氛體驗，餐廳中以香草作為料理的主題，園區播放輕鬆舒服的輕音樂，在紀念品包裝上利用薰衣草森林之標示，讓人想買回作紀念。
情感	觸動個體內在的情感與情緒。	瞭解何種刺激可以引起消費者情緒，並促使消費者的主動參與。包括品牌和正面心情、歡樂與驕傲的情緒連結。	園區在販售明信片的區域設置了信箱，告訴遊客將來此地的感動與祝福寄給友人、愛人、家人或是自己，企圖創造與顧客的情感連結。利用廢棄木材來手寫路牌「請不要放棄」……等，透過口語化文字，營造出人性的溫暖。
思考	引發個體思考，涉入參與，造成典範的移轉。	由驚奇、引起興趣，挑起消費者的思考。	藉報導兩個女生創辦人夢想的故事，形成消費者心中的一種典範移轉。
行動	訴諸身體的行動體驗，與生活形態的關聯。	藉由增加身體體驗，指出做事的替代方法，替代的生活形態，並豐富消費者的生活。	到薰衣草森林一趟可以放鬆身心與大自然接觸，利用入園的淨身儀式，以及香草導覽與DIY課程，讓消費者進行參與。舉辦薰衣草料理大賽，讓薰衣草料理普及到參與者的生活裡。舉辦薰衣草節，邀請會員親手種下薰衣草，並相約於薰衣草花開時再度見面。
關聯	讓個體與理想自我、他人或是社會文化產生關聯。	將消費行為與社會文化的環境產生關聯，對潛在的社群成員產生影響。	薰衣草森林以學生族群為主客層，其次則是情侶。而薰衣草森林所舉辦的情侶方面活動，可拉近情侶間的距離。舉辦夢想起飛計畫，鼓勵充滿夢想的年輕人勇於追求，藉此強化品牌理念與價值。

因為「人」是感官與情感的動物，當人們在接觸一件事物時，最先接觸到刺激的就是感官，其次就是環境氛圍所塑造出的情感因子。但是，僅強調感官與情感行銷是不夠的，這樣往往會造成消費者無法把體驗轉換成為永久的記憶。因此，把有關思考、行動與關聯行銷構面的元素加入，才能與消費者間的連結更為緊密。

設計具紀念性的體驗　Pine 與 Gilmore (1998) 將體驗分為兩大構面及四種類型(如圖 7-8)。兩個構面根據消費者主動、被動參與，以及消費者融入情境、接受訊息來區分。橫軸的一端代表被動參與，這樣的參與者包括交響樂的聽眾，經歷這件事的方式純粹是觀賞。橫軸的另一端代表主動參與，例如：包含滑雪的人，

表 7-9 薰衣草森林體驗行銷傳達媒介之運用

體驗媒介	形式	薰衣草森林傳遞方式
溝通	指傳遞資訊給消費者的所有方式，例如：印刷品、廣告、海報、傳單、簡介、影片等。	薰衣草森林最初使用電子郵件達到網路宣傳的效果，在一開幕之際即造成話題，且以兩位女生創業的故事包裝，出版其創業過程及香草應用相關書籍，並受邀到各大專院校演講。
口語與視覺識別	指包含品牌名稱、符號與標誌、招牌等的視覺、口語識別，藉以提供消費者感官上的刺激。	網站、傳單、店內所有布置的顏色，皆以薰衣草代表的紫色及插畫風格為主。所有的員工皆會穿著薰衣草森林制服及頭巾。
共同建立品牌	即利用公共關係的方式，像是事件行銷與品牌的連結，慈善捐助、贊助活動等。	舉辦公益活動，例如：開放弱勢團體免費前往園區參觀及螢火蟲導覽、資助學童營養午餐，以及與當地居民合作淨溪活動，共同開發新社園區附近環境。
產品呈現	例如：產品的包裝、品質水準、設計。	薰衣草產品、明信片、餐點皆具有紫色包裝及薰衣草LOGO，給予強烈的品牌風格。
空間環境	空間環境的利用，擺設與布置的配合，讓消費者融入整體環境，感受體驗環境所要表達的含義。	園區每一角落都有一些巧思，成功營造出其夢幻的世外桃源氣氛。
電子媒介	指透過資訊化的能力提供公司與消費者的互動，像是公司網站的設計、線上活動的傳達跟設計參與等等。	該公司並未花大筆的經費於廣告宣傳，卻能讓許多年輕人知道這家店，其秘訣就在口碑效應於網際網路上擴散。許多網友寫下自己的心得分享給朋友或其他網友。一旦其他人進行搜尋時，便會看到與薰衣草森林相關的Blog文章，形成宣傳效果。
人	第一線與消費者接觸的銷售人員、公司代表、服務提供者，這些與品牌相關人員的態度及行為，皆是消費者體驗的來源	薰衣草森林希望讓顧客在消費過程中感受到人心的單純與溫暖，並被尊重。所以在顧客關係的定位上，是以朋友的關係來進行互動。

積極參與而創造了自己的體驗。另一構面中；「吸收」意指透過讓人瞭解新資訊的方式來吸引消費者的注意力，而「融入」則為消費者具體變成體驗的一部分。

這些構面將體驗切割成四種類型：(1) 教育體驗；(2) 遁世體驗；(3) 娛樂體驗；及 (4) 審美體驗。教育類型的體驗是一種主動參與的吸收行為，與娛樂體驗不一樣的是，教育體驗需要客體更多的積極參與，要確實擴展一個人的視野，增加他的知識。娛樂的體驗類型為被動的透過感覺吸收體驗，比如觀賞演出。而遁世體驗，則是主動參與並沉迷其中，典型逃避現實的體驗所要求的環境通常包括人為的活動，像到賭場賭博、玩電腦遊戲、線上聊天。沉迷其中但不主動參與則被歸類為審美的體驗，例如欣賞風景。餐廳得透過模糊四個領域體驗之間的界

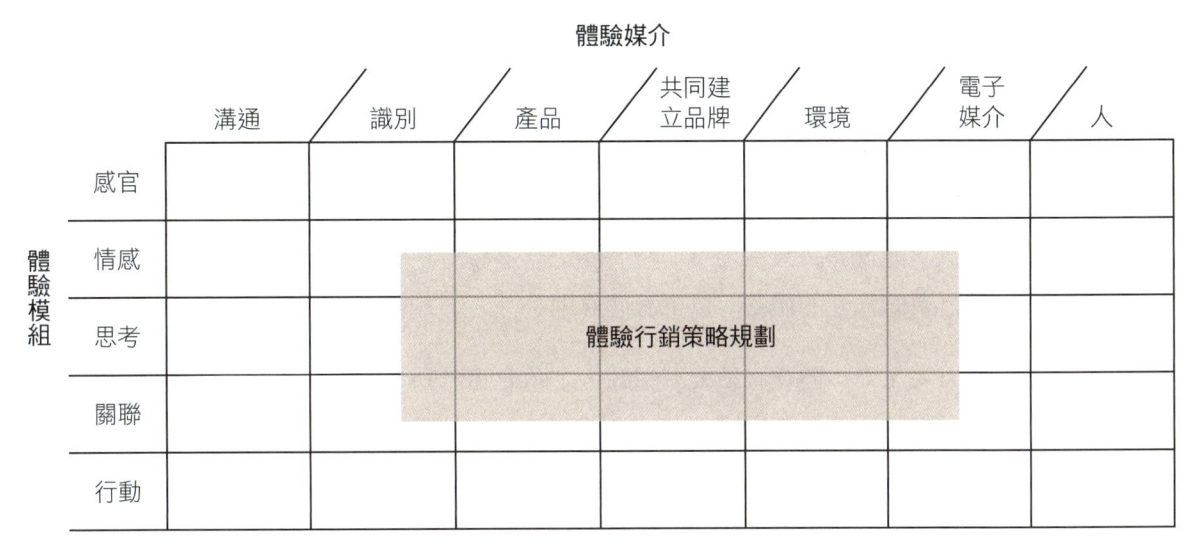

	體驗媒介						
	溝通	識別	產品	共同建立品牌	環境	電子媒介	人
感官							
情感							
思考			體驗行銷策略規劃				
關聯							
行動							

（左側縱軸標示：體驗模組）

資料來源：Schmitt, B.H. (1999) Experiential Marketing, *Journal of Marketing Management*, 15, 53-6.

▶▶ 圖 7-7　體驗行銷矩陣

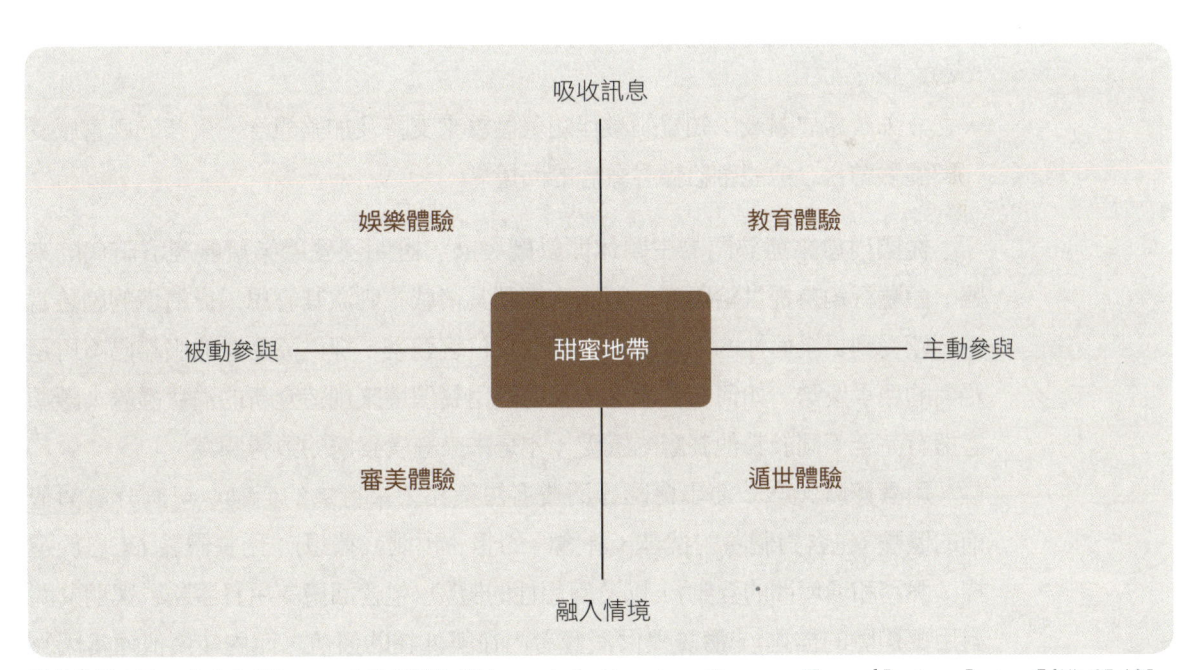

```
              吸收訊息
                │
  娛樂體驗      │      教育體驗
                │
被動參與 ──── 甜蜜地帶 ──── 主動參與
                │
  審美體驗      │      遁世體驗
                │
              融入情境
```

資料來源：Pine, B. J, & Gilmore，J. H.(1998). Welcome to the Experience Economy. *Harvard Business Review*, 76(4), 97-105.

▶▶ 圖 7-8　四種體驗類型

線，提高體驗的真實性，最後才能找到「甜蜜地帶」。而方法就是利用體驗的框架，創造性地探索各個面向，這些面向會使你希望展示的體驗更加特殊，讓消費者獲益，最後願意付出更高價格。

餐飲業所有使用的產品跟服務都不僅是拿來解決基本的消費需求，而是透過它們來滿足消費者心裡渴望著的生活形式。一個理想的消費過程，當過程結束的時候，記憶將長久保存。消費者願意為這類體驗付費，因為它美好且不可複製。設計具紀念性的體驗有以下五個原則：

- **訂定主題**：體驗必須要有主題，主題要簡潔動人，否則消費者感受不到主軸，就無法留下長久記憶。
- **以正面線索塑造印象**：印象是可以被帶走的體驗，創造一個被需求的印象，企業必須介紹體驗本質的訊息給顧客，每一個線索皆要支持該主題，而且前後要一致。
- **去除與主題相牴觸的負面線索**：體驗規劃者必須排除主題被牴觸或分散、矛盾與轉移，並且將負面的線索轉化為正面的線索。
- **加入紀念品**：與重要紀念品結合。人們購買具紀念性商品，可延伸並強化其體驗之感受。
- **包含五種感官刺激**：知覺刺激伴隨著體驗來支持及加強概念。更多的感官感受與體驗結合，愈能帶給顧客難忘的回憶。

從國內愈來愈熱門的主題休閒餐廳發展，證明了餐飲業體驗經濟時代的來臨。體驗行銷為提供給顧客一個能夠觸動其情感、刺激其心思，從情境的體驗當中，感受到更全面性的品牌認知。餐飲業日趨競爭，提供高品質的服務已不再是絕對的競爭優勢，如何結合產品、服務與用餐環境來創造全新的消費體驗，讓顧客擁有完全不同於其他餐廳的感受，才是未來經營餐廳的致勝關鍵。

用餐體驗包含一連串會影響消費者決策和未來行為的活動。可劃分為消費前的體驗 (包含對體驗的搜尋、計畫、幻想、預測或猜想)；用餐體驗 (來自於選擇、服務和環境間的互動)，以及回想性的體驗 (包含回憶該用餐體驗或與朋友間對用餐體驗的描述)。體驗提供消費者內在與外在的價值，而內在價值通常因為個人因素所產生的消費感受。外在價值的認知，則來自於人們對於服務、產品的直接使用或欣賞所獲得。在使用創新的體驗行銷概念前，業者應該先思考，消費者對餐廳的餐飲及服務基本要求是否已經達成。

五、休閒與餐飲

人們到餐廳用餐，不只是要滿足生理需求，還包括了自尊心、成就感、放鬆和娛樂或是聲響等因素，例如：消費者會選擇價位較高的餐廳來迎合社交需求。據統計美國人在一生中有六年的時間是花在吃東西上面，常去餐廳用餐的人甚至會增加到八年的時間，外出用餐已經成為人們生活中不可或缺的一部分。

餐廳悠揚生動的音樂旋律、美食與服務，會帶給人們輕鬆愉悅的感受。目前國人對於工作之餘的休閒活動十分重視，隨著體驗經濟時代的來臨，集合休閒元素所產生的休閒主題餐廳蔚為風尚，顧客愈來愈重視餐廳所提供的用餐環境及主題性。根據萬事達卡 (2010) 消費者信心指數調查報告顯示，台灣民眾最喜歡的休閒活動是到餐廳用餐以紓解工作的壓力與放鬆心情，顯示國內消費者前往餐廳用餐，休閒也是重要的動機之一。

◉ 餐飲休閒動機

休閒動機係指引起、引導及整合個人休閒活動，導致該休閒活動朝向某一目標的內在心理過程，是產生休閒活動的主觀原因。現代社會中，每個人為了工作而忙碌，同時承受各種的外在壓力或孤獨，為了尋找勞動和生活必需時間外的輕鬆愉悅，人們願意為休閒付出代價。因此業者試圖去營造餐廳用餐經驗之前，必須先了解消費休閒動機。

餐廳的產品主要由餐食飲料、設施及服務三大要素所組成。然而餐廳營運除了須著重於菜色、裝潢、燈光、擺設及服務等因素，還須塑造出讓消費者體驗特殊的用餐氛圍，滿足消費者的心理需求，這些心理因素影響到顧客對餐廳的價值感受。餐點與飲料的品質固然重要，但能讓顧客感到心滿意足的還有其他因素，例如：能與群體連結之社會價值、渴望抒發的情感價值，以及能滿足好奇心、新鮮感和追求新知之認知價值。每個人前往餐廳消費之目的皆不完全相同，如果可以瞭解消費者至餐廳用餐的休閒動機，就可以規劃並提供顧客所期待的體驗。

推拉理論可運用於分析餐飲消費動機，消費者至餐廳用餐之休閒動機可視為推力因素，餐廳吸引消費者之各項產品及服務特色則為拉力因素。顧客於消費前分別對產品、服務及社交或釋放壓力等之期望，與顧客於消費後對於產品、服務及社交或釋放壓力等因素達成程度之認知，比較後會形成利益感受，而推拉因素之利益感受分別對用餐滿意度有所影響，餐廳消費推拉動機與滿意度模式架構 (孫路弘，1998) 如圖 7-9 所示。

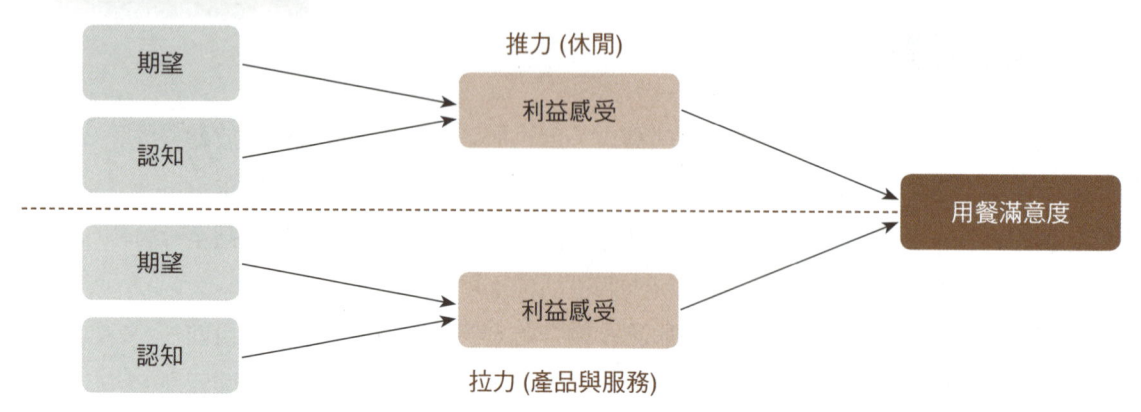

```
┌──────┐
│ 期望 │──┐          推力 (休閒)
└──────┘  │         ┌──────────┐
          ├────────▶│ 利益感受 │────┐
┌──────┐  │         └──────────┘    │
│ 認知 │──┘                         │      ┌────────────┐
└──────┘                            ├─────▶│ 用餐滿意度 │
┌──────┐                            │      └────────────┘
│ 期望 │──┐         ┌──────────┐    │
└──────┘  ├────────▶│ 利益感受 │────┘
┌──────┐  │         └──────────┘
│ 認知 │──┘          拉力 (產品與服務)
└──────┘
```

資料來源：孫路弘 (1998)。Restaurant Dining and Leisure Motivation。《東海學報》, 39(6), 81-94。

▶ 圖 7-9　餐廳消費推拉動機與滿意度模式

　　動機是誘發消費者產生行為的原動力之一，休閒動機研究探討人們參與休閒活動之心理及社會層面的理由。Beard and Ragheb (1983) 探究參加休閒活動的原因，進而發展出一套測量工具，用來測量人們參與休閒行為之心理及社會層面的理由。量表內容包含智力性 (Intellectual)、社交性 (Social)、勝任／熟練性 (Competence/Mastery) 及刺激／逃避性 (Stimulus/Avoidance) 等四個構面。其中智力性指個人從事休閒活動所涉及的心智活動，像是學習、探索和發現，包含「滿足好奇心」、「尋求靈感」及「拓展知識」等因素。社交性涉及人際關係的需要，如「結交朋友」、「與他人互動」及「得到歸屬感」。勝任／熟練性是為了實現精通、挑戰和競爭，通常與體能有關，像是「挑戰自我能力」、「發展肢體技能」及「維持身體健康」。至於刺激／逃避性指想要迴避社交接觸，或是為了歇息和放鬆自己，包含「放慢生活腳步」、「釋放壓力」及「避免一成不變的生活」等因素。此量表經常被用來探討人們參與休閒活動之動機。

　　黃仁韋 (2010) 發現，現代人的生活壓力使心理與生理出現負擔，所以藉由到 Lounge Bar 以鬆弛自我。到 Lounge Bar 之消費群男性高於女性，年齡層以 20~29 歲年輕族群為主，未婚狀況高於已婚。Lounge Bar 消費者之刺激──逃避的休閒動機最高，其次是社交及智力構面。可見消費者在繁忙的現代生活中，為了放鬆壓力與逃脫煩惱而到 Lounge Bar 消費。孫路弘與陳昱綺 (2009) 研究發現，TGI Fridays 消費者休閒動機達成程度以「社交性」最高、「智力性」次之、「刺激／逃避性」最低，而消費者休閒動機達成程度愈高，整體滿意度與忠誠度愈高。由上述研究結果可知，消費者至餐廳用餐具有不同類型的休閒動機，而休閒動機達

成程度對顧客滿意與忠誠度具有影響力。

協助消費者達成休閒動機

人們都渴望得到正面的恭維、賞識、讚美或重視，即便只是親暱的稱呼，都能為人們帶來安撫的作用，服務人員熟悉顧客的消費習性及需求，能讓顧客產生認同感。孫路弘與吳秋蘭 (2014) 探討國際連鎖休閒餐廳消費休閒動機發現，藉由具同理心的服務結合餐飲、設施、遊戲及行銷活動之多元方式，可協助消費者達成內在的休閒動機 (圖 7-10)。

餐廳可藉由服務的提供協助消費者達成休閒動機，包括燈光、音樂與冷氣的調整，座位、桌型的安排，客製化的菜色，活動的安排及氛圍營造。例如：服務人員可視情況，不多言的遞送衛生紙給因情傷而落淚的客人，或是以幫腔及叉開話題的方式緩和客人的情緒，但前提是服務人員須具有判斷客人喜好的能力，才能適切的協助顧客達成休閒需求。藉由服務人員主動解說品牌發展史，或聘用外語能力佳的服務人員協助外國人學習中文及提供外籍顧客當地旅遊資訊的方式，均可協助消費者達成智力性休閒動機。而以不打擾客人的方式服務看書的顧客，或安排隱密且舒適的座位，可協助顧客達成避開紛擾的休閒動機。

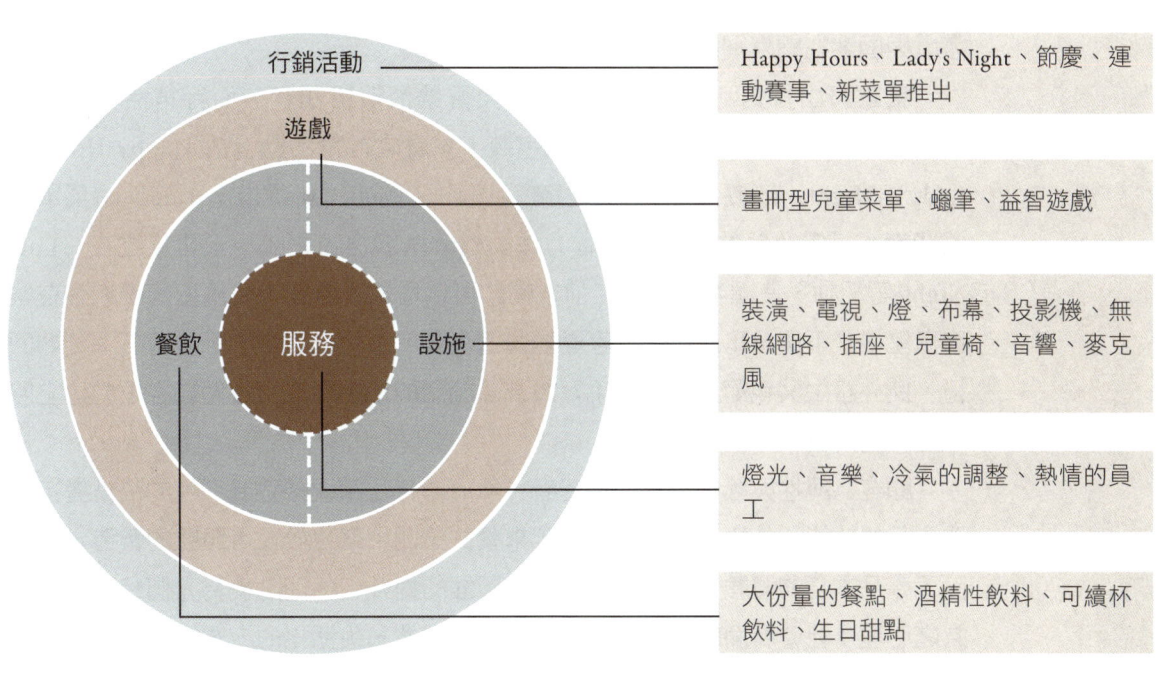

行銷活動	Happy Hours、Lady's Night、節慶、運動賽事、新菜單推出
遊戲	畫冊型兒童菜單、蠟筆、益智遊戲
設施	裝潢、電視、燈、布幕、投影機、無線網路、插座、兒童椅、音響、麥克風
服務	燈光、音樂、冷氣的調整、熱情的員工
餐飲	大份量的餐點、酒精性飲料、可續杯飲料、生日甜點

資料來源：孫路弘與吳秋蘭 (2014)。國際連鎖休閒餐廳管理者對消費休閒動機認知研究。《休閒觀光與運動健康學報》，4(2)，57-80。

▶ 圖 7-10 餐廳協助消費者達成休閒動機之方式

服務結合餐飲亦可協助顧客達成休閒動機，例如：藉由大份量餐點的分食方式以達成增進互動之目的。介紹飲料的命名由來、產品發源地或餐點專業知識，使客人得以探索新的事物。調酒員招待雞尾酒給工作壓力大的熟客，協助顧客藉由酒精的催化感到身心舒緩，而甜點的招待對顧客的傷心情緒應有所撫慰。美式主題休餐廳員工運用自編英文生日快樂歌，結合贈送壽星生日蛋糕的方式，亦可協助顧客達成社交性動機。

安排至角落且背板較高的座位或未開放的區域，可以使名人避開紛擾。藉由餐廳的沙發或兒童椅結合適當格局的座位，可以避免兒童離席奔跑，讓父母輕鬆的照顧小孩。經由服務人員介紹餐廳牆面之飾品，讓消費者對異國文化有更深一層的瞭解，滿足了好奇心，同時也增長了知識。餐廳主動提供優質的場地、特殊的音樂、配合劇情表演，可讓現場客人共享求婚顧客的喜悅與驚喜，將美好的氣氛感染全場，均為藉由服務結合設施，以協助消費者達成休閒動機的方法。

使用畫冊型兒童菜單、蠟筆、卡通貼紙、汽球及小遊戲與兒童互動，可讓兒童達成探索事物與增進互動之動機，對家長而言亦會感到壓力降低身心舒緩。對於成人顧客則可藉由適當的遊戲訓練腦力反應，並增進人際互動。安排顧客於吧檯上走秀、丟捧花或汽球，可增進賓主間的互動，營造一個難忘的喜慶之宴。運用現代科技亦可協助消費者達成社交性休閒動機，例如：藉由 Facebook 之動態遊戲與顧客在網際網路上互動。

餐廳藉由行銷活動可創造、溝通與傳遞價值給顧客，而行銷活動須結合服務、餐飲、設施或遊戲進行整體包裝。餐廳之行銷活動包括 Happy Hours、Lady's Night、節慶、運動賽事及新菜推出。例如：藉由推出季節性的菜單，消費者得以吸收餐飲新知達成智力性動機。舉辦復古之夜、上班族之夜、Late Night 等活動，使顧客呼朋引伴前來暢飲可以增進人際關係。萬聖節讓顧客在餐廳鬼屋場景下與扮鬼之服務員互動並贈送鬼酒，會使顧客身心舒緩留下深刻的回憶。此外藉由父親節大手拉小手互說感謝話語的活動，亦可協助顧客達成建立關係之休閒動機。

顧客為理性與感性兼具的消費者，然而傳統行銷視顧客為理性的決策者，著重產品的功能、外觀及實用性。近年來餐飲業開始聚焦於顧客體驗的營造，亦即除了產品本身的體驗，更重視顧客心靈層面的提升。休閒動機為人們參與休閒行為之心理及社會層面的理由，餐廳管理者以自然、生活化的方式與客人寒暄，或介紹新進人員與熟客相識，均能與顧客建立情感上的連結。適當的授權使員工發揮客製化的服務，例如：觀察客人情緒適時的招待酒水、表演魔術及說笑話，均為餐廳成功塑造休閒體驗的方式。藉由服務結合餐飲、設施、遊戲及行銷活動塑

造出獨特的消費體驗，可協助餐廳消費者達成休閒動機，進而留下愉快且難忘的回憶。

　　有些消費者前往餐廳之原意並非追求休閒感受，而是進入餐廳後，隨著服務的過程而形成動機。例如：服務人員主動提及古董裝潢、香料罐、倒掛的畫或餐飲的知識，會使顧客產生好奇，進而引發想瞭解新知的欲望。有時顧客並非為了社交而前往用餐，但經由服務人員邀請全場顧客共同參與慶生活動，或是由調酒員主動介紹客人相識，均可形成「增進互動」的樂趣。分別檢視事前與事中發生之餐飲休閒動機，可進一步協助餐廳對產品、服務與整體氛圍之規劃。

個案　開幕前試營運

子路的尼斯餐廳距離新開幕的日子還有兩個月，這家餐廳有 180 個座位，提供義大利料理，並擁有 8 人座的吧檯和可容納 20 人的包廂。

所有開幕的準備工作正按照既定行程進行著。子路現在正在思考應該採取什麼樣的廣告或促銷行動，來讓餐廳增加更多的顧客。

子路正在籌備一個「試營運」活動，計畫邀請家扶中心的公益夥伴來用晚餐，此餐的收益也會捐給他們。在正式對外開幕之前，試營運同時也能給廚房和服務人員一個演練的機會。

然而，除此之外，子路也在思索他是否該用一些平面媒體，例如報紙廣告或電子郵件；或是廣播媒體，例如廣播或電視；以及運用廣告看板，和建立網站以提供餐廳的線上導覽與菜單等等。「我必須多久更新一次我的網站？」他問自己。

除了廣告之外，子路也考慮應該做些定期的或特別的促銷。定期的促銷可能是一份銀髮族菜單，在下午四點半至六點推行；贈予顧客優惠券，讓他們下次攜同伴再訪時可享第二份料理 50% 的折扣；或是在電子郵件和報紙提供 80 元折價券給任何帳單在 500 元以上的消費者。

特別的促銷可能是圍繞著產品 (葡萄酒試飲、起司試吃)、特定的日子 (情人節、聖誕節) 或是一些與義大利相關的節慶活動，例如「歌劇節」和「面具嘉年華」。

問題討論

1. 在正式開幕前先進行試營運，有什麼優點與缺點？
2. 廣告與促銷有何不同？
3. 關於子路考量的廣告的形式，分別有什麼優點與缺點？

Chapter 08

人力資源管理

學習目標

1. 認識員工甄選方式與人格特質測驗
2. 明瞭教育訓練種類及績效評估方式
3. 理解情緒勞務對績效的影響
4. 認識職業倦怠產生的原因
5. 熟悉員工激勵之相關理論與方法
6. 認識以人性為導向的授權管理方式
7. 熟悉工作與生活平衡計畫
8. 認識玻璃天花板所造成之限制
9. 瞭解員工離職所產生的成本
10. 明瞭領導理論的演進與情緒智商內涵

往昔人力資源管理被稱為勞動力管理或人事管理，曾經僅專注於工資計算、發放和員工檔案管理的功能。如今餐飲人力資源管理是指餐飲業的人力資源政策以及相應的管理活動。這些活動主要包括員工的甄選、培訓與發展、員工流動管理、員工關係管理、安全與健康管理等。亦即運用現代管理方法，對選人、育人、留人和用人方面所進行的計畫、組織、指揮和協調等活動，以達到餐廳的發展目標。

一、員工甄選

甄選可說是整個組織人力資源管理活動的樞紐，是經過一連串蒐集和評估應徵者資料，挑出適合企業的人才之過程。甄選工作需根據餐廳的人力資源計畫、經營目標和政策，制定一套篩選方法和步驟，以判斷空缺工作的候選人是否具備擔任該工作的資格。甄選工作的最終目的是將合適的員工放在適當的工作崗位上，並不侷限於向餐廳外部甄選員工，還可以對餐廳內部的員工進行調動和升遷來達到甄選的目的。

餐廳主管必須按照餐廳的人力資源計畫，餐廳的發展規劃以及各單位的組織結構和人員配備情況，來預測出各種職務的人力需求的情況。主管必須制定出餐廳內部及外部的甄選計畫，其過程如圖 8-1 所示。

當餐廳出現空缺的職位時，在一般情況下，應首先考慮透過餐廳內部員工的升遷或是調動工作來解決，然後再考慮從餐廳外部進行甄選。甄選計畫由人事部

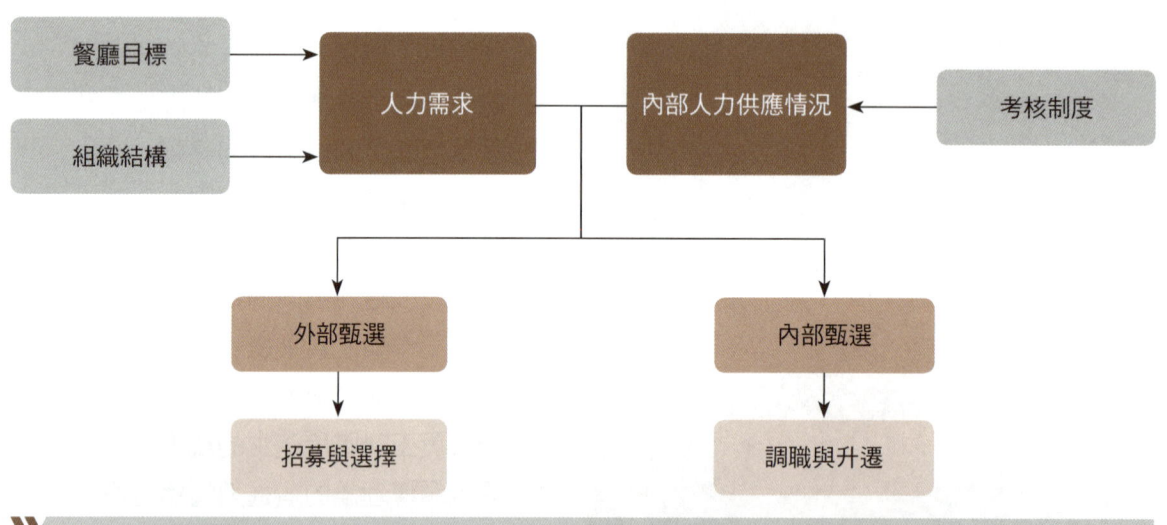

圖 8-1 甄選過程

門或餐廳主管負責制定，但人事及部門主管只是餐廳的行政單位，對不同單位的人力需求情況，以及所需員工的工作能力、數量等等，並不一定十分了解，為瞭解決這個問題，可發一張申請表給各單位，請申請單位提供相關資訊，作為甄選的依據。

內部甄選

內部甄選是通過對在餐廳工作了一段時期的員工進行考察，並發現有一部分人已具備了一定的能力，採用升遷和調職的方式，將這些員工安排在合適的職位上。填補餐廳內部空缺職位的最佳辦法是升遷，除了省時省力外，升遷的員工對餐廳的內部情況及背景已有相當的瞭解。更重要的是，升遷對餐廳員工可能產生激勵作用，但是，餐廳內部員工的升遷是否能真正產生激勵員工的作用，還取決於內部升遷工作是否做得完善。如果升遷工作沒能做好，不但不能產生對員工的激勵作用，反倒形成反效果。

考察一個員工是否具有提升的資格，必須考量其個人的才能、品德、工作表現以及工作年限四個方面。餐廳服務工作會遇到各式各樣的人，因此要具備情緒管理能力，以應付不同的接待要求。一名優秀的服務員並不一定能成為一名優秀的管理人員，優秀服務人員的判斷標準是把自己的服務工作做好，而優秀管理人員的標準是如何透過他人將服務工作做好，兩者最大的區別就在於管理及領導能力方面要求不同。

審查工作表現是對其原先擔任工作表現的考核及評價，儘管以往良好的工作表現並不能證明對今後的工作是否稱職，但是，如果把過去工作表現欠佳者升遷到更高或更重要的職位，會造成許多負面影響。升遷之所以要考慮年資是因為若任職時間太短，很難累積起任職所需具備的工作經驗，而且年資太短卻頻繁地升遷也不利於員工本身的成長，將使員工承受很大的壓力而影響工作。

餐廳對員工過去的工作表現比較容易測定，對其發展潛力則是較難以作出判斷。然而，候選人能否勝任升遷後的職位，發展能力扮演著決定性的角色。因此，在餐廳內部升遷員工時，必須對候選人進行一些測試，以考察其管理素質，包含分析問題的能力、決策能力、人際關係能力以及領導的能力。

為了避免主觀性，有必要使每位具升遷潛力者都可進行綜合比較。在確定升遷人選時可利用評分的方式，將質性評量的結果轉化為量化的資訊。評分方式大致分為簡單評分法及加權評分法兩種。簡單評分法是將被測者在各項目的得分相

加，然後從中選出得分最高者為升遷對象。然而，不同職務對各個項目的要求是不同的，例如：領檯的風度氣質十分重要，而餐廳經理則重視組織與分析問題的能力，因此利用加權方式可凸顯出某些能力及特質的重要性。

餐廳的經營環境產生變化，對原先設置的部門進行重新組合時，可進行餐廳內部職位調動，調職的方式亦可用來培訓員工，使員工具備兩種以上的技能。而當員工對原職務失去興趣，或在工作單位產生人際關係問題，亦可為員工安排至感興趣的職位及提供新的工作環境。

外部甄選

經過確認餐廳員工中確實無人能勝任和填補職位空缺時，應制定向外部甄選之計畫，在制定計畫時應考慮甄選的數量、招募的途徑、甄選時間、選擇的標準等問題。大量的甄選外部員工時，可採用登廣告的形式進行，而少數較高級職人員的甄選則可透過獵才顧問公司或熟人介紹。選擇適當的甄選時間很重要，例如每年都會有餐飲相關科系的學生畢業，在此期間進行甄選較易招募到具專業教育背景之人員。

選擇標準的制定直接影響到錄用員工的素質，過高的標準可能會使甄選計畫無法完成，標準太低則甄選來的員工素質無法滿足工作要求。制定標準時必須考慮社會環境的因素，例如餐廳需要員工具有較高的外語水準，而外語水準可能受到當地教育狀況的限制，因此這個目標在落後地區就較不易實現。

根據應徵者提供的履歷表、學歷文件，以及應徵申請表等資料，按甄選標準對應徵者進行審核，淘汰一部分不合適的應徵者，並確定下一步參加測試和面試的名單。審核資料的另一作用就是為測試和正式面試作好準備，例如審核資料時對應徵者的學歷或經歷與其實際能力有疑問，對這些預先掌握的疑問應在測試或面試時設法予以澄清。

二、面試

面試是餐廳外部甄選過程中最為重要的步驟。面試之目的為審核應徵者所提供資料的準確性，澄清審核資料時所產生的疑問和疑點；對應徵者作進一步瞭解並蒐集有關資料，因為有許多有關應徵者的能力及特質，例如語言表達能力及對問題的觀察能力，是無法通過審閱應徵申請表獲得的。

> ### ❀ 履歷盲測──高階主管「篩掉李安、吳寶春」 ❀
>
> 　　某人力銀行最近製作一部社會實驗影片，影片中請來 7 位企業高階主管來看履歷，其中一張寫著「25 歲，中學畢業，在菜市場做過學徒、美容洗車當過洗車員、在麵包店當學徒」，看到這樣的履歷，你會錄取嗎？
>
> 　　影片調查現在企業高階主管，如何看待年輕人的狀況，實驗者遞出匿名履歷，其中 33 歲的 A 先生，主管說「學歷雖然漂亮，但沒有工作經歷」、「坦白講，最大弱點還是沒有工作經驗」、「當然是有點麻煩，他怎麼樣去和這個社會配合」、「我不會用他」、「我覺得 HR 是過不去的」。
>
> 　　第二位 25 歲 B 先生，主管說，「木柵市場他做學徒……」、「美容洗車的洗車員……」、「他的學歷沒有競爭力，只有中學畢業」、「以這個學歷和經歷，第一瞬間基本上我就會刷掉了」。
>
> 　　最後揭開求職者名字，第一位 A 先生是 33 歲時的李安、第二位 B 先生是 25 歲時的吳寶春，讓主管紛紛看傻眼。主管得知真相，瞭解現在看人有時候標籤太多，應該把機會放開一點，大膽使用年輕人。
>
> 今日新聞 NOWnews－2016 年 10 月 4 日

🌑 傳統面試之盲點

　　面談主管應該避免在面試過程中帶有個人的偏好，以便對應徵者作出公正、全面的評價。藉由傳統的面試方式選取應徵者與隨機任用方式之效益相差無多，研究指出，傳統員工面試很少達到其預期的效果，擁有較佳的面試成績和低面試成績者所錄用的員工之工作表現差異不大。

　　運用傳統方法面試應徵者，通常會產生暈輪效果，刻板印象以及被個人表現策略誤導等三個盲點。有些直覺現象會誤導主管的判斷，例如當一個應徵者讓人有稱職與聰明的印象時，就易於產生暈輪效果。亦即應徵者在某方面表現佳，主考官就推估此人在其他方面也能表現得好。例如應徵者展現燦爛的笑容，會導致面試者聯想該員亦具有許多其他正面的服務特點。此外，餐廳內銷售業績表現最佳的服務員工，往往會被主管誤認為適合升任前場幹部。

　　雖然主考官想公平的對待應徵者，但實際上卻無法完全做到，對於不符合本身主觀認知的應徵者會有較差的第一印象。例如經理若認為主廚之行政助理應該由女性擔任，就會傾向不選擇能力適合的男性來從事這項工作。此外，主考官對應徵者的印象會受到應徵者個人現場表現策略誤導。例如應徵者是否看著主考官的眼睛說話、握手是否有力、應徵者是否與主考官在一個議題上看法不同而爭

論？應徵者對口試是否有準備、是否曾發問？主考官可能認為這是評定應徵者個人特質的重要依據，但這些自我表現策略與應徵者真正的特質可能無關。自我表現策略往往只是顯示面試者經驗的老練，或曾閱讀許多面試相關書籍。第一印象往往是面試者決定錄取者最關鍵的時刻。暈輪效果、刻板印象及自我表現策略是傳統面試最常見的問題。一個明智的主管不會在面試時只靠第一印象進行判斷。採用審慎規劃之結構性面試方式，可大幅增加面試之效益：降低離職成本以及提高服務品質。

結構性面試

運用結構完整且指標明確的面試方式，能有超過傳統面試 10 倍之準確性來預測應徵人選未來的工作表現。要改善傳統面試之缺失，可運用關鍵事件工作分析法，藉由與員工對談及進行小組會議的方式，蒐集相關職位所需的知識、技巧、能力與態度的資訊，以設計有效的面試題項。在與員工與管理者討論過程中，應分別分析表現佳與表現不良的個案，藉以找出表現好員工的基本條件。用這些資訊歸納出一些面試問題，並先製作標準答案來評定應徵者。

面試時對所有應試者問一致性的問題，並預先將答案蒐集歸類，區分為極佳、一般與不良的答案，並分別設定評量分數以避免偏差，這個方法叫作結構性面試。餐飲業者可以將基層人員面談問題切割成三個面向：(1) 圓熟度：能夠與不滿意的顧客交涉而不激怒他們、平息生氣的顧客並得到其信任與友誼；(2) 服務導向：瞭解顧客的問題與需求並協助滿足他們的需求；(3) 組織能力：能夠維持設備整潔與完成文書檔案之工作。

結構性面試可區分為行為式面試與情境式面試兩種形式。行為式面試是以過去行為為前提，來預測未來行為。例如詢問應徵者：「在當時狀況下你是如何處理？」而情境式面試的問題是假設性、未來導向，也就是面試者假設某種情節或狀況，詢問應徵者會如何處理及應對。

行為式面試是由過去行為與處理方式預測應徵者將來的工作表現。有些典型的問法如：過去你和同事難以溝通時，你如何處理？或以前面對難纏顧客時你怎麼做？結果如何？面試問題必須很容易瞭解，不用加以解釋。可以先將整理出之問題試問在職員工，是否容易瞭解。

完成面試後，主考官必須檢驗應徵者的每個答案，依據應徵者的答案，按事前設定之高、中、低分給予不同的分數。例如：過去當你與同事意見不同時你怎麼處理？標準答案：1. 我們一起討論瞭解彼此的差異性，並坦白的溝通 (5 分)；2. 小心地以我的觀點來解釋，並輪流解決這個問題 (3 分)；3. 我會要我的同事別

再說了,並請主管解決這件事 (1 分),或我從不與他人有不同意見 (1 分)。最後將不同題項得分依構面分別加總,這些分數將會呈現出每一位應徵者不同能力構面的評價,例如衝突管理技巧 8 分、餐飲專業知識 5 分等。

情境式面試的問題是以未來為導向的假設性問題。主考官會提出假設情境,並依應徵者反應給予成績。例如可以提供如下的情境給應徵領檯工作的應徵者回答:在一個忙碌的週末晚上七點鐘,一位女性來到櫃檯說她有事先訂位,但是電腦上並沒有顯示她的資料,而且餐廳已經客滿了,你會怎麼做?而事前設定之高、中、低分之答案為:1. 先檢查是否是行政上疏失,或是名字登錄錯誤、再進行安排 (5 分);2. 道歉並贈送餐券 (3 分);3. 跟她道歉並說明今日客滿 (1 分)。

另一有關衝突管理實例如下:假設你是餐廳經理,你想改變作業流程以降低服務的疏失,但員工中有人抗拒改變,在這種情況下該如何做?事前設定之答案及分數為:1. 解釋變革之原因並說明對員工的利益、在會議中開誠布公的討論以得到共識 (5 分);2. 問他們為何反對、試圖說服他們 (3 分);3. 開除他們 (1 分)。面試後,依事先訂定的標準判定應徵者的答案後加總計分。

行為及情境這兩種面試方式已被廣泛運用於餐旅服務業。例如君悅及萬豪酒店已運用行為式面試多年,迪士尼以及悅榕酒店 (Mirage Hotel) 則曾採用情境式面試。而這兩種面試哪一種比較有效的爭論一直持續著。有學者認為以過去為導向的問題優於以未來為導向的問題,因為假設的情境答案傾向於猜測,而過去導向的問題比較實在與精確。但行為面試的問題僅侷限於應徵者的經驗值,當應徵者不具相關工作經驗時,則無法運用以過去為導向的問題。

評價應徵者是否適宜其應徵的職位,亦可通過測試來達到,例如,當應徵的職位是餐廳服務員,餐廳可根據服務員所需要的外語能力對其進行一般外語會話測試。如應徵職位是管理人員,則可對其組織能力、發現問題和解決問題的能力進行測試。

三、人格特質測驗

選擇和招募有效能的員工是餐廳運作成功的關鍵,餐廳希望透過瞭解員工人格特質來預測員工表現,若甄選到適合的人才將為組織帶來正向的效益,反之則會破壞組織氣候、降低營運績效與增加人事成本。五大人格特質是許多企業甄選人才的重要依據之一。以下為人格特質內容的說明:

- 親和性:是一種在社交場合能使人愉快和樂於配合的傾向,包含取悅性、社交

性、合作性、互賴性和順從性。例如具體貼、親切、信賴、溫柔等特質。

- **嚴謹自律性**：個人在行事風格中重視條理、謹慎負責的傾向，包含循規性、秩序性、謹慎性、負責任和堅毅性。例如具自律、仔細、責任感、有規劃及追求完美之特性。
- **外向性**：一個人熱衷於人際交往的傾向，包含活力、企圖心、表現性、影響性和直率性。例如健談、精力旺盛、活潑以及喜愛社交等特質。
- **情緒穩定性**：個人在面對壓力情境時，心理能維持或恢復穩定的傾向，包含抗壓性、樂觀性與適應性。
- **經驗開放性**：個人對於內心與外在環境感知經驗開放的傾向，包含冒險性、求變性、同理心和敏覺性。例如：具好奇心、創造力及想像力。

餐飲業是人際互動頻繁的產業，員工需快速因應各種變化以解決顧客問題，因此需具有特定人格特質，才能克服壓力並能持續保有對服務的熱忱。不同餐廳甄選員工時所要求的人格特質有些許的不同。例如：TGI Fridays 餐廳甄選員工時，偏好選擇人格特質為親和外向性之員工；星巴克甄選的員工要開朗和活潑，

⋆ 美國麥當勞找員工，須測試人格特質 ⋆

想應徵麥當勞的工作嗎？可別以為這很簡單，在投遞履歷前，麥當勞會先要求應徵者在網路上通過 23 道多選題測驗。這家速食業龍頭說，這些測驗是設計來瞭解應徵者的人格特質，以安排出最合適的職位。有別於傳統性向測驗有明確答案，或詢問應徵者「同意/不同意」的問題陳述，麥當勞的測驗中，許多問題並沒有明顯的對或錯。記者從麥當勞得知，應試者很容易在測驗中失敗。

沒有明確答案的測試問題如：「你正在公園裡放鬆休息，此時有一群孩童向你走過來，他們想邀請你加入足球比賽，你會怎麼做？」選項有：「陪他們玩幾分鐘，讓他們開心」、「真心誠意地加入他們，享受與孩子遊戲的樂趣」。在考驗應徵者的創意能力上，麥當勞詢問：「如果你有些空閒時間煮飯，你會怎麼做？」答案選項有三，「就做些熟悉的料理」、「抓本料理書或下載食譜來跟著做」，以及「依據創意和經驗，在廚房發現什麼材料就做什麼」。

此外，麥當勞也想瞭解，應徵者在遇到其他人困窘的場合時的反應。問題內容為：「在超級市場時，你後面的一位男子跌倒，把購買的東西灑落一地，而他相當困窘，你會怎麼做？」答案包括：「立刻幫助那名男子」或「詢問他是否需要幫助，並讓他知道你也發生過同樣的糗事，然後提供他所需要的協助」。

2015-04-16〔編譯李信漢〕

屬於親和外向性的人格特質；鼎王甄選員工時強調個性外向、活潑、喜歡與人互動，且具服務熱忱者，亦是屬於人格特質的外向性及親和性。可見餐飲業對於基層服務人員的人格特質要求主要為親和性與外向性。

餐飲業對於不同階層從業人員有不同的人格特質要求。於主管的人格特質要求除外向性及親和性外，亦須具備嚴謹自律性與情緒穩定性。每個人的人格特質都可能因為環境、年齡、時間的變遷而有所改變，碰到的人事物的多樣化以及視野因年齡增長漸漸開闊，都可能會影響個體的人格特質，且人格特質也能透過後天的學習改變。

為了瞭解應徵者的人格特質，在從事甄選時往往會使用人格測驗及面談的方式，許多企業會運用較客觀的結構化人格測驗來瞭解應徵者的人格特質，尤其是在應徵者眾多而希望能初步篩掉不合格者時，此時人格測驗為一個非常重要的篩選工具。人格特質量表運用在員工甄選中，可以帶來的效益除了提供客觀資訊、節省成本之外，且對工作績效具有預測效度，因此發展一個可運用於人力資源管理目的的人格測驗，不僅有其必要性，更能為企業帶來莫大效益。此外，人格亦可藉由觀察來瞭解，因此可運用面試來瞭解應徵者的人格特質，結合人格測驗與面談更能篩選出適合的員工。

經過面試與測試可評價應徵者的潛在能力，瞭解應徵者的潛在能力，有利於對員工將來的培訓和升遷，而且對於安排應徵者合適的職位有很重要的參考價值。有些應徵者並不合適其應徵的工作，但擔任餐廳的其他職位卻很合適，如餐廳有單位需要這樣的人才，則可向應徵者提出建議，供應徵者考慮。

在正式錄用員工以前，餐廳服務人員以及廚師必須確切地完成健康檢查，尤其必須注意是否為傳染病的帶原者。人事部門主管必須與應徵者議定工資及待遇。應徵者對此沒有異議，整個甄選過程就完成了。員工甄選不當會造成餐廳生產力低落、顧客滿意度降低、作業成本增加、降低其他員工工作士氣，以及導致偷竊或他與工作有關的負面行為。而如果能夠做好員工甄選的工作，不僅能使離職率降低，更可以節省餐廳花在培訓及監督員工的成本。

四、教育訓練

教育訓練在餐飲服務業中所扮演的角色，占有著舉足輕重的地位；它不僅僅代表著一個公司的制度規劃，更會對公司的發展和未來造成深遠的影響。許多美國餐飲業於 90 年代初期，開始注意並投資於員工訓練上。雖然餐飲業的訓練和其他企業一樣重要，但餐飲業所具備的種種特質，卻使得教育訓練方式有別於一

> ### ❧ 新夥伴的第一天 ❧
>
> 　　麥當勞新員工上班的第一天並不是馬上就去學習工作技能，而是要接受麥當勞的企業文化教育。麥當勞通過對新員工灌輸麥當勞文化，讓員工瞭解組織的願景、宗旨、目標以及對員工的期望，來消除他們心中的不安，從而更順暢的投入新的工作中。在麥當勞，服務員都被稱「CREW」，即「夥伴」的意思。這個稱呼除讓新員工有親切感，又會增進彼此之間的默契。

般的企業。

　　所謂職能，是知識、技術、行為的綜合呈現，是執行工作職務必須具備之基本能力，職能可分為針對所有員工之核心職能，包括以顧客滿意為導向的能力以及有效的溝通。擔任管理工作者之管理職能，包括重視工作夥伴的發展及將團隊效率極大化，以及依照每個不同部門所需的專業職能。以人力資源部門為例，包括人力的規劃、員工福利、勞基法，以及面試與甄才之知識及能力。

　　教育訓練一詞包含了教育及訓練兩個概念，教育是配合未來的工作需要培養員工能力，是一項長期且持續不斷的學習過程；訓練是以目前工作著眼，為了改善目前的工作表現、提升某項工作的能力，或是增加即將從事的工作技能。訓練所學的多能直接應用於工作上，並且較容易評量其對組織帶來的效益。

　　訓練與教育雖然在概念上有所區別，但在實際運用上，有時不易予以嚴格的劃分，此兩種活動，可以分別實施，亦可同時進行；對企業而言，必須結合兩者匯為一股整體的力量，以推動個人和組織的發展。在用語上，一般企業內已將教育與訓練的用語合併稱為教育訓練，但有時亦僅用訓練一詞代表教育及訓練。

　　餐廳實施訓練的目的，可分為個人與組織兩個方面。訓練對個人的目的，主要是提升個人的能力、態度和自信等。而個人的態度及能力提升後，不僅績效及薪資會隨之提升，日後在工作的發展上，亦能有較好的潛力。訓練對組織的目的，包括提升員工素質、增加獲利率、提升組織凝聚力、組織中人際關係的改善及增加員工適應力等。

　　餐飲業除了提供有形的餐飲產品之外，更提供顧客一種無形的服務，服務並不像產品一樣，可以很具體的呈現在顧客面前，而是讓顧客用感覺去體驗。因為所提供的有形產品和無形服務的差異性極大，所以餐飲服務業需要一套完整的訓練規劃，和運用各種有效的方式來進行員工的教育訓練。而訓練成效是否合宜，則需要適當的評估方法來加以分析。

訓練種類

餐飲業所施行的教育訓練方式，最常見的區分為兩種：工作中訓練是指在具體的職務上，直屬上司直接對部屬實施個別指導的一種訓練方式，其最大的優點是可結合工作與訓練，實施起來較容易且節省成本，但不同員工的訓練內容與進度便不易一致。工作外訓練是指職務外或離開工作單位的訓練，通常會派到公司的專業訓練機構，或是到學校進修，甚至派遣到國外分公司受訓。工作外訓練通常提供給職位較高的員工。

圖片來源：Drik Tussing/Flickr

獨特的培訓體系為麥當勞的競爭優勢。從計時員工到高階主管，都有不同的培訓計畫，使員工能夠有機會不斷地學習和發展。初級的課程主要是讓員工學會怎樣讓客戶滿意；中級課程則是讓員工學會怎樣管理人員；進階課程需學會如何控制成本和增加銷售；而到了高階課程，則要學會如何帶動管理者成長。麥當勞的管理人員 95% 是由基層員工做起的，一旦優秀的員工進入管理層，不僅能夠在訓練中心接受營運及管理方面的教育，還有機會去漢堡大學接受更高的訓練，這種培訓規劃使麥當勞的高階管理人員流動率很低。此外除了嚴謹的訓練制度之外，透過工作站的輪調，可使員工體驗餐廳營運的不同層面。

訓練績效評估

想要發揮訓練最大的功用，就必須檢視現有的訓練方式，是否能夠達到餐廳所訂定的目標和員工的需求。訓練績效評估意指蒐集各項資料以判定訓練的成效。由於績效評估步驟經常被忽略，因此許多公司無法得知訓練對員工和組織所產生的影響。藉由訓練成效評估，不僅能夠針對目前的訓練方式和目標作有計畫的考核，亦能發現存在的問題以便加以改善，讓訓練計畫更有效率。

在進行訓練評估時應當考慮是否確實有改變發生？以及這個改變是因為訓練而導致的嗎？兩方面的問題。假使這兩個問題的回答是正面的，就能夠確認訓練已發生效果。此外尚有其他層面必須納入考量，像是這些改變對組織整體而言是否有益？這些方案是否會發揮長期效果？這些方案需要做修正嗎？

評估訓練前後是否有改變，可區分為反應、學習、行為及組織四個面向。

反應面向指評估受訓者的認知、情緒和感受，簡單來說就是指受訓者對訓練課程的滿意程度，例如評估教師態度、課程內容、教材、教學方法等項目。反應面向通常是由受訓者於課後，以填寫問卷之方式進行衡量。由於操作簡單，因此

大部分的訓練都會採用測量反應的評估方式。然而，當訓練反應較佳時，並非代表學習成效一定會伴隨著產生。

學習面向是以特定的學習目標評估學員的改變程度。可用客觀、可衡量的方法，例如舉行測驗來決定效益。學習面向的評估可以和訓練需求分析使用同一評估方式，因此訓練需求分析亦可被視為是一種前測。

第三項行為面向評估為測量學員，將訓練中所學習之知識與技巧，運用在工作職場上的表現，也就是判斷學習對實際工作的影響程度。受訓者的行為必須在被激勵情況下才會發生改變。評估行為較評估反應或學習還要困難。當行為沒有改變時就必須探討：未產生改變是否為訓練因素所造成？抑或是工作氣氛或個人因素所影響？

組織面向評估探討訓練對整體組織績效的影響結果，這方面的成果包括成本的降低、流動率及曠職率減少、顧客抱怨減少、生產品質提高及銷售量的增加。雖然有些訓練課程如領導及溝通，難以數值來衡量成效，但仍可用士氣提升或其他非財務性指標進行判斷。導致訓練失敗的原因除了計畫本身設計不良之外，也有可能源於教材不適合受訓者、訓練的需求未被適當評估，或者是使用了不適宜的訓練方法。

訓練評估方法可區分為行動計畫、學習和表現契約、訓練後續會議以及評論事件法四種方式。

行動計畫為一種開放式的評估方法，讓受訓者自己去完成這項評估。這種方式通常用在訓練後員工回到工作現場時，開始思考要如何將訓練所學到的東西實際應用的時候，而這通常會發生在訓練過程要結束的時候。

學習和表現契約通常是訓練員、受訓者以及管理者之間所制定的一種協議。學習契約通常會根據公司所制定的標準來列出訓練員想要教給受訓者的內容與項目。而管理者會用學習和表現契約來瞭解受訓者是否確實得到新的專業知識與工作技能。

另一個有效評估訓練的方法，就是在訓練之後召開後續會議。在這個會議之中，由受訓者分享如何在工作中使用所學到的知識或技能。訓練員可以利用這個會議與接受訓練者進行更深入的討論及說明，同時也藉此會議辨識出訓練後在工作時遇到的障礙。此外會議中可讓表現優異的受訓者向其他員工分享，他們如何將訓練中所學應用到工作上。

評論事件法通常用於觀察和記錄實際所發生的事件。管理者通常會記錄足以代表員工優良或不適當行為表現的特殊事件，經過了一段時間，累積了足夠對許多事件的評論，就會產生出一個比較客觀的紀錄，以瞭解員工工作上的表現是否

達到訓練目標，同時亦可瞭解是否有其他訓練需求。

麥當勞餐廳在員工培訓方面進行反應、知識、行為、績效四個方面的評估。

第一個反應，就是在上課結束後運用評估表收集學員的反應，藉由大家的反應可進行調整以符合學員的需求。

第二個知識，就是講師的評估，講師的引導技巧會影響學員的學習，所以在每一次課程結束後，都會針對講師的講解技巧來作評估。在知識方面，漢堡大上課前會有入學考試，課程進行中也會安排考試。

第三個是行為，在課程中學到的東西，能不能在回到工作崗位後，改變學員的行為，達到更好的績效。麥當勞在上課前會先針對學員的職能進行評估，經過訓練三個月之後再作一次評估，將職能及行為前後的改變做一個比較，來衡量訓練的成果。

最後在績效方面，上完課學員必須設訂出他回到工作崗位的行動計畫，未來由其主管進行評鑑，以確保訓練的成果。

一般而言，在整個訓練計畫的結構中，最被重視的往往是分析訓練的需求，以及採用何種方式來進行訓練。分析訓練的需求，目的是在於瞭解現階段員工所缺乏或不足的知識或技能，以擬定能增進其能力之計畫。對於管理者來說，分析訓練需求與訓練計畫的選擇，是相對上比較容易看到成果的。雖然訓練評估看起來似乎只是一種用於檢討的方式，但其實是整個訓練環節中非常重要的一環，因為訓練評估可以用來檢視訓練是否能夠產生實際的效用。

五、情緒勞務

有別於其他白領上班族多從事文書、靜態工作，餐飲服務業多半每天至少站滿 8 小時或不斷走動，需要大量的體力與熱情。除此之外，年節假日期間多為最忙碌的時候，多半採輪休制，此外由於工作時間不限於朝九晚五，往往需要家人支持與諒解，因此餐廳服務人員在工作上產生倦怠的可能性較一般工作者來的高。因為除體力付出外，服務人員必須長期表現合宜的情緒，導致在工作中會感受到相當程度的壓力，若無法有效的調適就會形成工作意願不高及態度冷漠等現象。不僅對員工產生負面影響，更會產生生產力下降，以及缺勤及離職率增高的現象，對組織的績效將造成不利的影響。

餐飲業第一線員工不僅為餐廳與顧客之間之主要接

觸介面,亦為決定服務品質與影響顧客滿意度之關鍵角色。業者通常要求第一線員工必須展現適宜之情緒,此外亦須依循作業程序執行工作。一般而言,服務人員在作業過程中可自主控制之程度甚微,因此係屬高度心理壓力之工作類型,長期置身高度壓力之情境中,員工身心健康易受影響。

餐飲服務人員經常必須面對無理要求與難纏的顧客,然而即使在如此令人不悅的情境當中,也必須展現進退有禮且面帶微笑對待客人。在過去情緒被視為私人產物,不應出現在效率化的職場社會,更不具有經濟交換價值。直到 1983 年,情緒管理的書中提及情緒勞務 (Emotional Labor) 一詞,並將情緒概念帶入商業界,認為情緒勞務可以被出售來換取工資,因此具有交換價值,且界定為個人致力於情感的管理,以便在公眾面前展現出適宜的臉部表情及身體動作。

勞務的種類可分成體能勞務、智能勞務與情緒勞務三種。體能勞務意指通過提供體能換取工資的方式;智能勞務意指提供智能換取工資的方式;情緒勞務指在服務過程中,表現出符合組織要求的特定情緒表現。服務人員在執行工作時,需根據組織的規範表現出適宜態度,以便顧客感到滿足,這種心力的付出就是情緒勞務。當餐廳員工服務顧客時,就好比進行一場表演,員工工作時就像一名演員,而顧客就像觀眾,餐廳環境就是表演的舞台。當員工與顧客進行互動時,需進行自我情緒調適,進而表達適當的態度或行為,因而產生情緒勞務。

情緒勞務工作者在工作時展現出的行為及態度,可分為表層演出、深層演出與真誠演出三類 (表 8-1)。表層演出意指情緒勞務工作者為符合組織的規範,以外在展現出非真實感受的情緒,通常藉由員工改變肢體動作、臉部表情與談話方式等去展現演出。而深層演出則意指除了改變外在表現,員工也設法控制內部思想或感受,以展現符合組織規範或適當的情緒表達。另外有別於表層演出與深層演出的真誠演出,則是指員工真誠且自然的展現符合實際與組織期待的情緒表達,不需要消耗太多的內在資源,即可扮演符合態度規範的職務角色。

研究結果顯示,員工工作滿意度與採用表層演出呈現負向的關聯性,因此,可推論因表層演出所導致的情緒勞務,將會降低員工的工作滿意度。反過來,若

表 8-1 情緒勞務構面之比較

情緒勞務構面	說明
表層演出	指工作者僅以偽裝的方式展現其外在的情緒,實際上並沒有改變其內在的真實感受。
深層演出	指工作者嘗試改變內在的感受,使其內在感受與組織要求的外在情緒表達一致。
真誠演出	指工作者的外在表現與內心表示一致,皆為發自內心,未經嘗試改變內在感受的過程。

員工採用深層或是真誠的情緒演出策略，則較容易產生良好的工作結果。

六、職業倦怠

心理學家 Herbert 是最早提出職業倦怠 (Burnout) 一詞的學者，他將職業倦怠定義為因對個人能力、精力及資源的過度需求，導致工作者感到精疲力竭。職業倦怠包括情緒耗竭、乏人性化和個人成就感低落的三階段症狀。情緒耗竭指個人在工作上承受過多的情緒要求，而個人因自身能力無法負荷，進而產生生理資源與情緒資源枯竭的狀態，以致缺乏精力及感到身心疲憊。這種症狀會促使個人在精神與情緒上逐漸遠離工作，且造成無法處理工作上的要求與滿足顧客的需求。

乏人性化指個人對服務對象喪失感覺，以不帶任何情感的方式對待顧客及同事，藉此疏遠顧客或同事。個人成就感低落則指個人對於己身的工作勝任感與工作成就感的降低，且對自我採取負面的評價。此症狀是前兩階段症狀所累積下來的結果，當個人在工作中感到情緒耗竭，且在服務顧客的過程中毫無任何感覺，便很難獲得工作成就感。

研究結果顯示，餐廳服務人員的職業倦怠感受程度高於管理職位的主任及副主任，且領班的職業倦怠感受程度也高於其他較高職級的管理者。管理者需重視餐飲服務人員職業倦怠的情況，除了從實質薪資福利上激勵員工，更須體諒服務人員有情緒抒發上的需求，從平時口頭上表達慰問關懷或是透過各種活動使員工有情緒宣洩的管道，都能使員工紓緩每天工作累積下來的疲憊與倦怠。

此外，餐廳領班級的職業倦怠，常常被高階級管理者所忽略，將領班們在工作中面臨的挑戰與困難視為理所當然，未給予適時的協助與資源，領班在組織中除了須對基層服務人員進行管理督導，對上則須負起完成指示的責任，承上啟下的角色讓他們通常需具備良好的人際溝通能力，在情緒上也須承受許多的壓力，因此餐廳管理者需時時關注領班所遭遇的困難與情緒變化，並給予正確的引導與支持。

職業倦怠一般並非是屬於永久性的，而最好的解決方法就是在員工還未發生倦怠時找出預防的方法，其因應方式可從改變個人與改變組織兩個層面進行。改變個人主要是透過增強個人在工作環境中的能力來改善職業倦怠，包括學習如何面對工作壓力、紓解負面情緒及如何因應職業倦怠的產生，使其對自己的工作更能掌握，有能力承擔工作中的壓力。改變組織則可從工作量調整、員工自主性、工作報酬、工作群體、公平性與價值感六個方面進行。若員工認為自己獲得公平與合理的報酬，且認為自己工作具有價值，便會有意願承擔更大的責任。將個人

與組織兩個層面結合同時進行改善為最佳的因應方式。管理者在分配或增加員工的工作時，必須要考慮員工是否能承受負荷，避免過度的要求，而造成後續的副作用。

當員工沒有被明確的交代工作內容，不清楚自己所負責的職務，所形成的混亂狀況將造成員工的壓力。反之，當員工在一個自己能夠適度掌控的工作環境，將會展現比較高的參與態度，管理者可適當的讓員工參與，提升個人決定權，如此可降低角色模糊之衝突，減少工作倦怠發生的機率。當與工作夥伴之間有爭執或衝突，員工會產生負面的情緒，進而提高倦怠發生的可能性。公司在員工不同的發展階段中，設定合理的工作目標，協助開發員工的潛力，以及為員工進行職涯規劃，亦可防止倦怠的發生。

以往職業倦怠的研究建議多針對員工加強情緒管理的訓練或提供情緒紓解的管道，較少從改變組織的角度思考改善職業倦怠的方法。研究顯示，員工對主管轉型領導風格的知覺能減輕職業倦怠的感受程度。主管可藉由與部屬建立友善的互動關係，親切和氣地與員工相處，以幽默風趣的態度來化解員工的負面情緒，主動關懷部屬使之心生歸屬感，藉此亦能促使員工工作後所形成的身心疲憊狀況易於恢復，避免職業倦怠的症狀加深。

針對領班及組長級幹部的情緒耗竭與乏人性化症狀，管理者也可透過親近融合與尊重關懷來加以改善，透過正式或非正式活動來拉近與部屬間的情感，並適時表達對部屬的關懷與尊重。管理者亦可運用願景引領來激勵員工，透過內部溝通管道傳達組織的理念與方向，賦予員工一個有意義的工作目標，讓員工瞭解到工作不只是為了個人物質上的報酬，而且對組織來說亦是具有貢獻的，藉此提高員工對自己工作角色的肯定。

由於領導風格能有效改善員工職業倦怠的感受程度，因此宜將領導風格納入餐廳經理的招募甄選標準中，評估是否具備具親和力及待人謙遜等個人特質。此外，業者宜將領導統御納入餐廳主管及幹部的訓練課程中，藉由培育具良好領導力的管理者來改善員工職業倦怠的情形。

七、激勵員工

餐飲業目前遇到的最大難題之一就是員工流動率過高，離職率高不僅使得餐飲業的人力成本增加，也是造成餐廳服務品質下降的主因。激勵是企業為了使員工能達成組織目標而採用的各種行動。有效地激勵可提高員工的工作滿足與降低離職傾向，進而提升員工的工作效率。

激勵理論

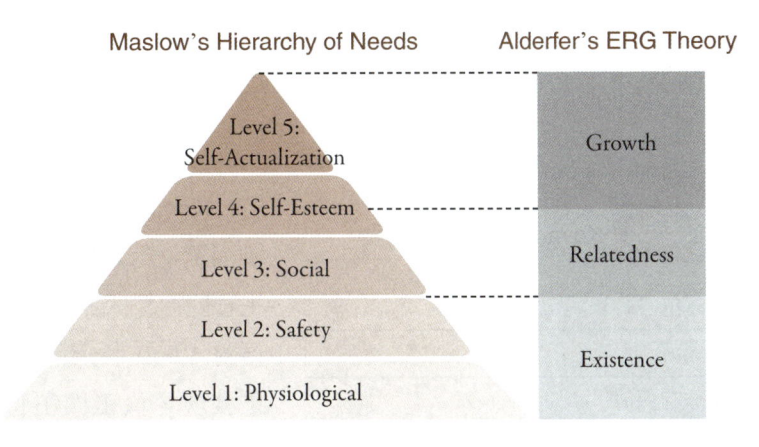

Maslow (1965) 認為，人有五種類型的需求，由低階層到高階層分別為 (1) 生理需要：為人類生存的基本的需求，如空氣、水和食物；(2) 安全需要：免於恐懼、危險以及被剝奪的需要；(3) 社會需要：包括愛與歸屬感以及友誼，牽涉到個人與他人和諧相處的能力；(4) 自尊需要：包括自信，以及受同儕的認同與尊敬；(5) 自我實現需要：指的是自我潛能的充分發揮。這是 Maslow 最為人廣知，亦最不為人瞭解的一部分。生理需要是先必須滿足的，亦是最基本的需求，其次各需求依序排列，直至最高層級的自我實現需要。生理需要與安全需要屬於基本需要，而社會、自尊及自我實現則屬於高層級需要。

根據 Maslow 的理論，人之所以會做出某些行為，是為了滿足某些需求。當該需求被滿足後，便不再對行為產生驅動力，也就是說已獲滿足的需求不再是激勵因素，取而代之的是另一種的需要。而人的一生就是不斷對需求尋找滿足的一種過程，故此理論被稱為需要層級理論。

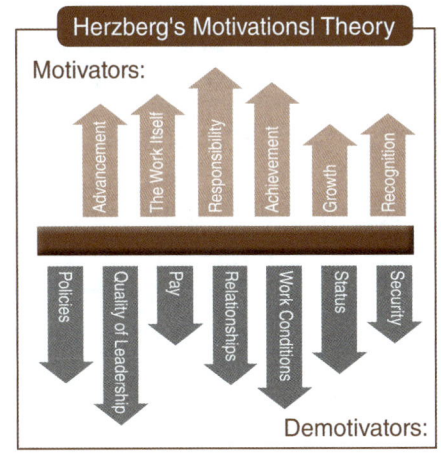

Herzberg (1959) 將工作變項區分成保健、激勵兩類。保健因子多與工作環境有關，如公司政策、工作環境、薪資及人際關係等，故又稱外在因子。缺乏保健因子會導致不滿足，但是存在並不會導致滿足，且無激勵作用。激勵因子如成就感、認同感及在工作中成長，又稱內在因子。雙因子理論一直受到許多爭論，其最大缺陷為假設激勵與保健因子為彼此獨立。近年來學者普遍認為保健與激勵因子均具有激勵作用，而將保健因子稱為外在激勵因子，激勵因子則被歸類為內在激勵因子。

Alderfer (1972) 將人類的需要層級分成三種。由低層及至高層級依次為生存需要：指維持生存的物質需求，多半是藉由環境因素來達到滿足，如食物、水、薪資、勞工福利及工作環境等。關係需要：指個人與其身邊重要的人之間建立關係的需求，如：工作夥伴、主管、部屬、家人及朋友。成

長需要：乃個人追求成長與發展的需要，個人若覺得自己的能力或性向有發揮的機會，這些需要才能獲得滿足。需要可在三層級的連續向度中前後移動，若高層級的需要得不到滿足，則對低層級需要的滿足期望愈強。

激勵因素

表 8-2 Kovach 工作激勵量表

良好的工作環境
待遇好
工作有保障
主管對員工的尊重與信賴
適當的稱讚與肯定
工作的趣味性
參與感與歸屬感
得當的獎懲
晉升與成長的機會
協助員工個人問題

Kovach 早在 1946 年便發展出十個與工作相關的激勵因素 (表 8-2)，其對企業進行問卷調查，發現員工與主管對激勵因素認知有差異存在。到了 1986 年，Kovach 再對 1,000 名企業員工與 100 名主管進行問卷調查。結果發現，員工與主管的認知仍有極大的差異。其中主管所認知的激勵員工因素重要度排序與 40 年前是一致的，但員工的認知與先前調查結果，已有了極大的不同，例如 1946 年員工最重視的是適當的稱讚與肯定，到了 1986 年最重視的因素已經被工作的趣味性所取代。Kovach 推測是因為歷經了經濟蕭條與戰爭，整個社會環境已有極大的改變，故在認知上也有了改變。

有關餐旅業員工激勵的研究，仍有許多是運用 Kovach 所發展的激勵因素問卷。近年來在餐飲業研究中良好的工作環境屬於員工較重視的激勵因素，其中包括有員工間的相處狀況、工作場所的清潔與安全。餐飲業一直存在著低薪資的狀況，然而調高員工的月薪並不會產生長期的激勵效果，因此餐飲業者多不會僅運用薪資作為激勵的工具，而是採用獎金激勵方案，員工的獎金計算大多是比照其所增加的營收或為公司減少的成本為基礎。

研究發現，台灣與香港地區的餐飲業員工較美國的餐飲業員工更重視主管對員工的尊重與信賴。無論使用正式的獎勵儀式或口頭讚美，對於員工來說都是一種激勵。工作有保障的因素之重視度會隨著年齡增加，30~39 歲為最高點，之後便慢慢下降，餐飲業員工的年齡多為 40 歲以下，可能 30~39 歲的員工面對工作環境中年齡可能成為限制時，心裡的焦慮程度也達到最高。男性員工較女性重視待遇好及工作有保障，這可能是因為傳統上認為男性為家中的經濟支柱，需要有穩定的工作維持家計。基層員工認為主管對員工的尊重與信賴，與協助解決員工個人問題是比較重要的因素，因此溝通課程成為許多管理階層訓練的重點。從部門別來看，餐飲部的廚師與清潔人員，重視的激勵因素與其他部門有極大的不同，餐廳主管應瞭解不同部門的需要，提供適當的激勵。

對於視餐飲業為個人長期事業者而言，晉升與成長的機會為重要激勵因素。麥當勞建構有完整晉升發展的計畫，其過程大致如下：首先，前 4 到 6 個月要做像清潔工作、炸薯條、服務顧客及收銀的基層工作及接受在職訓練。第二個工作階段約為半年，除負責生產及服務工作外，亦要擔任一部分的管理工作，比如訂貨及排班。接著若表現良好就有機會再次得到提升，此時在餐廳中要能獨當一面，並受中級管理課程的培訓。此後，若能再次晉升為經理就有機會去麥當勞大學接受訓練。三年以後，經理還有可能晉升為地區顧問，而地區顧問就是總公司在地區的全權代表。在麥當勞，一個員工是否能得到升遷主要是看兩個方面：第一就是看他領導的團隊或部門的績效如何。另一個方面就是看具升遷潛力者是否可以找到接替的人，這也看出麥當勞十分重視新人的培養及工作的傳承。

激勵特約服務人員

餐飲業使用工讀生的比例十分高。以國際觀光旅館為例，一般宴會部門之正式員工不會超過 20 人，而工讀生人數則可高達 300 名。工讀生對餐飲業的服務品質有著相當程度的影響，但是不可避免的也面臨著高流動率的困擾。透過適當的員工激勵方能留住員工，並提升服務品質與生產力。激勵工讀生可採用之方法如下 (孫路弘、朱惠玲、蔡文昶，2007)。

完整的訓練　訓練是一種投資，而不是一種浪費。一個新進的工讀生應接受完整的職前訓練，確定已具備所需之專業知識與技能方能上場工作，如此服務品質才可獲得維繫。職前訓練對於新進員工歸屬感的建立，熟悉工作環境也都有正面的助益。此外資深的工讀生也需要接受進一步的酒類知識、中西餐服務方式等新知的訓練，不但可加強專業知識的成長，也間接的提高了工作的豐富性。研究結果顯示，訓練的成效會明顯反映在工讀生工作滿意度上。缺乏訓練制度的餐廳，在顧客滿意度上皆敬陪末座。

良好的福利與獎懲措施　一般而言，餐廳較缺乏明確的工讀生獎懲規範。管理者可採用選拔優良工讀生的方式，提供財務或其他形式上的獎勵。此外，舉行慶生會或安排資深工讀生參加尾牙、春酒，均為可採用的福利措施。

加強溝通　成功的管理者必須創造出一個良好的工作環境，人性化的管理工讀生。為使工讀生感到受重視，應對工讀生的建議及抱怨審慎處理。由於最常與工讀生接觸是領班，主管宜善用領班以營造出良好工作氣氛，進而增加員工向心力。

> 星巴克宣布將提供給美國員工免費取得大學學位的機會。申請資格很簡單，只要是尚未取得學士學位的美國星巴克員工，無論是正職或是兼職人，只要通過申請，星巴克就會免費補助員工進修亞利桑那州立大學 4 年的函授課程。
>
> 這項計畫是為了讓中下階層的星巴克員工，有機會取得大學學位。根據統計，目前星巴克 19.1 萬名員工中，約 14 萬人符合資格，意即有超過 70% 的員工沒有拿到大學學位。星巴克不會設下工作年限的門檻。也就是說，即便員工利用了星巴克的補助讀完大學課程，畢業之後也不一定要留在星巴克繼續工作。
>
> 亞利桑那州立大學的函授課程學費每年約 1.5 萬美元，州立大學將透過獎學金負責約 42% 的費用，星巴克則會負擔獎學金以外的 58% 費用。從商業、藝術到歷史等學門，總共有 49 個學程可供選擇。

提供晉升與成長的機會　畢業後希望繼續從事餐飲業的員工，對於目前的工作會有較高的參與感，吸收這些人才為人力資源部門的重要課題。餐廳可考慮將工讀生之打工時數併入未來成為正式員工的年資，或瞭解優秀工讀生畢業後的工作意向，作為選才的依據並提早進行培育工作。麥當勞於 1984 年進駐台灣時，當時台灣尚未有計時人員的僱用制度，因此，麥當勞可以說是首家將此制度完整引進台灣的企業。該公司提供的待遇包括：彈性工時、免費員工餐飲及制服、特殊時段雙倍薪資、付薪休息、每半年進行考核調薪、勞健保、團保以及職涯發展訓練。除在計時人員領域中升遷，亦可申請升遷至正式人員。

激勵並沒有普遍性方式，會隨著人員及環境不同而改變，因此餐飲業者若想建立一套適合自己的激勵制度，需要瞭解員工對各項激勵因素的態度，以此為基礎來設計有效的激勵方式。

八、員工授權

自 1970 年代美國服務業開始採用工業化的作業方式，像是簡化作業流程和設備與系統的更新，以便工廠員工能轉換進入服務業。所有的作業流程都經過設計，由於服務人員不需判斷只需要遵照執行，因而提高工作效率和顧客滿意度。例如，當時麥當勞餐廳採用生產線式服務，獲得良好的迴響。但是在 1990 年代，生產線式的服務管理面臨新的挑戰，許多公司逐漸改採以人性為導向的授權式管理方式來取代標準化管理。

許多餐飲業者相信提供標準的作業方式，就是顧客所想要的服務經驗。然而

對顧客而言，從帶位、點餐、上菜、收餐盤、遞送帳單與結帳，將每個服務環節結合起來是一連串的經驗感受。員工為顧客提供服務而接觸的那一瞬間，是顧客評斷服務品質的關鍵時刻。每個體驗的環節裡，都是在傳遞核心價值和企業文化，餐廳應該重視顧客的情緒感受，而不該只是一味的僅要求完成標準作業流程。

授權是在一個組織內，決策權從中央下放給員工，也就是管理者賦予第一線員工更多的自主權，以便為客戶提供高品質的服務。授權使得組織架構變得扁平，因為一些決策權從頂端被分擔到第一線的員工身上，使得顧客的需求能直接且快速的被回應。在餐飲業服務人員時常要面對不同需求及處理千變萬化的顧客抱怨，但一般業者大多還是依所設定的標準作業流程處理，無法完全使顧客滿意。若是處理不當則會帶來更大的抱怨，甚至導致員工因心理受創而流失。

授權可分為結構與彈性兩類。結構性授權是以提供確切的指標，使員工在特定且詳細的設定範圍內做出決定。而彈性授權則為當遇到服務的狀況時，員工可較自主地做決定。舉例而言，當顧客抱怨所提出的問題未被及時的處理時，餐廳規定服務人員可決定做出 $100 元價格上的調整，此類方式為結構式授權。而若餐廳對員工在解決顧客所提出抱怨的指導方針為：根據抱怨內容免費更換新的餐點及飲料，(如果顧客仍不滿意時……) → 免費招待飯後點心、飲料或贈送一瓶酒，(如果顧客仍不滿意時……) → 親切地詢問顧客「請問我可以問您做些什麼來彌補」，之後根據顧客的要求來做出決定。即為彈性式授權。

落實員工授權之步驟

第一次會議 公告會議議題是關於提升員工工作權力以增加顧客滿意，並強調每位員工都須親自參與，若人數太多則分批舉行。應安排各級主管與員工共同參與會議，第一次會議主要是討論如何改善顧客的滿意度，任何與服務相關的議題均可在會議中提出來。部門主管可以與員工們一起歸納出增進顧客服務的建議及想法。會議中讓員工知道為了改善服務，公司決定實施授權。

最高階主管應向所有參與之工作人員說明授權的目標。藉此說服並激勵所有人員一起努力。會議中須向員工解釋為何授權可以改善服務品質。讓員工瞭解授權的好處。以下幾點可以用來說服員工，讓員工贊同推動授權：

(1) 員工將被賦予權力及自主性，進而在工作中發揮創意。
(2) 管理階層將全力支持員工為滿足顧客需求所做的決定。
(3) 授權將節省員工的工作時間。

(4) 員工可即時依情況處理顧客的問題。

　　若是選擇結構式授權的類型，應鼓勵員工提出對於限制範圍的看法。若是選擇彈性授權，員工要對於如何進行正確的判斷來進行討論。對於缺乏經驗的員工來說，執行結構式授權較能減少一些決策錯誤的問題發生。會議結束前，再次強調員工授權欲達到的目標，並訂定下次的會議日期。會議結束後將會議提出來的決議事項做成紀錄分發給每一位員工，並通知於 30 天後召開第二次會議。

第二次會議　檢視第一次會議討論出的辦法是否能改善服務品質，以及討論第一次會議提出的授權方案在過去 30 天內進行的狀況。利用第二次會議討論對於員工授權的意見，並提出增加、刪除或調整員工授權方案的細節，讓授權計畫之推動能符合員工及顧客之需求。

　　主管的態度與行為將會是餐廳推動授權重要的關鍵，管理者須給予員工犯錯機會。對於解決顧客問題方式不恰當的員工，以指導取代嚴厲的申誡。利用表揚及正面的回饋來鼓勵員工，使其願意承擔更多的責任。安排在兩個月後召開第三次會議。

第三次會議　藉此次會議檢討部門實行授權是否達成改善目標。員工可以藉由顧客的回饋來衡量自己是否做好服務工作。除對表現優異的員工給予讚揚及回饋，管理者可以創造一個友善的競爭環境，讓部門之間能相互激盪，一起朝著組織目標前進。由於顧客需求會不停地改變，故應蒐集相關資訊以擬定應變政策。於第三次會議後每 30~60 天即須安排授權會議進行下列事項：

(1) 引導員工討論顧客需求的改變方向，藉以更改授權的方式。
(2) 複習員工授權的基本原則。
(3) 教導新員工授權的理念與方法。
(4) 對於表現優良的員工給予回饋。
(5) 傳達公司設定的新目標。

九、工作與生活平衡

　　工作生活平衡之概念起源於十八世紀，隨著工業革命與女權運動的發展，女性走向社會並且更加追求個人價值的實現，大量女性員工進入工作職場，因而工作與家庭平衡受到挑戰，進而醞釀出工作與生活平衡的初步觀念。企業需幫助員工認識和正確看待工作與生活之間的關係，調和職業、家庭與個人生活的矛盾，

緩解由於工作與生活關係失衡而造成的壓力。

　　對於一般人而言，家庭及工作兩個面向即是生活中的重點，家庭面難免影響工作面，反之亦然。在有限的時間與精力下，家庭面與工作面皆需爭取這些資源，勢必讓員工陷入困境，長時間的取捨下，難免對個人精神造成折磨，在這樣的難以兩全之下的情況，必定會為個人或組織帶來相當的成本。伴隨著社會發展的快速轉變，競爭日益加劇，員工要面對的是家庭及工作所帶來的更大壓力，如果這些壓力無法得到適時的紓解，不僅會影響員工的工作和生活品質，也會在組織競爭力上有很大程度的影響。工作與家庭間的衝突在個人面可能造成健康受到影響、情緒低落、無法適當擔任在家庭中的角色。在組織面可能造成士氣低落、工作滿意度降低、生產力下滑及組織承諾下降等結果。

　　國外調查指出，大約有三分之一的餐旅業從業人員不滿意其工作與生活的平衡性。工作與生活的不平衡將衍生出員工工作壓力、士氣與生產力低落，以及留任意願降低等負面的影響，進而成為餐旅業高離職率的前導因素之一。餐飲業大多是一年365天營業、工作排班高度不穩定及薪資福利相對較低，又因必須面對淡旺季、用餐尖峰時段，以及全天候提供服務等狀況，造成多數工作人員必須經常犧牲與家庭相處的時間。此外基層員工通常必須反覆執行相同的工作項目，對工作的控制程度有限，而且在上班時間安排上擁有較少的彈性與自主權。在這樣的工作環境與制度下，容易造成員工工作與個人生活平衡的失調，因此對於許多餐飲從業人員來說，工作與個人生活常被視為互相抗衡的兩個面向。

　　少數的餐飲業者，已著手協助員工積極看待工作與家庭生活之間的關係、調

⋄ 鼎泰豐內部服務 ⋄

　　　　外場人員起薪相當於五星級飯店中階主管的月薪，人事成本曾達48%。

1. 員工休息室：讓員工可以在空班時間得到充分的午休。
2. 健檢：安排所有員工定期接受健康檢查。
3. 婦女保健講座：邀請專任醫師不定期舉辦健康講座。
4. 員工餐：專業營養師安排菜單，並重視餐點口味及品質。
5. 按摩：聘用視障按摩師為員工服務，解除身體的疲勞。
6. 心理諮商：員工無論公私事均可以向心理諮商樂活師求助。
7. 遇到連續假日，可將家中年紀較小的小孩帶到公司做功課，並提供午晚餐。

和職業和生活的矛盾、緩解由於工作生活關係失衡而造成工作壓力，以及設計更良好的工作生活平衡福利。降低工作壓力最有效的方式，就是消除或是調整工作環境所充斥的壓力源。相關措施如彈性工時、班表與工作安排、家庭因素相關休假、員工扶持計畫、諮商服務，以及協助孩童看護照顧等，均有利於工作生活平衡。更廣泛的來說，工作生活平衡計畫也涵蓋，協助尋找配偶及組建家庭、婚後適應、子女教育與撫養等家庭生活當中，可能會影響員工工作情緒與品質的議題。因此設計適應家庭需要的彈性工作制度、提供家庭問題和壓力排解的諮詢服務，以及舉行參訪或聯誼等活動，以促進家庭和工作的協調，皆為工作生活平衡中的一環。

餐飲業以往提供如薪資、婚產假、公司聚會、訓練課程，以及個人發展規劃等傳統措施，來吸引具有才能的員工，或是提升舊有員工的留任意願。基於工作生活平衡概念之發展，也開始推動有關員工生活與家庭導向的福利政策，以協助員工達到工作與生活之平衡，然而大部分餐飲業相關制度之建構尚不夠完善。整體而言，工作生活平衡措施，可分類為工作與工時、生活促進、家庭友善計畫與個人發展四大類別(表 8-3)。

表 8-3 工作生活平衡計畫類別與措施

類別	相關措施
工作與工時	彈性工時與排班制度、遠程辦公、帶薪假期、額外假期提供、正職暫轉兼職。
生活促進	公司內部社團、員工聯誼聚會、員工旅遊、休閒娛樂活動、社會公益活動。
家庭友善計畫	婚產假、育嬰假、家庭特殊假期、員工家庭旅遊、親子活動、托兒中心、托兒補助、銀髮看護補助。
個人發展	進修培訓課程、教育講座、職涯發展規劃、心理諮商、生活諮詢服務。

餐飲業者應主動推廣員工休閒娛樂活動，倡導員工基於興趣組織相關社團，協助員工增進生活品質。此外可提供基層員工較為彈性的排班制度、帶薪特殊假期、全職暫轉兼職制度、允許員工臨時處理家庭狀況，以及提供生活諮商協助。業者亦可透過舉辦員工家庭旅遊，提升員工與家庭之間的關係，也能維繫員工彼此之間的感情。基層員工在工作上遇到問題時，相較於感性的支持，更希望獲得實質的協助。例如：當工作遇到偶發狀況，員工知道可以立即跟誰求助，或當突發狀況如生病或交通事故時，能給予工作與生活上的協助。此外，除了與鄰近托兒所合作的方案外，也可提供給員工托兒補助或是相關福利政策，以減低家庭托

兒問題帶給員工的壓力及負擔。

對於後勤部門，可考慮提供遠程辦公之選擇，減少通勤所需的時間，除提高生產力，並可增加員工與家庭或朋友間的交流。公司亦可藉此降低硬體設施上的成本，如辦公室的設立、機械設備的購買，如此也會降低社會資源如運輸所帶來的污染。

十、玻璃天花板

民國 50 年代中期以後，輕工業成為當時經濟發展的主力，需要相當多的人力投入，在傳統上以男性為主的就業市場，並無法有效的提供人力，因此，促使婦女從家庭走向勞動市場。到了民國 80 年左右，產業結構再度轉變為以服務業為主，如此的結構變動，導致企業對女性員工需求的增加。

玻璃天花板 (Glass Ceiling) 一詞出現於 1986 年華爾街日報的專欄中，用來描述女性試圖晉升到組織高層所面臨的障礙。傳統男主外、女主內的觀念依然存在，常讓女性在事業發展的過程中，遇到家庭與事業難以兼顧的困擾，迫使她們在時間及資源有限的情況下，必須投入更多的努力。雖然目前女性在工作與家庭之間已經有了許多的選擇空間，但女性仍感受到許多來自傳統的壓力。往往當她們選擇了工作，可能遭受到家庭不合、角色認同上的衝突及體力透支等後果。

男性工作者之傳統刻板印象多屬較正面積極的，反之，女性則偏向為負面而消極 (表 8-4)。但以現在的眼光來看女性刻板印象，也非全然屬於負面認知。例如：女性纖細與耐心的管理方式，對於傳統機械式僵化的組織管理，會有相當正面的影響。樂意合作、健談與圓融都是女性於管理方面的優勢，對於溝通及部屬工作情緒都有正面作用，甚而能提升組織之總體績效。

台灣現今男女在受教育的比例已相當接近，而近來女性嶄露頭角，所能發揮的影響力已經愈來愈高。根據行政院主計處統計，歷年來國內餐旅業就業的女性員工人數超過男性員工人數。而教育部統計資料顯示，國內大專院校餐旅學系女性學生人數持續超越男性學生。因此不難推斷，女性為餐飲業未來的主要人力結構。女性主管憑著設身處地、關懷他人的特質，轉化為商場上的優勢，因此擁有專業知識與能力的女性在餐旅業發展相當具有潛力。

隨著台灣經濟發展、社會變遷，以及教育程度的提高等因素，女性工作的機會日益增多。但是，在許多組織當中，對於女性升遷到高層的管理階層，仍有著玻璃天花板的障礙存在。舉例來說，通過國家

表 8-4　性別之刻板印象

男性	女性
有衝勁	被動
不易情緒化	情緒化
客觀	主觀
意志堅定	易受影響
合邏輯	較不合邏輯
好競爭	樂意合作
愛冒險	不愛冒險
有企圖心	沒有企圖心
果斷	優柔寡斷
沈默寡言	健談
直率	圓融

2015 年，在 MSCI 世界指數追蹤的 1,621 家公司裡，女性董事只占所有席次 18.1%，這意味著全球逾八成董事，仍由男性擔任。史宗瑋，1982 年出生於香港，4 歲隨父母移居美國，她在美國斯坦福大學學習計算機科學，2005 年在英國牛津大學獲得互聯網研究的碩士學位。在 29 歲時，便獲邀擔任星巴克的董事。

考試的女性在比例上高於男性，然而政府部門中女性擔任主管的比例相對偏低。由於女性在職場中，較少有轉換工作及擔任新工作開拓者的機會，亦間接阻礙了女性得到高階管理的職位。

多數女性主管集中於傳統上比較屬於以「女性」為主的部門，像公關、人事、財務、行銷、資訊等部門。研發、品管、生產作業等較屬於「男性」的部門主管，相對來說，是女性較難進入的領域。而且高階的女性往往扮演幕僚角色，而非決策者，這也限制了她們再往上發展的機會。餐飲業長期以來廚房的性別失衡嚴重，女性身影稀少。雖然近年來愈來愈多女性投入廚房工作，但因傳統上男性主廚的刻板印象，形成女性的升遷較為困難。例如：法國高級餐廳評鑑資料中呈現，在 26 位米其林三星主廚中只有一位是女性。而美國餐廳協會統計，廚房工作人員中女性超過 40%，但擔任主廚職務者低於 10%。

傳統父系社會的陰影在現代工作環境中依然揮之不去。在工作職場上，就玻璃天花板認知程度來說，男性主管與女性主管有相當明顯的差異。一般而言，女性主管普遍都認為男女在工作上仍有些不公平，其中以職位升遷最為明顯；相對

來說，多數男性主管並未感受到工作上有性別不平等的待遇，也不認為他們自己在升遷方面有先天上的優勢。

許多男性認為，玻璃天花板障礙的存在，往往是因為女性缺乏信心，才會展現較為柔弱的參與式領導風格。然而，若女性採取男性作風的領導方式，會使男性部屬認為她們缺乏女性溫柔，因此這兩者之間充滿矛盾。企業對女性往往存有刻板印象，例如，大多的男性主管或高層管理人員會認為女性員工不願意或害怕改變，此外女性缺乏適當人際網絡關係與工作環境中良師益友的指導，都是打破玻璃天花板的障礙。

女性所占高階職務人數偏低是一種長期的現象，因此打破玻璃天花板的障礙，是現代化餐飲業所必須面對的問題。女性經理人必須發展出一套讓男同事覺得自在的領導風格，積極建構與上司、同事和部屬和諧的人際關係。就餐飲業而言，不易由女性來打破玻璃天花板，因為男性仍是大多公司的主控者，所以還是必須由男性主管積極地把這層天花板挪開。

十一、員工離職

離職是指個人工作一段時間後，因薪資待遇、領導者的能力、同事間的相處、升遷等因素無法達到期望，或是身體狀況、家庭等因素無法配合，使得工作者離開目前所工作的組織。一般認為，員工的離職對組織是不利的，但實際上員工離職兼具正面和負面的影響。正面影響在於，不適任的人員離職可更新組織氣氛，引進新的管理方法，有助企業形象提升。且在組織有多餘員工時，若離職者限於工作表現差者，則可提升組織生產力。

另一方面，如果優秀的員工離職，那麼留在組織中的人才將會愈來愈少。同時，新進員工的取得必須要經過招募、選拔和訓練。而這些過程需耗費龐大的經費，所以優秀的員工離職狀況會使組織遭受損失。此外，員工離職可能影響其他同事的士氣，且新進員工較無經驗，容易在工作中出差錯。故員工離職對組織的影響，必須加以重視。

◉ 離職傾向與行為

在餐飲業，員工離職狀況一直十分嚴重。造成員工流動的因素頗多，有可能受外部因素影響，亦有可能是員工自我無法調適所致。餐廳應設法降低影響員工離職的因素，才能減少人才的流失。員工在採取離職行為之前，必定會先產生離職傾向，透過對離職傾向的瞭解及適當之回應，可有效降低離職行為的發生。

每個人的性格不同，所產生的想法和觀念也有所不同，當個體進入企業一段時間之後，會隨著組織所給予的感受，影響工作者對於未來該繼續留任或是離開的想法。離職傾向是總結了許多因素所產生的結果，而該結果的強烈程度，則會直接影響離職行為發生的可能性。一般而言，員工經歷了不滿足，下一個步驟便會產生離職念頭，而這種行為傾向可導致實際的離職行為。

離職傾向對於實際離職行為具有顯著的預測力，亦即離職傾向是離職行為發生最主要的認知前兆。餐廳可以透過工作滿意度調查，瞭解員工對公司的看法及個人未來欲發展的方向，藉此改善不足之處，以防止員工的流失。

離職行為可歸納為自願性離職與非自願性離職。自願性離職源自於薪資、升遷、工作挑戰、更好的工作機會及同事間相處的情況等組織因素，以及健康狀況、遷居及生涯規劃等個人因素。個人遭受組織開除則為非自願性離職。

影響員工的自願性離職之因素，可歸納為工作價值觀、工作生活品質、內部行銷及員工授權等不同面向。工作價值觀是個人對於工作抱持著某信念或偏好程度，工作價值觀會影響到個人在職場上的表現，同時也是個人在評價工作時所依據的標準。例如餐飲業是一個人際互動密集的產業，對服務人員而言，愈不具社會互動取向者，愈容易有離職的念頭產生。

離職亦可區分為可避免的離職及不可避免的離職。藉由組織的努力，而有可能改變離職心意的狀況稱為可避免的離職。不可避免的離職指因急病、死亡、懷孕等不可能控制的原因而導致的離職。一般企業較著重在自願性可避免離職的管理，因為這個層面的離職因素，是由於企業無法滿足員工的需求所導致。

內部行銷的重點在於如何善待員工、如何經由具體的行動表達公司重視與關懷員工的心意、如何提供員工所需要的協助，以及給予員工適當的激勵與誘因。研究均指出，員工對內部行銷認同度愈高，則其離職傾向愈低。面對複雜多變的工作環境及形形色色的顧客，餐廳必須給予員工足夠的支持及關懷，使員工在面對各種服務狀況及需求時，都能有效的處理。

員工離職產生的成本

員工離職所產生的成本，可分成「分離成本 (Separation Costs)、招募成本 (Recruiting Costs)、甄選成本 (Selection Costs)、僱用成本 (Hiring Costs) 及生產力流失成本 (Lost-Productivity Costs)」五類。

分離成本 (Separation Costs) 若餐廳規定主管需與離職員工進行離職面談，以瞭解離職原因或討論職務交接之相關後續事項，則在這整個過程中，除了文書處

理費用、離職金/資遣費等金錢上的成本外,主管為了處理員工離職問題而無法將這些時間運用在更有效益的事務上,即主管所擁有之時間與生產力也是一無形成本。

招募成本 (Recruiting Costs) 餐廳為了填補空缺的人員,將增加一筆花在報章媒體、人力銀行等管道上刊登廣告、發布徵才訊息上的支出;而與應徵者之間的電話、郵件往來,同樣也有金錢與時間上之成本。

甄選成本 (Selection Costs) 甄選過程包含了主管與應徵者進行面試及確認背景資料等之時間與金錢上之成本。

僱用成本 (Hiring Costs) 餐廳必須投入大量心力在提供新進員工職前訓練、在職訓練等培訓課程上,以提升新進員工的專業能力,此外還須準備新員工的名牌、制服等個人用品。

生產力流失成本 (Lost-Productivity Costs) 若餐廳未在員工離職時適時補上接替人員,則職務交接上的空窗期對公司而言是一大損失。研究顯示,生產力流失所產生之成本占總離職成本的 50% 以上。新進員工會有一個工作學習曲線,意指新進員工的能力與生產力會隨著所受訓練及對工作內容熟悉度的增加而提升,因此新進員工在學習階段所貢獻的生產力是不及經完整訓練的員工。此外,不管

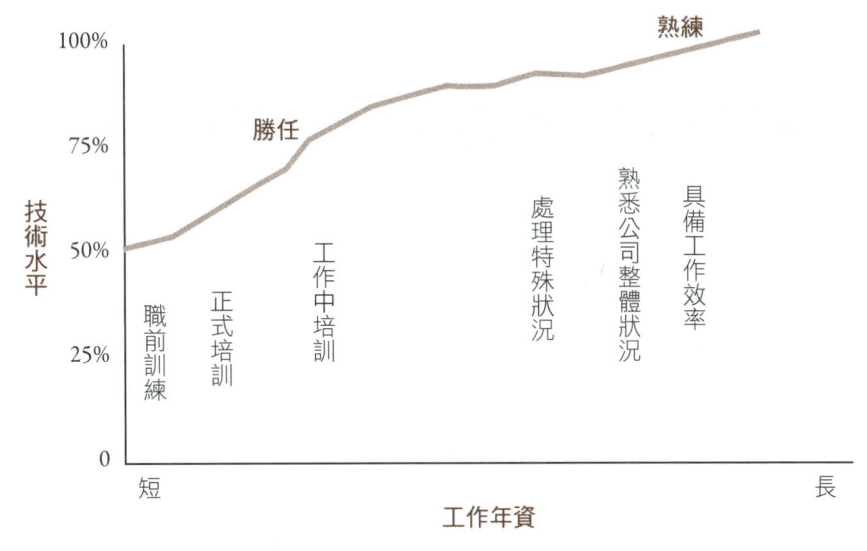

資料來源:Hinkin, T. R., & Tracey, J. B. (2000). The Cost of Turnover. *Cornell Hotel and Restaurant Administration Quarterly*, 41(3), 14-21.

圖 8-2 員工工作學習曲線

是主管或同事與新進員工之間，必定會有一段要適應彼此處事作風的磨合期，無形中也對工作效率、環境氛圍有所影響。

根據行政院主計處的統計可知，近年來餐飲業每年整體受僱人數雖成長，但相對而言，退出人數之比例亦高 (圖 8-3)。餐廳在逐項計算出員工離職所需花費的成本後，可讓主管們對於員工離職的影響層面有更深刻的認知，並瞭解到維持穩定良好勞資關係的重要性。若經理們重視員工離職的問題，願意花時間瞭解離職原因，致力於解決員工問題、改善工作環境及給予員工成長發展的機會，將能有效降低離職率。而管理者也可省下不少時間，將心力投入在更有價值的事務上。每一名離職的員工會產生龐大分離成本，此外要找到優秀的員工並不容易，如果能夠藉由離職面談清楚知道員工離職原因，將有助於留住優秀人才。

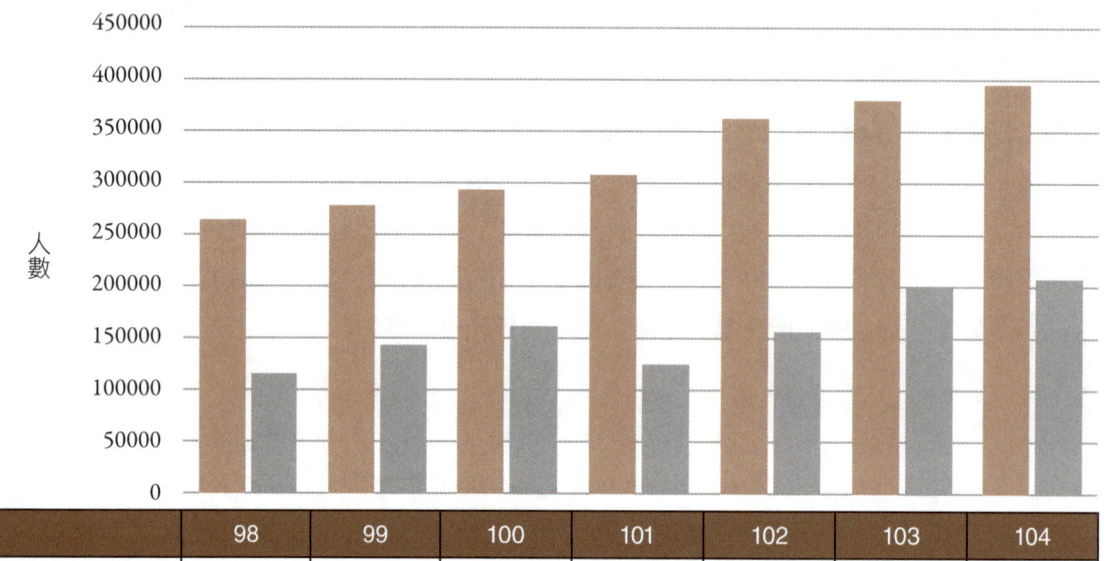

	98	99	100	101	102	103	104
■餐飲業進入人數	266702	278468	295061	309357	366062	382323	397694
■餐飲業退出人數	119286	146645	161866	127493	156722	202800	207821

▶ 圖 8-3　餐飲業歷年進退人數統計

離職面談

離職面談 (Exit Interview) 是指員工主動提出離職或餐廳為通告員工被解僱，與員工進行的談話，因此可分為自願性離職和非自願性離職面談。自願性離職面談的主要目的是瞭解員工離職的原因，以促進公司不斷改進。良好的離職面談可以蒐集到許多訊息，並提供餐廳作為改善現有的政策及管理方式的資訊，藉以減少員工流動率。面談時雙方是一種平等的關係，傾聽是非常重要的，提出關鍵的

問題後,傾聽員工的回答並觀察其表情,在瞭解員工離職原因的同時,表達出面試者是站在員工的角度著想。員工會覺得自己受到了重視,同時也可讓對公司不滿的員工改變其負面的想法。

把握好面談時機才能收到預期效果。離職面談要利用兩個時間點與員工交流,第一個是得到員工離職信息時,因為這個時候許多員工的離職意願還不是非常堅定,有時可能僅因受某件事情的刺激而萌生去意,此時如能及時溝通,化解其一時之衝動,往往能使員工收回辭職決定。第二個時間點是員工去意已定,辦理完離職手續後,因為此時離職員工再無任何顧忌容易講真話。對於提出辭職的員工,部門負責人應立即進行第一次離職面談,瞭解其離職原因,對於欲挽留之員工應進行說服溝通。第二次離職面談應由人力資源部主導,主管級以下員工可由單位主管或人力資源部副理進行面談。主管級以上員工則由人力資源部經理或更高級別的主管進行面談,原則上負責面談者應比離職者的職級高。

離職面談應該選擇氣氛輕鬆舒適的地點進行。面談前應妥當準備該員工相關資料,比如個人基本資料、出缺勤狀況、績效評估,以及參加過的培訓課程等。在離職面談時員工內心所想的,跟表達出來的往往並不是全部都是真實的,因為有時員工會為了保留一些空間,不願全然表達。在離職面談的過程中,代表餐廳與離職者進行面談的人員應多聽少說。適當的時候,應對離職人員進行善意引導或打消他的疑慮,而不是施加壓力。

面談時應選好交流的主題,如對跳槽性質的員工進行面談宜重點瞭解其辭職的原因和想法,究竟是為了個人發展、學習及家庭原因,還是對企業的管理模式、團隊的氛圍、績效評價的方式或當前職位工作內容不滿。餐廳應定期將離職面談所獲的資訊進行分析,通過分析員工離職的原因及彙總整體人事變動情況,提出管理制度調整的方向。

十二、領導力

欲成功經營現代化餐廳,經理人除須具備管理能力外,尚須是一位領導者。領導者能激勵組織成員朝向共同目標努力,不僅能影響公司績效,更會間接地影響顧客對該餐廳之評價,因此領導力在餐飲業中扮演非常關鍵性的角色。領導風格 (Leadership Style) 為領導者在團體下展現其個人的行為或作風,與環境交互作用下所產生具影響力之特質。主管之領導風格是影響員工工作滿足和留任意願的

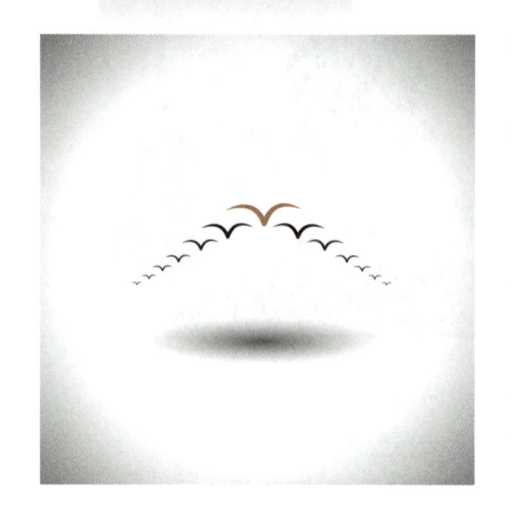

關鍵因素。

領導理論的演進

領導理論研究的發展，大致可分為實證與非實證兩個階段，廿世紀之前為非實證階段，廿世紀之後為實證階段。在非實證時期之領導理論，較常被論及的有英雄論和時代論。前者認為英雄造時勢；後者認為時勢造英雄。非實證時期之領導理論，主要係思想家對領導之主張與看法，屬於主觀但未經嚴謹科學驗證之論述。

廿世紀邁入領導理論之實證研究階段，研究發展重點大致可以劃分為四種理論：約在廿世紀初至 40 年代末，也就是領導理論出現的初期，研究者主要從事的是成功領導者特質之探究，故稱之為特質論；約從 40 年代末至 60 年代末，行為理論研究主要的重點在探究領導者之行為，其核心觀點認為領導效能與領導行為、領導風格有關；約略在 60 年代末期，學者提出了情境領導思維，認為有效的領導行為視情境狀況而有不同，領導行為需依不同情境權變調整，進行有效的搭配；大致從 80 年代初至今，出現了一些現代領導理論，最主要為變革型領導及僕人式領導 (如圖 8-4)。

| Trait Theories (特質理論) | Behavioal Theories (行為理論) | Contingency Theroris (權變理論) | Transformational Leadership (變革型領導) | Servant Leadership (僕人式領導) |

圖 8-4 領導理論的演進

特質理論

特質理論源自於 1930 年代，為最早的領導理論研究方向，此理論試圖歸納領導者的人格特質，用以解釋一個有效領導者應具備的特質。此學派認為領袖是天生的，具有異於常人的獨特人格，因此又被稱為偉人理論，也就是說，領導者擁有某些特質是一般人所不具有的，包括學識與技能、成熟穩重的個性、堅定的

毅力、社交技巧，以及具社經地位。

特質理論的研究發展到後期發現，僅憑具備某些特質並不足以成為一個成功的領導者。領導者的個人特質需與員工的個性、行為和目標相互牽動，也就是情境對領導者個人特質與領導效能之間的關係具有重大的影響。在一特定情境下成功之領導風格不一定會適用於其他情境，不同的情境需要不同的領導特質，也因此研究者漸漸將焦點轉移到領導者的行為表現上。

行為理論

由於特質理論在認定領導者天生特質的有效性上受到質疑，因此自 1940 年代，多數研究轉而探討領導者的外顯行為，認為領導者會採取特定的行為使部屬達成組織目標，亦即指領導力並非取決於個人特質，而是取決於領導者的實際行為表現。有關行為理論的研究以二維構面理論，以及管理方格理論最具代表性。

二維構面理論 二維構面理論又稱領導雙因素模式，是美國俄亥俄州立大學的研究者從 1945 年起，對領導議題進行廣泛的研究。他們將領導行為歸納成體制型領導與體恤型領導兩種基本構面 (圖 8-5)。體制型領導風格指領導者為達成組織目標，建立明確的規章與制度，清楚地界定領導者與部屬的角色、地位與工作方式，透過訂定規範及目標使部屬明白領導者對其工作的期望，為一種任務導向之領導風格。體恤型領導者則著重於社交與情感需求，強調與部屬建立信任關係，尊重部屬想法與感受以及關懷部屬狀況，以友善態度協助部屬解決個人問題，為一種關懷導向之領導風格。而體制與體恤兩個層面有可能出現在同一位管理者所表現的領導行為中。根據此兩種領導行為構面，形成四種領導風格：

- 高體制-高體恤：領導者不只重視員工達成組織目標，也適度關心部屬的狀

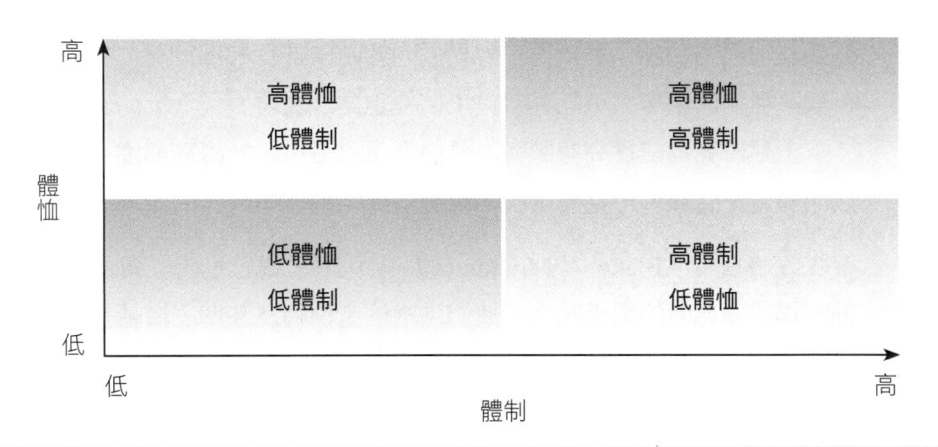

	低體制	高體制
高體恤	高體恤 低體制	高體恤 高體制
低體恤	低體恤 低體制	高體制 低體恤

(縱軸：體恤，橫軸：體制)

▶▶ 圖 8-5　二維構面領導行為組合圖

態，且領導者與部屬在相互信任與尊重和諧的環境下工作。
- 高體制-低體恤：領導者較關注員工的工作績效與目標達成，較少關心部屬的狀況，因此對部屬要求較為嚴格。
- 低體制-高體恤：此類領導者關懷且支持部屬勝過於部屬對工作層面的表現，使部屬有參與組織的成就感。
- 低體制-低體恤：領導者對部屬的工作績效與需求均不重視，容易導致組織內部士氣低落與績效不佳，進而造成員工抱怨而離職。

研究發現，當領導者較偏向於體制型時，容易導致部屬工作滿意度下降、抱怨、曠職與高離職率；而領導者偏向於體恤型時，雖然提升與部屬關係，但易降低員工的工作績效。高體制-高體恤的領導方式，比其他類型的領導方式更能有效使部屬達成工作績效與工作滿意度。由於體恤與體制領導行為可同時存在，領導者宜適時地調整其領導風格之結構。

許順旺與葉欣婷 (2010) 研究顯示，國際觀光旅館主管同時採用體制與體恤行為，能提高員工工作投入與組織承諾。葉偉志 (2013) 亦發現，觀光旅館餐飲部領導者應並用體恤與體制的方式領導廚師並適時地調整。而 Holloway (2012) 認為，領導者起初使用體制領導行為，向員工展示其明確地位，並說明欲達成目標之期望，其後再使用體恤導向行為激勵與關懷員工，採用不同的領導方式能使員工達成組織目標，亦可使領導者與部屬建立長期信賴關係。

Sun, Liu 與 Tsai (2014) 指出，台灣餐廳員工普遍認為主管之領導風格偏向高體制型，也就是一般主管偏向嚴格要求員工遵守作業規範執行工作。當主管管理方式為低體制-低體恤，偏向放任型領導，除不具嚴謹監督機制，亦缺少對員工激勵與關懷。低體制-低體恤型領導風格易導致較高員工服務破壞率。另一方面，當主管雖然建立監督行為機制，但缺乏主動瞭解與關懷員工，無法讓員工感到親和力與歸屬感，導致員工容易偏向於暗中進行破壞行為。主管同時具備高體制與高體恤的領導力，能導致員工積極正向之表現。

上述研究均證實高體制與高體恤型領導風格，能提高部屬工作滿意度、組織承諾與留任意願。可見高體制與高體恤應為餐旅業較佳的領導風格類型。

管理方格理論 Blake 與 Mouton (1964) 利用「關心生產」與「關心員工」兩構面來描述領導者的領導風格，他們以兩個座標軸為基準，橫軸是主管「對產出的關心程度」、縱軸則是「對人的關心程度」，分別以 1 分為最低、9 分最高，將主管的領導行為區分為 5 種類型，稱為管理方格，如圖 8-6 所示。

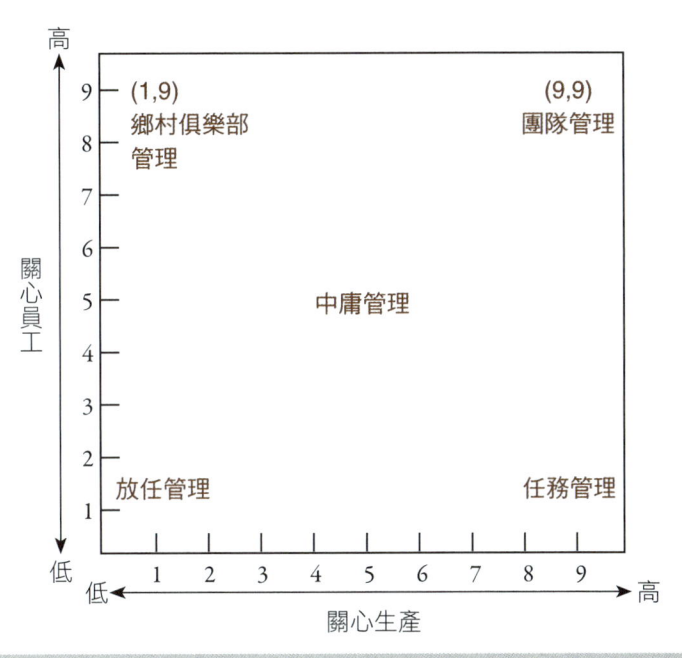

> 圖 8-6　領導行為：管理方格

- 放任管理：領導者希望能夠省事且儘量避免責任，以最少的精力來帶領部屬完成任務。這種主管對人和生產都缺乏關心，很少投注心力在如何完成工作，只關心如何才能不負責任。由於缺乏管理，團隊會陷入無政府狀態，充斥不滿與摩擦。
- 任務管理：領導者強調工作產出與效率，將人力降至最低，且透過工作規章與程序，以達到作業效率最大化。
- 鄉村俱樂部管理：領導者重視部屬的需求且關懷部屬，以創造舒適與友善的工作氣氛。主管擔心損害自己與團隊之間的關係，因此幾乎不用懲罰性、強制性的方式。在這種領導者的帶領下，可以形成舒適、友善的氣氛與工作步調，但是沒有效率。
- 團隊管理：領導者同時重視部屬需求與工作效能，視組織為一共同體，強調信任與互相尊重之關係。員工理解組織的經營目的和生產需求，因此能鼓勵團隊合作與責任感。團隊能相互依賴且信任、尊重彼此，向心力高、工作投入。布萊克與莫頓認為這是最佳領導方式。
- 中庸管理：強調於達成工作績效與人際關係的維護，兩者之間取得平衡的發展。主管設法在組織目標、員工需求之間取得平衡，交出可接受的績效，也兼顧員工士氣，但缺少積極主動的熱情。此型領導者總在業績和成員需求中妥協、折衷，但兩者都無法被充分滿足。

管理方格兩構面與俄亥俄州立大學研究的體制與體恤構面之理念雷同。研究發現，當領導者的領導風格為團隊管理型時，其組織績效為最佳。然而，管理方格未能具體說明如何成為有效的領導者，僅提供一種概念化的架構。整體而言，行為理論的研究中，雖然證實領導行為與好的領導效能的關係較密切，但與特質理論一樣都忽略了情境因素對領導效能的影響。

權變理論

情境因素成為 1960 年代領導理論的焦點。也就是說，影響領導效能的因素，不只有領導者本身行為，還可能受到被領導者與情境因素的影響，換言之，領導者需考慮諸多的情境因素，從中選擇出最合適的領導風格。

Hersey 與 Blanchard 於 1970 年代發展出情境領導模式，該理論認為沒有一種領導風格屬於最佳化，有效的領導者必須依據部屬的準備度與需求來調整其領導風格，而準備度指部屬願意執行工作任務的意願與能力。而該模型提出兩種基本的領導行為，任務行為與關係行為，依據此兩項構面可區分出四種領導風格，分別為「告知型領導」屬於高任務與低關係、「推銷型領導」屬於高任務與高關係、「參與型領導」屬於低任務與高關係，以及「授權型領導」屬於低任務與低關係。

威權領導

華人社會的文化價值與西方的差異是非常明顯的，西方所發展出來的領導風格模式，套用在華人社群中，不見得適合。因此哈佛大學 Silin (1976) 對華人企業領導方式進行研究，將家長式領導界定為具嚴明紀律與權威、父親般的仁慈及道德廉潔性的領導方式。也就是說，家長式領導包括仁慈、德行及威權領導三個重要的元素。仁慈領導指領導者的體諒寬容，部屬能夠獲得較周全的照顧與較多的支持與鼓勵；德行領導為能夠以身作則、公私分明及公平對待員工，贏得部屬的景仰。威權領導則強調領導者權威是絕對而不容挑戰的，領導者對部屬進行嚴密的控制，要求部屬完全地服從。在三者之中，最清晰鮮明的成分，應屬威權領導。

威權領導者一向是大權在握，自己做決定，不讓員工參與決策；掌握所有資源、資訊、獎懲及決策權，而不願授權；只進行上對下的單向溝通，對訊息加以控制而不願公開，並對部屬進行嚴密的監控。營造出領導者獨特的風格，如威嚴、不苟言笑、神聖不可侵犯的形象 (圖 8-7)。強調績效的重要性，對績效不好者直接加以斥責。

研究指出，仁慈領導與德行領導較威權領導有利於員工工作態度的提升。而

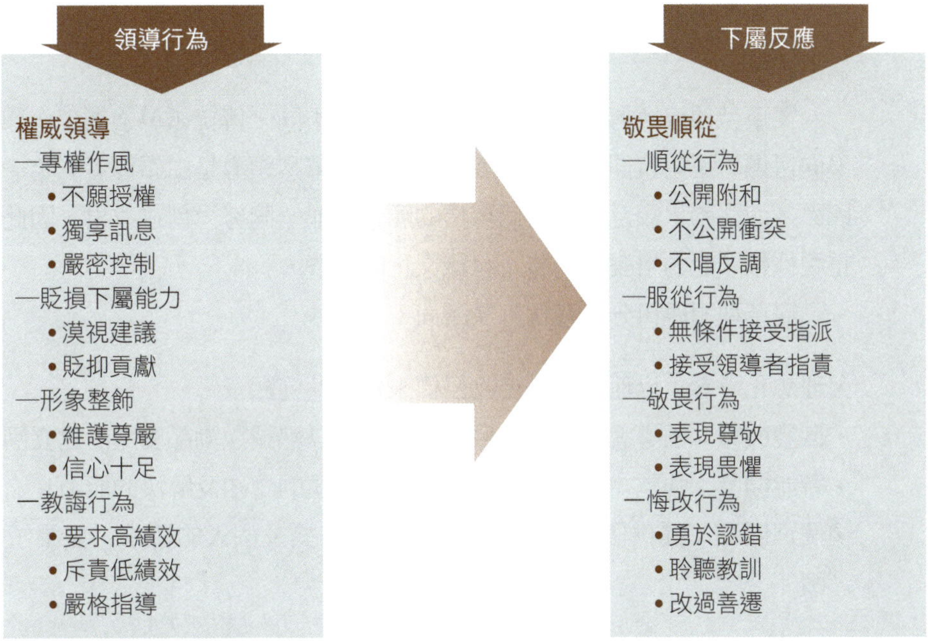

圖 8-7 威權領導行為與下屬反應

領導行為

權威領導
一專權作風
  • 不願授權
  • 獨享訊息
  • 嚴密控制
一貶損下屬能力
  • 漠視建議
  • 貶抑貢獻
一形象整飾
  • 維護尊嚴
  • 信心十足
一教誨行為
  • 要求高績效
  • 斥責低績效
  • 嚴格指導

下屬反應

敬畏順從
一順從行為
  • 公開附和
  • 不公開衝突
  • 不唱反調
一服從行為
  • 無條件接受指派
  • 接受領導者指責
一敬畏行為
  • 表現尊敬
  • 表現畏懼
一悔改行為
  • 勇於認錯
  • 聆聽教訓
  • 改過善遷

威權領導不利於上司與部屬彼此間的雙向溝通與互動，易引發部屬的負向情緒的感受，進而對其工作滿意度產生負面的影響。然而根據莊汪清與孫路弘 (2016) 及董峰呈與孫路弘 (2017) 研究顯示，國內目前餐飲業者之領導方式有許多仍是採用威權領導，威權領導會降低餐廳員工對組織的承諾，而且易導致員工進行服務破壞行為。

傳統社會階層間權力距離大，員工比較容易接受威權領導。現代人受民主、自由的薰陶，員工對限制個人意志的專制領導方式易產生反感。現代化企業領導者，除了職權以外，更需要贏得部屬的尊敬和信任。餐飲業過去強調用領導人個人權威來規範員工行為，現在則應強調運用企業文化、關懷與授權方式引領員工朝企業目標前進。

變革型領導

1980 年代初期開始有學者將特質理論、行為理論與情境理論的觀點加以整合，試圖建構出新的領導理論來因應快速變遷的環境，Burns (1978) 認為，變革型領導是一種過程，過程中領導者會以前瞻性的遠景及個人的魅力，運用各種激勵策略，對組織成員發揮三種變革的效果：一、使成員在瞭解工作成果的重要性之後，奮力工作；二、使成員超越自我的利益，而以組織或團隊的利益為奮鬥目標；三、激發並滿足成員較高層次的需要，諸如尊重及自我實現的需求。變革型

領導者尊重與關懷部屬,並鼓勵部屬探索更高層次的需求,來提升其工作動機與滿足感。

變革型領導與傳統的領導方式有很大的不同。傳統領導強調工作標準和工作導向目標,運用賞罰來影響部屬的績效。變革型領導是由領導者訂定一個明確的願景,而部屬也願意接受這個可信的願景,並一同努力創造成果。因此變革型較重視授權、能力培養、創新、組織文化的培養。

變革型領導可分為四個行為層面:

- 理想化影響:以理想、道德及目標來建立共同願景。
- 激發鼓舞:領導者傳達組織目標與期望,以熱誠激勵部屬進而建立團隊精神。
- 智能開發:強調知能發展,提高成員對問題的認知及解決的能力。
- 個別關懷:提供個別支持,關心個體的差異及個人的需求,並給予指導與回饋。

研究顯示,變革型領導對餐廳員工的行為有正向的影響,除能提升員工之組織承諾與工作滿意度之外,亦可降低職業倦怠。因此餐廳經理宜關懷員工重視員工的意見,適時傳達組織的經營理念,讓員工瞭解工作的意義,且積極創造機會讓員工發揮潛能。

僕人式領導

Greenleaf 於 1970 年提出僕人式領導 (Servant Leadership) 一詞,顛覆了傳統上對於領導風格的看法。他指出,僕人式領導者不將自己視為高高在上,事事需要他人服侍。相反的,僕人式領導者願意放下身段,服務、激勵與授權他人。更進一步來說,僕人式領導者不僅服務追隨者,更尋求去改變這些追隨者,使他們變得更自主、更有能力,也更願意去成為為他人服務的領導者。領導者的動機是先服務,而非先領導,是有意識的選擇擔任服務他人的角色。簡而言之,所謂僕人式領導,是指把員工的需求及利益放在個人與組織之上的領導風格。

服務式的領導是一個既陳舊而又新穎的觀念,Nair (1994) 主張,「僕人式領導」的觀念來自基督精神。根據聖經記載,僕人式領導在兩千年前就已經被實踐。部分西方古代的君王瞭解,他們作為君王的目的是為了服務國家與人民。而在兩千多年前中國的孟子亦曾說到:「民為貴,社稷次之,君為輕。」意思是說,應將人民放在第一位,國家其次,君王在最後。經過管理思潮的洗禮,目前僕人式領導的理念也漸漸被少數的台灣企業所認同。

傳統中國思想認為好的領導,一定要會待人。例如道家老子認為「善用人者

為之下」。意思是說，善於用人的人，用謙下的態度待人。此外《道德經》第四十二章：「聖人無常心，以百姓心為心。」顯示老子對領導者寄望其能為聖人；而聖人最好先不要立下自己是一個統治者的心意。統治者不先立下一個有意向的心，便可以以百姓之心為心。猶如儒家所說的「民之所欲欲之，民之所惡惡之。」如此才是理想的領導者所應該有的態度。

透過比較變革型領導的特質和重點，可以發現領導者的價值觀是區分僕人式領導和變革型領導的基本元素，變革型領導者著重於組織的需求和目標上，而僕人式領導則把重點放在追隨者的發展上。變革型領導者有可能會為了達到組織目標而去運用領導魅力。相反地，僕人式領導者採用互惠的方式，員工受領導者服務，同時也服務顧客。僕人式領導者對其社會責任的認知及對追隨者的需求與福利所重視程度，遠超過對領導者自己或對組織的利益，而這點在變革型領導中並未被強調。

僕人式領導的組成結構尚無統一的論述，許多研究者提出了不同的理論模型。例如，Spears (1995) 提出了僕人式領導者十個重要的特質：傾聽、同理、治癒、觀察、說服、概念化、遠見、服侍、對人的成長有所承諾、建立社群等。此外，相關評量工具也顯現了服務型領導者的一些特質，像是 Patterson (2003) 提出的服務型領導的七個構成要素：愛、謙遜、利他、願景、信任、賦權和服務。而 Liden 等人 (2008) 亦認為僕人式領導是多個概念所組成的 (表 8-5)，其建構出之七大構面如下：

- 撫慰心靈：強調領導者要瞭解被領導者的內在思維。領導者關心員工個人的問題，當員工沮喪時，能主動察覺。若員工有個人的問題，亦會尋求領導者的協助。
- 為社區創造價值：這個特徵強調僕人式領導者透過服務凝聚成員對美德善行的嚮往，而建立美好的社群關係。例如員工受到經理的感召而成為社區的志工。
- 概念化能力：是指領導者能夠預見特定事件發展的結果及特定決策發展的影響。領導人最重要的核心是理念，透過理念的傳授與價值的散布，部屬才能接受到正確的訊息和組織的目標。也就是說，領導者需要能夠思考分析複雜的問題，對組織的目標瞭解透澈，並具備將使命、目標具體分享給部屬的溝通能力。
- 授權員工：組織信任並不是自動形成的，而是透過員工授權和共享願景中慢慢形成，當領導者對員工服務付起責任，相同的，員工也會對顧客負起責任。授權的實踐對促進卓越服務占有相當重要的成分，也就是鼓勵員工對自己做的選

表 8-5　僕人式領導七構面量表

構面	題項
撫慰心靈 Emotional healing	若我有個人的問題，我會尋求經理的協助。
	我的經理關心我個人的問題。
	我的經理會與我談個人的私事。
	當我沮喪時，我的經理能主動察覺。
為社區創造價值 Creating value for the community	我的經理強調回饋社會的重要性。
	我的經理總是樂於幫助我們社區裡的人們。
	我的經理會參與社區的活動。
	我受到經理的鼓勵而成為社區的志工。
概念化能力 Conceptual skills	當事情出錯時，我的經理能指出問題所在。
	我的經理能夠思考分析複雜的問題。
	我的經理對組織的目標瞭解透澈。
	我的經理可以採取新的想法來解決工作問題。
授權員工 Empowering	我的經理賦予我對工作做出重要決定的權利。
	我的經理鼓勵我自己處理重要的工作決定。
	我的經理鼓勵我在處理工作問題時，能自主決定。
	當我必須在工作中做出重要決定時，我不必先取得經理的同意。
協助部屬成長與成功 Helping subordinates grow and succeed	我的經理重視我的職涯發展。
	我的經理關心我是否實現職涯的目標。
	我的經理提供我能夠學習新技能的工作經驗。
	我的經理想要瞭解我的職涯目標。
將部屬擺在首位 Putting subordinates first	我的經理關心我的成就更甚於他自己的成就。
	我的經理關心我的利益更甚於他自己的利益。
	我的經理會犧牲自己的利益來符合我的需要。
	我的經理盡力使我的工作能順暢完成。
遵循道德規範 Behaving ethically	我的經理有很高的道德標準。
	我的經理具有誠信。
	我的經理不會為了達到目地而放棄道德原則。
	我的經理重視誠信更甚於創造利潤。

資料來源：Liden, R. C., Wayne, S. J., Zhao, H. & Henderson, D. (2008). Servant leadership: Development of a Multidimensional Measure and Multi-level Assessment. *The Leadership Quarterly*, 19, 161–177.

擇和行動負責。授權不止賦予了員工權利，同時也改變了領導者的責任。領導者必須信任並且尊重員工的判斷，讓員工可以對工作自主做決定。

- 協助部屬成長與成功：在僕人式領導的概念中，強調領導者對組織成員的發展和進步具有深度的關注，員工會感到領導者重視其職涯發展並提供學習新技能的機會。
- 將部屬擺在首位：僕人式領導者關心員工成就更甚於他自己的發展，甚至會犧牲自己的利益來符合員工的需要。
- 遵循道德規範：僕人式領導人是以美德、智慧、楷模來說服被領導者，而非權威。領導者由於瞭解自我的內在價值，進而能夠發展成為內外一致的真誠領導者，員工會體認到僕人式領導人重視誠信更甚於創造企業利潤。領導者內在價值與外在行動的一致性，是僕人式領導與權變理論不同之處。

僕人式領導概念發展已 40 餘年，直到廿一世紀才引起企業的注意。過去在餐旅業很少強調領導者應將部屬擺在首位，但美國餐旅業鉅子 E.M. Statler 早已提出「人生就是服務，給予員工更好的服務就會使企業發展。『我是領導者，因此我服務。』這樣的想法。」當員工被領導者讚賞、關心及鼓勵所激勵，就會願意提供顧客真正的關心，當員工主動負起責任去滿足每個顧客的需求，服務品質就會開始提升，客製化的服務將轉化成顧客滿意和組織的效能。

在過去幾年，業者對環保議題開始注意，然而很多企業從事環保工作都是為了回應公眾壓力，而不是出於內心認同環境保護之價值。僕人式領導者關懷的領域超越了組織，延伸到較大的社會和環境。當餐飲業進行國際化擴張時，領導者必須要考慮對全球不同區域和環境的影響。僕人式領導者會傾聽和激勵追隨者，透過凝聚成員對美德善行的嚮往，而建立美好的社群關係。

情緒智商

Daniel Goleman 指出，工作的能力可歸納為純粹的專業技能 (像是會計)、認知能力 (IQ，例如分析推理) 與情緒智商 (Emotional Intelligence，一般俗稱為 EQ) 三項。IQ 與專業技能固然重要，但擁有情緒智商，才是成為一個成功領導人最重要的條件。雖然研究顯示 EQ 是領導力的必要條件。這並不是說，智商和專業技能不重要，它們亦是企業績效傑出的原因之一，但只是領導力入門的門檻。畢竟擁有高技能與 IQ 的人，並不表示就有高指數的情緒智商，在這三項能力中，以情緒智商最重要，甚至，情緒智商在工作中的重要性，為智商和專業技能的兩倍之多。

情緒智商包含瞭解自我的情緒、管理調適情緒、驅動力、同理心及社交技巧五個構面 (表 8-6)。前三者為自我管理能力，後二者為人際關係經營能力。一位同時具備上述情緒智商的五項要素之領導者，能有效調適情緒坦然面對挫敗，且能激勵自己向前邁進。藉由傾聽、認知他人的情緒，透過建立情誼，使員工朝向所設定的目標前進。

表 8-6 情緒智商構面定義與特徵

情緒智商要素	定義	特徵
了解自我的情緒	能認知、瞭解自我的情緒，亦知道自我情緒對其他人之影響。	1. 自信。 2. 很現實地自我評估。 3. 自我解嘲式的幽默感。
管理調適情緒	1. 能控制衝動與轉移自己不好的心情。 2. 習於在行動前先思考，而不會馬上批評、指責	1. 值得信賴、個性正直。 2. 不怕碰到模稜兩可的情境。 3. 對改革持開放態度。
驅動力	1. 工作熱情超越金錢和地位。 2. 具追求目標的堅持與能量。	1. 有強烈的欲望想要達成既定目標。 2. 樂觀進取、面對惡劣情境時亦不改初衷。 3. 樂於對組織奉獻所長。
同理心	1. 瞭解他人情緒起伏的原因。 2. 具隨人們情緒反應調整待人方式的能力。	1. 對培養及留住人才特別有一套。 2. 具體察不同文化間細微差異的能力。 3. 熱心服務客戶及顧客。
社交技巧	1. 善於處理及建立人際關係網路。 2. 具尋找共通點的能力，從而建立和諧的關係。	1. 能有效帶領屬下推動改革。 2. 有說服他人的能力。 3. 對成立團隊特別有辦法。

資料來源：Goleman, D. (1998). What Makes A Leader? *Harvard Business Review*. November-December, 76(6), 93-102。

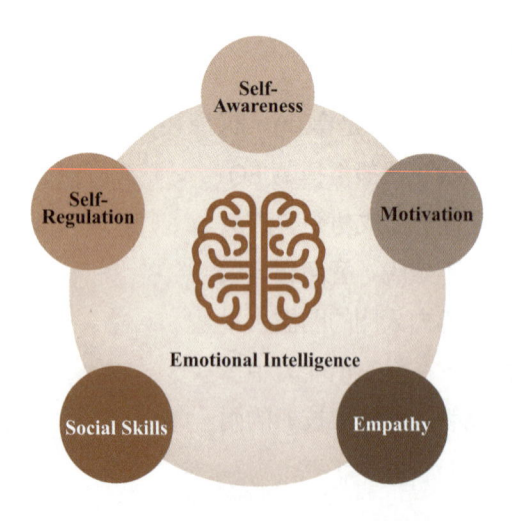

情緒智商五構面

瞭解自我的情緒 具自我認知能力的人，既不會過於吹毛求疵，也不會不切實際地滿懷希望；相反地，他們誠實面對自己與他人。有高度自我情緒認知的人知道，自己的情緒會如何影響自己和別人。此外，自我認知可延伸為對自我價值及目標的體認。自我認知程度高的人知道自己的方向，以及選擇某一方向的理由，所作的決定符合自己的價值觀，因此在工作時總是充滿活力。

一個人欲認識自我必須先誠實評量自己的能力。有高度自我認知的人，能開誠布公地談自己的情緒，以及瞭解情緒對工作的影響。在招募人才時，具自我認知能力的應徵者會坦然承認，自己曾有過因情緒影響而做出令自己後悔的事的失敗經驗，而且往往是帶著微笑述說事情的經過。這些人很清楚自己的能力，如果他們自知無法獨立完成某項挑戰，就不會主動要求接受那項挑戰。高階主管在尋找有潛力成為領導人的人才時，往往不夠重視自我認知層面。許多高階主管把坦誠誤認為軟弱，認為對那些公開坦誠自己弱點的員工不夠強硬，將無法領導其他人。

管理調適情緒　能控制衝動情緒的領導者，才能創造信任與公平的環境，可以大幅減少組織內部間相互攻擊。自我規範有上行下效的效果，如上司以冷靜處事聞名，部屬就不希望自己看起來個性毛躁。如果高階主管沒有太多負面的情緒，整個組織的氣氛自然良好，優秀人才會流向這樣的組織，而且不會輕易被挖走。其次，自我規範對競爭也相當重要，擅長控制情緒的人能順應商場瞬息萬變之狀況。當全新的計畫宣布時，他們不會驚慌失措，而是尋找一些資訊參考後再下判斷。隨著計畫的推展，他們總能跟上腳步。有時候，他們甚至會引導改變。

　　自我規範情緒的能力，是一種深思熟慮的傾向，能對不明變化處之泰然，且能克制衝動。自我規範有助於強化領導者正直之德行，這不僅是一項個人美德，也是一項組織優勢。擅長掌控自己情緒的人，深思熟慮的行為常會被視為缺乏熱情，甚至會被認為是冷血動物。相反地，那些有火爆性格的人，常被誤認為是領導的象徵。但當這種人擔任領導人時，衝動的個性往往對組織發展不利。

驅動力　驅動力是一項所有高效能領導人都擁有的特質。具有領導力的人，為獲得成就感而努力達成目標的渴望所驅動。這種人會尋求挑戰、樂於學習、精益求精，並以把工作做好為榮。這種人通常會積極尋求新的工作方法。即使工作成果不理想，成就動機高的人依然保持樂觀。熱愛工作的人，通常會對組織保持忠誠。

同理心　對領導人來說，同理心並不表示要把別人的情緒當成自己的情緒，或設法取悅每個人。相反地，同理心是指在制定決策及管理的過程中，應周詳考慮員工的感受。同理心是領導力中特別重要的要素，因為團隊合作必須達成共識。有同理心的人，善於察覺他人身體語言上的細微變化，也能聽出對方話中的真意。此外，他們對文化及種族差異的存在，也能有較深刻的體認。

社交技巧　領導者不能像一座孤島，必須有效管理人際關係。畢竟，領導者的任

務是藉由其他人的力量達成目標。有社交技巧的主管，通常擅長與他人相處，能找到與同事之間的共同點。因此當需要行動時，已有適切的人際網絡可以運用。社交技巧亦是其他幾項 EQ 要素運作下的結果。比方說，有社交技巧的人因為具備同理心，往往很擅長管理團隊。同樣地，他們也是說服高手，而這正是自我認知、自我規範及同理心的綜合表現。因為擁有這些技巧，領導者知道何時該採感性訴求，何時該採理性訴求。

情緒智商具有先天的成分，但後天培養也會有一定的影響。EQ 是可以學習的，例如：EQ 會隨著年齡增長而提高。EQ 訓練應著重培訓腦中一個主導感覺、衝動、欲望的系統，但企業大多注重培訓員工分析與技術能力。若要提升 EQ，組織必須重新調整訓練方式，協助員工藉由在工作中不斷練習，成效才得以持久。

總裁與 EQ

嚴長壽先生只有高中畢業，退伍時由美國運通公司的傳達小弟做起，力爭上游，五年後成為美國運通臺灣分公司第一個本地總經理，之後又獲選為美國運通世界十大傑出經理。三十二歲，他轉換跑道創辦台北亞都飯店。亞都從創業初始，大力從國內外延攬觀念及視野都具有可塑性的新進員工。嚴長壽說過：「當我們在管理人的時候永遠都要記得，管理『人』的概念本身就是錯的，管理只能管理貨品、支票、財物，人是不能用來管理的，人是要帶頭示範與領導的。」

好的領導者不只希望事業成長，也希望員工成長。嚴長壽說：「我從來不希望員工只做一個工作，我要替這個同仁想的，是他的將來。」而嚴長壽安排工作，也不是命令式的，而是協調式的，他總是問：「你覺得這樣好不好？」他認為員工要做好一個工作，如果是以命令要求，那永遠都做不好。

《總裁獅子心》一書，是在介紹嚴長壽先生從一個沒有大學學歷的傳達小弟學習與解決各種困難，在短短的時間之內受到公司的器重，還描述了他如何實踐領導和管理的藝術，如何解決衝突與危機並從失敗中成長。由《總裁獅子心》之內容可歸納出嚴總裁具情緒智商五個層面特質 (表 8-7)，此外亦可凸顯情緒智商對於餐旅業領導者之重要性。

表 8-7　總裁獅子心：情緒智商五個層面特質

特質	總裁獅子心 - 嚴長壽
瞭解自我的情緒	1. 嚴總裁在自我評估之後選擇就業而未繼續升學，並找出正確的學習方式，分析自己的學習動機。 2. 找工作、發展自己的能力之前，一定要先認清自己，注視自己的優點，同時也注視自己的缺點。
管理調適情緒	1. 在他當國際領隊時，深深體會一個領導者必須冷靜的化解危機，且要是一個敏銳的情緒管理者。 2. 1992 年，嚴先生負責主辦世界青年總裁會議時，會場內發生了一個因聯絡上疏失所造成小意外，當天會議結束後嚴先生集合了全體籌備小組，原本大家心裡都以為要因為早上的疏失而挨罵，但沒想到嚴先生進會議室時，卻是以振奮的口氣來鼓勵員工一天的努力，並立刻帶動了員工間低落的士氣，替員工注入了一劑強心針，也使得往後會議能夠圓滿順利的結束。
驅動力	1. 1993 年，嚴先生為發展台灣觀光業，而開始致力推動政府開放「免簽證」，經過外交部、立法院及派駐在外國單位的重重難關，他始終堅持著「不捨」的精神，一心只希望能帶動台灣觀光業而努力，最後政府終於在 1994 年同意了這個法案。以至於後來幾年來台觀光都有顯著的上升。 2. 在美國運通擔任總務及採買時遇到了許多誘惑，例如：陪外國總經理買杜賓狗時的酬庸，以及採買公司打字機所能獲得的回扣等，他都能堅持自己的操守，毫不猶豫的拒絕買狗的佣金，以及將打字機得到的回扣交給總經理，表現出正直的個性。
同理心	1. 當兵時，調整自己對待他人的態度，從另一角度看待周遭的人，之後漸漸成為老兵與新兵間協調的橋樑，也成為新兵生活的導師。 2. 在擔任旅行團的國際領隊時，能與旅客做一對一的溝通，瞭解並熱心安撫團中旅客的情緒。
社交能力	1. 嚴長壽先生當初要改變亞都飯店中餐部的菜系時，他帶了三位台灣的廚師到香港學藝，在教學的過程中，他所扮演的並不是一位高階管理者的角色，和其他廚師一樣，在廚房中，他穿起圍裙，一邊聽著老師傅所教導的菜色，一邊認真的坐著作筆記，有時會以食評家的角度提出意見，與廚師們熱烈的討論，從而建立和諧的關係。

個案 / 性別與性向

在星期一的早晨，餐廳經理立人坐在他的座位上，因眼前即將到來的大量工作而感到筋疲力盡。立人的部屬大偉敲了他辦公室的門，並且要求占用他一些時間。在簡短的閒談之後，大偉詢問立人，不曉得他是否可以轉調到鄰近的連鎖門市工作。立人對此要求感到措手不及，因為大偉是他最佳員工之一。

大偉看來似乎非常滿意他目前的工作，而且立人也不想要大偉轉去其他餐廳。「關於這個決定，你可以跟我談一下嗎？看我能否幫得上什麼忙？」立人問著，但是大偉避重就輕的推拖著，僅說這是「個人因素」。立人只好繼續追問，並向大偉表示他是餐廳裡重要的員工，他並不想失去大偉。最後，大偉總算說出他發現與他共事的佩華是一個同性戀者。大偉解釋因他來自民風保守的小鄉鎮，在佩華周圍工作讓他感到相當不舒服，「我不瞭解同性戀，而且我也不想要瞭解！」他如此說著。

立人知道佩華是同性戀者已有一段時間，佩華已在餐廳工作六個月，但佩華並沒有因同性戀身分而對其他員工做出不良舉動，甚至佩華一直以來都是模範員工。他試著詢問大偉，佩華是否有任何妨礙或冒犯他之處，大偉冷淡地說：「沒有。」立人試圖繼續對話，「你們兩個曾經當了幾個月的朋友，我不希望看到因此而改變你們的友誼。」大偉憤怒且帶著鄙視的聲音回覆立人，他覺得佩華的性別傾向令人厭惡，也因佩華未即時坦承性向，讓他深感他們的友誼已變質。大偉固執的認為他和佩華已無法再共事。雖然立人知道他必須溫和的回應，但此時他不禁因為大偉冥頑不靈的態度而感到有些惱怒。

立人試圖讓大偉瞭解除了請調至其他門市外仍有不同的選擇，立人詢問大偉關於這個狀況有無任何可以補救的建議。大偉的回答有點快，「關於此事，我真的沒有想太多，我只是想轉換到其他門市工作。」

大偉坐在他的前面，眼睛卻注視著地板，此時立人在腦海反覆思考大偉可能的選擇。他說：「我試著瞭解你不安的感受，但許多餐廳都可能有同性戀員工」。他接著建議大偉將工作場所和個人的生活方式區分開，他思忖著如果大偉沒有能力區分兩者差別，或許有問題的是大偉，而不是佩華。

立人雖然對大偉有點惱怒，但他不想失去一個稱職的好員工，於是他開始考慮妥協的可能性，他詢問大偉是否喜愛在餐廳工作，大偉回答說其實他非常喜愛他目前的工作。立人再詢問大偉有無其他可能的方式可解決他和佩華的不和，讓他可以繼續留在這個他喜愛的工作崗位上。大偉思考一下，詢問是否有方法可讓他和佩華在不同的時間工作。立人認為大偉的建議合理，而且同意盡可能調整輪班時間。

立人解釋他會去看看班表是否有他們可以輪調的工作。然而，他也清楚表明，就算大偉與佩華不用再共事，但在員工集會時不能有任何對立的狀況。為了避免未來產生任何問題，立人同時建議他們三人應該坐下來好好討論這個問題，但他的建議大偉沒有接受。

雖然不能夠改變大偉與佩華共事的態度，但立人相信他已經找到解決方案，但他還不知道佩華對於這個狀況的想法。如果能夠讓他同時留住大偉和佩華這兩名有價值的優秀員工，改變班表並不是大問題。

問題討論

1. 在這個事件中，有人是錯的嗎？
2. 立人的決定是否恰當？
3. 餐飲業管理者應如何避免此類狀況發生？

個案 2　騷擾的洗碗大叔

　　珊珊，是一位在新竹大學附近餐廳打工的大學生。如同許多在餐廳服務的女性服務員一樣，珊珊經常受到男同事騷擾。在餐廳裡，她不斷受到一位名叫仁德的洗碗工在言語上和身體上的騷擾。仁德常常用一些粗魯和暗示性的話語及動作來挑逗女服務員，不然就是對她們唱著有明顯性暗示的歌。他不僅只有言語上的騷擾，也對於女性服務員毛手毛腳，偷摸她們的背部和屁股。仁德曾偷摸珊珊一次，結果珊珊對他感到忍無可忍並且憤怒得喊出警告：「以後不要和我說話和碰我。」珊珊發現她的情緒因仁德的侵犯變得起伏很大，也開始害怕去工作，因為仁德的存在使她感到緊張和痛苦。自從珊珊斥責仁德後，仁德修正他的行為，只給予恭維式的評論，像是：「珊珊，妳今天的髮型真好看。」

　　雖然珊珊對於仁德的騷擾鬆了一口氣，但其他的員工仍然不堪其擾。經過一段時間，仁德開始邀請一些服務員出去玩，不久後，並和一位服務員開始有了曖昧關係。然而，當這位服務員不想再看到仁德，他開始偷偷追蹤她。仁德不只出現在這位服務員的回家路上，並且偷窺她。他甚至還在深夜時對這位服務員的住宅丟空瓶。

　　儘管其他服務員對於現在的工作環境感到不舒服，她們仍然不願意告訴經理。因為，她們對於性騷擾的事情難以啟齒。而珊珊是第一個令經理注意此情況的服務員。張飛是餐廳的經理，其下有兩位女性副理協助督導餐廳的運作。每當張飛休假由副理值班時，仁德的行為顯得變本加厲。

　　自從珊珊告訴張飛以後，其他的女性服務員也開始向張飛訴說她們被性騷擾的不滿和故事。張飛向她們解釋，要找到一位好的洗碗工是有難度的，況且仁德需要這份工作來養他的老婆和孩子。不過，張飛也向她們承諾，他會對這樣的情況做點調整。

　　幾天後，張飛取消仁德晚班的班表。張飛告訴仁德調整排班的原因，並告知他，有幾位女服務員不喜歡與他共事。珊珊不只做晚班，一個禮拜當中也會值幾天的午班，因此，還是會遇到仁德。仁德在張飛值班時，會壓抑他的所作所為，但是他不雅的歌聲依舊持續進行中。

問題討論

1. 仁德的哪些行為涉及性騷擾？
2. 若訴諸法律，仁德可能會面對哪些刑責？
3. 經理應如何解決這樣的情況？

個案 3　訓練與品質

　　雲軒是間有 120 個座位的西餐廳，非常受觀光客歡迎。它座落在一個氣候宜人、海水溫暖、還有一個漂亮海灘的南部度假勝地。到了晚上，觀光客所追尋的美景、微風、豐富的海鮮與飲料，雲軒餐廳都有了，還包含了最好的地點。

　　韋廷與威宇白手起家建立了這間餐廳。威宇負責管理人員，而韋廷管理產品與設備方面。韋廷和威宇在忙碌的夜晚穿梭在餐廳。他們現在有 32 位全職與計時員工，一位經理，一位副理，和一位會計。雲軒餐廳的經營者希望明年總營收能超過 2,000 萬元。他們已經兩年維持在 1,900 萬元，如果有正確的策略，他們應可輕易突破 2,000 萬元。但他們不知道該把重點放在哪裡。

　　韋廷和威宇都知道他們必須改善品質以增加餐廳收益。因此請了一位張顧問來協助，這位顧問開始觀察作業狀況，並與員工進行面談。

　　當新人招募進來後，表現較好的員工經常被指定去訓練新人。今晚偉謙負責訓練新的服務員姿婷。偉謙休息了兩天，所以不知道姿婷從其他員工身上學到什麼。他想早一點開始擺設，這樣可以讓姿婷看他用自己的經驗方式做每日的例行工作。他擺設的方式與其他的的服務員不太相同，但他認為這是非常有效率，而且讓他有更多的時間去服務顧客。

　　當太陽開始西下，顧客開始快速湧進餐廳。廚房開始從無線點餐系統傳出列印點單的嗡嗡聲。姿婷聽到偉謙問信佳今晚的特餐是什麼。姿婷意識到沒有勤前會議，不知道是否這是今晚的疏忽。她從偉謙那裡得知晚餐時間前通常沒有勤前會議，因為會很快開始變得很忙碌。不過，偉謙說到午餐前有勤前會議。

　　偉謙的工作愈來愈落後，廚房對於他的主菜長時間在保溫檯下等待被領取的情況很不高興。但是姿婷拖著他，他很難同時有效率地做好服務的工作及訓練。他覺得工作步驟不得不改變，這通常是他提供高效率的秘訣。謝天謝地的是，傳菜員大部分都能幫他將食物送給顧客，讓他們不至於等太久。

　　雲軒是這一地區最忙碌的餐廳，這間餐廳的員工都很優秀，但是當像今晚很忙的時候，偉謙知道餐廳會收到一些負面的顧客意見。有時顧客才剛離開，馬上又有新的一群被安排入座。有時候帶位的女服務員因為太忙，就直接將菜單放在餐墊上，而且沒有適度的寒喧或眼神的接觸就離開了。有些顧客開始環顧四周，看能不能再看到其他員工。顧客有時候覺得員工很少會跟他們互動，需要服務時卻在用餐區找不到一個服務人員。

　　當愈來愈忙碌時，偉謙注意到餐廳的老闆之一韋廷，正幫他所服務的客人上菜。他很感謝韋廷幫忙。他今晚主要的目標是教會姿婷適當地服務與收拾，當然是按照自己的服務與收拾的方式。姿婷注意到了偉謙的擺設方式與過去一個禮拜她所跟隨的兩位服務員有些不同。偉謙也在清理時用了一些不同的方法，看起來似乎比較有效率。在一次的閒聊中，偉謙教她如何能夠一次就清理客人桌上幾乎所有的東西。

　　這晚接近尾聲時，偉謙要求姿婷去整理一張雙人桌，她很開心因為她對跟著做的方式已經感到厭倦。姿婷曾在其他兩家餐廳當過服務員，所以她覺得她不需要花這麼多的時間訓練，她已經準備好開始賺正職的薪資，而不只是訓練薪資。她覺得偉謙做得很好。偉謙曾告訴她，有經驗的服務員都有他們自己的風格，每個人做同一件事

都會有一點不同,所以只要對服務品質沒有負面影響,對老闆來說應該都 OK。

當所有的客人離開後,偉謙與姿婷坐下來討論晚上的工作狀況。偉謙問姿婷是否能掌握訓練第一天拿到的工作職責表中所有的項目,姿婷告訴他,她還沒完全掌握,但大部分都知道了。

姿婷要求偉謙把她介紹給廚房的員工。有些廚房員工似乎容易對服務員生氣。她知道服務員必須協助準備沙拉,而且就她所觀察到的,在下午的前製作業時間裡有些緊張的氣氛。她希望偉謙能夠說明清楚她在沙拉製作區工作的內容。偉謙答應她在明天下午時告訴她怎麼做。隔天下午,這也是姿婷訓練的最後一天,偉謙被叫去接替一個臨時請假員工的工作,因此他必須將姿婷交接給晚班的訓練人員彥瑋。彥瑋已經在這家餐廳工作 5 年了,他說在今天工作結束後,姿婷將會完全瞭解整個作業程序。

在雲軒餐廳幾次用餐後,張顧問與韋廷及威宇會面。會議中分享了她觀察到的問題:

- 當人們無法找到看海景的好位置時會離去。
- 主餐在沙拉送來前就已經用完,或是已經被收乾淨了。
- 服務員說:「對不起,請別介意一起上菜」。
- 顧客長時間等待服務員來服務他們。
- 服務方式與餐廳氛圍不符。
- 服務速度不一致。有些顧客等很久才被服務,有些則很快就被服務了。
- 服務、顧客互動及清潔工作缺少一致性,而且制服亦不整潔。
- 有時用餐區沒有一位服務人員。
- 員工們只關心自己服務的區域。
- 有些員工的溝通技巧不佳。
- 領檯引導客人入座時走得太快。

韋廷及威宇很專注但沉默不語。

問題討論

1. 餐廳中的什麼問題是起因於餐廳的訓練不足?
2. 如何改善雲軒餐廳新進人員的訓練方式?
3. 除改善訓練外,雲軒餐廳有哪些方法可提升服務品質?

Chapter 09

服務品質管理

學習目標

1. 瞭解服務的特性與內涵
2. 認識服務品質管理缺口理論
3. 明瞭容忍區間理論之意義
4. 理解服務品質資訊之蒐集及運用方式
5. 認識服務藍圖之功能
6. 熟悉過度服務及服務破壞之動機與行為
7. 認識服務人員注意力超載現象與服務補救措施
8. 瞭解內部服務品質

現代化服務業成功的關鍵因素主要取決於服務品質之優劣，一般人會認為速食餐廳成功的主要原因為高品質的菜餚及低廉的價格，但根據美國 CREST 調查，超過半數選擇速食餐廳用餐的顧客是以服務品質作為主要考慮因素。研究發現，服務品質與顧客滿意度具有高度的相關性。Bennigan's 連鎖餐廳發現，顧客不再度光臨的原因有 14% 是因為餐食飲料的品質不佳，而 68% 是由於服務人員的態度冷漠。而美國餐飲協會調查亦發現，消費者對餐飲業抱怨最多的是有關服務方面的問題，其次才是食物品質不佳及過高的價格。過去在行銷層面強調的是如何吸引新顧客，如今除了招攬新的顧客以外，亦需著重於與老顧客建立長久的關係。低落的服務品質除了使餐廳損失現有的顧客，也會大幅增加行銷的費用。

台灣餐飲業已由早期單純的供餐場所，進而成為具備休閒、喜慶，甚至商務活動功能的服務業。由於經營環境的改變，近年來我國的餐飲業市場結構產生激烈的變革，使得許多小規模家庭式獨立經營餐廳逐漸改變為企業化經營模式，甚至成為連鎖性的企業。現代化餐廳除了維繫餐點品質外，提高服務品質並與顧客建立良好關係，是取得競爭優勢的關鍵因素。

相對於實體產品，服務的輪廓顯得比較模糊。很難明確的以二分法來界定製造業和服務業的差別。一般而言，服務業如銀行、醫院、旅行社以提供無形的服務為主，而餐飲業的特性則是同時提供實體的產品和無形的服務。

一、服務的特性與內涵

一般而言，服務是指為滿足消費者期望或需要所提供的態度或行為，其本質上與實體產品有明顯差異。服務的產生可能會，也可能不會和實體產品有關聯。服務產出在許多方面的特性和實體產品不同，這些差異使得服務在品質和產能的管理上，和傳統的貨品管理方式有所不同，因此有必要對服務的特性進行瞭解。一般而言，服務具有下列四種主要的特性。

無形性　服務是無形的。由於具備此項特性，使得服務不易像實體產品一樣可以事前展示，顧客無法在購買前先行試用，例如至餐廳消費在服務完成之前無法預先知道服務的結果，所以對顧客來說，服務的購買是屬於具風險的消費行為。

不可分割性　一般實體產品是先生產再銷售，然後由消費者使用。而服務則多為先出售再生產及消費，且生產與消費是同時進行的。換句話說，服務過程與其提供來源無法分割。大部分的服務在進行時，服務的消費者與服務提供者必須同時

同地在一起，顧客才可享受到員工所提供的服務產出，因服務的提供與消費是同時發生，使得消費者必須介入生產的過程，服務提供者與顧客的互動是服務行銷的一項特色，兩者均會影響服務產出的結果。

異質性 異質性是指服務具有高度變動性，常會因為服務提供者、服務的時間或服務地點的不同而發生變化。例如，同樣的餐廳服務人員在不同的時間或情境下，會給與消費者不一樣的感受，而同一位消費者會因不同的消費目的或當時之心情產生不同需求與感受，因此維持服務水準的穩定性是一件不容易的事。

易消逝性 服務不能被儲存，一般實體產品在生產之後可以存放待售，但是服務無法像實體產品一樣可將產品儲存起來供未來銷售或使用，經由存貨的方式來調整市場供需的變化。因此，服務的價值只有在顧客出現時才存在，例如在一個用餐期間餐廳座位一旦無法售出，其價值便立即消逝。

Parasuraman, Zeithaml and Berry (PZB) 將服務品質歸納為有形性、可靠性、反應性、確實性及關懷性五構面。這五個構面與過去的服務品質結構思維最大的差異在於其將有形性，諸如硬體設施、員工的儀容、提供服務的設備等，納入了服務品質的範圍之內。其餘四構面之可靠性，強調餐廳有能力提供穩定確實的服務，讓消費者覺得服務值得信賴。反應性指積極快速的提供顧客所需之服務。而服務員具專業知識及禮儀使顧客感到安心屬於確實性。關懷性則為服務人員關心顧客，並依照其個別需要提供服務。服務品質五構面之定義歸納如表 9-1 所示。

表 9-1 服務品質五構面

有形性 (Tangible)	設施、器具及服務人員的外觀
可靠性 (Reliability)	有能力提供穩定確實的服務
反應性 (Responsiveness)	願意幫助顧客，並提供迅速的服務
確實性 (Assurance)	服務員具專業知識及禮儀，使顧客感到安心
關懷性 (Empathy)	關心顧客並依照其個別需要提供服務

二、服務品質管理模式──缺口理論

PZB 服務品質管理模式，指出在整個服務的傳遞當中，共會產生五個缺口(圖 9-1)。主要的概念在強調顧客是服務品質的唯一決定者，而顧客經比較其消費前對服務品質的期望，以及消費後對服務品質的感受，由兩者之間的差距評定其對服務品質的認知。實際感受到與期望得到的服務品質之間的差距為缺口 5。造成服務品質缺失的原因則包括：缺口 1：管理者認知和顧客期望之間的差距；缺口 2：管理者對顧客期望的認知與其所設定之服務品質規範間的差距；缺口 3：服務品質規範與實際服務傳遞之間的差距；缺口 4：服務傳遞與外部溝通之間的差距。

根據此一模式，服務業如要提升服務品質，必須要突破五個缺口，而其中四個缺口與服務業本身之管理相關，只有一個缺口是由消費者的期望與認知來決

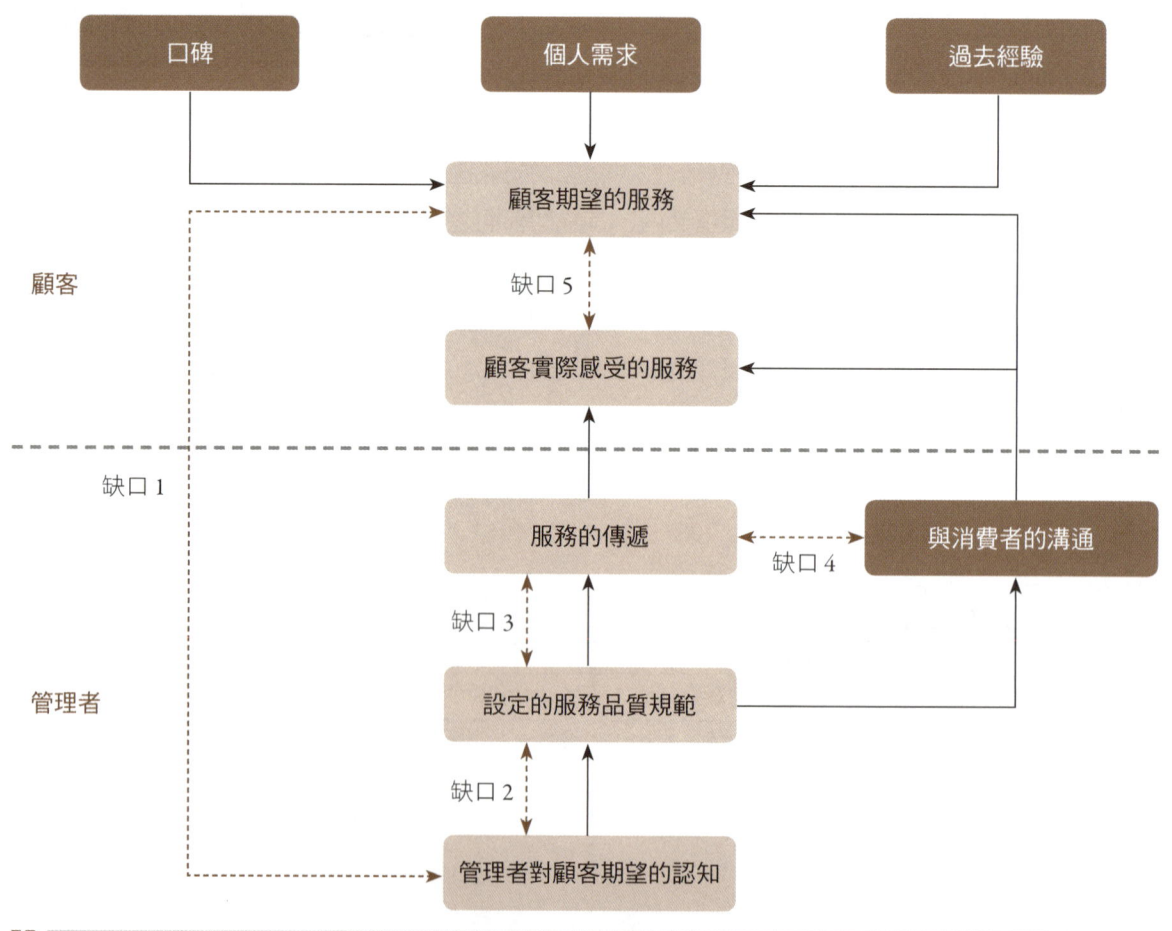

圖 9-1　服務品質管理模式

定。也就是說，服務品質認知低落 (缺口 5)，是由缺口 1、2、3、4 所造成的。服務品質管理模式能讓業者進行系統性的探索，服務品質的缺口各是由什麼原因而引起？以及採用什麼方法可以縮小缺口的差距。以下分別探討五個缺口的內涵，以及改善缺口的方法。

缺口 5：期望與感受

期望不一致理論　期望不一致 (Expectancy Disconfirmation) 是廣為接受的服務品質評量理論。該理論認為服務品質是將顧客實際的感受與顧客期望的服務水準加以評估比較的結果，因此，如何瞭解顧客的期望是經理人所必須關心的議題。當顧客實際感受的服務低於期望的服務 (P＜E)，此時未達到顧客要求，使顧客感到不滿意；當實際感受的服務高於期望的服務 (P＞E)，為顧客認為理想的品質水準 (圖 9-2)。企業必須同時避免顧客有過高的服務期望，以及實際所提供之服務不符合顧客期望，由於每位顧客的需求與期望皆有所不同，要完美達成這項目標實屬不易。

容忍區間　過去衡量服務品質，多以測量顧客的實際感受與期望之間之差異來做判定，但期望僅以單點形式為依據。為了能更明確界定顧客對服務的期望，PZB 於 1991 年提出容忍區間 (Zone of Tolerance) 理論，簡稱 ZOT。ZOT 主要是將顧客對服務的期望，區分為「最低可接受的服務水準」(Adequate Service Level) 與

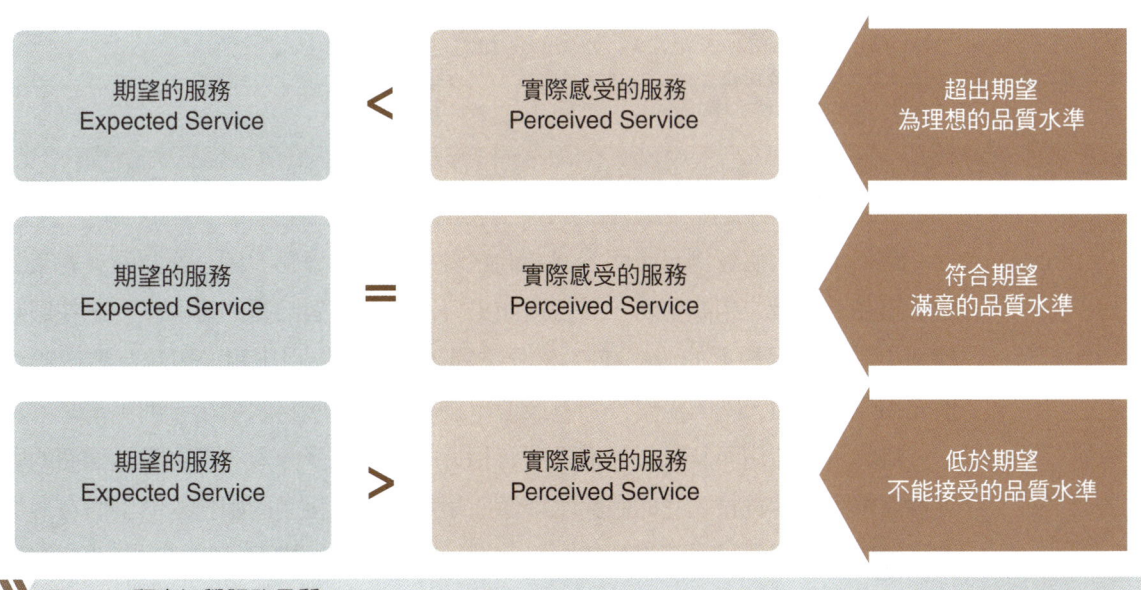

圖 9-2　顧客知覺服務品質

「渴望得到的服務水準」(Desired Service Level)。渴望得到的服務水準,指的是顧客認為服務是應該可以達到的品質,是一種較高的期望水準。換句話說,就是沒有達成不至於不滿、但是若能達成則會很滿意。最低可接受的服務水準,是顧客心中較低的期望水準,也就是顧客能接受的最低的品質標準,如果連這樣的水準都無法達成,是不能被顧客所接受的。而於渴望得到與最低可接受的服務品質之間所形成的緩衝帶,即稱之為容忍區間。

藉由 ZOT 架構評量顧客服務品質,能使得經理人從研究結果中更明確掌握顧客的期望與實際感受,從中獲得更豐富的服務品質管理資訊,若顧客實際感受的服務水準低於最低可接受的服務水準,將導致顧客流失,並可能造成企業的負面形象,使得企業處於競爭劣勢。當實際感受高於渴望得到的服務水準時,表示服務是傑出的,企業將擁有忠誠顧客,顧客會主動幫企業傳遞正面的訊息。當顧客實際感受的服務水準落於容忍區間時,表示服務是可被接受的,認知落於此區間內之顧客會對品質感到滿意,但不一定會形成忠誠度 (圖 9-3)。

競爭劣勢	競爭優勢	顧客忠誠
實際感受低於最低可接受的服務水準	實際感受落於容忍區間	實際感受超過渴望得到的服務水準

容忍區間

低 ← 最低可接受服務水準 ── 渴望得到的服務水準 → 高

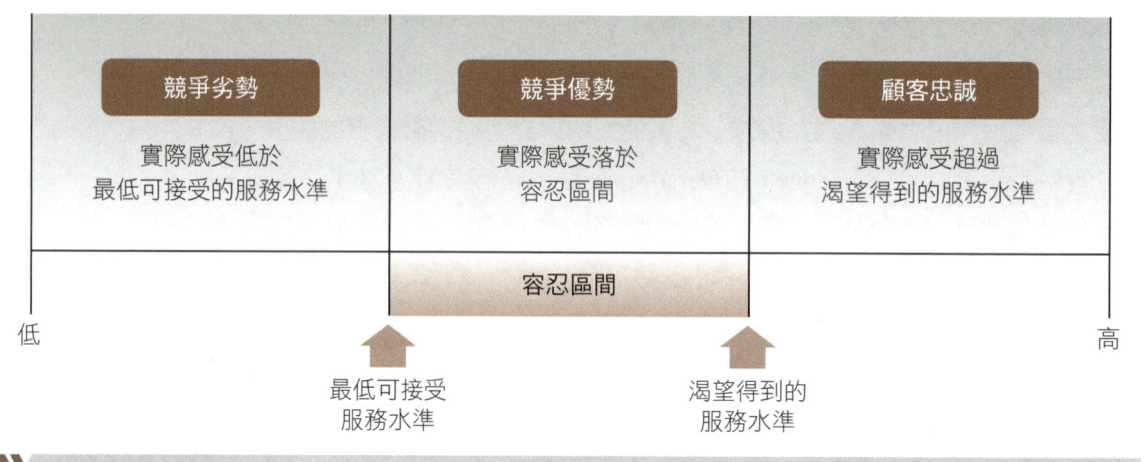

圖 9-3 服務期望容忍區間架構

運用下列兩個實例可說明容忍區間之實用性及其優點。圖 9-4 為顧客對某公司服務品質評量之相關資料。該公司如果只測量顧客對品質的實際感受,在服務構面中其分數是相近的,約在 7~8 分之間,並無法指引出對於服務品質改善之優先順序。然而,納入渴望得到及最低可接受的期望服務水準後,則可清楚的顯示,雖然可靠性構面及有形性構面,有相近的實際感受分數,但可靠性構面的顧客期望較高,其實際感受的服務水準僅僅超越最低可接受的服務水準;而有形性的實際感受則超過了渴望得到的服務水準,因此可靠性構面品質的改善要比有形性構面更為優先。

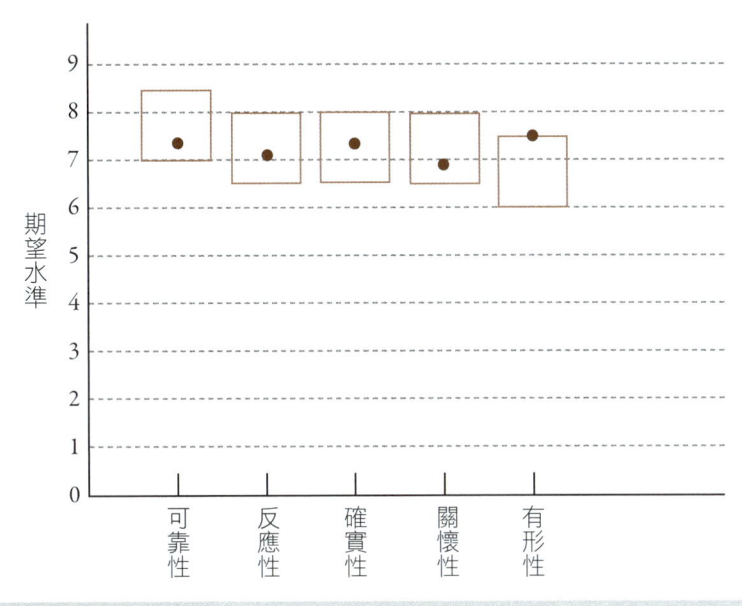

▶ 圖 9-4　服務期望容忍區間實例一

　　圖 9-5 顯示，如果只依顧客實際感受的服務水準來衡量服務品質，管理者僅可判斷公司服務品質是被接受的，因為全部的實際感受分數皆平均超過 5 分，分數介於 6 分至 7 分之間。但在納入期望水準分數後發現，除了有形性構面的實際感受分數落於容忍區間內，其餘四個構面並未達到顧客最低可接受的期望水準，表示顧客對於此四個構面是不滿意的，需要立即進行改善。

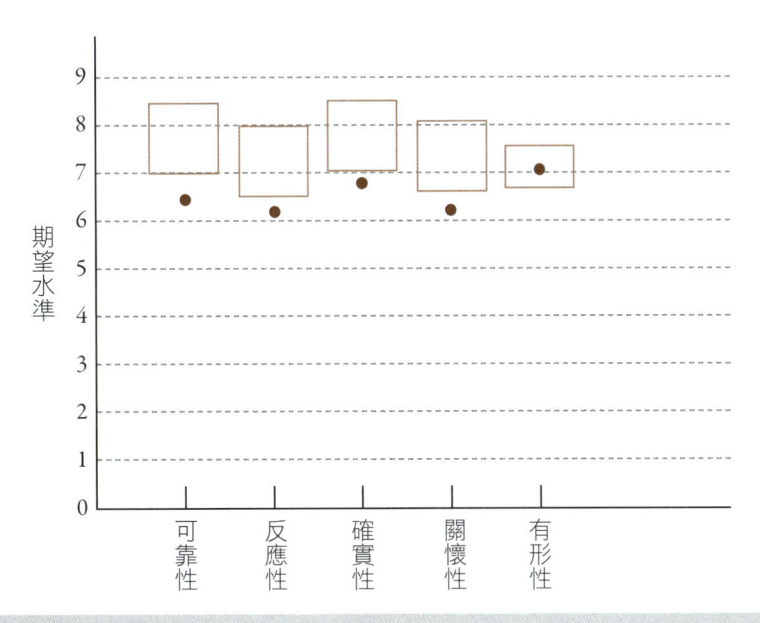

▶ 圖 9-5　服務期望容忍區間實例二

依據以上兩實例可得知，以顧客感受來判斷服務品質，無法真正顯示出實際之狀況，不易作為品質改善之依據。若納入容忍區間觀念來衡量服務品質，藉由渴望得到及最低可接受的期望水準與顧客實際感受相比較，當顧客感受高於渴望得到的服務水準時，表示服務是傑出的，需繼續的保持；當顧客的實際感受落於容忍區間內，表示顧客雖然感到滿意，但仍有改善的空間；而當顧客實際感受低於最低可接受水準時，顧客對於服務是不滿意的，業者則應立即做回應與改善。運用容忍區間概念不僅可幫助管理者發現服務品質的缺失，亦能找出改善的優先順序，以利餐廳業者將資源作有效之分配。

Vincent 等學者 (2000) 運用容忍區間之架構衡量機場四種類型之餐廳 (高級餐廳、休閒餐廳、速食餐廳以及中式餐廳) 進行顧客問卷調查，發現顧客對於高級餐廳的最低可接受及渴望得到之服務水準皆為四個餐廳中最高者，而中式餐廳的最低可接受及渴望得到之服務水準則為四個餐廳中最低者。實際感受之服務水準最高者為高級餐廳，其次為中式餐廳，實際感受程度最低的則為速食餐廳。四種餐廳的實際感受服務水準皆落於容忍區間之內，顯示四種餐廳的服務皆為顧客所接受。但速食餐廳消費者最低可接受及實際感受之服務水準間的差距為四個餐廳中最小者，表示顧客認為速食餐廳之服務僅略高於顧客最低可接受程度，因此該速食餐廳需優先提升服務品質。

服務亦可區分為兩個部分，一為服務的「結果」(Service Outcome)，即最基本的服務內容或所提供的核心服務，也就是可靠性構面。另一為服務傳遞的「過程」(Service Process)，為支持核心服務所提供的過程，也就是五構面中的有形性、反應性、確實性與關懷性 (圖 9-6)。學者推論可靠性構面為服務的基礎，顧客對其期望程度較高，容忍區間較為狹窄，不容許有錯誤的發生。而顧客對於服務過程較服務結果期望為低，容忍區間也相對較寬。

餐廳顧客最重視的是「第一次就做對」，因此當服務產生問題，業者在提供補救措施時，顧客的期望水準將隨之提高，意即顧客渴望得到的及最低可接受的服務水準都將上升，且顧客對於服務補救的品質容忍區間，將較第一次服務時更為狹窄。

◉ 縮小缺口 1：系統化的傾聽

缺口 1 的形成在於顧客所期望的服務與管理者對於顧客期望認知之間的差距，當管理者不完全瞭解顧客期望，很容易導致不良的服務品質出現。因此管理者必須清楚瞭解顧客期望，才得以縮減缺口 1 的差距。研究顯示，第一線服務人員較能直接瞭解顧客的期望，因此如果經理人能有效的由第一線服務人員獲得有

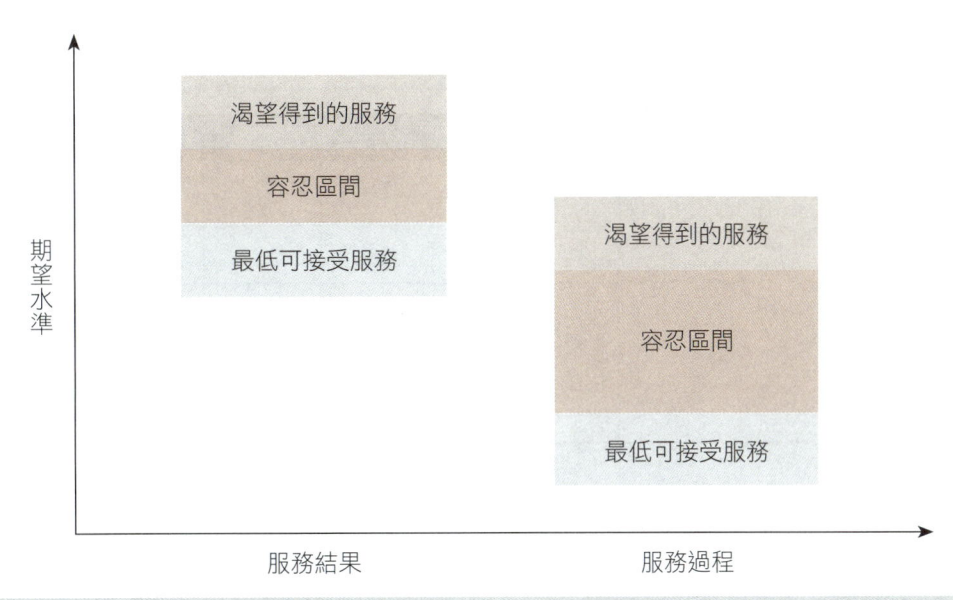

圖 9-6　服務結果與服務過程容忍區間之比較

關顧客對服務期望的資訊，將有助於縮減缺口 1。

組織內部溝通的有效性與品質也是很重要的因素，管理層級數愈多，上下溝通的障礙增加，高階管理者接觸第一線服務人員的機會就相對減少，一般而言，服務資訊非常的抽象且不易以文字描述，為獲得顧客對服務期望相關的資訊，面對面溝通遠較書面溝通來的有效。管理者亦需直接接觸顧客，或撥出部分時間參與第一線服務工作，藉由與顧客互動的過程，體會顧客對服務的期望。例如：迪士尼樂園主管每一年均需安排幾天時間擔任售票或飲料販售人員，直接與顧客接觸；此外麥當勞的店經理也會安排時間在櫃檯接受顧客點餐，或在現場與顧客互動。

企業為了改善服務品質，必須持續的傾聽以下三種類型顧客之心聲：(1) 體驗過公司服務的外部顧客；(2) 競爭者的顧客；(3) 內部顧客也就是員工。服務品質資訊系統，乃指使用不同的調查方法，以便有系統地建構決策。使用多種研究方法是有必要的，因為每個方法有其優點及限制 (表 9-2)，結合數種不同研究方法，可以互補其優缺點，但企業不會使用全部的方法，因為太多的資訊會模糊觀點。

服務品質資訊系統，可以使企業更加有效率地瞭解顧客的需求與期望，並且可以透過新舊資料的比照來發現問題癥結，以及環境發展的趨勢，藉以幫助企業改善服務品質。服務品質資訊系統不只是一個資料蒐集系統，也是一個溝通系統。經分析彙整之服務品質資訊，應該分享給組織中的每位成員。

表 9-2 服務品質資訊蒐集方式

型態	描述	目的	頻率	限制
消費調查	服務過後滿意度的調查	獲得即時的回饋，須立即應變	持續性	僅涵蓋消費者經驗進行評估，不包含非公司顧客之看法
神秘客調查	調查員喬裝顧客	可針對個別的服務人員進行調查；用來作訓練及評估的參考	季	主觀的評估；調查者可能比顧客更易做出非客觀的判定；成本高；不當的利用會傷害員工士氣
顧客流失調查	瞭解顧客為何減少或不再光臨	維持顧客的忠誠度	持續性	公司往往無法監測每一個顧客的消費習慣
焦點團體訪談	針對特定主題，每次 8 至 12 人	建議如何改善服務	視需要	腦力激盪深入討論，其所產生出來的資訊並不能代表所有的人的意見
顧客顧問團	由一群被選定之顧客週期性的提供公司回饋；可用會議、電話、電子問卷或其他方法進行	從體驗過的顧客處，獲得深入且即時的服務品質回饋	季	小組成員可能會自認為專家，而不能從顧客的角度看事情；無法代表所有顧客；未包含潛在顧客
服務檢討	與顧客週期性的會談；有一系列的問題，把回應整理納入資料庫，並且貫徹執行	確認顧客對於公司服務表現的期待、知覺和改進的優先順序；是建構一個未來的藍圖，而非對過去的調查	半年或一年	耗費時間金錢，適用於企業關係行銷
顧客抱怨	公司分類顧客之抱怨，並加以溝通追蹤與處理	釐清最常見的服務失誤及透過顧客意見改善服務	持續性	不滿意的客人不一定會直接抱怨；顧客的抱怨與意見僅提供局部的服務訊息
整體市場調查	調查顧客對公司服務的全面性評價，包括外部及競爭者顧客	評估公司與競爭者的服務；確認改善服務的優先順序	每半年或每季	評估公司整體服務，但無法評定特定服務過程
員工工作經驗分享	正式地蒐集員工的服務經驗	員工分享顧客對服務的期望與知覺	每月	部分員工報告詳實，部分不願分享負面資訊
員工調查	調查員工提供服務時所面對之問題，及員工工作生活品質	測量內部服務品質；釐清員工提供服務的障礙；追蹤員工士氣	每季	以員工角度檢視內部服務易流於主觀
服務營運資料	分類追蹤服務表現 (反應時間、服務失誤率、服務成本)	監測服務表現的指標，在需要時採取矯正措施	持續性	營運表現資料與顧客知覺無直接關係

內部稽核 為了確保服務系統正常運作及探究服務品質問題之所在,餐廳必須對其服務品質加以評估。一般餐廳服務品質的評估方式有內部稽核、外部專業人員的評估及調查顧客反應三種方式。除了可由餐廳的主管根據服務流程及所選定的重要屬性製作成評估表 (表 9-3) 加以考核外,內部稽核亦可經由員工依評估表自行評量其服務品質後,再與主管對其所做的考核結果加以比較,並討論其中差異或缺失的原因。

表 9-3　餐廳內部稽核評估相關項目

評估日期：　年　月　日

迎賓	接受點菜
1. 迅速招呼 2. 親切笑容 3. 音量適中 4. 服裝整潔美觀 5. 禮儀適當	1. 菜單知識豐富 2. 給予適當的建議 3. 確認客人所點的菜 4. 點菜完後,輕聲道謝退下
帶位	介紹菜單
1. 引導客人入座 2. 至少為一位客人拉開坐椅輕輕推入 3. 攤開口布,輕置於客人膝上 4. 適切的推銷飲料	1. 介紹菜餚及當日推薦菜 2. 正確、簡單、明瞭、不渲染 3. 退至一旁,稍後幾分鐘再進行點菜 4. 表現出樂於服務的態度

消費調查 服務具有變易的特性,同樣一位服務人員在不同的時段或情境之下所提供的服務也會有所差異。每位用餐者對服務的要求也不盡相同,比如說大部分的情侶希望能夠安靜獨處,而有小孩的家庭則希望子女的需要能受到重視。內部稽核及外部專業人員的評估均無法完全反映出消費者的感受。由於平時顧客對於滿意或不滿意的服務提出書面抱怨之比例很低,而口頭的讚美或抱怨又很難加以歸納,故不足以作為評估服務品質的主要依據。在餐桌上放置意見卡供顧客填寫是另一種經常被運用的方法。意見卡必須簡短易答,多以「是」、「否」或「優」、「劣」來作答。填寫意見卡者大多為十分滿意或十分不滿意的顧客,往往無法代表大部分顧客的反應。

　　滿意度調查亦是一種常見的服務品質資訊蒐集方式。問卷內容須按照餐廳不同的需求而訂定,可以郵寄、電話或親自訪談等方式進行調查。由於「SERVQUAL」量表是針對一般服務業而設計的,Stevens, Knutson 及 Patton

(1995) 三人進而提出了專為衡量餐飲服務品質的「DINESERV」量表。將餐飲業分為高級餐廳、休閒餐廳及速食餐廳三種類型，探求量表對不同餐廳類型的適用性，結果顯示，「DINESERV」量表適用於各類型餐廳衡量顧客服務品質。

「DINESERV」量表歸納出 29 個顧客對餐廳服務的期望，並分別依照「SERVQUAL」量表的五個構面加以歸類 (表 9-4)。每三個月業者可運用「DINESERV」量表對 50 至 100 位的顧客作調查，一方面從調查結果中找出評價最低的構面加以改進，另一方面可與過去所做的調查結果做比較，藉以判斷服務改進的成果。連鎖餐廳可將各店的調查結果加以比較，評價低者得予以加強輔導，而表現良好的餐廳則給予獎勵。此外「DINESERV」量表亦可用來調查競爭對手的服務品質，作為營業的參考。

神秘客調查法　指接受過相關培訓的人員，以匿名的方式扮演顧客進行真實的體驗及評量，客觀地回饋其消費體驗。運用神秘客調查 (Mystery Shopping)，讓企業更容易掌握實際的執行狀況，進一步更能有效地針對問題進行修正與改善。神秘客調查結果與薪資及獎勵制度連結，可促使服務人員主動提供更良好及穩定的服務品質。此外通過神秘客瞭解同業的服務優勢和差距，亦能夠強化企業之競爭力。

傳統常見的服務品質衡量有顧客問卷及意見卡等方式，大多是透過顧客在消費後，針對其經驗與服務績效提出意見與看法。神秘客調查是一種參與式的觀察法，由調查者扮演成顧客去監測服務傳遞過程的品質，透過在事前訂定衡量的目標與標準，進入研究場域搜集相關的資訊。除了作為衡量服務品質的工具外，神秘客調查法同時也為組織的人力資源管理提供了一個參考指標，管理者可從神秘客調查的結果中發現關鍵失誤事項，進而與員工溝通，並提供必要的支援與訓練來改善。若調查結果為正向，也可作為回饋與獎勵員工的依據，用來創造正向的激勵環境，並且建立團隊精神。

神秘客調查可以追溯至 1926 年法國以神秘訪查方式評選米其林星級餐廳，能被列入米其林指南的餐廳主廚，莫不以此為終身的極致榮譽。其評鑑方式是由不同的美食評鑑員在匿名的情況下進行數次秘密訪視。擔任米其林神秘客每年大約要在餐館吃 250 頓飯，每次至少點三道菜和一瓶酒，一家餐廳有時要用餐數次才能填寫報告。並且每年都要輪調評鑑的區域，避免美食偵探和餐廳有不當的關係。

表 9-4　DINESERV 餐廳服務品質量表

構面	問項
有形性	1. 餐廳外觀具吸引力
	2. 用餐區域吸引人
	3. 服務人員穿著整潔
	4. 裝潢符合餐廳價位形象
	5. 菜單清晰
	6. 菜單設計吸引人且符合餐廳形象
	7. 舒適的用餐區
	8. 洗手間的清潔
	9. 用餐區的清潔
	10. 舒適的座位
可靠性	11. 在承諾的時間內提供服務
	12. 當錯誤發生時立即更正
	13. 不論何時，所提供的服務皆一致
	14. 正確的帳單
	15. 正確地提供顧客所點購的菜餚
反應性	16. 在忙碌時員工能相互支援
	17. 提供迅速的服務
	18. 儘量滿足顧客特殊的要求
確實性	19. 員工具有解答顧客問題的能力
	20. 員工使顧客感到信任
	21. 員工清楚介紹菜單內容及烹調方式
	22. 員工使顧客有安全感
	23. 員工具有良好的訓練且經驗豐富
	24. 員工獲得公司足夠的支持，以提供良好的服務
關懷性	25. 員工不會因遵守公司規定而忽略顧客個別的要求
	26. 員工使顧客感覺特殊
	27. 員工會預先考慮顧客的需求
	28. 員工適時表達出體諒的心意
	29. 員工服務以顧客的利益為依歸

在神秘客執行方式的選擇上，企業必須決定是由內部人員或委由外部人員執行。由內部人員負責稽核的好處是可降低成本，且執行者對公司的目標與產品有較多的瞭解，但內部人員因容易被認出而造成偏差的施測結果。除了具備相關的專業知識外，神秘客亦需要觀察力敏銳、記憶力良好、應變能力靈活、謹守信諾，以及良好的寫作和口語溝通能力。

　　神秘客調查本意是協助企業，從第三方專家角度進行企業品質之診斷，進而進行優良項目的維持與創新，或是缺失的調整改善。員工服務的績效與表現不應該被一次的調查結果所決定，因此神秘客調查宜以連續方式進行調查分析。在得到調查結果時，必須先經過與員工的溝通、確認及分析後，最後才將結果呈交給高階主管。當發現同仁具有優良的服務事蹟應加以公開表揚，以便同仁學習仿效，若發現有缺失之處，則應私下討論並協助輔導改善。

　　2003年麥當勞引進神秘客的評量方式，目前國內餐飲業紛紛採用神秘客調查服務、產品及相關環境設施的品質。例如：肯德基餐廳委託外部管理顧問公司，派員每月至少到各連鎖店一次，依照設定表格評估各店之產品品質、服務與清潔的表現，該調查表含六大評比項目：C-美觀整潔，H-真誠友善，A-準確無誤，M-優良維護，P-產品品質穩定，S-快速迅捷。如有未達標準的失分事項，該店經理將必須於24小時內完成行動計畫，把失分項目列為改進機會，進而找出原因進行改善行動。將改善完成時間呈報上級後，公司將進行再次確認評估。肯德基以調查所回饋之訊息，作為該分店每月整體業績表現評量項目之一。

　　發展神秘客調查計畫約可分為六大步驟，分別為建立目標、發展檢核標準、甄選與訓練神秘客、進行調查、分析數據、發展後續行動。在進行神秘客調查前，組織必須確認欲從顧客觀點所得到的資訊有哪些，進而發展出神秘客調查衡量的量化尺度及準則。同樣重要的是，員工是否瞭解公司期望提供的服務水準。神秘客調查法除了檢核服務品質外，也可運用在分析競爭策略，連鎖餐廳可以透過對主要競爭者進行神秘客調查，取得競爭者優勢與劣勢的資訊，進而改善與增進本身競爭力。一般而言，神秘客調查比起內部稽核品質之結果來得客觀，但當員工發現顧客為調查人員後，即會改變其服務的行為及態度，此時調查便失去了價值。

　　優質的服務品質資訊應是「質」加「量」的資料。因為僅有量化的資料，無法完整呈現出顧客的想法及意見，以開放性的問題蒐集顧客意見可減少此一問題。資訊品質是建立服務品質資訊系統的一個重點，可透過下表幾個指標來進行檢視 (表 9-5)。餐飲業由於經營型態差異大，各類型餐廳均有其不同特性，但服務品質的內涵、管理模式及評估方法則是共通的。管理者的理念及參與，是提升

表 9-5　資訊品質指標

相關性	蒐集的資訊聚焦在服務品質管理的議題上。
精確實用性	過於廣泛及籠統的資訊不實用，資訊應該要足以讓管理者做決策並採取行動。
持續性	新的資料與過去的資料一起呈現會更具價值，從長期的資料中可以看出趨勢差異，因此應持續進行資料蒐集。
可靠性	若資訊不可信，員工不但不會受之激勵，反而會產生質疑。
易理解性	對使用者來說，資訊中不熟悉的術語會降低使用的意願，或產生錯誤的解釋。
適時性	資訊須即時更新。在使用者需要的時候，若沒有即時的資料，一切努力都不會具有效益。

服務品質的基礎，改善服務品質的決策，應建立於系統性的資訊蒐集與分析。

改善缺口 2：建構適切作業規範

　　缺口 2 的形成，在於管理者對於顧客期望的認知與服務品質規範之間的差距，有些管理者認為提供消費者所期望的服務是不太可能的，因為他們覺得有些顧客的期望是不合理的、變異性特質使得服務難以衡量，以及顧客需求難以預測，這些看法往往會造成管理者不願面對建構服務規範的挑戰。

　　管理者能夠確切分辨出顧客期望的優先順序固然重要，但若是憑藉這一點想要提供優良的服務仍然是不足的。許多企業往往過於重視作業效率與利潤等短期的經營目標，而需要長期投入的服務品質發展，反而不被重視。作業程序的設定有助於引導員工的行為，許多服務品質卓著的業者，都已明確設定服務品質相關的作業規範。透過服務藍圖設計服務流程，可以提供一個餐廳全局觀點，檢視流程之邏輯，並發揮教育性、溝通性、整合性和顧客導向之效益。

服務藍圖　服務主要就是一種人際互動的過程，因為服務品質不易捉摸，所以需要透過服務流程的規劃，來維持品質的一致與穩定性。設計標準化作業流程的基礎，就是先完成服務藍圖建構。Shostack (1984) 首先提出服務藍圖概念，讓服務流程以具象化的方式呈現。Baum (1990) 將服務藍圖運用在速食業、醫療服務業與電信服務業中，分析並證實了服務藍圖能用來規劃服務的步驟，與加快回應顧客的時間。

　　透過具象化的圖表介紹，服務藍圖可協助企業確認服務流程中，員工的服務工作、顧客互動、支援活動與前後場作業流程的順序。如圖 9-8 所示，服務藍圖主要可劃分成作業過程與服務結構兩大類別，作業過程是按照時間順序，由左至

自助式咖啡廳服務藍圖實例

　　不同於一般餐飲業，自助式咖啡廳消費者可以先輕鬆的在店內瀏覽糕點及商品櫃，或選擇自己喜歡的位置入座後再到服務櫃檯進行點餐。建構自助式服務藍圖需先建立顧客用餐之流程，描繪消費者自進門到離開經歷的過程。接下來分析顧客在消費過程中所能看見或感受到的實體事務，第三步驟為將顧客所能看見接觸人員的行動描繪在主要流程中。由於自助式咖啡廳設有開放式工作站，在消費過程中，從進入咖啡廳、點餐、準備餐點與飲料及結帳都是顧客可見的，因此建構自助式咖啡廳藍圖，需去除傳統餐廳前場人員與後場人員的區別，多增加間接可見線，顯示在自助式咖啡廳的開放式工作站中，顧客能看見服務人員製作餐點及飲料，卻又無法清楚觀察其作業全貌 (圖 9-7)。

　　服務系統的每一部分都是相關的，不能孤立分離，每部分都影響整體系統之運作。建構服務藍圖不是個人或某一個部門的工作，而是需要組織一個具各單位代表之開發小組，尤其是服務人員的參與，有助於將各單位的作業活動建立理性的連結，使得不同部門間作業關係得以保持順暢，亦可提升服務和決策品質。

　　服務藍圖是服務流程分析的重要工具之一，透過描繪流程的基本步驟，可將服務作具象化的展現。透過服務過程和工作流程的邏輯化、具象化的展現，並延伸到顧客行動相對應的接觸點，描繪出整個服務藍圖。服務失誤可能發生在消費者與服務提供者任何一個接觸點上，可在藍圖內加上易失誤點之註記，以防範失誤的產生。在服務藍圖中，每個服務流程都可訂定績效標準，例如：某個步驟的可接受完成時間幾分鐘，必須達到什麼程度才算完成。加入這些績效值之後，就可以用來控管整體的服務流程。

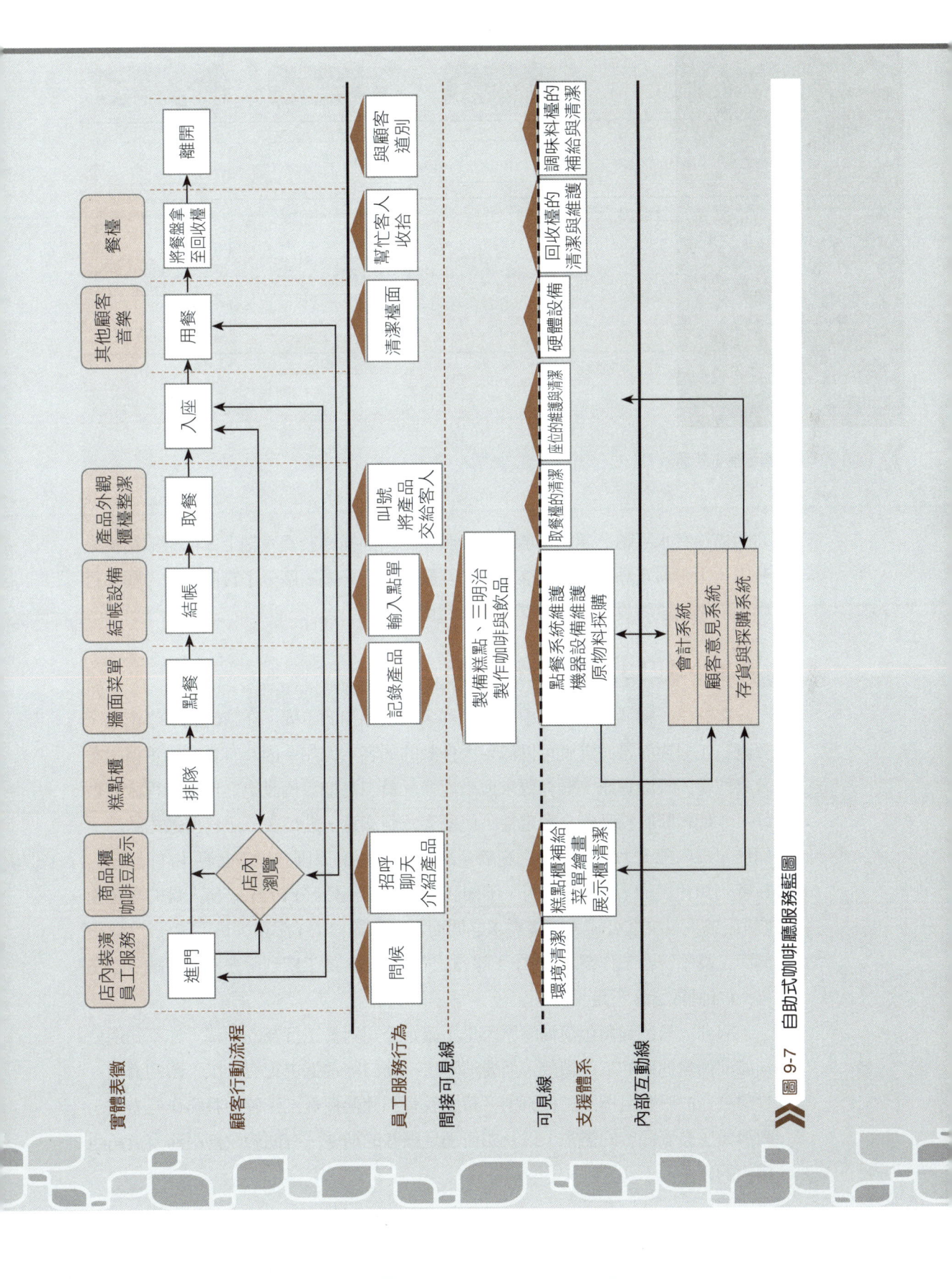

Chapter 09 服務品質管理　331

圖 9-7　自助式咖啡廳服務藍圖

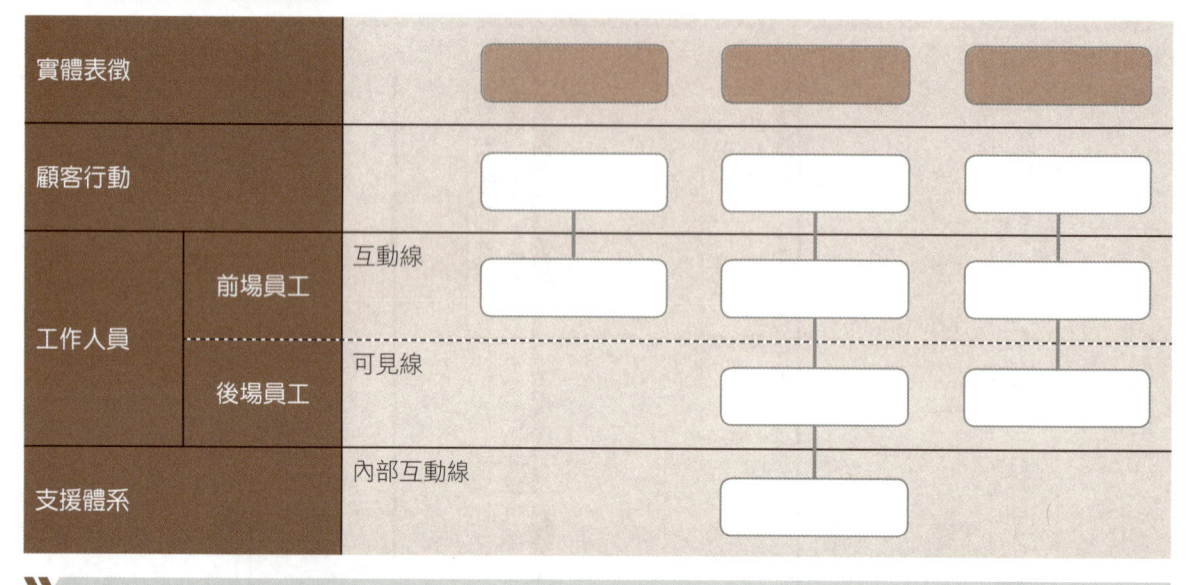

圖 9-8　服務藍圖基本架構

右的描繪在水平軸上連結各項活動；服務結構則描繪於垂直軸上，依組織結構來分層，由服務互動線、可見線和內部互動線進行分隔，區分了實體表徵、顧客行動、前場與後場員工行動及支援體系四個部分。

縮小缺口 3：落實服務傳遞

服務是一種過程，過程中包含了許多環環相扣的步驟。在缺乏競爭之市場，餐廳員工只要面帶微笑就可以滿足大多數的顧客，但如今因為有更多的選擇對象及易取得的餐廳資訊，顧客要求愈來愈多，員工需把每個設定之作業流程確實做好，才能維繫服務品質之穩定性，使顧客感到滿意。缺口 3 為服務傳遞的缺口，屬於組織內部人力資源管理之範疇。缺口 3 發生的原因有以下七點：(1) 服務人員感到角色模糊 (如任務不明，不知該如何把工作做好)；(2) 服務人員的角色衝突 (服務人員夾在公司與顧客需求之間而左右為難)；(3) 服務人員不適任；(4) 設備與工具不符合工作需求；(5) 不適當之督導；(6) 員工感到服務過程中缺少自主權；(7) 團隊合作不足。

服務人員感到角色模糊的原因是不確定公司對員工行為的期望，亦不知道公司如何衡量他們的工作績效。而要消除這一缺口需透過主管與員工不斷的溝通、宣導公司的服務目標及工作原則。藉由教育訓練傳授員工正確的服務作業方式，教導員工發覺顧客的需求，以及如何滿足顧客的期望，有助於改善服務人員角色模糊的感受。

第一線服務人員需要同時面對顧客與公司的期望，如果兩者之間出現不一致性，將使服務人員進退兩難，不知如何扮演好服務角色。角色衝突將導致員工產生工作壓力與挫折，降低士氣，進而影響服務的表現。例如：當服務人員被要求除了提供良好服務外，還要同時達成公司所設計之營業目標(如每人每天需促銷三瓶葡萄酒或達成一定之翻檯率)，就會造成角色衝突的狀況。餐廳應將焦點放回到顧客身上，明確訂定員工的服務職責，以盡力達成顧客之期待為最高原則。

當發現員工不適任，無法符合工作需求時，通常可能因為服務人員之人格特質不符或專業能力不足，因此無法達成公司所設定之目標，而造成服務缺口的發生，因此餐廳在招募作業時，就要特別留意篩選出適當人才，此外完整落實員工訓練，亦有助於將缺口差距降低。除了人員外，設備也是很重要的一環，工欲善其事，必先利其器，餐廳是否有最適切的設備供服務人員使用，必然與服務傳遞的品質密切相關。若是既有的設備已無法滿足服務的需求，自然會造成缺口 3 的擴大。

餐飲業亦可能因為設定過多的規定，限制服務人員的行為，造成服務內容僵化與缺乏活力。有時也可能因為服務過程涉及其他單位，造成服務人員沒有能力控制整個過程，無法滿足顧客個別的需求。例如：顧客向服務人員詢問上菜速度，服務人員通常都只能給予一個約略的回答，在這個過程中，員工可能會感到無法掌握情況而出現挫折感，這種無法掌控服務過程的情況，將造成服務人員工作滿足感不足，進而影響其在工作上的表現。如果服務人員感覺自身對於服務過程有相當程度的自主權，工作上的無力感降低，自然會提升其服務之熱忱。

服務人員可由績效衡量指標判斷公司真正重視的目標是什麼。如果一家餐廳是以作業效率或服務顧客之數量來衡量員工的績效，那麼服務人員自然不會重視顧客的感受。因此如能將績效衡量與服務品質相結合，將有助於提升員工之服務熱忱。實施持續且有效的員工評鑑，對於表現傑出的服務人員給予適當的獎金或是升遷，都是很好的獎勵方式。最後則是建立起團隊互助合作的精神，團隊合作指的是管理人員與服務人員，基於共同的理念與共同的目標，攜手合作致力於達成服務使命。團隊合作除了可以凝聚力量，對服務品質維繫也有很大助益。

除了以上提到的七個內部因素外，教育顧客也是一項重要的因素，餐廳有責任讓顧客清楚知道在這個服務過程裡面，顧客所需要扮演的角色及會接受到的服務方式為何。以早餐店為例，顧客需自行拿取餐點，且用完餐後需要自行回收餐具，但若是顧客不清楚服務程序，點完餐後可能會期望服務人員將餐點送至座

位,卻在找到座位後才發現並沒有送餐的服務,此狀況產生的原因,即為餐廳沒有盡到告知顧客的責任。

服務失誤

在與顧客接觸時,第一線的服務人員扮演著相當重要的角色,但是就算餐廳在服務程序上訂有明確的標準作業流程,服務畢竟是由人傳遞的,不可避免的會出現失誤的時候。服務失誤是從顧客的角度進行判斷,當顧客在與餐廳接觸過程中感受到負面服務品質認知時,服務失誤便形成。服務失誤可能造成需要重新提供服務、為不良服務進行賠償、顧客流失、負面口碑及降低員工士氣等後果。

Bitner, Booms 與 Tetreault (1990) 從服務接觸的觀點討論服務失誤,發現於服務傳遞的過程中,服務提供者和接受者之間接觸時所發生的所有服務互動行為,皆會影響到顧客滿意程度。而三位學者針對航空業、旅館及餐廳三種行業的 700 個服務接觸的實際案例中進行調查,並蒐集其中使顧客感到不滿意的情況後進行分類,共歸類為三大構面:第一類為員工於服務遞送系統失誤時之反應,再依失誤本質歸納為無法提供服務、無理由的緩慢服務及其他核心服務之失誤;第二類為員工對於顧客需求及要求之反應,依顧客需求或要求本質歸納為有特別需求的顧客、對顧客偏好反應、顧客自己承認的失誤及干擾其他人的顧客;第三類為員工自發性之行為,依員工行為本質歸類為注意顧客程度、員工異常行為、員工在文化氛圍下塑造之行為及員工在極大壓力下之反應。

第一類、服務人員對服務傳遞系統失誤的回應
1. 對無法提供服務的回應 (如:顧客於事前已向餐廳訂位,卻被取消)
2. 超出合理時間緩慢服務的回應 (如:送餐時間過久)
3. 其他核心服務失誤的回應 (如:餐廳的餐點是冷的)

第二類、服務人員對顧客需求的回應
1. 對顧客特殊需求的回應 (如:特殊的飲食習慣)
2. 對顧客特殊偏好的反應 (如:與餐廳規定不符之要求)
3. 對顧客自身發生失誤行為之反應 (如:顧客自己點錯餐點)
4. 受到其他顧客干擾時的反應 (如:鄰桌客人喧嘩)

第三類、服務人員主動自發性之行為
1. 對顧客漠不關心 (如:服務人員對顧客表現出不專注的服務態度)
2. 異常的員工行為 (如:對顧客大吼大叫)
3. 既定文化下的員工行為 (如:高級餐廳中的服務人員,表現出瞧不起年輕顧客的態度)

4. 多重負面行為 (如：在一次用餐過程中，出現服務態度冷漠及專業知識不足等多重失誤)
5. 員工在面對工作逆境時之表現 (如：員工在遭受抱怨及責備時，所表現出來的態度和反應)

　　Bitner, Booms 與 Mohr (1994) 以員工觀點出發來衡量服務接觸過程中的顧客滿意度。於航空業、旅館及餐廳的 774 個事件中，除了發現服務人員對服務傳遞系統失誤的回應、服務人員對顧客需求和要求的回應，以及服務人員主動自發性之行為之外，還多了一類型「顧客的問題行為」，包括酒醉鬧事、言語或身體的碰撞，以及顧客之間的衝突，皆可能造成顧客對於服務的不滿意。

　　Dutta, Venkatesh 與 Parsa (2007) 剖析造成餐廳服務失誤之因素，歸納為「設備」、「前場服務員」、「程序」、「物流供應」、「後場人員」及「資訊」六類，並用魚骨圖 (圖 9-9) 呈現。其中設備因素為 POS 系統毀損、不合宜的氛圍及不清潔的設備；前場服務員因素為低效率的服務傳遞、帳單錯誤及無禮的行為；程序因素為不正確的訓練程序、員工個人衛生清潔不佳及無妥善的顧客抱怨處理機制；物流供應因素則為原物料未準時送達，以及低落的品質。

　　顧客遭遇不滿意狀況時，不一定會向餐廳提出抱怨。顧客若不提出抱怨，餐廳便無法瞭解不滿意的原因，因而失去顧客再次光臨的可能性，甚至會因為顧客的負面口碑，產生更嚴重的影響；因此，瞭解顧客不滿意的感受，釐清造成失誤之原因及其解決方法，是餐廳所必須不斷努力的課題。

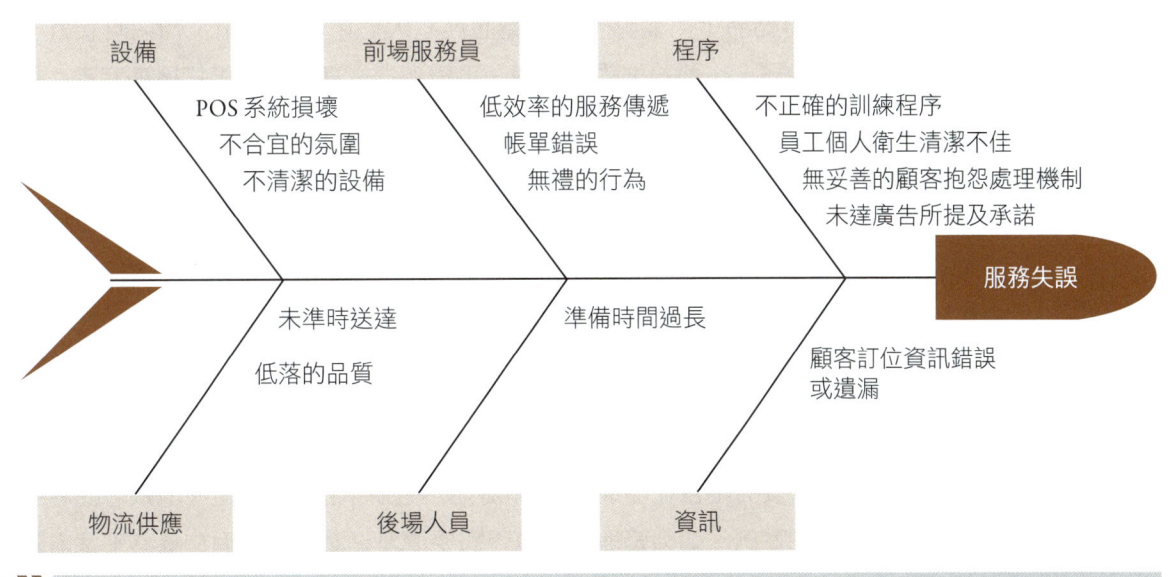

圖 9-9　服務失誤形成因素

設備：POS 系統損壞、不合宜的氛圍、不清潔的設備
前場服務員：低效率的服務傳遞、帳單錯誤、無禮的行為
程序：不正確的訓練程序、員工個人衛生清潔不佳、無妥善的顧客抱怨處理機制、未達廣告所提及承諾
物流供應：未準時送達、低落的品質
後場人員：準備時間過長
資訊：顧客訂位資訊錯誤或遺漏

→ 服務失誤

過度服務

由於顧客的意識高漲，對於服務品質的要求亦愈來愈高，餐飲業者為了吸引及留住顧客，提供愈來愈多元的服務。經調查在美國每 100 位客服主管，有 89 位品質管理的主要策略，是超越顧客的期望。鼎泰豐主張提供「超越顧客期望」的服務，而台中永豐棧酒店亦以「永遠超越顧客期待」的理念自勉，由此可見無論中外，目前服務業均為盡力提供超越顧客期望的服務。

由於服務的特性，使得品質難以掌控，當服務品質低於顧客期望時，被視為服務失誤。以往研究服務失誤時，多是探討當顧客的感受「不如」或是「未達」期望之情況，例如服務緩慢或未提供服務等狀況，然而並非所有的服務失誤均由於未達顧客期望所造成。蔡憶如 (2003) 以餐飲業為例探究服務失誤的內容，指出「過於熱情」亦為一種服務失誤，說明並非所有失誤均由於服務程度不足造成。服務程度過高亦會導致顧客感到不滿。

過度服務行為類型　「超越顧客期望」的服務管理理念持續地在市場上產生影響，但這些影響亦有部分是負面的，哈佛商業評論於 2010 年「別過度取悅顧客」一文，主張應該滿足顧客的實際需求、而非提供多餘卻不為顧客所需要的服務；無獨有偶地，北京奧運於籌辦期間要求「既要熱情好客，又不要過度服務」的待客準則，希望在接待外賓時合情合理即可，不需過分誇張。聯合報的報導──「不要再鞠躬了！盤點台灣餐廳服務六大惡」文中指出，鞠躬哈腰九十度、背誦台詞機器人、強迫推銷鬼打牆、菜擠滿桌一直上、不停打擾滿意嗎？以及唱生日快樂歌音量大，為最受台灣消費者厭煩的過度服務。

孫路弘與李怡君 (2011) 指出，台灣六種餐飲業過度服務的「行為」類型，分別為「緊迫盯人」、「喋喋不休」、「引人側目」、「阿諛逢迎」、「故作熟識」，以及「自作主張」。透過這些分類有助於呈現過度服務的具體行為 (表 9-6) 和顧客實際的感受；以下依序介紹各種類型的相關事件：

- 緊迫盯人：為了能使顧客覺得備感重視且能即時滿足其服務需求，服務人員始終將注意力放在顧客身上，隨時注意著顧客的一舉一動，但反而使顧客備感壓力、覺得受干擾而不自在，最典型的例子如服飾店店員如影隨形地跟著顧客；而在餐飲業的實例，如頻繁地詢問是否需要清理桌面，或徘徊在餐桌不遠處隨時關心用餐的狀況。

表 9-6　餐飲過度服務行為彙整

1. 收餐盤速度過快	16. 不斷重複的介紹餐點的內容
2. 服務人員過於注意顧客用餐過程	17. 運用誇大語句推銷餐點
3. 點餐時服務人員過於靠近顧客	18. 過於詳盡的介紹餐廳設計
4. 過於頻繁的添加茶水	19. 蹲著點餐
5. 過於頻繁的詢問是否需要其他服務	20. 鞠躬服務方式不自然
6. 過於頻繁的詢問是否需要點餐	21. 對於抱怨，過於多次的道歉
7. 過於頻繁的關切餐點合不合胃口	22. 服務的口語過於親切、客氣
8. 過於頻繁的詢問餐點滿意度	23. 對於熟客未經詢問直接代為點餐
9. 過於頻繁的更換餐具	24. 擅自為顧客搭配餐點
10. 過於頻繁的告知用餐的時間	25. 送客音量過大
11. 過於頻繁的關切是否填寫顧客意見調查表	26. 介紹餐點音量過大
12. 過於頻繁的詢問需要改善的地方	27. 音量過於大的迎賓方式
13. 過於頻繁的詢問餐點是否需要打包	28. 服務人員一直想參與對話
14. 過於多次與訂位客人確認訂位	29. 服務人員與顧客過於深入的攀談
15. 上餐的速度過於快速	

- 喋喋不休：服務人員提供了詳盡的餐點介紹、優惠方案和用餐須知，但這些詳盡的介紹，對於部分沒有此類需求的顧客，可能會感覺冗長而不耐煩，甚至使得顧客必須不斷敷衍或勉強附和。這些詳盡的介紹往往是因為公司規定或是主管要求，服務人員不得不照本宣科，這些喋喋不休的服務最容易造成顧客反感。
- 引人側目：為了營造美好的消費經驗、美化顧客的印象且與同業產生差異，服務人員採用多元創新的服務方式，諸如在餐廳大聲為顧客唱歌慶生，以及提供吸引目光的服務道具或服裝。這些服務吸引了在場所有的目光，但可能也使顧客覺得不習慣、一時之間難以適應，無意之間成為整場焦點，更是備感尷尬。
- 阿諛逢迎：為了凸顯顧客所受到的重視，展現以客為尊的服務精神，服務者表現出不尋常的卑微姿態。例如九十度鞠躬，或單腳跪下接受點餐。誇大的肢體動作或對答方式不但讓顧客覺得做作，也連帶影響消費的感受。
- 故作熟識：為了迅速拉近與顧客的距離，服務人員刻意展現熱情態度，甚至營造一種親近、熟識的氛圍，就算初次光臨，也被視為如同交情頗深的熟客，過度攀談的結果反而使顧客感到困惑與無奈，甚至可能於溝通過程中誤觸隱私，

而影響顧客的心情。
- 自作主張：為展示熱忱、專業及體貼而主動為顧客提供意見，但往往變成迫使顧客接受服務人員的建議。例如：熟客想要嘗試新產品，但是服務人員直接提供熟客慣用的餐點，使之產生負面的感受。此外，例如：餐廳經理不斷進入包廂內介紹每道菜色，打斷客人聊天，或是未先行詢問便主動替客人分菜均屬此類。顧客因而會感到喪失選擇權的困惑，或是造成不好意思拒絕服務人員善意的尷尬。

過度服務動機 動機指的是做某事的原因，過度服務動機可分為「判斷不當」、「溝通不良」、「報復顧客」、「便利自我」、「公司規範」、「主管要求」及「過去經驗」七項(孫路弘、邱裕銘，2012)。

- 判斷不當：指服務人員出自善意的動機主動提供顧客服務，例如：為了餐廳利益著想或關切顧客用餐狀況，但因經驗不足或對顧客需求的理解錯誤，導致顧客產生服務多餘的負面感受；例如：服務人員很熱情想和顧客聊天，卻因為聊得過久了，顧客開始安靜下來使氣氛變得尷尬。
- 溝通不良：溝通不良為服務員之間訊息傳遞不良，導致不同服務員重複關切或詢問顧客用餐狀況與需求，頻繁的打擾顧客用餐；或是指顧客與服務人員之間的溝通不良。例如：顧客有空盤子在桌上，服務人員就去詢問需不需要收拾空盤，對方說不用，然而，服務人員於交班時並沒有針對顧客的情況作交接，因此另外一位服務人員就再去做了一次詢問，造成不同人不斷前往詢問，讓顧客覺得煩的情況產生。
- 報復顧客：在面對顧客的要求時，表面上服務人員雖是答應，但私底下卻會以負面的手段改變服務方式以對付顧客，造成顧客不便，而顧客通常不會發現是服務人員蓄意的行為。例如：因服務人員不喜歡顧客某些要求、態度或行為，因而造成服務人員於點餐時，故意不斷詢問顧客「要點什麼呢？」或是刻意把臉貼得離顧客很近。
- 便利自我：便利自我指服務人員為了自身利益或方便而進行服務，蓄意地簡化或改變服務程序，使顧客感到壓力。例如：服務人員想一次把工作完成，以便能在一旁休息，因而忽略顧客是否需要整理桌面，不停收拾桌上的空盤，造成顧客用餐的壓迫感。
- 公司規範：服務人員雖按照餐廳所制定的標準規範進行服務，但卻不能夠依照不同顧客的需求與突發狀況來調整作業流程，進而導致顧客的不悅。例如：餐廳規定服務人員在顧客用完湯品、主餐等每一道餐食後，都要去詢問是否合口

味或滿不滿意。
- 主管要求：有些餐廳主管會在服務員於現場閒置或在面對重要顧客的情況下，要求服務員持續不斷的提供服務，而顧客在沒有服務需求情況下頻繁的被打擾。例如：主管告知服務人員每上一道菜就需要為顧客介紹一次，然而有些常客覺得此種行為沒有必要，反而會造成他們用餐的困擾。
- 過去經驗：有些服務人員於服務時，不自覺的表現出過去在不同餐廳甚或國家，所接受過的訓練方式或服務態度，然而與顧客對於服務方式的喜好與接受程度皆有所差異，而使顧客感到不自在。例如：某服務人員曾於日本的餐廳工作，習慣於點餐時行蹲跪的動作，然而於新工作時卻因為習慣於上一份工作的工作方式，而依舊表現出蹲跪之姿驚嚇到顧客。

上述過度服務動機可區分為「正面動機」、「負面動機」與「無動機」三大類。「判斷不當」和「溝通不良」屬於正面動機，意旨服務人員想要提供更好的服務以滿足顧客的期望，但誤解了顧客的需求而產生負面的效果；「報復顧客」和「便利自我」則為蓄意使顧客難堪，或是力圖方便自己的服務流程，屬負面動機；而「公司規範」、「主管要求」和「過去經驗」等三類屬於員工並無動機情況，員工於服務時並非想要超出顧客的期待，但顧客仍為不需要的服務而感到困擾 (圖 9-10)。

發生過度服務情況大部分是因為服務程序過於僵化，導致顧客感到服務程序為多餘的無奈。餐飲業除了制定合宜的標準作業程序之外，也要適度的授權，使

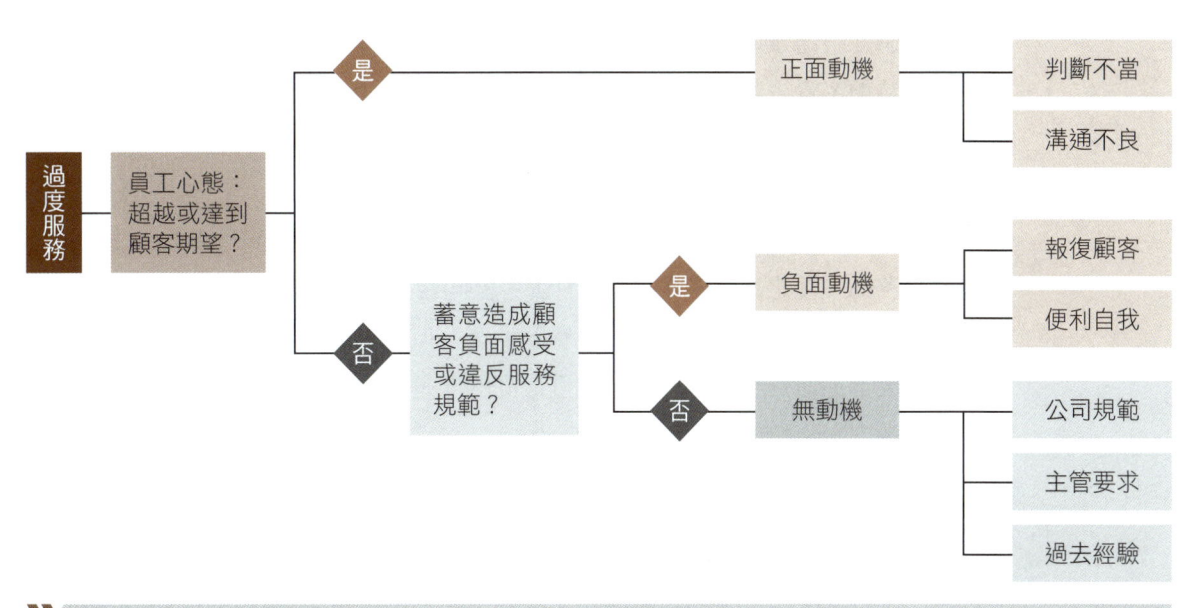

>> 圖 9-10　餐飲過度服務動機

員工能夠依照顧客不同的需求與用餐狀態，對服務作業進行彈性的調整，避免因員工過分依循公司規範而產生過度服務。當管理者巡視現場發現人力過剩時，不宜一味的要求員工強化顧客服務作業，而應依照現場狀況進行適切的人力調度。

若員工企圖提供良好服務，卻由於服務技巧未臻成熟或因經驗不足，導致無法正確判斷顧客需求，管理者發現此種情況，應從旁協助並給予空間改善。但若發現服務人員是為了便利自己，而蓄意的改變服務程序時，就須制止過度服務行為並要求改進。針對因過去經驗所導致的過度服務，管理者於員工招募時，應挑選適合該餐廳組織文化及服務方式的員工，勿讓新進員工在還未熟悉服務程序時，以過去習慣的方式服務顧客。

目前餐飲業多以達到或是超越顧客的期待，做為衡量服務品質的標準。如此思維之下，許多餐廳會要求員工多做一些所謂的待客之道，以提升服務品質，例如：頻繁的替客人斟茶倒水、日式的九十度鞠躬、極其熱情的態度等。這些行為的確可能超越了顧客原有的期待，但亦可能造成過猶不及的效果。

過度服務亦為服務失誤之一種類型，但顧客對於過度服務的反應及抱怨，並不會像一般未達期望之服務失誤來的強烈。孫路弘與張綉綾 (2011) 研究發現，顧客對於過度服務的抱怨頻率僅占 14%，但有 37% 的顧客在經歷過度服務後，不會再次光顧該餐廳。推測原因，過度服務雖然會使顧客產生不舒服及尷尬等負面感受，但是顧客多會判斷此種失誤或許是因為工作人員想要積極服務，或企業作業流程規範所導致。然而低抱怨率會使得業者提供過度服務卻不自知，餐飲業者應有所警惕，沒有抱怨並非完美。顧客因為「過於頻繁」而提出抱怨的遠遠多於其他過度服務類型，而感受到「過於熱情」的顧客，較不易產生抱怨行為。也許是因為顧客覺得若抱怨服務提供者的態度過於親切，會導致雙方尷尬，而且因為受到此類過度服務的顧客已不願意再接受關心，甚至擔心若再提出抱怨會招來更多關切，因此寧可將其不滿留在心中。

口碑對購買決策影響很大，也足以影響顧客消費前對服務的期望。在經歷過過度服務的經驗之後，有 64% 的消費者會向親友訴說經驗。雖然仍有顧客在經歷過度服務之後，會選擇再次於該餐廳消費，但是提供過度服務無形中浪費了許多人力成本，而餐飲服務業成本比重最高的即是人力成本，因此，管理者必須重視提供過度服務所帶來的負面影響。

服務破壞

服務破壞 (Service Sabotage) 指的是「員工對顧客服務造成負面影響的蓄意行為」，為近十幾年來的新興議題。餐旅業服務破壞現象存在相當普遍，研究發

現，英國有超過 90% 的餐廳與旅館員工反應，在其工作場所中服務破壞是每天都會出現的情形，而台灣受訪的餐廳管理者 100% 均觀察過員工的服務破壞行為。服務破壞行為不僅可能會為顧客帶來不愉快的體驗，降低顧客滿意度，也會對餐廳成長及獲利造成不良影響。

「Sabotage，破壞」一詞源自廿世紀初期，起因於心懷不滿的法國工人將木鞋丟進機器裡而產生的術語，此事件喚起人們對生產線員工不當行為的關注。有別於過去對員工偏差行為的研究主要都是聚焦在製造業上，Harris 與 Ogbonna (2002) 將「破壞」的概念運用到餐旅服務的面向上，並界定不論行為是否被顧客、同事或主管察覺，若員工蓄意做出對服務產生負面影響的行為，即為服務破壞。

服務破壞與服務失誤的概念並不相同，服務失誤的認定是取決於顧客的主觀認知，服務破壞則是依據員工是否存有故意負面為之的意圖。郭懿萱與孫路弘 (2010) 依照顧客與員工對於失誤與破壞的認知，劃分出五種類別：(1) 顧客認為是服務失誤，且的確是失誤；(2) 顧客認為是服務失誤，但其實是員工蓄意的破壞行為；(3) 顧客認為是服務破壞，但其實只是員工不小心的失誤；(4) 顧客認知為服務破壞，且的確是服務破壞；(5) 最後一種情形則是，顧客渾然不覺員工曾進行服務破壞 (如圖 9-11 所示)。

在服務過程中失誤在所難免，餐廳可藉由適當的教育訓練，提升服務人員對工作內容的熟練度，以及培養員工面對不同情況的處理能力。加強硬體設施的檢查與維護，亦可減少失誤發生的機率。相對的，員工蓄意的破壞行為較不易被察覺，管理者若能瞭解服務破壞行為的類型及促使員工進行服務破壞之動機，有利於管理服務破壞行為，以及降低員工進行服務破壞之意圖。

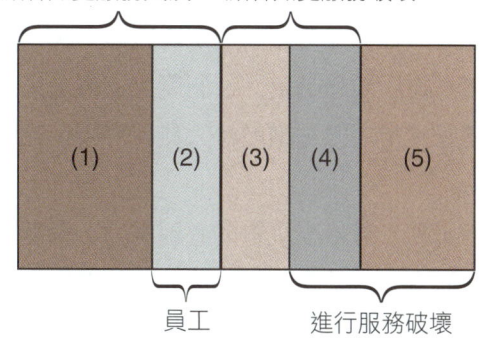

(1) 顧客知覺服務失誤
(2) 顧客知覺服務失誤
但為員工進行服務破壞
(3) 顧客知覺服務破壞
但為服務失誤
(4) 顧客知覺服務破壞
且為員工確實進行破壞
(5) 顧客未察覺員工進行服務破壞

圖 9-11　服務失誤與服務破壞之認知類別

服務破壞之動機　員工進行服務破壞之動機可分為七種類型，分別是「財務因素」、「顧客因素」、「壓力因素」、「團體因素」、「員工／企業導向因素」、「便利自我」及「刻板印象」(孫路弘與李祥綿，2015)。「財務因素」往往與貪小便宜的心態有關，可能來自於員工想為個人或團體獲取額外利益。「顧客因素」則是指員工的服務破壞動機是來自於顧客不公平的對待或不當之行為，即所謂的「惡質顧客」行為，顧客可能對服務人員的態度很差，或向服務人員提出不合理的要求，員工為了宣洩不滿才故意破壞客人的消費體驗。惡質顧客的狀況，喚起業者思考是否需要調整「顧客永遠正確」的觀念。

　　「壓力因素」並不單指壓力過大而成為服務破壞動機的情形。員工壓力太大或太小都不是一件好事情，過於平淡的工作內容，可能會使員工尋求刺激或尋找額外的樂趣來解悶；而無論是工作或個人因素所導致的沉重壓力，考驗著員工的自我情緒控制能力。「團體因素」與公司老鳥所形成的次文化有關，此類服務破壞大多是由同事聯手進行以彰顯其合作精神，或是進行服務破壞者會被同事視為英雄，因而提升其在團體內之地位。

　　「員工／企業因素」與組織因素有關，如公司制度、人力不足、主管責罵或員工對管理不滿時而發生。此類型破壞動機可能因員工之間個人過節所造成，破壞行為會對特定同事造成負面影響；或旨在對管理者或企業本身造成損害。其次具「便利自我」動機的員工，一般而言較不重視顧客需求，也懶得遵守公司規定完成份內例行事務，其工作目標為盡可能減少自己的工作量或準時下班。「刻板印象」則是由於有些員工對特定國籍或區域顧客帶有偏見，因此常以較不友善的態度來提供服務。

　　若要防止因「便利自我」與「團體因素」而出現服務破壞之行為，企業可從建立良好之組織氣候，以及強化外部監控之程度著手。研究指出，若員工的工作環境是充滿正向有活力的氛圍，則文化規範與同儕壓力將會成為具有高度效益的相互約束力，故高階主管應以身作則，傳達企業願景，同時展現出無法接受服務破壞行為之態度，督促前場主管及幹部進行服務破壞之管理。另一方面，為確保服務人員無不當行為，管理者可運用服務品質評估制度來追蹤員工之服務情形，或是進行走動式管理，藉由主管常常巡視，讓前線人員保有警惕之心，減少出現服務破壞行為之可能性。

　　主管應體認難纏顧客會對服務人員帶來沉重的心理壓力，餐廳應安排教育訓練，讓員工瞭解如何面對難纏顧客，此外亦可指派沉著冷靜類型之員工，為難纏顧客進行服務。研究指出，較為神經質之服務人員，較有可能用負面的角度去看待顧客的負面行徑，更容易因受到不公平的對待而進行服務破壞；相較之下，沉

著冷靜型之員工,較能處理因負面事件所引起之個人情緒起伏,故指派此類型員工為難纏顧客進行服務,將有助於預防服務破壞之發生。

服務破壞之行為類別 服務破壞行為可依「公然—私下」程度,以及「習慣—偶發性」程度分成四種類別 (Harris & Ogbonna, 2002),如圖 9-12 所示。第一類為「公然而習慣性的服務破壞」,此類行為出現的比例較高,員工通常以提供和顧客期望相反的服務速度、故意堅持既定規範或流程等方式來影響服務,如結帳時讓顧客花好一陣子等待簽帳卡。第二類為「公然而偶發性的服務破壞」,如因為好玩而弄掉客人的假髮,但假裝是意外並立即為他們的笨拙道歉。第三類為「私下而習慣性的服務破壞」,此類行為可能成為組織的隱性文化,對服務品質造成傷害,如員工常會加快服務速度以減少工作時間,或是簡化服務流程讓自己有輕鬆的空閒時間。最後一類則是「私下而偶發性的服務破壞」,此類行為並不常見,主要是因個人心情不佳而產生的舉動,受到影響的有可能是顧客,也可能是同事,如對食物吐口水、以用過的紙巾擦拭杯緣,以及故意出錯增加同事的工作份量等。但總體而言,無論是隱蔽或公然的服務破壞行為,破壞者往往會隱藏自己的負面意圖不讓他人知曉。

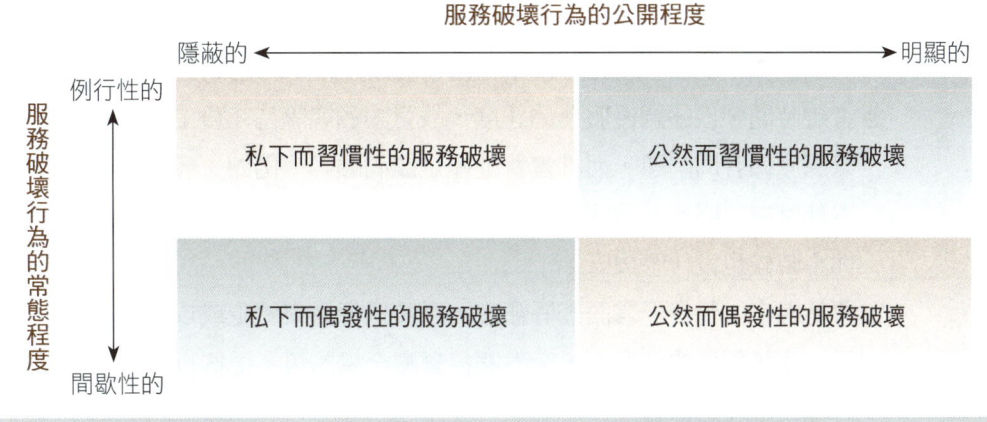

	隱蔽的 ← 服務破壞行為的公開程度 → 明顯的
例行性的	私下而習慣性的服務破壞 / 公然而習慣性的服務破壞
間歇性的	私下而偶發性的服務破壞 / 公然而偶發性的服務破壞

▶ 圖 9-12 服務破壞行為類別

依照服務人員實際發生之行為為基礎,餐廳服務破壞行為可分類為「拒絕顧客」、「漠視顧客」、「暗示顧客」、「干擾顧客」、「戲弄顧客」、「惡待顧客」、「簡化流程」七種形式 (孫路弘與林瑜珊,2011)。

- 拒絕顧客:為服務員對於顧客所提出之要求,故意推託,編造出各種看似合理的的理由以拒絕配合。例如,跟顧客說都已有訂位了,以拒絕顧客選靠窗或包廂的位置;為了趕下班,而以客滿了來回絕顧客; 員工為了自己工作上的方

便，或者怕麻煩，對於顧客的要求以「沒有了」或「沒辦法」加以拒絕。
- 漠視顧客：服務員冷漠的對待顧客，明知顧客有需求卻裝作沒看到、沒聽到，故意不予理會，或者故意放慢服務速度，表現出不關心顧客，與對顧客不重視，漠視其應有的權益。
- 暗示顧客：暗示顧客行為通常發生在餐廳快打烊時，或者員工趕下班及想提早休息的時候，例如，默默進行一些故意站在顧客附近打掃及擦桌子，給予顧客無形的壓力，或是詢問顧客是否要進行最後點餐，以看似貼心的方式詢問顧客「請問有沒有需要為您追加點餐？」之方式，來試圖暗示顧客餐廳即將打烊請儘早離開。
- 干擾顧客：此行為和暗示顧客相同，大多發生在「趕客人」及「趕下班」的情況下，不同的是，干擾之行為和顧客有較為直接的接觸，並且較容易被顧客感覺的到，例如：不斷收拾顧客桌上的餐具，或者不斷打擾顧客，以超過一般顧客所能接受的過度熱絡的行為，或者故意發出很大的聲響來干擾顧客，使得顧客感到不舒服而離開。甚至將廚餘推車刻意放在顧客身旁，使顧客聞到陣陣的撲鼻菜餚殘渣，而因此達到目的。
- 戲弄顧客：員工藉由惡作劇、捉弄或開顧客玩笑等方式愚弄顧客，來滿足個人工作上的樂趣或發洩心中不滿。例如，為了能提早打烊，故意將餐廳的掛鐘時間調快 10 分鐘，來拒絕顧客消費，使顧客誤以為已到打烊時間。或是明知顧客趕時間，但卻調慢服務的速度，故意讓顧客等待。員工有時亦會以開玩笑語氣回應顧客的問題，而其實背地裡是諷刺顧客，例如：客人問為什麼乳豬拼盤沒什麼肉，服務人員回應說：「小豬那麼小隻就被殺來吃，當然沒有什麼肉，你小時候也沒什麼肉呀！」
- 惡待顧客：包含了言語羞辱顧客，以及以行為來冒犯或攻擊顧客，例如：摔盤子；毫無預警的情況下，突然關掉餐廳全場的燈。這些行為皆直接使顧客受到心理或生理的影響。
- 簡化流程：意指員工在服務過程中，試圖簡化公司所規定服務流程中該有的服務，包含：故意忽略介紹餐點、詢問是否續點麵包，以及招牌菜的介紹等等，損害了顧客權益。也有些狀況是減少提供在用餐過程中會使用的餐具或濕紙巾。此類行為多在服務人員為了減化工作量的情況下發生 (表 9-7)。

管理者較不易察覺「戲弄顧客」與「惡待顧客」行為 (孫路弘與張旭永，2011)，可能因為進行此類服務破壞行為將會遭受嚴重處罰，員工擔心被發現，因此轉向採用較具隱密性的服務破壞行為。例如，服務人員在戲弄顧客時會被誤

表 9-7　餐廳服務破壞行為彙整

1. 不向顧客介紹菜單	22. 安排較差的用餐位置給顧客
2. 顧客入店時不引導入座	23. 提早要求顧客結帳
3. 送餐時不介紹餐點名稱	24. 頻繁添加茶水，暗示顧客離開
4. 不告知顧客折扣優惠訊息	25. 頻繁詢問顧客是否加點
5. 不適時上前整理餐桌	26. 告知顧客最後點餐或打烊時間，暗示顧客離開
6. 不理會顧客抱怨	27. 在顧客週遭製造噪音
7. 假裝忙碌不理會顧客的召喚	28. 關閉餐廳電燈，暗示顧客離開
8. 不對顧客保持眼神接觸	29. 關閉或是播放音樂，暗示顧客離開
9. 對顧客擺臭臉	30. 關閉冷氣空調，暗示顧客離開
10. 放慢服務速度	31. 刻意打斷顧客間的談話
11. 取笑顧客	32. 不詢問顧客是否續點免費麵包
12. 辱罵或毆打顧客	33. 不告知顧客注意餐點高溫易噴濺
13. 燙傷顧客	34. 不提供分菜服務
14. 將餐盤大力放置顧客桌上	35. 不提供要求之餐具
15. 不依出餐順序將餐點一次全部送出	36. 不提供濕紙巾、洗手盅
16. 接近打烊時拒絕顧客入店用餐	37. 不提供免費水果
17. 拒絕顧客要求打包餐點	38. 不提供不易服務之餐點
18. 拒絕顧客選擇用餐位置	39. 惡作劇調快店內時鐘，暗示顧客離開
19. 拒絕顧客更換菜單上之餐點內容	40. 在顧客意見卡寫上不當文字或圖案
20. 頻繁收拾餐桌、水杯、餐具，使顧客離開	41. 刻意鼓勵顧客點選最貴的餐點
21. 在顧客週遭打掃或徘徊，暗示他們離開	

認為與顧客建立關係，因此，就算服務人員在戲弄顧客也不易讓主管發現。從事此類服務破壞行為需要些現場工作經驗，大多是對於餐廳運作熟悉之資深服務人員。而惡待顧客行為情節較為嚴重，服務人員欲從事此類型服務破壞，必然會以私下進行，不會讓其他人 (包含同事、管理者或顧客) 知道自己進行此類服務破壞。

注意力超載

有些服務人員似乎工作愈忙，表現得就愈好，可同時妥善處理點菜和顧客特別要求，他們一直面帶溫暖、親切的微笑，讓客人覺得很尊貴；另外有一些服務人員似乎不能做到這些，當餐廳客滿時會變得很緊繃且思緒混亂，經常搞砸客人

點的菜，忽略客人的招喚，甚至打破餐具。這些持續發生的狀況，可能是注意力超載的徵兆。

　　餐廳的經營目標就是使餐廳高朋滿座，然而忙碌過程中，服務人員處身於煩雜的活動與需求中，一旦他們承受壓力超出其能力時，就產生了注意力過度負荷狀況，而導致失去專注能力，如此一來便會造成餐廳的混亂。例如：一位服務員在餐廳裡被太多的需求、活動、聲音所困惑，可能會沒注意到客人已經準備點菜，或是準備結帳的需求。有些服務人員會完全忽略其他客人的需求，只單單專注在送飲料給某一桌的客人這件事情，因此往往會因為忘記收取桌上的空杯子，而失去讓下一桌客人適時進來消費的機會。或者於服務飲料時，沒注意鄰近客人的飲料喝完了，因此失去推銷飲品的機會。

　　餐廳經營者多設法僱用能對情境變化有迅速反應的服務人員，以取代易產生注意力超載的員工。然而高注意力承載的員工並不易找尋，且汰換員工的代價很高。因此，另一個方法就是診斷現任員工注意力超載的狀態，並協助其克服此症狀。企業可藉由 Test of Attentional and Interpersonal Style (TAIS) 量表確認個人注意力集中之類型。此方法成功地被使用於奧林匹克的運動員，以及其他產業中，當然也可運用於餐旅業。

　　注意力可分為廣闊外在知覺、廣闊內在知覺、狹隘外在知覺、狹隘內在知覺四種類型：

- 廣闊外在知覺 (Broad External Awareness)：指注意力焦點集中於外在環境的線索，此種注意型態對於需把握外部複雜的情境最合適。尤其是在團隊、開放性的活動，這些活動參與者，必須能察覺及對情境變化有迅速反應的能力。
- 廣闊內在知覺 (Broad Internal Awareness)：具寬廣內在的思考、感覺及自我對話能力，適合分析及計畫工作。
- 狹隘外在知覺 (Narrow External Awareness)：狹隘外在知覺注意力是指易在特定的時間內，將注意力集中到外在環境中的某一目標上。
- 狹隘內在知覺 (Narrow Internal Awareness)：狹隘內在知覺員工有能力集中於某一項內心思想，但往往只能專注於一件事思考或感覺。

　　每一種注意力類型有不同的優缺點，例如：一家繁忙的餐廳，員工需要有廣闊的外部注意，而一般大學教授的注意力類型則屬於內在知覺，因此，若教授從事餐飲服務工作可能會很快地達到注意力超載。狹隘注意力型服務人員可能一次只能注意一個外部事件，無法同時記得多位用餐客人的需要。具廣闊外部注意力的服務人員，很少會在餐廳繁忙的活動中迷失，然而這些服務人員在面對內在

表 9-8　注意力集中類型的指標

廣闊的外部注意力	
覺察力	超載
• 我善於觀察餐廳的情形，立刻就能掌握整個狀況。 • 在餐廳忙碌混亂的期間，我能清楚知道每個人在做什麼。	• 每當同事或顧客跟我說話時，我會因為周圍的狀況而分心。 • 當我試著趕上餐廳運作的所有工作需求時，我會感到混亂。
廣闊的內部注意力	
覺察力	超載
• 只要給我一點訊息，我就能發展出很多想法，像餐廳整體概念、新菜單和行銷計畫。 • 我發現我能輕易將構想結合，即使那些概念是來自於其他的餐飲業者。	• 當別人一和我說話，我就忘記我原先的想法了。 • 我有很多的想法和構想在我腦海中，但常令我感到困擾和被我忽略。
狹隘的注意力	
覺察力	超載
• 當我專心在餐廳的活動時，我會避免讓自己的心智神遊。 • 當我專注在一個想法或概念時，我會讓自己與世隔絕。	• 我失去與餐廳其他人的連接感，因為我的注意力全放在一個顧客或一桌客人。 • 我會常有個想法或構想在腦中揮之不去。

概念化的工作 (譬如菜單規劃) 也許會有較多困難。這並非代表，教授無法注意外在刺激或明星服務員無法規劃菜單，而是每個人有不同的注意力容量。每一個人的容量是有限的，當達到注意力超載時，會感受到壓力，並且開始犯錯 (表 9-8)。

　　餐廳在忙碌的狀態下，有些員工會出現注意力超載，產生服務失誤之情況。一旦發生注意力超載的問題，管理者應規劃有關注意力的訓練，幫助員工降低其壓力程度。以下三種方式能使員工減少注意力超載狀況：

熟悉作業技術及專業知識　當員工在壓力之下，不經過思考便可執行任務時，他們的表現會較穩定。當服務人員熟記菜單、酒單、食物的製備方法及價格時，回答客人問題便不需多餘的思考，可將注意力去處理其他特別的需求。

瞭解何時請求協助　一旦員工明白什麼樣的狀況，會讓他們產生注意力超載的情形，當他們感受到超載的情況時，就可以請求協助。公司應該消除員工的疑慮，告知員工當在工作壓力過大時請求協助，並不表示工作能力不佳。獲得同仁協助

可避免注意力超載，而當其他同事有困難時，也可以給予幫助作為回報，這種相互的支持，就是團隊工作的本質。當服務人員清楚彼此的優勢及弱點，就能成為一個傳遞高品質的服務團隊。

瞭解如何恢復　當服務人員失去了注意力焦點而有犯錯情形發生時，自然的反應可能是試圖更集中精神，甚至更努力嘗試將工作完成。其實這是最不適當的反應，因為這會造成額外的壓力，並阻礙注意力的恢復。他們必須學會放鬆肌肉使心思冷靜，於恢復後再度聚焦其注意力。當忙亂時期過去了，員工有時間自省時，可以分析發生了什麼事，並思考如何避免這種狀況再次發生。

服務補救

服務補救是指服務提供者回應失誤所採取的行動，其目的在於將顧客不滿意的情形，轉變為滿意的狀態。餐飲業是一個高度人際互動的服務產業，即便是再完美的服務設計，仍無法完全避免服務失誤的產生。有些餐廳不甚理解服務補救對其營運的重要性，一味著重於衡量服務補救所需的人力、時間及財務成本，卻忽略了若是不進行任何服務補救，可能造成後續無法彌補的重大損失。

良好的服務補救措施，不僅可以為餐廳降低失誤所帶來的負面影響，同時也可以獲取許多可供改善服務品質的資訊。相反的，不良的服務補救，將會增加顧客不滿的程度，甚至對餐廳商譽或利潤造成更大程度的傷害。一般服務業者常用的補救措施，分別為：(1) 解釋：向顧客說明服務失誤的產生原因；(2) 道歉：承認錯誤，並透過言語來消弭服務失誤造成的負面感受；(3) 協助：採取實際行動以解決服務失誤的問題，例如更換新產品；(4) 補償：因失誤帶給顧客不便或困擾，無法協助解決時所作的措施。

服務補救方式可能會因失誤類型而有所差異，Hoffman, Kelley and Rotalsky (1995) 使用關鍵事件法在美國的餐廳進行調查，結果顯示，業者所採用之服務補救措施共有 8 種方式 (表 9-9)。補救措施中以「免費餐點」的效果為最高，其次為「折扣」。最常使用的補救措施為「替換」占 33%，其次為「免費餐點」占 23.5%。其中「管理者出面解決」雖然補救效果為中等，但顧客保留率卻高達 99.8%，顯示管理者

處理顧客抱怨的10句禁言

(1)「這種問題小孩子都會！」
(2)「你知道，一分錢，一分貨。」
(3)「絕對不可能有這種事情發生！」
(4)「這不干我們的事。」
(5)「嗯……我不大清楚。」
(6)「我絕對沒說過這樣的話。」
(7)「我不懂怎麼處理……」
(8)「公司規定就是這樣！」
(9)「你看不懂中文嗎？」
(10)「改天再通知你。」

表 9-9　美國餐飲業服務補救措施之效果

補救措施	補救效果 (1-10)	百分比 (%)	顧客保留率 (%)
免費餐點	8.05	23.5%	89.0%
折扣	7.75	4.3%	87.5%
優待券	7.00	1.3%	40.0%
管理者出面解決	7.00	2.7%	99.8%
替換	6.35	33.4%	80.2%
更正	5.14	5.7%	80.0%
道歉	3.72	7.8%	71.4%
不做任何處置	1.17	21.3%	51.3%

出面解決問題，可以讓消費者感覺受到重視。

　　服務補救的滿意程度會受到抱怨者之社經地位、失誤的嚴重性或補救過程之態度等因素的影響，很難以籠統的方式判斷何種服務補救方式較佳。但是，整體而言，提供實質補償的方式，優於僅以口頭進行道歉及做任何處理。大部分顧客都希望服務人員被授予立即解決問題的能力，而不用經過管理者同意。雖然服務失誤可藉由補救來挽回顧客，但並非每次的服務補救都能有效地使顧客轉為滿意，失敗的服務補救，更是會加深顧客對企業的負面形象。

內部服務

　　縱然公司已訂定明確的作業程序，這並不代表員工在實際執行服務作業時，都能達成預定的品質目標。許多的服務過程處於員工與顧客高度互動狀況，整個服務傳遞系統受到太多不確定因素影響，難以標準化完全控制。當餐飲業者要求服務人員提供顧客良好的服務品質時，大多忽略要先提供良好的服務給餐廳的服務人員 (內部顧客)。

　　近年來餐飲業成長快速，在這競爭激烈的產業中，業者多半著重於調整外部營業的策略，而忽略了改善內部服務品質。然而只有在企業內部服務品質達成成效時，員工工作滿意度才會因而提升，而高品質的服務將可預見，且顧客滿意度也將因此提高。內部服務八大品質構面分別為作業工具、政策與程序、團隊合作、管理支援、目標認同、有效訓練、溝通、獎勵與認同。內部服務品質的提升，應該分別從八大構面 (表 9-10) 著手，雖然其中以溝通及獎勵與認同這兩個構面最為餐旅業員工所重視，但另外六個因素也有相當之影響力，因此，餐廳應

表 9-10　內部服務品質構面

內部服務品質因子	說明
作業工具	組織是否提供服務顧客所須的工具
政策與程序	政策和程序是否對服務顧客有幫助
團隊合作	員工間及不同部門間是否能合作
管理支援	管理階層是否增加員工服務顧客的能力
目標認同	服務人員和高階管理者的目標是否一致
有效訓練	訓練是否有效、有用且合乎時宜
溝通	各部門間及不同階層間是否能有效溝通
獎勵與認同	對於好的績效進行獎勵及表示認同

對所有構面提出適當之措施。

人力資源部門設有完善的內部升遷管道及福利制度，並且提供符合員工期望的獎勵與肯定，均有助於提升員工之組織承諾。除了實質獎勵外，可透過口頭讚美表揚，以及定期聚餐聯誼方式，與員工建立夥伴關係。亦可利用電子留言和公布欄發布各項消息，與員工保持暢通的溝通管道，使員工對組織產生向心力。當員工遇到工作上的困難，餐廳主管應予以全力協助，使員工產生歸屬感，進而降低離職率。

授權員工

在 1970 年代學者提出服務業應向製造業學習，使用工業化的策略，像是簡化作業流程和採用新科技、設備和作業系統。公司所有的作業流程都是管理人員所設計，第一線員工只需要執行，以達到提高組織效率，餐飲業最廣為人知的例子，就是麥當勞採用生產線式的服務作業。但是對一般餐廳來說，從帶位、點餐、送餐、收餐盤、帳單的遞送與結帳，每個服務環節都不僅是為了滿足顧客生理的需求，亦包含了一連串的經驗感受。許多餐廳經營者相信落實標準作業流程的服務，就能達到顧客期望之品質，因此往往提供了不具彈性的服務，造成顧客面對的是毫無情感且僵化的服務。

員工授權是一個組織將權力分散的過程，也就是主管將更多的決定權授予第一線員工，以便為客戶提供高品質的服務。在 1990 年代，由於美國餐飲業市場競爭及消費者需求改變，許多公司逐漸使用授權式管理，來彌補標準作業化管理之不足。因為權力下放到第一線，使服務人員在關鍵時刻能馬上做出回應，不用

再請示主管,結果使得原本不滿意的顧客反而變得滿意,甚至有機會成為餐廳的忠誠客戶。授予權力是企業表達出對員工信任的方式,被授權的員工會表現出積極主動的態度,給予顧客全新的感受。

很多人對授權給員工存在著迷思,例如:員工授權讓主管在某種程度下無法確實的控管員工的行為,權力不是主管努力所得來的成果嗎?如果下放給員工,他們會不會無法節制,而不知道底限在哪裡呢?主管可以用許多問題來質疑這個思維在餐旅業是無法落實的。但事實上,在先進國家許多成功的餐飲業已導入授權的政策。根據過去企業授權的結果,發現員工將更替公司著想,並增加對成本控制的責任心。藉由授權,主管有較多的時間去處理其他事情,同時可讓員工在工作中成長,亦可使主管在實施過程中觀察員工的潛力。此外授權可導致員工願意將顧客的需求及問題回報主管,以便主管瞭解。相對的員工授權對餐廳而言,需花很多時間和精力來挑選具企圖心、反應快且具關懷他人之人格特質的員工。此外餐廳必須投入許多資源來訓練員工,讓員工有獨當一面的能力。

事實上,不是所有的顧客都想要有客製化的服務。有些顧客也只想要得到迅速,可靠的服務。例如:在一間大排長龍的早餐店,如果員工提供太友善的服務,使得結帳速度變慢,將對營運造成負面的影響。所以,餐廳本身的定位非常的重要,要決定是否採用授權的管理方式,可依據表 9-11 為判斷準則。

表 9-11　餐廳採取授權管理之判斷準則

	生產線式管理	員工授權
營運策略	低成本,高流量	客製化,人性化,差異化
與顧客互動	交易式,短時間	關係式,長時間
作業技術	規律,簡單	不規律,複雜
服務情境	可預測,少突發狀況	不可預測,許多突發狀況
員工特質	員工屬於低成長類型、低社交需求和低人際關係互動	員工屬於高成長類型、高社交需求和高人際關係互動

餐廳的硬體、產品、營銷策略等,都很容易被抄襲和超越,而提供差異化的服務則是最好的競爭策略。若一間餐廳在落實服務流程標準化之後,能進而運用員工授權來建立在顧客心中的良好形象,提高顧客忠誠度,必能為餐廳創造源源不絕的收益。海底撈餐廳於 2014 年營收達台幣 250 億元,該公司運用了授權管理,規定服務人員可以視現場客人的需求,立即回應或在顧客抱怨時適時地作出

補償，讓客人滿意離開之後再回報給管理階層。

縮小缺口 4：適當溝通

　　服務品質的第 4 個缺口，導致於企業對顧客的承諾內容與實際上所傳遞之品質間的差距。當競爭日趨激烈，業者為吸引消費者，在廣告上會逐漸產生誇張不實的狀況。公司藉由與實際品質不符的宣傳手法來提升顧客對服務的期望，經常會造成顧客對服務品質感到失望。也就是說，過多的承諾與保證可以提高顧客消費前的期望，並因此產生吸引力；但當顧客實際接受到的服務品質，無法達到所期望的水準時，將大幅降低顧客對該公司服務品質的認知。因此業者在對外溝通時，不可言過其實。

　　廣告是一重要的行銷工具，主要為透過適當的媒體，針對特定的對象傳遞訊息，以期達到影響目標消費者的目的，具有宣傳產品與服務、教育消費者、增加銷售與提升競爭力的功用。餐飲服務具有無形的特性，使得顧客較不易形成清晰的期望。服務品質可藉由廣告加以具象化，也就是說，廣告可以讓服務更容易被瞭解，塑造較具體的形象。透過廣告可形成事前較明確的期望，協助顧客建立有效的評估系統，降低顧客在消費前對服務品質的不確定及風險感。因此藉由服務廣告訊息，建立與服務內容相符的顧客期望，有助於達成消費者滿意的評價。

　　在服務五構面中，有形性的訊息較易運用廣告表達，而其他四構面則不易透過文字與圖形呈現。餐飲業者在可靠性構面的表達，應該強調信賴的感覺，利用餐廳的服務受到專家、顧客肯定，如「連續榮獲企業家評選心目中最佳服務品質餐廳」，或「政經、影視明星均為座上客」等標語。至於反應性構面，可以用前後場人員之間的合作，表現出為顧客提供快速服務的努力加以呈現。運用員工的受訓過程及服務的經驗等，表達出員工的專業，可傳遞確實性構面訊息，例如，「來自法國侍酒師為您提供專業的服務」即為一實例。最後，關懷性構面不容易透過簡單的句子加以表達，但可藉由餐廳所發生的實際例子，透過故事的情節加以呈現，使顧客瞭解餐廳會儘量去滿足顧客個別的需求，而此種價值是其他餐廳所不能提供的。然而在呈現此種訊息時，必須小心謹慎，否則容易造成顧客有過高的期望。

　　水平溝通指組織內部部門之間的溝通，雖然為內部的溝通，但是當障礙產生時，亦會導致顧客的不滿。舉例來說，一間公司的廣告部門與前場作業部門若未能在事前良好的溝通，廣告所塑造出的服務期望，往往是作業部門無法達成的。改善水平溝通的第一步，為建立公司內部對服務品質之共同的語言。由於服務的特性不易捉摸，因此建立共同的語言，才能減少溝通的障礙。PZB 服務品質五

構面可被用來作為共同的語言，增加水平溝通的順暢性。在規劃廣告時應將服務人員的意見納入考量，因為服務人員直接與顧客接觸，最瞭解顧客的需求與感受。

個案　失誤補救

林玉怡一臉擔心的表情走向郭伶伶，一位具有 220 個座位的高級法式餐廳帕薩瑞奧的總經理。玉怡是一位經驗豐富的服務員，已經在這家餐廳工作了八年。她對自己真誠地招呼客人時所展現的禮貌、熱情和友善感到驕傲，而且她有敏銳的觀察力知道何時該回去接受點餐，以確保不會打斷顧客談話。她具有豐富的餐飲知識，且是最常收到來自顧客讚美的員工。

今天晚上發生些意外，她告訴伶伶：「16號桌出了一些問題。」伶伶驚訝地看著她，因為她認為今晚在工作上一切都很順利。「發生什麼事了嗎？」伶伶問道。

「有個四人派對，兩對情侶，他們想見經理。一開始服務時很順利，但在上開胃菜之後就開始諸事不順。一位男士抱怨訂價 260 元的冷盤裡面的蝦子又少又小；另一位女士說她的龍蝦濃湯是冷的，所以我拿回去幫她換一碗新湯；而該桌全部顧客都抱怨他們的沙拉用的盤子是熱的；我剛送上他們點的葡萄酒，一位男士嚐了口後說酒是酸的。因此他們想見你。我還沒送上他們的主餐，因為在他們眼裡似乎沒有事情是對的。你最好去看看。」

伶伶深呼吸一口氣後問：「他們點什麼主菜？」

「一份烤牛肉三分熟、一份五分熟、一份鮭魚排和一份煎旗魚。」她回答。

「先去準備餐點。」伶伶表示。「我會去和他們溝通。假如你不想面對他們的話，你可以去和芊芊要求交換服務區域。或許去不同的區域服務，可以舒緩你的情緒。」

「好的，如果有我可以幫忙的地方請和我說。」玉怡放心地說。

而後伶伶前往 16 號桌。

問題討論

1. 當伶伶抵達 16 號桌時，應該讓客人從頭講一次發生的事情，還是告訴客人他已經知道情況了？
2. 伶伶應該嚐嚐看酒以確認品質？或是她應該接受客人的看法？
3. 伶伶可以做些什麼來改善現在的情況？你會讓玉怡和芊芊換桌次服務嗎？
4. 當主菜上菜時，伶伶應該做些什麼？

Chapter 10

連鎖經營

學習目標

1. 瞭解餐飲業連鎖經營的發展歷程
2. 認識餐飲連鎖經營的優勢
3. 明瞭連鎖體系之類別與四個擴展階段
4. 熟悉連鎖餐廳區經理的功能
5. 瞭解餐飲複合連鎖經營模式之內涵
6. 熟悉餐飲連鎖國際化之不同經營模式與優缺點

連鎖經營形式緣起於美國，第一間建立連鎖加盟系統的公司是 Singer 縫紉機製造商，Singer 於 1850 年藉推銷員在選定的區域銷售縫紉機，從中抽取佣金。推銷員不僅要付該公司區域授權金，而且還得先買進機器後再售出。此後汽車製造業在 1890 年開始採取授權經銷之方法，很快地加油站也依照此種經營模式進行擴張，而餐飲業之連鎖經營，則起始於廿世紀初期。

一、餐飲連鎖經營的發展

圖片來源：Wikimedia

Howard Johnson 曾是一位為債務煩惱的推銷員，1925 年於美國麻薩諸塞州昆西市偶然機遇下接管了一間倒閉的藥局。接管藥局後，Johnson 開始於店內搭配販售冰淇淋，很快的人們被口感濃郁的冰品所吸引。當時 Johnson 借錢聘請了一位廚師，增加三明治及莎朗牛排等菜色，並設置了小雅座。由於生意興隆，便接續在海邊開設出第二家及第三家直營冰淇淋店。這兩家店也十分成功，導致他想繼續擴張，但由於理財不當使他無法如願。碰巧此時有人提議合夥經營，其條件為合夥人提供一個夏天可賣冰淇淋的攤位，使用 Howard Johnson 的店名、產品和作業方式，合夥人對取得這些權利付出一筆費用，這一次合作關係就是餐飲業加盟的雛形。

1950 年代美國高速公路發展迅速，因為人們旅行時有吃頓舒適餐點的需求，餐飲業隨著高速公路的成長快速展店。Howard Johnson 滿足了當時開車去 Florida 度假旅人的需要，許多人會在旅途中為 Howard Johnson 而駐足。到 1960 年美國已有 650 家 Howard Johnson 餐廳，甚至於 1970 年代發展至一千餘家分店，為當時最具規模之連鎖餐飲業者。

有些具有遠見的人很快跟進了 Johnson 的加盟擴張步伐。Dunkin' Donuts 為世界上著名的甜甜圈連鎖店，創建於 1950 年美國麻薩諸塞州昆西市。在 1955 年開始推動加盟，在 2018 年已經有超過 11,300 家分店，分布在全球三十餘國。Dunkin' Donuts 曾兩次引進台灣，第一次是在 1983 年在台北市建立連鎖店面，但後因經營成效不佳退出台灣市場。2007 年由三商行取得 Dunkin'

Donuts 代理權，第二次將此品牌引進台灣市場。規模曾一度達到 35 家，但在 2013 年全面結束營業，再度自台灣市場撤出。

　　1952 年 66 歲的 Harland Sanders 正瀕臨絕望狀態，因為 Sanders 經營的餐廳旁邊被規劃為新建的高速公路，使得他不得不出售這間餐廳。當時他帶著花了多年所研發的一份草藥和香料配方調味的炸雞秘方食譜及生產炸雞用的壓力鍋，試圖說服鹽湖城一家餐館的老闆 Harman 販賣特調炸雞。條件是允許該餐廳將他的炸雞加入菜單，每賣出一份時得付給 Sanders 幾分美元。當 Harman 品嚐了特調炸雞後，便認為這將會是一個很好的交易。Harman 與 Sanders 之合作關係，奠定了肯德基加盟發展基礎，當時彼此之間的合作僅有「握手」的形式，無任何加盟契約文件。肯德基連鎖餐廳總部設於美國肯塔基州路易維爾市。目前是全球第二大的餐飲連鎖企業，僅次於麥當勞，在一百多個國家擁有兩萬多家分店。

　　同一時期在美國的西岸，漢堡速食連鎖餐廳的發展正要開始。在芝加哥賣奶昔機的業務員 Ray Kroc，注意到一間在加州聖伯那地諾市的漢堡店多次訂購新的奶昔機。於是在 1954 年他決定親自去一探究竟。從停車場走到 McDonald's Hamburgers 時，Kroc 看到一件改變他人生的情境，他看見一大群人在一個擁有各別的窗口的八邊型建築物，購買一毛五美元的漢堡及一毛美元的薯條。店內員工服飾整潔，執行高效率的產品製作及服務，以便顧客能快速取得餐點。

　　這種餐飲生產線作業形式，是由 Richard 和 Maurice McDonald 兩個兄弟所建構。這兩個兄弟在經歷了幾種不同工作後開創了麥當勞。在 1955 年 Kroc 成為麥當勞加盟者。幾年後 Kroc 向麥當勞兄弟購買了麥當勞之商標及經營權後開始擴張。如今麥當勞之企業版圖遍布全球六大洲一百多個國家，共有超過3萬間分店，是全球餐飲業中知名度最高的品牌，在很多國家中代表著美國文化。

　　1960 年代是各連鎖體系快速發展的時代，推動加盟六年後，麥當勞已經有了 228 間餐廳。Dunkin' Donuts 在第八年時有了 100 間店，而 KFC 在成立第九年時已經有 600 間據點。1960 年代，華爾街有許多的連鎖企業股票上市。像是 Howard Johnson 的股票在第一天之內，就從 38 美元漲到 52 美元。麥當勞在 1965 年，則是由 22.5 美元漲到 30 美元。Dunkin' Donuts 則是在 1968 年上市。而 KFC 股票則高居 90 美元。當時連鎖餐飲業的股票十分熱門。

　　然而，也因為如此快速的加盟店成長，加盟者與加

圖片來源：George/Flickr

偉克商人餐廳 (Trader Vic's)

1934 年創立的美國餐廳品牌，是以法式烹調方式，融合島嶼美食特色，為一間以大溪地風格為主題的餐廳。除了各式的餐點，它的另一項特色就是雞尾酒，其中有些雞尾酒的配方，被列為世界僅少數人知道的秘方。偉克商人第一家分店開在美國西雅圖西方大飯店，後來逐漸遍布於各大城市的著名飯店中。1993 年由仕維生餐飲集團引進台北，2011 年結束營業。

圖片來源：Wikimedia

盟總公司的關係不再如同初期般單純。1970 年代起，美國政府開始檢視連鎖產業的問題，舉辦多場公聽會。許多州開始制定法規，以確保加盟者了解他們所選擇的加盟體系。根據哈佛商學院 1969 年的估計，在那段時間每年有超過 4 萬個人加入連鎖體系企業，明顯的連鎖加盟形式已經成為了一個趨勢。Franchise Time 在 1970 年代指出，73%的加盟者會推薦加盟，75% 的加盟者在成長機會、高收入和工作保障層面上表示滿意，但是只有 3% 認為加盟總公司提供令人滿意的服務。

由於現代生活方式所造成之壓力，致使人們更重視精神上的放鬆，主題休閒餐廳除了供應餐飲外，也能帶給顧客遠離煩雜生活及輕鬆的感受。1970 至 1980 年代，美國休閒餐廳以連鎖的型態開始快速發展。國際連鎖休閒餐廳講求個性化的服務及氣氛營造，讓消費成為一種時尚且獨特的用餐體驗。許多美國知名的休閒餐廳品牌，例如：The Cheesecake Factory、Oliver Garden、Red Lobster、P.F. Chang's Bistro 及 Applebee's 均尚未進入台灣市場。已於國內發展的則有 Outback Steakhouse、TGI Fridays 及 Chili's Grill & Bar。

主題休閒餐廳皆以提供消費者輕鬆、熱情、有趣及新奇之休閒感受為主軸。TGI Fridays，創立於 1965 年的紐約第一大道，在 2018 年有近 800 家分店分布於全球，台灣第一家分店創立於 1991 年，位於台北市敦化北路。Chili's Grill & Bar 創立於 1975 年，全世界已有超過 1,600 家分店，以輕鬆愉快的達拉斯漢堡店起家，提供大份量的德州與墨西哥式的料理，其他特色產品有瑪格麗特調酒及鮮嫩豬肋排，以道地的美國西南部精神熱情款待每位客人。2008 年台灣第一家 Chili's Grill & Bar 成立於信義商圈。

Outback Steakhouse 為具澳大利亞特色之牛排餐廳，

1988 年創立於佛羅里達州，全球擁有超過 1,000 家的分店，以提供專業、熱情、歡欣、輕鬆與舒適的用餐環境為目標。2004 年台灣首家餐廳創立於台北市敦化北路，然而在 2016 年 3 月全台有 4 家分店的 Outback Steakhouse 正式退出台灣市場。

過去美國的餐飲業者一直強調愈大愈好 (Bigger is Better) 的概念，但事實上消費者需要的是適度的份量。近年來人們傾向少吃脂肪類食物，多選用富含纖維和低膽固醇的食物，因此麥當勞近幾年在美國的銷售額下降，與此同時，快速休閒餐廳 (Fast-Casual Restaurants) 的銷售額則快速成長。快速休閒餐廳能夠在美國成功發展，主要在於其食材新鮮、客製化服務，以及營養成分之透明度。

由於餐飲業進入之障礙低，故近年來國內餐廳數量持續成長，但餐廳若無法發展出獨有的特色，而單純以價格進行競爭，將不利於長期發展。由於餐飲業的產品易於模仿，且消費者需求多變，故須持續不斷創新，建立與競爭對手之差異化，樹立獨特之市場區隔。雖然台灣餐飲業的發展仍以獨資之中小企業為主，但近 20 年來已有許多餐飲業者朝向建立連鎖體系發展，也透過上市上櫃的方式從資本市場中取得資源。

我國連鎖體系發展較晚，台灣從政府開放外資進入服務業後，許多國際連鎖企業紛紛進軍台灣，帶動國內連鎖加盟產業蓬勃發展。於 1979 年統一企業引進 7-Elenen 連鎖超商，採用完整連鎖經營管理制度，刺激台灣本土連鎖品牌經營能力的提升。1984 年寬達企業引進美國麥當勞速食，掀起餐飲業推動連鎖經營的風潮。其獨到的經營理念，Q (品質)、S (服務)、C (清潔)、V (價值感)，對國內餐飲業者起了相當大的衝擊。跨國性速食連鎖企業如溫蒂漢堡與肯德基等公司，追隨麥當勞腳步相繼大舉登陸，這些國際知名餐飲業者，皆採取提升服務品質、以顧客為導向及作業標準化的經營方式，造成西式速食業的興盛。此後 TGI Fridays 餐廳的引進，奠定了台灣休閒餐飲發展的基礎，日本連鎖體系及其他異國連鎖餐廳亦紛紛跟進。

近年來本土及國際品牌均積極在台灣開設餐廳。根據中華徵信所「2016 台灣地區大型企業排名 TOP 5000」統計，有 84 家餐飲業入榜；這 84 家餐飲業的全年總營收高達 1,075 億元，除了顯示出台灣餐飲市場的龐大商機，亦意味未來競爭會更加劇烈。

∞ 芳鄰餐廳 ∞

芳鄰餐廳於 1982 年創立，資本額 1 億 2 千萬元台幣，與日本最大的家庭式餐廳 Skylark 技術合作，以賣西餐牛排為主。

1989 年是芳鄰的全盛時期，台灣共有 23 家連鎖店，單店的月營業額可達 250 萬元台幣，但是，1996 年芳鄰餐廳卻在短時間內陸續結束在台灣的營業據點。

在競爭的餐飲市場中，連鎖業者為擴大市場占有率及提供顧客更多元的選擇，紛紛採取多品牌經營策略，以滿足消費者不同需求。根據台灣連鎖暨加盟協會統計，餐飲連鎖品牌數，由民國 101 年 624 個逐年上升至民國 104 年 905 個，品牌數量成長超過三成。業者為維持競爭優勢多採用快速展店策略，人潮匯集及流動性高之地區為連鎖餐廳拓點之首選，近年來以百貨及捷運商圈開設最多。餐飲業雖出現許多新品牌，但由於消費者重視食品安全，對餐飲業者在上游原料控管上有更高的期待。因此業者認為目前營運發展重點，以加強食品安全控管為首要課題，其次則為降低原材料及人事成本，與研發新產品。

近年來台灣較具規模的連鎖餐飲業者，逐漸朝向國際市場開創商機。由於具有與中國大陸飲食文化相近且語言相通的優勢，又因臺灣發展出具特色之產品及服務，得到中國大陸消費者青睞，成為餐飲業向外擴展之契機。目前國內許多大型連鎖餐飲業者已積極布局中國大陸市場，期望藉著其經濟發展之勢快速擴張，並藉此進一步進行國際化布局。

二、連鎖經營的優勢

近年來在全球化趨勢環境變化驅使下，台灣的餐飲環境開始轉型。在 1984 年全球速食餐飲連鎖龍頭麥當勞成功的登陸台灣餐飲市場後，許多國外的連鎖餐飲企業如肯德基、必勝客披薩等，也開始進軍台灣擴展事業版圖，加上本土的連鎖餐廳品牌如王品、鼎泰豐等品牌的快速崛起，如今台灣的餐飲業已從早期的獨立經營模式，漸漸地轉為具有規模的連鎖經營模式。根據台灣連鎖店年鑑的資料顯示，2013 年餐飲服務業連鎖店的總部達 706 家，較 2012 年

鼎王麻辣鍋

鼎王麻辣鍋創始店在民國 80 年設立於台中市忠孝夜市內。鼎王麻辣鍋由最初的夜市小吃店歷經不同階段的轉型，如今融合了中式傳統藝術與現代美學的餐飲空間設計，請大甲鐵砧山師傅量身訂製的鍋具，鍋內是堅固的不鏽鋼，導熱速度非常優異，鍋外是古式陶製成，猶如中國的「鼎」，與店名「鼎王」互相呼應，首創服務人員九十度鞠躬禮。

五花馬水餃館

2007 年創立於台南市，名稱取自於李白將進酒詩句，五花馬原指毛色斑駁交錯的珍稀好馬，而五花馬水餃館便取其珍稀之意。2010 年於福建省福州市設立生產工廠，並於當地發展加盟連鎖。桌號使用歷史名人之人名代替，如：項羽、武則天、趙雲與杜甫等，桌面附該名人的歷史事蹟供閱讀。

> **麥當勞廣告標語**
>
> 「Nobody can do it like McDonald's」沒有人能做到像麥當勞──1984年
> 「歡樂美味，在麥當勞。」──1984~1988年
> 「麥當勞都是為你。」──1988~2000年
> 「歡聚歡笑每一刻。」亞洲、大洋洲地區麥當勞口號「Every time a good time」的中文翻譯──2000~2003年
> 「I'm lovin' it!」、「我就喜歡」──2003年至今

增加82家。然而在2016年台灣連鎖餐飲服務業總部達973家，但總店數下滑0.7%，僅3.08萬家，此一跡象顯示，餐飲業門檻低看似易上手，但競爭激烈。連鎖餐飲品牌之持續擴張乃基於品牌認知、店址擇地、資金融通、採購物流、情報蒐集、人才發展及產品開發等層面之優勢。

品牌認知力

品牌對於消費者做出消費決策有著很深的影響。在美國小朋友最熟悉的人物是聖誕老人，其次便是麥當勞叔叔。之所以有較多兒童認得麥當勞叔叔，而不是米老鼠、唐老鴨或者復活節兔子，是因為麥當勞投入了大量的行銷與廣告費用。此外亦創造了一項眾所皆知的產品──大麥克漢堡。

廣告訊息受到電視商業廣告所提供的時間結構如10秒、30秒或60秒的影響，內容必須十分簡短，而且即使是平面媒體，廣告的訊息也必須保持簡單化。因為一個廣告不論在報紙或雜誌上，都與其他的廣告競相爭取消費者短暫的注意力。專業的餐廳廣告訊息，多會歸結為簡單的語句或口號。行銷部門通常會設計一個「標語」，來總結他們想告訴消費者有關於企業活動的特色。多年前，溫蒂使用一個口號「Ain't no reason to go any place else」，雖然這個口號在一開始時，引起一群高中英文老師發動群眾，一起寫信抱怨該口號的語法不正確，但是溫蒂公司卻認為，這句口號有效地超越了其他許多廣告的效益。雖然如今每天有許多新的廣告訊息衝擊著消費者，但過去一些傳統的標語，例如：麥當勞之「一切都是為你」、「達美樂，打了沒？」以及肯德基的「吮指回味樂無窮」，卻仍然留存在消費者的記憶裡。

電視廣告非常昂貴，只有少數規模大的公司可以負擔全國性的廣告支出。連鎖經營業者由於加盟商共同分擔廣告費用，使得電視廣告成為可行的行銷途徑。在一個人們易於流動的社會，讓顧客知道他們在每一家連鎖店，可以期待到的產品及服務是非常重要的，因此連鎖企業必須維持每一家分店的品質與服務的一致性。對於觀光客或是出門逛街的人，還有什麼比在他們自己所熟悉的連鎖餐廳用餐更自然。如果他們對該品牌的體驗是愉快的，未來便會想再回去消費。

品牌是一間公司重要的資產，在優良的品質、便利的通路之外，在消費者心中建立良好的品牌形象能使公司獲利，並達到成長目標。在同質性高且競爭者繁多的餐飲市場裡，唯有具差異化的品牌形象，才能讓消費者願意支付較高的價格。品牌不只代表產品的外觀與形式而已，需延伸到消費者的內心感受。一個溝通良好的品牌形象，是連鎖餐飲業經營成功的要素之一，因為選擇一家餐廳，有時是因為其象徵意義與消費者的自我認知相符，並非完全因為產品本身功能性的特質。消費者購買的不單只是功能或利益，還包含了象徵與內涵，如情緒、聯想、形象、自我認同、同儕團體的識別、來源國印象與自我表達。

品牌個性 品牌形象的產生，是由於品牌聯想連結品牌記憶，並且賦予對消費者的意義。品牌聯想最主要的構面包含屬性、利益與態度。屬性包含產品及服務的組成成分或是價格資訊。利益的概念是指企業能夠為消費者帶來的價值，通常指產品和服務消費的優勢。態度為顧客對品牌整體的評價，為品牌聯想中層次最高且最抽象的。

好萊塢星球餐廳

1991年該餐廳大股東影星阿諾‧史瓦辛格、布魯斯威利和黛咪摩兒在紐約以其全球知名度營造出第一家店。餐廳以電影的道具做為布置的主軸，例如，電影鐵達尼號的復古餐具，和羅密歐與茱麗葉裡浪漫的純銅燭台。輝煌時期在全球二十九個國家中有八十家連鎖店。但是由於擴張太快及經營成本過高等因素，造成負債累累，股票價格大跌。如今已關閉大部分的連鎖店，僅在紐約、倫敦及拉斯維加斯等大城市營運。

品牌對於企業可視為一種象徵符號，包含了功能上的意義，以及文化和心理層面的內涵。後者最大的特色就是在技術、功能之外，更需要具備情感在內的多層次內涵，能夠讓消費者向人暗示我是誰或我想成為誰，進而逐漸變成一種特殊的價值認同。因此品牌可以被當作人看待，而且作為建立品牌形象時的品牌聯想之一。品牌個性 (Brand Personality) 的定義，是指一組能夠聯想到品牌的人格特質。品牌個性認知的形成，是經由消費者與品牌直接或間接的接觸而來。人們傾向使用與自己個性

相仿，或與期望個性相似的品牌，換言之，即消費者會使用品牌個性來傳達自我的感覺。一間餐廳之品牌個性，若能被消費者明確地描繪，或可表達消費者的自我，則消費者對該品牌可能持較正面的態度。

連鎖餐廳若可擁有獨樹一格的品牌個性，並清楚瞭解其與目標顧客群自我概念之一致性程度，方可掌握忠誠顧客。透過獨特鮮明且與目標客群自我概念契合的品牌個性，可促使顧客對品牌產生共鳴，進而締造並維繫持久良好的品牌忠誠度。然而綜觀國內連鎖餐飲產業，大部分業者仍對建構品牌抱持不一致的看法，往往低估其重要性，僅著重於價格促銷等行銷手法的運用，導致易於讓競爭者模仿抄襲。

> **王品集團**
>
> 王品成立於 1993 年，創辦人為戴勝益，全球總店數已超過 300 家。旗下有王品、夏慕尼新香榭鐵板燒、TASTY、Hot 7 新鐵板料理、藝奇新日本料理、陶板屋、原燒、聚鍋、石二鍋、舒果、品田牧場、ita 義塔創義料理、莆田等品牌。王品集團透過品牌授權或是合資，將品牌輸出國際市場，分別在新加坡、泰國、中國大陸設立事業處與分店。

Aaker (1997) 發現在服務業裡，許多品牌之人格特質掙扎在不明確或沒有意義的狀況中，卻沒有一個明確的方法能夠來衡量品牌之人格特質，因此設計出品牌個性量表，為品牌個性建構了一個衡量的工具，對於品牌個性理論發展而言，是一個重要的里程碑。美國的品牌個性量表可區分為五個構面，分別是：真誠、刺激、能力、高尚與粗獷 (表 10-1)。

品牌個性具有文化的差異性，因此 Aaker 在日本另外進行跨文化的品牌個性研究，試圖找出屬於日本的品牌個性量表，結果建構出活潑、穩定、平和、優雅及仁慈五大日本的品牌個性構面 (表 10-2)。

自 Aaker 提出品牌個性構面量表後，餐飲業品牌個性相關研究日益受到重視。Siguaw, Mattila & Austin (1999) 以品牌個性量表為基礎，針對美國連鎖餐廳進行有關品牌個性的分析調查，其中速食餐廳分別為 Burger King、McDonald's 及 Wendy's。結果顯示，在速食產業中，麥當勞及漢堡王的品牌個性較明顯，而溫蒂的品牌個性較不明顯，其中麥當勞最高的構面為能力構面，最低的則為粗獷構面；漢堡王最具特色的構面為粗獷構面，最低的則為高尚構面；溫蒂最高的構面為真誠構面，最低的則為粗獷構面 (圖 10-1)。

國內針對速食產業研究結果顯示，台灣麥當勞及肯德基的品牌個性較明顯，而三商巧福的品牌個性較不明顯，其中麥當勞最高的構面為能力構面，最低的則為粗獷構面；肯德基最高的構面為能力構面，最低的則為高尚構面；三商巧福最高的構面為真誠構面，最低的則為粗獷構面。

表 10-1　美國品牌個性量表

真誠 Sincerity	刺激 Excitement	能力 Competence	高尚 Sophistication	粗獷 Ruggedness
務實的 Down-to-earth	勇敢的 Daring	值得信賴的 Reliable	上流的 Upper-class	活潑外向的 Outdoorsy
家庭導向的 Family oriented	時髦的 Trendy	勤奮的 Hard-working	富有魅力的 Glamorous	陽剛的 Masculine
純樸的 Small-town	刺激的 Exciting	安全的 Secure	外貌出眾的 Good-looking	具牛仔風格 Western
誠實的 Honest	充滿活力的 Spirited	有智慧的 Intelligent	迷人的 Charming	堅韌的 Tough
誠懇的 Sincere	很酷的 Cool	專門的 Technical	嬌柔的 Feminine	粗獷的 Rugged
真實的 Real	年輕的 Young	合群的 Corporate	優雅的 Smooth	
審慎的 Wholesome	具想像力的 Imaginative	成功的 Successful		
具原創力的 Original	獨特的 Unique	具領導力的 Leader		
另人愉快的 Cheerful	新潮的 Up-to-date	有自信的 Confident		
感情豐富的 Sentimental	獨立的 Independent			
友善的 Friendly	新潮的 Contemporary			

　　星巴克在台灣消費者心中，同時擁有多種的個性特質，在能力構面得分最高，其次是刺激、真誠與高尚，然此四構面的得分並沒有顯著的差距。唯有在粗獷構面上，得分最低，顯示出雖然星巴克是美國文化的一種呈現，但並不強調美國文化中的西部牛仔或者是粗獷的風格，而是塑造比較偏向於有能力、高尚及真誠的面貌。

　　代言人　廣告代言人運用自身的知名度，透過廣告表現出消費者的使用利益。當消費者從廣告上得到訊息時，會把自己用對廣告代言人的印象，投射在該產品的印象上。每天都有相當多的商品訊息曝露在媒體中，餐飲業為了想要潛在消費者注意到他們商品的銷售訊息，可藉由有效的產品代言人來加持。代言人選擇的好，不但可以增加產品的銷售，更可以加強消費者對此公司的品牌印象。如果代

表 10-2　日本品牌個性量表

活潑 Liveliness	穩定 Steadiness	平和 Peacefulness	優雅 Elegance	仁慈 Kindness
健談的 Talkative	一致的 Consistent	害羞的 Shy	優雅的 Elegant	溫暖的 Warm
有趣的 Funny	負責的 Responsible	溫和的 Mild	緩和的 Smooth	體貼的 Thoughtful
樂觀的 Optimistic	值得信賴的 Reliable	平和的 Peaceful	浪漫的 Romantic	和藹的 Kind
積極的 Positive	高貴的 Dignified	天真的 Naive	時髦的 Stylish	
現代化的 Contemporary	有決心的 Determined	依賴的 Dependent	有教養的 Sophisticated	
自由的 Free	有信心的 Confident	孩子氣的 Childlike	奢華的 Extravagant	
友善的 Friendly	有耐心的 Patient			
快樂的 Happy	固執的 Tenacious			
令人喜愛的 Likable	陽剛的 Masculine			
年輕的 Youthful				
精力充沛的 Energetic				
充滿活力的 Spirited				

　　　　　最不同意　　　　　　　　　　　　　　　　　　　　　　　最同意

	1	2	3	4	5
能力			WB	M	
真誠			B	MW	
刺激		BW	M		
高尚	B	MW			
粗獷	WM	B			

(M = McDonald's；W = Wendy's；B = Burger King)

圖 10-1　美國速食餐廳品牌個性比較

> ### ∽ 商標 ∾
>
> 商標法主要目的為保障商標專用權及消費者利益，以促進工商企業之正常發展。加盟連鎖常常會遇到加盟期限到了，加盟者將商標稍做修改，而繼續營業的情形，此情形在商標法中被視為違法。例如：高雄三多自強路口原本的 85 度 C，在合約到期之後即更名為 89 度 C。除了合約到期的案例之外，該店名也曾遭到其他企業模仿，例如 85.1 度 C。

言人和企業形象不吻合，不只會讓銷售量減少；還可能破壞公司品牌的聲譽。品牌和品牌代言人之間的聯繫可由「品牌的個性」去決定，品牌具有什麼樣的個性，就決定了該品牌應該請什麼樣的代言人。廣告代言人的類型可分為名人型、專家型、高階經理人型，以及消費者型四種。這四種類型各基於不同的理由，對消費者產生影響。

名人型 代言人依其高知名度和魅力，引起消費者的注意，並藉由消費者對該名人的移情作用，進而對名人所推薦的產品產生好感。因此名人平時所從事的活動或是任何外在的表現，都可能在代言產品之後，影響該產品在區域市場的普及率。

專家型 代言人依其專業知識和權威，說明產品所能帶來的利益，讓消費者的信賴感增加，進而達到廣告效益。

高階經理人型 企業本身的知名度或規模，以及 CEO 的獨特魅力，可以增加消費者的注意力。王品集團前董事長戴勝益就是集團餐廳的指標性人物。

消費者型 由一般大眾代言，實際說出使用產品的感覺，因其與消費者的地位相同，讓人覺得自然，未經掩飾，可降低消費者的心防。塑造品牌形象的方法有很多種，其中選對代言人傳達適切的資訊給消費者是最直接的方法。餐飲業者在選擇商品代言人之前，必須釐清公司預期在目標消費者心中的定位或品牌個性，再去搜尋同樣在消費者心中氣質相符的代言人，才能讓廣告效益達到最大化。此外在決定代言人前，要先瞭解其之前代言過的產品，是否和餐廳形象產生衝突。

◉ 店址選擇力

地點是連鎖餐廳成功經營最重要的因素之一。一般大眾皆知餐廳若座落靠近交通便利地區，會提高經營成功的機率，然而選址是極為複雜的工作，需透過專家分析大量的資料進行決策。連鎖餐飲業往往設有專業單位分析及選擇立地位置。

商圈為城鎮最主要的商業活動空間，消費者到商圈

購物或用餐,是都市居民生活不可或缺的活動。商圈有兩種型態:一是徒步為主的商圈,以店為中心,半徑約二百公尺之商業區或住宅區。另一種是以車輛動線為主體的商圈,大多位於郊外或上下班路線上,需設有方便的停車位。商圈亦可分成主要商圈、次要商圈及邊際商圈三個類別。主要商圈係指一家餐廳具有易接近性的競爭優勢,足以吸引顧客前往消費,形成非常高的顧客密集度。次要商圈則是指主要商圈再向外延伸的區域,該餐廳對其次要商圈的顧客仍具有相當的吸引加,但往往要與其他餐廳競爭,顧客也視這家餐廳為次要選擇。邊緣商圈則是餐廳少數顧客來源之所在,通常顧客都是臨時起意,或是碰巧在餐廳附近的消費者,當然也可能是對這家餐廳具有忠誠度,所以才肯花較多的交通時間前往惠顧。

商圈的界定對於連鎖餐廳經營具有相當大影響,一般而言,連鎖餐廳商圈範圍的界定,需視設定之主要顧客群為依據。此外完備的公共設施可吸引人潮,是餐廳在確定設立地點時必須考量的因素。連鎖餐廳應調查商圈整體特性、商圈範圍、商圈經營成本、顧客人數、顧客流動方向,以及競爭狀況,完整建立商圈經營參考數據及資訊。評估商圈的主要因素如下:

- 人口數量及特性:區域內人口總數與密度、年齡分布、教育水準、每人可支配所得、職業分布等人口因素。

星巴克

　　Starbucks 是百年前一本在美國家喻戶曉的梅爾維爾所著的暢銷小說《白鯨記》中船上冷靜且愛喝咖啡大副的名字,他嚐遍世界各地的咖啡,因此品味非同凡響。星巴克成立於1971年,定位於獨立於家庭及工作以外的「第三空間」,它的訂價方針則是「多數人承擔得起的奢侈品」,並秉承「努力工作,積極享受生活」的價值主張。在星巴克,人們購買咖啡的同時,也體驗到了一種生活方式。

　　Mission: to inspire and nurture the human spirit — one person, one cup, and one neighborhood at a time.

美國星巴克店重疊高

　　美國星巴克重疊程度相當極端,每家星巴克所在位置的方圓一英里內,另外還有 3.6 家星巴克;也就是說,一家星巴克平均要和大約另外四家星巴克競爭。分店過於集中的情況,在加州最為嚴重。加州星巴克有 75% 門市,在周遭一英里內還有其他星巴克分店。紐約也有高達 70%。

- 人力的取得：瞭解當地高中生與大學生的畢業生狀況、就業情形、當地平均工資與全國平均工資之比較。
- 供貨來源：當地供應商及製造商的數量、製造品質及運輸成本。
- 促銷環境：當地媒體的有無、品質、成本。
- 競爭情況：區域內競爭者的數量、大小及特性評估。
- 店面取得成本：店面購買或租賃等成本考量。
- 法規：如營運執照取得規範。

運用上述條件為基礎進行連鎖餐廳的地點選擇，可以較客觀地判斷地點是否適合開店。商圈範圍確立後，業者宜將此商圈進行在地化經營。例如，規劃適用於當地之行銷活動，或成為社區活動贊助者，使消費者對於連鎖餐廳有更正向之認知。

資金融通力

傳統上銀行與融資單位都視餐廳為高風險的事業，所以一個獨資的經營者想開一家餐廳或是擴展既有的店，都會面對籌集所需資金的困難。相對的銀行比較願意貸款給具規模的連鎖餐廳。因為他們知道連鎖餐廳的分店若發生問題，總公司將會設法解決，以保護餐廳的信譽。例如，連鎖餐廳可以將成功經營的直營店利潤轉移去協助有問題的分店。此外連鎖體系若出現一家失敗的加盟店，將會威脅到整個連鎖餐廳的聲譽，所以總公司往往會接手經營失敗的餐廳，而不是讓其倒閉。

與獨立餐廳比較，連鎖餐廳的失敗比例相形甚低。據估計，美國銀行借貸給獨立餐廳約會產生 50% 呆帳，借貸給連鎖餐廳加盟者，則僅會產生低於 5% 之呆帳。在台灣自行創業者在五年之內仍能夠營業成功的機率不到二成，但參加連鎖加盟事業的失敗率則不到二成。所以銀行不僅會將資金借給連鎖餐廳，甚至還會提供較低的利息。

目前台灣餐飲業已逐漸走向大型化與連鎖化，連鎖餐飲業搶進資本市場話題成為亮點 (表 10-3)。上市櫃之餐飲業，如王品、瓦城等知名連鎖餐飲已頗負盛名。王品於民國 100 年 3 月申請公

頂呱呱

風靡 70 年代的本土品牌頂呱呱，曾經盛極一時、是許多五、六年級生的青春回憶！頂呱呱創辦人史桂丁原為公務員，後與人合夥養雞，在日本看到肯德基炸雞，便決定仿效其模式，在台經營炸雞速食店生意。第一間頂呱呱餐廳於 1974 年在台北市西門町開幕。截至 2016 年 6 月，頂呱呱炸雞店在台灣共有 51 間餐廳。此外，頂呱呱炸雞店曾在美國舊金山、洛杉磯等城市設有分店，但現已歇業。

表 10-3　發行股票餐飲業營業收入及成長率

公司名稱	營業收入 (億元) 2013	2014	2015	營收成長率 (%) 2013	2014	2015
開曼美食達人	151.14	179.21	204.57	11.53%	18.57%	14.15%
王品	148.81	169.17	168.35	20.92%	13.68%	0.48%
統一星巴克	67.53	76.87	87.25	13.46%	13.83%	13.50%
安心食品 (摩斯漢堡)	43.05	42.53	44.25	0.28%	−1.21%	4.04%
瓦城泰統	23.07	29.05	34.53	20.85%	25.92%	18.86%
長榮空廚	22.65	25.20	27.63	17.60%	11.26%	9.64%
華膳空廚	20.75	23.49	24.90	5.44%	13.20%	5.96%
欣葉國際餐飲	15.73	17.89	18.13	6.00%	13.73%	1.34%
新天地國際實業	12.97	15.74	16.52	−7.75%	21.36%	4.96%
高雄空廚	14.13	14.61	16.47	−22.53%	3.40%	12.73%
六角國際事業	11.54	14.12	16.51	14.48%	22.36%	16.93%
上海鄉村餐廳	11.11	11.68	12.61	15.73%	5.13%	7.96%

開發行，通過相關流程之後興櫃日期為民國 100 年 4 月，在隔年的 3 月上市。瓦城泰統集團經營東方菜系連鎖餐廳品牌，在民國 101 年公開上櫃。此外近年來繼麻辣火鍋老四川及天母洋蔥股份有限公司登錄興櫃，愈來愈多餐飲集團爭相競逐、加入推動股票上市櫃行列。印月餐旅及台南擔仔麵等集團，近年來皆積極展店或開創新餐飲品牌，衝刺營收規模、力拚股票上市櫃。

　　上市、上櫃公司由於財務及業務資訊相對透明，得以通過公開發行股票方式募集資金。而且上市後無論向股東辦理現金增資，或向銀行團辦理專案融資，都是籌資可以採行的方法。由於可以從初級市場直接取得長期的資金，亦降低了資金成本的負擔。此外於上市櫃過程中，連鎖餐飲業需接受營運收入認列合理性、未來財務支應能力、人才培訓、食品安全及發展策略等項目之審查。此一過程可以帶動餐廳內部組織變革，促進公司全員動力，提升公司形象，有利

瓦城泰統

1990 年成立瓦城泰國料理，1995 年設立非常泰餐廳，2006 年推出湖南料理 1010 湘，是台灣最大東方菜系連鎖餐廳。瓦城泰統公司獨創了「東方爐炒廚房連鎖化系統」，透過食材規格化、廚房管理科學化與人才制度化 (11 級臂章制度)，讓旗下品牌都能保持一樣的品質。

於產品和服務的營銷。此外亦可提供員工認購股票的機會，凝聚員工向心力，提高員工的忠誠度。

採購物流力

一般而言，餐飲業的食材成本占營業額 30%~40% 之間，連鎖餐飲業者之購買量相當大，要集中採購才能節省原物料的成本。因規模經濟之故，連鎖總部採統一進貨、集中配送等措施，使得物流配送成為連鎖經營模式中不可或缺的環節。此外由於連鎖餐廳所提供之產品品質均需一致，且餐廳具倉儲空間比例小的特性，更凸顯出物流作業的重要性。

物流是一種物的實體流通活動行為，在流通過程中，透過管理程序有效結合運輸、倉儲、裝卸及加工等相關物流機能性活動，以創造價值、滿足顧客需求。連鎖餐飲業有效地運用物流管理，除了可以使得物流服務品質受到加盟店肯定外，亦能降低物流成本並提升產品品質。目前國內有愈來愈多的企業設立物流中心。餐飲業營運方式具獨特性，因此物流可區分為下列四種形式。

通泛物流 (Broad-Line Distribution) 其運作方式乃由廠商提供多項不同種類的商品，供應的對象並無特別規定，任何餐飲業均能夠向其購買。物流的整體結構類似超級市場型態 (圖 10-2)。國內的傳統餐飲店及一般獨立咖啡店皆採此類運作方式。

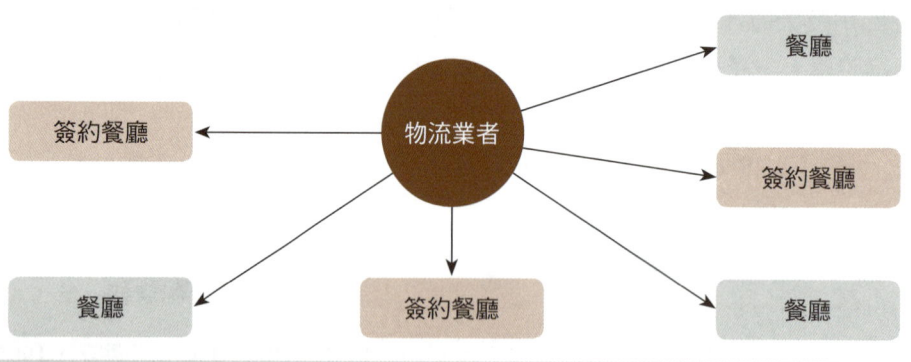

▶ 圖 10-2 通泛物流

特約物流 (Primary-Vendor) 為餐飲業與物流業者簽訂契約，約定已簽約之餐飲業一定要由該物流業者供應簽約零售商 70~80% 所需之商品 (圖 10-3)。國內業者鮮少採用此種物流方式。

系統物流 (System Distribution) 系統物流業者承辦加盟總部的業務，協助加盟

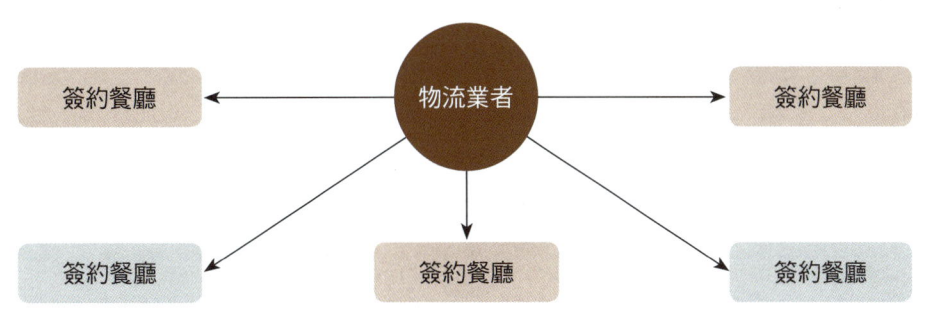

> 圖 10-3　特約物流

總部配送商品至加盟店 (圖 10-4)。其主要利潤來源則是配送服務之費用。國內有部分中式速食連鎖店、西式速食早餐店及連鎖餐廳屬此類方式。

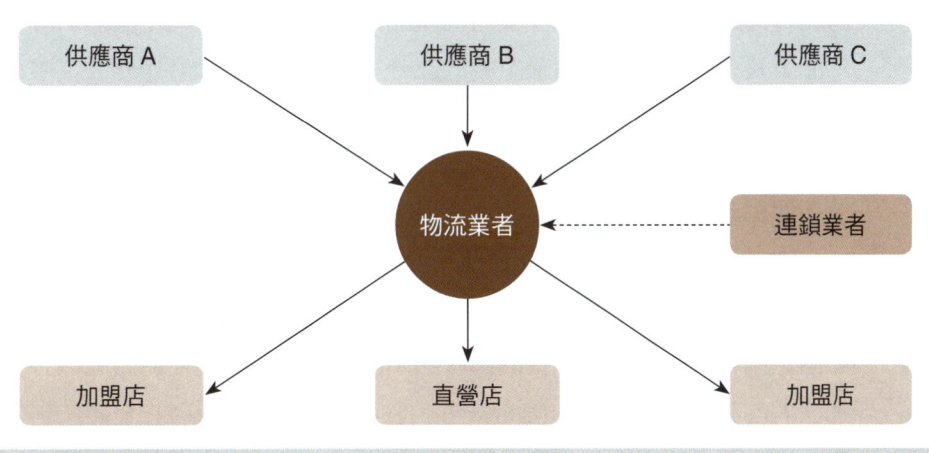

> 圖 10-4　系統物流

自營物流 (Self Distribution)　由連鎖餐飲業者直接向上游供應商進貨，再配送至各分店，可減少配送的費用，降低成本 (圖 10-5)。國內西式速食連鎖店(如麥當勞)、中式速食連鎖店 (如三商巧福) 及西式速食早餐店 (麥味登) 等都採用自營物流方式。1999 年，台灣麥當勞在彰化大城鄉設立亞洲第一座、世界第二座麥當勞食品城。麥當勞彰化食品城面積近 1.4 萬坪，將原料生產加工、倉儲及運輸集合在同一地點。

研究顯示，國內連鎖早餐店加盟者最重視的物流服務要素，為保證配送到

麥味登

麥味登的英文標誌 My Warm Day (意指：溫暖我每一天)。1987 年於台北市大稻埕創立第一家門市。1993 年超秦集團併購納入旗下品牌，新一代麥味登以精緻、健康、美味為主要訴求。迄今，麥味登走向 Café & Brunch 全新型態！

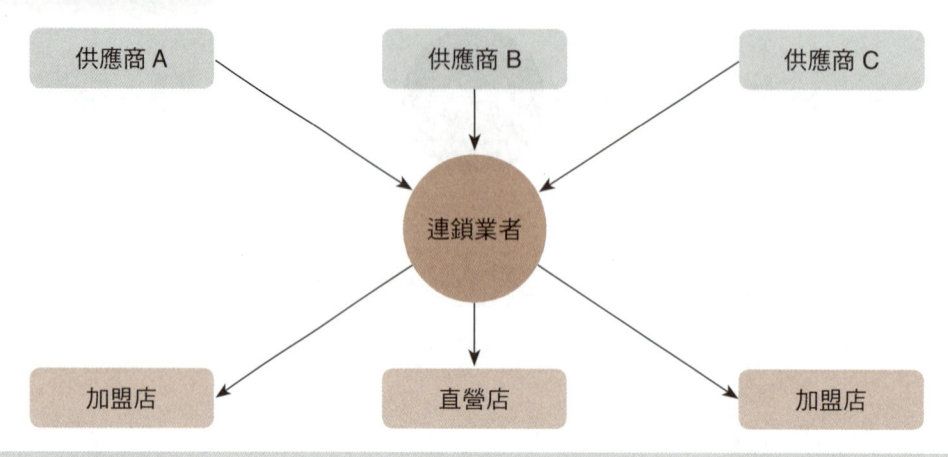

```
          供應商 A          供應商 B          供應商 C
                    ↘        ↓        ↙
                        連鎖業者
                    ↙        ↓        ↘
           加盟店          直營店          加盟店
```

圖 10-5　自營物流

店的貨品品質良好。因為早餐店的產品大多是現點現做的，講求新鮮衛生，產品的品質良莠與否是加盟者最重視的部分。在各項物流顧客服務要素中滿意度最低的是「總部提供價格合理之商品」，另外對於「有特殊需求時會提供緊急配送服務」與「提供貨品庫存管理上的幫助」等部分的服務，也感到差強人意，顯示總公司在產品價格、緊急配送服務，以及加盟店輔導協助方面有很大改善空間。

　　國內有些早餐加盟店會出現私底下自行向廠商進貨，即所謂的「跑貨」現象。對於「跑貨」現象有些總公司採取消極的態度，甚至規定加盟者只要在每年都固定向總公司進一定比例的主產品，而對其他營運所需的貨品部分，則不強制加盟者向其訂貨。這樣的情況長期下來，不僅容易造成各加盟店所提供的產品品質不一，更會使得總公司對於加盟店的約束力降低，對連鎖經營體系會造成很大的傷害。

　　連鎖餐飲業主要採用自營物流和系統物流兩種物流模式，百勝餐飲從 1987 年進入中國大陸後，找不到理想的系統物流業者，因此該公司創造了業內公認

∽ 東方既白 ∾

　　「東方既白」出自蘇軾的〈赤壁賦〉：「客喜而笑，洗盞更酌，餚核既盡，杯盤狼藉。相與枕藉乎舟中，不知東方之既白。」是中國大陸百勝餐飲集團在上海開出的中式速食連鎖品牌。第一家店於 2004 年 5 月在上海開業。難以做到標準化是中式速食大規模擴張的最大阻礙，東方既白採取肯德基的營運標準與服務流程，打破了一般中式速食先點餐，後送餐的兩步驟服務模式，採取顧客自行點餐取餐的方式，並將從顧客點餐到拿到所有產品的程序控制在 90 秒內。

的靈活且實用的物流結構：自營＋供應商服務＋系統物流。百勝餐飲自營的物流服務比例占了 50%，將特別遠、特別難行的運輸路線外包出去，同時建立 24 小時的配送中心，配備同時具不同溫度的貨車，配送中心是按照餐廳的銷售預估量進行變動式排班，以避免車子不滿載的現象，提高裝載量。

> **四海遊龍**
>
> 1993 年在永和的六合市場豎立「四海遊龍」的第一塊招牌，成為老字號的鍋貼連鎖專賣店。該公司每天清晨從產地將原料直接運送至中央廚房，再生產、配送到全台各門市。

物流成本係指產品在實物運送過程中，如包裝、搬運裝卸、運輸、儲存、流通等，各個活動所支出的人力、物力和財力的總和。對於餐飲業來說，物流成本可以分為餐飲採購成本、庫存成本及配送成本。有效降低物流成本對於企業與消費者可以帶來雙贏的局面，為達此目標首先需要建立標準採購規格。

標準採購規格是指餐飲業根據其經營需要，對所要採購的各種食物做出具體的規定，例如，原料的產地、外觀、色澤、新鮮度等等。採購員必須按照標準採購規格來購買原物料。餐飲業者要藉由採購及驗收人員的訓練，以確保取得適用的食材。

業者欲降低運輸配送成本可採用以下幾個方法：(1) 合理安排運輸排程，儘量使車輛滿載，以減少行駛里程；(2) 如果配送中心實行 24 小時作業，就可以利用晚間出車配送，提高車輛的利用率；(3) 於非營運時間送貨，可避開對餐廳運營的干擾，但必須考慮到安全的問題。而在庫存成本方面，需將原料合理分類堆放，保持好適當的儲存溫度，及時完成各種原物料損壞紀錄，以避免原料過期及臨時缺貨之情況發生。

情報蒐集力

連鎖餐廳可以將昂貴的電腦程式，以及設備的成本分攤到眾多的加盟店，因此可花費大量資金來開發可分析會計和營銷訊息的系統。連鎖體系每天的報告，通常都是通過分店的端點銷售系統，傳送到總公司辦公室的電腦。經過中央電腦的分析，若有問題即會顯示出來，報告會同時送給地區主管與出問題的單位，以便快速解決問題。透過資訊

> **八方雲集**
>
> 1998 年創立於台北，於 2010 年開放香港地區的加盟事業，2013 年進入中國大陸。主要產品為水餃、鍋貼、湯品與豆漿。在淡水總部設立中央工廠，將製造、冷藏、低溫配送及支援系統全面作標準化管理，使進料、整理、調理、包裝、出貨等流程一貫化。

系統的建立，除便於蒐集和分析財務資訊，對於穩定品質及員工效率的提升，亦有正面效益。

新天地連鎖餐飲原本只是台中市梧棲區一家傳統麵店，店內只有 4 張竹餐桌，因老闆善用新鮮海鮮推出各式料理，原本的小麵店逐漸轉型成臺式海鮮餐廳。新天地連鎖餐飲在 2003 年申請上櫃，並於 2009 年 5 月完成上市。該公司早在 1999 年就開始進行公司的企業化管理，引進財會和 IT 專業人才建立公司制度化的運作方式。藉由上櫃和上市，完成許多主管機關要求的內稽與內控流程。該公司原物料採統一採購，從前檯資料拋轉到採購、廚房、廚師、倉庫、驗收、成控和財會的每一個環節後，可以立即進行資料分析，透過系統化流程控管，杜絕可能弊端。

◉ 人才發展力

人力資源是連鎖餐飲業最重要的資產，連鎖體系從人才招募、遴選、訓練、管理一系列的過程，用才及留才是一大課題。連鎖餐飲業需要大量的前場服務人員與後場的廚師，為因應這些人力需求，除了培育正職員工外，往往會透過約聘的方式補足人力需求。因此培訓資源需要不斷的投入，以便餐廳能保持最佳的運作狀態。有些連鎖餐飲業為員工制定了先進的培訓計畫，例如，使用視聽科技，播放影片、錄影帶及幻燈片展示服務的正確方法。此外愈來愈多的公司採用電腦互動式及網路式的訓練。由於連鎖餐廳具有標準化之作業特性，總公司建構出系統性訓練架構可降低培訓成本，並提高效率。降低培訓成本對於基層服務工作是特別有利的，因為這類工作往往具有較高的員工流動率。

管理人員的訓練也是非常重要的，連鎖餐飲業較有能力負擔新進管理者之培訓費用。例如，美國愛瑪克 (ARAMARK) 公司培養一個大學剛畢業的新鮮人，會安排 12 至 18 個月的管理訓練，需要花費將近數萬美元。這筆費用包括訓練期間的薪資、福利、旅行支出、訓練成本，以及經理花時間所提供的現場輔導。實際上，這家公司花費大約美國年輕人一年大學的費用在學員身上。另外由於連鎖餐飲業擁有許多營運據點，可以透過提供輪調機會來激勵管理幹部。

◉ 產品開發力

連鎖餐飲業多設有獨立的商品開發部門進行新產品的開發，並且也會編列預

算,以負擔產品開發過程中所產生的成本。近年來,速食餐飲業不斷蓬勃發展。然而在產品同質性愈來愈高的情況下競爭愈益激烈,因此業者紛紛以「新產品開發」為企業獲取競爭優勢。唯有透過完善的規劃,方能大幅提高新產品上市成功的機會。

2016年香港星巴克假日杯款

　　新產品開發的目的在於滿足市場需求、鞏固市場占有率及善用閒置資源。就物質面而言,新口味的產品對於消費者有一定的吸引力;就精神面而言,新產品若能符合流行的風潮,亦可滿足心理上求新求變的需求。同時,由於廚房面積多已受限,原有之設備都應妥善應用,適切的規劃新產品,可增加各項設備的使用率。

　　新產品的定義,往往因為不同性質的企業或觀點而有不同的解釋,不過廣義來說,只要能滿足市場上未滿足的需求,就可稱為新產品,因此除了因技術的突破而發展的產品之外,由其他的市場引進本地尚未見過的產品,或依據現有產品的品質或包裝予以改進,也可稱為新產品。對餐飲業而言,現有產品的改進包括口感、香味及外形上的變化。由現有產品衍生而出的新產品,包括因季節性不同而做細節的變化,以及將現有產品應用在不同用途上。模仿他人之新產品,亦可納入餐廳新產品開發之範疇,因為欲製作與競爭對手相同的產品,仍需自行從頭開發製程。

　　西式連鎖速食業自登陸後,在母公司有系統的輔導規劃下,不斷開發並推展出許多新產品,並且持續維繫品質的一致性,而成為外食市場的主流,其新產品開發流程有我國餐飲業者可借鏡之處。Feltenstein (1986) 以美國速食業所運用之新產品開發步驟為基礎,建構出新產品開發流程 (圖 10-6),目的是希望能提升新產品成功導入市場之機率。透過觀察產業和競爭環境、選擇潛在之機會、評估產品構想、發展新產品製作流程,以及實際之市場測試等步驟,使餐飲業在開發新產品時更有效率。其流程有六大步驟如下:

組成專案團隊　新產品開發需要總公司內各部門專家,包括行銷、業務、會計、財務等專業人員組成一個專案小組,從事開發事宜。除提供專業知識,並可擔任專案小組與其工作單位之溝通橋樑。專案小組要由團隊負責人定期召開會議,分配任務、提供更新資料及分享研究成果。

訂定發展方向　新產品開發前須先設定發展方向,以確保所有新產品將符合公司的目標。清楚的發展優先順序,也可調和小組成員之個人偏見。設立發展方向及優先順序的最好的方法是依下列步驟進行:

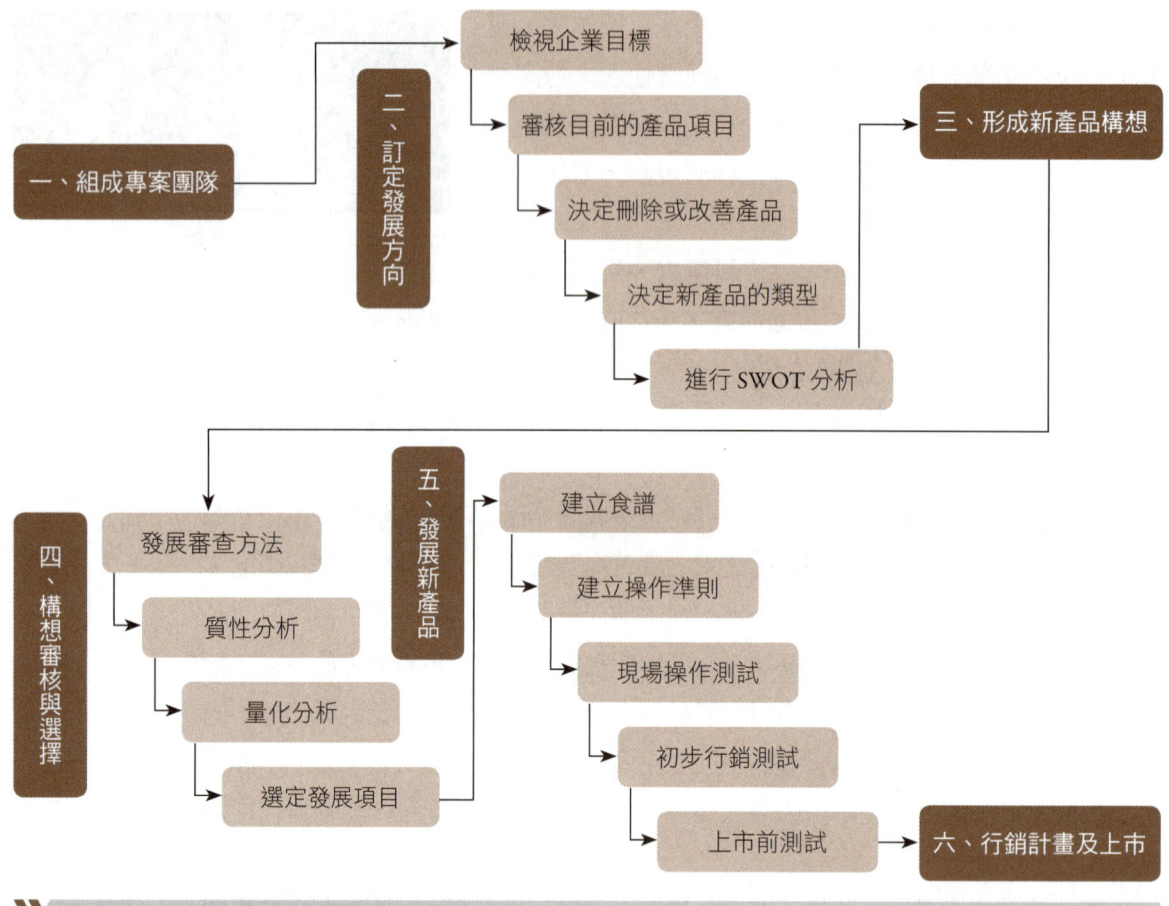

圖 10-6　美國連鎖速食業新產品開發流程

流程：
一、組成專案團隊 → 二、訂定發展方向（檢視企業目標 → 審核目前的產品項目 → 決定刪除或改善產品 → 決定新產品的類型 → 進行SWOT分析）→ 三、形成新產品構想 → 四、構想審核與選擇（發展審查方法 → 質性分析 → 量化分析 → 選定發展項目）→ 五、發展新產品（建立食譜 → 建立操作準則 → 現場操作測試 → 初步行銷測試 → 上市前測試）→ 六、行銷計畫及上市

- 檢視企業目標：設定新產品開發優先順序的第一步是檢視公司的發展計畫，以決定新產品開發的需要，和確保這項產品將正確配合公司的策略。
- 審核目前產品項目：在確認企業目標後，評估現有產品的狀況。
- 決定刪除或改善產品：評估現有產品後，需以客觀的資訊為基礎 (如市調結果、顧客抱怨或銷售狀況和生產效率)，以決定是否某些項目應該被刪除，或進行調整。
- 決定新產品的類型：餐廳的新產品基本上有主菜、配菜和新範疇產品三種類型。每一種類型在菜單上都有不同作用。新主菜的目標是增加顧客到訪的頻率。新的配菜可搭配主菜，以擴充或變化目前的菜單。其目的是要增加平均消費額或與對手有所區別。新範疇產品是不同於現存菜單的概念，可吸引不同消費者族群來餐廳用餐。在發展產品前，新產品開發團隊應該在這些產品類型中間設定優先順序，以決定應該用新的主菜、新的配菜，或是用新範疇產品來改

善現有的菜單，或是結合這三者的某種搭配方式。
- 進行 SWOT 分析：制定新產品開發優先順序時，亦須檢視公司的競爭力和機會。此項分析是餐廳強勢、弱勢、機會和威脅的一個總清單，稱為 SWOT 分析。新產品開發團隊應該考慮公司於產業發展、市場競爭、顧客需求、經濟狀況和政府法規的狀況。分析的結果能為新產品提供發展方向，例如：早餐、清淡或營養均衡的餐點、異國料理、居家不易準備之餐點、適合外帶或外送之餐點等，均可能為新菜色發展之機會。

每個發展方向都有其不同的優勢，例如提供早餐可增加營業額，而且早餐的進入障礙較少，因為大部分設備都是現成的。菜單中加入沙拉和全穀類麵包等營養均衡的食物，在某些市場較具有發展機會。隨著微波爐的普及化，在家烹煮餐點較過去簡單，所以不易在家中烹煮或要花長時間準備的餐點，為較理想之新產品發展方向。此外，外帶及外送餐點有相當成長空間，可讓業者在不影響現有生意下增加營業額。

形成新產品構想　當新產品發展之優先順序已經確定時，新產品開發團隊開始蒐集符合發展目標的構想。構想可以來自新產品開發團隊的成員，或公司中任何員工。

構想審核與選擇　當所有的構想都列出來後，新產品開發團隊應該運用系統化的方法來篩選構想，目的是要確保每一個構想受到客觀公正的評估。衡量方式包括質性 (表 10-4) 與量化 (表 10-5) 分析。每一個新產品構想均需經過質性與量化分析進行評核後，選擇出適合發展的項目。

質性分析包括回答一連串相關、開放性問題。問題要能點出新產品如何能與公司優先順序相符，典型問卷內容可包括新產品在一餐期時段之影響力？新產品是否將增加客源？新產品將吸引哪一種客人？價位如何？新產品所能利用之優勢與機會？有何弱勢與威脅？以及人力是否需調整等問題。

量化分析是專案團隊成員根據公司發展，針對每一新產品進行評分。其判斷標準包括形象、品質、設備及開發能力等項目，同時也要評選出每項標準的重要性，每項標準之意見依加權計分。最後根據質性判斷及量化分數，選出最有開發潛力之新產品方案。專案小組需篩選出數項新產品構想，因為有些構想在測試過程中會失敗。專案小組要訂定每個新構想之開發計畫，包括時間表、預算、工作分派及預期結果，列表管控並定期呈報管理階層。

發展新產品　此一階段首先需建構食譜，包括材料、份量、生產耗損、準備時

表 10-4　質性審核評量表

1. 新產品名稱＿＿＿＿＿＿＿＿＿＿＿＿＿＿＿＿＿＿＿＿＿＿＿＿＿＿＿＿＿＿＿＿＿
2. 產品說明＿＿＿＿＿＿＿＿＿＿＿＿＿＿＿＿＿＿＿＿＿＿＿＿＿＿＿＿＿＿＿＿＿＿
3. 符合哪一項公司目標＿＿＿＿＿＿＿＿＿＿＿＿＿＿＿＿＿＿＿＿＿＿＿＿＿＿＿＿
4. 新產品類型　　　　　　　主菜　　　　　　配菜　　　　　　新範疇產品
5. 優勢及機會＿＿＿＿＿＿＿＿＿＿＿＿＿＿＿＿＿＿＿＿＿＿＿＿＿＿＿＿＿＿＿＿
6. 弱勢及威脅＿＿＿＿＿＿＿＿＿＿＿＿＿＿＿＿＿＿＿＿＿＿＿＿＿＿＿＿＿＿＿＿
7. 預期影響：增加顧客量　　　增加來店頻率　　　吸引新顧客群　　　增加平均消費額
8. 年度銷售目標＿＿＿＿＿＿＿＿＿＿＿＿＿＿＿利潤目標＿＿＿＿＿＿＿＿＿＿＿＿
9. 受影響之現有產品＿＿＿＿＿＿＿＿＿＿＿＿　到何種程度＿＿＿＿＿＿＿＿＿＿
10. 目標消費群＿＿＿＿＿＿＿＿＿＿＿＿＿＿＿＿＿＿＿＿＿＿＿＿＿＿＿＿＿＿＿
11. 影響時段＿＿＿＿＿＿＿＿＿＿＿＿＿＿＿＿＿＿＿＿＿＿＿＿＿＿＿＿＿＿＿＿＿
12. 預定價格＿＿＿＿＿＿＿＿＿＿＿＿＿＿＿＿＿＿＿＿＿＿＿＿＿＿＿＿＿＿＿＿＿
13. 主要原料來源＿＿＿＿＿＿＿＿＿＿＿＿＿＿＿＿＿＿＿＿＿＿＿＿＿＿＿＿＿＿
14. 估計食物成本＿＿＿＿＿＿＿＿＿＿＿＿＿＿＿＿＿＿＿＿＿＿＿＿＿＿＿＿＿＿
15. 預期生產量＿＿＿＿＿＿＿＿＿＿＿＿＿＿＿＿＿＿＿＿＿＿＿＿＿＿＿＿＿＿＿
16. 現有設備用量需求＿＿＿＿＿＿＿＿＿＿＿＿＿＿＿＿＿＿＿＿＿＿＿＿＿＿＿＿
17. 新設備需求＿＿＿＿＿＿＿＿＿＿＿＿＿＿＿＿＿＿＿＿＿＿＿＿＿＿＿＿＿＿＿
18. 空間需求＿＿＿＿＿＿＿＿＿＿＿＿＿＿＿＿＿＿＿＿＿＿＿＿＿＿＿＿＿＿＿＿
19. 人力需求＿＿＿＿＿＿＿＿＿＿＿＿＿＿＿＿＿＿＿＿＿＿＿＿＿＿＿＿＿＿＿＿
20. 是否需新增人力＿＿＿＿＿＿＿＿＿＿＿＿＿＿＿＿＿＿＿＿＿＿＿＿＿＿＿＿＿
21. 特別訓練需求＿＿＿＿＿＿＿＿＿＿＿＿＿＿＿＿＿＿＿＿＿＿＿＿＿＿＿＿＿＿
22. 對目前生產作業有何負面影響＿＿＿＿＿＿＿＿＿＿＿＿＿＿＿＿＿＿＿＿＿＿
23. 對員工有何負面影響＿＿＿＿＿＿＿＿＿＿＿＿＿＿＿＿＿＿＿＿＿＿＿＿＿＿
24. 競爭者相似的產品＿＿＿＿＿＿＿＿＿＿＿＿＿＿＿＿＿＿＿＿＿＿＿＿＿＿＿＿
25. 競爭對手可能的反應＿＿＿＿＿＿＿＿＿＿＿＿＿＿＿＿＿＿＿＿＿＿＿＿＿＿＿
26. 主要的益處＿＿＿＿＿＿＿＿＿＿＿＿＿＿＿＿＿＿＿＿＿＿＿＿＿＿＿＿＿＿＿
27. 主要的不利條件＿＿＿＿＿＿＿＿＿＿＿＿＿＿＿＿＿＿＿＿＿＿＿＿＿＿＿＿＿
28. 發展的需求：
    a. 設備＿＿＿＿＿＿＿＿＿＿＿＿＿＿＿＿＿＿＿＿＿＿＿＿＿＿＿＿＿＿＿＿
    b. 預算＿＿＿＿＿＿＿＿＿＿＿＿＿＿＿＿＿＿＿＿＿＿＿＿＿＿＿＿＿＿＿＿
    c. 人員＿＿＿＿＿＿＿＿＿＿＿＿＿＿＿＿＿＿＿＿＿＿＿＿＿＿＿＿＿＿＿＿
    d. 專業知識或技術＿＿＿＿＿＿＿＿＿＿＿＿＿＿＿＿＿＿＿＿＿＿＿＿＿＿
    e. 時間＿＿＿＿＿＿＿＿＿＿＿＿＿＿＿＿＿＿＿＿＿＿＿＿＿＿＿＿＿＿＿＿

間、保存時間、儲存、生產流程和食材的規格及成本。當產品在廚房測試階段時即需決定售價，這包括評估所需的成本、生產流程、人力的需要和期望的利潤。其次為選擇產品名稱。接下來則藉單店營運測試，以確認能夠在實際生產作業中

表 10-5　量化審核評量表

判斷的標準	評分 (A) 1-5 分	權重 (B) 1-5 分	合計 (A X B)
形象			
符合菜單結構			
公司整體目標			
公司優勢			
公司潛在機會			
產品品質			
訂價			
現有消費者			
新目標消費者			
服務品質			
特殊性			
填補菜單缺陷			
填補離峰時段			
生產程序			
勞動力需求			
設備			
空間限制			
供應商			
發展潛力			
合計			

落實，若一切順利便開始擬定員工訓練教材。在上市前測試前需先進行初步測試，觀察消費者對產品的回應。接續則為上市前測試，大型連鎖餐飲業之測試時間至少應持續六個月，才能獲得較充分的資訊，以決定是否該產品可以正式上市。上市前測試應蒐集之資訊，含消費者在品質上的回應、價格接受度、再次購買意願、顧客族群分析和餐點點購率。將銷售相關資訊如營業額、顧客數量及平均消費額與過去之資料進行比較。

行銷計畫及正式上市　一旦決定推出新菜色，就必須建構推出新產品之計畫，選擇適當上市時間，以及規劃導入和銷售產品之行銷策略，必要時須調整現存其他

產品之促銷活動,以配合新產品上市。即使運用最審慎的產品開發流程,還是有許多無法掌握因素,例如:競爭者可能進行之促銷活動,以及相關法令與經濟狀況之改變,可能讓一件即有潛力的產品失敗。

餐飲業面對全球經營環境快速變化、產品生命週期縮短及消費選擇的多樣化,使得不斷創新已成為必然的趨勢。面對這樣的趨勢,如何加強新產品開發能力以促進產業升級,進而達到提升競爭力的目的,是目前業者所共同關心的課題,上述新產品開發方式,可作為我國餐飲業之參考依據。

三、連鎖體系之類別

連鎖體系為由兩家或兩家以上之營運單位所組成,在分店裝潢上會盡可能展現一致性特色,銷售相同的產品,並由連鎖體系之總公司統一管理。總公司制定各分店之產品組合、訂價、餐廳設計與促銷活動策略,並提供採購、倉儲、廣告、行銷活動之協助,以產生規模經濟。連鎖通路依所有權情況,分為直營連鎖與加盟連鎖(如圖 10-7)。

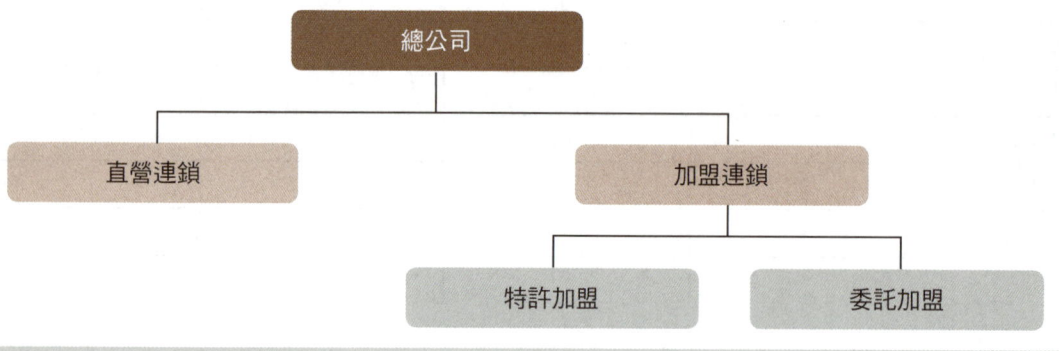

圖 10-7　餐飲業連鎖通路分類

∞ 貴族世家 ∽

1995 年於台北板橋開立第一間貴族世家牛排館,主要提供西式牛排餐點,訂價實惠大眾化,產品方面為供應各類排餐及沙拉吧。貴族世家主要以加盟方式進行擴張,於 2005 年全台分店數曾達到 180 間,但於 2016 年僅剩 84 間。2003 年進入中國大陸發展。

直營連鎖是由總公司以獨資方式直接經營的連鎖形式,其決策、經營與管理權均歸屬於總公司。加盟連鎖與直營連鎖最大的不同為餐廳經營權的歸屬,而依所有權集中程度,授權內容及管理方式的不同,又可分為特許加盟及委託加盟。特許連鎖加盟是由總公司賦予加盟者經營分店之權力,並提供訓練、採

鬍鬚張

鬍鬚張的由來要追溯到 1960 年民生西路口的一個賣魯肉飯的攤子。1979 年開辦第一家門市店 (寧夏店)。以魯肉飯為主打商品，包含蓋飯、菜、肉、湯、甜點等五大類。1993 年在新北市五股工業區成立中央廚房。鬍鬚張在日本也有分店。

圖片來源：Solomon203/Wikipedia

購和管理等專業協助，相對也要求加盟者支付加盟金與權利金作為報酬。

委託加盟為連鎖總部負責提供加盟者商品銷售、專業知識及經營指導，而加盟者則必須支付技術報酬與加盟金，委託加盟與特許加盟在本質上是相同的，兩者最大的差別在於，委託加盟店面之所有權或租賃權是屬於連鎖總部擁有或提供。對連鎖分店而言，直營連鎖與委託加盟餐廳店長的自主權較低；亦即，連鎖總部對直營連鎖與委託加盟的控制力較強 (表 10-6)。

直營與加盟餐廳從外觀看起來沒什麼不同，但在組織與管理結構上有很大的不同。直營店與總公司是從屬關係，而與加盟者則需簽訂商業合約，是一種夥伴

表 10-6　直營與加盟特性比較

連鎖型態 項目	直營連鎖	特許加盟	委託加盟
經營權	總部	各店有獨立經營權	總部委託 各店有獨立經營權
總店與分店的合作基礎	總公司直接指揮	契約	契約
決策權	總部	總部為主 加盟店為輔	總部有決策權，加盟店意見可供參考
商品販賣種類的限制	依照總部規定	依照總部規定 若調整需總部同意	依照總部規定
連鎖總部主要收入來源	營業所得	加盟金及權利金	加盟金、權利金及其他費用
資金來源	總部負責	加盟店負責	開店前由總部負責 開店後由加盟者負責
餐廳實際經營者	由總部認命之店長	加盟者	加盟者
開店速度	受資金限制速度較慢	可迅速擴張	受資金限制速度較慢
商品供應來源	總部負責	由總部供貨或推薦	總部負責

關係。在直營結構中，總公司投入資本並從每個直營店獲得淨利，而特許加盟則是由加盟者投入資本，並支付給總公司加盟金與權利金，再從自己所加盟的分店獲得利潤。總公司與加盟者之間會有潛在的利益衝突，因為加盟者的經濟效益來自於單店的利潤，而總公司收取之權利金，也是建立在加盟者的收入之上。如果授權的兩家加盟店座落在鄰近地區，對總公司而言，該地區將會有較高的收入；但是對於兩家店之加盟者而言，則會導致營業額降低，因此大多數的合約會訂定加盟者的專屬營業區域。

總公司會以具體的經營狀況與財務目標評估管理者的表現。對直營店經理的獎勵方式是紅利獎金、加薪或是升遷，而對加盟者而言，投資及工作的報償是自己餐廳營運的收入。直營店管理者的獎金多以 40% 的財務指標及 60% 的工作表現指標為計算基礎。個人的工作表現指標，包含顧客服務品質、餐點品質、員工工時安排，以及員工職涯發展成效等項目。

連鎖加盟依授權範圍大小，分為單店加盟與區域授權。單店加盟是指加盟者，被授權在某個地點，擁有一定之經營商圈區塊，且只能開設一家加盟店。區域授權是指加盟者被授權在某個區域，且在授權的區域內可開設多家加盟連鎖店(通常設有開店上限)，區域授權可在本國境內或跨國授權。國內連鎖經營發展時間較歐美國家為晚，因此部分業者為縮短摸索期、降低風險，以及加速學習等因素，從國外引進連鎖品牌與經營模式，本質上為國外某一連鎖體系之區域加盟者。

四、連鎖體系的發展歷程

根據 Floyd and Fenwick (1999) 連鎖體系的發展歷程，可分為連鎖觀念發展、企業發展、初期推展加盟及加盟擴展四個階段。

連鎖觀念發展時期

此階段最重要之目標為建立公司的營運概念，並將營運概念文件化。在擬定企業概念的過程中，宜首先擬定公司產品與服務概念，包含如何維持顧客來源、產品物流與售後服務等，最後擬定企業營運理念，並付諸實行。

企業發展期

此階段任務為建立連鎖體系之加盟策略，將加盟觀念與結構進行測試，並將招募流程與概念文件化，使得加盟策略容易施行，進而吸引加盟者加入。為使

加盟策略得以順利發展，公司必須使加盟者相信連鎖體系能為自身帶來利潤。連鎖體系於推動加盟之前，必須開設直營店先行測試，才能確保加盟餐廳之成功。總體來說，此階段的任務為實施加盟前，將加盟策略與招募流程予以文件化並推動直營店發展，建立一個有效率的管理團隊，以奠定連鎖體系的基礎。

◉ 加盟初期推展期

當第一家加盟店成立，即進入此階段。推展加盟後，總公司積極為加盟店尋找合適的營運地點與管理人才，建立有效率的加盟管理團隊，使利潤極大化，進而吸引更多的加盟者加入連鎖體系。

◉ 加盟擴展期

當連鎖體系達到成熟階段，總公司已具有完善的加盟體系與招募程序，並達到收益成長目標。此階段之重點是與加盟者間保持良好的合作關係，並維持市場占有率。

五、直營或加盟決策理論

儘管連鎖企業已普遍存在於市場上，兩個主要的理論學說在直營及加盟體制的運作模式，和面臨的關鍵挑戰上，具有截然不同的看法。首先，所有權轉移理論 (Ownership Redirection Theory) 預期連鎖企業在初期將以加盟型態發展，待連鎖組織成熟後，其經營模式便會轉變為直營。加盟在企業發展初期及後續在偏遠地區的開發上，對一個連鎖體系成功發展是有助益的。所有權轉移理論強調連鎖企業在發展初期時，通常是資金短缺且對當地的現況知識不足，如何快速成長達成規模經濟是一大關鍵。隨著時間的推移，加盟總部的財務狀況與籌措

茹絲葵

1965 年，剛離婚並扶養兩個男孩的 Ruth Fertel，她想到以一個當老師的薪水，很難扶養兩個小孩，所以決定從商。當時 Chris 牛排館要拍賣，她就抵押了房子，向銀行貸款買下了牛排館。但是不久之後 Chris 牛排館就失火燒掉了，由於當時牛排館的生意非常好，所以她便在原先牛排館的對面租了間倉庫繼續營業，並改名為 Ruth's Chris Steak House。目前茹絲葵全球有超過 100 家餐廳。

我家牛排

我家牛排於 1987 年創立於台北市合江街，創業初期以 110 元平價牛排進行宣傳，因此被視為將西餐平民化的品牌。於 2000 年時全台加盟店超過 200 間，2008 年時為 85 間，至 2016 年全台店數僅剩 48 間。

資金的能力改善，對當地狀況的掌握也隨著與加盟者的互動而獲得提升。在此階段中，加盟總部的經營能力與資源都已不同，足以克服資金短缺及對當地的現況知識不足問題，加盟總部所面臨的管理議題也隨之改變。

加盟業者若未按照加盟總部的計畫確實執行，將對加盟總部整體計畫的推動造成傷害。加盟總部透過政策制定來迅速回應環境的變化十分重要，其中一種方法便是直接控管所有的加盟店。根據常理判斷，隨著連鎖企業逐漸成長，將趨向為直營體制的經營。在所有權轉移理論中，加盟是邁向直營連鎖所必經的途徑。換句話說，加盟是連鎖企業於初期追求快速成長的策略，而組織為能迅速回應環境變化的需求，將促使連鎖體系轉變為直營型態。

另一方面，代理成本理論 (Agency Cost Theory) 主張監督成本是決定連鎖擴張形式為直營或加盟體制的關鍵。直營與加盟體制的運用受到不同誘因所影響，這些誘因包括監督成本與決策權。舉例來說，由於直營店經理領取固定薪俸，容易產生責任規避的問題，因此公司需要耗費較多成本來進行監督。相反地，加盟業者自行掌控營利收入，必須對自己的行為負責。同時，加盟者也有代理權的問題，如搭便車現象 (Free-Riding)。搭便車現象之產生，乃由於加盟業者能夠自行掌控營收，因而可能產生擅自降低產品品質之虞。根據一般合約內容，當加盟者有諸如此類的欺騙行為，加盟總部有權力終止合約。不同的動機與監控機制，促使直營店通常位於離總部較近的位置，而加盟店則分布得較遠。當連鎖企業追求維持一致性的品質時，主要是依據代理成本為考量基礎，選擇適合的直營或加盟店經營組合。

以上兩個理論皆可從文獻中加以佐證，然而各項學說將直營與加盟體制的運作架構在不同假設上。所有權轉移理論中主要的管理議題，初期為展店，後期則為環境調適；代理成本理論中，管理者的挑戰是預防破壞組織一致性的行為，例如，直營店經理的責任規避，與加盟者的搭便車行為。除此之外，兩個理論在管理上的基本假設也不同。所有權轉移理論假設對於加盟者而言，能調適是一項棘手的問題，而代理成本理論

拉亞漢堡

徐和森在 1987 年成為首批進入中國大陸市場的台商，但生意失敗後，欠下了四千萬的債務回到台灣。徐和森決定靠打工剩下的四萬元到北部創立本土連鎖早餐，於 2002 年在楊梅交流道旁創立第一家拉亞漢堡，他靠著小時候跟著家人一起賣豆腐的功夫，把每一位陌生人跟廠商都變成朋友，一路擴張拉亞的版圖，在創業第六年開了第 400 家門市後，將欠下的債全數還清。

觀點認為加盟者的適應性並不構成問題。在解釋連鎖企業選擇直營或加盟的原因上,兩個理論對連鎖企業的營運目標與策略有著相互衝突的假設。兩個理論都指出不同面向的管理問題,然而,連鎖企業需要有解決所有問題的能力。

六、餐飲複合連鎖經營模式

在餐飲業發展成熟的國家,連鎖經營是以結合直營連鎖與特許加盟之複合式經營最為普遍。以過去美國為例,100 家最具規模的連鎖餐飲業者,曾有 8 家完全以特許加盟方式經營,13 家全部以直營的方式營運,其餘 79 家公司則為結合直營與加盟之複合式經營。若僅以全美 25 家規模最大連鎖餐飲業來看,其中有 24 家採用複合式經營,此一比例結構至今改變不大。目前國內中高價位餐飲連鎖企業多為直營連鎖形式 (例如王品、瓦城集團),但亦有少部分連鎖餐飲業者,同時以直營與特許加盟方式經營。複合式經營與單純直營或加盟連鎖,由企業外部看起來類似,但在實際管理上存在著極大的差異。

經營連鎖企業須面對兩項主要的挑戰,一是維持整個組織作業及產品之一致性,例如:當 Pizza Hut 總公司推出新產品時,必須是全世界數千家加盟店能夠接受,並遵守其作業規範。其次是龐大的組織須對市場需求做出快速的反應。在維持一致性方面直營連鎖占有優勢,例如,在台灣三商巧福及麥當勞大多分店是以直營方式經營,比起複合式經營在維持作業標準的一致性上較易執行。相對的直營餐廳對市場需求之反應,卻往往比不上分散在各地參與實際經營之加盟者敏銳積極。由於複合式經營同時涵蓋直營及加盟店,若適當運用兩者之優點,則可克服一致性與反應性之挑戰。

連鎖經營相關研究大多著重於直營與加盟之利弊分析,少有複合式經營實際狀況之探討。Bradach (1997) 分析歸納出連鎖餐飲業複合式經營所具備的四項特點 (表 10-7)。

表 10-7 連鎖複合經營之特色

	直營	複合經營特色	加盟
組織結構	階級制度	複製組織結構	小型階級制度
控制系統	職權,預算 管理資訊系統	相互競爭仿效	合約,誘因,遊說
職涯發展	晉升制度	多元發展路徑	取得總公司授權增開新店
策略訂定	總公司專業人才	雙向學習過程	加盟者當地經驗

組織結構的複製

複合連鎖總公司之作業部門管理者可劃分為區經理 (Area Manager) 及加盟顧問 (Franchise Consultant) 兩類。區經理管理數家直營分店，其主要目標為維持作業標準及達成預算目標。而加盟顧問則輔導多家加盟者，其主要功能為說服加盟者接受總公司之規定及所推出之各種計畫。在美國，區經理平均所管理的直營店數約為 6~8 家，而加盟顧問最多須負責上百家加盟店的輔導 (表 10-8)。區域經理須經常巡視分店，而加盟顧問則大多每年視導並評鑑加盟店一次，評鑑結果亦為加盟者能否增開新店之依據。由加盟顧問及區域經理之管理範圍之差異可知 (圖 10-8)，加盟管理在人事成本上的優勢。

加盟店通常被視為母公司體系外經由合約控制之不同企業體，然而此種看法並非完全正確。大型的連鎖加盟者，往往同時擁有同一公司之多家加盟餐廳，例如：美國 Hardeis 最大之加盟者擁有 432 家分店，而 KFC 有 17 位加盟者一共擁有 1,800 家分店。由於多店加盟者認同母公司之經營理念，其組織結構往往會模仿母公司直營部門的架構。與單店加盟者比較，多店加盟者組織結構穩固，降低了管理的複雜性，而此一組織型態的複製過程，對於達成連鎖企業維持一致性的目標具正面效益。

表 10-8　美國速食連鎖餐飲區域管理範圍

公司	加盟顧問 加盟者	加盟顧問 加盟店數	區經理 直營店數
KFC	15	90	6
Pizza Hut	9	175	7
Hardee's	6	35	6
Jack in the Box	8	45	8

相互競爭仿效

直營連鎖之管理方式類似官僚體系，其運作以從屬關係、預算控制、資訊管理系統為主。為使直營店長遵奉作業流程以維持品質，其年度考核基準以維持作業標準為主，另以營業額或利潤為輔。然而總公司對加盟者並無如從屬關係之直接管轄權，當總公司與加盟者的關係惡化時，連鎖體系之目標及作業規範很難會被接受，因此以溝通、遊說來加強與加盟者關係十分重要。肯德基總裁曾說過

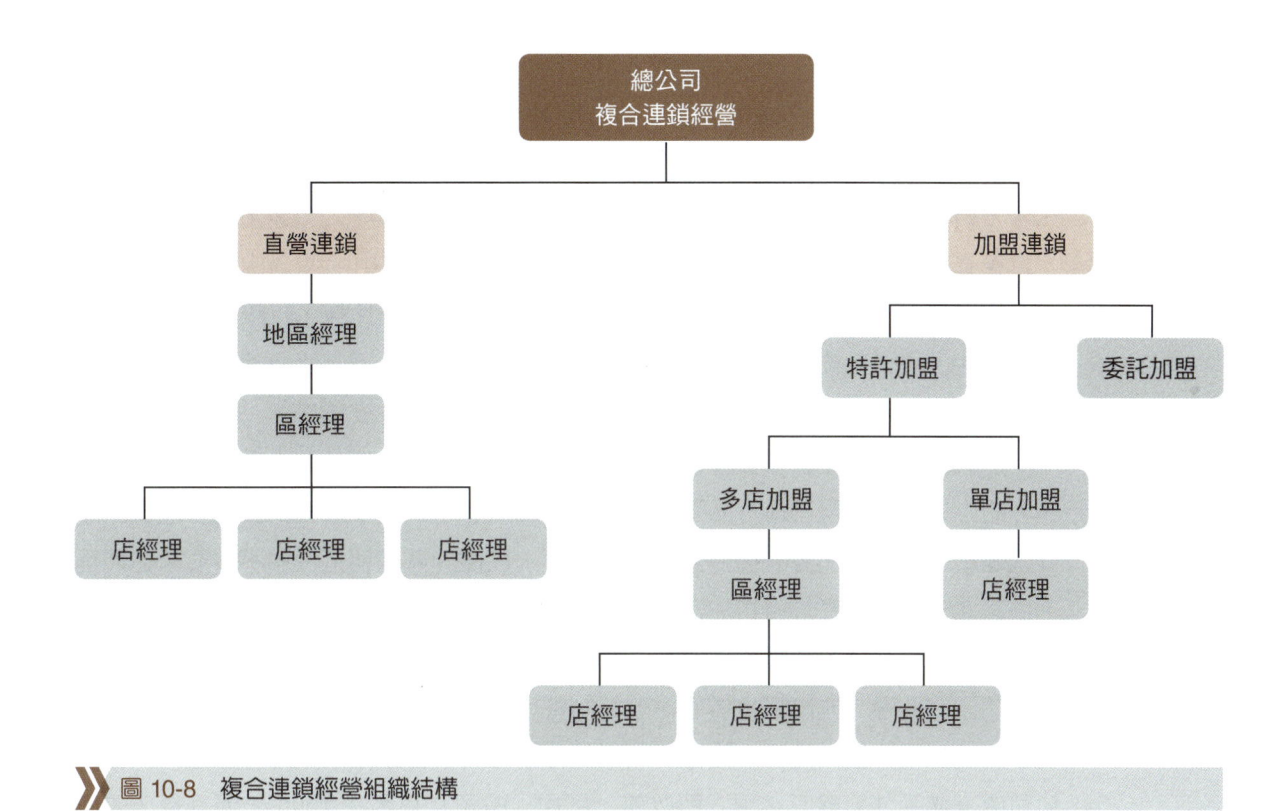

```
                    總公司
                  複合連鎖經營
         ┌──────────────┴──────────────┐
      直營連鎖                         加盟連鎖
         │                    ┌──────────┴──────────┐
      地區經理                特許加盟              委託加盟
         │              ┌──────┴──────┐
       區經理         多店加盟      單店加盟
    ┌────┼────┐         │             │
  店經理 店經理 店經理  區經理        店經理
                   ┌────┼────┐
                 店經理 店經理 店經理
```

圖 10-8　複合連鎖經營組織結構

「經營優良之直營店為領導加盟者之最佳利器」，成功之連鎖業者往往會以遊說代替中止契約之威脅以改變加盟者之行為，直營店之優異品質及表現，為遊說加盟者之最佳依據。

連鎖餐飲業注重經營流程的小細節，多數業者使用現場稽核、神秘客及資訊管理系統三種作法，評估直營店是否遵照所規範之作業流程運作，以維持品質一致性。多數連鎖餐廳使用「QSC」為現場稽核之判斷依據，即定期查核分店的品質 (Quality)、服務 (Service)、整潔 (Cleanliness)。例如：Hardee's 餐廳的查核內容包含 295 種項目，包括產品溫度、產品外觀及浴廁整潔度等，另外員工的表現也為考核內容之一。審核結果報告會附帶改善建議，同時張貼在餐廳內與送至區域管理部門。

神秘客可能來自於公司內部或是簽約的顧問公司。雖然相對於現場稽核的範圍，神秘客調查涵蓋範圍較少，但可較明確提供消費者端的感受。神秘客評估之結果，也可用來與現場稽核的評分結果交叉核對，判斷是否具一致性。單以少數幾次神秘客的經驗就判斷一間分店的品質，可能有失公平性，而神秘客機制的存在，也

可能使員工感到彷彿無時無刻處於被監控之下。

資訊管理系統之運用方式，是藉由投入與產出之間的數值計算是否存在過度浪費狀況或服務品質之缺失。許多連鎖業者採用 POS 系統記錄每一筆點單內容，結合庫存與人事相關資訊，檢視追蹤食材損耗情形與人力運用狀況。例如：肯德基在每晚盤點各冷藏食材的數量輸入至 POS 系統中，透過比較庫存量和當天的業績，瞭解食材耗損的程度，並將人事成本和業績比較，以瞭解人力安排之適切性。資訊系統能為總公司提供即時且透明的資料，不僅能快速地查看各店的表現，還能比較去年同一期業績，或是不同地區分店的表現。

美國大型加盟體系很少對其加盟者進行現場稽核，而且許多品牌也未以神秘客的方式對於加盟者進行品質調查。此外加盟者之系統多未與總公司管理資訊系統連結，僅要求加盟者提供他們的營業額，以便計算權利金，並不會要求他們提供其他的數據。直營店與加盟者間就像一個機械裡的齒輪，它們通過互相競爭與激盪，維繫著公司品質的一致性。在成熟的連鎖體系裡面，多數的加盟者都是多店加盟的形態，他們都會仿效總公司的管理模式與系統結構，通過這樣的形式，也能達到維持組織品質一致性的效果。每當加盟店營運績效超過直營店時，總公司會直接受其衝擊而必須立即改善。例如：美國必勝客在 1990 年間直營店表現不佳，造成了加盟店對總公司失去信心。在大力改善作業管理方式後，直營店之績效表現亮麗，使加盟者對總公司恢復信心，亦加強了合作意願。

多元發展路徑

餐飲業員工之高流動率是眾所皆知的問題，員工在企業的職業發展空間是影響流動率之主因之一，而多元的職業發展管道是複合式經營的特色。除了總公司內部傳統的升遷管道外，複合式經營另外開闢了三種職業發展路徑 (圖 10-9)，對於連鎖系人力資源的運作具正面效益。

第一種職業發展方向為由總公司之主管轉換成加盟者。由於總公司之主管對於營運體系瞭解深入，此類加盟關係可減少許多溝通之障礙，降低失敗之比例。例如：Hardee's 餐廳曾推出「美國夢想計畫」，除了使公司員工獲得加盟機會及提供優惠的加盟條件外，亦在資金上提供協助。第二種管道為由直營店管理者轉換成加盟顧問。加盟者往往會與加盟顧問比較在該公司體系內之資歷，若加盟顧問在此一公司之資歷太淺，則不易說服加盟者。因此由總公司資深之優秀幹部擔任此一工作，較易獲得認同與合作。由於此一工作經驗能加強其對市場及加盟者的瞭解，在經過一段歷練後，加盟顧問往往會調回總公司擔任更高之職務。

由加盟顧問轉換成大型加盟組織內之管理者是第三條管道。加盟契約中大多

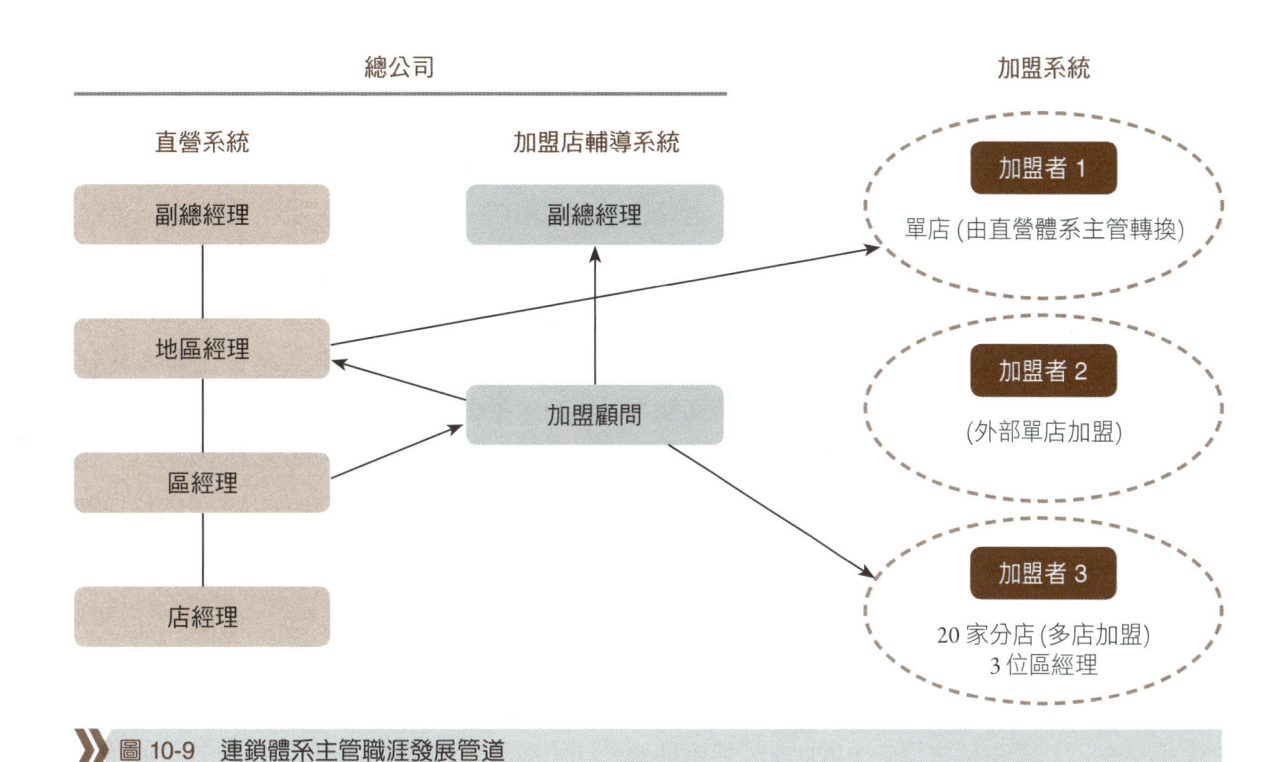

```
                  總公司                                   加盟系統
       直營系統          加盟店輔導系統
                                                    ┌─ 加盟者 1 ─┐
        副總經理            副總經理                  │           │
                                                    └───────────┘
                                                    單店 (由直營體系主管轉換)

        地區經理  ←──────→  加盟顧問              ┌─ 加盟者 2 ─┐
                                                    │           │
                                                    └───────────┘
                                                    (外部單店加盟)
        區經理

                                                    ┌─ 加盟者 3 ─┐
        店經理                                       │           │
                                                    └───────────┘
                                                    20 家分店 (多店加盟)
                                                       3 位區經理
```

> 圖 10-9　連鎖體系主管職涯發展管道

有禁止加盟者向總公司挖角的規定，但此種情況依舊經常發生。由於留住具經驗的人才在相關體系內，比起流失至競爭對手更為有利，故總公司對於加盟者挖角往往不會加以追究。

◉ 雙向學習過程

　　複合連鎖體系策略的制訂並非完全由總公司主導，而是一種雙向學習的過程。直營體系著重於中央式系統性的管理，店經理較少向總公司真實反映其意見，決策多由總部訂定。另一方面由於加盟者與總公司並無從屬關係，故能清楚的表達對餐廳營運看法，而且加盟者對所經營之市場瞭解較為深入，且具嘗試新產品及作業方式之企圖心。

　　加盟體系容易受到不同地區市場的影響，而產生不同的地方性回應，如產品價格對於直營體系而言，在旗下每間分店均維持一致性。但對於加盟店而言，不同區域就會自行設定不同種價格。在直營體系方面，各單店的價格是由總公司訂價，例如：Hardee's 餐廳設定價格的過程，為區域經理每月蒐集競爭者的價格提供給總公司，而總公司每一季會通告各分店新菜單與新價格。Pizza Hut 也使用相似的方式，在美國市場使用 50 種不同的菜單及價格方案，分配給數千家分店使用。

從連鎖經營者角度來看，沒有任何一項因素像菜單一樣是不可改變的。為配合市場之差異化，KFC 的每間分店都被要求提供原味炸雞，加盟店則可依據市場需求自脆皮及辣味兩種炸雞選擇一種販售。行銷部門會定期檢視餐廳中脆皮炸雞或辣味炸雞的銷售狀況，若是情況不如預期，則會轉換提供另一種口味。除了可選擇不同的炸雞外，其餘菜色則需依據公司規範之產品提供。

連鎖業者通常會跟供應商簽約，或者是具有自營物流的能力，如 Hardee's 使用的供應商隸屬於其母公司，而 KFC 和 Pizza Hut 則使用母公司的百事集團物流系統。直營體系的分店不可選擇供應商，餐廳經理僅被賦予少許採購決策權，像是選擇店裡面使用的地毯清潔劑，而這些決策權只占各店的成本 1%~2%。相反的，美國之連鎖總部不可強迫加盟店選擇採購之對象，僅會提供一份合格採購企業名錄供加盟者參考。加盟者若發現新的優良廠商可提報總公司，經評核合格後，即可納入採購企業名錄。一般而言，成功連鎖餐飲業物流系之價格及品質均極具競爭力，故加盟者多會選擇採用與直營體系相同之供應商。

當總公司經營失敗倒閉，其直營部門的工作人員可另謀他職，但加盟者則會蒙受極大損失，因此加盟店參與總公司決策訂定之意願十分強烈。此外，加盟店直接面對經營地區競爭對手之挑戰，為了滿足不同區域消費者之需求，加盟者往往會提出許多新的創意，例如，麥香魚即為麥當勞加盟店所自創之產品。Pizza Hut 所推出的買一送一促銷活動，則是佛羅里達州之加盟店為與當地同業競爭所提出之策略，至今仍為 Pizza Hut 全球採用之促銷方式。

從美國連鎖餐飲發展之成功經驗得知，連鎖餐飲業欲快速成長，必須借助多店加盟的經營優勢，但國內連鎖企業往往僅運用大量的單一加盟店以擴張市場占

☙ 肯德基 ☜

肯德基 (Kentucky Fried Chicken) 是世界第二大速食及最大炸雞連鎖企業，由哈蘭德‧桑德斯創辦。肯德基在 1991 年正式改名為 KFC。桑德斯以「桑德斯上校」的名字聞名，肯德基廣泛以桑德斯作為廣告形象。1987 年成為在中國大陸開設的第一家西式餐飲連鎖公司，自此在中國大陸迅速擴張，中國大陸如今是肯德基利潤最高的市場。

進入台灣市場是由美國肯德基總公司授權統一企業，由統一企業、日本三菱、三和株式會社分別以 55%、35%、10% 合資方式經營。美國總公司並未出資，每年抽取台灣營業額的 4% 作為權利金，而台灣每開一家店，需支付 5 千美元給美方。此外每年需提撥 4% 的營業額作為廣告宣傳之用，當初合約期限為 10 年，已終止合約。

有率。在擴張同時須建構出有力的直營體系,且維持穩定的直營與加盟店比例。由於國情及餐飲業別之特性不同及公司之內部結構差異等原因,加盟店所占之比例會有所不同。加盟關係可比喻為婚姻關係,總公司在選擇加盟者時除了必須審慎評估外,亦可安排其至現場工作一兩週,增加彼此之瞭解,以考量未來合作之可行性。除了加盟顧問與加盟者之直接接觸外,公司內部發行刊物、每季之加盟大會,以及每季之推廣決策會議,均為重要之溝通管道。

七、區經理的功能

雖然店經理對各連鎖分店的管理而言非常重要,但連鎖餐飲業同時也需要區經理來管理各個分店。區經理必須負責品質管理、發展團隊並維繫組織文化。在90年代,部分美國連鎖速食業為了提高營業效率,便賦予員工更多職權,使得區經理管轄的範圍從原本的不到十間店,擴大到超過五十間速食餐廳。但這樣的轉變並不成功,因此管轄的範圍又開始縮小到六至八家餐廳。區經理必須具備財務管理、餐廳營運、行銷管理、設施安全管理、人力資源管理五種職能 (表10-9)。

表 10-9　區經理的工作重點

1. 財務管理
監督轄下數家餐廳的收益,規劃預算、預測營收、裁定支出、控制成本
2. 餐廳營運
落實公司設定的標準;評估產品品質;落實運用新的系統;監督服務品質;輔導新產品的推出和監督店經理
3. 行銷管理
督導分店落實公司行銷計畫和蒐集市場的資訊
4. 設備和安全管理
監督每家店的設備狀況,確保操作上的穩定,以及嚴格實施安全管理規範
5. 人力資源管理
有效的執行訓練;教導店經理如何管理及激勵基層人員;提供適當的工作回饋;培養新的單店經理

從店經理轉換到區經理的過渡期當中,最具挑戰性的是人力資源管理的能力(表10-10)。區經理有的時候,會發現他們以前對計時員工的管理方式不適用於管理店經理。區經理應避免過度控制店經理,必須學習藉由激勵和領導店經理來

表 10-10　新任區經理重點學習事項

人力資源	
如何管理經理人	如何透過員工來解決問題
如何使用不同的激勵技巧	如何訓練和協助員工成長
如何面對不同的人格特質	如何執行工作評估和維持紀律
如何解讀行為	如何讓店經理維持良好表現
如何有效的溝通	
現場營運	
如何授權	如何設定優先順序
如何使用零碎時間	如何同時使多家分店落實作業標準
如何快速的查覺各店的問題	如何辨認各單店營運狀況的不同
如何有效進行單店訪視	

達成目標，讓店經理有機會從錯誤經驗中學習成長。目前美國餐飲業區經理職位被賦予不同的職稱，包括區經理、區教練及區顧問，從職稱之變化反映出區經理一職已從指揮、控制到漸漸成為顧問及導師的角色。

區經理需要與店經理保持良好的合作關係，協助店經理解決各種問題，及幫助基層員工與店經理順利營運與成長。與過去相比，區經理的所需的能力有所不同，如今重視的是領導力，而不僅是管理能力。區經理應透過頻繁訪視各門市，展現對員工的關心，建立一個有效的團隊。

由於餐飲業人力短缺，迫使業者必須由其他公司或是相關領域招募區經理。而區經理的內部升遷乃根據評估候選人是否擁有餐飲管理知識、能提升業績、控制成本及增加利潤。除此之外，還有必須擁有帶領團隊、人才培訓、溝通及激勵員工之能力。其人格特質應包括主動、自信，並且有為他人服務的熱誠。

一般而言，店經理想要升遷為區經理主要有兩個原因，一為可以跳脫日復一日的例行作業管理工作，且享有較大的自主性和決策權；二為有較好的福利，例如認股權及更高的獎金報酬。在晉升為區經理前，總公司會安排候選人參與公司的培訓計畫，或是其他外部的培訓課程。而外部招募進來的區經理，則必須參與公司培訓計畫，以瞭解餐廳的管

⊛ 春水堂 ⊛

1983 年開了一家冷飲茶專賣店「陽羨茶館」，首度以調酒器搖出泡沫紅茶。1987 年將地方小吃粉圓加入調味紅茶風靡全省，名曰「珍珠奶茶」。1988 年改名春水堂。

理程序,以及法律、財務、產品銷售知識與電腦應用。由於區經理須管理六至八間餐廳,因此新任區經理需要學習如何處理大量的訊息,同時仍必須完成巡店及其他任務。有些公司會在區經理上任之前,先指派管理兩三間餐廳,來測試候選人的能力。

八、餐飲連鎖國際化

國際市場的進入模式,是企業國際化決策中的重要選擇,因為這會影響企業的控制程度、資源投入程度及風險分散程度。國際市場進入模式可分為區域授權、合資及完全擁有之子公司三種類型。完全擁有之子公司是由一連鎖體系直接出資,設立分公司於國外,其優點是總公司可直接管理,缺點是投入資金高及風險大,以及可能受限於各國政府對外商投資的規範。連鎖企業國際化初期最普遍採行的方式是區域授權,其次為成立合資公司,業者選用直接設立海外分公司的模式進入國際市場所占之比例較低。

◉ 區域授權類型

傳統的連鎖加盟關係,是由總公司授予加盟者使用經營模式和相關產品與商標權利,以換取加盟者的加盟金與權利金。區域授權與傳統連鎖的形式不同。區域授權為連鎖體系在一特定地區尋求合作夥伴,成為經營多家分店之區域加盟者。美國 21 世紀房地產公司是採用區域授權的先驅,1970 年初期,它招募代理人去經營劃分好的區域市場,5 年之內它從單一銷售點擴張到全球有 3,200 個銷售點。至此之後有餐廳也開始使用區域授權方式擴張。區域授權屬於一種多店加盟的型式,可分為三種類型,其分類如下:

區域直營加盟授權(Area Development) 在特定時間內及特定區域中有權力開發和經營連鎖店,也就是取得特定區域的直營權,但是並沒有販售加盟及提供支援給加盟者的資格。通常區域的開發者要付開發金及權利金給總公司,他們主要的任務是依照合約的內容,在特定區域開發一定數量的分店。

∞ 六角國際 ∞

有六個朋友到法國南部旅遊,由於在法國感受到咖啡的浪漫氣息,於是回到台灣創業,以薰衣草紫色調為品牌顏色,將外帶式咖啡在竹科地區推廣。六角國際事業股份有限公司自 2004 年創立至今,陸續推出了日出茶太、仙Q甜品與 La Kaffa Café 等品牌,不斷在國際上攻城略地。

∞ SUBWAY ∞

起源於美國，目前全球加盟店遍布於九十餘國。近幾年皆被美國「企業家」雜誌評選為第一名的連鎖加盟系統。1965 年，創始人之一弗雷德里克‧德盧卡 (Fred Deluca) 向巴克博士借了 1,000 美元，在康乃狄格州的布里波特開了第一家小店。多年以來，Subway 向顧客供應可替代傳統的高熱量和多脂肪的潛艇堡。

區域加盟經營代理 (Sub-Franchising) 區域加盟經營代理商如同獨立的代理商，能代表總公司銷售特定區域的加盟權。連鎖總公司將本身的商標、訓練、經營和行銷方法授與區域的經營代理商。代理商負責招募、訓練和提供持續的支援給該地區加盟者，加盟者的加盟金和權利金等費用繳交給加盟經營代理商，代理商再依合約內容向總公司繳交部分金額。

賽百味 (Subway) 是一間起源於美國的跨國速食連鎖店，主要販售三明治和沙拉，以健康為產品訴求，是世界擴張最快及最大的單一連鎖餐飲品牌。2007 年是全球第三大的速食餐廳，次於百勝 (34,000 間分店) 和麥當勞 (31,000 間分店)。不過到了 2011 年 3 月已經擁有 34,218 間分店，超越百勝及麥當勞，成為全球最多分店的速食店。至 2016 年在全球 112 個國家共有 44,882 間分店，全台分店超過 300 間。SUBWAY 美國總公司在台之代理商，賽百味發展有限公司臺灣分公司，即為連鎖區域加盟經營代理商。在臺灣負責招募加盟者、幫助加盟者選擇地點、援助租賃的協商，以及提供加盟者開幕期間與持續經營的支援。

區域加盟推廣代理 (Master-Franchising) 區域推廣代理商負責指定地區加盟者之招募工作，以及提供加盟者初期的訓練，然後由總公司提供持續的支援給加盟者。而加盟者的加盟金和權利金等費用是直接繳交給總公司，再由總公司撥一定比例的收入給區域加盟推廣代理商。

◉ 區域授權的優點

快速成長 依據合約內容，總公司藉由區域授權在特定的時間與地點來擴大其市場，較易達成資本的擴大及增加現金來源。

維持營運的一致性 藉由區域授權能夠更緊密、更容易地監控加盟者的行動。區域代理商往往須照合約，先發展一個或多個由區域代理商直接經營之分店，以確

保其在加盟推廣及對加盟者提供支援前,能先熟悉總公司的營運系統。

克服弱勢的品牌知名度　一個公司能否成功地推廣加盟與它的品牌知名度有關,一個易於識別的品牌,較能向消費者保證品質的一致性,並且吸引潛在的加盟者。所以擁有較大品牌知名度的業者,能吸引較多的加盟者供其篩選,反言之,店數較少品牌形象較弱的公司,便易於遇到尋求加盟者困難的狀況。

區域授權的缺點

所有權的移轉　在典型的區域授權制度下,總公司對加盟者的管理權限會受到限制。例如:區域代理商有權將商標、專利品、有版權的資料授予加盟者。然而,區域加盟授權經營,卻會限制母公司要求加盟者履行合約的能力,尤其當母公司

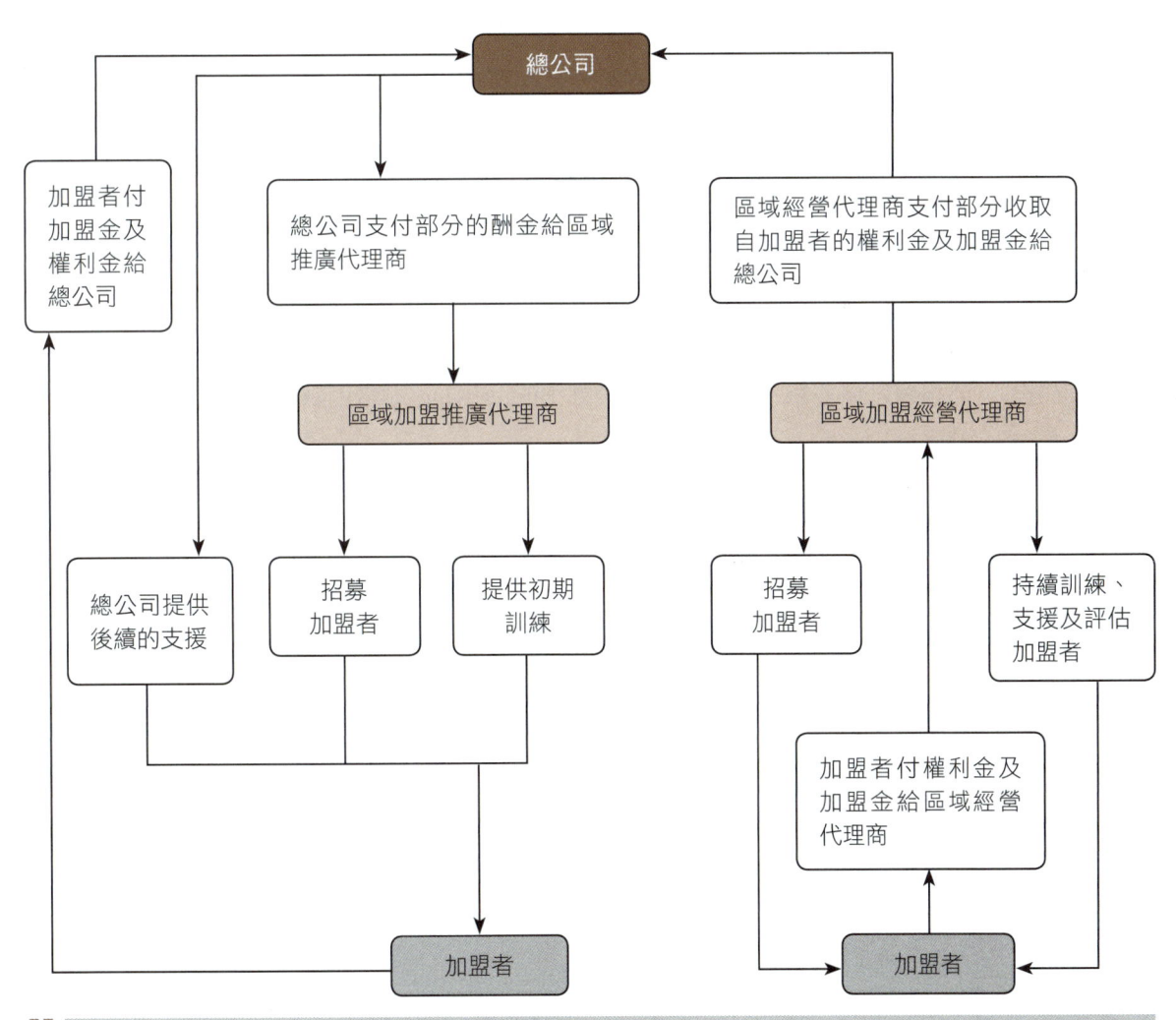

圖 10-10　連鎖區域加盟推廣授權與區域加盟經營授權結構圖

> ### ❀ 摩斯漢堡 ❀
>
> 　　在東京地區起家的摩斯漢堡，主要的分布點集中在亞洲地區。台灣的摩斯漢堡由東元集團旗下的安心食品服務公司經營，由東元集團與摩斯漢堡合資，於 1990 年創立。以日式的服務、精緻的口感，以及健康概念為訴求。為台灣繼麥當勞之後第二家推出 24 小時無休之連鎖速食店。

未參與加盟者與區域代理商訂定契約之過程。

加盟金與權利金的分享　　當區域代理商與連鎖總公司簽定合約時，區域代理商便有義務去完成母公司大部分的責任，得到的報酬是合約規定中部分的加盟金及權利金。在長期策略下，總公司需考量與區域代理商分享加盟金、權利金所產生的效益。

降低品牌資產　　品牌是母公司主要的資產之一，良好的品牌資產可用來提高本身的競爭優勢，並且能吸引到高素質的加盟者，例如：麥當勞早期在美國篩選加盟者時，從 2,000 位申請者中只挑選出 150 位，而 TGI Fridays 加盟者的錄取率亦曾低於 10%。但若區域代理商未依規定要求加盟者維繫產品及服務品質，長期恐導致區域連鎖系統的瓦解。美國 Burger King 即曾因為此種狀況與區域代理商解除合約。

對加盟者的服務不足　　研究指出，加盟者對區域代理商最主要的抱怨是，有時間去招募加盟者，卻沒空服務加盟者。區域代理商對加盟者提供之訓練不足及不準時送達產品是常會發生的問題。

　　合資方式乃指連鎖總公司與當地企業共同出資成立一連鎖公司，依出額比例分配報酬。合資合夥人透過部分資產的結合，以降低風險提高競爭優勢，在經營、管理與行銷上均產生互補之效益。早期以合資方式進入台灣之代表為麥當勞。MOS 漢堡與 TGI Fridays 則分別於 1990 與 1991 年以合資方式進入台灣。相對的鼎泰豐則以授權方式進入日本與中國大陸，以直營方式進入美國市場。以下針對餐飲業國際市場的管理與進入模式分別以企業個案進行分析。

案例 1　麥當勞的全球在地化

1955 年，第一家麥當勞分店在美國芝加哥成立，於 2018 年全世界已有 119 個國家設有麥當勞，總餐廳數超過 34,000 家，每天為全世界 6,900 萬人以上的顧客提供服務。全球設立七所漢堡大學，每年訓練近 5,000 位麥當勞幹部。台灣麥當勞於 1984 年成立第一家餐廳，目前已擁有超過 400 家餐廳。

企業欲全球化需要全力投入國際行銷，包括根據不同目標市場的文化、經濟與政治差異規劃行銷策略。放眼全球且因地制宜之理念十分重要，可以確保企業發展策略與當地環境相符以達成營運目標。麥當勞國際化發展之成功關鍵因素之一是運用當地人參與加盟經營，並運用產品與服務傳遞美國文化。McCarthy (1975) 提出 4P 行銷組合觀念，分別為產品 (Product)、價格 (Price)、推廣 (Promotion) 及通路 (Place)。由於近年來服務行銷觀念盛行，因而 Fifield 與 Gilligan (1996) 在 4P 之下增列人員 (People)、程序 (Process) 與有形展示 (Physical Evidence) 三項。以下便運用 7P 來分析麥當勞全球在地化的行銷組合。

(1) 產品　產品標準化是麥當勞的營運目標，全球各地口味一致，但仍要因應當地消費者嗜好與風俗進行調適。例如：麥當勞在以色列有許多店的漢堡不加乳酪，在印度不提供牛肉，以及回教國家不賣豬肉產品。此外在不同國家，如瑞士、德國、義大利、日本等國均將菜單進行調整，以適應當地消費者需要。

麥當勞品質保證團隊，持續不斷訪視與查核，對象包括生產設備與物流中心，甚至還到上游農場、田地檢查。當食物運抵餐廳後品質控制還在持續進行，所有員工對食品安全、衛生與準備程序都受過嚴格訓練。這種全球產品品質標準化及產品結構因地制宜之策略，為麥當勞國際行銷一大重點。

(2) 通路　麥當勞實現其在國際市場成長之計畫，每年都增加數百家分店，快速擴張增加通路，以製造與競爭者間差距。目前美國麥當勞逐步淡出亞洲直營連鎖經營，已完成兩岸三地經營權轉讓，台灣麥當勞於 2017 年由和德昌股份有限公司接手經營管理權，包括麥當勞全台近 400 家餐廳，其中超過 90% 為公司直營門市。

麥當勞於 1990 年進入中國大陸市場。目前，中國大陸是麥當勞全球第三大市場。中國麥當勞投資者名稱在 2017 年由麥當勞中國更名為金拱門中國有限公司。新公司收購麥當勞在中國大陸和香港的業務，其中中信股份和中信資本持有共 52% 的控股權，凱雷和麥當勞分別持有 28% 和 20% 的股權。麥當勞計畫到 2022 年在中國大陸擁有 4,500 家分店，在目前 2,500 家的基礎上增加 2,000 家。

(3) 價格　麥當勞在不同市場訂定不同的價格，在每個國家都有嚴格程序來決定市場價格。在地化訂價須經過需求分析、評估成本、分析競爭者的

泰國麥當勞叔叔

價格與產品、選擇訂價方法到決定價格等程序。早期在芝加哥一個大漢堡等於白領階級 14 分鐘所賺得薪資，但在奈及利亞是相當於 11 小時 23 分鐘薪資，這種餐點被認為是奢侈品，但當地消費者願意付相對較高價錢。該集團之訂價策略並非無往不利，1997 年麥當勞快速流失美國國內市場占有率，因而需降低價格以增加營收。

麥當勞在每個國家會注意其他競爭者之訂價策略。例如：1996 年在新德里以另一家速食連鎖店之價格做指標，訂出印度人可接受價格。此外，在訂定價格之前，瞭解產品的生命週期也是重要的，經比較美國與日本市場，在美國一個大漢堡賣 1.45 美元，而在日本要賣 1.63 美元，其理由是此一產品的生命週期在美國是處於衰退期，必須降低價格以增加營收，在日本市場則是由成長期邁入成熟期，所以就可以訂定較高的價格。

(4) 推廣　麥當勞需要考慮每個國家文化之差異性，也需要分析消費者對產品的態度，以及在該環境下之道德觀與宗教信仰。雖然需推廣麥當勞全球形象，它的廣告促銷及公關活動內容須要符合該地區的狀況。「全球性的品牌，在地性的廣告」是麥當勞推廣策略之一。

麥當勞在不同國家有不同的廣告形式，在不同文化用不同人物，傳遞相同意思，在英國以當地足球明星做代言人。在中國麥當勞的廣告是不同的，到 1994 年秋天，他們還未曾在北京電視打廣告，因為當時只在一個節目結束與下個節目開始中間才播放廣告，而觀眾在看完一個節目後立即轉台，換言之，很少會看廣告，所以新聞雜誌是較好呈現麥當勞廣告方式。同樣地，該公司在北京的男吉祥物 Ronald 與女麥當勞嬸嬸搭配，專門娛樂小朋友。而在香港麥當勞則極力於廣告中表現出對環境與公共福利之關懷。早期麥當勞在北京的每家餐廳都會指派五至十個女接待員來照顧小朋友並與家長聊天，另有一兩個公關來回答顧客問題。在香港就無需顧客公關人員，作法完全不同。

1997 年麥當勞與迪士尼宣布全球聯盟，在十年內享有專屬行銷權利，麥當勞可搭配快樂餐販售迪士尼主題玩具。因迪士尼有全球性知名度，無需因不同社區或國家而改變玩具。麥當勞與奧運會及世界杯合作，以強化品牌形象，並投入二千萬英鎊取得國際足球賽正式標誌使用權。此外亦與 NBA 籃賽及 NASCAR 賽車強力合作。麥當勞家庭慈善協會在數個國家共設有 160 個分會，主要協助弱勢孩童的生活改善。

(5) 人員　在行銷組合裡餐廳的服務人員與顧客扮演著傳遞與接受服務的角色，美式的「微笑服務」價值觀深植於麥當勞全球員工心中，也為其競爭優勢之一。人員素質若參差不齊，服務的品質就無法達到要求。麥當勞曾在全球每八個小時開一家新店，其中三分之二是在美國境外。在第一次進入一個國家前，人力資源部會考慮當地勞動法規、彈性工時，以及最高工時等問題。麥當勞人力運作主要採在地任用與內部晉升。美國麥當勞漢堡大學，是為經理人及加盟商而設計，提供 22 種語文訓練，另外在德國、日本、澳洲、英國及中國均設有訓練中心。

(6) 程序　麥當勞在全球餐廳餐點製作程序及規格都一致，外場服務工作站觀察檢查表 SOC (Station Observation Checklist) 依每個工作站 (例如廚房分為漢堡區、薯條區和炸雞區三個工作站) 的分工和工作流程步驟，製作不同檢核表。這是從標準化作業流程概念所延伸出來的工作方法。漢堡區的 SOC 內容，即為漢堡肉該煎幾秒、中心溫度該達幾度才算熟等標準程序。每個工作站平均有六個

拆解動作，總的來說，麥當勞餐廳的 SOC 多達兩三百個分解動作。

　　建立 SOC 的好處是，新進員工可以搭配教學影片和書面說明書，進行職前訓練。一個工作站從觀摩、示範到操作，約三到六個小時，就可以完全精熟。2005 年底，台灣麥當勞推出「為你現做」(Made for You) 服務，平均一張顧客訂餐單的出菜時間只需 35 秒到 50 秒，約比以前快五倍。「先接單後生產」的模式，帶來顧客滿意度提升 15%、員工生產力成長 7%，食材耗損率降低 30% 的經營效率。

(7) **有形展示**　麥當勞餐廳設計朝向令顧客享受到更個人化的現代飲食潮流新體驗。負責麥當勞全新餐廳設計的團隊，與世界各地的設計公司合作，不斷的更新匯集創意。而這些全新的設計也是根據每個國家偏愛的設計方式來的：比如「Form」和「Allegro」的設計是針對澳大利亞的麥當勞餐廳；「Wood + Stone」的設計風格是來自歐洲；而「Origin」的設計風格則來自加拿大。為麥當勞餐廳添上新穎時尚的氣息，為顧客帶來不一樣的餐飲體驗。

　　台灣麥當勞於 2010 年宣布開啟快速餐飲的美學饗宴新紀元。為了因應不同顧客的需求，策略性規劃多種樣貌、多種設計風格，以便能吸引，並滿足不同地區顧客群的需求。從原來單一

瑞士日內瓦麥當勞的餐廳設計

格調的大眾化的麥當勞用餐環境，進化成有品牌獨特性的餐廳風格。台灣預計導入源自澳洲、美國、歐洲市場的風格餐廳，而林森南路的餐廳是 Allegro (活潑溫暖) 的風格，適合上班族或年輕人商圈。

　　McCafé 在全球已有一套標準的品牌規範，但仍依照當地文化採取在地化的經營策略，因此在品牌的視覺展現，也保留適當的彈性與自主權給各地分公司。而台灣 McCafé 以讓對話更有溫度作為行銷主軸。為了能將 McCafé 與麥當勞的品牌形象有所區隔，在顏色的規劃上也避免使用紅色與黃色，以跳脫麥當勞給人的歡樂氛圍，進而提升 McCafé 的品牌精緻質感。因此色彩的設定參考了消費者調查報告，在經過色系與深淺上的反覆微調後，最終選用了亮麗活潑的洋紅色與充滿生氣的青綠色。

案例 2　星巴克中國大陸市場經營策略

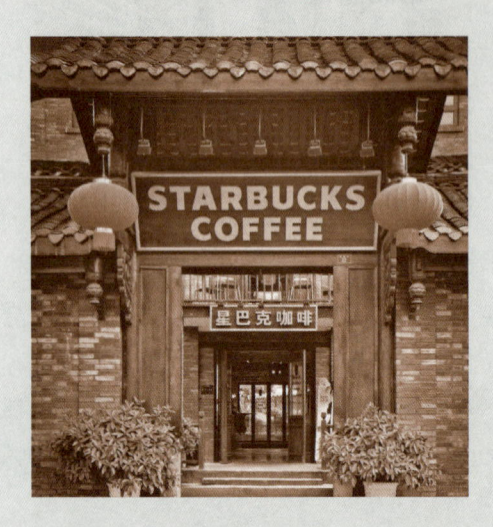

星巴克自 1992 年公開上市以來，營收經歷多次爆炸性成長，股價因而不斷上漲。星巴克的全球銷售成長率有 26 季超越 5%，預料 2017 年也將維持此動能。然而，麥當勞卻一直努力維持營收、避免下滑。星巴克 2016 年市值約 790 億美元，麥當勞約 984.7 億美元。

中國大陸取消外資企業在地域、股權與數量等方面的限制後，企業為能達到市場占有率與主導權，紛紛進駐，儼然成為全球最大市場，但在面對中國大陸幅員廣大所造成區域及文化上的差異，遭遇的困境與風險亦不少。中國大陸國民所得隨其經濟發展而提高後，國民飲食消費型態隨之改變，開始要求餐飲的品質，許多外資企業看見此一商機，加速了連鎖化的發展。星巴克亦看好中國大陸市場的巨大潛力，自 1999 年進入中國大陸。在 2005 年底，星巴克在上海成立中華區總部，主要負責星巴克大中華區戰略發展、市場開拓和營運等事務。

星巴克在全球發展是根據不同市場情況建構出不同的商業組織結構。它目前有三種合作方式：獨資自營、合資公司、授權經營。第一種方式星巴克通常持有 100% 股權，如在英國、泰國和澳大利亞等地的業務開拓；第二種為合資經營，星巴克占 50% 股權，如在日本、韓國等地的合作；此外尚有一類合資方式星巴克占股權較少，一般在 5% 左右，如在台灣初期的投資及香港地區；而在菲律賓、新加坡、馬來西亞及大陸北京等地市場，星巴克初期採用的是第三種方式，不占股份，純粹授權經營。當星巴克準備進入中國大陸的時候，他們把中國大陸劃分為華北、華中、華南三區，並分別與不同的公司結盟合作。初期中國大陸主要三家合作夥伴為：美大、統一和美心，此外亦在中國大陸其他地區採取直營方式經營。

北京美大咖啡有限公司取得中國大陸華北地區的總代理，並持有全部的股份，為了尋求資金來源，北京美大公司找上臺灣漢鼎合作，此外為了順利掌握北京市場，亦與北京農工商集團簽下合作意願，1999 年 1 月星巴克在中國大陸的第一家店在北京國貿中心開幕。上海統一星巴克咖啡有限公司於 2000 年 3 月正式成立。是由美國星巴克公司與台灣統一集團共同在上海及其周邊地區，開設經營星巴克咖啡門市。在股份分配部分，統一集團合計持股 95%，美國星巴克公司持有股 5%。

星巴克一般座落在一些商業大樓一樓。在全球的每一家店址選好後，星巴克要求合作夥伴把這家店的平面圖、周邊環境等資料發往美國總部，由其策劃裝潢設計，然後再把設計圖發回各地。上海統一星巴克先從外商辦公區開始起步，成功的吸引目標客層，在兩年內就在上海、杭州開出 26 家店。事實上，上海星巴克是以統一超商在台灣的展店經驗為基礎，展店之前就做好商圈

盤點。由於當時中國大陸的房東多屬國有企業，談判溝通的過程與台灣截然不同。為了因應這些狀況，上海星巴克建構了一張與房東談判的查核表。不過在品牌建立後，選址工作就容易多了。

美心集團始創於 1956 年，於香港經營中餐、西餐、速食、西餅、星巴克咖啡店，以及提供團體膳食服務，為香港最大之餐飲集團。2000 年美心成功將星巴克咖啡引進香港，2002 年取得華南地區的經營權。雙方共同出資成立了美心星巴克咖啡餐飲 (南中國) 有限公司，由香港美心食品有限公司旗下的美心國際有限公司和星巴克旗下的星巴克咖啡國際有限公司合資成立，星巴克在其中占股 5%。

中國大陸消費者對於咖啡的喜愛逐漸提升，咖啡文化正在都市中流行，大陸市場具有龐大的利潤。因為星巴克所占股權小，在實際經營上，無法完全控管大陸授權的三家公司，因此意識到了持有更多股份的重要性。星巴克與這三家的合作關係，在中期進行全面策略調整，2006 年星巴克與合作夥伴股權變化如表 10-11。

表 10-11 星巴克與合作夥伴股權變化

星巴克合作公司	初期合作股權分配	2006 股權分配
北京美大咖啡	美大 100%、星巴克 0%	美大 10%、星巴克 90%
台灣統一集團	統一 95%、星巴克 5%	統一 50%、星巴克 50%
香港美心集團	美心 95%、星巴克 5%	美心 49%、星巴克 51%

美國星巴克 2004 年 11 月 30 日與青島陽光百貨簽訂協議，這家星巴克咖啡店是由星巴克亞太區總部直接興建和經營，這種模式是星巴克在中國大陸的首次嘗試，也意味著美國星巴克醞釀已久的將中國大陸咖啡店經營模式，從合資及授權經營轉變成直營的計畫正式開展。

近年來星巴克往中國大陸西南市場發展，是因為星巴克認為，該公司未來在中國市場很大程度上將依賴在中型城市穩定增加新店舖，因為北京和上海已經擁有許多咖啡館了。2006 年底，星巴克成立國際咖啡有限公司負責經營西南部，目前已在成都、重慶開店。除此外也在西安開設西北第一家門店。2010 年星巴克正式登陸湖南長沙。從 1999 年登陸以來，至今中國大陸已成為星巴克最大的海外市場。

中國原是一個盛行喝茶的國度，咖啡只有為少數的喜好者，星巴克初期在中國大陸，為了鼓勵喝咖啡，採低價策略，把星巴克獨家調配咖啡由原先平均一杯 22 元人民幣，賣到 9 元人民幣。受咖啡主產地哥倫比亞和中美洲惡劣氣候影響，咖啡產量大減，為了確保咖啡豆供應無虞，星巴克在大陸雲南省開闢一座咖啡農場，種植阿拉比卡 (Arabica) 咖啡豆。中國大陸地域遼闊，地區性及文化差異大，面臨很高的環境不確定性問題，企業很難在短時間在市場上建立一定地位，但若透過有能力的夥伴合作擴張版圖，可以降低較多不確定風險。

2017 年 7 月底，美國星巴克斥資 13 億美元向台灣買回了上海星巴克的股權，也就是統一企業出售上海星巴克 20% 股權、統一超商出售 30% 股權給美國星巴克，全面退出上海星巴克的經營。在此之前，美國星巴克總部早已一步步從各

代理企業手中收回中國星巴克股份。在 2011 年就從香港美心集團手中收購 30% 股權，獲得中國華南地區如廣東、海南、四川、陝西、湖北和重慶等 100% 股權，而美心則擁有香港、澳門 100% 股權。星巴克設定將在 2021 年以前，把店數從 2,800 家增加到 5,000 家以上。星巴克在中國大陸重用在地經營團隊，支付比競爭者還豐厚的薪資給中國大陸員工，並提供住房津貼、醫療保險福利等。

美國星巴克向統一買回中國星巴克的股權是長期布局的一部分，因為中國大陸是美國之外高速成長的市場。對於星巴克來說，中國華東地區 (特別是上海) 是星巴克重要的戰略區域。星巴克在上海開出首間「星巴克精品烘焙室」(Ultra-Premium Starbucks Reserve Roastery)，是除了美國之外，第一個擁有高階版星巴克咖啡體驗的城市。

案例 3　鼎泰豐國際化──區域授權

一般大眾對「鼎泰豐」的印象永遠是門口大排長龍，等著入內品嚐極品小籠湯包的人潮，是日本觀光客的最愛，亦是香港、好萊塢明星來台的首選餐廳。1993 年「紐約時報」報導全球 10 家最具特色的餐廳中，「鼎泰豐」是唯一入榜的中式料理；「時代雜誌」更將「鼎泰豐」列為世界 10 大美食。鼎泰豐企業認為員工是企業最大的資產，雖然對員工要求十分嚴格，但相對給予較高之待遇。並且維持多安排 1~2 位員工，以利營運時臨時人力調配之需。

圖片來源：Nandaro/Wikimedia

鼎泰豐第一間海外的分店是在日本於 1996 年創立，起初是日本大葉高島屋集團在台北的天母開設分店，當時曾邀請鼎泰豐在台北大葉高島屋百貨設分店，但鼎泰豐因為人力不足拒絕了。之後高島屋打算在日本新宿開發新的百貨公司，再度邀請鼎泰豐前往設點，鼎泰豐因高島屋在財力上及國際知名度關係願意合作，但是也提出由高島屋選派廚師來台學習一年，以及需維持與台灣的鼎泰豐口味一致等條件。初次國際合作鼎泰豐不投入任何資金，每個月收取營業額 2% 的權利金，並以拓展十家分店為目標。

鼎泰豐對海外加盟授權過程十分嚴謹，日本分店從洽談到正式合作，就花了五年；新加坡分店也談了二年，因為雙方要先對理念進行溝通，然後從當地選派廚師到台灣受訓半年以上，通過考試後成為種子教官，返國後教導分店的新進員工。鼎泰豐總公司也會派台灣廚師駐地指導，直到確認新店上軌道。總公司的主管每年都會巡視各國分店，當加盟者未達水準他也會直接要求加盟者改善。除了確保品管維持在水準以上，同時會把最新的資訊及改良方式導入。

如今鼎泰豐在國外的據點多採區域授權方式擴張，國內則仍採直營方式，總計超過 100 家分店。區域授權方式除了一開始收取加盟金外，另抽取營業額 3~4% 之營業額作為權利金。鼎泰豐經常派員駐點國外，例如派有二位主廚常駐日本。為求國外加盟店的品質穩定，鼎泰豐運用貨櫃將食材及原物料運送至各國的分店。繼打入日本與美國消費市場後，鼎泰豐登陸中國大陸、新加坡、韓國、馬來西亞、澳大利亞、印尼、香港及阿拉伯聯合大公國等地，成功地將經驗帶入世界各國，成為台灣餐飲業界國際化的典範。

案例 4　上海寶萊納餐飲集團──直營連鎖

90 年代的上海逐漸恢復 1930 年代的國際都市地位，全球 500 大企業紛紛進入上海設立分支據點。當時南僑集團負責人觀察到，上海已有國際化環境，但是餐飲市場資源還是相當缺乏，因此決定以直營方式進軍中國大陸餐飲市場，滿足未滿足的需求。南僑集團因觀察到移居上海的外籍高階專業人士逐漸增多，卻沒有一個高級餐廳供他們消費，遂於 1997 年投資設立上海寶萊納餐廳，由德國 Paulaner 集團負責釀酒，餐廳以德國巴伐利亞文化為主題，室內裝潢設備，包括桌椅、吊燈、彩繪玻璃、壁紙、原木建材、窗簾甚至地板等，都是從德國訂製進口。

寶萊納餐廳以長住上海的外國人為目標市場，定位為談生意、朋友聚會及全家人一同出遊的場所，訴求重點並非只是餐飲好吃，而是消費者的體驗，消費者願意將這種經驗、感覺與朋友分享，所以此店雖然位於巷子裡，當時一杯啤酒售價高達人民幣 45 元。考慮到餐廳內的服務人員必須會說英文，遠赴菲律賓招募服務生與領班，並從菲律賓請來樂團，每晚現場演唱輕搖滾風的歌曲。寶萊納花園啤酒餐廳目前已發展成為寶萊納餐飲集團。在上海陸續開設數家風格迥異的餐廳 (表 10-12)。

表 10-12　上海寶萊納餐飲有限公司

品牌	類型
寶萊納	德式花園啤酒餐廳 / 宴會廳
仙炙軒	日式頂級料理與鐵板燒
貝可利	咖啡麵包複合式餐飲
濱江壹號樓	西式高級餐廳
點水樓	江浙料理麵點

寶萊納餐飲集團旗下的品牌皆有不同的經營特性與理念。寶萊納餐廳認為消費者至該餐廳所享用的不僅是一份美食，而是整體氛圍的享受，餐廳必須有文化的內容才能讓人感動並願意再次光臨。餐廳所採用的食材大部分皆來自南僑集團，該餐廳有自己的淨水廠，並從德國引進釀酒設備進行啤酒的釀製，由於南僑集團本身就是油脂製造業，所以可以高品質的的原料來提供給其

餐廳使用，為了找到適合餐廳使用的麵包，南僑自行設立了麵包工廠。這樣可以保持品質的一致性和穩定性，並可以壓低成本。

濱江壹號樓將客群定位為金融區裡的國際商務客，其餐廳的空間規劃與菜單設計皆以西式洋樓及西式餐點為主軸，特別從國外招募擁有國際高級餐廳管理經驗的總經理與主廚。仙炙軒是寶萊納餐飲集團旗下的第一家日系餐廳，餐廳的硬體建設是修復傳統的歷史古蹟而來，搭配適合的造景與菜單內容，在 2003 年獲得餐飲旅遊界雜誌 "Conde Nast Traveller" 評選為全球最值得造訪的 75 家新餐廳，也是上海唯一上榜的餐廳。2016 年配合上海市政府不再將古蹟出租作為商業用途的政策，寶萊納餐廳上海汾陽店歇業。

該公司從經營上海寶萊納餐廳的經驗裡得知，經營具異國文化特色的主題餐廳對消費者極具吸引力，曾於 2004 年在台北遠企大樓旁，開設卡比索 (Salt & Bread) 俄羅斯餐廳，並在地下室模擬設置零下 20°C 的冰宮，該店為融合麵包店、冰淇淋店、小酒館及歐式餐飲的複合式經營餐廳。此外本著把中華美食發揚光大的精神，於 2005 年入股點水樓，藉由茶飲與美食的結合，推廣上海點心，初期以金庸小說「天龍八部」為藍圖設計出「金庸狀元宴」，並邀約金庸親自品嚐。

寶萊納餐飲集團可以同時發展不同路線的餐飲品牌，是因為其餐廳都有後勤支援部門，統籌人事、工程、採購、資訊，特別是當各品牌的分店數愈來愈多時，就可以顯現中央廚房的價值。

個案　有缺陷的美人魚

美人魚是一間國際知名的美式連鎖咖啡店。馬丁在一家位於台北市郊的美人魚 A 直營店擔任店經理已有五年的時間，在他擔任店經理期間，將門市管理地相當成功，無論是在促銷比賽或平日的營業額都獲得公司高度肯定，對於員工們的管理也受到大家支持。

但最近總公司決定調派他到一家位在市中心且已營運多年的 B 門市，因為 B 門市前一任店長身體不適離職了。棘手的是，B 門市的營運狀況從一年前就持續走下坡，儘管很努力地進行促銷活動，但顧客多是走馬看花，未曾提升實質業績。另一方面，員工流動率高、人力配置有問題等原因導致人事成本過高，使得營運狀況長期處於低迷狀態。

在即將上任前，馬丁的上司——區經理安琪與他會談，希望馬丁能在短時間內改善 B 門市的營運狀況，主要目標就是提高營收和盡可能地降低人事成本。

馬丁上任的第一個星期，他檢視 B 門市過去的營運資料和觀察現場實際情形，發現下列三個令人困惑的狀況：

發現一
前任店長對於該如何提升業績以達營業利潤，並沒有訂出詳細計畫或相關配套措施，導致員工們不知道該利用什麼方式去提升業績。

發現二
B 門市的員工流動率較其他美人魚門市高很多，且目前大多是新進員工，都還在接受教育訓練的階段。而舊有的員工不知道什麼原因，都不願意擔任管理工作，造成現場管理人力嚴重不足。

發現三
B 門市連續三個月獲得神秘客的滿分評價(由總公司派任的神秘客，因為都使用公司核發的優惠券消費及問一些特定問題，且總會不時看著員工的名牌，因此很容易被察覺出來)，但總公司也連續三個月接到 0800 顧客抱怨 B 門市的電話。

馬丁看完後心情放鬆了許多，他認為問題沒有他想像的那麼難解決。馬丁拿出下一個禮拜的人力排班表，並找尋適當時間與基層的管理幹部開個會，希望藉著和大家一起腦力激盪想出些解決方案。

問題討論
1. B 門市員工流動率這麼高，可能的原因為何。
2. 老員工不願意擔任管理工作之可能原因為何？
3. 神秘客的滿分評價與持續的顧客抱怨為何同時存在？
4. 馬丁和幹部們該如何做，以提升業績及降低員工流動率。

Chapter 11

環境保護

學習目標

1. 認識餐飲業對環境之負面影響
2. 瞭解低碳疏食之理念與推廣方法
3. 認識廚餘減量的運作方式
4. 熟悉世界各國綠色環保餐廳認證制度
5. 認識餐廳綠建築認證推廣狀況
6. 明瞭餐飲業為保護環境所採取之相關措施
7. 認識我國綠色環保餐廳認證制度之發展

人類從二次大戰結束後,世界各國發展無不以追求經濟成長為首要目標,尤其是開發中國家,提高經濟成長率、國民所得及就業水準均成為政府施政的要務。但是,在追求經濟成長的同時,通常忽略自然環境的重要,致使廿一世紀人類將面臨更多的挑戰,包括地球人口承載量、全球氣候變遷、糧食供需不均、荒漠化、物種滅絕、熱帶雨林銳減、水源爭奪等問題,隨著人口成長,這些問題將會愈加嚴重。

回顧過去人類在經濟發展過程中,從 1950 至 1970 年代,有許多重大事件都是人類破壞環境所造成的。1954 年美國在太平洋比基尼環礁試爆氫彈,造成行經當地的日本船隻福隆丸五號的漁船和船員二十三名全部遭受輻射波及。1967 年,利比亞油輪在英國特利群島附近沉沒,浮油還飄至法國海岸。1969 年美國聯合石油公司在美國加州地區發生管道故障,漏油事件污染了 30 英里的海岸線及危害了無數的海洋生物。同一年俄亥俄州克利夫蘭伊利湖的克亞霍河失火,經鑑定發現是工廠傾倒的工業廢棄物所引燃,當時還燒毀一座橋。1971 年日本著名有機水銀中毒案件的宣判,居民因長期食用被有機汞化合物污染的魚類而中毒。1972 年美國三哩島發生核心熔毀的事件,雖然沒有對周邊公共安全和居民健康產生影響,但嚴重後果卻反映在經濟上。

同一時間的美國,由於高度工業發展較其他歐美國家迅速,也較其他國家經濟富庶與繁榮,但有許多地區卻飽受環境污染之苦。當代環保運動可追溯自《我們人造的環境》、《人口炸彈》和《寂靜的春天》等書,透過這些作者對環境被破壞的描述,有部分民眾逐漸由關心環境轉為積極參與各項保護活動。其中以卡爾森女士 (Rachel Carson) 在 1962 年出版的《寂靜的春天》一書影響最為深遠。文中首先點出化學物質的濫用對自然環境的迫害,後來因各地環境污染問題逐一浮現,才引起全國各界開始正視環保議題,要求政府相關單位採取改善措施。

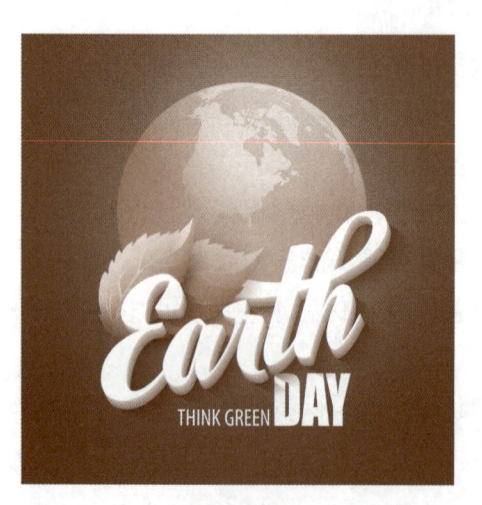

1969 年,美國民主黨參議員蓋洛德尼爾森建議把 4 月 22 日訂為「地球日」,並於 1970 年舉辦了第一屆「地球日」,這是美國有史以來最大的草根遊行活動,全美各地多達兩千萬人參加,占總人口的十分之一,活動中呼籲人類愛護地球、停止迫害的行動,要從每一個人參與開始,進而迫使國家立法。不久,美國國會迅速因應,通過多項環境保護法案,並成立環保署。地球日的誕生,也同時引起全世界的關注,第一次的世界地球日終於在 1990 年 4 月 22 日舉行,全球有 141 個國家,大約有二億人共同參與相關活動,國際性的環保運動就

此展開。

　　另一方面人們也開始思考資本社會的經濟發展所產生的環境衝擊，不是企業或製造商單方面的責任，各種產品從原料開採、產品製造和產品廢棄等一系列過程，都是為提供消費者使用而產生的活動，因此消費者的消費行為也是主導地球資源使用的引擎之一。1968 年美國國際開發署署長在國際開發年會演講，以「綠色革命──成就與擔憂」的講稿中先提出了「綠色革命」的概念，從此綠色一詞逐漸為大眾廣為流傳。1971 年加拿大一名工程師戴維麥格塔格發起了綠色和平組織，以積極行動從事地球環保工作為主。1972 年羅馬俱樂部提出了「成長的極限」，該報告提醒世人重視資源有限性和地球環境破壞等問題。愈來愈多的人們意識到人類應與大自然和諧相處，隨後又有全球最大的組織聯合國和其他國際保育組織不斷的呼籲，資源開發利用應以永續發展為前提，於是象徵生命力、人類生活與大自然的和諧的綠色遂被引用於對環境衝擊低的產品，綠色消費運動漸漸興起。

表 11-1　「永續發展」概念之發展與歷程

時間	會議名稱	主旨/內容
1972	人類環境會議	人類環境大會宣言；敘述對環境問題的看法和態度；規範保護環境，特別是保護自然資源。同時反應第三世界人民改善和保護人類環境的願望和主張。
1987	聯合國世界環境與發展委員會	「我們共同的未來」報告。提出永續發展概念，強調公平正義的理念。
1992	地球高峰會	通過里約宣言、聯合國氣候變化綱要公約、生物多樣性公約、森林原則和 21 世紀議程等重要文件。
2002	永續發展世界高峰會議	提出能源、水資源與公共衛生、健康與環境、農業與生物多樣性等五大議題。通過約翰尼斯堡永續發展宣言和永續發展的行動計畫等重要文件。

　　由表 11-1 可知永續發展議題是經過數十年的時間，經過無數次會議之研討，終於在 2002 年的世界高峰會議更進一步要求各國要落實永續發展的行動。會中也提出有關永續消費模式，希望各國政府能制定法規或具體方案，以鼓勵開發對環境衝擊較小的產品或服務、教育及獎勵提升國民永續消費概念、鼓勵與獎勵企業也承擔環境和社會之責、預防和減少廢棄物等。

　　作為現代人畢竟無法離開消費，為了使資源得以永續發展，重新調整消費行為是必要的。亦即是在日常生活中施行簡樸節約原則，生活必需品的消費應以對

生態環境的衝擊為考量，選擇購買對環境較少傷害、低污染之產品，其範圍包含原料之開採、產品製造、運輸過程、使用過程及廢棄物處理。消費行為的改變，促使企業願意全面性生產可回收、低污染、省資源的綠色產品，進而促進資源永續利用，減少污染以保護環境。

廿世紀 70 年代環保意識抬頭距今已有四十多年，然而人類面臨環境的挑戰卻有增無減，身為廿一世紀的餐飲業者，應重新思考人類與自然環境共存的重要性，在利潤、產品與環保三者間建立平衡機制，善盡地球人的社會責任。本章將分為三個章節，分別為低碳綠色飲食之推廣、餐飲業廚餘的減產、應用與再生和綠色環保餐飲。

一、低碳綠色蔬食之推廣

「凡走過必留下痕跡」這句話曾經因電視節目而成為大眾耳熟能詳的口頭禪，近年來我們經常看到的是另一個名詞「碳足跡」(Carbon Footprint)，它甚至還出現在日常生活用品的標籤上。何謂「碳足跡」？意指個人、家庭、公司或產品在日常生活的活動或使用時所產生的溫室氣體 (Greenhouse Gases) 數量，以二氧化碳 (Carbon Dioxide) 的影響為單位，藉以衡量這些活動對於地球環境的影響。若溫室氣體排放量愈多，碳足跡數據就愈大，也就代表對環境負荷愈大。

碳足跡改變過去一般大眾「有煙囪才有污染」的觀念，認為唯有產業或企業在製程時才會排放大量的溫室氣體，但產品碳足跡排放尚須包含產品整個生命週期的溫室氣體排放量。以維持人類生存的基本要素之一的食物為例，當消費者選購某一項食物時，該項食物的碳足跡必須涵蓋原料取得 (種植或牧養)、運輸、製造、加工、銷售、消費者使用、廢棄回收等一系列過程中之溫室氣體排放量。例如：每食用 4 盎司牛肉相當於一部汽車行駛 6.6 英里產生的碳足跡，而 4 盎司的雞肉則是行駛 2.75 英里的碳足跡。所有食物當中萵苣是產生最少的碳排放，而羊肉則是比牛肉要高出 50% 的碳排放。由這些數據顯示最主要的原因是反芻動物的排放會產生甲烷，還有牧草和飼料用農作的生命週期，也會產生大量的二氧化碳。

碳足跡的概念最早源自英國，同時也是世界上最早執行碳足跡制度的國家。該國於 2001 年在政府設置的獨立公司運作之下，2006 年推出碳排放減量標籤 (Carbon Reduction Label)，也是全球最早出現的碳標籤。碳標籤

❧ 畜牧業的環境衝擊 ☙

根據聯合國糧食組織 2006 年的研究，約 18% 的溫室氣體來自與農牧業相關的排放，代表食物系統對全球暖化有直接的影響。畜牧業的排放對環境造成極大的負荷。反芻動物的牛和羊，在消化過程中的打嗝、排氣和排出的糞便都會釋放甲烷 (CH_4)，甲烷能在大氣中存在 9~15 年，為等量的二氧化碳溫室效應的 21 倍。還有，不論農場使用化肥或利用動物糞便堆肥，都會釋放一氧化亞氮 (N_{20}) 碳，在大氣層中平均存留的時間是 114 年，其吸熱能力是等量的二氧化碳的 206 倍。

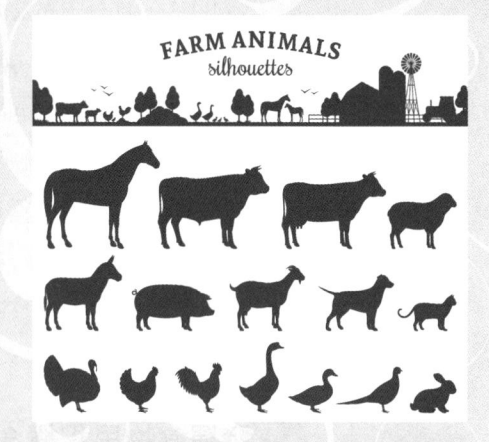

牲畜所需糧食如牧草或由農作物提煉的飼料也會釋放大量的二氧化碳。種植牧草致使森林大量消失，從 1990~2000 年大約有兩個葡萄牙國大的森林消失，總計面積為 5,870 萬公頃。種植大豆、玉米、大麥和高粱等也都需要大量的化肥，據專家估計，飼料耕作使用的化肥，總計每年釋放超過 4,000 萬多噸的二氧化碳，其中以玉米比例最高。另外，因飼料衍生的農業機具、育種、生產農藥、殺蟲劑都要超過生產化肥的能源。最後，牧場使用照明、取暖、降溫、通風、自動化餵食和給水等設施消耗的能源，每年大約 9,000 萬噸二氧化碳。

人類生存的要素水資源，牲畜的使用量也極為驚人。根據非營利組織水足跡網路統計，生產一公斤的牛肉平均要用 15,000 公升的水，而生產一公斤水稻只用 2,500 公升，甚至一公斤小麥子僅用 1,800 公升。又按美國水利署資料一戶四口每天平均用水量為 1,400 公升，若是食用四個乳酪牛肉漢堡起司，則可能高達至 26,000 公升。相形之下，肉食者較素食者耗費更多水資源。由上述數字可知，畜牧業不論是溫室氣體的排放、土地利用、水資源或能源，對環境都是極大的負荷。

為產品各個階段碳排放來源總和的標示，由於資訊透明化，可促使企業調整其產品排放量最大的製程，也可促使消費者明智地選擇產品，以達到減低產品碳排放的最大效益。2007 年 3 月全球第一批碳標籤產品在英國問世，大都是英國人熟悉且暢銷的民生用品如洋芋片、奶昔、洗髮精，使碳減量之概念更加落實。成立於 1968 年的瑞典 Max 速食業，也於 2008 年 5 月響應這項概念，率先提出碳足跡菜單供消費者選擇，同時 2013 年率先在非洲以植樹方式抵消該公司產品長期所產生的碳足跡。

由於大眾深受傳統營養學概念影響，除了部分人因宗教因素而食用素食，大多數人以攝取動物性蛋白質為主，紅肉、豬肉、雞肉、乳類、乳製品和蛋都是提

供可供人體吸收的蛋白質來源。其中紅肉含鐵質和鋅，有助於提升人類的免疫系統。另一方面，因應地球人口增加和新興國家經濟成長，畜牧業也會提高供應量。為此聯合國引用英國醫學期刊 2007 年 (The Lancet) 發表的文章中，鼓勵每人每天肉類攝取量減至 90 克 (一般漢堡重量是 80~90 克)，就可以將畜牧業的溫室氣體排放量維持在目前的狀態下。2010 年聯合國的環境報告中更指出，為讓人類免於飢餓、能源短缺和氣候變化，素食者飲食結構全球化是必要的。

這些研究與呼籲也獲得環保人士的回應，於是推出「低碳生活」概念，希望落實在日常生活中的食、衣、住、行當中，以達到碳排放減量的目的。餐飲業該如何響應低碳飲食，讓食物生命週期中減少碳排放，下列為運用碳足跡概念打造餐廳菜單的建議。

發揮食物里程概念

食物里程於 1990 年為英國人 Andrea Paxton 所提出，用來說明食物由產地運送至消費者手中或餐桌上所需要的運輸距離，藉食物里程數的高低，簡單評估消費者選擇食物對地球環境所造成的影響。食物各階段所產生的溫室氣體，其中 83% 來自生產過程，11% 來自交通運輸和 5% 來自經銷商，因此消費者若選擇的食物里程愈低，運輸距離相對愈短，碳的排放量就愈少，對環境的衝擊也能夠減少。

選擇當季食材

多食用當季和當地食物，除了有助於業者節省開支及活絡當地經濟，消費者的健康也是重要的考量因素。四季收成的蔬果類別不同，依時令生產的蔬果，基本上就是提供當時人體所需要的營養成分。再者當地生產的蔬果或作物較適合當地人的體質，如小麥相較於稻米，有不少國人對小麥較易產生過敏現象。此外，進口食品往往會因運送和保存的因素，而添加防腐劑或其他化學物質，這些成分都是人體應避免的。

儘量食用有機食物

以有機方式耕種或飼養家畜對環境的衝擊較傳統方式小，經認證的有機農場必須以天然方式施肥、除草和除蟲，不得對家畜施打抗生素和成長劑，而且不得虐待牲畜。基因改造和經輻射照射的食物不得貼上有機的標示，對人體和食物鏈均不安全。有機農作的土壤含天然有機物，食用對人的身體有益。自然放牧食有機牧草的家畜，相較於餵食玉米的圈牧家畜，肉質脂肪較少，較不易得心臟病。

◉ 選擇自然加工 (風乾或日曬) 的食品且包裝精簡

儘量少選用加工之產品，可減少加工過程及未來處理廢棄物時所需消耗的能源，同時可避免提供消費者含有化學添加物的餐飲。

◉ 選擇節能烹調設備與方式

傳統瓦斯烹調在加熱過程中，鍋子只能接觸到部分熱源，有很大部分熱源會流失到環境中。而電磁爐可整面接觸熱源，能快速有效導熱，亦可降低廚房空調耗電量。不像瓦斯爐易散失熱源，導致廚房高溫現象。

◉ 供應少肉多蔬食菜餚

畜牧業占人為溫室氣體排放量的 20~50%，若減低紅肉如牛、羊肉食用量，即可減低個人四分之一的碳排放。有研究指出，全素素食者只產生 0.43 噸的碳排放，而好食肉者則是 1.5 噸的碳排放，二者的差距可供 82 棵樹吸收二氧化碳為期一年，因此食全素者等於一年種了 82 棵樹，有助於減緩全球暖化的現象。一般而言，素食者較不易罹患心臟病、高血壓、糖尿病或癌症。至於人體所需的蛋白質可改以豆類或豆腐替代，鐵質和鋅也可以由全穀物、豆類或各類蔬菜獲得。

◉ 食材不浪費

餐廳應依據顧客用餐人數及顧客偏好的菜色採買，可節省成本支出。餐飲製程時也應慎重處理和烹調食材，以減少失敗、客人不滿意而予以重新製作，或是客人遺留在餐盤的剩菜過多的現象產生，致使餐廳需要額外處理廢棄物，增加溫室氣體排放。

二、廚餘減量與回收

過去各國政府設立環保機構的初期，主要是針對產品製造商制定各項法規，以維護大眾免受污染之苦。隨著地球人口急速增加，消費者也成為大宗的垃圾生產者。日常生活中產生的垃圾，往往含有比例極高的廚餘。何謂廚餘？根據我國環保署的定義是指日常生活中所產生之剩菜、剩飯、蔬菜、果皮、茶葉渣等有機廢棄物，皆可稱為廚餘，包括食材料理前後的所有廢棄物，甚至過期食品亦可統稱為廚餘。美國環保署廚餘定義為來自家庭或商業機構 (如雜貨店、餐廳和飲

食店)、團膳機構(自助式餐廳和廚房)或企業的員工餐廳等地,人員所吃剩的食物和食物料理過程中所產生的廢棄物。英國的垃圾及資源行動計畫(WRAP)則定義為凡食物和飲料經由完整供應鏈(從製造至消費過程後)產生的廢棄物,可歸納為三種型式的垃圾——食物無法食用的部分、個人不喜歡的食物和可食用卻丟棄的食物。儘管各國給予廚餘的定義不盡相同,但是廚餘特性和數量促使廚餘減量和資源化,成為已開發國家積極推展的活動。

由於廚餘含 75% 水分且鹽分高,不適合焚化處理。過去廚餘處理方式大致是掩埋、焚化或使用廚餘處理機磨碎。廚餘易腐壞、產生臭味,若送入掩埋場,將可能造成臭味和滲出水等二次污染問題,因此最佳處理方式是將廚餘分類回收再利用,較常見的有供作養豬的飼料、堆肥製成有機肥料和甲烷供發電用。作為豬飼料可快速減少廚餘數量,但若是處理不當,易讓豬隻感染疾病或人畜共通的疾病,因此有少數國家予以禁止。一般家庭可將廚餘埋入土中使其自然分解,或是使用堆肥箱或是廚餘處理機。歐美家庭廚房即有設置廚餘處理機,可將廚餘打碎,隨著水管排入下水道,再進入污水廠作再生循環處理。至於大量製造有機肥和發電的方式,通常需要投入土地、設備及專業知識,適合政府環保單位負責或民間企業經營。以瑞典為例,該國 2011 年設立了一項新的國家目標,預計在 2018 年之前要將全國 50% 的廚餘轉化為沼氣。執行結果顯示它的第三大城 Malmo 在 2013 年就提供了 177 輛公車 62.5% 的燃料,2015 年當地的新沼氣淨化廠成立後,公車可以完全使用沼氣行駛。

美國的廚餘垃圾位居第二大垃圾來源,約占總垃圾量的 14%,但只有 3% 回

表 11-2　美國 2014 年廚餘來源比例

排名	來源	百分比
1	家庭	47
2	設有服務人員服務之餐廳	22
3	速食餐廳	15
4	團膳機構	14
5	雜貨店	2

資料來源:美國墨西哥州廚餘減量手冊

收利用。根據農業部統計，每年從農場生產到消費者餐盤的食物，約有 40% 變成廚餘，估計損失金額達一百億美元，另一方面卻有 15% 的家庭約 5,000 萬人飽受飢餓。若能將廚餘有效回收運用，可達到垃圾減量、提供貧窮者食物、餵養動物及利用堆肥以改善土質。這個構想於 2014 年才被美國農業部與環保署列為國家目標，而相關機構如美國國家餐廳協會、雜貨製造商和食品行銷學會，也配合共同提供相關業者廚餘減量教育手冊。

英國 WRAP 為一政府支助的環保團體，該機構指出英國餐飲業每年製造的廚餘為總垃圾量的 28%，而廚餘回收比例相當低約 12%。餐廳廚餘來源分為製備過程、食物變質或餿掉，和客人餐盤的剩菜等三項，比率分別為 45%、21% 和 34%。餐飲業者在 2016 年的廚餘支出，將由 2011 年的 25 億英鎊提升為 30 億英鎊，WRAP 為此特別向餐旅業提出呼籲重視廚餘回收利用。

香港地區地狹人眾所產生的廚餘問題也是一個極為嚴重的環保問題，根據該地區的環保單位估計每天丟棄的垃圾中，廚餘占了三分之一，其中又三分之一來自工商業團體，而香港垃圾掩埋區都已呈飽和狀態。由於工商業擁有較大廚房空間有利於廚餘分類，香港環保署於 2009 年開始與相關商業團體，如香港餐飲聯合協會、香港酒店業協會等 12 單位，共同推動「廚餘循環再造合作計畫」。計畫內容包括制定廚餘管理規則、舉辦講座和研討會活動，參加機構可獲得嘉許證書，參加該計畫的機構進行廚餘分類，再由環保署將收集到的廚餘運送到設在九龍灣的廚餘處理試驗設施進行循環利用。

我國自 2006 年 1 月 1 日起環保單位全面開始進行廚餘回收制度以來，廚餘為一般家庭垃圾量的 27%，其中以果皮菜葉的生廚餘占 84%，剩菜剩飯的熟廚餘 9%。由於多數縣市多以收集養豬的熟廚餘為主，大多數的生廚餘只能以焚化或掩埋處理。2014 年環保署推估台灣每年每人產生廚餘量是 96 公斤，亦即一年將有 220 萬噸廚餘，同年廚餘實際回收總量卻只占總體廚餘估計量 33%。至於事業單位如大小餐廳、夜市小吃攤、批發市場、大賣場和超市等處透過其他私人機構處理廚餘，尚缺乏具體的統計量和處理方式。畢竟餵養家畜之廚餘數量有限，若淪為不肖商人再次販售之商品或丟棄之垃圾，易造成食安或環保等社會問題。食材過度浪費也是廚餘的源頭，例如：聯合利華飲食 2011 年的「台灣餐飲業食材使用狀況調查報告」，結果發現，廚房作業流程中因不當儲存、過量採購和未能確實符合消費者需求而丟棄的食材數量驚人，以台北、新北市 357 家餐廳的調查對象為例，一年耗損的金額竟高達 18 億台幣，可供偏遠地區 8.2 萬名學童免費吃四年的營養午餐。台灣廚餘未能確實落實回收利用，不僅對環境造成衝擊且不符經濟效益 (表 11-3)。

表 11-3　全國廚餘回收再利用統計表

年度	回收再利用總量 (公噸/年)			
	堆肥	養豬	其他	合計
99 年	208,881	554,245	6,038	769,164
100 年	261,532	545,610	4,057	811,199
101 年	243,840	588,808	1,893	834,541
102 年	226,074	567,621	1,519	795,213
103 年	204,472	514,770	1,132	720,373

資料來源：行政院環境保護署

三、餐廳廚餘減量的運作

餐飲業者該如何面對餐廳廚餘問題呢？若以成本考量，每一公斤的廚餘都是業者先前支付的費用，有各類食材費、人事費和垃圾處理費等，因此最直接的方式是廚餘減量。廚餘減量可節省垃圾處理費用，也可降低採購食材的成本，歐美國家進而鼓勵餐飲業者捐贈食物以抵稅。下列是餐廳降低廚餘量的執行程序。

◉ 指定廚餘控管專責員工

依餐廳規模可委任個別員工或由員工組成團隊負責。例如，餐點製備區的員工熟悉每一個階段食材的運用，有助於採購量的控管，而餐具洗滌區的員工，也可協助觀察客人喜愛或剩餘餐點的數量和菜名，供餐廳重新調整菜單。這些人員必須具分析能力且了解食材監控、儲存和回收方式，能從廚餘剩菜中找出真正的原因。

◉ 廚餘評估並制定廚餘減量計畫書

廚餘評估可提供餐廳瞭解廚餘源頭和內容項目、檢視採購政策及規劃廚餘管理。廚餘評估步驟可分為：

詳實登錄廚餘紀錄簿

- 應每日記錄料理前的廚餘，包括製備作業過程和變質的食材。使用廚餘紀錄日誌或相關電腦軟體登記每一項被員工丟棄的食物，內容包括記載丟棄的時間、食物類型、原因、重量等，主廚和經理應於值班時，先查閱該紀錄。依丟棄物

重量予以排序,於每日員工勤前會議公布,請員工提出改善方法,並持續追蹤施行結果。

- 餐點食用後的廚餘,也可使用廚餘日誌或相關電腦軟體每月記錄一次。可選擇通常餐廳用餐較多客人的時候如星期六,並於下個月同一時段進行,以便比較廚餘是否減量。由於較不易記錄食材項目,可直接記錄總重量。檢查客人的剩菜,並找出原因如不符流行、烹調問題或份量過多等,以供餐廳改變菜單設計。

員工問卷

問卷內容不需過於複雜,以瞭解每名員工依其職責所產生的廚餘種類、重量和提供廚餘減量的建議。問卷結果應公告於布告欄或員工電子郵件,員工可瞭解餐廳廚餘概況,而主管或負責團隊可檢視員工建議可行性,均有助於推動廚餘減量的活動。

檢視餐廳採購和廚餘紀錄

餐廳各項資料可提供廚餘源頭和處理方式,餐廳採購易儲存的食品如罐頭,若採購大型包裝的商品,可節省成本並減少不必要的包裝。通常不易儲存的食物也是廚餘增加的源頭,許多餐廳往往忽略這項因素,因此應詳實進行盤點庫存品。若發現廚餘紀錄簿某一項物品數量過多,除了找出發生的原因如品質不佳、儲存不當或是訂單過量等,應盡速改變供應商或訂單數量,盡可能使訂單數量與實際使用量相符。應依採購日期先後儲存和取用,儲存時應貼上日期標籤加以識別。

實際觀察廚餘產生過程

負責評估的團隊應實際觀察和記錄廚餘種類和數量、廚餘來源、負責人員、原因和員工處理方式,並將改善方式或建議事項與觀察結果製成書面資料。

製作廚餘減量計畫書

根據廚餘評估結果可詳實瞭解廚餘發生的原因和改善方式,為落實廚餘減量,宜制定計畫書。計畫書內容可分為廚餘減量目的、執行目標、執行方式、時間表、成本分析和評估等項目。

餐廳一旦瞭解廚餘來源和廚餘量,應從餐廳作業方式著手預防或改善,以下依採購、儲存、備餐、供餐和菜單設計方面提供可施行的方法。

表 11-4　廚餘減量計畫書範例

執行目標	六個月蔬菜修飾減量為 25%。
執行方式	可改變採購方式，如鮮果蔬菜分批送達、廚房員工教育訓練、儲存設施更新或加強維修檢視和放置提醒員工作業的小卡片等。
制定時間表	時間須包含訂購新廚具、測試和員工訓練等，例如：6/1，訂購新烤箱；6/8~14，架設烤箱和員工訓練；6/15~21，更改處理食物時程並提早半小時開始；6/22，召開員工會議討論使用情形及效果。
成本分析	應詳細列出各項支出和收益，例如：烤箱支出 100,000，減低廚餘量，和節省廚餘處理費用。
評估	應仔細檢視廚餘減量的成效，若無法達成預期目標，宜觀察並詢問負責員工，以確實了解問題之成因，並經該部門員工討論後，重新設立目標和提供解決方案。

食材採購

- 應檢查餐廳採購紀錄及決策。
- 檢視過去訂購數量與現階段使用量比較，以建立正確的採購量，以免造成不必要的浪費。
- 即使因價格優惠而大量採購時，可要求供應商分批供貨，以免壓縮其他食物儲存空間，而員工隨時可以取用新鮮的食材。
- 進貨時應仔細清點，可隨機抽查食材是否變質或損壞，切勿只查看置於上方或上層的食材。
- 採買新鮮食材不宜過多，餐廳需求量多，通常能獲得較優惠的價格，有時就會採購過量。若在食材保鮮期內無法用完，反而增加成本。
- 儘量採構當地生產的食材，以提供客人新鮮的食材、減少食物里程和提升餐廳良好形象。
- 確認供應商正確運送食材，如包裝材質、包裝方式、數量、食材使用安全期限、運輸工具的溫度控管等。
- 確實盤存以提供採購正確資訊，如進貨數量和訂購日期。

食材儲存

- 儲存食材時應標示進貨日期和使用期限，新進的食材應放置於原有的食材後方，並確實執行「先進先出」的概念。
- 妥善儲存食材，以保鮮盒盛裝或保鮮膜包覆，儲存於適當的環境，如冷凍食材必須存放置攝氏 –18 度以下的冷凍櫃，冷藏食材則存放在低於攝氏 5 度的冷藏

櫃。由於攝氏 5~60 度是細菌容易產生的環境，應留意儲存溫度及位置。葉菜應放置在離冷藏室較遠之處。番茄有催化酵素，不宜與生菜萵苣放置在同一容器內，可避免萵苣葉片變黃。香料如巴西利放在冰箱內易枯萎，切除根部放在溫水裡可保持其新鮮度。

- 油類應遠離有較濃郁香味的食材放置，以免感染其他食材的氣味。
- 真空包裝的食材雖有較長的使用期限，仍須標示日期。
- 已經過處理尚未烹煮的蔬菜，應放在真空容器內，以避免氧化變色或變質。
- 熱食若要儲存，應先降溫再放至冰箱，以免提高冰箱的溫度增加其他食物變質的機會。
- 熟食應先儲存在有蓋的容器，再放入冰箱冷藏，以免影響其他食物的氣味。
- 各個工作站尚未使用完的熱食，不宜集中在一個容器內，以減少變質的現象發生。
- 應每天檢查冷凍室或冷藏室二次，以確保食物或食材能以正確的溫度儲存。應定期保養冷凍冷藏之設備，以維持食品安全。
- 近期不會使用的食材應予以冷凍或真空包裝。冷凍前應將食物置入容器或塑膠袋，以防止食物凍傷，同時貼上品稱和冷凍日期的標籤。食物冷凍前應切割好需要的尺寸大小，解凍時即可立即使用。應隨儲存的時間移動的冷凍食材的位置，確保先進先出的規定。

廚務人員備餐

- 避免過度處理食材，如紅蘿蔔，只需削下薄薄的外皮，以免供應量減少。
- 採購已經過處理的肉品，可減少員工自行處理而導致食材浪費。
- 確定客人訂單數量，避免浪費食材和增加廚餘。
- 烹煮份量不宜過多，如馬鈴薯、通心麵或蔬菜，這些食物由於需要事先調製，有時因點單少用不完，反成為廚餘。
- 提供高品質的器具供廚房人員使用，例如：削果皮的刀具、切菲力牛肉薄片或魚片的刀，可減少食材浪費和廚餘產生。
- 確保廚房烹煮設備完善，以減少食物烹煮過熟而遭客人退貨。
- 優先考慮使用每天廚房剩下的食物，如米飯可作為炒飯，麵包可烘烤成麵包丁，雕飾蔬果後剩餘的材料可供熬煮高湯或醬汁之用。
- 員工拿取食材宜使用磅秤，可避免員工控管失誤而增加食物成本。
- 可將近期內不會使用到的食材捐贈給食物銀行，以幫助需要的人。

◉ 服務人員供餐

- 服務人員接受點菜時應詳細說明餐點的份量、食材和烹調方式，與廚房人員也應溝通無誤，以確保客人的點單能符合其需求。
- 應適量供應前菜和麵包，以免客人的主菜吃不完。
- 配菜如洋芋片、馬鈴薯或蔬菜，應依客人喜好選擇且適量供應，並請服務人員轉告客人，如有需要可隨時添加。
- 宴會時可供應小型餐點，並提供小型餐盤、小型盛裝用餐具供客人多次取用。
- 歐式自助餐或沙拉吧可供應小型餐盤，以免客人拿取過多吃不完，而成為餐盤剩菜。
- 速食店的調味料如小型包裝的番茄醬、胡椒或鹽等，可先詢問客人的需要量才提供，免得客人隨手丟在垃圾桶。如有服務人員的餐廳，可將採購大包裝的調味料，分批改裝在一般的瓶罐，供有需要的客人取用，可節省使用量和成本，也可避免成為廚餘。
- 檢視餐廳供應客人餐點的份量是否適宜，客人的剩菜若都是同樣的菜色，很有可能是份量過多。
- 觀察客人喜好的、要求重新烹調的或未食用的菜色等資訊，可供餐廳調整菜單及份量。
- 應主動提供可回收或對環境較少衝擊的容器，如鋁箔紙或可供盛裝食物用的紙盒，鼓勵與協助客人將剩菜打包。

◉ 彈性菜單設計

- 可供應不同份量且不同價格的菜色供客人選擇，如年老者通常會選擇份量較少的餐點，可減少餐盤的剩菜。
- 新鮮或較易變質的食材應可同時適用於多道餐點，可避免食材因存放時間過長而變成廚餘。
- 盡可能減少製備過程繁雜的菜色，可減少廚餘量。
- 若預期食材無法在有效日期前用完，可調製成特餐，以優惠價招攬客人。

◉ 落實廚餘分類制度

負責清理廚餘員工應先移除非廚餘之物品，如免洗餐具、紙巾，再按當地環保機構規定分類，分置在特定的垃圾桶或處理盒，供負責人員記載廚餘種類和重量。用來記錄垃圾的表格應包括名稱、數量、產生的原因、日期和負責人員。廚

餘應儘量予以回收利用，熟廚餘可供養豬或製成飼料，而生廚餘則可堆肥或轉化為能源利用。

員工獎勵與教育訓練

為了增進員工對環保及永續資源重要性的了解，可於新進人員訓練或在職訓練時，安排當地環保機構人員演講。提供員工於附近社區大學進修廚餘處理相關知識，有助於餐廳未來發展。廚務人員應加強以減少食材浪費為目標的廚藝訓練，如處理食材的刀法、份量控管或烹飪技巧。

讓員工充分瞭解廚餘減量可直接減少食物成本，業者可固定提撥所節省費用的百分比作為獎金，員工可藉此養成珍惜自然資源的美德，同時獲得實質的獎勵。

四、環保餐廳認證

相較於一般產業的環保概念，綠色環保的概念在餐飲業起步較晚。過去30~40年由於全球人口不斷增加、雙薪家庭興起和飲食習慣改變，致使餐廳不斷蓬勃發展。餐飲業高度發展的結果，除了提供許多就業機會與大眾，同時也對環境造成衝擊，例如，空氣污染、水污染、廢棄物處理和能源浪費等問題。業者面對這些問題時反應不一，有的以捐助慈善機構來彌補企業形象，有的則是以利潤考量而無法全面有效改善。近年來在地球暖化與溫室效應議題的影響下，引發全球重新思考人類與自然環境的關係，大地不是無盡藏，人類唯有維護良好的生態環境才能獲得生存的空間，而人類的消費行為在維護環境資源上必須有所取捨。於是世界開始形成一股綠色旋風，國際消費者組織聯盟也呼籲全世界的消費者在日常生活中落實綠色消費，讓地球能永續生存。

環境既然對人類生存扮演了極重要的角色，端賴政府頒布和執行各項法令或規定是無法達到環保、節能的成效，而是地球上的每一份子都要盡一份心力。在全球經濟體系扮演著重要角色的餐飲業該有何作為呢？於是產業界紛紛提出在保護環境、有益健康和資源永續前提下適用於餐飲業的概念與規範，以下為各國目前所採行之方式：

綠色環保餐廳認證

綠色餐飲作業措施既是必然的趨勢，於是全球各地的餐飲相關組織或機構紛紛提出有關餐飲業的綠色措施，目前主要有美國的綠色餐廳協會、英國的永續餐

美國綠色餐廳認證

綠色餐廳協會早期致力於提供簡便和具成本效益的措施，或相關資訊給餐廳業者，以降低餐廳業者對環境造成不良的衝擊。經過多方的調查和考察，協會逐步歸納出餐廳業者對環境造成的影響層面和不利餐廳推行環保的成因。為了鼓勵餐廳業者參與，於是將上述成因及考量予以制度化，內容包括影響環境指標、認證標準及協助餐飲業者改善現有不利環保的設施及作業等服務項目。

綠色餐廳認證標準

環境評估項目	2顆星	3顆星	4顆星	餐廳設置於新建物或新改建物
		分數		
1. 水資源的運用	10	10	10	30
2. 垃圾減量和回收	10	10	10	12.5
3. 可永續使用的物品或建材	0	0	0	20
4. 可永續收成的食物	10	10	10	10
5. 能源管理	10	10	10	90
6. 可重複使用之餐具和免洗餐具	10	10	10	10
7. 化學物品及污染物減量	10	10	10	30
8. 其他加分項目	40	115	240	2.5
最低標準總計	100	175	300	205

廳協會、加拿大的環保餐飲領導人協會、澳洲餐飲協會等設計的認證制度。

美國綠色餐廳　「綠色餐廳」(Green Restaurant) 一詞最早出現於美國，為綠色餐廳協會 (Green Restaurant Association) 所推動。該協會於 1990 年在加州聖地牙哥成立，為一非營利機構，早年以推動成立兼具環保意識與施行環保措施的餐廳為目的。直至 2006 年由於許多商業雜誌報導，才開始有機會將機構的環保理念介紹與大眾，進而獲得許多餐飲業者和消費者的支持。

綠色餐廳協會提供的綠色餐廳認證 (Green Restaurant Certificate)，目前已有多家餐廳獲得不同星級的認證。其認證制度提供一個簡單便利的系統，來獎勵重視環保議題的餐廳，認證的標準共有七大項。

每一項都列有詳細的評分標準，除了第三項之外，每一項得分均不得少於 10 分，要獲得認證除了要能獲得總分 100 分以上，餐廳還要遵守其他規定，例

如，要有完整的回收計畫、不得使用泡沫塑料產品及提供年度教育訓練等，最後按累計點數可獲選為 2 顆星、3 顆星或 4 顆星的綠色餐廳。

加拿大綠色環保餐廳　環保餐飲領導人協會 (Leaders in Environmentally Accountable Foodservice，簡稱 LEAF) 是加拿大資源永續餐飲計畫和認證機構，於 2009 年為 Janine Winsor 所創。依據她在餐飲業的經歷，她覺得餐廳實在製造過多的垃圾，為保護環境應予以減量。由於加拿大並沒有綠色餐廳協會，經過多方觀察與研究，發現英國有綠建築認證 (LEED)，於是她興起專為餐飲業舉辦環保餐廳的認證計畫。

其主要任務是使 LEAF 在餐廳資源永續管理上所建立的標準，能夠在加拿大位居領導地位，同時提供餐飲業者各項知識和工具，使其業務發展與環境資源維護相得益彰。LEAF 的目標分別是：(1) 降低加拿大的餐飲業在水資源、能源和廢棄物三方面對環境的衝擊；(2) 與附近農場建立合作關係，以確保食材來源是不違反大自然的方式所生成的；(3) 增進對綠色環保餐廳的瞭解與支持。

LEAF 設計三個階段的認證方式，按十項指標計分，範圍從食材來源、廢棄物到提高能源效率不等，由住在各分會地區的專業人士擔任評審，實地進行評估，再由協會外圍顧問檢視是否核發證書。認證分為初階、中階和高階三種依其標準核定，評估內容分為下列十個項目：

1. 能源使用
2. 食材採購和菜單項目
3. 食材來源
4. 建築物與地點
5. 裝潢材料
6. 化學物品的使用
7. 廢棄物與回收利用
8. 員工教育
9. 餐廳政策
10. 水資源使用

英國永續餐廳　英國永續餐廳協會 (Sustainable Restaurant Association，簡稱 SRA) 為一非營利組織，前身是倫敦一家顧問公司 Good Business，2008 年開始想推動以維護資源永續發展為前提的餐飲業，於是在 2009 年由 Garfied Weston 基金會、Esmee Fairbairn 基金會和 Mark Leonard 信託提供資金成立。以環境、社

會責任和資源管理三大指標,作為 SRA 的評估制度。欲加入的餐廳可透過網路填寫問卷,並承諾依循三大指標的規定。以嚴密的評估制度來檢視餐廳的環境和社會責任,得分率達 50~59% 可獲得一顆星,達 60~69% 可獲得二顆星,達 70% 以上得分可獲得最高榮譽三顆星。從 2009 年至今約有超過 6,000 家餐廳加入會員。永續餐廳協會的三大評估指標如下:

食物來源
- 以在地和當季的食材為主。
- 不選擇不當飼養或虐待方式之牲畜或家禽。
- 與環境共生的農作方式。
- 不選擇瀕臨滅亡和危害環境的大型養殖場的魚類,應以永續海產食物為考量。
- 與開發中國家進行農產品的貿易應秉持公平、對等的原則。

社會責任
- 應給予員工公平的升遷機會、教育訓練和明確的餐廳政策,使其能處在愉悅的工作環境中,且提升生產力。
- 提供消費者營養均衡的菜單、合宜的份量和有益人體健康的烹調方式。
- 提供負責任的資訊,明確告知消費者餐廳理念、小費政策和材料來源的正當性。
- 參與社區活動如學校或慈善活動,以回饋消費者。

資源管理
- 選擇對環境低衝擊的供應商,如交通運輸方面。
- 監控、管理和減少廢棄物,包括廚餘。
- 工作環境的資源應儘量予以回收再利用。
- 提高能源效率與節能。
- 節省水資源。

　　該協會於 2013 年開始將評估認證制度向世界推廣,目前每年與甄選「全球 50 最佳餐廳」主辦單位合作,於頒獎典禮中頒發獲得永續餐廳協會三顆星的餐廳,以鼓勵得獎的餐廳為維護永續資源施行的相關作業措施。

澳大利亞綠色餐桌　　綠色餐桌 (Green Table) 為澳洲檢視餐飲業對環境衝擊的一項評估制度。目前是由澳大利亞餐廳協會 (Restaurant & Catering Association)、環境和資源管理署和氣候智慧型商會計畫共同成立的一項計畫,由澳大利亞綠色餐桌管理委員會負責執行。

第一階段的認證是餐飲業者必須承諾下列事項：

- 使用天然瓦斯或是 20% 天然電力烹調食物
- 有機廚餘必須作為堆肥用
- 儘量回收紙類、塑膠、玻璃和金屬
- 使用高效率的能源設備和燈具
- 使用省水設備
- 使用回收、無污染和無毒的資源

第二階段於 2010 年開始，聚焦在碳足跡的計算和減量。

綜觀各國綠色環保餐廳的認證特色，參與認證的業者亦可直接獲得下列益處：

提升形象 綠色環保餐廳常成為媒體雜誌競相訪問的對象，藉此可將餐廳維護環境的措施及安全無慮的餐飲介紹給社會大眾，並宣揚餐廳經營理念和價值觀，無形中提升餐廳的競爭力，從而吸引更多重視生態環境的消費者。

提供優良工作環境 員工是餐廳最重要的資產，綠色環保餐廳能夠大幅減少餐廳內、外的空氣污染、水污染與化學物質 (例如：含揮發性物質油漆) 之散布量，除了能保護環境外，對於工時長的餐廳員工之健康也更加有保障。依美國綠色商業局網址公布的研究，發現若減少員工曝露於對人體有害的環境中，員工會減少 20% 的請假天數，公司可減少因員工生病而造成生產力降低的現象出現。

減少營運支出 許多餐廳業者對於為符合綠色環保而投資改善現有設備的計畫往往卻步，最主要的原因是來自價格。不論是節能的廚房設備 (烹調設備、冷藏冷凍設備或是排油煙機)、燈具、空調設備自動偵測系統、太陽能熱水系統或環保隔音建材等，由於材質、設計或是製程無污染等因素，通常價格較高，但是經改造後的餐廳，水電費和瓦斯費都有明顯的減少，而且亦可節省污水、空污或是廢棄物處理費。另外，環保材質產品的使用年限都較長，可減少因故障而添購的費用。

增加收入 選擇環保節能的綠色環保餐廳用餐，通常是學經歷較高且收入較高的消費群，他們多數認同綠色環保理念，因此願意以較高的價格消費，支持綠色品牌。

餐廳綠建築認證

人類有大部分的時間都停留在建築物內，建築物的環境與人體健康息息相

圖片來源：Triplecaña/Wikimedia

Chipotle LEED

關，全球建築產業推出的綠建築，即是呼應資源永續的觀念。儘管世界各國詮釋綠建築的名稱、發展目標、評估項目雖有差異，但是提升能源效率、節能、水資源、資源回收利用 (減少廢棄物和使用綠建材) 是共同推展的主流。同樣的，在餐廳內用餐的消費者與員工，他們也都希望身處在是一個安全且健康無慮的場所。如果餐廳能獲得綠建築的認證，顯示該地點的是一處兼具健康、環保且與大自然融合的建築設計，最適合消費者用餐。

綠建築的建築物造價高，為廣為推展，認證的項目有所分野，認證層級也依評估項目計分有所不同，無論是新建、改建或內裝階段皆可申請認證。以美國綠建築認證系統 LEED 為例，是由非營利組織的美國綠建築協會於 2000 年所主導。評估項目是以永續性基地開發 (Sustainable Sites)、用水效率 (Water Efficiency)、能源與大氣 (Energy and Atmosphere)、材料與資源 (Materials and Resources)、室內環境品質 (Indoor Environmental Quality)、創新與設計過程 (Innovation and Design Process) 和區域優先性 (Regional Priority)。為因應市場需求，該協會也針對不同的建築提供了不同的評級系統，依評分結果分為四級：合格 (Certified)、銀級 (Silver)、金級 (Gold) 及白金級 (Platinum)。

速食連鎖餐飲業在面對消費者一波波的綠色檢視關懷，部分業者即以追求 LEED 認證顯示對資源永續議題的關懷與努力。最早獲得美國本土第一家 LEED 最高榮譽白金認證的連鎖餐廳是 Chipotle 快速休閒餐廳，該餐廳位於伊利諾州的葛內市，於 2008 年參與 LEED 實驗計畫，主要是申請在能源使用、燈光、水資源和使用材料的認證。餐廳完工開幕後次年即獲得白金級最高階的認證，同一年還有一家位於明尼蘇達州的分店也獲得認證。餐廳設有承載 2,500 加侖的地下水箱，可儲存雨水供灌溉用。還有使用回收的石膏牆板、含較低化學物的油漆或塗料，並裝設省水龍頭、省水馬桶、能源之星等級的廚房設備、LED 燈、HAVC 空調系統，可節省用水量達 40% 和用電量達 17.5%。其中最具特色是葛內市的 Chipotle 餐廳裝有六千瓦的風力渦輪機，可供應 10% 的餐廳耗電量。這兩家店交通方便都有大眾運輸工具可抵達，同時設有車位供腳踏車停放，以減少空污。

麥當勞於 2005 年在喬治亞州的餐廳獲得金牌認證後，繼而陸續執行綠建築

的計畫。2013 年美國南卡羅來納州卡利市的麥當勞餐廳，也獲得 LEED 的認證，根據資料這家餐廳除了設有節能、省水設備，還有車輛充電器、停車場有太陽能板、自然採光、LED 燈、低油量的油炸鍋、使用回收再生建材等特色。

星巴克初期是計畫每一家咖啡店有 50% 的能源是來自再生能源，但是以後企業的新建築都要符合綠建築的規範。星巴克至 2014 年已開設有第 500 家獲得 LEED 認證的咖啡店，該公司宣稱綠建築的店會比傳統的店節省 30% 的能源和 60% 的水資源。位於迪士尼世界休閒旅館區之店內使用橡樹、楓樹和其他材質枯木做成餐桌、屋頂種滿檸檬草，並以咖啡渣堆肥製成肥料。還有一面星巴克商標的牆，上面飾以新鮮苔癬，象徵迎接顧客共同享受自然界的祥和寧靜，十分引人注目。截至 2016 年 12 月星巴克在全世界已擁有 1,000 家 LEED 認證建築。

肯德基炸雞和 Taco Bell 連鎖餐廳的母集團 Yum! Brands，在全世界九個國家的分店也加入 LEED 綠建築認證，至 2015 年共有三十家。2009 年麻色諸塞州的一家分店獲得 LEED 的金牌認證，這是一棟分設兩家餐廳的建築，店內特色是使用高效率能源設備和 Led 燈 (餐廳、停車場和招牌)，可節省用電量達 30%；使用基本省水設備及雨水灌溉系統，用水量也大幅減少；使用太陽能而減低天然氣的使用；分離廢棄的炸油成為生質燃料等。2013 年中國北京肯德基的宣武門餐廳，也是獲得 LEED 金牌認證，除了具備認證的條件外，其建築材料有 25% 使用回收材質，施工後有 98% 的廢棄物可回收。同一年同樣獲得該項殊榮的還有法國位於奧林的餐廳，該店設有雨水回收系統和使用太陽能熱水系統。

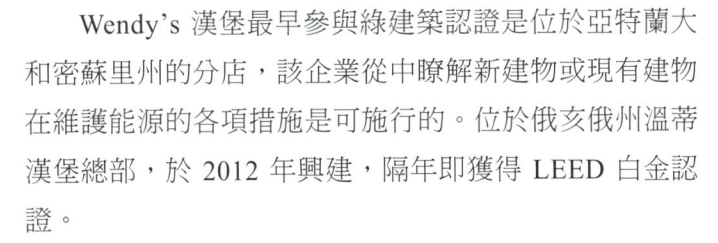

Wendy's 漢堡最早參與綠建築認證是位於亞特蘭大和密蘇里州的分店，該企業從中瞭解新建物或現有建物在維護能源的各項措施是可施行的。位於俄亥俄州溫蒂漢堡總部，於 2012 年興建，隔年即獲得 LEED 白金認證。

Dunkin' Donuts 在 2010 年才有了第一家經 LEED 認證的餐廳。其特色是設有絕緣泡沫混泥牆和天候控管系統，可提高能源效率達 40%。餐廳還設有回收廚餘設備，內有 80 磅重的紅蚯蚓專門食用廚餘。

圖片來源：Paul Sableman/Flickr

圖片來源：Random Retail/Flickr

其他綠色環保措施

由於一般傳統餐廳對於環境友善的措施有許多誤解，許多餐廳業者認為他們無法為了資源永續而做出改變。事實上，以餐飲業者的水電支出而言，節能省水即是減低支出，並且有些綠色產品價格正逐年下降，因此只要餐廳業者有意願，仍然是可以做適度的改變。例如：Hardee's 餐廳雖然是沒有參與 LEED 認證的業者，但選擇在能源效率上做些因應措施，為旗下 300 家餐廳進行一項燈光改造計畫。

根據美國環保署在 2013 年出版的餐飲業能源使用手冊，提及餐廳要比一般商業大樓的能源使用量大於五倍以上，而速食餐廳則是耗費十倍以上的能源。由於製備和烹調的過程往往需要大量的水，餐廳用水量很高，平均一年要使用 300,000 加侖的水，而每一家戶用水平均一年才 25,295 加侖。

按 2007 年美國環保局公布的數據，餐廳廢棄物平均每年為 15,000 磅，而平均每一家庭則為 674.3 磅。有的餐廳還大量使用拋棄式餐具，不過生物可分解的餐具可逐漸取代。餐廳菜餚源頭的食材，應以有機或不傷害大自然方式耕作或養殖為原則，這是綠建築無法規範的要件。

為了更有效推展餐飲綠色環保作業，有許多業者轉而與政府環保相關機構或非營利環保機構私人合作。前者是業者配合主管單位製作之手冊或各項活動，如參與節能省水措施，達到既定目標後接受表揚，藉此告知消費者企業對保護環境有所作為；後者則是業者尋求環保相關非營利機構協助，在專業團隊監督指導下，改善業者相關作業方式。以下為餐飲連鎖業者與非營利環保機構合作的範例：

速食連鎖餐廳在全世界擁有龐大的消費者，每一個生產環節無不影響生態環境，過去部分業者還曾被環保團體點名為垃圾的大量製造者。麥當勞自 1990 年與環境保護基金會 (Environment Defense Fund) 共同推動固體廢棄物減量活動，訂出關於垃圾減量、回收、再利用與廚餘堆肥等四大範圍，施行成果顯示，食品包裝和廢棄物管理系統皆有極大的成效。在十年之內，麥當勞減少三億磅重的包裝、回收一百萬公噸的包裝盒和減少廚餘量達 30%，這些改變為企業節省每年六億美元。爾後麥當勞相繼與其他政府或環保團體合作如表 11-4。

有鑑於社會大眾對大量一次性使用的紙杯問題相當關注，咖啡業者 Starbucks 於 1996 年與環境改革聯盟 (The Alliance Environmental Innovation) 合作以減少環境衝擊。二者所制定的目標是：(1) 增加可重複使用的杯子；(2) 開發一種供熱咖啡單獨使用的杯子，以取代以往兩層紙杯。咖啡店過去使用的紙杯，

表 11-4 麥當勞與其他政府或環保團體合作

時間	合作單位	合作事項
1992	美國國家回收聯合會	回收企業聯盟的創始會員
1993	美國國家環保署	參與綠色燈源省電方案
1997	美國環境保護基金會	採購對環境友善的紙製品
2001	國際保育基金會	協助發展麥當勞永續漁業方案
2002~2003	美國環境保護基金會	協助建立麥當勞全球食材不施打抗生素政策
2005	國際保育組織	發展麥當勞所屬供應商環境評分表
2010	世界野生動物基金會	食材風險分析；擔任永續牛肉業全球高峰會召集人
2013	克林頓全球事務基金會	為世代健康飲食活動，承諾開發多樣均衡膳食和飲料給消費者
2014	世界野生動物基金會與全球森林及貿易聯盟	簽署支持全球森林及貿易聯盟 (GFIN) 所發起的「盡責的森林管理」活動
2014	紐約森林宣言	簽署紐約森林宣言：企業、政府和組織應承諾在 2020 年將全球天然林面積減少的速度降為二分之一，並於 2030 年終止天然林的消失。

資料來源：整理自麥當勞年報

內層和杯蓋皆為聚乙烯材質所製。1997 年公司開始使用一種波浪形套，該材質 60% 是來自公司回收利用的杯子，而且可減少紙杯內層用量的 45%。這項設計是為了尋找符合環境要求的新紙杯發明之前，作為過渡時期使用。於是在該聯盟和公司主導之下，相繼推出多項折扣活動，以鼓勵消費者使用可重複使用之杯具。

另一項紙杯材質的設計於 2006 年推出，該紙杯是使用 10% 的回收紙漿製成。同時，該公司之歐洲市場還推出另一款專供冷飲使用的杯子，含 50% 回收的聚對苯二甲酸乙二酯製成；美國市場的餐點包裝盒，則是含 15% 回收的聚對苯二甲酸乙二酯製成。2008 年再度更新紙杯成分為聚丙烯，可減少溫室氣體達 45%。

為了更積極處理紙杯問題，星巴克於 2009 年召開第一次紙杯高峰會議，公司發現改善各地回收紙類和塑膠的基礎設施，才能提高再利用的機率。2010 年星巴克的第二次紙杯高峰會，公司與紙杯供應商，共同進行一項回收紙杯再利用實驗，結果證實公司有能力進行內部紙杯和塑膠杯回收。2011 年的第三次高峰會，星巴克則是與紙杯業者宣布與食品包裝學會 (Foodservice Packaging Institute) 共同成立紙類回收聯盟 (Paper Recovery Alliance，簡稱 PRA)。藉此希望能夠開

發一次用紙杯和建立包裝回收與生產系統。

建立可回收利用的咖啡杯方案和大幅增加消費者使用可重複使用的杯子，是星巴克想要達成的目標，這二項唯有依賴消費者共同參與，才能達到整體垃圾減量，並減少對環境的衝擊。目前該公司目標是希望有 5% 的消費者能夠自備馬克杯。

上述各項措施無論是綠色環保餐廳、綠建築餐廳、餐廳節能省水計畫或食材供應源頭保證，都是說明全世界的餐飲業者為了地球資源能夠永續經營，且善盡企業社會責任所做的努力。

五、我國綠色環保餐廳發展現況

目前國內推動綠色環保餐廳首見於 2008 年高雄市政府農業局設計的綠色友善餐廳認證。該設計是基於鼓勵規模中型以上的餐飲業者使用在地小農生產的食材，以提高農民種植安全農產的意願，和減低運輸過程的碳足跡，並配合世界環保、資源永續的潮流，提供業者綠色行銷與消費者綠色消費資訊的機會。評估範圍分為：節省能源、環境保護、綠色安心飲食、綠色採購、永續經營和衛生安全等六大項目，每一項目載有評估細目和計分方式，從 2011 年推動以來，至今只有少數餐廳獲得認證。

第二種的認證方式是由行政院環保署於 2011 年宣布的國家級星光環保餐廳認證制度，評審項目有守「法」之星 (為必要條件)、滅「廢」之星、節「電」之星、省「水」之星和購「安」之星等五星，在相關法條規定、廢棄物處理、節能、水資源和綠色採購等架構下的評核項目，必須具備三顆星的條件才能符合環保餐館的資格。

第三種認證方式則是台中市政府在 2013 年推出綠色餐廳的評審機制，該機制包括六大措施：「合法」(合法登記及無污染情事)、「減廢」(不提供免洗餐具及塑膠袋)、「整潔」(營業區域及周遭環境乾淨)、「節電」(空調溫度控制)、「省水」(減少洗手台出水量)、「綠色消費」(吃在地、食當季及提供自備餐具優惠措施) 等項目。

放眼世界各國，我國是唯一由國家主管級單位環保署制定綠色餐廳認證標準的國家，相較於其他兩種由地方政府制定標準之異同，茲敘述於下。

結合現有法規　各種認證都將現有餐廳相關法規列入必要具備之資格，業者在合法的基礎下，才能進一步取得認證。如經濟部的營利事業登記證、環保局的餐

廳環保規範 (空污防治法、噪音污染防制法、餐廳廢水污水處理)、衛生局 (環境衛生用藥及病媒防治、食品衛生) 等。另外，如持有優良餐廳、食在安心、通過 HACCP 標準、ISO22000 食品安全系統、CAS 優良食品規章、CMP 良好作業規範等合格證或標章，則是給予額外的積分，作為獎勵業者過去正向提升產業的努力。

廢棄物減量　所有制度也都將不使用塑膠類免洗餐具，列為業者的必要條件，才能參加審核，並提出 (垃圾、廚餘、資源回收、廢棄食用油) 的委託處理和證明文件，以免業者發生不實的作為。

永續食材　由於綠色友善餐廳認證的立意不同，在永續食材項目採取較高比重的評分，為總計分的三分之一。內詳載各項規定必須是採購高雄在地或外地的有機、有機轉型期、產銷履歷或吉園圃之蔬果和穀類，都須檢附證明文件。其他兩種制度則是以推廣蔬食、使用在地食材 (綠色餐廳特別標示限中部地區) 為主。

綠色採購　三種制度都採用實施綠色採購，購買具有環保標章、省水節能標章、綠建材或碳標籤之綠色商品。

綠色環保教育　自我覺醒和參與是綠色消費者的特色，因此三種制度都設有回饋消費者綠色消費的措施，如自備餐具者、適量點餐和剩菜打包給予折扣。另外，友善餐廳和綠色餐廳認證制度兩者，均要求業者在設計製作有關環境保護宣導語、綠色永續資源發展標語，或展示、節約用電和用水標語，或吃到飽餐廳加註適量取餐等語，藉此提醒消費者以維護地球資源。

　　綠色餐廳認證由於主管單位層級的差異，且認證設計的立意和目的不盡相同，使得三種評估綠色餐廳認證標準各具特色。這些異同並不能保證獲得認證的餐廳具有一致性綠色品質，對餐飲業者與消費者造成另一種困擾，同時也造成相關主管機構資源之浪費。

個案　力挽狂瀾

森森是一間已經營 10 年的連鎖餐廳，一直以來都是採家族式經營，每家森森餐廳都備有免費的停車場、優美的室內裝潢及庭園景觀、美輪美奐的燈光及音響，以及琴師的現場演奏。另外，店內附有獨立式的包廂及提供免費無線上網。

在餐點部分也非常多樣化，其中阿爾薩斯酸菜豬腳、炭烤頂級霜降牛排、白酒奶油焗鮭魚是餐廳的招牌菜，另外還有符合一般大眾口味的炒飯、焗飯、牛肉麵，還有各式火鍋，在這裡不只適合用餐，下午茶時段的客人偏愛點招牌飲品「森永珍珠奶茶」。無論是談公事或朋友聚餐都可以選擇森森餐廳，因為當地消費者偏好在一家餐廳就能吃到各種食物。

五年前是森森餐廳的全盛時期，當時有六家分店，近來卻只剩下兩間餐廳，而且每家餐廳的業績都大不如前。除了整體經濟的影響，常客的流失是最大的問題。森森餐廳的老闆馬叔很想讓餐廳回到當初意氣風發的時期，他覺得消費者愈來愈重視環保與養生，也有了綠色消費的觀念，然而綠色外食卻是經常被忽略的一環。綠色飲食如能推廣到餐飲業，不僅關乎環境保護，更有益於消費者之健康。如果將商品單純化，鎖定目標市場，並參與綠色友善餐廳認證，也許能讓餐廳增加一些新顧客？

馬叔終於鼓起勇氣決定開家族會議提出他的想法，但卻招來許多不同看法。老闆的姐夫大野，也是採購負責人說道：「大部分的食材供應商已經合作多年，當初一起打拚，現在也依賴我們的採購，商品單純化及綠色友善必影響他們的生存！」

老闆的堂姐莉莉十年來都負責外場服務管理，與顧客建立起良好關係，她也擔憂地說：「什麼叫目標客群？我們一直以來受不同類型顧客的喜愛，根本不需要設定單一目標客群！都已經關掉幾家店了，我們還要讓常客一個一個流走嗎？那我過去幾年來幫餐廳建立的客群又算什麼。」

負責廚房管理的小弟也接續說到「農業局推動綠色友善餐廳認證制度，主要是為了幫在地農產品增加銷售量，並且鼓勵安全農業。推動以來取得認證的餐廳僅有少數幾十家，況且近年內陸續都有餐飲業者退出認證，主要原因是無毒及有機食材成本較高。你認為我們的顧客會因為餐廳取得認證而增加消費頻率嗎？」

會議裡的聲音此起彼落，卻沒有一個結果，似乎得罪誰都不對。

問題討論

1. 你覺得森森餐廳經營不善的可能原因為何？
2. 森森餐廳需要做怎樣的改變，才能改善分店關閉，以及業績不佳的狀況？
3. 若要參與綠色友善餐廳認證，該餐廳需要由哪幾個方面著手進行？

Chapter 12

餐廳設計

學習目標

1. 認識餐廳室內設計之重要性
2. 瞭解室內設計師之功能
3. 清楚餐廳空間規劃原則
4. 明瞭用餐區設計之應注意事項
5. 瞭解酒吧及廁所等相關設施之配置原則
6. 熟悉北歐風室內設計之原則
7. 瞭解博物館餐廳設計理念

餐廳競爭日趨劇烈，顧客之選擇性相對提高，且變得更加理智。顧客除了對餐點、服務要求之外，用餐環境也是影響消費選擇的主因之一。餐廳設施呈現的氣氛，往往會影響消費者的情緒和菜單選擇，甚至影響是否再次消費的決定。美好氛圍的營造可藉由餐廳內的每一項物件呈現，舉凡顧客感官所及的牆壁、家具、餐具、窗簾、裝飾品、燈具、地毯、音樂、溫度等，其材質、顏色或位置，皆可被整合規劃成為一項足以代表餐廳之特質或品味，顧客在此環境中用餐的感受，成為一個影響營收的重要因素。本章將分別說明餐廳室內設計之重要性、專業室內設計師之角色、餐廳空間規劃、用餐區設計裝潢之項目、其他設施配置考量等。

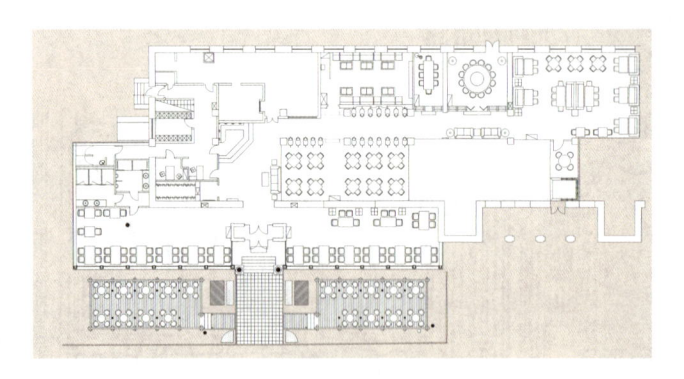

一家成功的餐廳會明確界定其目標市場，儘管餐廳類型及服務方式變化多元，但是用餐空間的組成元素如空間規劃、擺設、顏色、燈光、音樂和溫度大抵相同。如何將這些元素組合成一個吸引消費者的用餐環境，往往涉及多項的專業知識。

室內設計可提升餐廳空間的美感和價值，令消費者覺得用餐十分舒服與滿意。室內設計可使業者妥善利用空間，以增加營收、維護消費者和員工安全，同時運用各種室內材質裝設，可塑造業者所要提供給消費者的理想環境。

許多餐廳有裝潢過度或與餐廳風格不符、裝潢品質不良，以及空間運用不當等現象，這些問題多源自於不當之室內設計，因此聘請專業室內設計師負責規劃是必要的。

一、室內設計師之功能

在空間中呈現美學概念是大眾對室內設計工作的要求重點，但專業室內設計師重視之面向不僅於此。事實上，室內設計師除了學習設計技巧外，還必須接受建築技術、人體工學、環境學和消防法規之訓練。因此完整之專業教育訓練資歷、實務經驗和通過國家考試，才具有正式的資格。美國之室內設計師必須通過國家室內設計師資格委員會所舉辦之考試 (NCIDQ)，而取得考試資格之前，還必須接受室內設計教育和完成實際全職工作經驗之認可。台灣專業室內設計師可分為「建築物室內設計」和「建築物室內裝修工程管理」二類，前者可合法進行

室內設計繪圖，後者則是僅具合法工程管理資格。擁有此二張執照者，即可同時擔任設計與施工工作。

室內設計師的角色如下：

1. 分析客戶之需求、目標和安全規範，並與室內設計專業結合。
2. 融合美學與空間需求之設計概念，且遵循相關主管機構之規定，以建構初步設計。
3. 提出有關設計之建議事項。
4. 與其他相關專業技師合作，如結構技師、水電技師和消防技師等專業技師，以取得符合法規之簽證。
5. 代表客戶準備招標文件和合約之擬定，並負責招標簽約之事宜。
6. 檢視和評估施工期間所產生之問題，並提出解決方案。

餐廳業者於選擇設計師時，除了具備合格證照外，還需要考慮下列因素：

經驗　設計師若瞭解餐飲作業流程，有助於其設計草圖之提案，因此應以具有餐廳設計經驗之設計師為優先選擇。

設計風格　設計師往往有其設計之風格及特色，業者可要求檢視其過去設計作品，以決定是否符合自己的理想和偏好。

溝通能力　設計師應能聆聽客戶的想法和意見，才能協助從提案中選擇最適合該餐廳之設計圖。

預算　餐廳業者根據經營規模詳實告知預算範圍，有助於設計師規劃所需材質之等級和價位，以免超出所能支付之額度。

合作夥伴　室內設計師通常有其固定合作的專業技師及供應商，設計師可藉由其配合廠商提供所需裝潢之用品獲得合理折扣，以節省餐廳業者時間與金錢。

設計費　餐飲業者應瞭解設計師收費標準，及其所將額外支付第三者之相關費用。應配合預算範圍選擇合適的設計師。

二、空間規劃

感覺是一個持續的過程。如果我們要吸收每個環境所呈現的所有信息，我們幾乎無法專注於其他任何事情！因此，我們必須通過感官篩選，簡化和構建我們

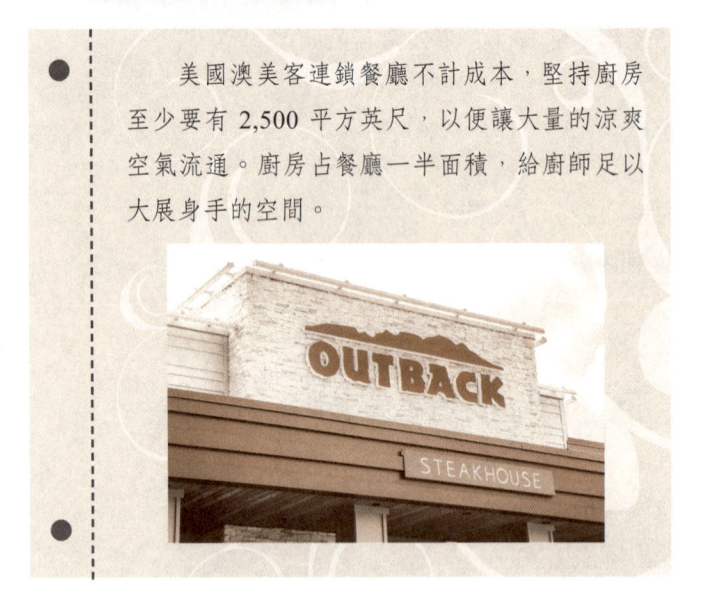

美國澳美客連鎖餐廳不計成本，堅持廚房至少要有 2,500 平方英尺，以便讓大量的涼爽空氣流通。廚房占餐廳一半面積，給廚師足以大展身手的空間。

收到的訊息，以將進入的感覺刺激減少到可管理的水平。餐廳老闆為了獲利必須要透過提供令人感到舒適愉快的環境以吸引顧客。

空間配置通常依餐廳之規模、經營型態、主題、擬服務人數和員工人數而有所不同。空間規劃首先必須決定前場面積 (用餐區、櫃檯、酒吧、候位區、廁所等) 與後場面積 (廚房、儲藏室、備餐區、辦公室等) 之比例，目前並無一定的法規和公式遵循，最常見的有 60：40，也有的以 2：1 或 3：1 之比例擴大前場空間。例如，在高價位餐廳，客人用餐範圍希望舒適，故以用餐區寬敞吸引顧客。

用餐區是整個餐廳的核心，一旦初步決定前場空間大小之後，除了考量至其他區域通暢無阻的動線，還要配合政府制定的公共場所安全法規，如逃生門的無障礙空間，以及櫃檯、酒吧、候位區及廁所的設計和配置規範。

用餐區可規劃為數個小型空間或開放型空間。有些餐廳會選擇規劃為一個大空間，也有些餐廳會需要數個大小不同的空間，供多項用途使用。例如，除固定時段供餐外，還可額外承辦宴會或會議。

開放型用餐區使空間運用變得更有彈性，不但可接待較大型團體如婚宴、畢業餐會、舞會等，也可接待數個小型團體。如遇家庭聚會或生日宴會等活動，可運用活動式屏風加以區隔。另一方面，當用餐客人不多時，可用屏風先行劃分小規模區域使用，使餐廳不至於顯得空蕩。折疊式屏風易於收藏，平日可置於儲藏室備用。開放空間也提供客人欣賞餐廳整體裝潢的機會，餐廳可運用大型水晶吊燈、畫作或掛飾，配合燈光和音樂，呈現出有別於家中餐廳之風格。

餐廳的廂房可依使用型態安排座椅和客製化布置，使每個房間變得具有特殊風格。同時，依房間大小限制使用人數，使餐廳較易於服務與管理。相反的，若房間隔間牆無法彈性變動，便無法接待較大型團體或舉辦節慶活動餐會。此外當廂房隔間結構調整時，工作人員易發生帶位錯誤及送錯餐點等服務相關問題。

表 12-1 顯示一般餐廳至少應提供給客人的用餐空間，而服務型態是主要的影響因素。業者可根據此一標準，安排用餐區之桌位平面圖。

北歐風設計

　　北歐五國，包括冰島、瑞典、挪威、芬蘭及丹麥的地理位置鄰近且位於斯堪地那維亞半島上。「Scandinavian Design」和「Nordic Design」，指的都是「北歐」設計，Scandinavian是一種地域性的統稱，指的是瑞典、挪威和丹麥，但若將芬蘭和冰島納入，也就是所謂的「Nordic」範圍。北歐氣候較為寒冷，夏季時間短冬季時間較長，氣候反差大，零度以下低溫是常態，因此相當重視陽光，向光性的設計原則最為重要。

　　北歐風以瑞典及丹麥兩個國家的能見度和影響力較大。瑞典國王古斯塔夫三世創建搓揉了北歐簡單、清爽、舒適生活方式和意境，可說是最早的北歐風緣起；而現代北歐風則是受到包浩斯主義影響，有了更不同的面貌，而近代的丹麥設計也受之影響，讓北歐風有著多元的風格特性。瑞典和挪威，因森林資源較為豐富，「就地取材」的觀念使得木材也被大量運用在室內設計中。而以磚造和石造的房屋也不在少數，都市裡都可見到具有數十年歷史的老房子，沒有隨著時代而淘汰，依然每日被使用著，說明著北歐崇尚「耐久實用」的設計。

現代北歐室內設計原則：

- **簡約的功能美**：任何室內設計都必須建立於「需求的滿足」和「問題的解決」，去除華而不實的設計和譁眾取寵的需求。
- **耐久性的材質**：只要選擇「對」的材質，時間將成為最好的裝飾，好的材質不僅耐用，更不會隨著歲月而衰敗，反而更凸顯出它的永久價值，甚至成為「具有靈魂」的形體。
- **自然與人為光照交錯**：在建築物的外部要考量到自然光，在內部的裝飾需要有人造光，所有的設計都基於要讓光線可以自在移動。

三、用餐區之設計

　　餐廳希望用餐區內的布置和擺設能夠給予客人最佳感受，因此設計時，應審慎規劃下列可能影響客人用餐環境的因素：

- 桌位安排

表 12-1　用餐區空間需求

餐廳型態	每人用餐所需面積 (平方英尺)
大學及企業之團膳餐廳	12~15
高價位餐廳	15~18
提供餐桌服務之平價餐廳	11~14
美式自助餐廳	16~18
宴會廳	10~11

資料來源：North American Association of Food Equipment Manufacturers

- 顏色
- 燈光
- 音樂
- 噪音
- 溫度
- 牆面布置
- 窗簾
- 地板

桌位安排

　　餐廳設計前依據企畫書已決定容納用餐人數的多寡，餐廳平面圖可提供粗略的桌位配置，但若是能在有限空間擺上更多的座椅，即可創造更多的營收。餐廳桌椅主要分為兩種類型，一種是固定的座椅，另一種是可移動的座椅，通常是以二者相互搭配。固定的座椅是指緊鄰牆壁的餐桌椅，以沙發座最常見。沙發座的形狀有簡單型、背對背型、L 型、長條型、半圓形或 U 型等 (表 12-2 餐廳沙發座尺寸表)，可視其擺放位置而選擇。優點是提供更多座位，加長腿部活動空間，使角落和樑柱位置能夠有效利用，並可塑造較為隱密之用餐空間。通常小規模用餐區可使用一整排的沙發座椅，使其空間利用最大化。缺點則是無法隨時搬動、椅子高度較低不適合年長者使用，以及翻檯所需時間較長。

　　可移動式座椅即一般方形、長方形、圓形餐桌和椅子。最常見的餐桌尺寸，如下列餐廳餐桌尺寸一覽表所示 (表 12-3)，而餐椅之椅面和椅背呈 15° 角最為適合，椅面深度至少要有 16 英寸，椅腳的標準高度為 18 英寸，椅子 (含椅背) 高度不超過 34 英寸，椅面至桌面應維持 12 英寸之距離。可移動座椅之優點是可視

表 12-2　餐廳沙發座尺寸表

形狀	尺寸 (英寸)	可適用人數
簡單型/背對背型	24/30 (長) × 24 (深度) × (36 + 18) (椅背高 + 椅座高) 44/48 × 24 × (36 + 18) 60 × 24 × (36 + 18)	1 2 3
半圓形	48 (長) × 90 (長) × 48 (長) 組合而成	2~4
3/4 環繞形	48 (長) × 90 (長) × 90 (長) × 48 (長) 組合而成	4~6
U 形	48 (長) × 84 (長) × 48 (長) 組合而成 48 × 96 × 48 48 × 108 × 48 54 × 96 × 48	4~6 6~8 8~10 8~10
長條形	長度可客製化以配合場地	

表 12-3　餐桌尺寸一覽表

類別	形狀	尺寸 (英寸)	可適用之人數	形狀	尺寸 (直徑/英吋)	可適用之人數
西餐廳	正方形	24 × 24 30 × 30 36 × 36 42 × 42	2 2~4 4 8	圓形	24 30 32 46 48 54 60 72	1~4 2~4 3~4 4~5 5~6 6~7 7~8 8~10
西餐廳	長方形	24 × 30 24 × 42 24 × 48 30 × 42 30 × 48 30 × 72	2 4 4 4 4 6~8			
中餐廳	正方形	48 × 48	6	圓形	48 60 66 72	4~6 8~10 8~10 10~12
中餐廳	長方形	30 × 72	6			

用餐人數而隨時搬動，適合接待不同人數之團體。缺點是桌子底座易限制客人腿部伸展的空間，無法像固定沙發座有較大空間。

　　桌面大小選擇依餐廳所提供之菜單為最主要之考量，如邊長 24 英寸之餐桌，較常為速食餐廳、供應簡餐之咖啡廳或員工餐廳使用。牛排館、中式餐廳、

休閒主題餐廳或高價位西餐廳,往往需要較大的空間放置餐點、餐具、酒杯、調味料用品或一些特殊餐具等。

同一時間容納的用餐人數和每一座位所需要的面積,決定餐桌排列方式。餐桌空間規劃除依照擬服務人數之座椅外,在餐桌之間、椅子之間、餐桌或椅子與牆壁之間,皆必須預留可接受之距離,以供客人入座、離座或服務人員服務使用。對餐廳而言,愈多桌位可使營收增加;對顧客而言,能夠舒適地用餐,寬敞的範圍是最理想。

適當擺置不同尺寸的餐桌,可降低客人等候時間,且可增加座位數量和營收。西餐廳最常見的餐桌安排方式是彈性運用二人座或四人座餐桌,以減少空位的產生。

小型餐廳可運用小型餐桌,然後視團體客人人數多寡予以合併。至於大面積之餐廳,可從中規劃小型房間,供開會或宴會專屬之用,使用大型餐桌以增進客人之間聯誼,避免小型餐桌造成之疏離感,同時可減少對其他客人之干擾。宴會或自助式服務使用之圓型餐桌之間,應保留 54 英寸之距離,長型桌之間則應保留 60 英寸之距離 (含座椅和服務用之 24 英寸寬之走道)。

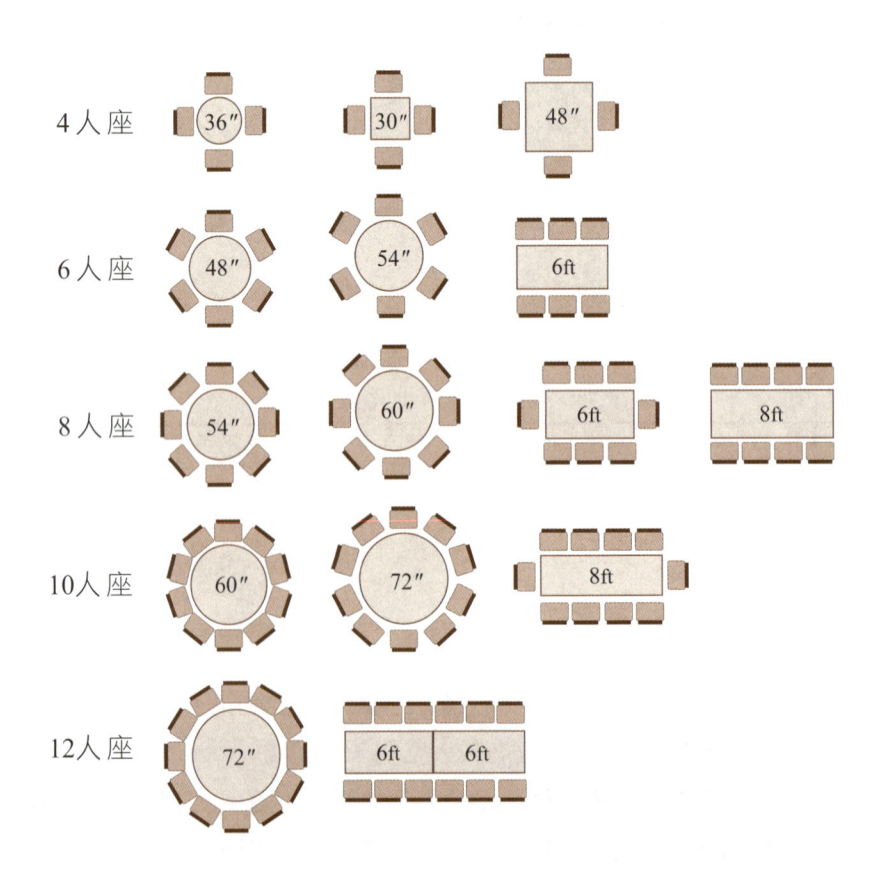

4人座　　36″　　30″　　48″

6人座　　48″　　54″　　6ft

8人座　　54″　　60″　　6ft　　8ft

10人座　　60″　　72″　　8ft

12人座　　72″　　6ft　6ft

為使客人和工作人員能夠在用餐區內安全且流暢移動，桌位之間應依使用功能設有三種寬度不同之走道：顧客走道、服務走道和主要走道。顧客走道是指就座時，從餐桌邊至客人座椅椅背之距離，該距離至少應維持 18 英寸，美國身心障礙法案 (The Americans with Disabilities Act) 規定為便利身障人士使用輪椅進出，走道寬度至少須達 36 英寸；服務走道專供人員服務餐點之用，建議寬度至少要維持 24 英寸；主要走道則是供人員和餐點運送進出之用，寬度至少要有 48 英寸 (表 12-4)。

表 12-4 西餐廳走道類型及建議尺寸 (英寸) 表

	顧客走道	服務走道	主要走道
宴會廳	18	24/30	48
一般餐廳	18	30	48
高級餐廳	18	36	54

資料來源：經濟部商業司編印餐飲業經營管理實務

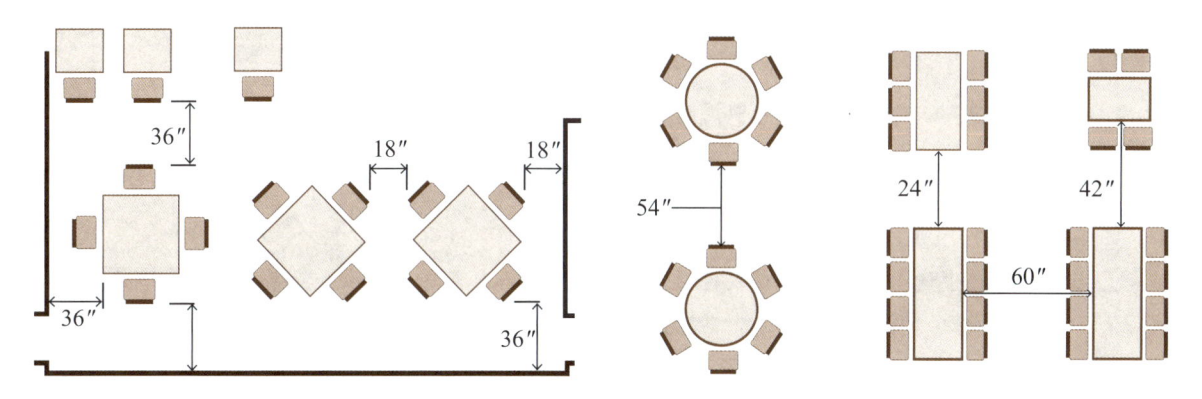

資料來源：Tables: What Size Do You Need? -Kurt Petersen Furniture.

儘量減少餐廳不受客人歡迎之座位，通常鄰近入口處、廚房、廁所或用餐區中央位置等處之桌位較不受客人喜愛，若座位安排無法遠離這些區域，唯有使用隔間板、大型盆栽及屏風加以改善。同時，應儘量避免客人直接面對大門或服務人員工作站等處。餐桌椅宜選擇耐用或易於清潔的式樣，儘量避免過多的雕刻或刻槽，以免麵包屑或餐點殘渣掉入不易清理。椅墊宜選購經過防水處理的材質，若客人打翻飲料或湯汁，立即擦拭即可使用。

用餐區常見的不當設計

1. **桌位組合** 餐廳通常備有較多四人桌位，可供 1~4 名客人使用。若同行團體低於四人，空位就成為餐廳損失。
   改善方式：可檢視餐廳訂位資料，瞭解訂位客人之人數，並配合該人數安排桌位，以符合餐廳利益，避免損失。另外，備有較多的二人桌位，可隨時合併使用。

2. **二人座擺設位置** 二人同行之客人多希望能夠桌位一邊能有所依靠，因此安排於用餐區中心位置或與鄰桌距離過近，都不為客人喜愛。
   改善方式：通常客人喜歡坐在牆、樑柱、窗戶、隔間屏風平行的位置，且與鄰桌距離至少維持 12 英寸寬之距離，以形成小小的私人空間。

3. **硬體系統不協調** 客人桌位鄰餐廳空調出風口、音箱、廚房或大門引發的不適。
   改善方式：空調系統出風口儘量避開面對餐桌位置，避免客人不斷直接受到冷、暖氣吹襲。調整用餐區與廚房之空調系統，以免人員進出廚房時，附近桌位之客人感受到溫度變化。餐廳入口應設有緩衝區如屏風、窗簾阻絕其他客人進出造成的溫度變化。音響設備之擺設，應避免對某些餐桌位置之客人造成負面效果。

4. **客人入座後之視野** 客人較不樂意由桌位可見到廚房、廁所、儲藏室、餐具洗滌室之入口。
   改善方式：若空間有限，可使用隔間屏風遮蔽這些不討喜的區域。

5. **沙發座椅背過高** 阻隔客人視線，使其無法看到餐廳其他動態。
   改善方式：避免選購椅背超過高度 52 英寸之沙發座。

6. **工作站地點設計不良** 服務人員無法立即看到顧客之需求狀態，或距離所服務之客人位置較遠，易導致服務速度慢、餐點無法按應有的溫度服務等狀況。
   改善方式：按美國業界標準每 4~6 桌設一工作站，且餐桌與工作站之距離不得大於 7.5 公尺，而與廚房之距離不得大於 18 公尺，以利人員擺設餐具、送水、送餐點、收拾餐具或提供客人所需服務。

7. **用餐區規劃不當** 領檯員無法看到餐桌實際使用狀況，以至於無法有效安排桌位。
   改善方式：視營業狀況可增聘一名兼職人員，尖峰時段維持二名人員運作。一名實際查看餐桌使用狀態，另一名負責安排座位、引導客人入座。

節錄自 Stephani Robson：Seating Charts that Work: 6 Common Dining Room Floor Plan Mistakes and How to Avoid Them.

顏色

　　顏色可以使人產生愉悅或悲傷、溫暖或冷漠、飢餓或失去胃口等種種情緒，各種產品藉著不同顏色給予人不同的感受。最常見的顏色分類為暖色系、冷色系和中性色系。紅、黃、橘等顏色易與陽光、火焰聯想，令人覺得溫暖，故稱為暖色系，該色系顏色通常給人樂觀、熱忱、快樂的感受。紅色在所有顏色中十分特殊，給人兩種極端的感受，它不僅代表熱情、活力、吉祥，同時也表達憤怒、危險、衝動，可用來作為適度強調或提醒的顏色。橘色不像紅色那般強烈激進，它具有鼓舞、引人注意、親近之作用，可提升活力和快樂之感受，如橘色水果可刺激食慾。黃色為暖色系顏色當中最具有活力的顏色，陽光的色彩令人與幸福、歡樂、能量聯想。由於反射性強，易引起注意力，適合用來凸顯產品或設計的重點，但過量反造成眼睛的不適與疲勞。

　　冷色系包括藍、綠、紫等顏色，易與涼爽、寒冷相輝映，給人冷靜、平靜、舒緩的感受。藍色象徵智慧、自信、真理，給人平靜、安寧的感受，具有鎮定作用。深藍色給人專業形象，淺藍色則是較為輕鬆、友善，通常為男性喜愛選用的商品顏色。綠色象徵健康、新氣象和財富，最讓視覺覺得舒適，用於室內環境可提供健康、安定及鼓舞之氛圍。紫色象徵創造力、高貴、奢華、財富及神秘，女性高價位產品最常選用紫色。

　　中性色系的顏色有白色、灰色、黑色、棕褐色、棕色等顏色，通常用來作為背景顏色。白色意謂安全、純正和清潔，經常與減重、低脂的食品產生關聯。灰色象徵沉穩、考究、誠懇，為視覺最安定的顏色，比黑、白二色更適合運用在服裝設計。黑色代表正式、禮儀、典雅，黑色搭配鮮豔的色彩可產生良好的對比，凸顯其他顏色的特性。棕色蘊含和諧、穩重、樸素、平和等，給人情緒穩定、容易相處的感覺，為不想過度引人注目時所使用的顏色。

　　餐廳內部裝潢顏色不會是單一的，通常必須與其他裝置或用具相互搭配，如牆壁、窗簾、餐桌餐具組、桌布、服務人員服裝等。如何藉由顏色滿足顧客用餐體驗，進而提高營收，成為餐廳裝潢不可輕忽的事。以下為顏色可能左右消費者之用餐體驗。

具有擴大作用　白色、米色、淺灰色等顏色具有擴大作用，通常適用於空間較為狹小的餐廳，可增加視覺上的寬敞度。顧客對於淺色系顏色會覺得平靜，想要停留較長的時間，對於翻檯率高的餐廳較不適用。

令人情緒舒緩、放鬆　綠色、棕色等色令人情緒舒緩、放鬆。綠色象徵大自然，

餐廳裝潢若以綠色系為主，顧客會有放鬆心情、不急於離去的感受，也會令人與健康取向的食物聯想在一起。供應有機餐飲或蔬食之餐廳，可於綠色牆面搭配棕色或木頭材質之元素，顯現生機盎然，與銷售之餐點十分契合。至於以大量肉類為主的餐廳如牛排館，可採用較多黑色或棕色色彩。

增加飲料吸引力　藍色令人聯想起海洋、水，會有想要放鬆休憩的感覺；紫色象徵神秘、高貴、深沉。藍色或紫色飲料較餐點看起來更吸引人，如專賣各式飲品的咖啡店或飲料店可運用這些顏色。

促進顧客胃口　溫暖的色彩使食物看起來更好，紅色、橘色、咖啡色、馬卡龍色和棕色等色有促進顧客胃口的作用，適合提供多樣菜色的精緻美食餐廳所運用。

催促客人用餐　紅色和黃色最常出見在餐廳商標、餐廳室內裝潢或餐具上，這些顏色會使顧客心跳加速、情緒興奮，無形中加快客人用餐速度和翻檯率，適用於速食餐廳或快餐店，如麥當勞和肯德基即是最明顯範例。

照明

燈光不僅可引導客人視線，同時營造不同空間氛圍，如酒吧較用餐區燈光昏暗，以提高客人飲酒量。照明也會影響客人進餐的味口，如高價位餐廳使用燭光，使客人延長用餐時間，從而點選更多餐點或飲料。另外，照明亦依不同的餐別產生差異化，早餐時段客人會有閱讀報紙之習慣，宜以明亮為主；午餐客人往往用餐時間有限，宜採中度的亮度，有助於客人進食速度加快，且可提高翻桌率；晚餐時段宜以低亮度的燈光，塑造悠閒、浪漫的用餐環境。

餐廳照明大致可分為三種形式，有的餐廳只採用一種形式或混合二種以上之形式，通常視其經營型態而定：

1. **一般照明**：指餐廳不考慮局部重點照明，整體大致採均勻的照明，如運用嵌燈、軌道燈、天花板和牆面的間接照明或混合上述方式。通常用於速食餐廳。
2. **任務照明**：提供客人或工作人員所需特定功能的照明，如廚房烹飪的照明、客人閱讀菜單的照明。
3. **重點照明**：用來彰顯特定區域或創造視覺效果的照明，如餐廳入口處、開放式廚房、廁所、壁畫、雕塑品等處，照度較一般照明為亮。通常用於大廳或入口處的水晶吊燈，及用於凸顯牆上懸掛之畫作或雕塑品的壁燈或軌道燈，都可提供客人獨特之視覺感受。

包浩斯 (Bauhaus) 藝術風潮

　　包浩斯最初設立於德國，由建築師沃爾特‧格羅佩斯 (Walter Gropius) 領導的一群藝術家、設計師與建築師於 1919 年共同創立的藝術學院，其創設的動機源於一方面憂心藝術於當時社會失去其存在的價值，另一方面也感到工廠產出之產品缺乏靈魂。於是主張將強調清晰、簡單設計風格的創意融入工廠製造的日常生活用品、家具與建築中。

　　該校成功地結合藝術與工業設計，對德國現代建築，乃至於世界設計潮流、工藝與現代藝術形成極重大的影響。包浩斯在 1933 年因納粹的迫害而關閉，1937 年在原為包浩斯教師的拉斯洛‧莫侯利-納吉 (László Moholy-Nagy) 的奔走下，包浩斯得以在美國芝加哥重新開幕名為伊利諾理工大學設計學院，莫侯利-納吉將之稱作新包浩斯，惟因財務困難一度於 1938 年暫時停止，但很快的於 1939 年又開張，且改稱芝加哥設計學院，並於

圖片來源：Susanlenox/Flickr

1949 年納入伊利諾理工大學，是美國第一所提供設計博士學位的設計學院。

　　良好的照明設計可藉由照度和燈具傳達餐廳之主題、餐點特色，營造宜人的用餐環境，提升營業額且節省能源費用，更重要的是維護客人和員工之安全。餐廳照明應符合質與量的需求，下列為設計之考量要件。

照度　照度的定義為被照體單位面積所受的光通量，其單位為勒克斯 (LUX)。每一不同使用目的的場所，均有其合適的照度來配合實際需要。1 勒克斯 = 1 米燭光，居家的一般照度建議在 300~500 勒克斯之間。照度的大小取決於光源的發光強度，及被照體和光源之間的距離。對於同樣光源而言，當光源的距離為原先的兩倍時，照度減為原先的四分之一，呈平方反比關係。餐廳的客人用餐空間，需要足夠、適當的光照，才能達成舒適用餐之需求 (表 12-5)，然照度大小往往視其經營型態和裝設之地點而定。為因應用餐時間之不同，可裝置微調開關調整。

表 12-5 餐廳最低照度建議表

前場	勒克斯	後場	勒克斯
收銀區	385~550	驗收區	275~495
高價美食餐廳	55~165	儲藏室	165~220
休閒餐廳	110~220	前置處理區	220~330
自助餐廳	220~330	備製區和烹飪	330~550
速食餐廳	820~1,100	餐具洗滌室	770~1,100
廁所	220~330		

資料來源：Regina Baraban and Joseph Durocher, Successful Restaurant Design, P.119

色溫 色溫是用來表示光源光色的尺寸，以開爾文溫度 K (Kelvin) 來表示，亦為決定燈光品質的要件之一。光源的色溫不同，產生的光色不同，帶給人的感受也不相同，為決定照明場所氣氛的重要因素。一般而言，色溫低的光源 (< 3,000 K) 會帶有橘色的光，令人覺得溫暖；隨著色溫變高 (3,000~5,000 K)，就會顯現如正午太陽般為帶有白色的光；當再變高時 (> 5,000 K) 則變成帶有藍色的光，令人覺得寒冷。色溫愈低，光愈偏暖；色溫愈高，光愈偏冷。高價位餐廳，色溫宜控制在 1,800~2,700 k，而速食餐廳則是控制在 2,700~3,500 k。

顯色性 顯色性是指將物體在人造光源對應自然光下所看見的顏色相近之程度，其單位為 Ra (顯色性指數)。顯色性高的光源對顏色之表現較逼真，眼睛所呈現的物體色彩愈自然，有助於照明品質的提升。鹵素燈和白熾燈都是顯色性高的產品。運用顯色性高色溫低的光源能夠真實顯現食物美色，較易吸引顧客的注意力，引起顧客食慾。

音樂

音樂類型之選擇應配合餐廳之定位，營造與餐廳主題契合之音樂。如高價位西餐廳通常播放西洋古典音樂，而中餐廳則是選擇中國樂曲。音量和節奏也是考量因素。聲音所環繞的音量會因空間的大小而有所差異，餐廳背景音樂音量，一般在 30 分貝上下。在運動主題餐廳或酒吧，聲音通常來自電視，其音量通常比較大。餐廳若背景音樂音量過大，往往影響客人之間或與服務人員之對話，甚至會影響食慾。由於餐廳聲音來源並非一成不變，應依環境噪音狀況適時調整。節奏感快慢也會影響用餐之速度，若餐廳生意尖峰時段，可選用快節奏音樂，加快

客人用餐快速；反之，則以慢節奏代之。

餐廳音樂播放清單應以音樂類型、音量和節奏感三者相互配合設計，早餐音樂可選擇柔和放鬆的音樂，象徵一天美好的開端；中餐由於用餐時間較為短暫，稍快節奏感音樂可縮短用餐時間；晚餐音樂宜配合悠閒用餐之特質，音量可隨著時間由小逐漸變大，以暗示客人準備離開。

使用音樂光碟片或現場表演都是可行的方式，若使用音樂光碟片應留意曲目是否重複，以免工作人員因為經常聽而覺得疲勞。現場表演雖然成本高，但若邀請適當表演者或樂團，往往可吸引更多客人前來消費，因此有些餐廳會於周末或特定時間舉辦以音樂為主題之餐會，其效果有時比特定美食締造更多業績。

噪音

一般而言速食餐廳、休閒餐廳或酒吧內之聲音較為吵雜，而精緻美食餐廳通常較為安靜。餐廳噪音通常有幾種可能的來源，可分為後場噪音、用餐區噪音或餐廳外部噪音。

後場噪音大多來自於烹調設備、排油煙機、餐具或廚具碰撞聲、員工對話所產生之聲音，解決方式可在廚房與用餐區之間增設緩衝區，以降低噪音。用餐區的噪音可能是來自冷暖氣通風系統、客人談話聲、員工服務餐點或收拾餐具。為降低噪音設備方面，可選購噪音較低之器具；至於降低客人音量，在面積較大的用餐區可增加隔間，使其形成數個獨立空間，避免彼此干擾。用於地板和天花板的材質也是影響聲音的因素，木頭和磁磚材質回音較為明顯，若要降低音量，可鋪上地毯和架設隔音天花板。餐廳外部噪音通常是來自街道或停車場之汽、機車聲，可使用隔音窗或較為厚重之大門加以隔絕，或是選擇噪音較低的方位作為入口處。

空調

廚房在烹調過程中，通常會釋放多種氣味且使室內溫度提高，為使客人用餐愉快，室內通風或空調設備之裝置不可忽視。透過機械式的通風系統，讓廚房維持在負壓的狀態，使得外場的空氣可以流入廚房，而廚房內的氣味由排油煙機排出，如此油煙味才不會飄散進外場用餐區，影響顧客用餐。

為改善餐廳室內空氣品質方式應增加外氣供應量，調整室內空間空氣流量，並使用高品質過濾系統，維護設備清潔和良好的運作。目前世界各國對於室內通風或空調系統的規範，主要是參考美國空調協

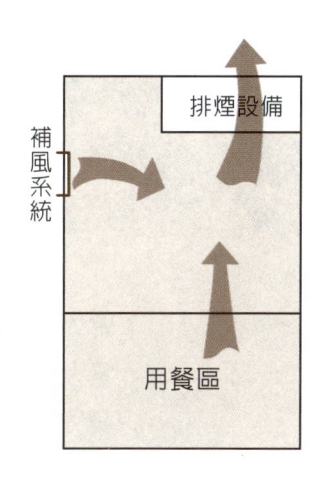

虹廬-四知堂餐廳

四知堂餐廳
圖片來源：Christopher Adams/Flickr

王大閎 1936 年就讀於英國劍橋大學，他原先主修機械，後來則改為建築。1941 年進入美國哈佛大學建築研究所攻讀。1942 年哈佛畢業，受駐美大使魏道明邀請，擔任華盛頓中國駐美大使館隨員。1952 年春天遷居台北。1953 年成立大洪建築師事務所。

他是台灣第一位完整接受西方現代性建築教育的建築師。而在哈佛大學研究所就學時，受教於德國現代建築大師沃爾特‧格羅佩斯 (之前擔任包浩斯校長)，也與知名建築師貝聿銘是同班同學。王大閎是台灣近代建築界的代表人物，影響台灣建築發展深遠。雖然受西方現代建築啟蒙，但王大閎亦思考如何將中國傳統建築的形式與空間美學與之接軌。

王大閎是國父紀念館、外交部等建物的設計者，以融合東西方建築美學內涵著稱。王大閎的建築低調而不華麗，目前能見到最有名的就是濟南路二段上的 4 樓公寓「虹廬」。

乍看之下，整棟建築似乎無對外窗，其實王大閎是將窗開在中間天井，企圖將住家跟街道的喧鬧隔開，也頗能代表他的隱士個性。虹廬是王大閎設計第二棟自宅，已易手他人，現為餐館「四知堂」所在。

虹廬
圖片來源：準建築人手札網站/Flickr

會 (ASHRAE) 訂定的通風規範。ASHRAE 通風標準裡設定室內每人需要的外氣量大約是 15~20 cfm，並建議二氧化碳濃度值不應超過 1,000 ppm。餐廳應有專業技術人員固定檢視維修空調設備和管線，以防止臨時故障導致無法營業。

牆面布置

餐廳在四周牆面布置使用油漆、壁紙、壁布、木薄皮等材料時,必須考慮其耐燃性,以符合消防法規。由於牆壁易沾上食物之油漬、客人手印或鞋印,是否易於清理或擦拭也成為另一項考量。

常用於牆上的布置品有畫作、圖片、壁毯等裝飾物,這些裝飾物之大小通常依房間大小而定。裝飾品之選擇宜配合餐廳主題,例如,中國書法、中國畫作或中國結等適用於中式餐廳;西部開拓史的照片以及多汁美味牛排圖片則適用於牛排餐廳。

窗簾

窗簾之設計除了美觀外,其功能也需要考量,如餐廳希望能夠透光、阻光或是二者兼具。在夏天溫度高,若窗簾無法阻光隔熱,冷氣用量提高會直接影響利潤。

窗簾選擇還必須考量消防規定、清洗維護、安全、季節變化、私密性等因素。營業地點宜使用防焰物品,所謂防焰物品是指具有防止因微小火源而著火或迅速延燒性能之物品。防焰窗簾大致可分為二種形式,一是以普通窗簾添加防焰藥劑,成本較低,缺點是影響布面美觀,且無法水洗,否則便失去防焰效果;二是以防火紗織成的永久性防焰布料所製成之窗簾,防焰效果較佳,可水洗以維持清潔。

餐廳窗簾易沾上油煙、餐點油漬或被客人弄髒,其材質是否耐用成為業者選購之條件。一般商業用之窗簾有效使用年限可達 12~15 年,若餐廳每半年送洗一次易使纖維受損,專家建議可使用吸塵器清除塵埃,或使用清潔劑清理油漬及污點。

窗簾拉繩有時易釀成意外,對於孩童用餐較為普遍的速食餐廳及家庭餐廳,應隨時留意拉繩是否固定。此外,氣溫隨季節而異,其中變化最大的是夏天和冬天,不論是隔熱或保溫,餐廳窗簾可加裝百葉窗以調整溫度,或是若想同時保留好的視野,可使用遮陽捲簾。至於餐廳私密性之考量,往往依經營型態而定,以購物中心中銷售披薩的速食店為例,業者希望路過的消費者可以駐足觀看,一片片熱騰騰烘製好的披薩端上桌供客人享用,該餐廳窗戶可能不會裝設窗簾。另一方面,若是提供餐桌服務之休閒餐廳,窗戶可能被用來作為展示

菜單或餐點之櫥窗，同時使用厚重之窗簾，阻隔餐廳外的消費者之視線，以保有客人用餐的隱私性。

地板

餐廳選擇地板有五項基本考量因素：(1) 耐用，是否足以承受人的腳力和餐廳推車；(2) 清理方式，易於清理且可防食物殘渣、油脂造成之污漬；(3) 防滑，以免客人或員工受傷；(4) 符合餐廳主題，其花色、圖案、質地必須與餐廳的主題相符；(5) 防火，如遇火災可防止火災擴大，增加逃生機會。

餐廳地板材料有磁磚、地毯、超耐磨木地板及塑膠地磚等類別。磁磚應選用可防滑且為不燃材質，磁磚之顏色、圖案及尺寸多樣化，惟施工時間較長。地毯應具耐用、止滑、易於清洗及具有防焰之功能。超耐磨木地板，是由木屑粉加上黏著劑以高溫壓製而成，可呈現天然木質的真實感。不僅具有防潮、耐磨、防滑、防刮、防火之功能，而且附著的污垢易於清理。塑膠地磚具防火、防滑的特質，較適合使用於平價餐廳。

高價位餐廳通常選擇鋪設地毯，地毯經正確保養可延長使用年限。地毯應每天以掃把清理塵土，且定期以吸塵器吸塵。入口處及人員進出頻繁之地點可放置腳踏墊或長條型走道毯，以維護地毯清潔。宜使用去污點專用藥劑清理地毯油漬汙點，並定期由專業地毯清潔公司負責深層清潔。

四、其他設施設置考量

一般餐廳配置除了用餐座位區外，尚規劃有入口區和候位區 (含接待、結帳)、酒吧和廁所等處。客人對餐廳的第一印象從入口區即開始產生，不論空間大小內部配置不容忽視。入口區和候位區通常合併使用，設有帶位檯、結帳櫃檯和供客人等候桌位的區域。有些餐廳會在該區一個角落放置座椅供客人等候之用。

圖片來源：Marcin Wichary/Flickr

入口區

入口區內之燈光，可作為客人調整視覺對光線變化之緩衝區，因此不宜與戶外光線落差太大，可使用微調開關調整。工作人員的櫃檯區域則使用投射燈或檯燈。入口區也可以增加使用功能，例如，有些高價位餐廳展示餐廳供應的名酒供客人欣賞。有些餐廳運用此一區域

販售商品，以創造額外營收。雨林咖啡廳、硬石和好萊塢星球餐廳均有效利用零售區域，將其定位為入口和用餐區之間的緩衝區。

酒吧

飲料是餐廳另一項重要的營收來源。大多數酒吧位置緊鄰入口區或候位區，使客人易於進入。酒吧面積大小視業者經營理念而定，有些餐廳只提供用餐客人使用其酒吧，以便邊喝飲料邊等待座位；有的餐廳則是同時對外開放給一般客人使用，甚至提供簡餐服務。若是後者，理想的作業方式是以滑動隔間牆區隔兩類客人之桌位，以避免彼此相互干擾。

吧檯可提供顧客與調酒員互動之機會，有助於增加營收。美國的餐廳吧檯一般長度是 20~24 英尺，可容納 10~12 張酒吧椅，每個座位間隔 2 英尺。另外還要有額外空間供其他沒有座位的客人使用。吧檯高度為 42 英寸，吧檯椅高度為 30 英寸，二者距離為 12 英寸以符合人體工學。

酒吧燈光選擇可分為兩個層面，吧檯由於工作人員需要調酒，燈光應較為明亮。至於客人座位區，燈光不宜太暗或太明亮。過暗客人無法閱讀飲料單，過亮則無法使客人放鬆心情點選更多的飲料等待用餐。可使用具微調開關的嵌燈和投射燈，以便適時調整亮度。

廁所

廁所與人體生理循環息息相關，在生活中占著極重要的地位。餐廳廁所之乾淨與否，經常被視為業者服務用心之指標。廁所設置地點應從用餐區或候位區可直接到達之地點，不宜於地下室或餐廳後場設置，免得客人必須穿越廚房、儲藏室或食物製備區等處。同時，廁所不宜設在鄰近出入口之處，以免客人藉此不付費離去。廁所設計應遵循當地主管機關之規定，表 12-6 為國內對於公共營業場所廁所設置之要求。

廁所應設有明確標示以指引客人，每間廁所應設有內鎖，以保障使用者安全。廁所分男、女廁，設備包括坐式馬桶、蹲式馬桶、小便斗、洗手盆區和其他設置等。洗面盆區依使用需求設置下列附屬配件：(1) 給皂機及洗手乳；(2) 擦手紙架及擦手紙；(3) 垃圾桶。廁間依使用需求設置下列附屬配件：(1) 緊急求助裝置；(2) 衛生紙架；(3) 置物架或置物掛勾；(4) 嬰兒安全座椅；(5) 嬰兒尿布床；(6) 換裝平台或換裝間；(7) 馬桶坐墊或清潔液；(8) 垃圾桶。

根據內政部營建署無障礙廁所設置規定，樓地板面積逾 300 平方公尺餐廳及飲料店進入廁所通路不得有高低差、牆壁或門上要有無障礙標誌、需設置扶手及

表 12-6　營業場所廁所設施

人數	男廁 大便器 (個數)	男廁 小便器 (個數)	女廁 大便器 (個數)	人數	洗面盆 (個數)
1~50	1	1	2	1~15	1
51~100	1	2	4	16~35	2
101~200	2	4	7	36~60	3
				61~90	4
				91~125	5
超過 200 人，以男女各占 1/2 計算。 男廁：每增加男性 120 人，男廁大便器增加一個，小便器每 60 人增加 1 個。 女廁：每增加女性 30 人，大便器增加一個。				超過 125 人，每 45 人增加一個。	

資料來源：台灣建築技術規則

迴旋空間，以及鏡子的底端和地板距離不得大於 90 公分。根據規定限期不改善者，可處 6 萬到 30 萬元罰金。廁所清潔與否為客人再度光臨的考量因素之一。工作人員應於餐廳營業前整理乾淨，檢視給水功能，補充衛生紙和拭紙巾。於營業時段餐廳需派員定時檢查，以維持清潔並補充用品。

星巴克打造老式建築咖啡館

統一星巴克以百年古厝與咖啡文化做連結，注入全新人文氣息。

保安門市前身為大稻埕葉金塗古宅，紅磚外牆維持早期古宅的巴洛克式風格。

圖片來源：PRO 準建築人手札網站 /Flickr

紐約現代藝術博物館餐廳規劃及設計理念

位於紐約曼哈頓以收藏現代藝術作品為主的「現代藝術博物館」(MOMA)，自 2001 年起閉館進行大規模整修，並且規劃在整修好的博物館內設置餐廳。此時知名餐廳經營者丹尼·梅爾 (Danny Meyer) 仍堅信從家中走路就能到自己開的每家餐館對經營的成功非常重要，對於在紐約中城區的現代藝術博物館開餐廳並不感興趣。

博物館通常為了維護藝術作品，以嚴肅而保守的態度來經營館內的餐廳。況且開一家只有博物館開館時間才能營業的餐廳，也不合乎經濟效益，所以梅爾在時任「現代藝術博物館」負責人的葛列特兩三次的邀約會面之後，還是婉拒了提出美術館開設餐廳的提案。葛列特後來向梅爾透露博物館這次十分重視餐廳品質，而且願意考慮在博物館中設立有專屬通往街上出入口大門的餐館，在博物館結束營業後餐廳仍可對外營運。梅爾經考量同意提出競標案，並順利取得經營權。

為了使餐廳與博物館和諧地融為一體，除了對餐廳的定位要非常清楚以外，對於 MOMA 的特性與需求也必須能夠完全掌握住，才能成功地將博物館的現代感延展至餐廳的整體設計與規劃。梅爾與現代美術館合作開設的餐廳包括有專屬出入口的獨立餐廳 The Modern，在美術館關門後該餐廳仍可繼續營運，與其他三家餐廳(兩家給參觀民眾使用，一家給美術館員工使用)。為了使餐飲設施能符合博物館經驗的延伸，用餐區陳設的藝術品由博物館負責。

餐廳整體結構的設計交由與梅爾長期合作以當代設計聞名的「班特爾建築師事務所」(Bentel & Bentel) 執行。班特爾對「現代」(The Modern) 餐廳設計的靈感來自於包浩斯風潮的高雅開放與簡潔明晰特質。由於餐廳座落在博物館幾棟不同建築物的交接點，不但緊鄰洛克斐洛的雕塑花園，餐廳亦包括較為休閒的的酒吧。該餐廳之設計獲得許多大獎外，亦獲米其林二星評價。

「Terrace 5」餐廳的家具、燈具與餐具是採用深受包浩斯風潮影響的丹麥設計，包括阿納·雅各布森 (Arne Jacobsen)、漢斯·韋格納 (Hans Wegner)、西瑟·瑋納 (Sidse Werner)、波爾·賈宏 Paul Kjaerholm 等知名的丹麥設計師的作品，許多作品亦已成為 MOMA 的館藏藝術品。

同樣為班特爾設計的「Café 2」有從地板到天花板 35 呎高的落地玻璃窗，可以俯瞰「洛克斐洛雕塑花園」。該餐廳採公共座位式 (Communal Seating) 餐桌椅安排，不接受訂位。

丹尼梅爾深信人具有提供與接受真心款待的能力的本性，將此種認知應用在餐廳服務，使服務成為顧客與服務人員自然互動的過程。梅爾團

Arne Jacobsen 作品
圖片來源：Smow blogKars & Alfrink/Flickr

隊為「Café 2」及「Terrace 5」餐廳與「現代」餐廳設定之定位分別為：補給 (Replenish)、提神 (Refresh) 與重建 (Restore)。博物館內簡餐店的飲食通常需迎合不同的顧客群，包括外國人、本地人、觀光客、年長者、年輕人與學生等，其光顧簡餐店的基本理由包括：可以坐下來休息、很快就可吃到東西與價格公道。由於位置接近展覽廳，館內各店均不能烹煮食物，所以必須設計出可以在地下室廚房煮好再送至餐廳服務時，仍然保持新鮮美味的菜單，如燉好或烘好的時令菜色，以及燻肉或起司等餐點。

「Café 2」的作用是補充，為身體提供能源；「Terrace 5」位於美術館永久收藏之大師名畫展覽廳的對面，正是讓看過許多好作品後感到疲累的參觀者可以來此提神。簡餐店中供應許多含振奮精神的糖、酒精和咖啡因的食物，提神後可以回到展覽廳繼續參觀。「現代」餐廳則是為愛好美食者而設計的，屬於美術館訪客也是紐約市民與遊客可以坐下來好好享受一餐美食和優質服務的地方。

Terrace 5
圖片來源：Normann Copenhagen/Flickr

Café 2
圖片來源：Shinya Suzuki/Flickr

Paul Kjaerholm 作品
圖片來源：Lian Chang from New York City/Wikimedia

Sidse Werner 作品

Hans Wegner 作品
圖片來源：Design_lounge/Flickr

個案　餐廳室內設計

建華聘用了一位餐廳室內設計師藝翔，目的是為了設計他的新美式主題餐廳。建華是個優秀的廚師，但對於色彩和燈光等相關知識認識不多。

藝翔認為她應該瞭解建華對餐廳願景的輪廓，來作為設計餐廳的參考依據。

「建華，請告訴我您想要的餐廳樣貌？」藝翔問道。

「當然，」建華熱情地回道，「它共有 200 坪的空間。我希望後場占 50 坪，然後有個 20 坪的雞尾酒吧，和 130 坪的用餐區。午餐客群大多為商務人士，晚餐則為家庭及休閒聚會的消費族群。平均餐點價格午餐為 200 元，晚餐 380 元，不包含酒水。午餐以輕食，包括沙拉和一些每日特色漢堡為主，晚餐則以 12 種美式主菜為主。」

「您有想過您想呈現的照明效果嗎？」藝翔問道。

「沒有，有什麼是需要考慮的嗎？」

「您心裡有任何特別的色彩配置嗎？」

「哦，我不希望它是古典風格，但我希望當人們走進來時可以有個愉快的印象。」建華回問，「什麼樣的色彩配置對餐廳來說最好？」

「您想要有個歡樂氣氛的感覺嗎？」藝翔問道並注意聽建華說的話。

「是的，在星期五和星期六。有個鋼琴演奏。」建華回道，「為什麼要問這個？」

藝翔開始覺得有必要告訴建華一些問題背後的原因，才能讓他覺得不會是在被拷問。

問題討論

1. 美式主題餐廳應選用何種色彩？
2. 藝翔將給建華什麼照明上的建議？
3. 有什麼其他室內設計元素也是必須考慮的？

英文索引

A

Adequate Service Level　最低可接受的服務水準　319
Affiliate Benefit　附屬的利益　229
Aged Society　高齡社會　47
Agency Cost Theory　代理成本理論　384
Aging Society　高齡化社會　47
Ale　愛爾　198
Anna Potatoes　安娜馬鈴薯煎餅　76
Area Development　區域直營加盟授權　393
Area Manager　區經理　385
Armagnac　雅文邑白蘭地　193
ASHRAE　美國空調協會　447

B

Battery Cage　層架式雞籠　119
Beaujolais Nouveau　薄酒萊新酒　187
Bellinis　貝利尼斯　68
Benefit Segmentation　利益區隔　229
Bistro　小酒館　37
Blended Whisky　調和威士忌　192
Bloody Mary　血腥瑪莉　68, 194
Boarding Houses　寄宿處　2
Booster Seat　攜帶式輔助餐椅　36
Brand Personality　品牌個性　362
Brandy　白蘭地　191, 192
Broad External Awareness　廣闊外在知覺　346
Broad Internal Awareness　廣闊內在知覺　346
Broad-Line Distribution　通泛物流　370
Buffet Service　自助式服務　44
Burnout　職業倦怠　279

C

Canapé　法式開胃小點心　70
Carbon Dioxide　二氧化碳　410
Carbon Footprint　碳足跡　410
Carbon Reduction Label　碳排放減量標籤　410
Casual/Theme Restaurant　主題休閒餐廳　34
Chef Du Rang　服務員　41
Chivas Regal　起瓦士　192
Cleanliness　整潔　387
Co-Branding　共同建立品牌　254
Cognac　干邑　192
Cognitive Benefit　認知的利益　229
Commis Du Rang　助理服務員　41
Commodities　貨物　248
Communal Seating　公共座位式　453
Communications　溝通工具　254
Competence/Mastery　勝任 / 熟練性　260
Country-of-Origin Effects　來源國效應　230
Critical Control Points, CCP　決定主要管制點　161
Croquette Potatoes　油炸條狀或丸狀的馬鈴薯泥　76
Cuisine Sous Vide　真空低溫烹調法　157

D

Dark Rum　深色蘭姆酒　195
Database Marketing　資料庫行銷　231
Data-Mining　資料採礦　239
Delicatessen　熟食店　6
Desired Service Level　渴望得到的服務水準　320
Deuxiemes Crus　二級酒莊　189
Dog　苟延殘喘　88

Duchesse Potatoes　奶油蛋黃馬鈴薯泥　76

E

Eiswein　冰酒　189
Electronic Media　電子媒介　254
Electronic Ordering System, EOS 系統　135
Emotional Benefit　情感性利益　229
Emotional Intelligence　情緒智商　305
Emotional Labor　情緒勞務　278
Energy And Atmosphere　能源與大氣　426
Environment Defense Fund　環境保護基金會　428
Exit Interview　離職面談　294
Expectancy Disconfirmation　期望不一致　319
Experiences　體驗　248

F

Fairtrade Labelling Organizations International　國際公平貿易標籤組織　121
Fairtrade Minimum Price　最低收購價格　121
Fairtrade Premium　公平貿易溢價　121
Family Restaurant　家庭式餐廳　6, 35
Famous Grouse Malt Whisky　威雀純麥威士忌　192
Fan Page　社群網頁　244
Fast Casual　快速休閒　22
Fast-Casual Restaurant　快速休閒餐廳　7, 359
Fast-Causal Restaurant　休閒速食餐廳　101
Fast-Food Restaurant　速食餐廳　32
Fine Dining Restaurant　精緻美食餐廳　4, 38
Foodservice Packaging Institute　食品包裝學會　430
Franchise Consultant　加盟顧問　385
Free-Riding　搭便車現象　384
Free-Sugars　游離糖　52
Function Benefit　功能性利益　229

G

Gin　琴酒　191, 194
Glass Ceiling　玻璃天花板　289
Glenfiddich　格蘭菲迪　192
Gold Rum　金色蘭姆酒　195
Goods　商品　248
Grain Whisky　穀類威士忌　192
Green Restaurant Association　綠色餐廳協會　422
Green Restaurant Certificate　綠色餐廳認證　422
Green Restaurant　綠色餐廳　422
Green Table　綠色餐桌　424
Greenhouse Gases　溫室氣體　410
Gueridon　烹調推車　41
Guinness　健力士　198

H

Harmony　和聲　219
Hazard Analysis　分析危害　161
Hedonic Value　享樂性價值　247
Hildon　希登　204
Hiring Costs　僱用成本　292, 293
Home Restaurant　家庭餐廳　39

I

Indoor Environmental Quality　室內環境品質　426
Industrial Cuisine　產業美食　156
Inn　客棧　2
Innovation And Design Process　創新與設計過程　426
Intellectual　智力性　260

J

Johnnie Walker Green Lable 15 Years Old Malt Whisky　約翰走路綠牌純麥15年　192

K

Kosher　猶太飲食　46

L

Lager 拉格 198
Leaders In Environmentally Accountable Foodservice, Leaf 環保餐飲領導人協會 423
Leadership Style 領導風格 295
LEED 綠建築認證 423
Light Rum 白色蘭姆 195
Lost-Productivity Costs 生產力流失成本 292, 293
Lounge Bar 雅座酒館 206

M

Macaire Potatoes 油煎鬆餅狀的馬鈴薯泥 76
Mashed Potato 馬鈴薯泥 76
Mashgiach 督導 47
Master-Franchising 區域加盟推廣代理 394
Mcallen 麥卡倫 192
Menu Engineering 菜單工程 87
Menu On Wooden Board 木板架菜單 61
Mimosas 米莫薩 68
Mixed Drink 調和酒 207
Mobile Food Truck 行動餐車 39
Mystery Shopping 神秘客調查 326

N

Narrow External Awareness 狹隘外在知覺 346
Narrow Internal Awareness 狹隘內在知覺 346
Natural Mineral Water 天然的礦泉水 203
Night Club 夜總會 207
Nonperishable Goods 不易腐壞 108

O

Ownership Redirection Theory 所有權轉移理論 383

P

Paper Recovery Alliance, PRA 紙類回收聯盟 430
Perishable Goods 易腐壞 108
Physical Evidence 有形展示 397
Place 通路 225, 397
Plate Service 餐盤式服務 40
Platinum 白金級 426
Ploughhorses 犁馬 87
Point Of Sale, POS 銷售時點情報系統 133
Pollster Online Survey 波仕特線上市調網 22
Pop Up Restaurant 快閃餐廳 38
Premier Cru Superieur 特等一級酒莊 189
Premiers Crus 一級酒莊 189
Price Bundling 組合定價 226
Price 價格 225, 397
Primary-Vendor 特約物流 370
Process 程序 397
Product 產品 225, 397
Promotion 推廣 225, 397
Psychological Pricing 心理訂價 226
Pub 啤酒館 198
Pure Malt Whisky 純麥威士忌 192
Pushcart 手推車 39
Puzzle 困惑 87

Q

Quality 品質 387

R

Rechaund 小火爐 41
Recruiting Costs 招募成本 292, 293
Recycle 循環再造 155
Reduce 減少使用 155
Refresh 提神 454
Replenish 補給 454
Restaurant & Catering Association 澳大利亞餐廳協會 424
Restaurant 餐廳 4
Restore 重建 454

Restructured Meat Products　重組肉　117
Reuse　重複使用　155
Rosti Potatoes　油煎刨絲的馬鈴薯　76
Rum　蘭姆酒　191, 195

S

Salty Dog　鹹狗　196
Sauternes　蘇玳　189
Screw Driver　螺絲起子　194
Selection Costs　甄選成本　292, 293
Self Distribution　自營物流　371
Self-Expressive Benefit　自我象徵的利益　230
Sensory Benefit　感觀的利益　229
Separation Costs　分離成本　292
Servant Leadership　僕人式領導　302
Service Outcome　服務的「結果」　322
Service Process　服務傳遞的「過程」　322
Service Sabotage　服務破壞　340
Service　服務　248, 387
Single Malt Whisky　單一麥芽威士忌　192
Social　社交性　260
Sparkling Water　氣泡水　204
Spatial Environment　空間環境　254
Star　明星　87
Station Observation Checklist, SOC　服務工作站觀察檢查表　398
Stimulus/Avoidance　刺激/逃避性　260
Sub-Franchising　區域加盟經營代理　394
Super-Aged Society　超高齡社會　47
Supper Club　晚餐俱樂部　39
Sustainable Restaurant Association, SRA　永續餐廳協會　423
Sustainable Sites　永續性基地開發　426
System Distribution　系統物流　370

T

Taco　塔可餅　33
Tavern　酒館　2
Tequila　龍舌蘭酒　191, 195
The Alliance Environmental Innovation　環境改革聯盟　429
The Americans With Disabilities Act　美國身心障礙法案　441
Traiteur　飲食鋪　2
Truth-In-Menu Regulations　菜單真實標示法　83

U

Ultra-Premium Starbucks Reserve Roastery　星巴克精品烘焙室　402
Utilitarian Value　功能性價值　247

V

Verbal Identity And Signage　口語與視覺識別　254
Vodka　伏特加　191, 194

W

Whisky Bar　威士忌吧　207
Whisky　威士忌　191
Wine Bar　葡萄酒吧　207
Wine Label　葡萄酒標籤　186

Z

Zone Of Tolerance　容忍區間　319